Biofísica Básica

Biofísica Básica

Ibrahim Felippe Heneine

Professor Titular Biofísico, Instituto de Ciências Biológicas da Universidade Federal de Minas Gerais, Livre-Docente de Biofísica, Doutor em Medicina pela Universidade Federal de Minas Gerais

EDITORA ATHENEU

São Paulo — Rua Jesuíno Pascoal, 30
Tels.: (11) 2858-8750
Fax: (11) 2858-8766
E-mail: atheneu@atheneu.com.br

Rio de Janeiro — Rua Bambina, 74
Tel.: (21) 3094-1295
Fax: (21) 3094-1284
E-mail: atheneu@atheneu.com.br

Belo Horizonte — Rua Domingos Vieira, 319 — Conj. 1.104

PLANEJAMENTO GRÁFICO/CAPA *Equipe Atheneu*
ILUSTRAÇÕES *João Batista Bittencourt*

Dados Internacionais de Catalogação na Publicação (CIP)
(Câmara Brasileira do Livro, SP, Brasil)

Heneine, Ibrahim Felippe
Biofísica básica/Ibrahim Felippe Heneine. [Colaboradores José Pereira Daniel, Maria Conceição Santos Nascimento, Luiz Guilherme Dias Heneine]. – São Paulo: Editora Atheneu, 2003

Bibliografia.

1. Biofísica 2. Física médica I, Daniel, José Pereira. II. Nascimento, Maria Conceição Santos. III. Heneine, Luiz Guilherme Dias. IV. Título

99-0867 CDD-612.014

Índices para catálogo sistemático:

1. Biofísica médica 612.014

HENEINE, I.F.
Biofísica Básica

Colaboradores

José Pereira Daniel

Professor Adjunto de Biofísica, Instituto de Ciências Biológicas, Universidade Federal de Minas Gerais. Farmacêutico Químico, Universidade Federal de Minas Gerais.

Maria Conceição Santos Nascimento

Professora Adjunta de Biofísica, Instituto de Ciências Biológicas, Universidade Federal de Minas Gerais. Mestre em Ciências Fisiológicas. Farmacêutica Química, Universidade Federal de Minas Gerais.

Luiz Guilherme Dias Heneine

Da Fundação Ezequiel Dias. Biólogo pela Universidade Federal de Minas Gerais.

Dedico este trabalho à minha esposa, a
meus filhos e netos

Apresentação

Este livro é um texto de Biofísica Básica, e sua apresentação assim se resume:

1. A Quem se Destina

A estudantes da área Biológica, como Ciências Biológicas, Enfermagem, Farmácia, Fisioterapia, Odontologia, Medicina, Terapia Ocupacional e Veterinária. Aos professores de Biofísica, como instrumento auxiliar nos cursos.

2. O Conteúdo

É adequado às necessidades curriculares de cada curso, e tem aplicações diretas nas profissões biológicas. É, também, um repositório de informações, para consultas.

3. A Estrutura do Texto

A Biofísica é descrita em termos de Matéria, Energia, Espaço e Tempo, da Teoria dos Campos, e da Termodinâmica, em substituição às antigas divisões de: Cinética, Mecânica, Termologia, Hidrostática, e outras. Essa abordagem simplifica o tema, tornando a Biofísica matéria mais atraente.
A sequência dos assuntos segue a ordem natural. Começa em nível atômico, molecular, supramolecular (células), supracelular (sistemas), estendendo-se à organização de sistemas, aos animais ditos superiores, e às interações meio ambiente-biossistemas.

4. Organização do Conhecimento

Cada capítulo, sempre que necessário, consta de:

> ***a. Leitura Preliminar*** *– Visa preparar o campo do conhecimento no assunto. São opcionais, mas recomendáveis.*
>
> ***b. Texto Básico*** *– O assunto é exposto de maneira linear, com ênfase nos aspectos conceituais e operacionais.*
>
> ***c. Leitura Complementar*** *– Trazem novos subsídios ao texto básico, ou desenvolvem aspectos formais.*
>
> ***d. Atividade Formativa*** *– Visa a participação ativa do leitor, no processo de aprendizado. Deve ser trabalhada o mais extensamente possível.*

Ainda, quando adequado, há sugestões para Grupo de Discussão, e Trabalhos de Laboratório.

5. Reconhecimento

A todos que compartilharam dessa experiência de conviver duas décadas com a Biofísica, em particular, aos professores José P. Daniel e Maria Conceição S. Nascimento, que contribuíram de forma significativa para esta obra. À Egídia R. de Souza, pela assistência técnica constante.
Ao meu filho, o biólogo Luiz G. D. Heneine, pela participação efetiva.
Aos colegas que leram o manuscrito nos capítulos de sua especialidade, e deram valiosas sugestões para o aprimoramento do texto: Paulo S. Lacerda Beirão, Fernando Alzamora e Álvaro D. Azevedo (ICB-UFMG) e Sebastião André Pereira (ICEx-UFMG).
Ao Dr. Paulo da Costa Rzezinski, Diretor-Médico, e equipe da Atheneu, pela colaboração atenta e paciente.
Ao ilustrador João Batista Bittencourt por sua relevante contribuição; e finalmente, aos colegas Ricardo Brandão Barbosa e Jorge Luiz Pesquero pela colaboração, prestada na revisão das 1ª e 2ª reimpressões.

O Autor

Sumário

Parte 1 — Introdução à Biofísica, 1

1. *O Universo e sua Composição Fundamental*, **3**
2. *Teoria do Campo e a Biologia,* **13**
3. *Termodinâmica,* **55**

Parte 2 – Estruturas Moleculares, 75

4. *Átomos, Moléculas, Ions e Biomoléculas,* **77**

Parte 3 – Água e Soluções 99

5. *Água,* **101**
6. *Soluções,* **107**
7. *Suspensões,* **121**
8. *Difusão: Osmose e Tônus,* **125**
9. *pH e Tampões,* **139**
10. *Oxidação e Redução em Biologia,* **163**
11. *Soluções: Métodos Biofísicos de Estudo,* **175**

Parte 4 – Estruturas Supramoleculares – A Célula, 197

12. *Membranas Biológicas,* **199**
13. *Bioeletricidade, Biopotenciais, Bioeletrogênese,* **213**
14. *Contração Muscular,* **225**

Parte 5 – Biofísica de Sistemas 235

15. *Biofísica da Circulação Sanguínea,* **237**
16. *Biofísica da Respiração,* **265**
17. *Biofísica da Função Renal,* **287**
18. *Biofísica da Visão,* **301**
19. *Biofísica da Audição,* **321**

Parte 6 – Radioatividade e Radiações em Biologia, 337

20. *Radioatividade,* **339**
21. *Radiações Ionizantes e Excitantes,* **357**
22. *Radiobiologia,* **365**
23. *Isótopos – Radioisótopos e Radiações – Aplicações em Biologia,* **375**

Apêndice 1, **387**
Apêndice 2, **389**
Apêndice 3, **393**

Parte 1
Introdução à Biofísica

1

O Universo e sua Composição Fundamental

De que se compõem os seres vivos? Essa perfuma leva a outra, anterior e mais geral: qual é a compoição do Universo?

Contemplar o Universo é uma deslumbrante festa para os sentidos: objetos vários, luzes, cores, sons, movimentos e a presença espantosa de Seres Vivos. A composição desse Universo, desde o Micro até o Macrocosmo parece muito complexa, mas pode ser reduzida a alguns componentes fundamentais, que são:

Quadro 1.1 – Composição Fundamental do Universo.

MATÉRIA (M)*	ENERGIA (E)	ESPAÇO (L)	TEMPO (T)

** Usualmente representada pela Massa.*

Esses componentes, fundamentais simplesmente porque não podem ser substituídos por outros, são também denominados Grandezas, Qualidades ou Dimensões Fundamentais. Todos nós temos noção, subjetiva e objetiva, desses componentes:

Matéria – pelos objetos, corpos, alimentos;
Energia – pelo calor, luz, som, pelo trabalho físico;
Espaço – pelas distâncias, áreas e volume dos objetos;
Tempo – pela sucessão do dia e noite, pela espera dos acontecimentos e pela duração da vida.

A combinação dessas Grandezas Fundamentais dá origem a uma série de Grandezas Derivadas. A área é espaço ao quadrado (L^2), o volume é espaço ao cubo (L^3). A relação entre a quantidade de massa (M), e o volume de (L^3), é a densidade (d):

$$d = \frac{\text{MASSA}}{\text{VOLUME}} = \frac{M}{L^3} = ML^{-3}$$

A relação entre o espaço percorrido (L) e o tempo decorrido (T) é a velocidade (v):

$$v = \frac{\text{ESPAÇO}}{\text{TEMPO}} = \frac{L}{T} = LT^{-1}$$

Algumas dessas Grandezas de maior interesse em Biologia serão comentadas mais adiante.

Essas Grandezas **Naturais** definem a composição e os fenômenos que ocorrem no Universo, de maneira Qualitativa. Para a definição **Quantitativa** usam-se os **Números**, que foram inventados pelo Homem. Com o uso dos números é sempre possível definir a quantidade de cada componente.

A Biofísica é o estudo da Matéria, Energia, Espaço e Tempo nos Sistemas Biológicos.

Os Seres Vivos e a Composição do Universo:

Os Seres Vivos, fazendo parte do Universo, são compostos de Matéria, utilizam e produzem Energia, ocupam Espaço próprio, e vivem na Dimensão Tempo. Sua composição, estrutura e função qualitativa é quantitativamente definida por Números adequados, com o uso das Grandezas Fundamentais e Derivadas.

Grandezas Fundamentais e Derivadas – Equações Dimensionais

As Grandezas Fundamentais e Derivadas são convenientemente agrupadas em Sistemas coerentes de medida. O uso desses sistemas é

indispensável, porque racionaliza o uso das Grandezas. O SI (Sistema Internacional) é **oficialmente** recomendado, mas em Biologia usa-se também o MKS (Metro, Kilograma, Segundo) e o CGS (Centímetro, Grama, Segundo), e também sistemas incoerentes de unidades. O uso de todos esses sistemas deve ser desaconselhado em favor do SI. O padrão SI de Massa é o célebre cilindro de platina iridiada, depositado no Birô de Pesos e Medidas em Sèvres (França), e que vale 1 kilograma. A noção de um kilograma é dada por um litro de água (um cubo de 10 x 10 x 10 cm de H_2O). Submúltiplos do kilograma são muito usados em biologia. O grama é mil vezes menor, o miligrama um milhão de vezes menor que o kilograma e mil vezes menor que o grama. A unidade de Espaço é o metro, cuja definição moderna é baseada no comprimento de onda do criptônio. Um metro é aproximadamente a distância de 4 palmos ou 5 ladrilhos retangulares. O metro se subdivide em centímetros (cm, 10^{-2} do metro) e milímetro (mm, 10^{-3} do metro). O tempo é medido em segundos, que é definido modernamente pelo intervalo de oscilações das linhas eletromagnéticas do césio-133. Na vida comum, o Tempo pode ser avaliado por qualquer fenómeno periódico, como os batimentos cardíacos ou as estações do ano. Um segundo é um pouco mais que o intervalo de um batimento cardíaco de um adulto normal (75 batimentos por minuto). Os múltiplos do segundo são o minuto (60 segundos) a hora (60 minutos, 3.600 segundos) etc. Os submúltiplos são o milisegundo (10^{-3} do segundo) e outros ainda menores. Veja no Apêndice III, os prefixos e valores dos múltiplos e submúltiplos dessas Grandezas.

Massa – A massa (M) é a medida da quantidade de Matéria de um ser vivo. Sob a ação da gravidade, a massa exerce uma Força, que é o peso. Na linguagem coloquial, massa e peso são usados como sinônimos, mas massa deve ser preferida. Os seres vivos variam largamente na escala de massa, indo desde vírus, com massas da ordem de 10^{-20} kg, até baleias com massas de 10^3 kg.

A unidade de massa molecular, o **dalton**, será vista no capítulo Estruturas Moleculares.

A massa dos indivíduos da espécie humana varia com diversos fatores, mas, em biologia médica, é um indicador do estado de higidez dos indivíduos.

Comprimento, Área e Volume – As dimensões dos seres vivos variam em larga escala, da mesma forma, e acompanhando a massa.

A área (L^2), ou superfície corporal, pode ser relacionada a diversos fatores fisiológicos, como o metabolismo, à perda de plasma em casos de queimadura, etc. A unidade de área do SI é o m^2, mas em biologia, usa-se ainda o cm^2.

O volume (L^3), tem grande importância biológica, como veremos, em vários exemplos, neste texto. A unidade SI de volume é o m^3, mas usa-se ainda o cm^3, o litro (1) e o mililitro (ml).

Densidade – Como já vimos, a relação massa/volume é a densidade:

$$d = \frac{\text{MASSA}}{\text{VOLUME}} = \frac{M}{L^3} = ML^{-3}$$

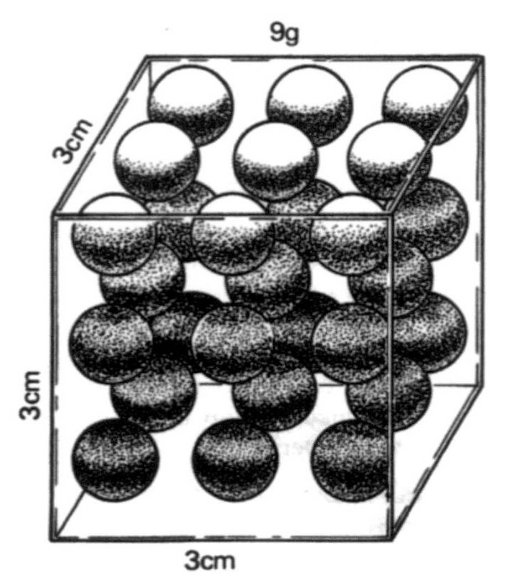

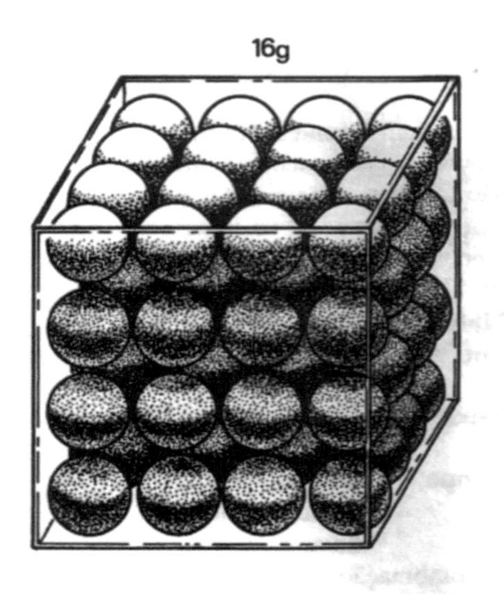

Fig. 1.1. Densidade – • Quantidade de Matéria (Massa) – □ Volume – para um mesmo volume A tem menos matéria que B,e portanto, menor densidade.

A densidade representa a quantidade de matéria existente na unidade de volume dos corpos (Fig. 1.1).

A densidade dos tecidos biológicos é peculiarmente próxima à da água, com exceção do tecido ósseo, que é muito mais denso. A densidade do sangue humano é de d = 1,057 $g.cm^{-3}$ (CGS) ou 4 = 1,057 x 10^3 $kg.m^{-3}$ (SI), isto é, pouco mais denso que a água: d'água = 1,0 $g.cm^{-3}$ (CGS) ou 1,0 x 10^3 $kg.m^{-3}$ (SI). A densidade dos tecidos e fluidos biológicos é caracteristicamente constante, variando dentro de estreitos limites. Variações além, ou aquém, desses limites, significam alterações que podem ser patológicas.

Velocidade – Os seres vivos, suas partes (membros, órgãos) seus componentes (sangue, etc.) estão em constante movimento, que é a mudança de posição no Espaço. Esse fenômeno é medido pela **velocidade**, definida como o Espaço percorrido dividido pelo Tempo decorrido:

$$v = \frac{\text{ESPAÇO}}{\text{TEMPO}} = \frac{L}{T} = LT^{-1}$$

A velocidade está representada Fig. 1.2

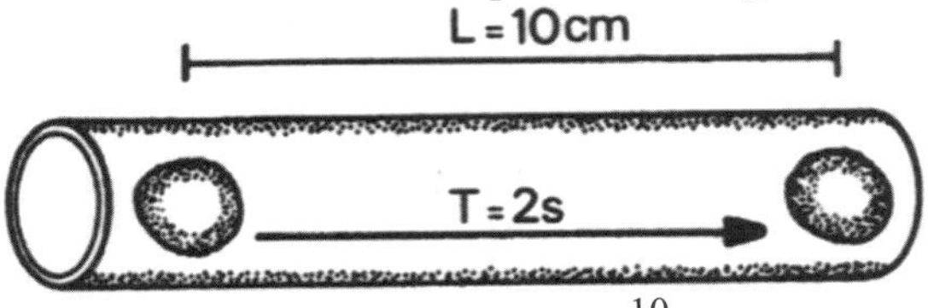

L = 10cm

T = 2s

Fig. 1.2 Velocidade – Hematia – $v = \frac{10}{\mathbf{2s}}$ cm = 5 cm . s^{-1}
Vaso sanguíneo.

Essa fórmula mede a velocidade constante, aproximada, da corrente sanguínea, dos impulsos nervosos, dos movimentos musculares, do deslocamento de íons entre dois compartimentos.

Quando se fala na **velocidade** das reações químicas, estamos substituindo Espaço percorrido por Matéria transformada por Unidade de tempo.

Aceleração – A mudança de velocidade em função do tempo é a aceleração (a), que é definida como a variação da velocidade (Δ V) dividida pelo Tempo:

$$v = \frac{\Delta V}{\text{Tempo}} = \frac{LT^{-1}}{T} = LT^{-2}$$

Essa fórmula mede a aceleração do sangue na ejeção cardíaca, a aceleração da corrente aérea na respiração, a aceleração de objetos pela contração muscular. A aceleração que está representada na fig. 1.3 é a *linear.*

Se o espaço percorrido aumenta em função do tempo, a aceleração é positiva, se diminui, é negativa. Quando o aumento da velocidade é constante, a aceleração é uniforme. A aceleração da gravidade (g) tem indispensável uso em biologia, e seu valor é:

$$g = 9,8 \ m.s^{-2}$$

Força – Outra grandeza importante em Biologia é a Força (F), que se define como o produto da Massa pela Aceleração:

$$F = \text{Massa} \times \text{Aceleração} = MLT^{-2}$$

A força está presente em todas estruturas e processos biológicos, desde moléculas até sistemas complexos. As moléculas biológicas são formadas através de forças de atração e também de repulsão, e essas forças são atuantes nas reações moleculares. São forças de atração que respondem pela manutenção das estruturas supramoleculares, como células, tecidos e órgãos. A medida da força de contração muscular é teste importante da função muscular.

A unidade de medida da força é o Newton.

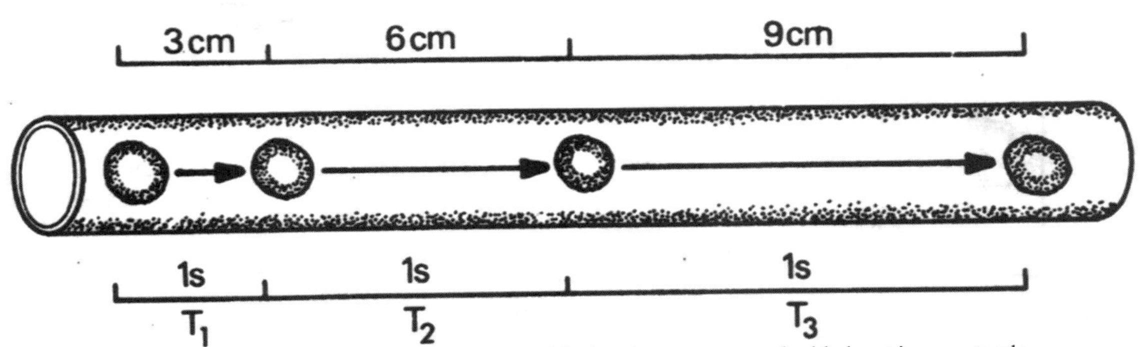

Fig. 1.3. Aceleração – A cada segundo, o espaço percorrido é maior, porque a velocidade está aumentando.

Segurar um objeto de 100 gramas (0,1 kg) corresponde a fazer uma força equivalente a 1 newton. Sustentar um peso de 1 kg corresponde a 10 newtons.

Energia e Trabalho – Energia (E) ou Trabalho (T), são duas grandezas que possuem a mesma expressão dimensional, porque elas representam dois aspectos de uma mesma Grandeza:

Energia pode produzir **Trabalho**

Trabalho pode produzir **Energia**

Energia e Trabalho são definidos como o produto da Força vezes a Distância percorrida pela Força.

$$E \text{ ou } T = \text{Força} \times \text{Distância} = MLT^{-2} \times L = ML^2T^{-2}$$

O Trabalho representa a principal, senão a única, atividade do ser vivo. Toda manifestação biológica se faz através de Trabalho ou Energia. A contracão muscular é trabalho retirado da energia elétrica dos músculos. A síntese de proteínas é trabalho retirado da energia elétrica dos alimentos. A emissão de luz pelo vagalume é Energia produzida por sistemas químicos especiais.

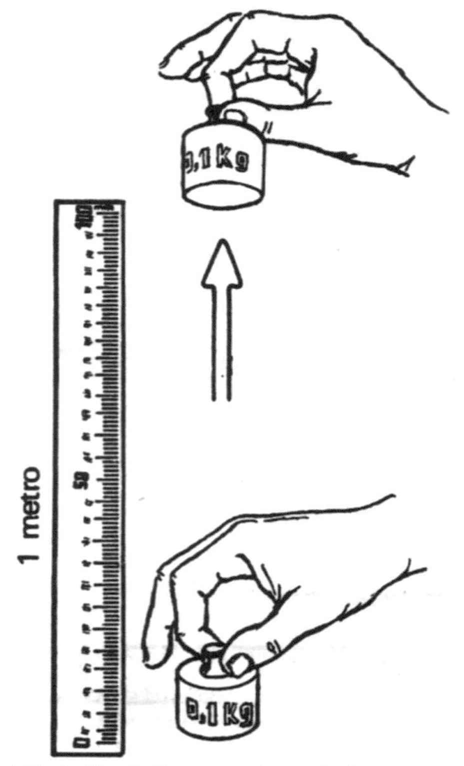

Fig. 1.4 Trabalho – Corresponde ao deslocamento de uma Força. No caso da Força Gravitacional: $T = 0{,}1 \text{ kg} \times 9{,}8 \text{ m} . s^{-2} = 1$ joule.

O Trabalho ou Energia são medidos pelo joule. Um joule é obtido quando Força de 1 newton se desloca 1 metro: levantar um objeto de 100 g (0,1 kg) a 1 metro de altura é realizar trabalho de 1 joule. Se a massa for 1 kg, é ap. 10 joules. (Fig.1.4).

O Trabalho é uma presença constante em biologia.Neste texto, inúmeros exemplos serão mostrados, inclusive casos aplicados (V. Campo Gravitacional Aplicado à Biologia, Estrutura Molecular, Osmose, etc).

Potência – A potência (W), é a capacidade de realizar Trabalho (ou produzir Energia), em função do Tempo:

$$W = \frac{\text{Energia (ou Trabalho)}}{\text{Tempo}} = \frac{ML^2T^{-2}}{T} = ML^2T^{-3}$$

A potência é medida em watts. Se a massa da Fig.1.4 for levantada em 1 segundo, a potência será de 1 watt. Portanto, um watt corresponde a levantar massa de 0,1 kg a 1 m de altura em 1 s. Essa potência é 1 joule por segundo:

$$W = \text{watt} = \frac{\text{Joule}}{\text{Segundo}}$$

A potência é uma propriedade muito importante no desempenho biológico (V. leitura complementar 01, Aplicações do Campo Gravitacional à Biologia, Biofísica da Audição, etc).

Pressão – A todo momento, em Biologia, fala-se em Pressão (P), que é definida como uma Força agindo sobre uma Área:

$$P = \frac{\text{Força}}{\text{Área}} = \frac{MLT^{-2}}{L^2} = ML^{-1}T^{-2}$$

A unidade SI de pressão é o pascal, abreviado Pa. O Pa vale pois:

$$1 \text{ Pa} = 1 \text{ N.m}^{-2}$$

Corresponde à pressão que uma placa leve de plástico, de 10 g, exerce sobre a palma da mão (100 cm^2).

A pressão sanguínea é a força que o sangue exerce sobre as paredes dos vasos sanguíneos. A pressão intraglomerular é a força que o plasma exerce dentro dos glomérulos, e produz o filtrado para formação da urina. A pressão osmótica é a força que moléculas de uma solução exercem sobre paredes celulares. Alguns tipos de pressão estão na Fig. 1.5.

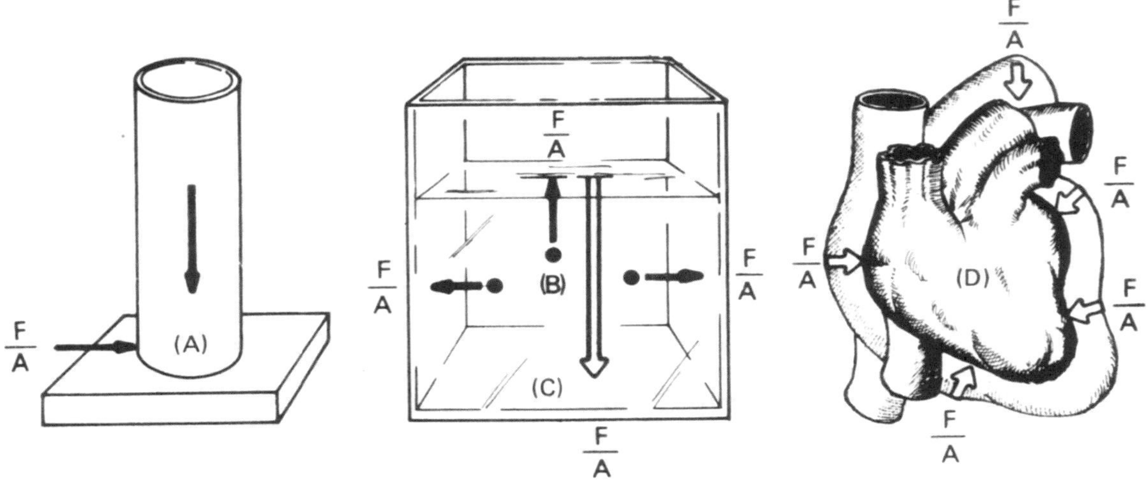

Fig. 1.5. Pressão – A – Cilindro sobre placa; B – Moléculas em solução; C – Líquido no vaso; D – Contração cardíaca.

Quando a pressão exercida modifica o volume do sistema, algo importante ocorre; aparece Trabalho (ou Energia) como mostra a análise dimensional:

$$(ML^{-1}T^{-2}) \times (L^3) = ML^2T^{-2}$$
Pressão x Volume = Trabalho

Esse tipo de trabalho originado solução Pressão x Volume resulta da contração de cavidades, como no coração, pulmão, artérias, bexiga, tubo digestivo, etc.

A pressão atmosférica e a pressão hidrostática são muito importantes em biologia, e serão estudadas em itens especiais.

Viscosidade – A viscosidade dinâmica é a resistência interna de um fluido, líquido ou gás. Esse atrito interno é visível no escoamento de fluidos. Basta comparar o escoamento de água (viscosidade menor) com o de mel ou xaropes (viscosidade maior). A viscosidade, fisicamente, é a Força que deve ser feita durante certo Tempo, para deslocar uma Área unitária de um fluido (Fig. 1.6). A viscosidade é representada pela letra grega η (eta):

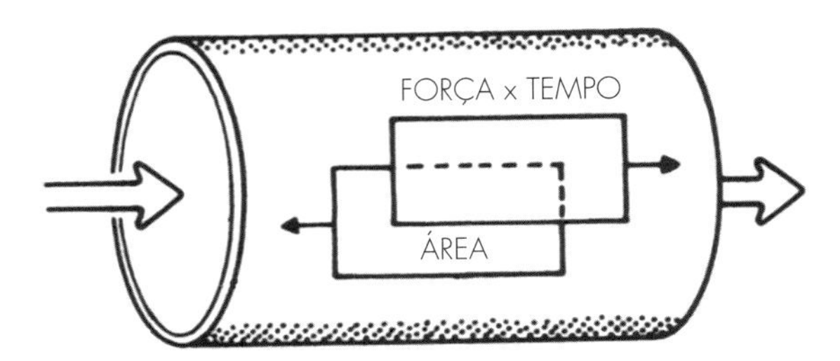

Fig. 1.6 – Viscosidade – É o atrito entre dois folhetos imaginários no líquido que se escoa.

$$\eta = \frac{\text{Força} \times \text{Tempo}}{\text{Área}} = \frac{MLT^{-2} \times T}{L^2} = ML^{-1}T^{-1}$$

A viscosidade tem enorme importância biológica tanto no escoamento de líquidos como na circulação sanguínea (V. Biofísica da Circulação), na lubrificação de articulações e na preparação de fluidos para uso biológico.

Em biologia, a viscosidade dinâmica é medida em unidades do CGS, o poise*, que vale dine x s/cm^2. A água, a 37°C, tem 0,7 x 10^{-2} poise, e o sangue humano, aproximadamente 4 vezes mais, ou 2,8 x 10^{-2} poise. A 20°C esses valores são 0,01 e 0,04 poises, respectivamente.

No SI, a unidade de viscosidade é o N.m^{-2}s, e denomina-se Pascal x segundo (Pa-s). A equivalência é:

1Pa.s = 10 poise

A viscosidade do sangue a 37°C varia entre 2,1 a 3,2x 10^{-3} Pa.s.

A análise dimensional mostra que a viscosidade pode ser considerada como o Trabalho x Tempo gastos em mover um Volume do fluido (V. Leitura Complementar 01, exemplo 4).

Tensão Superficial – A tensão superficial representa a Força que deve ser feita para a penetração de objetos em uma superfície líquida. A tensão superficial é representada pela letra grega σ (sigma). Dimensionalmente, é a Força dividida pela Distância, ou o Trabalho dividido pela área de penetração (Fig. 1.7), e as equações são:

* A pronúncia é: poase.

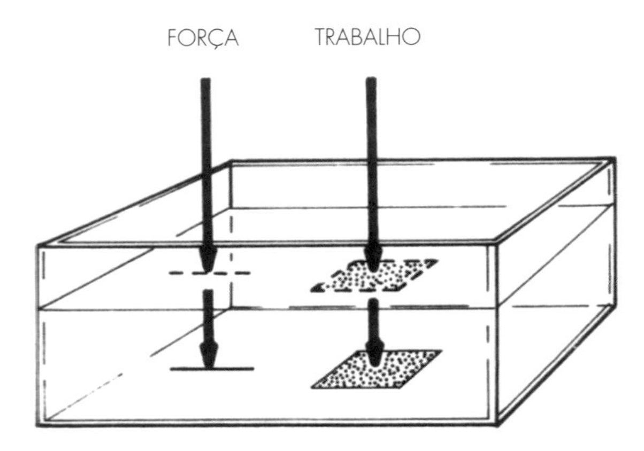

Fig. 1.7. Tensão Superficial – As duas definições são equivalentes (ver texto).

$$\sigma = \frac{\text{Força}}{\text{Distância}} = \frac{MLT^{-2}}{L} = MT^{-2}$$

$$\sigma = \frac{\text{Trabalho}}{\text{Área}} = \frac{ML^{2}T^{-2}}{L} = MT^{-2}$$

As unidades do SI são o newton-metro^{-1} ou joule.metro^{-2}. Em biologia usa-se ainda o CGS, como dine·cm^{-1}. A tensão superficial da água é 71 dine·cm^{-1}, aproximadamente 71 erg·cm^{-2} (0,07 gramas por cm^{-2}). Insetos que exercem peso menor que este pousam facilmente sobre a água, mesmo que sejam mais densos.

A tensão superficial tem importância primordial na troca de gases no pulmão (V. Biofísica da Respiração), e foi a origem da compartimentação biológica (Ver Água e Soluções). O mecanismo da tensão superficial será descrito em "Água e Soluções".

Temperatura – É um dos parâmetros físicos de maior importância em Biologia, e deve ser bem diferenciado de Calor:

A temperatura é uma medida de intensidade da energia térmica. O calor é medida da quantidade de energia térmica.

O modelo da Fig. 1.8 dá uma ideia de Calor e Temperatura. Um litro (1 1 = 1.000 ml) de água tem a quantidade de calor c, e temperatura t (Fig. 1.8A). Se esse calor fosse concentrado em 1 ml de água, a temperatura subiria para 1.000 t (Fig. 1.8B).

A temperatura, mal comparada, é a "densidade" ou "concentração" de energia TÉRMICA por volume de matéria. Sabe-se que, exceto em muito baixas temperaturas, a temperatura é uma expressão da energia cinética das moléculas.

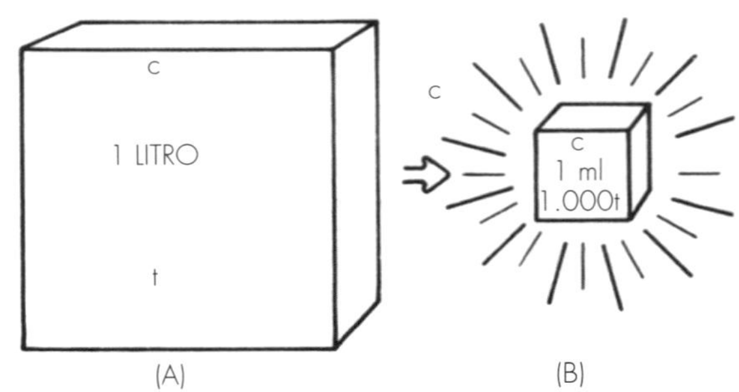

Fig. 1.8. Calor e Temperatura – A – 1 litro (1.000 ml) com calor C, resulta temperatura t; B – 1 ml com calor C, resulta temperatura 1000t.

A dimensão da temperatura é ø*. Como se vê, ø é uma representação direta de E, energia.

Na prática, a temperatura é medida em graus. Duas escalas são usadas. A centígrada (°C) que tem ponto zero na fusão do gelo, e 100° na ebulição da água, sob pressão de 1 atmosfera. A absoluta (°K), tem zero a –273,15°C. Elas são portanto relacionadas e simbolizadas como:

T = t + 273,15   0°C = 273°K
↑   ↑
°K °C   100°C = 373°K

A quantidade de calor é medida em quilocalorias, mas essa unidade deve ser abandonada em favor do Joule (V. Termodinâmica).

Frequência – Diversos fenômenos biológicos são repetitivos em função do Tempo: batimentos cardíacos, movimentos respiratórios, ondas elétricas cerebrais, e são medidos pela Frequência, que é representada pela letra f.

A Frequência é o número de eventos quaisquer num intervalo de Tempo. Por isto representa-se apenas como o inverso do Tempo:

$$f = \frac{1}{T} = T^{-1}$$

Quando se diz que a frequência cardíaca é 80 por minuto, quer-se dizer 80 batimentos cardíacos por minuto. A unidade de frequência é o Hertz (Hz) que corresponde a um evento por segundo (s^{-1}). Atenção: ao determinar frequência, o início da contagem é *a partir de 0, nunca de 1!*

Leitura Complementar – LC – 01

O Biólogo e as Dimensões

Um hábito prejudicial, ainda muito arraigado entre os Biologistas, é o desprezo voltado às Dimensões. São expressões corriqueiras:

*ø – teta, letra grega.

"A pressão sanguínea é 12 por 8". "O volume celular é 80". "A concentração da solução é 0,2". "A temperatura é 39" frases nas quais as dimensões são ignoradas. Sabe-se que todos os parâmetros físicos e, portanto, os biológicos, são dimensionais. Fazem exceção algumas constantes matemáticas, fatores de proporcionalidade e razões, porque as dimensões se cancelam.

Como usar alguma dimensão é melhor do que nenhuma, tolera-se em Biologia medir pressão em "centímetros" ou "milímetros", massa em gramas, viscosidade em poise e tensão superficial em dines cm^{-1}, além de muitos outros exemplos.

O uso da análise dimensional indica o caminho correto nas operações com Unidades, mostra novos parâmetros e define o grau de certeza, ou disparate, das operações realizadas. Vejamos quatro exemplos:

Exemplo 1 – Um anestésico de uso intravenoso age na dose de 2 mg/kg de massa corporal, vem em ampolas na concentração de 10 mg/ml, e o paciente pesa 60 kg. Qual o volume de solução anestésica a ser injetado?

(Dados) —
- Dose ativa: $2\ mg\text{-}kg^{-1}$
- Concentração: $10\ mg^{\cdot mh-1}$
- Paciente: 60 kg
- Procurado: volume em ml a ser injetado.

Sabemos que se após o cancelamento das dimensões sobrar apenas ml estaremos seguros de um resultado certo. Como primeira tentativa, vamos multiplicar diretamente as dimensões:

$$R_1 = (2\ mg{\cdot}kg^{-1})\ x\ (10\ mg{\cdot}ml^{-1})\ x\ (60\ kg) = \\ = 120\ mg^2{\cdot}ml$$

Obtemos um resultado insatisfatório, em especial, para o paciente. Vamos agora inverter as dimensões da concentração e repetir a multiplicação:

$$R_2 = (2mg{\cdot}kg^{-1})\ x\ (\frac{1mg^{-1}{\cdot}ml}{10})\ x\ (60\ kg) = 12\ ml,$$

ou seja, um resultado que garante o despertar do cadente. Esse procedimento se aplica a todos os casos de administração de medicamentos.

Nota: Verificar, mudando o que quiser, que apenas esse resultado é obtido como correto. Você notou que foram usadas unidades incoerentes? Por que, nesse caso, o resultado foi correto?

Exemplo 2 – O que significa o produto Pressão × Volume?

A análise dimensional mostra:

$$\text{Pressão} \times \text{Volume} = \text{Energia (Trabalho)} \\ (ML^{-1}T^{-2}) \times (L^3) = ML^2T^{-2}$$

Se o volume não varia, há Energia Potencial. Se o volume varia, há deslocamento de Força, e, consequentemente, Trabalho.

Exemplo 3 – O que representa o produto Força x Velocidade?

$$\text{Força} \times \text{Velocidade} = \text{Potência} \\ (MLT^{-2}) \times (LT^{-1}) = ML^2T^{-3}$$

Essa é outra alternativa ao quociente de Trabalho por unidade de Tempo, que vimos anteriormente, representando Potência.

Exemplo 4 – Um outro modo de compreender Viscosidade é quando se considera o Trabalho que é necessário para deslocar um Volume de fluido (Fig. 1.9).

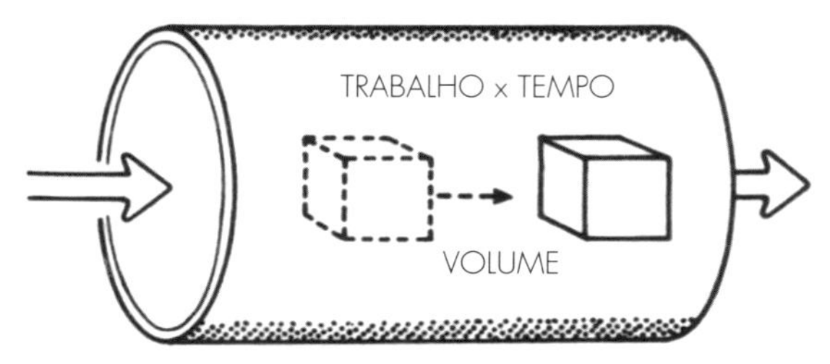

Fig. 1.9. Outra representação de viscosidade (ver também a Fig. 1.6).

A análise dimensional mostra que:

$$\sigma = \frac{\text{Trabalho} \times \text{Tempo}}{\text{Volume}} = \frac{ML^2T^{-2} \times T}{L^3} = \\ = ML^{-1}T^{-1} \text{ (Dimensão de Viscosidade)}$$

Esse, aliás, é um método prático e simples para determinar viscosidade de líquidos: mede-se o tempo que uma esfera de aço leva para percorrer uma distância no líquido, em queda livre.

Para concluir, a análise dimensional é um grau de certeza tão efetivo, que resultados corretos podem ser obtidos, sem que seja conhecido o significado ou o mecanismo do processo. Basta que as dimensões signifiquem alguma coisa fisicamente plausível.

Temas para Grupo de Discussão – GD – 01

1. Discutir as relações entre os Biossistemas e as Grandezas Fundamentais.
2. Recolher em textos diversos de Biologia (Anatomia, Histologia, Bioquímica, Fisiologia, Terapêutica, etc.) amostras do uso indevido de unidades, e convertê-las para o SI. Os textos de Medicina são particularmente férteis em exemplos.

3. Discutir massa e peso, velocidade e aceleração, energia e trabalho. Procurar em livros de Física conceito de aceleração linear e tangencial (opcional).

Trabalhos de Laboratório – TL – 01

Não se deve objetivar grande precisão nesses temas simples.

1. Determinar a massa de objetos comuns. Calcule o peso.
2. Determinar a densidade de alguns objetos sólidos, e de líquidos. "Invente" o procedimento.
3. Medir o fluxo da água em tubos de vários diâmetros. Use um cilindro graduado para determinar o volume e um relógio provido de indicador de segundos (ou cronômetro). O que se pode calcular com esses dados?
   Transfira o modelo para a circulação sanguínea.

Atividade Formativa 01

Proposições:

01. Expressar, usando as Qualidades Fundamentais do Universo, as seguintes Qualidades Derivadas:

1. Área	5. Aceleração
2. Volume	6. Força
3. Densidade	7. Pressão
4. Velocidade	8. Trabalho

02. Expressar as Qualidades da P.01 em Unidades SI e CGS.
03. Uma hemácia marcada com radioisótopo se desloca entre dois pontos de um vaso sanguíneo. A distância entre os pontos é 0,2 m e o tempo gasto foi de 0,01 s. Calcular a velocidade da corrente sanguínea no SI e CGS.
04. Uma hemácia é acelerada pela contração ventricular. No primeiro 0,1 segundo, ela percorre 10 mm, no segundo 20 mm, e no terceiro, 30 mm. Calcular a aceleração em $cm\text{-}s^{-1}$ e $m\text{-}s^{-1}$.
05. Um indivíduo levanta um objeto de 5 kg a 1,20 m de altura em 1,3 s. Na repetição do teste, ele consegue tempo de 0,92 s. Calcular o Trabalho realizadp e a Potência demonstrada em cada caso.
06. Um atleta suporta sua massa corporal (70 kg) suspenso em uma barra. Qual a Força que ele faz?
07. Para empurrar massa de sangue de 100 g com aceleração de $0{,}012\ m\text{-}s.^{-1}$, quanto de Força é necessário?
08. Um atleta (70 kg) salta sobre um obstáculo de 1,20 m de altura. Qual foi o Trabalho físico realizado?
09. O coração se contrai com pressão máxima de 120 mmHg, lançando sangue numa aorta de 2,5 cm de diâmetro. Qual é a Força da contração cardíaca em unidades SI?
10. Calcular a Energia, em Unidades SI, necessária para produzir a Força de contração cardíaca na proposição anterior, sabendo-se que o volume do ventrículo na sístole é de 100 cm^3. Dica: Energia/Volume = ?.
11. A bexiga se contrai (variação de volume) para eliminar urina (sob pressão). O que representa a combinação dessas variáveis?
12. A dose efetiva de uma sulfa é 0,02 gkg^{-1}, tomada de 8 em 8 horas. Se o paciente pesa 75 kg, quantos gramas deve tomar a cada intervalo? Se cada comprimido tem 0,5 g de sulfa, quantos comprimidos devem ser ingeridos a cada 8 horas? Use dimensões.
13. Uma suspensão de antibiótico, para uso oral, tem concentração de $500\ mg \cdot 10\ ml^{-1}$. A dose para crianças é $30\ mg \cdot 10\ kg^{-1}$ de massa corporal ("peso"). Quantos ml você daria para uma criança de 20 kg se a dose é tomada de 12 em 12 horas e qual o total ingerido em 5 dias? Use dimensões.
14. O fluxo de um líquido biológico qualquer (sangue, linfa, etc.) é definido como o volume debitado por segundo. Se a área do vaso for conhecida, que mais se pode calcular?
15. Distinguir massa e peso.
16. Das Dimensões Derivadas, apenas Área (L^2), Volume (L^3) e Densidade (ML^{-3}) não possuem o Tempo (T) na fórmula dimensional. Discutir. É possível que Matéria e Espaço sejam eternos?
17. Discutir a quantidade de calor e a temperatura dos seguintes sistemas: xícara de café bem quente. Piscina com água fria. Pequena esfera de aço, aquecida ao rubro.
18. A que temperatura centígrada equivale 310°K? (considere o zero absoluto como arredondado para -273°K).
19. A que temperatura absoluta equivale 37°C? (o zero absoluto, como na P-18).
20. Uma substância radioativa emite 3.000 pulsos por minuto. Qual é a frequência de emissão?
21. Um coração pulsa 6.480.000 vezes em 24 horas. Calcular sua frequência.

Objetivos Específicos do Capítulo 1

1. Nomear e conceituar as grandezas Fundamentais e Derivadas do Universo.
2. Conceituar Biofísica.
3. Identificar e descrever algumas grandezas como Massa, Área, Volume, Densidade, Velocidade, Aceleração, Força, Energia e Trabalho, Potência, Pressão, Viscosidade, Tensão Superficial, Temperatura e Frequência.
4. Resolver problemas simples, aplicados à Biologia, envolvendo essas Qualidades e suas Equações Dimensionais.

2

Teoria do Campo e a Biologia

Por que os corpos se movimentam? Como se formam as moléculas e demais estruturas que conhecemos? Por que partes de Matéria se atraem, ou se repelem? Como os seres vivos utilizam Energia, e trabalham? Por que os fenômenos levam Tempo para ocorrer?

A resposta básica, e fundamental, a essas perguntas, está na Teoria dos Campos. Essa teoria, do ponto de vista conceitual, é muito simples:

Matéria e Energia são dois estados diferentes de uma mesma **Qualidade Fundamental:** A Matéria se caracteriza pela massa de inércia, a Energia é capaz de produzir Trabalho. Esse conceito de Matéria (Corpos) e Energia (Campos), está contida na Teoria dos Campos:

Toda Matéria emite um Campo, que é Energia. Essa Energia se manifesta com uma Força, que pelo seu deslocamento é capaz de produzir Trabalho:

Matéria ⇆ Energia ⇆ Força ⇆ Trabalho

Embora falte precisão formal a esse modelo, ele é satisfatório para o Biologista compreender os fenômenos biológicos. O campo se manifesta sob três formas definidas, que são:

Gravitacional G	Eletromagnético EM	Nuclear N

Campo **Propriedades Principais**

G { Somente Força de Atração. Varia inversamente com o quadrado da distância. Age a longas distâncias, como no sistema solar.

EM { Forças de Atração e Repulsão

a) **Com carga:** Campo **Elétrico**, com carga positivas e negativas. Varia com o inverso do quadrado da distância, age a pequenas distâncias, como alguns metros. Campo Magnético, com pólos norte e sul. Varia com inverso da distância. Age a Distâncias médias, como na Terra.
b) **Sem carga:** Campo **Elétrico e Magnético** combinados. São as radiações eletromagnéticas, desde raios cósmicos, raiso X, ultravioleta, luz visível, infravermelho (calor), ondas de rádio. Varia com inverso do quadrado das distâncias, e atinge distâncias astronômicas.

N { Forças principais de Atração e Repulsão muito fortes. Agem apenas em distâncias muito curtas, intranucleares. Forças secundárias fracas, entre algumas partículas.

2.1 – A Dimensão Tempo

A Teoria dos Campos prevê que os Corpos não interagem **diretamente** entre si: toda interaçâo é entre Corpos e Campos. Duas moléculas não colidem fisicamente, Matéria com Matéria. A interação se faz entre Campo de uma, e Matéria da outra, e vice-versa. Os Campos emitidos pelos Corpos podem interagir entre si. Assim, a propagação da interação no Espaço se faz através da propagação do efeito do Campo, e demanda certo tempo para ocorrer. A interação mais rápida é a da luz, no vácuo.

Não há, pois, eventos instantâneos, e nem tampouco **imediatos**. Todos demandam Tempo, e têm os Campos como mediadores do processo. Quando dizemos que uma reação foi instantânea, apenas estamos indicando que o Tempo da reação foi muito rápido para ser percebido pelos nossos sentidos. Com instrumentação adequada, pode-se demonstrar que o evento levou tempo para ocorrer. Alguns fenômenos biológicos levam milionésimos de segundos para acontecerem.

2.2 - **Estados e Formas de Energia nos Campos**

A energia existe nesses Campos sob dois Estados:

Energia Potencial (E_p) em repouso, armazenada.

Energia Cinética (E_c) em movimento, trabalhando.

A conversão de um estado no outro:

$$E_p \leftrightarrows E_c$$

é possível, ocorre frequentemente nos fenômenos universais, e especialmente nos sistemas biológicos.

Além desses estados, a Energia existe sob várias Formas, algumas das quais estão no Quadro 2.1

Quadro 2.1 - Algumas Formas de Energia

Campo G	Campo EM	Campo N
Gravitacional	Elétrica	Nuclear Forte
Mecânica (Trabalho)	Magnética	Nuclear Fraca
	Eletromagnética (Raios X, luz, calor, osmótica, etc.)	

Exemplos desses Estados e Formas de Energia nos Seres Vivos, vêm a seguir.

2.3 – **A Biologia e os Campos G, EM e N**

Os seres vivos são os grandes usuários dos Estados e Formas de Energia. Nenhum aparelho criado pelo homem consegue utilizar, com eficiência e variedade, como os seres vivos, os diversos estados e formas de energia.

Campo Gravitacional (G)

O Campo G é emitido por toda e qualquer Matéria, e fornece somente força de atração. Existem dois tipos de Campo G:

1. **Campo G Real** – emitido pela matéria. É permanente.
2. **Campo G Provocado** – produzido pela aceleração dos corpos. E transitório.

O Campo G da Terra é um exemplo típico de Campo G real (Fig. 2.1).

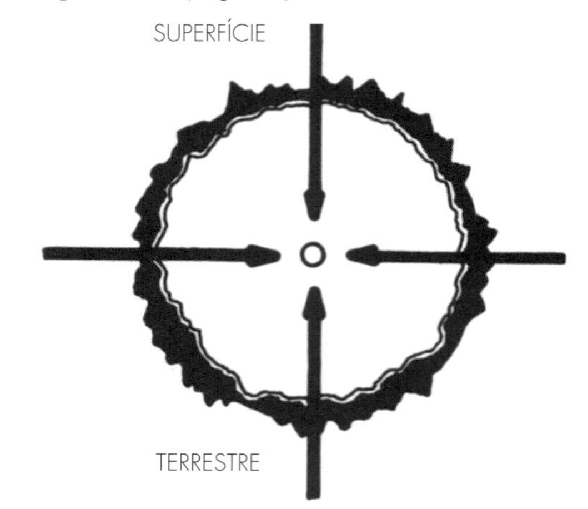

Fig. 2.1. Campo G da Terra – Os vetores indicam o sentido do campo.

O sentido único da força do campo é em direção ao centro, onde a Gravidade (força do campo) é nula. A qualquer distância do centro, existe força que atrai os corpos, sempre na direção do centro. No campo G da Terra os corpos podem ter energia potencial (E_p) ou energia cinética (E_c), como mostra a Fig. 2.2.

O campo G da aceleração mais conhecido é das centrífugas (Fig. 2.3).

Esse campo aparece com a rotação do sistema, e tem a direção indicada pelo vetor tracejado. Forças muito superiores ao campo G da Terra podem ser obtidas por esse método. Esse campo G provocado é muito usado na instrumentação em Biologia, e em estudos dos efeitos do campo G sobre os Biossistemas.

Ainda no campo G existem forças mecânicas, como as representadas por molas comprimidas ou esticadas, i.e., fora da sua posição de equilíbrio (Fig. 2.4).

A dilatação de gases, a circulação de fluidos e a deformação dos Corpos são outros exemplos de Trabalho mecânico no Campo G.

Como o Campo G está envolvido com os sistemas biológicos? Há uma interação mútua e indissociável:

A atividade dos Biossistemas no Campo G.

A ação do campo G sobre os Biossistemas.

A atividade dos sistemas biológicos no campo G é manifesta pelo movimento, especialmente o de origem muscular. Essa atividade é **Trabalho**, que biologicamente é a expressão dos processos vitais.

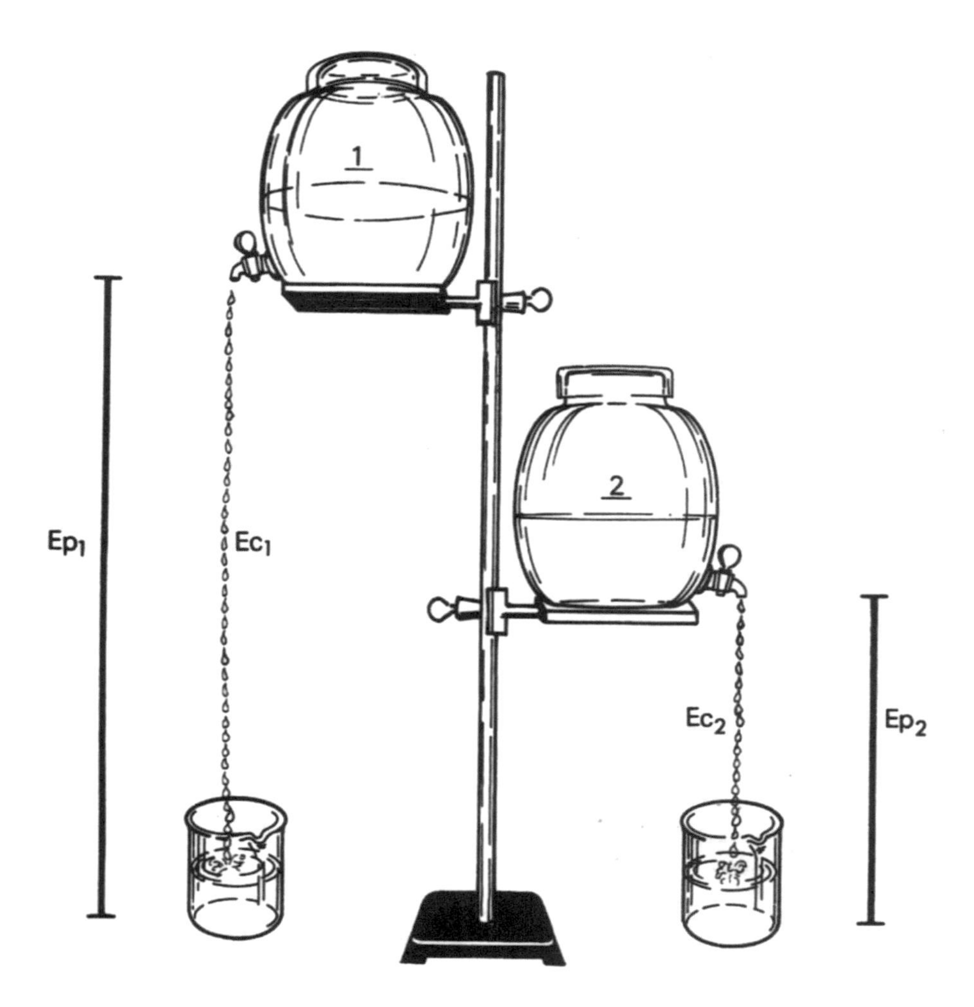

Fig. 2.2. Energia Potencial e Energia Cinética no Campo G - Quanto maior a altura em relação ao nível zero (E_p = O) maior é a E_p dos corpos ($E_{pl} > Ep_2$). Na queda, a E_p da água se transforma em E_C, e naturalmente, quanto maior a E_p, maior será E_C gerada: $E_{C1} > E_{C2}$.

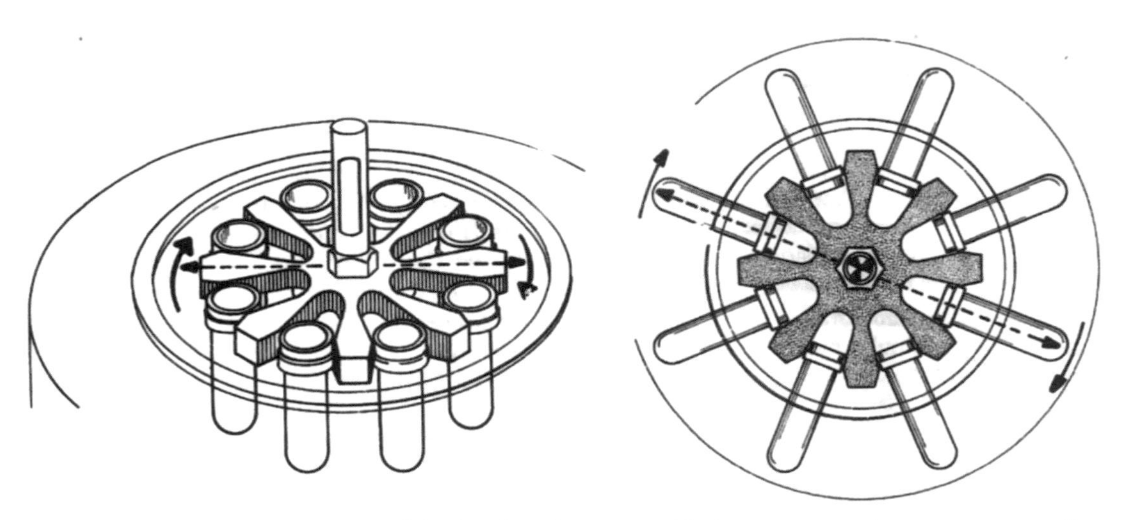

Fig. 2.3. Campo G da Aceleração Tangencial – Os tubos giram no sentido das setas curvas.Aparece um campo G no sentido dos vetores tracejados (------→).

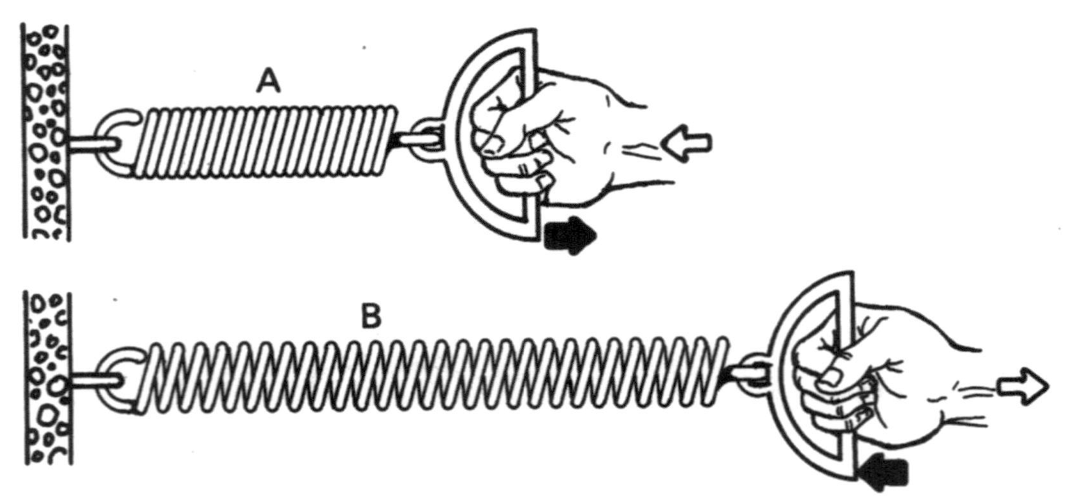

Fig. 2.4. Forças Mecânicas no Campo G – A mola em repouso é comprimida (A) ou esticada (B). Acumula-se E_p mecânica. Ao serem soltas, as molas devolvem a E_p como E_C, realizando Trabalho (→←).

Seres vivos produzem sons e ruídos, movimentam fluidos, como gases e líquidos. O levantamento de pesos no campo G é importante meio auxiliar na terapia funcional (V. Aplicações Biológicas). O ultra-som, que é energia mecânica, e também instrumento importante na terapia e no laboratório (V. Aplicações Biológicas).

O campo G é auxiliar na introdução de líquidos no organismo, especialmente na terapia intravenosa de fluidos, e na drenagem de cavidades corporais (Veja Aplicações Biológicas).

O campo G age sobre os macrossistemas, i.e., sobre partes volumosas e ponderalmente significativas, como a massa sanguínea, as visceras, as partes sustentadas pela coluna vertebral, etc. A ação sobre a massa sanguínea é extremamente importante (V. Biofísica da Circulação). A ação sobre as visceras pode resultar na ptose (queda) dessas vísceras. A mais comum é a queda dos rins, que pode ser acompanhada do dobramento do ureter, e consequente bloqueio do fluxo de urina. A força do campo G agrava também a curvatura viciosa da coluna vertebral, como na cifose (curvatura com convexidade posterior), lordose (convexidade anterior) e escoliose (curvatura lateral).

Os seres vivos são dotados de mecanorreceptores (percebem estímulos mecânicos), barorreceptores (sentem pressão), e ainda receptores que indicam a direção do campo gravitacional. O caranguejo "chamamaré" (Uca pugilator), cava sua toca no sentido do campo G. A exploração do Cosmos trouxe grande avanço nesses conhecimentos, havendo mesmo sido criado um capítulo especial de Biologia Gravitacional, além de uma Comissão Internacional para se dedicar a esse assunto.

Campo Eletromagnético (EM)

O campo EM é bem mais diversificado que o campo G, e possui forças de atração e repulsão. Ele se divide em campo Elétrico (E), campo Magnético (M) e campo Eletromagnético (EM), que é a combinação dos dois. Os campos E e M possuem carga, o campo EM não possui carga (Figs. 2.5 e 2.6).

A) Com carga

Elétrica: Positiva (+) ou Negativa (–)

Magnética: Pólo Sul (S) ou Norte (N)

As forças de atração e repulsão seguem a lei de Coulomb (Fig. 2.5).

B) Sem carga

Radiação eletromagnética

(Raios X, luz, calor, etc).

O campo EM são as radiações eletromagnéticas (Fig. 2.6A), que possuem amplo espectro de energia (Fig. 2.6B).

Como o campo EM está envolvido com os sistemas biológicos? Há uma interaçío mútua e indissociável:

1. A atividade dos Biossistemas no campo EM.
2. A ação do campo EM sobre os Biossistemas.

O campo EM, tanto como Elétrico puro (E). Magnético puro (M) ou combinado, Eletromagnético (EM), é de importância fundamental em biologia.

Os seres vivos, em sua atividade biológica, produzem os três campos. O campo **Elétrico** é presente em todas as células, e sua **propagação** é medida o eletrocardiograma (ECG), eletroencefalograma (EEG), eletromiograma (EMG) e

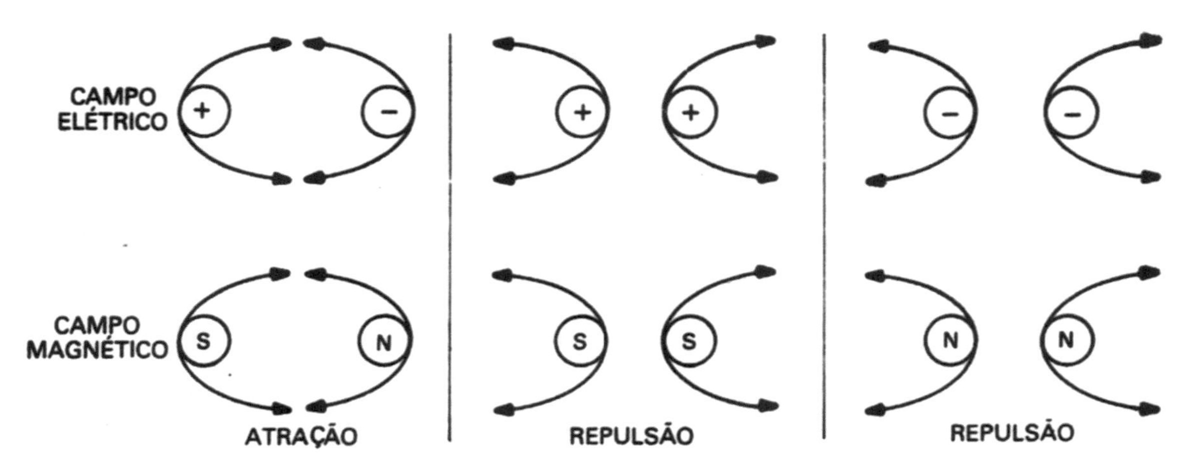

Fig. 2.5. Campos Elétrico e Magnético. Comportamento das Cargas. Atração: cargas diferentes; positiva com negativa ou pólo sul com pólo norte. Repulsão: cargas semelhantes; positiva com positiva ou negativa com negativa. O mesmo se aplica a pólo sul com sul, ou pólo norte com norte.

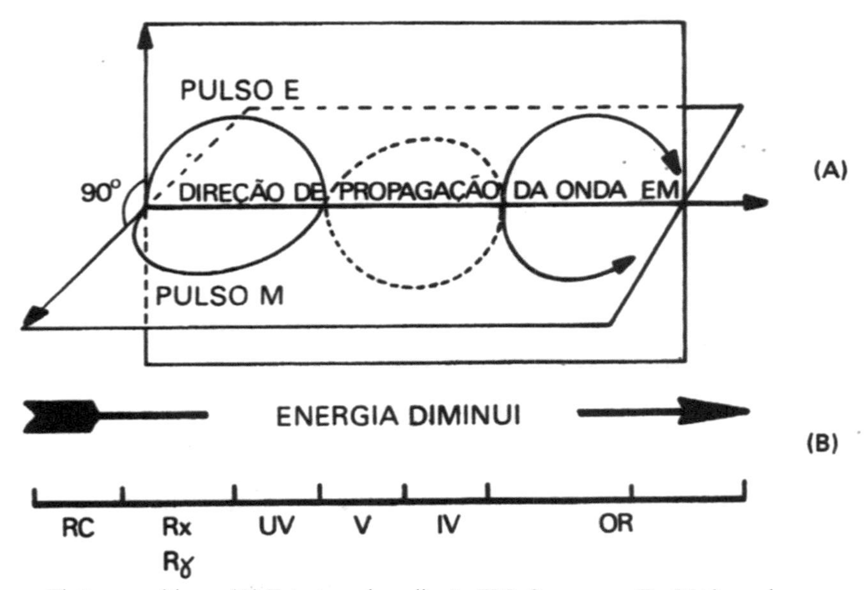

Fig. 2.6. Campo Elettomagnético – (A) Estrutura da radiação EM: Os campos E e M têm pulsos perpendiculares entre si; (B) A faixa de Energia é grande. RC – Radiação Cósmica; Rx e Rγ – raios X e Radiação γ; UV – Ultravioleta; V – Visível; IV – infravermelho (calor) e OR – Ondas de Rádio.

eletroretinograma (ERG). Esses registros possuem considerável importância na pesquisa e clínica. O impulso nervoso é uma corrente elétrca. (V. Biofísica de Estruturas Supra-Moleculares). O campo magnético participa de certas propriedades de moléculas como a hemoglobina, citocromo, ferredoxina, e outras.

O campo EM está presente em todos os seres vivos, sob a forma de calor. Como veremos na Termodinâmica, o calor sempre aparece em qualquer transformação ou processo que ocorra no Universo. Há também biossistemas capazes de produzir radiações mais energéticas, como luz visível. Vagalumes e diversos outros seres, especialmente bactérias e algas, produzem luz por um mecanismo altamente eficiente.

O campo EM participa de todas estruturas e fenômenos biológicos. A Força que mantém os átomos e moléculas ligadas entre si é de caráter Elétrico (V. Estruturas Moleculares). O campo Elétrico é também responsável pelas reações químicas, e por essa razão é chamado erroneamente de energia "química". A energia "livre" (tipo AG), que é liberada pelas reações bioquímicas, também é de natureza elétrica (V. Termodinâmica). A aplicação de correntes elétricas sobre os seres vivos constitui um importante capítulo da terapêutica, a eletroterapia (V. Aplicações Biológicas). A consolidação de fraturas pode ser acelerada pela implantação de eletródio negativo junto ao osso fraturado, para aplicação de correntes elétricas de alguns micro-Ampères e poucos milivolts.

O campo E é também instrumento de análise e investigação de sistemas biológicos, como na Eletroforese (V. Soluções, Métodos Biofísicos de Estudo).

O campo M é usado para investigar propriedades magnéticas de Biossistemas, através de métodos especiais, como a Ressonância Magnética Nuclear (NMR) e a Ressonância Paramagnética de Elétrons (EPR), e outros processos.

Várias espécies animais possuem receptores sensíveis aos Campos Magnéticos da Terra, e usam essa propriedade para se orientarem. Recentemente, foram descritas bactérias que possuem orientação magnética através de sensores especiais, os *magnetossomos*. Essas bactérias magnetotáticas já foram encontradas no Brasil. Estudos indicam que até mesmo a espécie humana possui magnetorreceptores.

O campo EM é responsável pelos fenômenos da visão e da fotossíntese. Na visão, a luz incide sobre o olho, forma-se a imagem, e a energia da luz é transferida para uma molécula, a rodopsina, e se transforma em impulso elétrico (pulso nervoso). Na fotossíntese, a energia da luz é absorvida pelos cloroplastos e armazenada como alimento, através da síntese de moléculas especiais. Existem, também, termorreceptores que são sensíveis ao infravermelho, especialmente nos tecidos cutâneos.

O campo EM, desde as radiações γ, X, UV, visível, IV e ondas de rádio, encontra imensa aplicação em Biologia, na terapêutica, nos métodos de análise, etc. Todos esses casos serão vistos neste texto (V. nos capítulos próprios).

Campo Nuclear (N)

O campo Nuclear existe somente dentro dos limites do núcleo. Suas forças principais são ainda mais intensas que as forças elétricas e magnéticas, mas possuem raio de ação muito curto e dentro do domínio do núcleo. Na realidade, o efeito externo do núcleo é do campo elétrico dos prótons (Fig. 2.7).

Pelo fato de manter a coesão entre as partículas subatômicas (que compõem os núcleos dos átomos), o campo N é responsável por sustentar todas as outras estruturas derivadas do átomo.

As forças fracas são responsáveis pelas emissões radioativas, onde partículas e energia

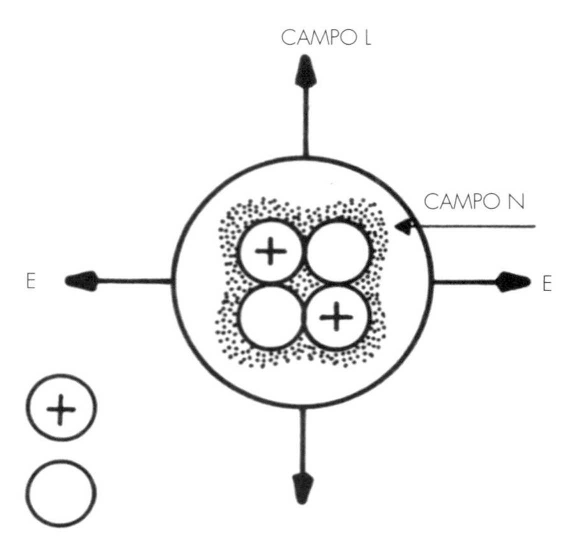

Fig. 2.7. Campo Nuclear (N) e seus Limites – O Campo N não excede o dominio do núcleo. O Campo elétrico (E) se propaga até os limites do átomo.

são emitidas pelo núcleo, sem desintegração da estrutura atômica (V. Radioatividade).

2.4 – Trabalho

Quem Trabalha? Conceito de Trabalho Ativo e Passivo

O Trabalho é a atividade final em Biologia. Os seres vivos somente vivem enquanto trabalham. O Trabalho é definido, fisicamente, como o deslocamento de uma Força, e Forças só existem nos Campos. Assim, só os Campos realizam Trabalho, porque podem dispender Energia.

Costuma-se diferenciar Trabalho Ativo (sistema gasta Energia), de Trabalho Passivo (sistema não gasta Energia). Ora, se o sistema não gastou energia e Trabalho somente se faz com dispêndio de energia, alguém gastou energia pelo sistema. Para simplificar, e evitar confusão, é melhor considerar a seguinte convenção:

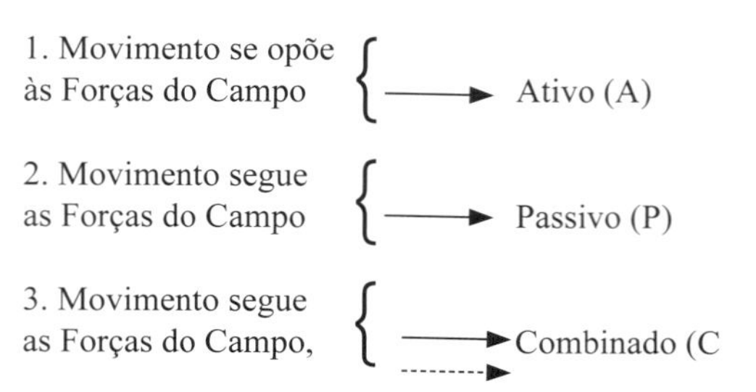

Fenômeno	Tipo de Trabalho
1. Movimento se opõe às Forças do Campo →	Ativo (A)
2. Movimento segue as Forças do Campo →	Passivo (P)
3. Movimento segue as Forças do Campo, →	Combinado (C

Esse regulamento evita dúvidas. Exemplos de Trabalho nos Campos vem a a seguir.

Campo gravitacional – Existem apenas Forças de atração, e sem a intervenção de forças externas,- temos (Fig. 2.8).

Quando dois corpos se aproximam: Trabalho Passivo.

Quando dois corpos se afastam: Trabalho Ativo.

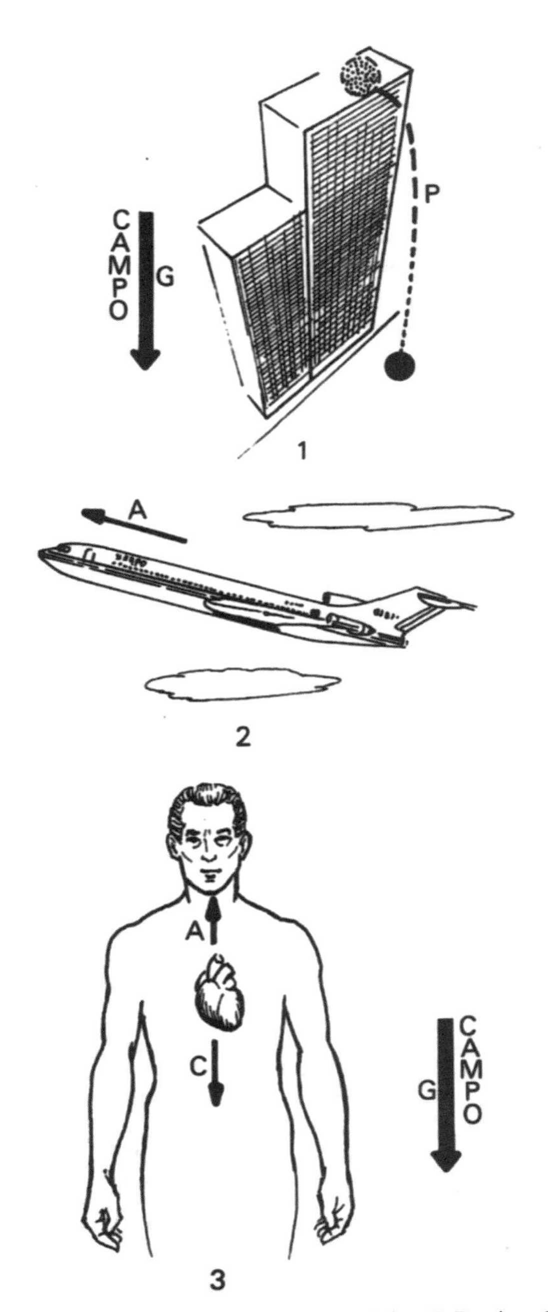

Fig. 2.8. Trabalho no Campo G – A. Ativo; P. Passivo; C. Combinado; → Campo Gravitacional.

Quando uma bola cai livremente, e se aproxima da Terra, o Trabalho é passivo (Fig. 2.8A). Quando um avião levanta vôo, se afasta da Terra, é ativo (Fig. 2.8B). Quando o sangue é bombeado pelo coração, a subida para a cabeça é Trabalho Ativo. A descida para os pés é **combinado**: ativo pela contração cardíaca, passivo pela atração da gravidade. A simples atração da gravidade não seria suficiente para levar o sangue até os pés, devido à resistência interna dos vasos (V. Biofísica da Circulação). O ato de deglutir é combinado, e torna-se muito difícil deglutir de cabeça para baixo, contra o campo G.

Campo Eletromagnético – Existem forças de atração e repulsão nos campos E e M (Fig. 2.9A e B), e forças de **concentração** no campo **EM** (Fig. 2.9C).

A Figura 2.9 é auto-elucidativa: quando o movimento segue as forças do Campo, o Trabalho é passivo (P), e quando contraria as forças do Campo, é ativo (A). O campo EM de concentração existe em todas as moléculas, sejam elas carregadas (Na^+, $C1^+$) ou sem carga (glicose ureia, etc), e seu sentido é sempre da maior para a menor concentração. Neste sentido o Trabalho é passivo, em sentido contrário, é ativo.

O campo Magnético tem comportamento similar ao Elétrico.

Transporte Biológico e Trabalho – Um dos tipos de trabalho biológico mais importante é o transporte de substâncias, que chega a constituir 1/3 do trabalho total em animais. Com o conceito de trabalho que vimos, pode-se dizer que:

Transporte ativo equivale a Trabalho ativo.

Transporte passivo equivale a Trabalho passivo.

(Veja exemplos vários neste texto).

Precedência dos Trabalhos – É necessário perceber uma sequência importante:

Onde há Trabalho Passivo, houve Trabalho Ativo antes*.

Se uma mola, ao ser liberada, se distende, ou se encolhe (Trabalho passivo), ela tinha sido previamente comprimida, ou esticada (Trabalho ativo). O mesmo se aplica a átomos, íons e moléculas. Quando dois íons positivos se repelem, é porque foram anteriormente aproximados por Trabalho ativo. É

*Esse *antes*, pode ser bem antigo, desde a formação do Universo.

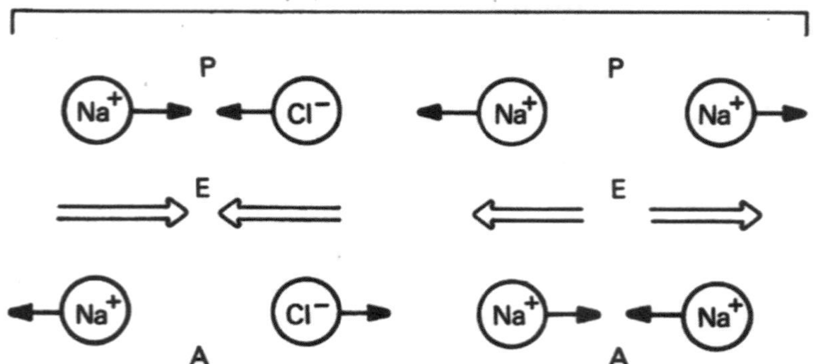

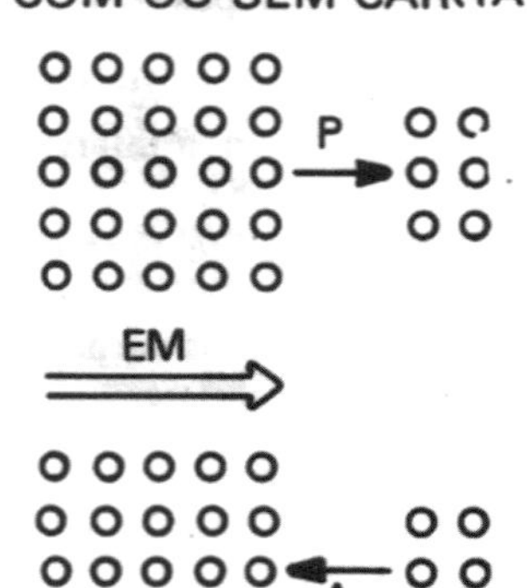

Fig. 2.9. Trabalho no Campo EM.

assim que íons K^+ são expulsos passivamente do interior para o exterior das células: antes houve Trabalho ativo na membrana para transportar esses íons para o interior da célula.

Afastando a Confusão Semântica – Diz-se, impropriamente, que Trabalho ativo é com dispêndio de energia, e trabalho passivo é sem dispêndio de energia, pelo sistema. Ou ainda: o sistema trabalha, ativo; o campo trabalha, passivo. Se o locutor entende quem trabalha, e não confunde ativo com passivo, tudo bem. Mas, lembrar que:

Todo Trabalho exige gasto de Energia.

Trabalho Conjugado – De um modo geral, os Biossistemas são econômicos i.e., não aplicam trabalho ativo onde o passivo resolve. Acontece que, em várias situações, é necessário complementar o trabalho passivo que está sendo feito, e os Biossistemas possuem mecanismos adequados para essa função.

Nota – No estudo da Termodinâmica, ver-se-á outro critério para distinguir quem trabalha:

> Se o sistema trabalha, sua energia interna diminui.
> Se o sistema é trabalhado, sua energia interna se conserva, ou pode até aumentar.
> Os critérios não se contradizem (V. Termodinâmica).

Trabalho é o Objetivo Final dos Seres Vivos

Temas para Grupo de Discussão – GD.02

1. Principais propriedades dos campos, sua atuação sobre os seres vivos, produção de campos por Biossistemas.
2. Procurar em textos de Biologia, fenômenos são descritos de forma tal, que a presença Teoria dos Campos não é aparente. Exemplos: Reações Químicas e Biológicas, exercícios físicos, respostas fisiológicas, atividade de órgãos e sistemas, etc. Passar para linguagem da Teoria dos Campos.
3. Discutir Trabalho Ativo, Passivo, e Combinado. Critérios de Determinação. Exemplos Biológicos e não Biológicos.

Trabalhos de Laboratório TL – 02

Ver depois de Aplicações Biológicas.

Proposições:

01. Assinalar os Campos de Força que agem a longas distâncias (L) e curtas distâncias (C):
    1. Campo G ( )
    2. Campo EM ( )
    3. Campo E ( )
    4. Campo M ( )
    5. Campo N ( )
02. Assinalar os Campos de Força que variam inversamente com o quadrado da distância:
    1. Campo G ( )
    2. Campo EM ( )
    3. Campo E ( )
    4. Campo M ( )
    5. Campo N ( )
03. Assinalar os Campos onde se encontram Força e Atração e Repulsão:
    1. Campo G ( )
    2. Campo EM ( )
    3. Campo E ( )
    4. Campo M ( )
    5. Campo N ( )

04. Assinale o Campo de Força que age sensivelmente nos seres vivos, em nível de órgãos e sistemas (S), molecular (M), e sub-atômico (A):
1. Campo G ( )
2. Campo EM ( )
3. Campo E ( )
4. Campo M ( )
5. Campo N ( )

05. Assinalar os Estados de Energia, E_p ou E_c, nos seguintes casos:
1. Movimento de íons através de membranas ( )
2. Energia da glicose ou ATP ( )
3. Contração muscular ( )
4. Pressão causada pelas paredes arteriais distendidas ( )
5. Peso da coluna de sangue na artéria aorta.

06. Assinale as Formas de Energia nos seguintes processos biológicos: (V. Quadro 1)
1. Peso coluna de sangue ( )
2. Contração muscular ( )
3. Fotoquímica da Visão ( )
4. Síntese de Proteínas ( )
5. Difusão de Moléculas ou íons ( )
6. Ligação Química ( )

07. Assinale com Trabalho Ativo (A) ou Passivo (P) ou Combinado (C):
1. Pedra caindo ( )
2. Pedra subindo ( )
3. Sangue venoso descendo da cabeça para o coração ( )
4. Sangue arterial descendo do coração para os pés ( )
5. Íon Na^+ se deslocando em direção a outro íon Na^+, ambos em zona de mesma contração
6. Íon Na^+ se aproximando do íon $C1^-$

08. Indicar o tipo de transporte ativo (A) ou passivo (P). Os números indicam concentração.

Na^+ 100 ( ) ( ) Na^+ 30 Na^+ ( ) ( ) $C1^-$

$C1^-$ 20 ( ) $C1^-$ 40 Glicose 10 ( ) ( ) Glicose 15

09. Comentar a expressão comum: "A energia da célula, etc...", como, se energia é apenas dos Campos?

10. Discutir a possibilidade da existência de fenômenos biológicos que não resultam de Trabalho.

11. Completar, com etas cheias (Trabalho ativo) e setas pontilhadas (Trabalho passivo), o movimento iônico na célula da Fig. 2.10. O Tamanho dos símbolos indica a concentração.

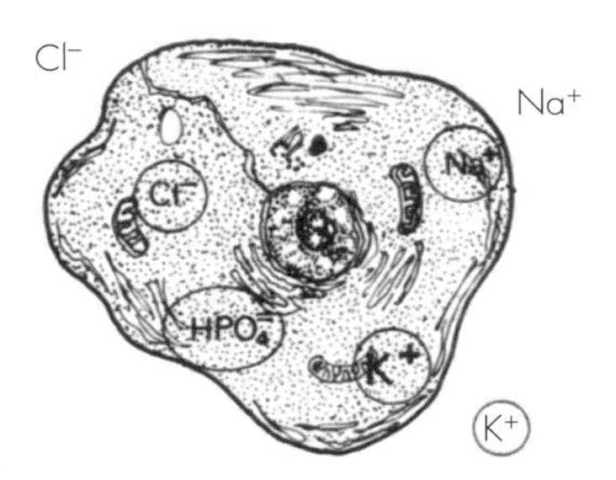

Fig. 2.10.

12. No sistema abaixo, separado por membrana permeável, os íons $C1^-$ se deslocam de (1) para (2) devido ao gradiente osmótico. Um campo elétrico foi aplicado, e o sentido do deslocamento dos íons $C1^-$ se inverte (Setas, **antes e depois**, do campo E.) (Fig. 2.11). Responda:
1. O pólo positivo foi colocado do lado ( ) e o negativo do lado ( ).
2. A Força elétrica é maior ( ) menor ( ) que a Força osmótica.
3. Os trabalhos são:
Passivo-Força..........Ativo-Força.............

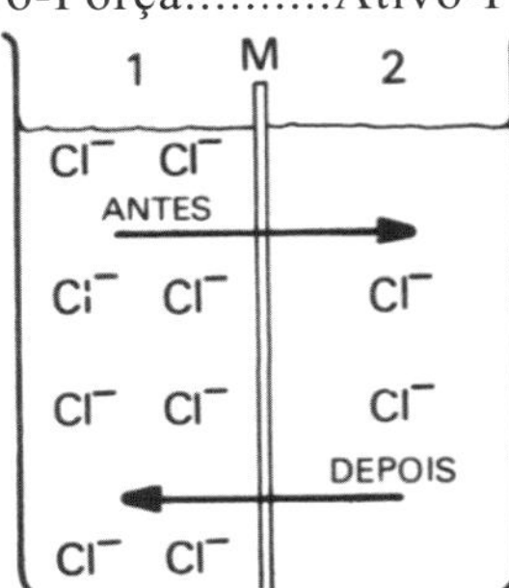

Fig. 2.11.

13. Um campo elétrico é aplicado ao sistema abaixo, com a polaridade como indicada. Responda:

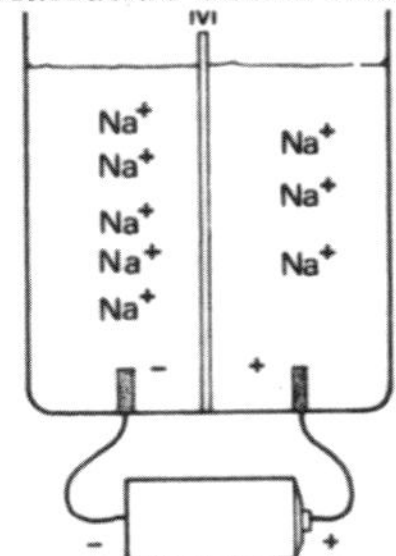

Fig. 2.12.

1. O tampo elétrico e o osmótico estão:
no mesmo sentido ( )
em sentidos opostos ( )
2. O transporte de íons Na^+ vai ser:
acelerado positivamente ( )
acelerado negativamente ( )
3. O trabalho é do tipo:
Ativo ( )
Passivo ( )
Combinado ( )

2.1
O Campo Gravitacional

Parte A

A) Força – Energia – Pressão – Trabalho – Potência

1 – **Força Gravitacional**

Quando a massa de um corpo é desprezível em relação a outro, como é o caso de todos objetos comuns próximos à superfície da Terra, a Força (F) imprimida aos corpos pela aceleração da gravidade é:

$$F = mg$$

onde F é a força de newtons exercida sobre o corpo, m é a massa em kilogramas e g é a aceleração gravitacional em metros por segundo ao quadrado.*

Exemplo 1 – Calcular a força de atração exercida sobre a massa de sangue de 100 g na cabeça de um indivíduo.
$F = 0{,}1 \text{ kg} \times 9{,}8 \text{ m.s}^{-2} = 0{,}98$ newtons (N).

Exemplo 2 – Calcular a força de atração exercida sobre o fígado de um adulto. Massa da víscera, ap 2,5 kg, e $g = 10\text{m.s}^{-2}$
$F = 2{,}5\text{kg} \times 10 \text{ m.s}^{-2} = 25\text{N}$.

A ação sobre macrossistemas, é pois, considerável. Para cada kg de massa, a força exercida pelo campo G é de ap 10 N.

2 – **Energia Gravitacional**

A Energia Potencial é simplesmente a Força multiplicada pela altura (h) no campo G:

$$E_p = mgh$$

Exemplo 3 – Calcular a energia potencial da massa de sangue de 100 g na cabeça de um indivíduo de 1,70 m em pé, e deitado, com a cabeça a 5 cm (0,05 m) do solo.
Em pé: $E_p = 0{,}1 \times 9{,}8 \times 1{,}70 = 1{,}67$ Joules.
Deitado: $E_p = 0{,}1 \times 9{,}8 \times 0{,}05 = 0{,}05$ Joules.
Deitado, a E_p é apenas 3% da posição em pé. Essa considerável diferença tem grande importância na hemodinâmica. (Ver Biofísica da Circulação).

A Energia Cinética no Campo G é dada pela equação:

$$E_c = \frac{1}{2} mv^2$$

onde m é a massa do objeto, e v é a sua velocidade de deslocamento.

Exemplo 4 – Qual a energia cinética da massa sangue de 85 g (0,085 kg) que se desloca a uma velocidade de 30 cm.s^{-1} ($0{,}30 \text{ m.s}^{-1}$)?
$E_C = \frac{1}{2} \times 0{,}085 \times (0{,}3)^2 = 3{,}8 \times 10^{-3}$ Joules (J).

Esta é a Energia da massa sanguínea ejetada pelo ventrículo esquerdo. Para imprimir essa pequena energia à massa de sangue, o coração tem que vencer a resistência periférica mais o atrito, e o Trabalho realizado pela contração cardíaca é muito maior. (Ver adiante).

Exemplo 5 – Um atleta salta a uma altura de 4,0 metros em 0,8 segundos. Qual a E_c que seu corpo deslocou no pulo?

A velocidade foi: $v = \dfrac{4{,}0 \text{ m}}{0{,}8 \text{ s}} = 5\text{m.s}^{-1}$

A E_C será: $EC = \dfrac{1}{2} \times 70 \times (5)^2 = 875\text{J}$

3. **Pressão** – A Pressão é Força/Área, e medida em newtons.m^{-2} (Pascal, Pa) no caso de sólidos:

Exemplo 6 – Se um cilindro de metal pesa 50 newtons ($5 \text{ kg} \times 10\text{m.s}^{-2}$) e tem área 20 cm^2 ($0{,}002 \text{ m}^2$), a pressão será:

$$P = \frac{50}{2 \times 10^{-3}} = 2{,}5 \times 10^{-2} \text{ Pa } (\text{N.m}^{-2})$$

A pressão de **líquidos** no Campo G é dada pela fórmula:

$$P = d.g.h.$$

onde **d** é a densidade do líquido, **g** é a aceleração da gravidade e h a altura da coluna líquida.

---

* Para as necessidades comuns do biólogo considera-se g como invariável com a altura sobre a Terra. Na realidade, g diminui com a altitude.

Exemplo 7 – Qual a pressão exercida por uma coluna de sangue (d = 1.06 g cm^{-3} cuja altura é h = 30 cm?
Passando para o SI:
d sangue = $1,06 \times 10^3$ $kg.m^{-3}$
h = 0,3 m

A Pressão será:

$$P = 1,06 \times 10^3 \times 9.8 \times 0,3 = 3,1 \times 10^3 \ N.m^{-2} \ (Pa)$$

Essa pressão é puramente Passiva, e deve ser diferenciada da pressão Ativa, exercida pela contração cardíaca. (Ver exemplo no próximo item).

O grande erro conceitual a respeito de pressão exercida por líquidos, é dizer-se que a pressão no fundo dos vasos A e B (Fig. 2.1.1), é a mesma, sem explicitar que se trata de pressão por unidade de área. Essa é a mesma, mas a pressão Total é maior no vaso B.

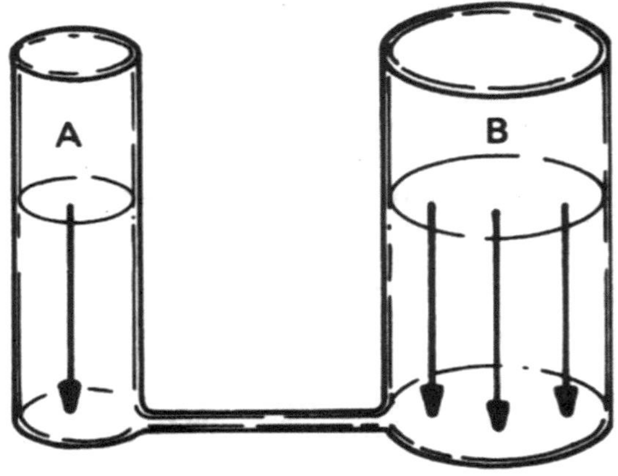

Fig. 2.1.1 – Pressão de líquidos – A - área menor, pressão total menor.; B - área maior, pressão total maior; A e B - Pressão dividida pela área é a mesma.

4. **Trabalho** – Os tipos de Trabalho mais encontrados em Biologia são do tipo F x d e P x Δ V (Reveja se necessário, Introdução à Biofísica).

a) Trabalho tipo F x d – É do deslocamento de objetos.

Exemplo 8 – O trabalho de levantar massa de 5 kg a 1,2 m de altura, é:

$$T = \overbrace{5 \times 9,8}^{F} \times \overbrace{1,2}^{d} = 58,8 \cong 59 \ J$$

Exemplo 9 – Quando um corpo é empurrado com grande atrito sobre uma superfície, é necessário considerar o coeficiente de atrito (v. Atrito).

$$T = F \times d \times \mu c$$

onde μc é o coeficiente de atrito cinético.

b) Trabalho tipo P × ΔV – Quando a pressão exercida modifica o volume do sistema, aparece Trabalho (V Introdução). Esse trabalho do tipo P ΔV aparece em várias estruturas, como coração, caixa torácica, artérias, bexiga, tubo digestivo. Nesses casos, medindo-se a pressão e a variação do volume, é possível calcular o Trabalho:

Exemplo 10 – Calcular o Trabalho realizado pelo ventrículo esquerdo para ejetar 85 ml de sangue, sob pressão de "12 cm de mercúrio"

Solução – A pressão P de 12 cm de Hg significa que o coração levantaria a 12 cm de altura uma coluna de Hg, cuja densidade é $13,5 \times 10^3$ $kg.m^{-3}$ no SI. A variação de volume ΔV, corresponde ao sangue ejetado, 85 ml = $0,085 \times 10^{-3}$ m^{-3} no SI.

1º Calculando a Pressão

$$P = \overbrace{13,5 \times 10^3 \ kg.m^{-3}}^{d} \times \overbrace{9,8 m.s.^{-2}}^{g} \times \overbrace{0,12 \ m}^{h} = \overbrace{}^{Pressão} = 1,6 \times 10^4 \ N.m^{-2}$$

2º Obtendo o Trabalho

$$\tau = \overbrace{1,6 \times 10^4}^{P} \times \overbrace{0,085 \times 10^{-3} \ m^3}^{\Delta V} = \overbrace{1.36 \ Joules}^{Trabalho}$$

em cada batida do coração. Durante o dia, a 75 batimentos por minuto, o trabalho total é:
τ Total = 75 × 60 × 24 × 1,36 = 146 Kjoules ou 35 Kcal. Considerando-se um consumo basal de 8.400 KJ (2.000 kcal), o trabalho ventricular é apenas 2% do total corporal.

5 – **Trabalho "Físico" e Trabalho 'Biológico'**

Todo trabalho é físico. O que se diferencia é o Trabalho realizado pelos Biossistemas, necessário para produzir um determinado efeito físico. Então:

Trabalho Físico (τF) é a força × distância ou pressão × volume. Trabalho Biológico (τB) é toda energia na contração muscular.

Essas relações estão representadas na Fig. 2.1.2.

Como se depreende facilmente, o τB é **sempre** maior que o τ F, porque engloba energia gasta para **mover** o próprio músculo, inclusive vencer o

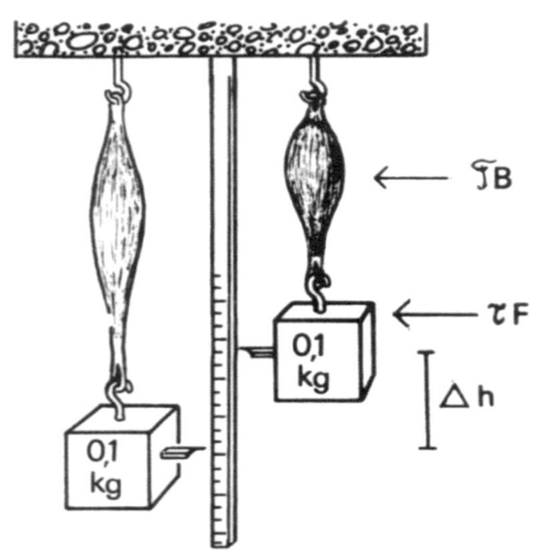

Fig. 2.1.2. Trabalho Físico e Trabalho Biológico – A – antes da contração muscular; B – depois da contração muscular.

atrito entre as fibras musculares. A comparação é a mesma com a de um motor mecânico: é necessário vencer a inércia e o atrito das peças, para movimentar o motor.

O Trabalho muscular é do Campo Elétrico. São cargas elétricas que se atraem ou se repelem, a causa do movimento. O rendimento, ou eficiência, do motor muscular fica entre 20 a 40%. Isto significa que um trabalho muscular de 100 joules rende apenas 20 a 40 joules de Trabalho Físico.

Exemplo 11 – Um paciente, fazendo exercício, levanta um objeto de 3 kg a 1,2 m de altura. Seu rendimento muscular é de apenas 25%. Calcular τF e τB.

$$\tau F = 3 \times 9{,}8 \times 1{,}2 = 35{,}35 \text{ J } (8{,}5 \text{ cal}).$$

$$\tau B = \frac{35{,}3 \times 100}{25} = 141 \text{ J } (33{,}8 \text{ cal}).$$

Exemplo 12 – Um indivíduo de 70 kg pula corda, e seu pulo atinge 30 cm de altura. O exercício é repetido 200 vezes. Calcular τF e τB, com rendimento de 30%.

$$\tau F = 70 \times 9{,}8 \times 0{,}3 \times 200 = 41{,}2 \times 10^3 \text{ J ou } 41{,}2 \text{ kJ}$$

$$\tau B = \frac{41{,}2 \times 100}{30} = 137\text{kJ ou } 32{,}7\text{kcal}.$$

Esses cálculos são importantes para verificar a quantidade de Trabalho Biológico que se adiciona ao nível basal do metabolismo de um indivíduo. No caso do Exemplo 12, se o metabolismo basal é de 6.000 kJ, o exercício de pular corda aumentou cerca de 140 kJ ou

$$x = \frac{6.140 \times 100}{6.000} = 102{,}3 \text{ ou } 2{,}3\% \text{ a mais.}$$

Os gastos do Trabalho Biológico podem **dobrar** o consumo basal.

6. **Potência** – Uma mesma quantidade de exercício físico pode ser realizada em menor ou maior tempo. A Potência será diferente em cada caso: quanto menor o tempo, maior é a potência.

Exemplo 13 – Um paciente jovem levanta um peso de 60 N a uma altura de 75 cm (0,75 cm) por 50 vezes, e gasta 2 min (120 s); o mesmo exercício é repetido por um paciente idoso em 5 min (300 s). Calcular a Potência. O τF é o mesmo.

$$\tau F = 60 \times 0{,}75 \times 50 = 2.250 \text{ J}$$

A Potência, w, será diferente.

Paciente Jovem — **Paciente Idoso**

$$w_1 = \frac{2.250}{120} = 18{,}7 \text{ watts} \qquad w_2 = \frac{2.250}{300} = 7{,}5 \text{ watts}$$

A Potência é também determinada pelo produto Força × Velocidade.

Exemplo 14 – Um atleta lança um peso olímpico de 0,8 kg com velocidade inicial de 12 $m.s^{-1}$ realizando força de 40 N. Qual a Potência?

$$w = 40 \times 12 = 48 \text{ watts.}$$

B) **Vetores – Alavancas e Polias – Forças Musculares – Tração Terapêutica – Torque – Atrito – Momento**

1. **Vetores** – Forças são produzidas pelos sistemas biológicos, forças são aplicadas sobre os sistemas biológicos. Para estudar os efeitos dessas forças, um modo prático e descomplicado é representá-las por Vetores. Os vetores indicam a **direção**, o **sentido** e a **magnitude** das Forças – Direção pelo corpo (traço), sentido pela cabeça da seta e magnitude pelo comprimento: pode-se usar equivalência gráfica, por ex. 1 cm = 1 kg ou 2 cm = 1 kg, etc. Na Fig. 2.1.3 estão alguns vetores, cuja equivalência é: 10 mm = 1 kg. Um vetor de 10 mm vale a metade de outro de 20 mm.

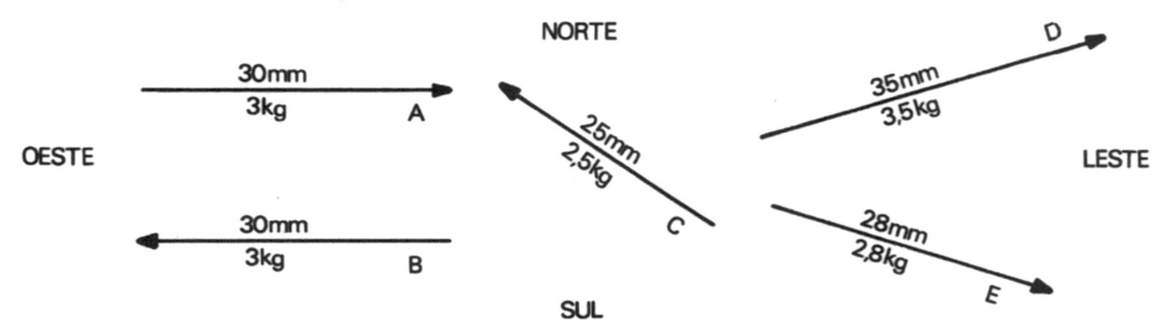

Fig. 2.1.3. – Vetores representando Força (ver texto) – A e B – mesma direção e magnitude, sentidos opostos; C-D e E – várias direções, sentidos e magnitudes. Cada 10 mm de vetor, 1 kg de massa (≅10N).

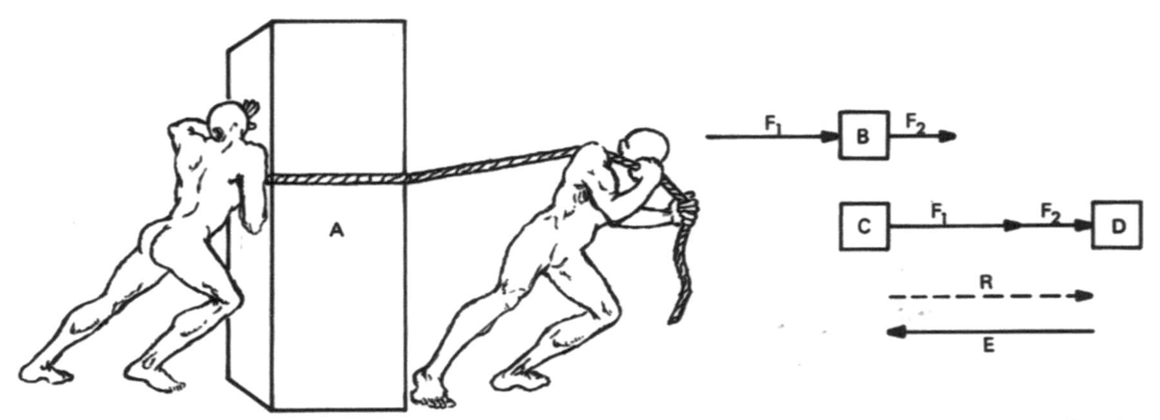

Fig. 2.1.4. – Somatório de Forças de Mesma Direção e Sentido. A – Forças aplicadas; B – Representação gráfica; C – Somatório; R – Resultante; E – Equilibrante; D – Posição final do carrinho.

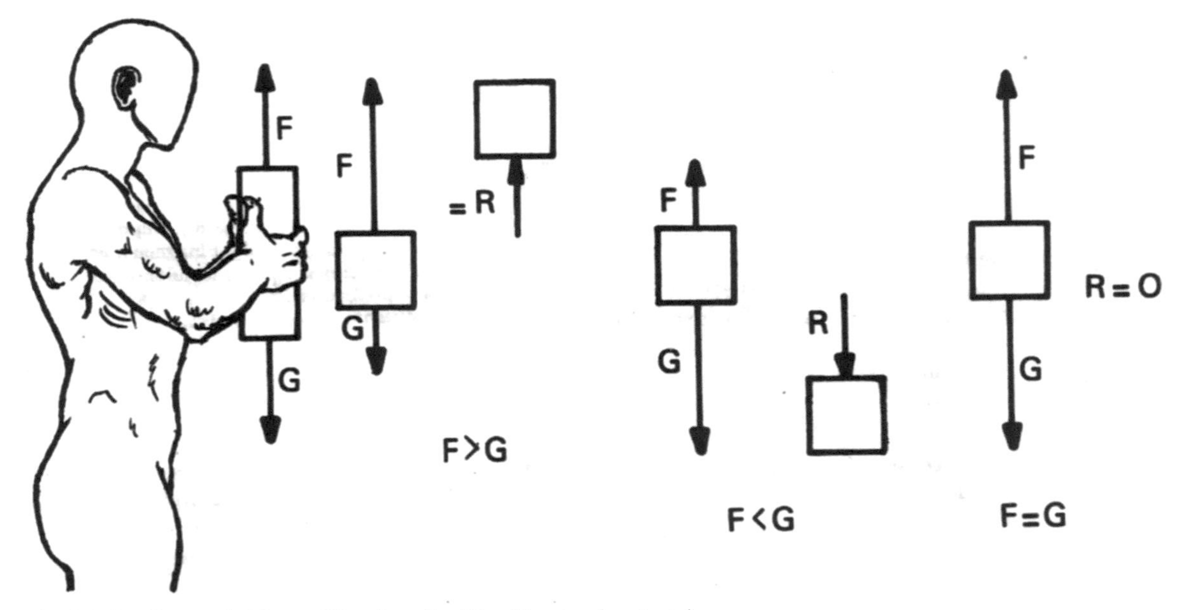

Fig. 2.1.5. – Forças de Mesma Direção e Sentidos Opostos (ver texto).

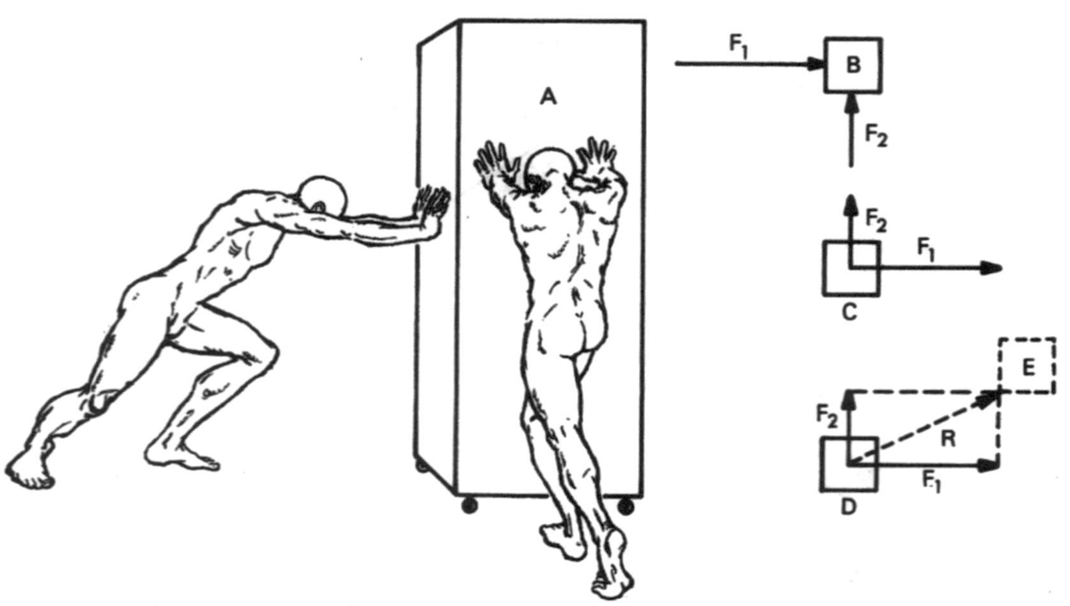

Fig. 2.1.6. – Forças Congruentes. A – Aplicação das Forças. B – Vetores Representativos das Forças. C – Vetores Congruentes Equivalentes. D – Resolução. E – Posição Final do Objeto.

O somatório de vetores dá uma Força que representa o resultado da ação desses vetores, e por isso se chama Resultante. O vetor de mesma direção e magnitude, mas de sentido contrário à Resultante, é a Equilibrante, porque equilibra o sistema. Exemplos:

1. **Forças Aplicadas na Mesma Direção e Sentido** – Somam-se as Magnitudes e tem-se a Resultante (R). Por exemplo: duas pessoas, uma empurrando, outra puxando um carrinho (Fig. 2.1.4). A força E, anula R, e se chama Equilibrante.
2. **Forças Aplicadas na Mesma Direção e Sentidos Opostos** – Subtraem-se as Magnitudes e tem-se a Resultante. Por exemplo, uma pessoa segurando um objeto. O indivíduo puxa para cima (F) e a gravidade (G), para baixo. A Resultante R é no sentido da Força maior, ou é nula, se as forças são iguais. (Fig. 2.1.5).
3. **Forças Congruentes em Geral** – Forças congruentes (aplicadas em único ponto) são resolvidas pelo método do paralelogramo. Por exemplo, duas pessoas empurrando um carrinho em direções diferentes. A resultante depende da magnitude das Forças e do ângulo que elas formam entre si. (Fig. 2.1.6).

Na Fig. 2.1.6, D está o modo de resolver vetores pelo traçado do paralelogramo. A diagonal é a Resultante. Esse processo pode ser aplicado a quaisquer sistemas de forças. Se existe mais de uma, achar a R_1 entre F_1 e F_2, fazer o paralelogramo entre R_1 e F_3, etc. (Fig. 2.1.7).

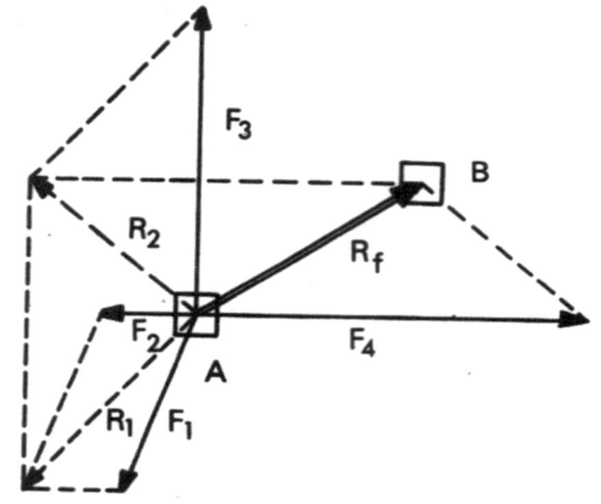

Fig. 2.1.7 – Vetores Múltiplos – Traçando paralelogramo entre F_1 e F_2, obtém-se R_1. Depois entre R_1 e F_3, obtém-se R_2. Finalmente R_2 e F_4, obtém-se R_f ou a Resultante final. A – posição original, B – posição resultante. A sequência foi:

1º)$F_1+F_2 = R_1$ 2º)$R_,+F_2=R_2$ 3°)$R_2 + F_4 = R_f$

Quando várias forças atuam sobre um corpo, pode-se achar a resultante quando se deslocam os vetores sem mudar a direção e sentido, colocando cauda com flecha todos os vetores. A reta que fecha o paralelogramo obtido é a resultante. Se o paralelogramo já é fechado, o objeto está em equilíbrio. (Fig. 2.1.8).

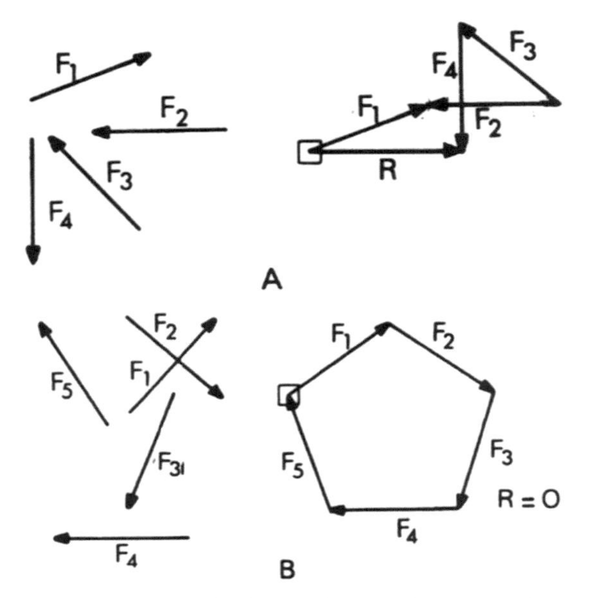

Fig. 2.1.8 – Vetores Múltiplos. Forças agindo sobre objetos. A – Resultante com magnitude. B – Resultante Nula.

Esses métodos são importantes para se calcular a resultante de forças feitas pelos sistemas biológicos e forças aplicadas sobre os sistemas biológicos.

2. **Alavancas e Movimentos Musculares** – As alavancas, do ponto de vista operacional, são instrumentos para modificar a Força ou a Velocidade de movimentos. Servem também para a comparação de Forças, como no travessão de balanças. As alavancas são braços onde se aplicam:
   a) um ponto de apoio;
   b) duas forças em oposição.

   Elas se classificam em três tipos fundamentais, conforme o parâmetro que está no meio (Fig. 2.1.9).

   O tipo de alavanca não deve preocupar muito, e sim o efeito na Força ou Velocidade, que pode ser multiplicado ou dividido conforme as distâncias dF e dR. A seguinte relação prevalece para os três tipos:

$$F \times dF = R \times dR$$

Exemplo 15 – Em uma alavanca interfixa, a Força aplicada é de 5 N. Os braços possuem, respectivamente: dF = 30 cm e dR = 10 cm (Fig. 2.1.10). Qual a resistência R que equilibra o sistema?

$$5\ N \times 30cm = R \times 10\ cm$$

$$R = \frac{5\ N \times 30\ cm}{10\ cm} = 15\ N$$

O efeito foi de multiplicar 3 × a Força F. Em compensação, o deslocamento ou a velocidade em R serão 3 × menores. **Reciprocamente**, uma força de 15 N aplicada em R, exerceria uma força de 5 N em F, mas nesse ponto, a velocidade ou o deslocamento seriam 3 × maiores.

Exemplo 16 – Com o dispositivo da Fig. 2.1.11, deve-se levantar um peso de 100 N colocado a 20 cm do ponto de apoio. A força a ser exercida não pode exceder 25 N. A que distância do fulcro deve ser aplicada essa força? Basta aplicar a relação usual:

$$25\ N \times dF = 100\ N \times 20\ cm$$

$$dF = \frac{100 \times 20\ cm}{25} = 80\ cm$$

Existem os três tipos de alavancas nos sistemas biológicos (Fig. 2.1.12).

Na mastigação, os movimentos do maxilar inferior podem gerar alavanca do 3º gênero, quando a força e resistência são regularmente distribuídos pela arcada dentária (Fig. 2.1.13A). Quando a força

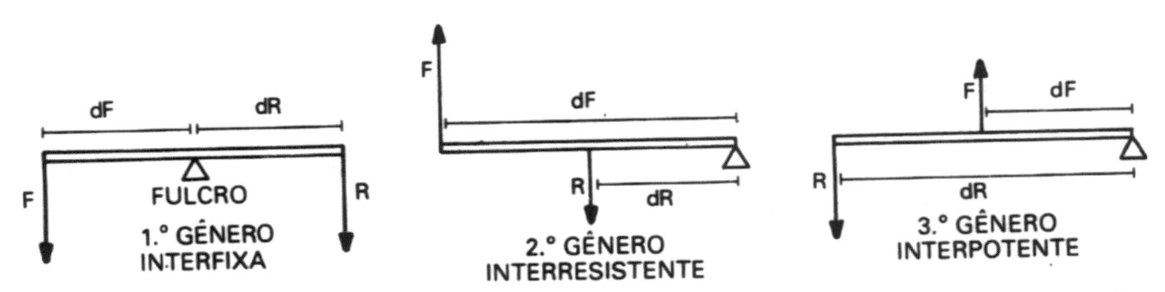

Fig. 2.1.9. Tipos de alavancas – As distâncias entre F, R e o fulcro determinam as relações entre as forças (ver texto): o fulcro é o ponto de apoio, sempre fixo e imóvel.

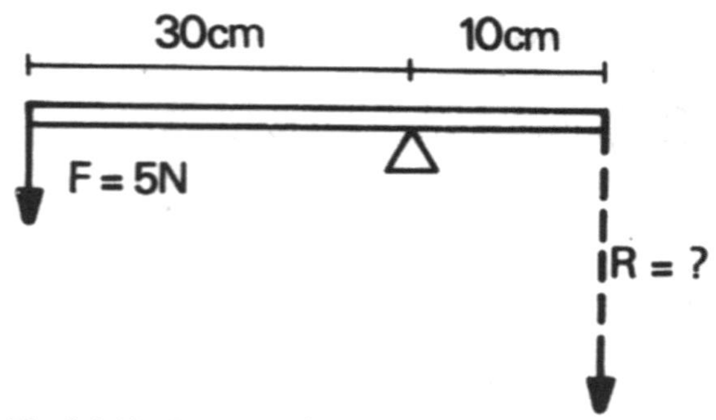

Fig. 2.1.10 – Ver exemplo 15.

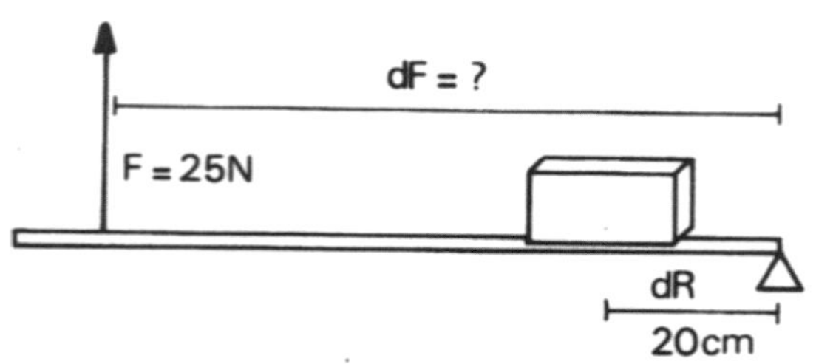

Fig. 2.1.11 – Ver exemplo 16.

e a resistência estão unilateralmente colocadas, resulta uma alavanca do 2º género (Fig. 2.1.13B).

Esses dois movimentos podem ser combinados entre si, e ainda a vários outros, dando os diferentes movimentos necessários à mastigação. A escala animal mostra que os roedores, carnívoros e ruminantes apresentam diferenças sensíveis nesses mecanismos. O Homem, que tem aparente combinação desses gêneros, é omnívoro.

O tipo de alavanca do maxilar torna a Força da mastigação decrescente, dos molares para os incisivos. Esse decréscimo é, em parte, contrabalançado pela área onde a Força se exerce: Nos incisivos, a área é menor, o que torna a Força mais eficiente. O motivo, já vimos:

$$\text{Pressão} = \frac{\text{Força}}{\text{Área}}$$ Se a área diminui, a pressão aumenta. Essa diminuição da área torna os incisivos mais eficientes para cortar. A forma ponteaguda dos caninos aumenta a eficiência da perfuração.

Em todas articulações há alavancas com suas relações de forças. O conhecimento dessas forças musculares é indispensável para compreender o funcionamento dos músculos, a fisiologia e patologia desse funcionamento, e a aplicação de métodos terapêuticos e corretivos.

3. **Polias e Tração Terapêutica** – As polias são rodas providas de canaletas na circunferência externa, girando sobre um eixo. Os efeitos são obtidos por cordas que se aplicam na canaleta. As polias são de dois tipos (Fig. 2.1.14).
   1. Fixas – Apenas mudam o sentido da Força.
   2. Móveis – Modificam as Forças aplicadas.

Uma comparação entre polias fixas e móveis está na Fig. 2.1.14. Notar que a polia fixa apenas muda o sentido da força. A polia móvel deslocando-se, divide ou multiplica por 2 o valor de cada peso.

1. **Tração Simples com Polias Fixas** – O sistema está mostrado na Fig. 2.1.15. O peso aplicado tem 10 kg, e exerce uma força de:

$$F = 10 \text{ kg} \times 9{,}8 \text{ m.s}^{-2} = 98 \text{ N (newtons)}.$$

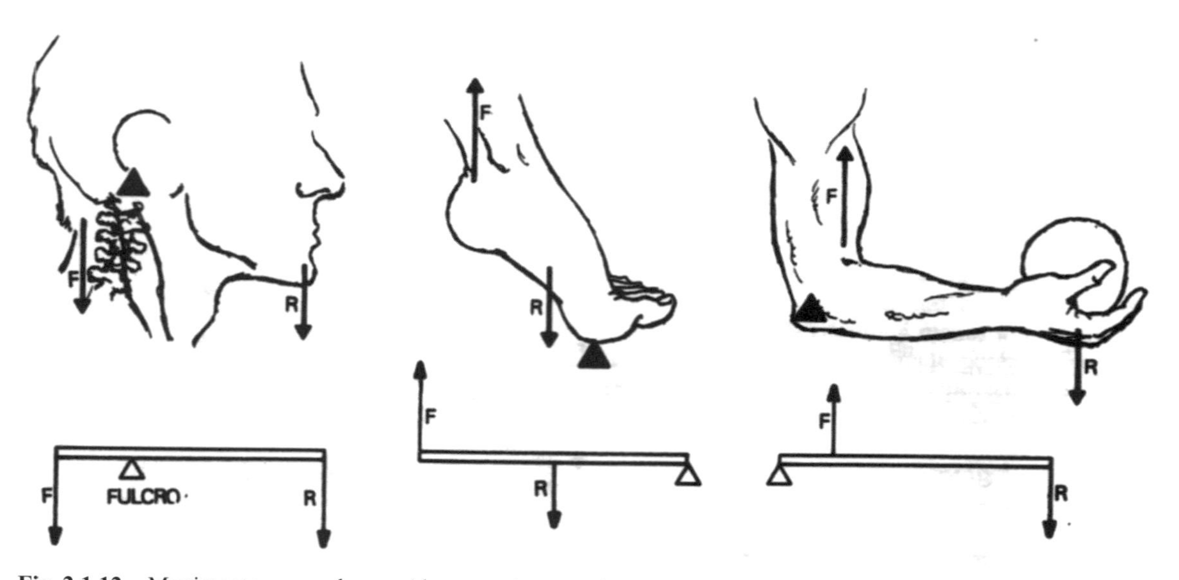

Fig. 2.1.12 – Movimentos musculares e Alavancas (ver texto).

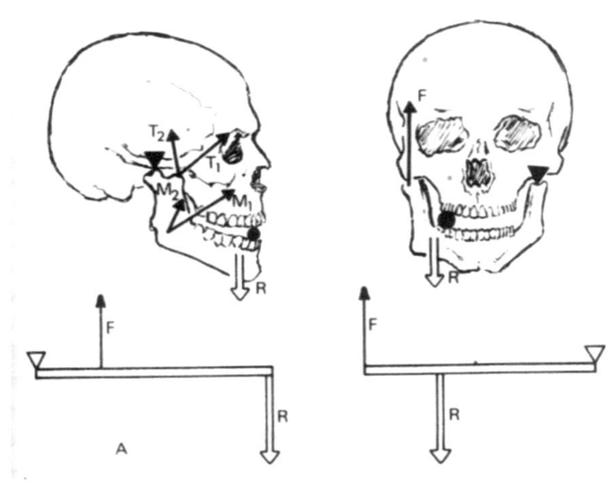

Fig. 2.1.13. **Mastigação.** – A – Força e resistência regularmente distribuída. M e M_2 feixes do masseter. T_1 e T_2 do temporal, alavanca do 3° gênero. B – Força e resistência unilaterais. Alavanca do 2º gênero.

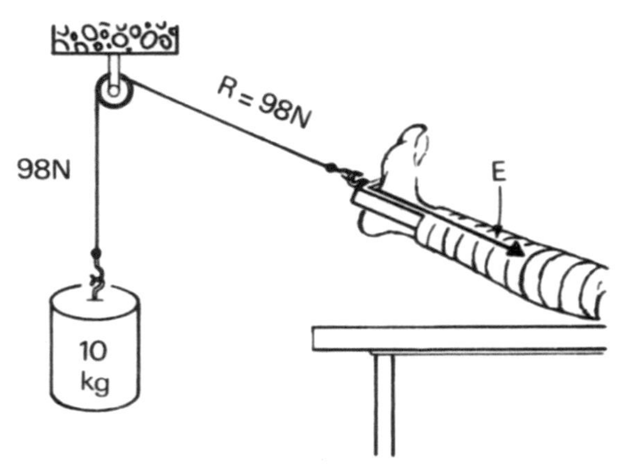

Fig. 2.1.15. Tração Simples (ver texto) R – Resultante. Notar que a roldana, seno fixa, apenas muda a direção.

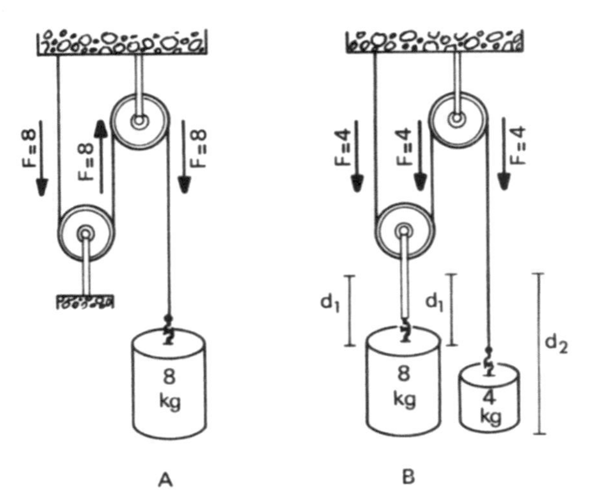

Fig. 2.1.14. Polias Fixas e Móveis. A – Polias fixas; B – Polia móvel e Polia fixa. Notar que a distância d_2 se divide em dois percursos iguais d_1, de cada lado da polia móvel. Por esse motivo, permanece válida a relação: $F_1 \times d_1 = F_2 \times d_2$.

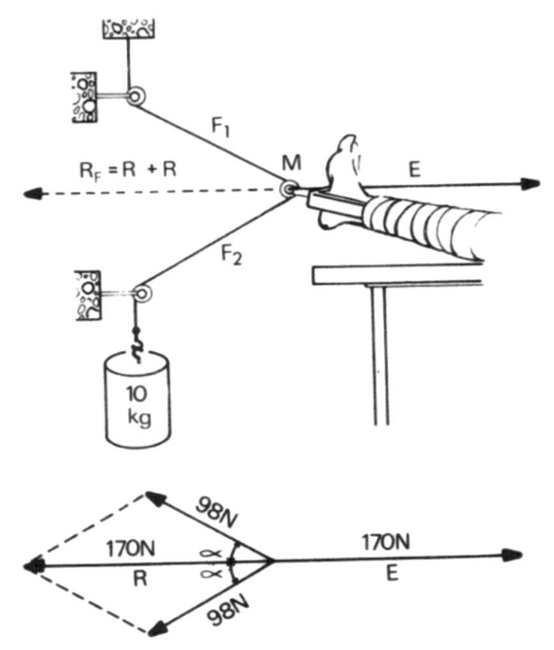

Fig. 2.1.16. Tração com Polia Móvel: A – Modelo da Tração. M é a polia móvel; B – Representação das Forças e seus Valores.

2. **Tração Combinada com Polias Móveis**

Em certas fraturas, a contração muscular pode manter o osso desalinhado. Nesses casos é necessário aplicar forças em sentido contrário às forças musculares, para manter o osso em posição correta (Fig. 2.1.16).

Por que uma única massa de 10 kg exerce duas forças (F_1 e F_2) de 98 N cada, e a Resultante tem 170 N? A resposta é simples:

Quando a Força (F) forma um ângulo com a direção onde seu efeito se encontra, como no caso acima, o componente da força (R) é dado por:

$$R = F \times \cos \alpha$$

onde: α é ângulo entre a Força e a direção do seu efeito. No caso acima, $\alpha = 30°$, e $\cos 30° = 0,866$. Os componentes são:

$$R_1 = 98 \times 0,866 = 85 \text{ N}$$
$$R_2 = 98 \times 0,866 = 85 \text{ N}$$
$$RF = R_1 + R_2 = 170 \text{N}$$

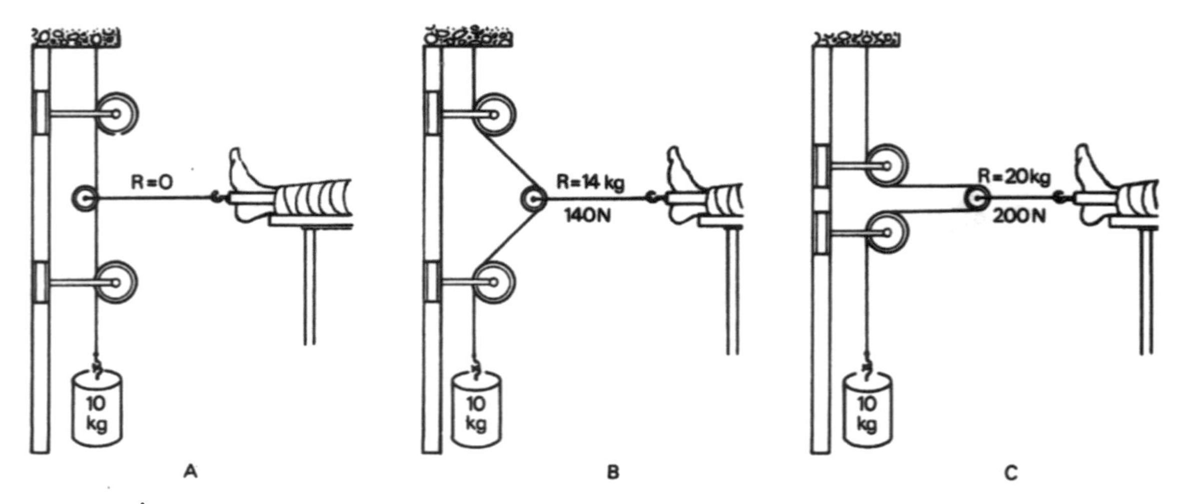

Fig. 2.1.17. Ângulo da Força e Resultante – A e C – Casos extremos. B – Situação intermediária.

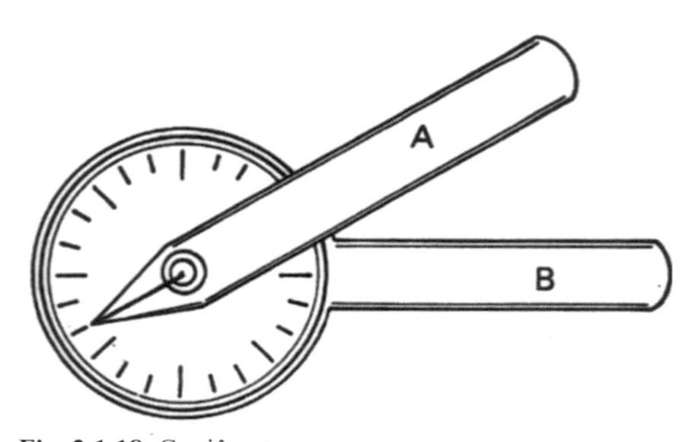

Fig. 2.1.18. Goniômetro.

Tabela 2.1.1.
Ângulos e seus Cossenos

Ângulo	Cos	Ângulo	Cos
0	1,00	50	0,64
5	0,99	55	0,57
10	0,98	60	0,50
15	0,96	65	0,42
20	0,94	70	0,34
25	0,91	75	0,26
30	0,87	80	0,17
35	0,82	85	0,08
40	0,77	90	0,00
45	0,71		

O ângulo de aplicação da Força determina a magnitude da Resultante. Os casos extremos estão na Fig. 2.1.17, juntamente com a situação média.

Na prática, pode-se medir o ângulo e usar a Tabela 2.1.1 para saber o valor aproximado do cosseno. Mede-se o ângulo com um goniômetro (gonios, ângulo) cujo uso é muito fácil (Fig. 2.1.18).

Basta aplicar os ramos A e B sobre os lados do ângulo. O goniômetro é também usado para medir a flexão e extensão de membros (V. Tratados de Fisioterapia).

Escolhendo-se ângulos diferentes para cada lado da polia móvel, é possível aplicar forças diferentes a cada corda, e mudar a direção da Resultante (Fig. 2.1.19).

Esse tipo de tração com polias móveis é especialmente utilizado na tração de membros e da cabeça (para extensão das vértebras cervicais). Uma técnica bem conhecida é a tração de Sayre (Fig. 2.1.20).

3. **Torque** – Torcer um parafuso, trocar um manômetro em um cilindro de oxigênio, usar uma broca dentária ou uma furadora, exigem uma força rotativa em torno de um eixo (Fig 2.1.21). O torque é o produto da força vezes o "braço" da força, que é a distância entre o ponto de aplicação da força e a resistência. É o mesmo princípio da alavanca.

No caso da chave de boca para torcer o parafuso, a força F_2 deve ser o dobro de F_1, porque F_1 tem vantagem do braço d_1 ser o dobro de d_2. No caso da Força ser exercida em um eixo, o torque é inverso, como mostrado na Fig. 2.1.21B. Nestes casos, a Resultante é menor à medida que se afasta do eixo. A velocidade porém, aumenta. Por essa razão, a eficiência de um freio aumenta à medida que seu ponto de aplicação se afasta do centro de rotação. Nas bicicletas ergométricas, para exercícios fisioterápicos, o torque deve ser bem controlado. No motor dentário a ar, que tem pequeno torque e alta velocidade, brocas quanto mais finas são mais difíceis de serem travadas pela resistência dos materiais.

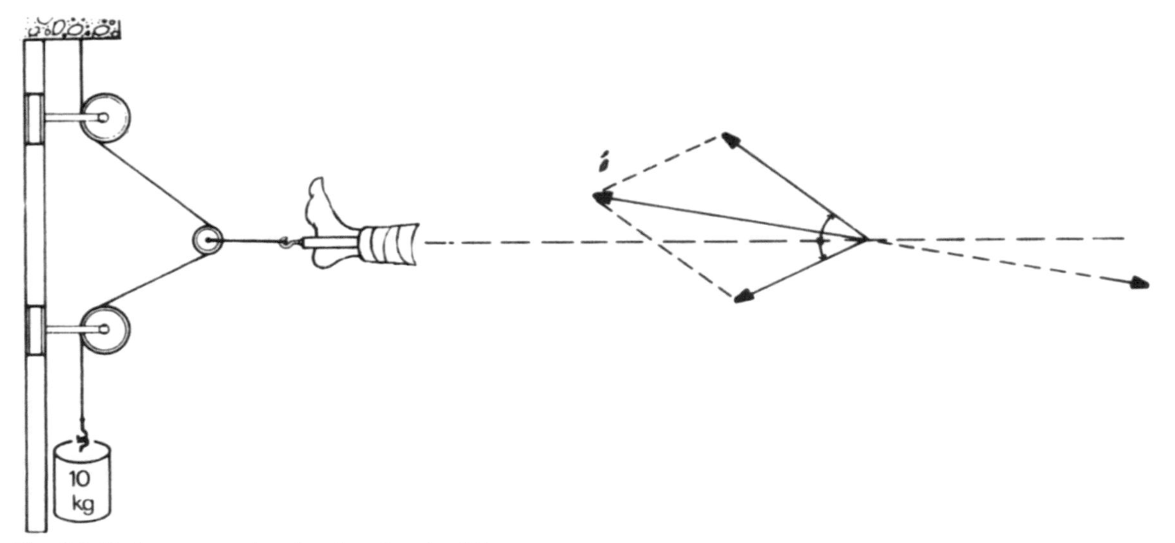

Fig. 2.1.19. Forças com ângulos de aplicação diferentes.

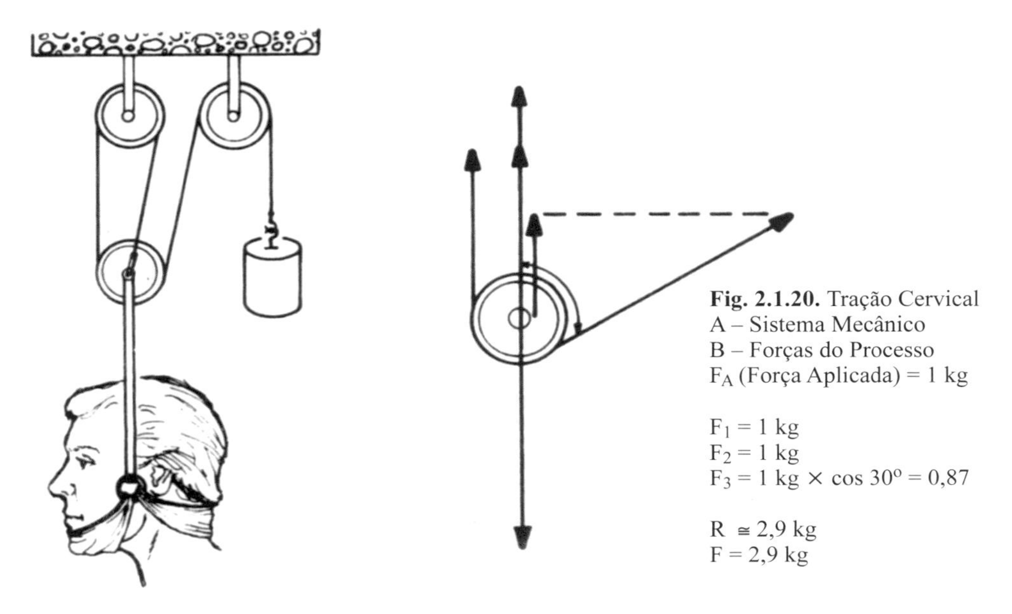

Fig. 2.1.20. Tração Cervical
A – Sistema Mecânico
B – Forças do Processo
F_A (Força Aplicada) = 1 kg

$F_1 = 1$ kg
$F_2 = 1$ kg
$F_3 = 1 \text{ kg} \times \cos 30° = 0{,}87$

$R \cong 2{,}9$ kg
$F = 2{,}9$ kg

4. **Atrito** – O atrito é outro exemplo de força que se opõe ao movimento de corpos. O atrito de deslizamento é um pouco menor que o atrito da imobilidade. Isto se observa ao tentar empurrar um móvel ou objeto pesado: depois que o movimento começou, é mais fácil empurrar.

O atrito é de extrema importância em biologia. A introdução de sondas, cateteres, endoscópios, etc. deve ser precedida de conveniente lubrificação. Essa lubrificação é, às vezes, indispensável para evitar sérias injúrias nos tecidos frágeis, especialmente as mucosas. A ação do lubrificante se faz em nível molecular. As moléculas do lubrificante se interpõem entre as superfícies deslizantes, e o atrito diminui consideravelmente (Fig. 2.1.22 A e B).

Não é qualquer substância que lubrifica qualquer superfície: deve haver interação entre as moléculas do lubrificante e da superfície.

A Força F para deslocar um corpo vencendo o atrito é dada pela equação:

$$F = \mu \times f$$

onde μ é o coeficiente de atrito, e f é a força exercida entre os dois corpos (Fig. 2.1.22C).

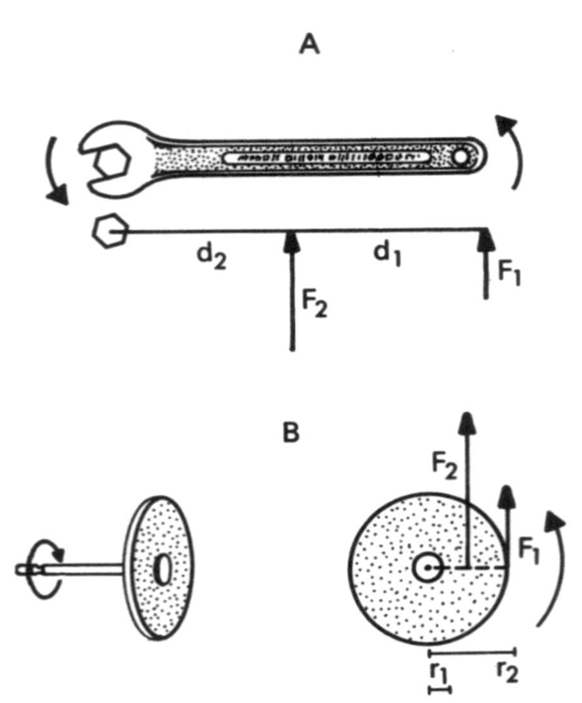

Fig. 2.1.21. Torque. A – Torcendo um parafuso. B – Usando disco de polimento.

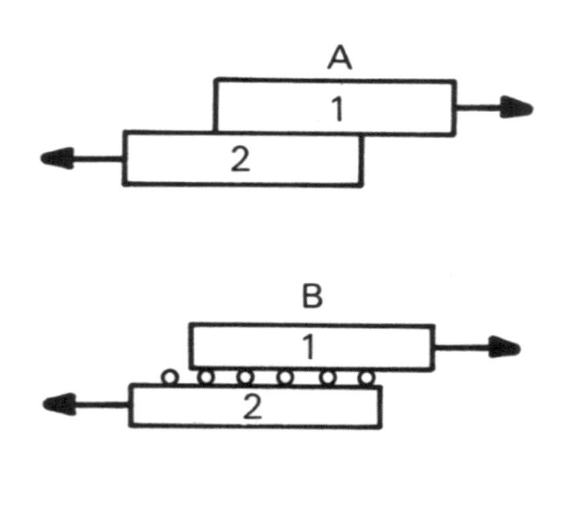

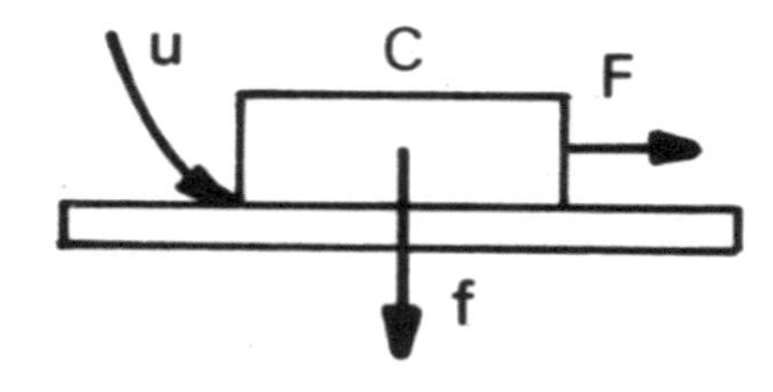

Fig. 2.1.22. Atrito (ver texto).

A razão de o atrito da imobilidade ser maior que o do movimento é que o coeficiente de atrito estático (μ estático) é maior que o coeficiente de movimento (μ cinético).

$$\mu \text{ estático} > \mu \text{ cinético}$$

O μ depende das superfícies em contato: se elas são lisas e polidas, μ é pequeno. Se rugosas e ásperas, μ é grande. Sondas de borracha geram mais atrito do que sondas de polietileno, que possuem superfície polida.

O coeficiente de atrito pode ser determinado com o uso do plano inclinado (Fig. 2.1.23). O corpo é aplicado sobre o plano, cujo ângulo é gradativamente aumentado, até o corpo iniciar a descida. No caso mostrado, o ângulo $\alpha = 30°$. A Força do corpo, mg, se decompõe em F para o deslizamento, e f para o atrito no plano. Se o corpo realiza força de mg = 10 N, temos:

$$F = mg \text{ sen } \alpha = 10 \times 0{,}50 = 5 \text{ N}$$
$$f = mg \cos \alpha = 10 \times 0{,}86 = 8{,}6 \text{ N}$$

O coeficiente de atrito cinético, μc, é dado por:

$$\mu c = \frac{F}{F} = \frac{5}{8{,}6} = 0{,}6 \text{ (adimensional).}$$

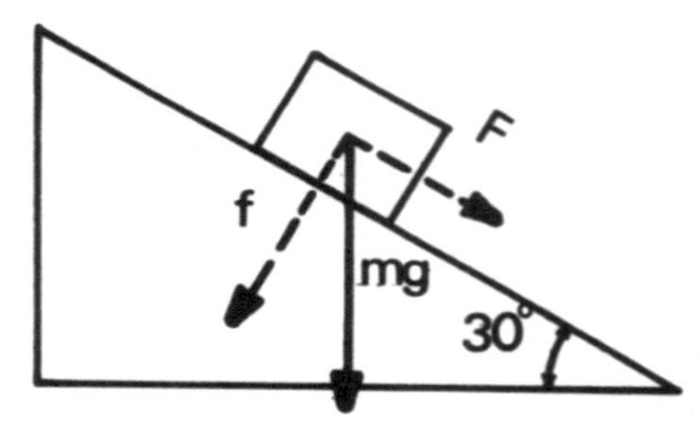

Fig. 2.1.23. Determinação do coeficiente de atrito (ver texto).

Pode-se supor que o coeficiente de atrito estático é ligeiramente superior a 0,6. Há situações nas quais o atrito é indispensável. Não se poderia andar se não houvesse atrito entre a sola do pé (ou do sapato) e o solo.

6. ***Momentum*** – É mais fácil deter uma criança que vem correndo do que um adulto pesado, embora eles venham com a mesma velocidade. Essa combinação entre Massa e Velocidade de um corpo é o momentum ou quantidade de movimento. Conhecer a quantidade de

movimento é importante quando se lida com objetos em movimento. Quanto mais pesado é o corpo, ou maior a sua velocidade, mais força deve ser feita para detê-lo. O ***momentum*** se equaciona com o **Impulso**, que é o produto da Força vezes o tempo de aplicação dessa força:

Momentum = Impulso

Massa × Velocidade = Força × Tempo

O ***momentum*** e o impulso encontram aplicações especializadas em Biologia.

Parte C

Pressão Atmosférica e Pressão Hidrostática

Os fluidos, líquidos e gases, ao serem atraídos pelo Campo G da Terra, exercem efeitos consideráveis, que se manifestam como Pressão. A pressão de líquidos, chamada de "hidrostática", já foi vista anteriormente.

A Terra está circundada por uma camada de vários gases, a atmosfera. Esses gases não se perdem no espaço devido ao Campo G, que atrai as moléculas desses gases para o centro da Terra (Fig. 2.1.24). A atração da gravidade faz com que as moléculas exerçam uma força sobre a superfície da Terra: o efeito é de Pressão (Força sobre Área):

$$P = \frac{F}{A}$$

Essa camada de gás tem as propriedades de um fluido muito elástico. Sendo um fluido, a pressão depende da altura do gás sobre a área. Ao nível do mar é maior que nas montanhas, etc. No fundo do mar, somam-se as pressões atmosférica e líquida, havendo pressões de muitas toneladas de força.

Os objetos e seres sobre a face da Terra estão sob essa pressão, e a ela adaptados, e seus efeitos sobre os Sistemas Biológicos nunca podem ser desprezados.

Medida da Pressão Atmosférica – É facilmente determinada, por comparação com a pressão hidrostática (Fig. 2.1.25). Ao nível do mar, a pressão atmosférica é capaz de sustentar uma coluna de mercúrio a 76 cm de altura (Fig. 2.1.25). Isto equivale a 76 × 13,6 = 1033 cm (10,3 ml) de água.

A Pressão Atmosférica é comumente chamada de Pressão barométrica, porque é determinada com barómetros (baros = pressão). O barómetro feito por Torricelli, uma simples coluna de mercúrio, é dos mais confiáveis, e pode ser feito em qualquer laboratório, como mostrado na Fig. 2.1.25. Basta medir a altura da coluna de mercúrio, e calcular a pressão, em unidades SI:

P = d.g.h. onde: d é a densidade do líquido, g é a gravidade e h é a altura da coluna líquida. Para o mercúrio:

$$P = 13{,}6 \times 10^3 \text{ kg.m}^{-3} \times 9{,}8\text{m.s}^{-2} \times 0{,}76 \text{ m} = \\ = 1{,}0 \times 10^5 \text{ N.n}^{-2},$$

ou seja,

cerca de 10 N (ap. 1 kg) sobre cada cm^2.

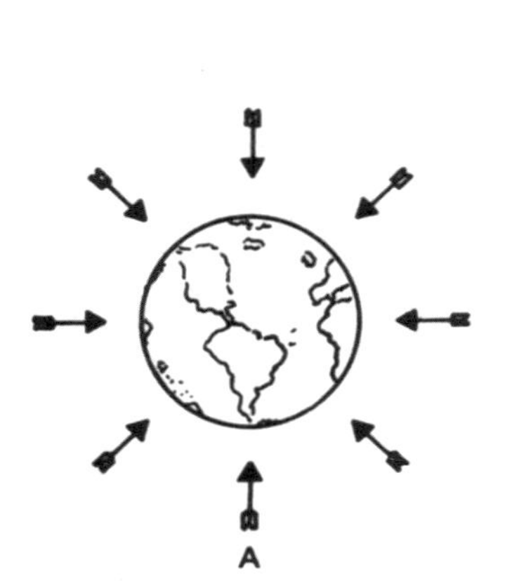

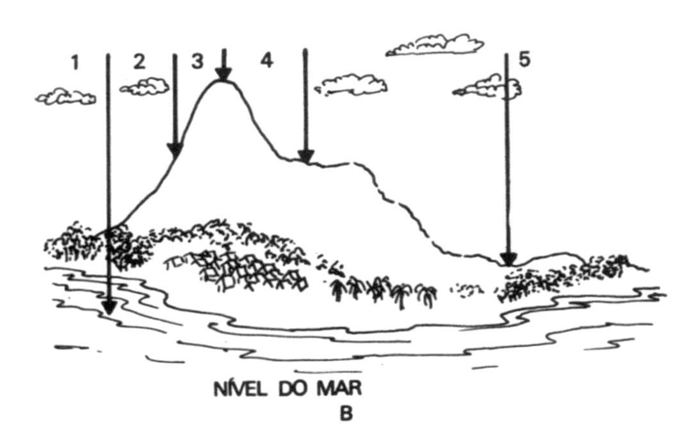

Fig. 2.1.24. Pressão Atmosférica – A – Mecanismo: Moléculas de gás atraídas pelo Campo G. B – Variação com altitude. Exatamente como um fluido, a pressão varia com a altura. Vetores representam a pressão, que diminui com a altitude.

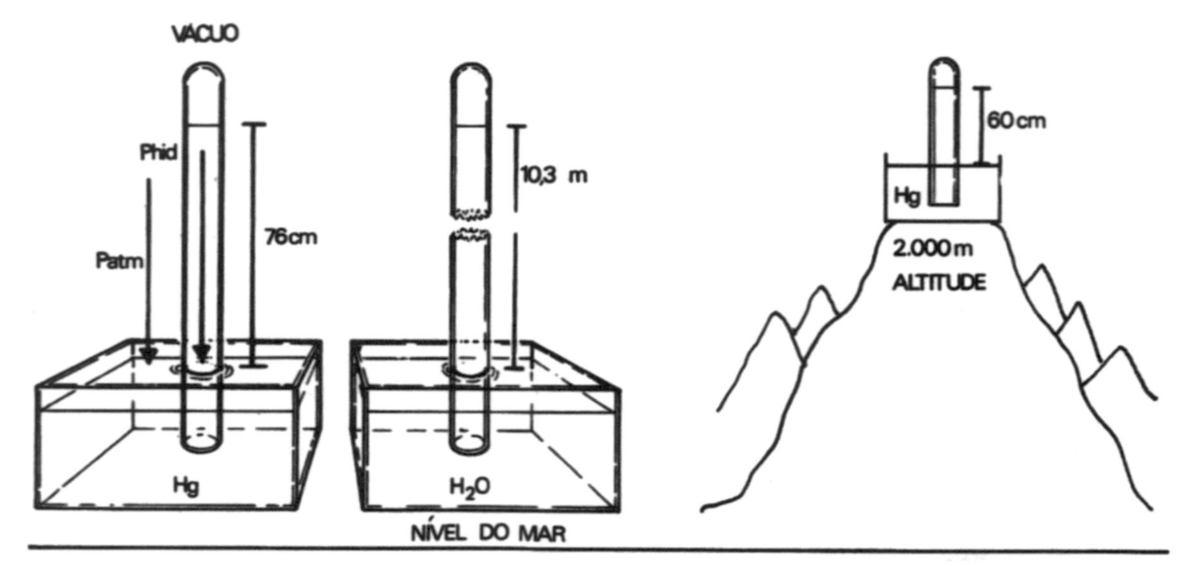

Fig. 2.1.25 – Pressão Atmosférica e Altitude. A – Nível do mar, 76 cm. B – a 2.000 metros, 60 cm – Em A e B: $P_{atm} = P_{hid}$.

Alguns valores da Patm em função da altitude, estão na Tabela I. A pressão aumenta abaixo do nível do mar (altitude 0), e cai acima desse nível.

Tabela 2.1.2
Valores de P_{atm} em Função da Altitude

Nível (m)	Pressão (cm Hg)	Nível (m)	Pressão (cm Hg)
-1.000	85	2.500	56
500	81	3.000	53
0	76	3.500	49
+ 500	72	4.000	46
1.000	67	4.500	43
1.500	63	5.000	40
2.000	60		

A altitude é muito importante do ponto de vista da respiração de seres humanos e outros mamíferos.

Pressão Negativa – Conceito – Fala-se muito, especialmente na Biofísica da Respiração, em Pressão Negativa.

Não existe pressão "Negativa", que seria uma "não-força" sobre uma área. Pressão negativa é um nível de pressão medido em relação a um referencial:

Acima do Referencial – Pressão Positiva.

Abaixo do Referencial – Pressão Negativa.

O referencial mais conveniente, em geral, é a pressão ambiental. Ao nível do mar, pressão de 76 cm Hg é o referencial, e uma pressão de 74 cm Hg será negativa, e de 78 cm Hg será positiva. Em Belo Horizonte, a 900-950 metros acima do nível do mar, a pressão ambiental é em torno de 69 cm Hg. Um gráfico ilustra essas relações. (Fig. 2.1.26).

66	67	68	69 Δ	70	72	73	cmHg	Pressão Referencial Altitude + 900 m
-3	-2	-1	0 Δ	+1	+2	+3	cmHg	Pressão Relativa Qualquer Nível
73	74	75	76 Δ	77	78	79	cmHg	Pressão Referencial Altitude: Nível do Mar

Fig. 2.1.26 – Pressão Relativa – A escala do meio representa a Pressão Relativa. Acima e abaixo, Pressão Real – 900 m e 0 m (nível do mar).

Pela escala relativa, uma pressão de -2 cm de Hg vale 67 cm a 900 m e 74 cm a 0 metros. Notar que a pressão negativa é simplesmente uma Pressão Real abaixo de um nível de referência. Essa pressão negativa existe entre os folhetos da pleura, e desempenha papel indispensável na respiração (V. Biofísica de Respiração). Em vários dispositivos de drenagem e movimentação de líquidos, a pressão negativa é também usada.

Propriedades da Atmosfera – Como a atmosfera é um fluido, a pressão se exerce em todos os sentidos, e pode ser usada para contrabalançar a Força da Gravidade. Essa propriedade é usada para fazer funcionar diversos equipamentos em biologia. A diferença de P_{atm} interna e externa sobre um recipiente, pode sustentar uma massa d'água de 1 kg por cm^2. (Fig. 2.1.27).

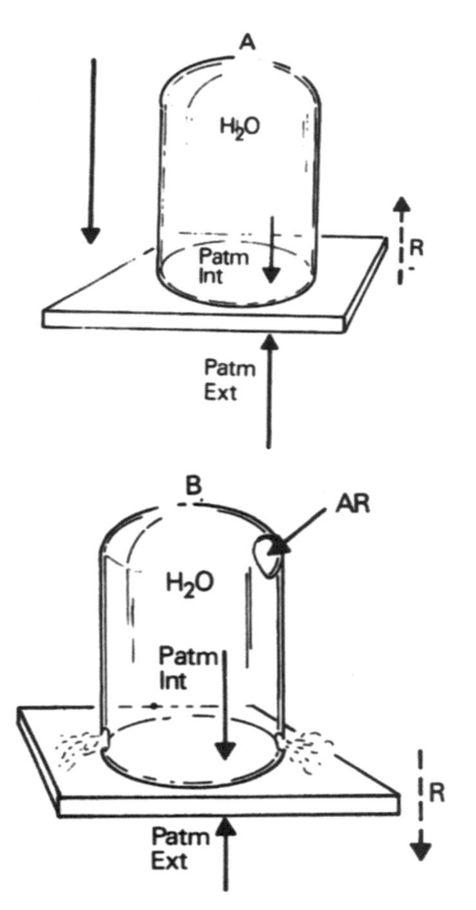

Fig. 2.1.27 – Pressão Atmosférica –A – $P_{interna}$ menor que $P_{externa}$, R – Resultante – B – $P_{interna}$ igual à $P_{externa}$. Basta uma bolha de ar do lado de dentro. A gravidade dá a resultante.

Quando se faz vácuo dentro de um sistema, a atmosférica externa se torna automaticamente maior, e tende a empurrar para dentro do sistema qualquer material possível, na tentativa de preencher o vácuo. Todo esse comportamento é de acordo com a 2ª lei TD: de onde tem mais, vai onde tem menos.

Sistemas de Fluxo e Drenagem Usando Campo G e Patm – A Força gravitacional, e especialmente a pressão atmosférica, podem ser usadas, simples ou combinadas, para a drenagem de pacientes em enfermaria, movimentação de líquidos em cromatografia, etc.

Sifão – É o mais simples dos artefatos. (Fig. 2.1.28).

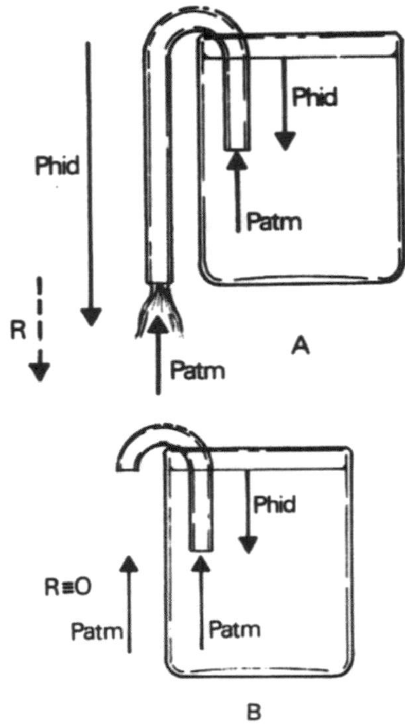

Fig. 2.1.28 – Sifão – A – Notar os 4 vetores de P_{atm} e P_{hid} – B – Se ramo externo ≅ ramo interno, somatório vetores tem R ≅ 0.

Observando-se a Fig. 2.1.28A, verifica-se que a soma dos 4 vetores de P_{hid} e P_{atm} tem resultante a favor da descida de água pelo ramo externo. Na Fig. 2.1.28B, não há sifonagem porque as forças se equilibram.

A sifonagem é um processo utilizado nos laboratórios e na enfermaria, para drenagem de pacientes. Quando a superfície do líquido não é exposta à atmosfera externa, o fluxo pára, porque P_{atm} interna é muito diminuída. Esse processo simples é usado para regulação da sifonagem, ou da drenagem (Fig. 2.1.29A). Pode-se interromper completamente o fluxo, ou regular sua vazão. Outro modo de controlar o fluxo, é contrabalançando a P_{hid} (Fig. 2.1.29B). Pode-se também interromper o fluxo ou regular sua vazão. Esses princípios básicos de sifonagem e seu controle se aplicam a outros sistemas mais complexos.

A TD mostra que o fluxo é proporcional à diferença de nível (Δh) entre as duas superfícies atmosféricas do sistema, a interna e a externa. Assim, à medida que o nível baixa, a diferença vai diminuindo. (Fig. 2.1.30).

Para abreviar essa desvantagem, e manter o fluxo constante, usa-se o dispositivo de Mariotte, que tem fluxo constante porque a diferença de altura é constante. (Fig. 2.1.31).

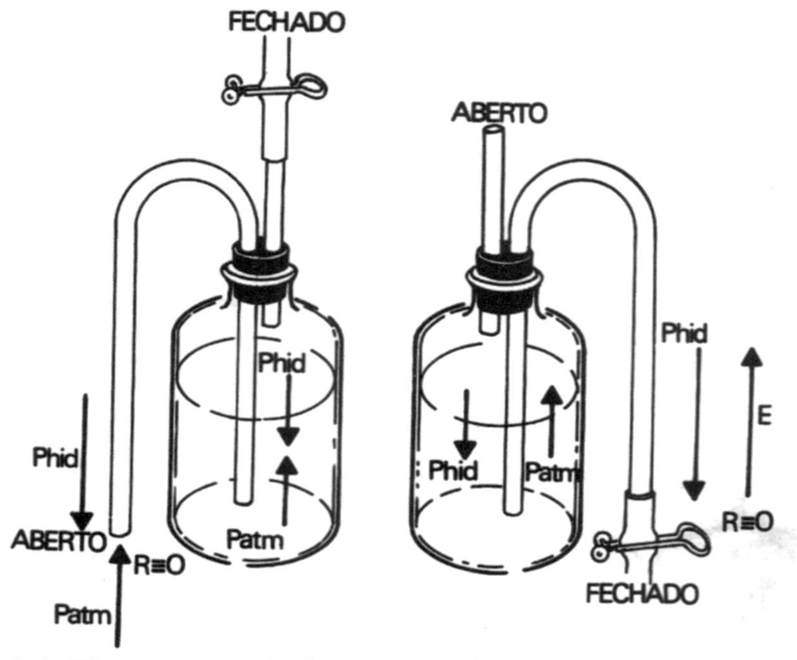

Fig. 2.1.29 – Controle da Sifonagem – A – anulando P_{atm} – B – anulando P_{hid}.

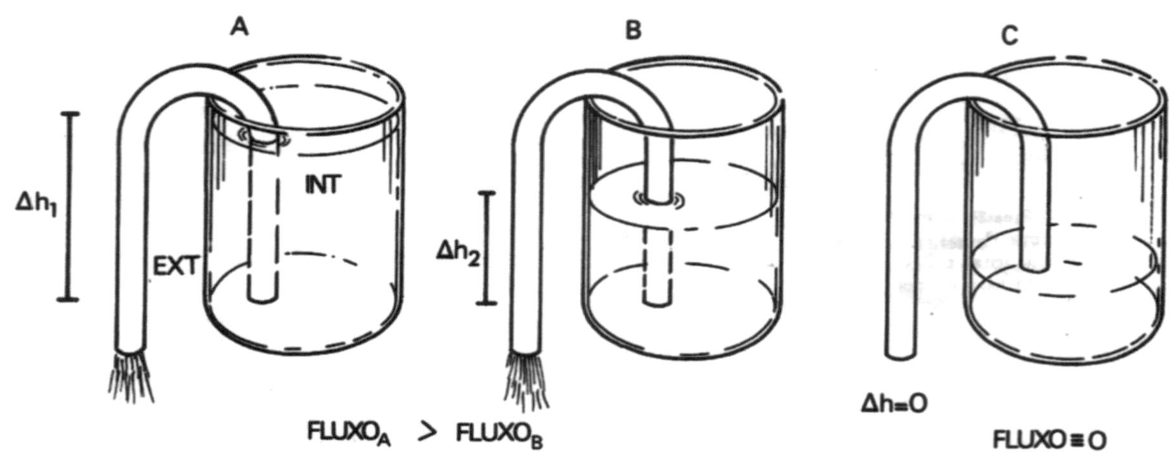

Fig. 2.1.30 – Fluxo em Sifonagem. De A para B e até C, a diferença de nível (Δh) entre as superfícies interna e externa cai a zero.

No dispositivo de Mariotte com sifão (Fig. 2.1.31 A) o fluxo termina quando o nível atinge a extremidade do tubo regulador (T), e isto permite pré-determinar o volume a ser transferido. No frasco de Mariotte sem sifão (Fig. 2.1.31B) o escoamento é constante até esse nível, e termina (sem regulação) até que o líquido se esgote.

Outro tipo de drenagem usando Campo G e P_{atm} é o sistema de Wangensteen (Fig. 2.1.32).

A altura da coluna de água entre (1) e (3) determina a força de sucção e pode portanto ser facilmente regulada. A drenagem de Wangensteen é ainda bastante usada, especialmente porque não dispende energia, exceto a humana, para montar e recarregar o sistema. Também dá poucas possibilidades de mau funcionamento, exceto por conexões falhas, ou tubos furados.

Outra drenagem empregada frequentemente é a de Munro, que permite lavagem vesical repetida. Existem vários modelos, o da Fig. 2.1.33 é um dos mais simples.

Outro tipo importante de drenagem é da cavidade torácica. Para evitar a retração do pulmão, pela entrada de ar através da incisão, usa-se o peso

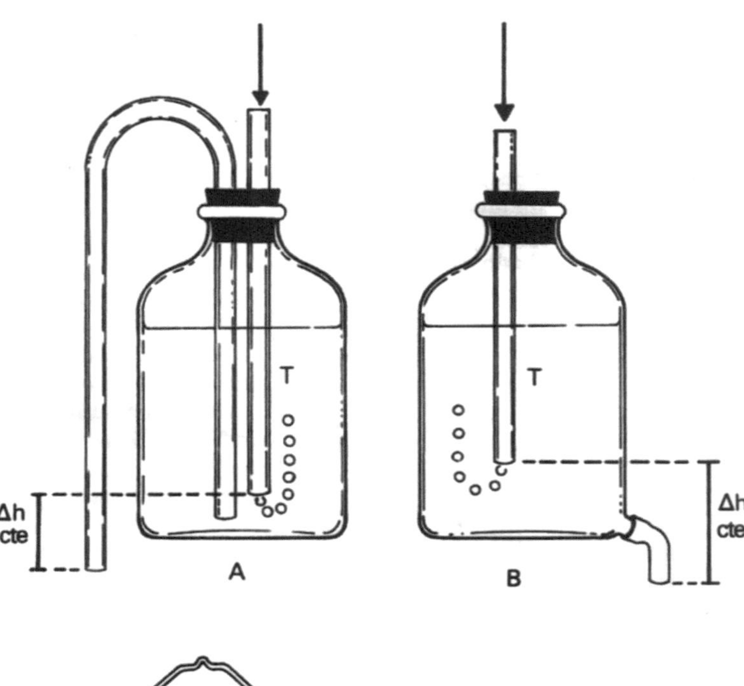

Fig. 2.1.31 – Dispositivo de Mariotte A – com sifão; B – sem sifão – este é o chamado frasco de Mariotte; T – Tubo regulador. Bolhas de ar (ooo).

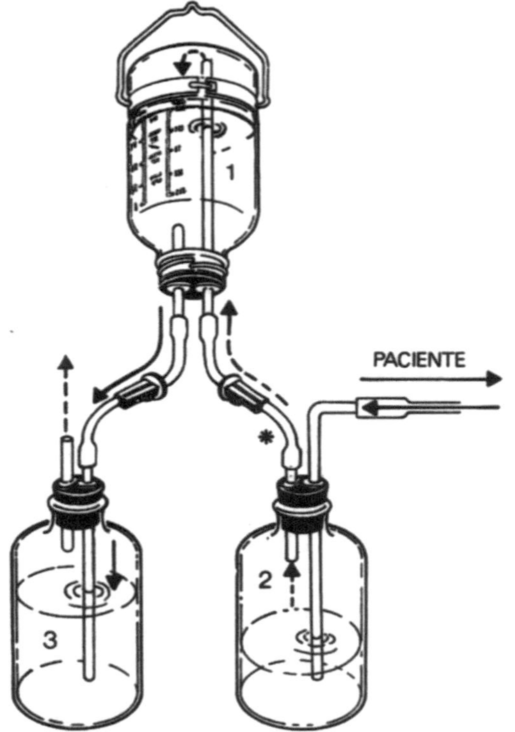

Fig. 2.1.32 – Drenagem de Wangensteen – Forças do Processo – Setas cheias, movimento líquido. Setas pontilhadas, movimento de ar; 1 – Pelo Campo G, líquido se escoa e cria Pressão Negativa; 2 – Pressão Atm negativa cria sucção no tubo ligado ao paciente; 3 – Depósito e Recarregamento. Para recarregar, desligar a conexão*, suspender o frasco (3) acima do frasco (1), até o líquido encher (1).

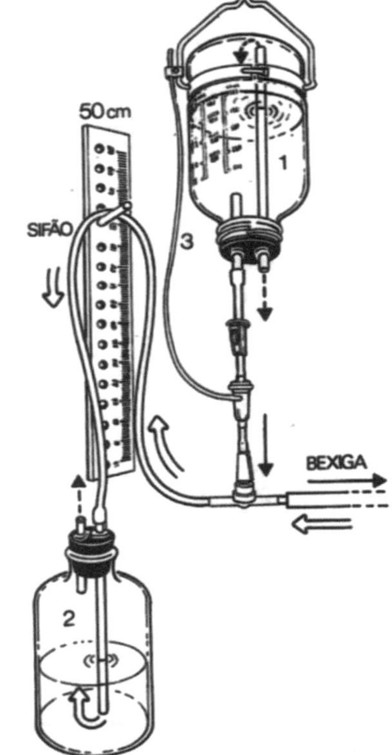

Fig. 2.1.33 – Drenagem Simplificada de Munro. Setas cheias – líquido para paciente. Setas duplas – líquido sifonado. Setas pontilhadas – movimento de ar. 1 – Solução irrigadora esterilizada é gotejada para o paciente. Quando a pressão hidrostática mais pressão intravesical excedem altura do sifão, este funciona, esvaziando a bexiga. 2 – Frasco de depósito. 3 – Respirador.

de uma coluna de água (Fig. 2.1.34) para exercer pressão negativa no folheto interpleural. (V. Biofísica da Respiração).

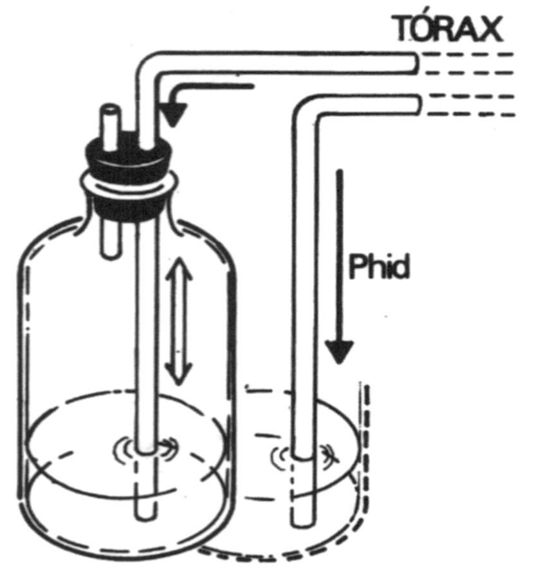

Fig. 2.1.34 – Drenagem Torácica. A – Inspiração; B – Expiração; – Movimento líquido; ← – Saída de secreções. Notar que a P_{hid} tende a extrair ar e líquidos do folheto interpleural.

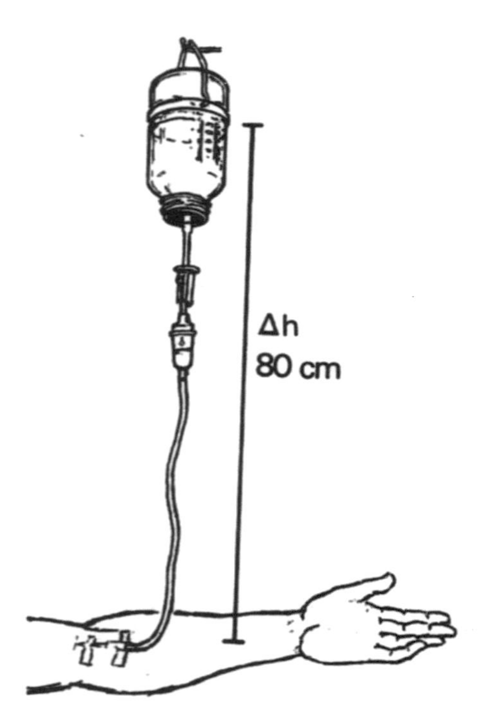

Fig. 2.1.35 – Aplicação de Fluidos – A pressão hidrostática pode ser facilmente calculada, como já mostramos em exemplos anteriores.

A velocidade de gotejamento é geralmente entre 30 a 60 gotas por minuto, obtida através da pinça. A pressão intravesical é regulada pela altura do sifão, e depende de cada paciente.

Aplicação de Fluidos – A injeção endovenosa de fluidos pode ser realizada pelo campo gravitacional. É apenas necessário que a energia potencial do fluido seja maior do que a energia potencial do sangue venoso (Fig. 2.1.35).

A pressão pode ser também medida simplesmente em cm, e nesse caso, sendo a pressão venosa em torno de 10 cm de água ao nível do coração, uma pequena altura acima desta seria suficiente. Mas deve-se levar em conta a resistência ao fluxo e a diferença de nível entre a veia e o coração (aproximadamente). Num indivíduo de pé, a pressão nas veias do pé é adicionada da altura de "líquido" entre o pé e o coração. Neste caso, para haver injeção, é necessário aumentar dessa distância a altura da aplicação, Δh (Fig. 2.1.35).

Atividade Formativa 2.2

Proposições:

01. Um adulto levanta um peso de 5 kg a uma altura de 0,20 metros. Calcular o trabalho físico e o biológico, supondo que o trabalho físico é 20% do biológico.
02. Um indivíduo pula 10 vezes a uma altura de 25 cm, em 15 segundos. Sua massa corporal é 50 kg. Calcular o Trabalho realizado e a potência usada.
03. Conceituar Vetor.
04. Somar os vetores abaixo. Representar a Resultante e a Equilibrante.

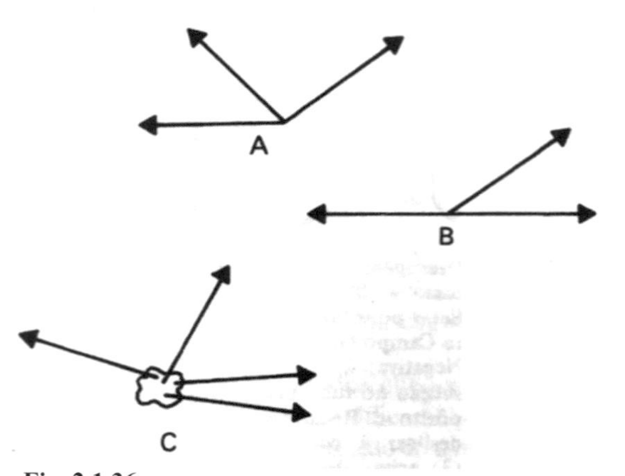

Fig. 2.1.36

05. Classificar as alavancas abaixo:

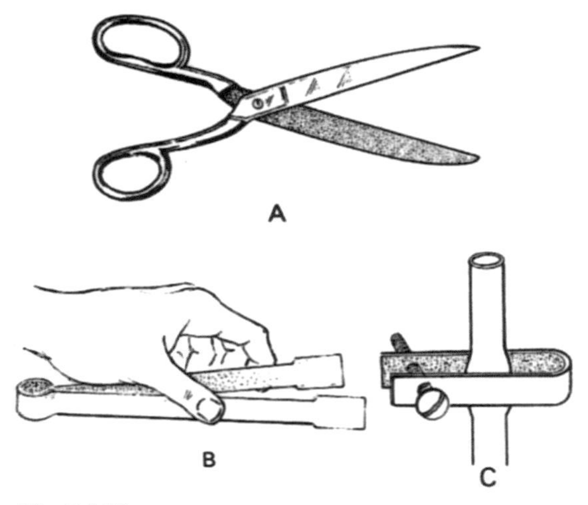

Fig. 2.1.37

06. Calcular a Força, em kg e newtons, exercida pelas trações abaixo:

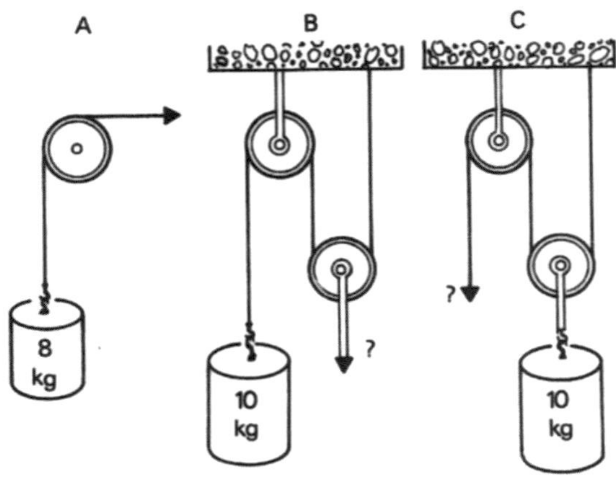

Fig. 2.1.38

07. Em qual sistema a tração tem mais força? Discutir a resposta.

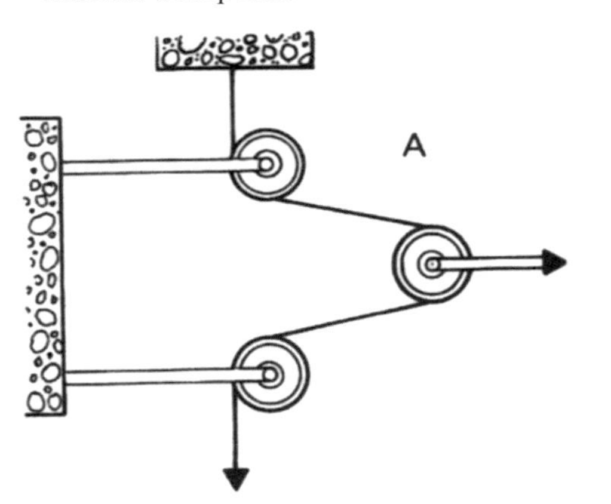

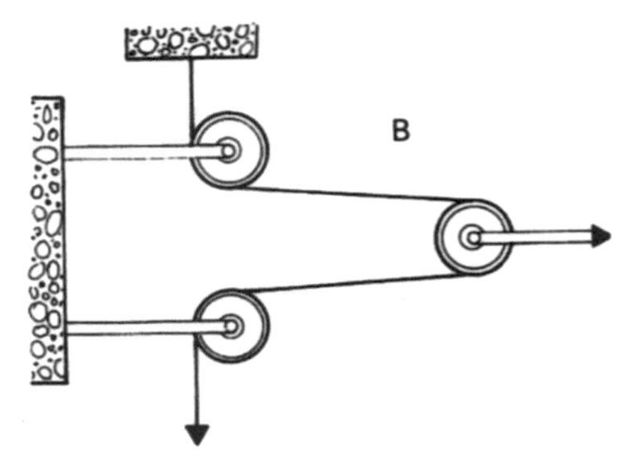

Fig. 2.1.39

08. Uma Força de 25 N é aplicada em ângulos de 30°, 60° e 85°. Calcular a Resultante.
09. Uma Força de 10 N é aplicada sucessivamente através de um braço de 10 cm (0,10 m) e 15 cm (0,15 m). Qual o torque exercido em cada caso?
10. Um disco de polimento tem 1,5 cm de diâmetro. Força aplicada no eixo é de 15 N. Calcular o torque na borda, e a 0,5 cm do eixo. Como é a relação de velocidades nesses pontos?
11. Conceituar Pressão Atmosférica.
12. Na Fig. 2.1.24, coloque em ordem decrescente os vetores de pressão atmosférica em relação à altitude:

13. Num ambiente cuja P_{atm} é 690 mm Hg, qual o valor de uma pressão negativa de -12 mm Hg? (. . .). E de uma positiva de +5 mm Hg? (. . .).
14. Qual dos sifões abaixo não funcionam? Por quê?

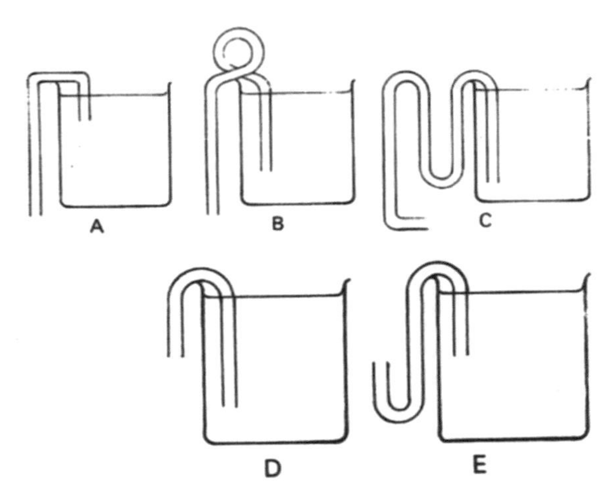

Fig. 2.1.40

15. Na fig. 2.1.29, se a rolha de um dos frascos estiver furada, o sistema 1 ( ) ou o 2 ( ) não funciona.
16. Na Fig. 2.1.31, se a rolha estiver furada, o que acontece com a regulagem do fluxo? Explique.
17. Na Fig. 2.1.32, completar com: Campo G ou Patm:
    1) A sucção no paciente é por
    2) Do frasco (2) para o frasco (1) é por..........
    3) Do frasco (1) para o frasco (3) é por..........
18. Na Fig. 2.1.32, completar com: Campo G ou Sifão:
    1) Enchimento da bexiga do paciente é por . .
    2) Esvaziamento da bexiga é por
19. Na Fig. 2.1.34, se o tubo de conexão estiver mal colocado, haverá subida de líquido no tubo? O que acontecerá com a entrada de ar na cavidade torácica?
20. Como você usará uma drenagem com aspiração para retirar ar do tórax, e expandir o pulmão?
21. A distância vertical entre uma veia e o coração é de aproximadamente 15 cm. Que altura mínima você usaria para P_{hid}?

GD – 02

1. Conceituar e exemplificar Força, Energia, Trabalho Físico e Biológico, Potência e Pressão.
2. Discutir a racionalidade da prescrição de exercícios físicos, em relação aos parâmetros acima, especialmente a Potência.

TL – 02

1. Construir sistemas de tração usando: cordas de náilon, balanças de mola e polias usadas em varal de secar roupa. Verificar as relações de força.
2. Construir, com tubos de plástico usados para aplicações endovenosas: Sifão, frasco de Mariotte, drenagem de Wangensteen, Munro e torácica.
3. Usando um balão de borracha como pulmão, mostre a necessidade de pressão negativa para sua expansão.
4. Acompanhados de orientador capacitado, visitar centros de fisioterapia.

2.2
O Campo Eletromagnético

Já vimos as relações entre os Campos EM e os Biossistemas. Neste capítulo abordaremos alguns aspectos da eletricidade e das radiações eletromagnéticas em Biologia. Muitos outros aspectos do campo EM serão considerados neste texto, nos capítulos apropriados.

A – Noções de Eletricidade Aplicada à Biologia – A matéria, de um modo geral, é neutra, i.e., tem distribuição equivalente de cargas positivas e negativas. (Fig. 2.2.IA). Porém, a realização de Trabalho, separa essas cargas (Fig. 2.2.1B). Basta esfregar um pedaço de plástico com um pedaço de seda, que isso ocorre. O estudo das propriedades e comportamento dessas cargas separadas é objeto da eletricidade.

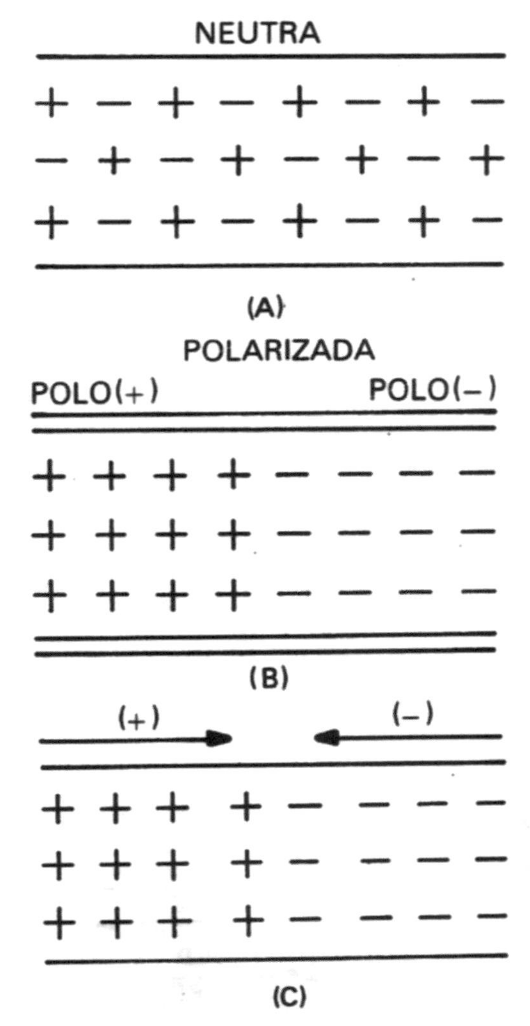

Fig. 2.2.1 – Estado elétrico da matéria (ver texto).

O trabalho realizado de separar as cargas, transforma a matéria neutra (A) em polarizada (B). Pela 2ª lei TD, a Matéria tende espontaneamente, a voltar ao estado inicial (A), pela movimentação das cargas (C). Nos sólidos, apenas elétrons se movem. Nos líquidos e gases, o movimento é de íons positivos e negativos. Os seguintes parâmetros se observam nesses fenômenos:

1. **Coulomb** – É a quantidade ou número de cargas. O Coulomb (C) corresponde a $6{,}2 \times 10^{18}$ cargas (Fig. 2.2.2).

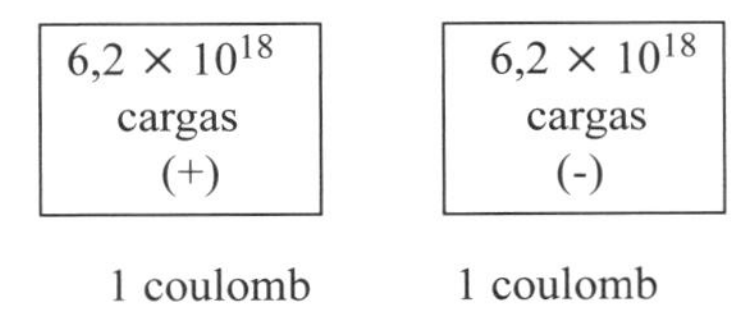

Fig. 2.2.2 - Representação do Coulomb – $6{,}2 \times 1^{18}$ cargas (positivas ou negativas).

Conversamente, uma partícula de carga unitária (próton ou elétron) tem uma carga elétrica de $1{,}6 \times 10^{-19}$ C.

As cargas podem ser positivas ou negativas. O coulomb é uma unidade enorme para a Biologia. Os sistemas biológicos possuem cargas elétricas por todas as partes, mas alguns microcoulombs (μC, 10^{-6} C) ou microcoulombs (μC, 10^{-3}C) são suficientes para as necessidades dos seres vivos. Pelo contrário, uma simples lâmpada elétrica de 100 watts (veja depois), consome 1 coulomb por segundo de cargas, para ser acendida.

No campo Elétrico, o Coulomb é o análogo da quantidade de Matéria, ou Massa, no campo Gravitacional:

Quanto mais massa, mais matéria.
Quanto mais coulomb, mais carga elétrica.

A quantidade de coulombs necessária para transportar um mol de partículas ($6{,}02 \times 10^{23}$ partículas), é $1{,}6 \times 10^{-19} \times 6{,}02 \times 10^{23} = 9{,}65 \times 10^4$C, e se chama Faraday.

2. **Voltagem** – É a diferença de energia entre dois pontos, e é medida em volts (V). Quando é necessário o trabalho de 1 Joule para transportar a carga de 1 coulomb entre dois pontos A e B, a diferença de potencial é 1 volt (Fig. 2.2.3):

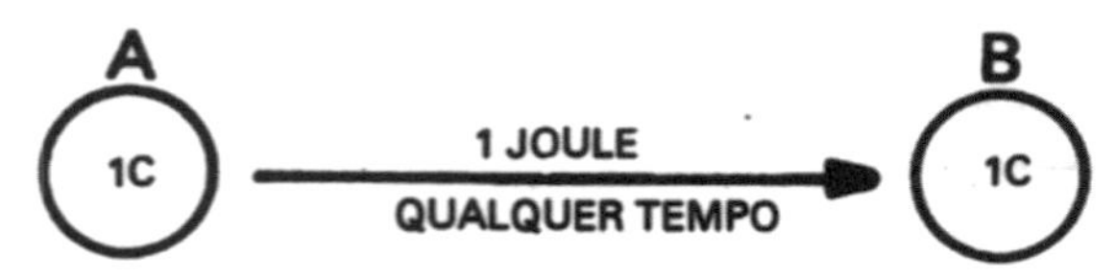

VOLT = Joule x Coulomb

Fig. 2.2.3 – O Volt.

A voltagem é pois, a diferença de potencial ele trico, e é análoga à diferença de altura no campo Gravitacional:

Quanto maior a altura, maior a energia gravitacional

Quanto maior a voltagem, maior a energia elétrica.

As diferenças de potencial (dp) geradas pelos seres vivos, em nível celular, são da ordem de microvolts (μV, 10^{-6} V), como no cérebro ou de milivolts (mV, 10^{-3}V), como no coração. Alguns peixes associam essas células, e produzem dp de até 700 volts. A eletricidade doméstica tem dp de 110 V (ou de 220 V em algumas cidades). Aparelhos de Raios × podem usar voltagens de vários milhares, e até milhões de volts (V. Radiações).

3. **Amperagem** – A movimentação de cargas elétricas em função do tempo é a corrente elétrica. A unidade é o Ampère (I). Quando 1 coulomb se desloca em 1 segundo entre A e B, a corrente é de 1 Ampère (Fig. 2.2.4):

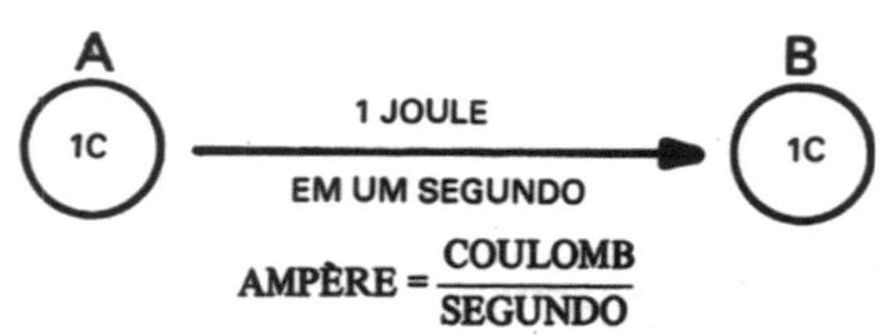

$$\text{AMPÈRE} = \frac{\text{COULOMB}}{\text{SEGUNDO}}$$

Fig. 2.2.4 – O Ampère.

A amperagem é a análoga do fluxo de matéria no campo gravitacional, como a quantidade de água que sai de uma torneira.

Quanto maior o fluxo, mais água passa.

Quanto maior a amperagem, mais corrente elétrica passa.

O Ampère é unidade muito grande para os sistemas biológicos, cujas correntes são da ordem de picoAmpères (pA, 10^{-12}A), ou de nanoamperes (nA, 10^{-9}A). Em casos raros, pode chegar a microamperes (μA, 10^{-6}A) como na pele de anfíbios. As correntes de aparelhos usados em Biologia é grande. Um aquecedor pode consumir 10 ou mais ampères. Uma lâmpada de 100 watts (veja adiante), consome ap. 1 ampère.

4. **Potência** – A capacidade de realizai trabalho elétrico em função do tempo é a potência. A unidade é o watt (W). Quando passa 1 ampère de corrente sob o potencial de 1 volt, a potência é 1 watt (Fig. 2.2.5):

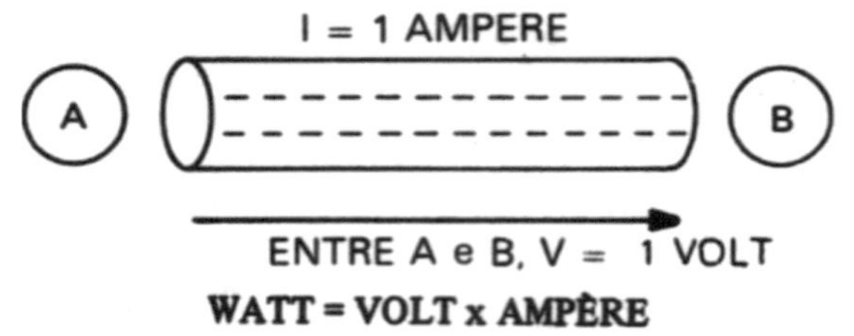

WATT = VOLT x AMPÈRE

Fig. 2.2.5 – O Watt.

O watt elétrico (volt × ampére) é o análogo do watt mecânico do campo G, que é Trabalho × segundo^{-1} ou Força × Velocidade.

Quanto mais trabalho em menor tempo, mais potência.
Quanto mais volts × ampères, mais potência.

A potência em sistemas biológicos varia em imensa faixa de valores. A potência elétrica de uma célula isolada é da ordem de alguns microwatts. A potência do trabalho osmótico do rim é de alguns miliwatts. (Vef Biofísica da Função Renal). A potência da contraçâo muscular pode chegar a algumas centenas de watts.

A potência elétrica é facilmente perceptível na prática, basta observar o tempo que se leva para ferver um litro d'água em um aquecedor de 500 watts, e em outro de 1.000 watts. Aparelhos de uso em Biologia estão na faixa de alguns poucos watts até 1.000 a 2.000 W. Exceção para Raios × e equipamento "pesado", que consomem muito mais.

5. **Resistência Elétrica** – É medida da oposição à passagem da corrente elétrica, e sua unidade é o ohm (Ω). Quando entre dois pontos A e B, a voltagem é 1 volt, e passa 1 ampère de corrente, a resistência é de 1 Ω (Fig. 2.2.6):

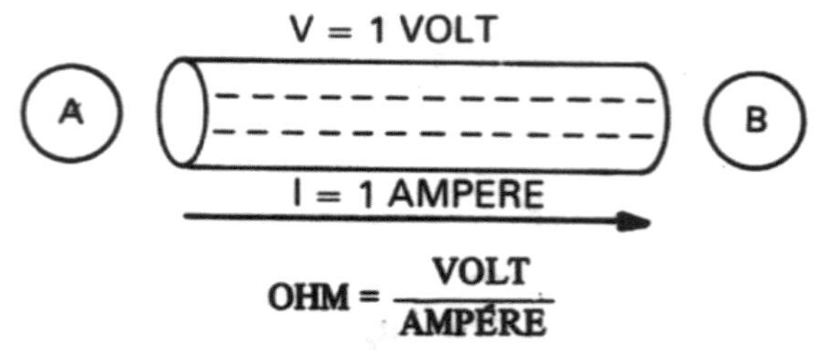

$$\text{OHM} = \frac{\text{VOLT}}{\text{AMPÈRE}}$$

Fig. 2.2.6 – O Ohm.

A resistência por **comprimento** e **área** do material, é a Resistividade, dada em Ω.metro. Em Biologia, usa-se Ω.cm ao invés de Ω.m, o que deve ser desencorajado. A resistência de alguns materiais, expressado como **Resistividade**, vem a seguir.

A resistência da Matéria varia desde elementos de muito baixa **resistividade**, como o Alumínio e o Cobre, (10^{-5} Ω.cm) a materiais de muito alta **resistividade**, como o vidro (10^{+15} Ω cm) e certos plásticos. Os materiais de baixa resistência são obviamente bons condutores de eletricidade, e são denominados **condutores**. Os de alta resistência, conduzem mal a eletricidade, e são denominados isolantes ou dielétricos. Os tecidos biológicos conduzem a corrente elétrica, e apresentam resistividades da ordem de 50 a 1.000 Ω.cm(0,5 a 10Ω.m). O carbono tem ap. 350 Ω.cm (3,5 Ω.m).

A resistência elétrica pode ser comparada com o atrito no campo G.

6. **Condutância – Condutividade** – Possuem exatamente o sentido inverso de Resistência e Resistividade. A condutância é igual a $\frac{1}{\Omega}$ e simboliza-se MHO (OHM ao inverso). A condutividade é mho.cm^{-1}. Em analogia com o item acima, o Alumínio tem alta condutividade, e o quartzo, ou vidro, baixa condutividade.

7. **Capacitância** – É um fenômeno relacionado ao acúmulo de cargas opostas em condutores separados por um meio isolante. A unidade é o FARAD. Quando entre duas placas A e B existe uma diferença de potencial de 1 volt, e nessas placas se acumula 1 coulomb de cargas elétricas, a capacitância é de 1 FARAD (Fig. 2.2.7):

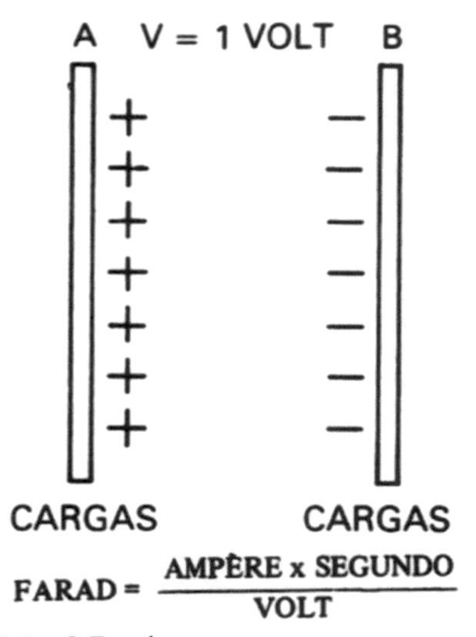

Fig. 2.2.7 – O Farad.

O conjunto que acumula essas cargas é denominado **Capacitor**. Uma vez carregado, o capacitor se descarrega lentamente. Mas se as duas placas forem conectadas por um fio condutor, a descarga é imediata. Um capacitor para 1 FARAD será muito maior do que a Terra. Grandezas práticas são os microfarads (μF, 10^{-6}F) a picofarads (pF, 10^{-12} F). Valores em Biologia estão entre nanofarads (nF, 10^{-9} F) a pF. Membranas biológicas apresentam capacitâncias da ordem de alguns picofarads. A carga entre as placas depende do dielétrico (isolante) colocado entre elas. Se o dielétrico for altamente isolante, a carga é grande. Obviamente, "o vácuo é o melhor dielétrico". Os tecidos biológicos apresentam constantes dielétricas abaixo de 80, que é o valor da água.

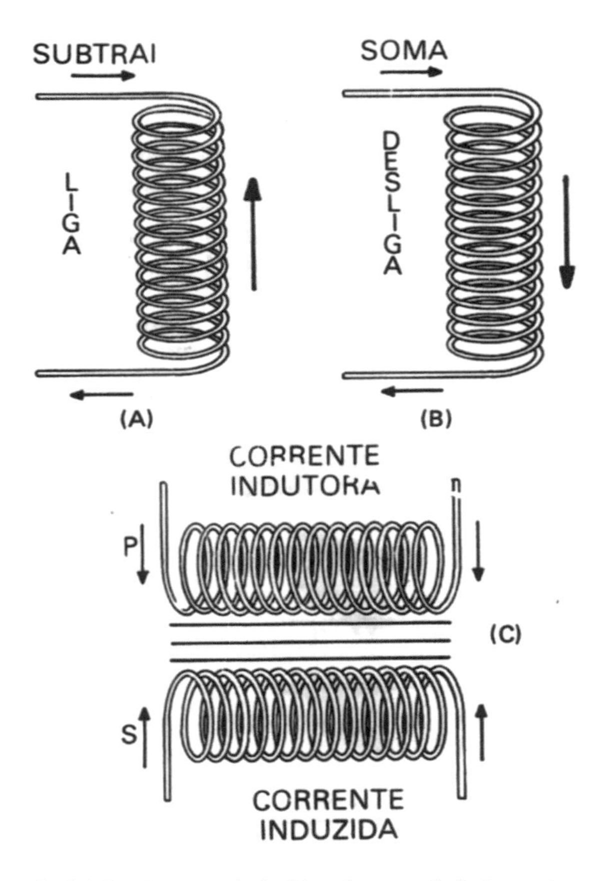

Fig. 2.2.8 – Correntes induzidas. Corrente de fechamento (liga) e abertura (desliga). A– O circuito é ligado, além da corrente eletrônica (e^-), há uma corrente induzida (↑) de sentido oposto; B – O circuito é desligado, aparece uma corrente (↓) no mesmo sentido da desligada. C – uma corrente variável em (P) induz outra corrente em (S). Se a corrente em (P) for constante, não há corrente em (S). O conjunto P (primário) e S (secundário), é um transformador de corrente.

8. **Indutância** – Cargas elétricas em movimento produzem em torno delas um campo magnético. Esse campo magnético por sua vez, é capaz de induzir uma corrente elétrica em u m condutor (Fig. 2.2.8A e B). Essas correntes induzidas apresentam grande interesse em Biologia, além do uso generalizado em muitos aspectos da nossa atual civilização.

As correntes induzidas são o mecanismo básico dos transformadores de corrente, como veremos adiante. Como se depreende de A e B, o choque de ligação (fechamento) do circuito é menor que o de desligação (abertura). No fechamento, a corrente induzida opõe-se à corrente indutora. Na abertura, ao contrário, a corrente induzida soma-se à indutora. Por esse motivo, a contração muscular do choque de abertura é sempre mais intensa.

9. **Tipos de Corrente Elétrica** – A corrente mais simples é a contínua, como a fornecida por uma pilha ou bateria. Os pólos são invariáveis: o positivo é sempre positivo, o negativo é sempre negativo (Fig. 2.2.9.1). Essa corrente é chamada pelos eletrofisiologistas de corrente galvânica.

Através de métodos eletrônicos, correntes contínuas pulsantes podem ser obtidas, com pulsos positivos (Fig. 2.2.9.2) ou negativos (Fig. 2.2.9.3). A corrente alterna ou alternada (Fig. 2.294) é aquela cuja polaridade varia em função do tempo. Cada pólo é sucessivamente positivo ou negativo. Cada mudança corresponde a um ciclo. A corrente comum que chega na tomada elétrica tem 60 ciclos por segundo, ou seja, a cada segundo cada pólo é 60 vezes positivo e 60 vezes negativo. Há correntes alternadas de alta frequência àté de milhões de ciclos por segundo.

Outro tipo de corrente é a induzida, que pode apresentar muitas variantes. Um desses tipos é a da Fig. 2.2.9.5. Essa corrente se obtém quando se aplica uma corrente pulsante ao circuito primário de um transformador: a corrente induzida apresenta os picos de fechamento (F) e abertura (A) descritos no item Indutância. Essa variante é conhecida como corrente Farádica.

Ainda, outro tipo de corrente que tem aplicação biológica é o da carga e descarga de um capacitor (Fig. 2.2.9.6). Ambas, carga e descarga, são exponenciais, e sua forma e duração dependem da capacidade do capacitor, da voltagem, da resistência de descarga, etc.

B – Relações Elétricas de Interesse em Biologia

1 – **Associação de Pilha** – Pode ser feita de dois modos:

1. **Em Série** – Positivo de uma pilha é ligado no negativo de outra (Fig. 2.2.10).

Neste caso, as voltagens se somam (3,6 V), e a corrente permanece a mesma (300 mA).

2. **Em Paralelo** – Pólos positivos ligados entre si, e pólos negativos ligados entre si (Fig. 2.2.11).

Neste caso, a voltagem é a mesma (1,2 V), e as correntes se somam (900 mA).

Essas situações são encontradas em sistemas biológicos. Na eletroplaca do peixe elétrico, as células produtoras de voltagem se associam em

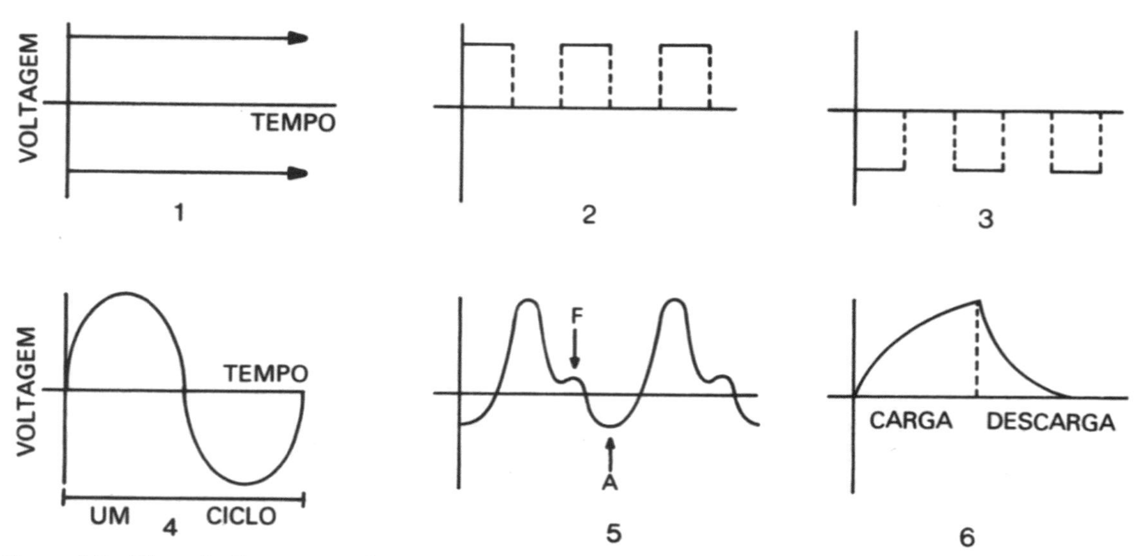

Figura 2.9 – Tipos de Corrente usadas em Biologia. 1 – Contínua (galvânica); 2 – Contínua pulsante (positiva); 3 – Contínua pulsante (negativa); 4 – Alterna; 5 – Induzida (farádica) – F – Fechamento – A – Abertura; 6 – Descarga de capacitor.

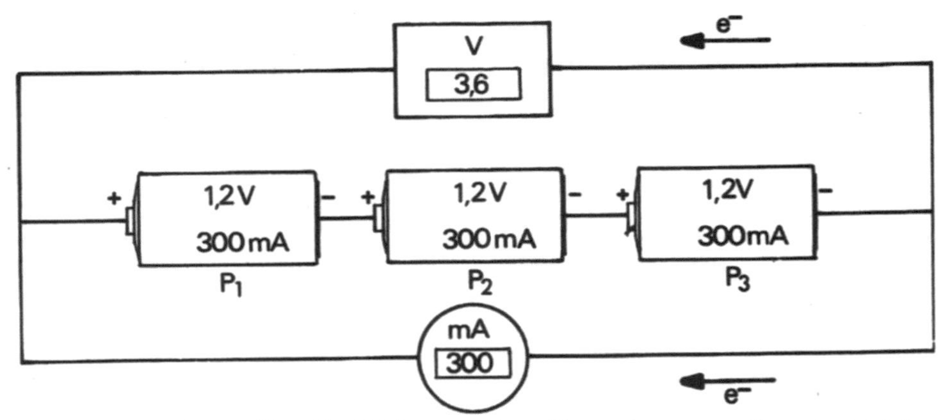

Fig. 2.2.10 – Pilhas em Série. P – Pilhas; V – Voltímetro; mA – miliamperímetro; e^- – Corrente eletrônica.

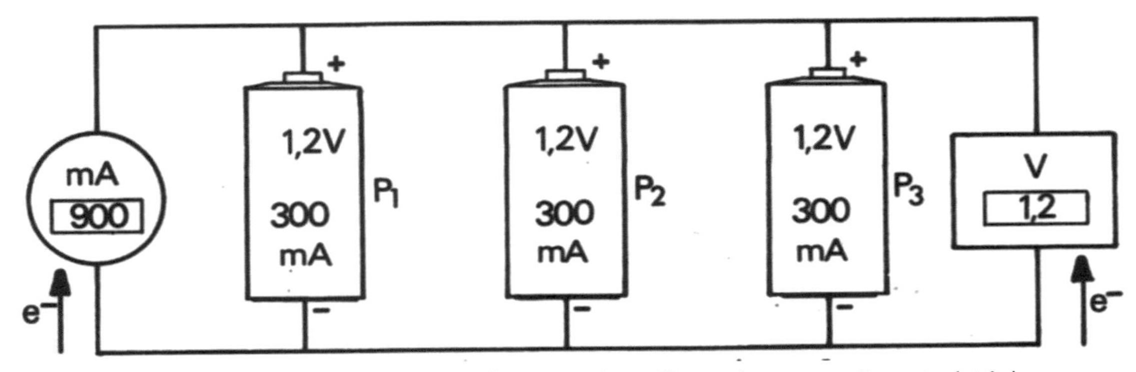

Fig. 2.2.11 – Pilhas em paralelo. P – Pilhas; V – Voltímetro; mA – miliamperímetro; e^- – Corrente eletrônica.

série, e de alguns milivolts individuais, produzem diferenças de potencial de até 700 volts. Essas mesmas células se associam em paralelo, para aumentar a corrente para alguns microamperes.

2 – **Associação de Resistores** – Pode ser feita de 2 maneiras:

1. **Em Série** – Quando a corrente percorre cada resistor sucessivamente (Fig. 2.2.12).

O efeito é de aumentar a dificuldade de passagem da corrente. Nesse caso, a resistência total R:

$$R = R_1 + R_2 + R_3$$

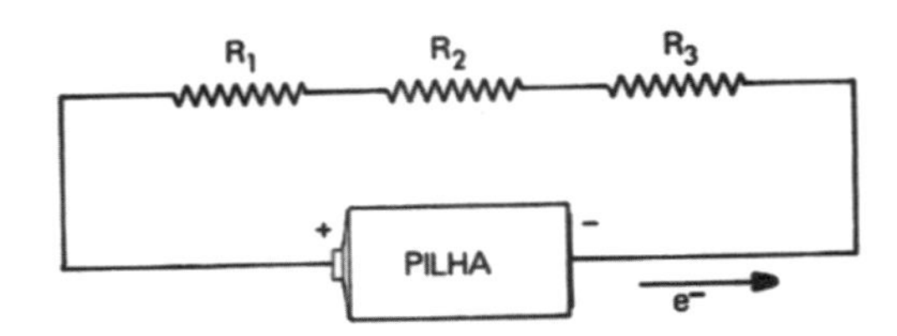

Fig. 2.2.12 – Resistores em série. R – Resistores; P – Pilhas; e^- – Corrente eletrônica.

2. **Em Paralelo** – A corrente passa simultaneamente através dos resistores (Fig. 2.2.13).

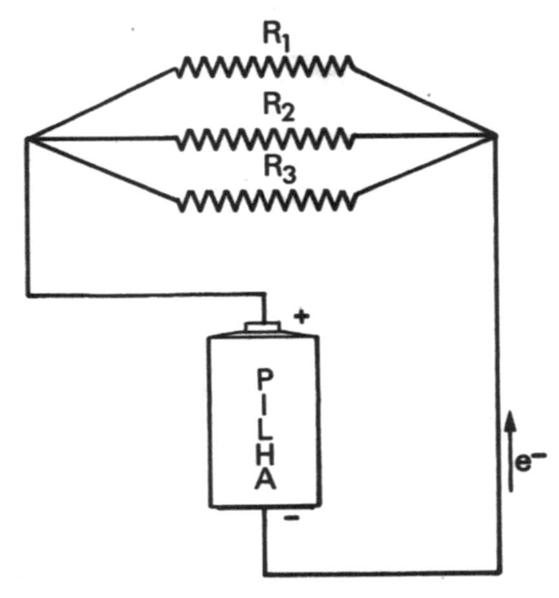

Fig. 2.2.13 – Resistores em série. R – Resistores; P – Pilhas; e^- – Corrente eletrônica.

O efeito é como se houvesse mais de um caminho para facilitar a passagem da corrente, e a resistência do circuito diminui. O inverso da resistência total é a soma do inverso de cada resistor:

$$\frac{1}{R} = \frac{1}{R_1} + \frac{1}{R_2} + \frac{1}{R_3}$$

A resistência total é sempre inferior à menor resistência. Essas associações existem nos Biossistemas. A resistência total de um tecido é a soma da resistência das suas células em série. Um feixe nervoso associa diversas fibras em paralelo para diminuir a resistência e melhor conduzir o impulso elétrico.

3 – **Associação de Capacitores** – Podem ser associados de dois modos:

1. **Em Série** – Pólo positivo de um capacitor no negativo de outro (Fig. 2.2.14).

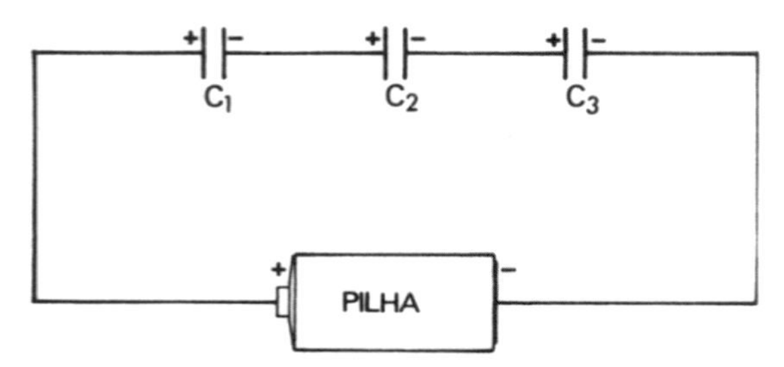

Fig. 2.2.14. Capacitores em série. C – Capacitores; P – Pilha.

O efeito é de diminuir a capacidade total, porque as placas finais (de C_1 e C_3) são afastadas. O inverso da capacidade total é a soma do inverso das capacidades:

$$\frac{1}{C} = \frac{1}{C_1} + \frac{1}{C_2} + \frac{1}{C_3}$$

A capacidade total é sempre inferior à menor capacidade.

2. **Em Paralelo** – Pólos positivos com positivos, e negativos com negativos (Fig. 2.2.15).

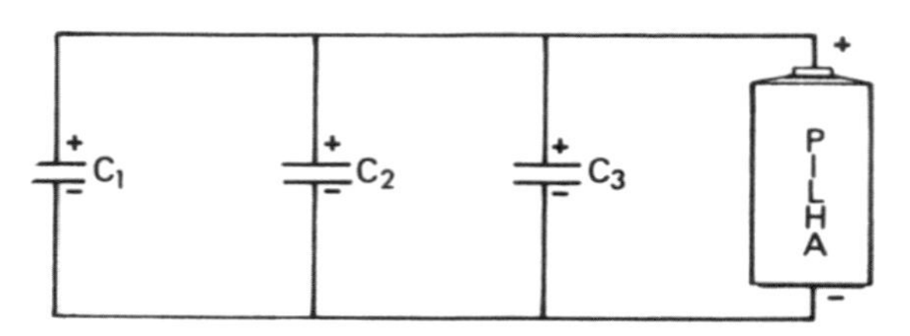

Fig. 2.2.15. Capacitores em paralelo. C – Capacitores; P – pilha.

O efeito é como se as placas fossem aumentadas, e a capacidade total é a soma das capacidades:

$$C = C_1 + C_2 + C_3$$

4 – **Lei de Ohm** – Em sua enorme variedade de materiais, especialmente nos metais, a voltagem (V), a resistência (R) e a corrente (I) estão relacionadas através da lei de Ohm:

$$V = RI$$

onde V é a diferença de potencial em volta, R é a resistência em Ohm, e I é a corrente em ampères. Essa relação é especialmente útil no laboratório e nas enfermarias.

Exemplo – Para realizar uma eletroforese (V. Soluções), a corrente não deve exceder 2 mA, para não aquecer desnecessariamente o suporte. A resistividade do suporte é 12.000Ω. cm, e seu comprimento é 6 cm. Qual a voltagem adequada?
A resistência total é: $R = 12.000 \times x\ 6 = 7{,}2 \times 10^4\ \Omega$
A corrente permitida é 2×10^{-3} A (2 mA) Então:
$V = 2 \times 10^4 \times 2 \times 10^{-3} = 145$ V.
Não se deve exceder 140 a 150 volts na tensão do campo elétrico.

Nas soluções eletrolíticas, essa relação é respeitada de modo aproximado, porque R aumenta com a elevação de V (I tende a ficar constante). Entretanto, para medidas comuns, esse efeito pode ser desprezado. Pode-se dizer que, de um modo geral, os materiais biológicos seguem quase satisfatoriamente a lei de Ohm.

5 – **Potência Elétrica e Produção de Calor** – A potência (W) elétrica de qualquer circuito é dada por:

$$w = VI \text{ (Joules-s}^{-1} = \text{watts)}$$

onde V é a voltagem e I a amperagem.

Em circuitos puramente resistivos, como é o caso da grande maioria de biossistemas, a potência é também fornecida por:

$$w = RI^2 \text{ (Jouless}^{-1} = \text{watts)}$$

onde R é a resistência e I^2 é o quadrado da amperagem.

Se o sistema funciona durante um tempo t (segundos), o trabalho realizado será:

$$\tau = VIt \text{ (Joules)}$$
$$\tau = RI^2 t \text{ (Joules)}$$

Se não há produção de Trabalho útil de qualquer natureza, toda energia introduzida no sistema será totalmente convertida em Calor. Neste caso, Vlt e RI^2 t fornecem o calor em Joules. Para converter em kilocalorias, multiplicar por 0,25 as equações acima:

$$H = VIt \times 0{,}24 \text{ (kcal)}$$
$$H = RI^2 t \times 0{,}24 \text{ (kcal)}$$

G – Procedimentos Eletromagnéticos Usados em Biologia. Aspectos Biofísicos da Eletroterapia, Termoterapia, Diatermia, Crioterapia

Apêndice – **Ultra-som**

Nesta moderna era eletrônica, existem equipamentos para fornecer qualquer tipo de corrente, voltagem, frequência, etc., usados em Biologia.

a) **Eletroterapia**

1 – **Eletroestimulação de Músculos** – O mecanismo de ação consiste na estimulação dos processos biológicos causados pela corrente elétrica. Esta, por sua vez, age despolarizando as células nervosas (ou musculares), e iniciando um potencial de ação. A corrente é do tipo galvânico ou descarga de condensador, e dura alguns milisegundos para músculos, e **menos** de um milisegundo para nervos. A frequência é de 1.000 a 2.000 Hz para músculos inervados e de 10 a 40 Hz para músculos desnervados. O fluxo de corrente fica entre 5 a 20 mA, com voltagens entre 20 a 30 V.

2 – **Consolidação de Fraturas** – Aplicação de pequenos potenciais através de eletródios especiais é usada como adjuvante efetivo na formação de calos ósseos.

3 – **Ionoforese** – Consiste na introdução de substâncias no organismo, através da corrente elétrica, e não tem aplicação clínica hoje em dia. É método de investigação no laboratório, e só interessa aos pesquisadores.

b) **Termoterapia** – A aplicação de Calor (Energia Térmica) tem indicação em várias condições patológicas. O efeito do calor é o aumento geral do metabolismo. Essa elevação do metabolismo vem de vários fenômenos físico-químicos, como aumento da dissociação da água e eletrólitos, e da atividade enzimática, que resulta em aceleração de todas reações biológicas. Em nível de órgãos, a vasodilatação com consequente hiperemia e a intensificação do fluxo circulatório, também contribui para os efeitos da aplicação do calor.

O calor pode ser aplicado de várias formas:

1. Fontes Condutoras (maior temperatura)
2. Calor Radiante (Infravermelho)
3. Diatermia (ondas curtas e microondas)
4. Ultra-som (Campo G, no Apêndice deste capítulo)

Modernos estudos mostraram que o mecanismo fisiológico dos procedimentos acima, é exclusivamente a elevação da temperatura dos tecidos biológicos, e os efeitos que resultam dessa hipertermia são benéficos.

A aplicação do calor não pode ser descuidada. A elevação da temperatura não deve exceder 45°C por mais de 30 minutos. Alguns tecidos, como o nervoso, são lesados já a 43°C. Os testículos nunca devem ser superaquecidos, pois há completa inibição da espermatogênese.

Atenção: É necessário considerar as indicações e contra-indicações para o uso da Termoterapia, para obter sucesso terapêutico, e evitar danos aos pacientes.

1 – Fontes Condutoras

Conforme a 2ª lei da TD (veja Termodinâmica) quando dois corpos de temperaturas diferentes se tocam, passa Calor do mais quente para o mais frio. Esse é o princípio da transferência direta (condução) de calor, na termoterapia.

O Calor pode ser aplicado com métodos simples, como compressas quentes, que podem ser úmidas ou secas. Esse processo caseiro é útil onde não há outros recursos. O banho de parafina é uma mistura de sete partes de parafina e uma de óleo mineral fino, que funde aproximadamente a 52°C. Como o calor específico da mistura é apenas 0,5 (a metade, aproximadamente, do calor dos tecidos biológicos) não há perigo de um excesso de calor ser transferido para a pele, na aplicação direta.

Deve-se usar sempre um termômetro para controlar a temperatura do banho, ou aplicá-lo somente quando a parafina começa a se solidificar, formando uma camada sólida na superfície do banho.

2 – Calor Radiante

A energia radiante de comprimento de onda acima de 700 nm é invisível, mas quando absorvida, imprime oscilações nos elétrqns orbitais. Essas oscilações provocam o aquecimento da matéria. A energia radiante tem temperatura do ambiente: é a absorção e transferência, da energia que fornece a elevação da temperatura (Fig. 2.2.16).

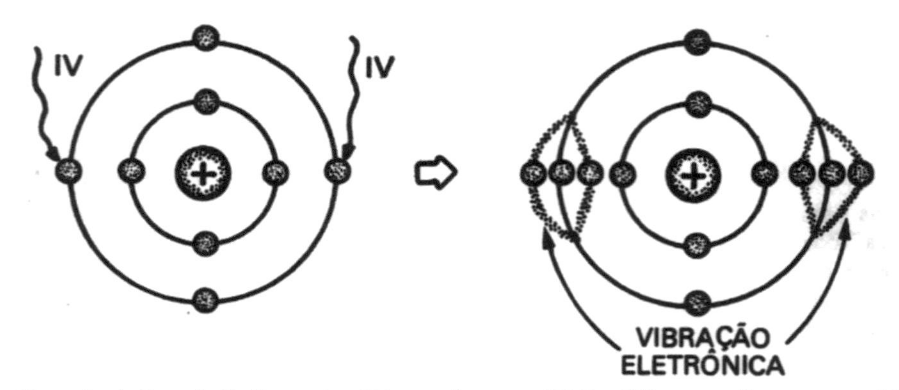

Fig. 2.2.16 – Absorção de Energia Radiante. A – Elétrons absorvem IV; B – Elétrons oscilam nas suas órbitas, produzindo atrito; IV – infravermelho.

Os elétrons vibrando produzem Trabalho, e o trabalho pelo atrito produz Calor.

A faixa útil vai de 750 a 50.000 nm. A penetração dos raios IV na pele é muito pequena. Os mais curtos, de 750 a 2.000 nm penetram um pouco mais de 1 mm, e daí em diante, a penetração cai até 0,2 mm em 10.000 mm. Comprimentos de onda de 30.000 a 40.000 nm voltam a penetrar mais nos tecidos, chegando à profundidade de 3 a 5 cm. A razão é que, tendo menor energia (maior comprimento de onda), eles interagem menos com os elétrons dos tecidos mais superficiais. Nessa faixa, a radiação já está próxima às ondas de rádio.

Esses valores são muito aproximados, e dependem do tipo de pele do paciente. A coloração também é importante, as peles escuras absorvendo mais do que as claras.

Lâmpadas comuns, de luz branca, são uma fonte barata de raios IV, mas possuem o inconveniente do excesso de luz visível. Existem lâmpadas especiais de IV, cujo uso é descrito nos manuais de Fisioterapia. Essas lâmpadas possuem uma faixa de luz que vai do vermelho (visível) até aproximadamente 3.000 nm.

Geometria do uso de radiações – A distância e o ângulo de incidência condicionam a intensidade recebida:

a) **Distância**

A intensidade da energia que atinge uma área do corpo, é inversamente proporcional ao quadrado da distância. Assim, dobrar a distância, diminui de 4x a intensidade, e diminuir a distância à metade, corresponde a aumentar 4x a intensidade (Fig. 2.2.17).

A fórmula usada é:

$$\frac{I_2}{I_1} = \frac{d_1^2}{d_2^2}$$

onde:

I_1 é a intensidade de referência, I_2 é a nova intensidade, d_1 é a distância de referência e d_2 a nova distância.

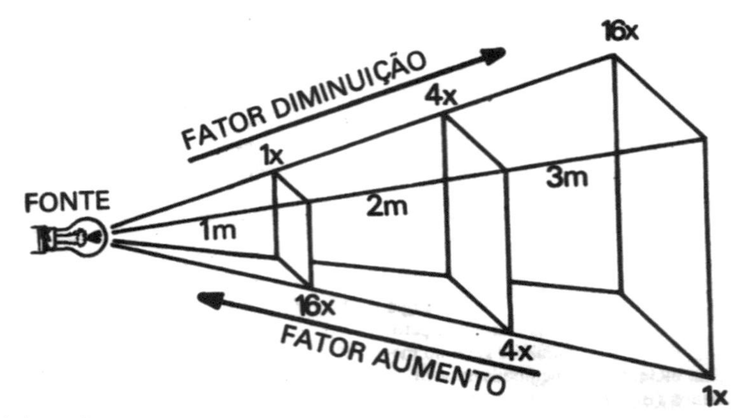

Fig. 2.2.17 – Intensidade Radiação em Função da Distância. Se a 1 m a intensidade é 1, a 2 m é 4 × menos, a 3 m 16 × menos.

b) Angulo de Incidência

Outro fator que regula a intensidade é o ângulo de incidência da radiação: o máximo é atingido na perpendicular, diminuindo com o ângulo de incidência (Fig. 2.2.18).

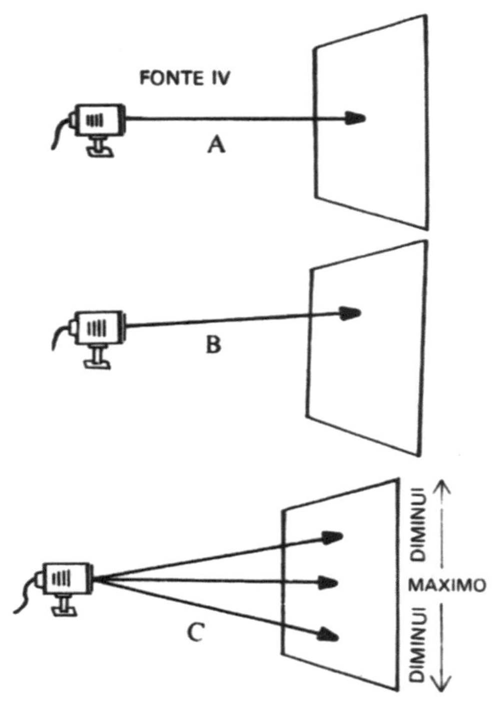

Fig. 2.2.18 – Intensidade e Ângulo de Incidência. A – Perpendicular; B – Oblíquo; C – Distribuição da intensidade em função do ângulo de incidência.

A fórmula que mede a Intensidade em função do ângulo de incidência é:

$$I\alpha, = I_0 . \cos \alpha$$

onde: I α é a intensidade em um ângulo qualquer α, e I_0 é a intensidade máxima (Fig. 2.2.19).

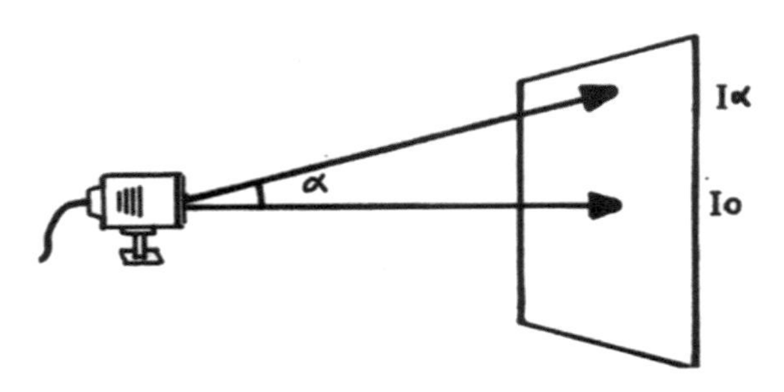

Fig. 2.2.19 – Intensidade e Ângulo de Incidência. (ver texto).

Exemplo – A intensidade de uma lâmpada IV, a 1 cm de distância é 750 w. Ela é colocada perpendicularmente a 40 cm de um paciente. Calcular Io e Id, em distância de 15 cm do centro de aplicação (como na Fig. 2.2.19). Temos: I_1 = 750 w e d_1 = 1 cm. Io equivale a I_2. Então:

$$I_o = I_2 = \frac{I1 \times (d_1)^2}{(d_2)^2} = \frac{750 \times 1^2}{40^2} = 0{,}47 \text{ w}$$

A distancia da periferia ao centro, 15 cm, dividida pela distância lâmpada-objeto é a tangente do ângulo.

$$\text{ton } \alpha = \frac{15}{40} = 0{,}375$$

Na Tabela de Tangentes e Cossenos, o valor mais próximo é o cos. 20° = 0,94.

$$I\alpha = 0{,}47 \times 0{,}94 = 0{,}44 \text{ w.}$$

Tabela de Tangentes e Cossenos

Ângulo (graus)	Tan.	Cos.	Ângulo (graus)	Tan.	Cos.
5	0,09	0,99	30	0,58	0,87
10	0,18	0,98	35	0,70	0,82
15	0,27	0,96	40	0,84	0,77
20	0,36	0,94	45	1,00	0,71
25	0,47	0,91	50	1,20	0,64

Se a superficie a ser irradiada não é plana, o ângulo tangencial de incidência diminui consideravelmente a energia absorvida.

O ângulo de incidência de 45° mostra uma relação interessante: a uma distância do centro igual à **metade** da distância lâmpada-objeto a intensidade é 30% menor.

No uso do IV é necessário respeitar tanto as indicações como as contra-indicações, que se encontram nos manuais especializados.

3 – Diatermia (dia = através; termos = calor)

O termo significa a passagem de calor através dos tecidos e órgãos. Na realidade, o calor é gerado por campos eletromagnéticos que fazem os elétrons se agitarem de maneira semelhante ao da radiação IV. A frequência desses campos eletromagnéticos é próxima das frequências da radiocomunicação, e por esse motivo, são rigorosamente controlados. Apenas quatro frequências são permitidas:

Frequência	Faixa
megahertz (10^6 Hz)	
(ondas curtas)	(metros)
13,66	22
27,33	11
40,98	7,5
gigahertz (10^9 Hz)	
(microondas)	
2,45	0,122

A faixa média (11 metros) é a mais comumente utilizada. As microondas de 2,45 × 10^9 Hz (faixa de 0,122 m ou 12,2 cm) são utilizadas em casos especiais.

Na aplicação da diatermia por ondas curtas ou microondas, é necessário lembrar que o paciente faz parte do circuito eletromagnético. Mais especificamente, a porção do corpo colocada entre os pólos emissores da radiação, modifica a capacitância ou a indutância do circuito (V. Capacitância, Indutância e Dielétricos). É portanto, necessário sintonizar o circuito com a presença da parte do organismo a ser irradiada. Geralmente, a sintonia está correta quando a potência de saída em watts for máxima. (Veja adiante).

É necessário observar bem as prescrições terapêuticas para cada caso, especialmente nas irradiações da pelvis.

Os aparelhos empregam o sistema de capacitância ou de indutância para enviar o sinal eletromagnético (Fig. 2.2.20).

O sistema de capacitância é mais empregado. Em ambos os casos, é preciso respeitar as recomendações estritas para uso.

As temperaturas tissulares devem ir até 45°C, em certos casos, com controle especial, até um pouco mais. A duração da aplicação é de 5 a 30 min.

A presença de metais no campo de aplicação, é proibida. O aparecimento de gotas de suor pode provocar aquecimento mais elevado nesses pontos.

Não se deve usar a potência máxima e a aplicação deve ser monitorada continuamente. O motivo é que mudanças, às vezes mínimas, de posição do paciente acarretam o fenômeno da ressonância com a parte irradiada, e o aquecimento será rapidamente excessivo e muito perigoso.

A quantidade de calor é proporcional ao quadrado da corrente, à resistência dos tecidos e ao tempo de aplicação, como já vimos.

Exemplo – Uma corrente de ondas curtas de 120 mA é aplicada através de um tecido biológico (um braço, ou perna, pés), em uma área de 20 cm^2 e espessura de 15 cm. A resistividade do tecido é cerca de 300 Ω.cm. A aplicação demorou 5 minutos. Calcular o calor gerado em joules e calorias.

Convertendo para SI:

Resistividade = 3.0Ω.m. A = 0,20 m^2, L = 0,15m e I = 0,12A

A resistência do tecido é:

$$R = \frac{3{,}0 \times 0{,}15}{0{,}20} = 2{,}25\ \Omega$$

O trabalho realizado é:

$$\tau = 2{,}25 \times (0{,}12)^2 \times 300 = 9{,}7\ kJ$$

ou

$$9{,}7 \times 0{,}24 = 2{,}3\ kcal.$$

Se a massa de tecido irradiado tiver 200 g (0,2 kg), a temperatura acumulada deveria sofrer elevação de cerca de 11.5°C* . Parte considerável desse calor é dissipado pela circulação sanguínea.

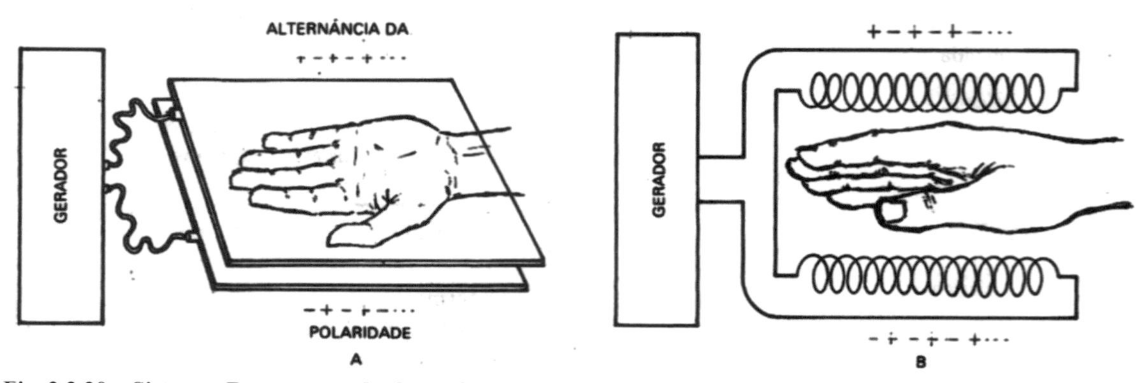

Fig. 2.2.20 – Sistemas Ressonantes de Onda Curta. A – Por Capacitância, usando um capacitor; B – Por Indutância, usando bobina; Notar a alternância de polaridade: + – + –...

Outro aspecto importante é o da forma do Campo Eletromagnético em função da posição e tamanho dos eletródios. Alguns exemplos estão na Fig. 2.2.21.

Escolhendo-se o tipo de eletródios, é possível mduir ou excluir determinadas regiões da ação das ondas, como mostrado na figura 2.2.21.

O uso de campos pulsantes (corrente pulsante) tem sido recomendado como de efeitos superiores aos alternados simples, mas nada foi comprovado. O uso dos métodos clássicos permanece como seguro.

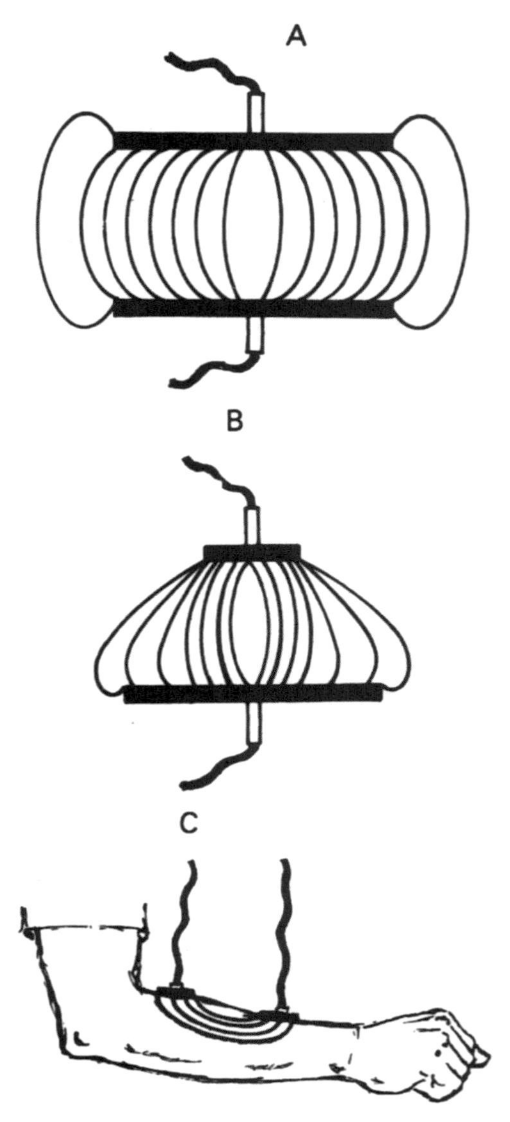

Fig. 2.2.21 – Forma do Campo EM. A – Eletródios Iguais; B – Eletródios Desiguais; C – Eletródios Paralelos, concentração superficial das linhas do Campo EM.

---

*Considerando um calor específico ≈ 1.

Um aspecto importante, que muitas vezes é desprezado, é que grande parte do campo eletromagnético aplicado é refletido pelos tecidos do corpo. Quando se usam microondas, a reflexão é muito mais intensa. Operadores e aplicadores devem se precaver contra irradiação continuada pela reflexão. Entre os danos possíveis, está o aparecimento de catarata.

4 – Ultra-som

O ultra-som é onda sonora, e portanto mecânica, do Campo Gravitacional. Elétrico é, apenas, o equipamento gerador das ondas. (Rever, se necessário, Som e Ultra-som). Está neste capítulo por conveniência didática.

A frequência empregada em terapia vai de 0,8 a 1,0 MHz. Como a velocidade do som em tecidos biológicos é cerca de $1{,}5 \times 10^3$ m.s^{-1}, o comprimento de onda é cerca de $1{,}5 \times 10^{-3}$ metros (0,15 cm).

O mecanismo íntimo de ação do ultra-som é a vibração de estruturas através do impacto mecânico das ondas de som. Os choques geram calor, e a elevação da temperatura tissular é o agente terapêutico.

A intensidade do ultra-som é determinada pela potência do gerador e pela área da cabeça emissora. Divide-se a potência pela área. Exemplo: Se um gerador tem 30 watts de potência, e a cabeça emissora tem 10 cm^2 de área, a potência do ultra-som é 3 watts.cm^2. Valores usuais vão até 4 W.cm^{-2}. O campo energético cai rapidamente de intensidade, aproximadamente com o inverso do quadrado da distância.

A queda do nível de energia depende também, e muito, do meio condutor. No ar, cai rapidamente. Por esse motivo, para transmitir suficiente potência para os tecidos biológicos, é necessário colocar as partes em água, ou usar um lubrificante pastoso como vaselina ou óleo mineral.

A reflexão das ondas é intensa, devido à diferença de refração entre os diversos meios como pele, músculo, e especialmente, osso. Ela aparece justamente na interface desses meios, especialmente osso – partes moles.

O ultra-som é indicado para aquecimento de articulações, devido justamente, à grande absorção da energia sonora em tecidos rijos como o tecido ósseo e até mesmo cartilagem.

O aumento da energia cinética de componentes dos sistemas biológicos leva muitas vezes a efeitos indesejáveis, como ruptura de células e cavitação gasosa (V. Tratados de Patologia).

Intensidades usuais são: para aplicação com a cabeça do instrumento **imóvel** sobre a área de aplicação, de menos de 1 watt.cm^{-2}. Se a cabeça geradora é **deslizada** sobre a área de aplicação, até 3 watt.cm^{-2} é tolerável. A duração é de 3 a 10 min em sessões diárias. E óbvio que esses valores variam amplamente conforme o caso clínico.

Precauções Importantes – O uso da Termoterapia tem algumas precauções importantes a serem tomadas:

1. **Portadores de Marca-passo cardíaco e próteses metálicas** – Os portadores de marca-passos não devem ser expostos a microondas ou ondas curtas, porque essas radiações interferem com o funcionamento desses aparelhos. Além disso, geração de calor nos eletródios pode levar a queimaduras do tecido cardíaco. Pacientes com próteses metálicas podem apresentar excesso de calor nessas interfaces.
2. **Fontes de Infravermelho** – usados continuamente sobre os olhos, podem provocar catarata.
3. **Zonas isquêmicas** (com baixa circulação de sangue) – não devem ser aquecidas: se não houver vasodilatação, pode resultar necrose tissular.

5 – Crioterapia – (Crios = frio; terapia tratamento)

A retirada do excesso de calor produzido pelos sistemas biológicos é também importante método terapêutico. É indicada em estados inflamatórios para analgesia de traumas e infecções, e até para diminuição da febre.

O mecanismo de ação do frio é simples:

A baixa da temperatura tissular acarreta diminuição geral do metabolismo na região tratada. Todas as reações enzimáticas têm sua velocidade diminuída, e, do nível molecular, o abaixamento da atividade se estende às células, tecidos e outras estruturas.

Aplicação de gelo ou compressas geladas é um eficiente meio de refrigerar, porque o gelo tem calor específico de 0,5 e a água de 1,0. O tempo de aplicação não deve exceder as prescrições usuais dos manuais de terapia, para evitar vasoconstrição prolongada, que pode afetar a nutrição de áreas mal irrigadas. Isso é importante, porque há lesões que podem ser tratadas por 10 a 20 minutos, enquanto outras necessitam de muitas horas de aplicação. Cada caso deve ser estudado individualmente.

Na medicina esportiva, a crioterapia tem indicações excelentes para entorses e contusões. No pós-operatório de vários tipos de cirurgia, especialmente ortopédica, há indicações para o uso do resfriamento.

O resfriamento sistémico, através de banhos de imersão em água, em temperatura inferior à corporal, tem aplicação nas hiperpirexias. Deve-se cuidar para não refrigerar demais, i.e., o paciente não deve apresentar calafrios e tremores, que indicam estar o calor produzido sendo retirado muito rapidamente: a troca de calor entre objetos é um processo lento, e os seres vivos não são exceção.

Um importante aspecto da crioterapia é a pós-reação orgânica, que se faz por vasodilatação, às vezes intensa, depois da aplicação do frio. Essa vasodilatação é geralmente benéfica.

Veja também: Radiação γ, $\times$ e ultravioleta.

Atividade Formativa 2.3

Proposições:

01. Conceituar matéria neutra e polarizada.
02. Quantos coulombs valem as seguintes cargas: $3{,}1\text{x}10^{18}$ $6{,}2 \times 10^9$ $9{,}65 \times 10^4$
 ……….. C ……….. C ……….. C
03. Entre os pontos A e B foram transportados 5,3 C de carga, e o trabalho necessário foi de 10,6 Joules. Qual a diferença de Potencial (Voltagem) entre A e B?
04. Entre os dois lados de uma pele de rã, um miliamperímetro acusou corrente de $1{,}25 \times 70^{-7}$ ampères. Se a área de passagem é 0,25 cm^2, qual a quantidade de íons que passa por cm^2 de pele?
05. Um pulso nervoso tem 6×10^{-3} V (5 mV) e corrente de 5×10^{-9} ampères (5 nA). Qual a potência do impulso?
06. Um pulso cardíaco de 35 mV chega à superfície do tórax com 1,2 mV, e a corrente medida é de 20 nA. Converter para o SI e calcular a Resistência dos tecidos. Se a distância percorrida é 5 cm, calcular a resistividade.
07. Calcular a condutância do tecido biológico da proposição 06.
08. O capacitor de um oscilador de ondas curtas acumula $6{,}5 \times 10^{-9}$ coulombs sob o potencial de 1×10^{-3} volts. Calcular sua capacitância em Farads.
09. Quando se aplicam rápidos choques interrompidos usando corrente farádica sobre preparação neuro-músculo, a contração do desligamento da corrente é mais intensa do que a de ligamento. Explique e faça um esquema.

10. Identificar as correntes abaixo:

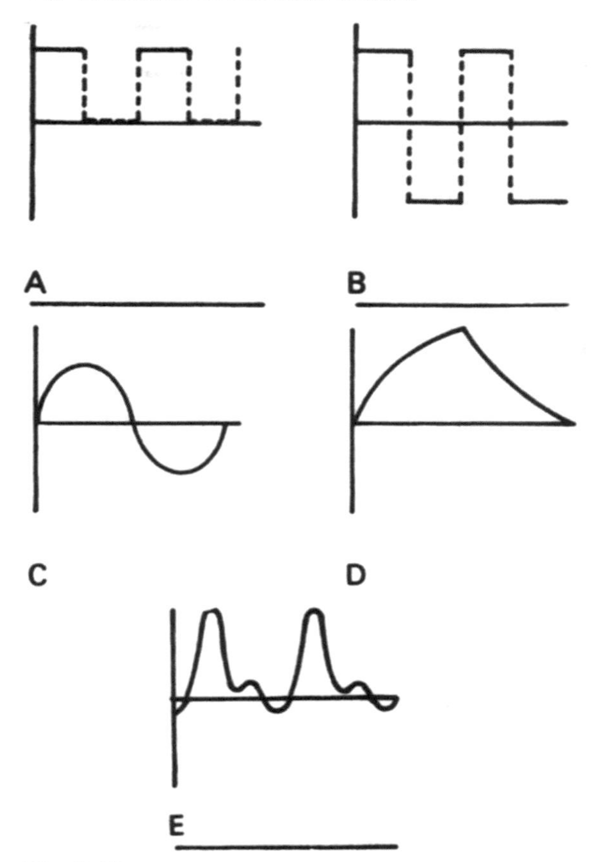

Fig. 22.22.

11. Descrever o mecanismo de ação da eletroterapia no tratamento de afecções musculares.
12. Identificar a causa efetora da Termoterapia.
13. Por que o banho de parafina, corretamente usado, tem pequena probabilidade de superaquecimento dos tecidos?
14. Qual o mecanismo íntimo de ação do Calor Radiante? Faça um esquema.
15. Uma fonte de calor tem intensidade 1 a 1 metro de distância. Qual será a intensidade a 0,30 m (30 cm) de distância?
16. Uma fonte de calor irradia o tórax de um paciente. Perpendicularmente ao feixe energético, a intensidade é 1. A fonte está a 0,5 metros de distância do ponto central. Qual será a intensidade a 0,20 m (20 cm) desse ponto? Faça um esquema.
17. Por que é necessário considerar com atenção a parte do corpo paciente que fica entre os pólos geradores de ondas curtas ou microondas?
18. Uma porção do corpo humano de resistividade 100 Ω.cm foi exposta a uma corrente de ondas curtas de 200 mA. A área irradiada é 50 cm^2 em espessura de 23 cm. Tempo de irradiação: 10 min. Calcular o calor gerado em J e cal. Se a massa for de 1,2 kg, qual temperatura teórica seria atingida? Calor específico = 0,8.
19. Porque o ultra-som deve ser aplicado aos tecidos biológicos sem camada de ar entre a cabeça do emissor e a parte tratada?
20. Citar os pacientes que não podem ser submetidos a ondas curtas e microondas.
21. Qual é um dos riscos mais frequentes do excesso de exposição ao calor (essencialmente o infravermelho)?
22. Por que não se deve aquecer zonas isquêmicas?
23. Citar três indicações da crioterapia.
24. Qual é a pós-reação orgânica à aplicação do frio?

GD – 03

1. Conceituar e exemplificar alguns parâmetros eletromagnéticos.
2. Explicar choque de abertura e fechamento.
3. Apresentar algumas características e indicações da aplicação de campo EM e sistemas biológicos.

TL – 03

Com orientação de profissional habilitado, visitar centros de tratamento fisioterapêutico. Demonstrações didáticas devem ser feitas, sempre que possível.

Objetivos Específicos do Capitulo 2

1. Conceituar a Teoria dos Campos.
2. Descrever as propriedades principais dos campos Gravitacional, Eletromagnético e Nuclear.
3. Saber relacionar os eventos com a dimensão Tempo.
4. Diferenciar os Estados e algumas Formas de Energia nos Campos.
5. Citar 4 a 6 exemplos da produção de Campos pelos Biossistemas.
6. Conceituar Trabalho ativo e passivo dentro dos princípios da Teoria dos Campos.
7. Realizar algumas experiências simples de laboratório, mostrando os efeitos dos campos, após uso do capítulo: Aplicações Biológicas dos Campos G e EM.

2.1 – O Campo Gravitacional

Parte A

1. Calcular exemplos simples de Força Gravitacional, Energia Gravitacional (Potencial e Cinética), Pressão, Trabalho tipo $F \times d$ e $P\Delta V$, Trabalho Físico e Biológico, e Potência, em Biossistemas.

Parte B

2. Saber usar a representação vetorial de Forças e Movimentos em Sistemas Biológicos.
3. Relacionar movimentos musculares a alavancas.
4. Saber calcular as Forças em Polias para Tracão Terapêutica, em vários ângulos de aplicação.
5. Citar aplicações de Torque, Atrito e Momentum em Biologia.

Parte C

6. Conceituar e saber medir Pressão Atmosférica.
7. Conceituar e calcular PressãoAtmosférica negativa ou Subatmosféríca.
8. Conhecer e saber usar os princípios do sifão, e do controle de fluxo em sifonagem.
9. Desenhar e saber descrever as drenagens de Wangensteen, Munro e Torácica.
10. Conhecer e descrever o princípio de aplicação de fluidos.

2.2 – O Campo Eletromagnético

Parte A

1. Conceituar Coulomb, Voltagem, Amperagem, Potencia, Resistência e Resistividade Elétrica, Condutância, Condutividade e Indutância.
2. Desenhar e identificar gráficos de alguns tipos de corrente elétrica usados em Biología.

Parte B

3. Saber distinguir associações em série e paralelo de pilhas, resistores e capacitores.
4. Conhecer a lei de Ohm e realizar cálculos simples baseados nessa lei.
5. Conceituar Potência Elétrica e fazer cálculos simples desse parâmetro.

Parte C

6. Conhecer os princípios da Eletroterapia aplicada a Biossistemas.
7. Conhecer os princípios da Termoterapia.
8. Citar as formas de aplicação de Calor.
9. Citar propriedades das fontes condutoras e do calor radiante.
10. Relacionar a Intensidade do Calor com a distância e o ângulo de aplicação do feixe térmico.
11. Descrever os princípios básicos da Diatermia: Frequências usadas, sistemas ressonantes, cuidados com a temperatura tissular, forma dos eletródios e campo eletromagnético resultante.
12. Calcular o aquecimento provocado pela Diatermia.
13. Descrever o Ultra-som e seus efeitos sobre Biossistemas.
14. Citar as precauções indispensáveis para uso da Termoterapia por Diatermia e Ultra-som.
15. Descrever a Crioterapia.

3

Termodinâmica

A Termodinâmica (TD), que começou com o estudo do rendimento de máquinas térmicas, mostrou-se depois como o mais abrangente regulamento dos fenômenos naturais. A transformação de Energia em Trabalho, e vice-versa, nas diferentes formas (mecânica, térmica, elétrica, etc), segue estritamente as duas leis simples da TD.

A TD abrange toda e qualquer mudança que ocorre no Universo.

1. **Sistema e Entorno** – Em TD, fala-se frequentemente nesses parâmetros. O conceito é completamente genérico:

Sistema é uma porção definida do Espaço.

Uma solução, uma molécula, uma célula, um clindro de gás, um ser humano, são exemplos de Sistemas.

Entorno é tudo que envolve o sistema, e com ele se relaciona. O entorno, pois, não tem limite, e vai até à fímbria do Universo! O entorno é mais conhecido como Ambiente. Essas relações estão representadas na Fig. 3.0.1.

Os sistemas podem variar de volume, temperatura, energia, e por essas variações se classificam em abertos e fechados (V. depois item próprio).

2 – **Energia Interna e Energia Externa** – Os sistemas possuem dois tipos de energia: a interna e a externa.

Energia Interna: a Energia Interna Potencial é a composição química. A Energia Interna Cinética é o conteúdo de calor.

Energia Externa: A Potencial depende da altura do sistema no Campo G. A Cinética depende da velocidade de deslocamento do sistema no espaço.

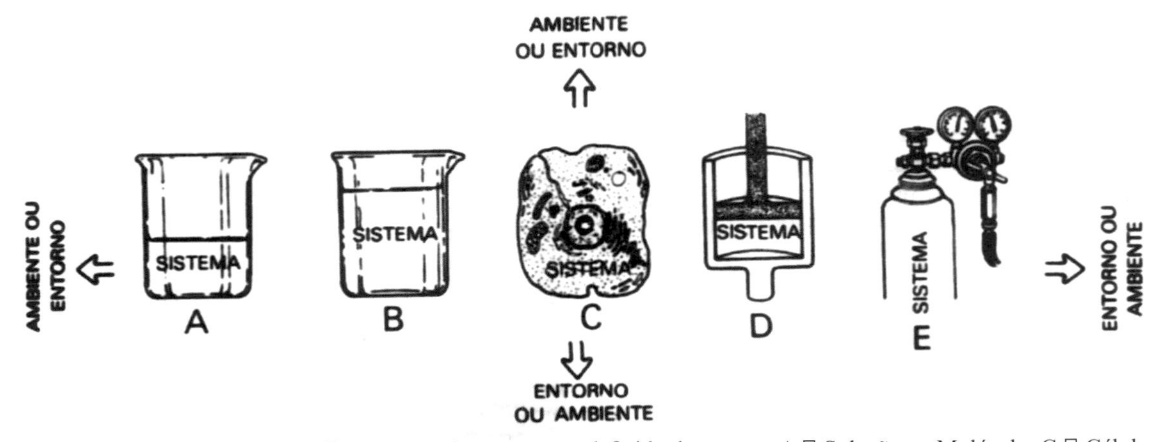

Fig. 3.0.1. Sistemas e Entorno □ O sistema é uma porção definida do espaço. A □ Solução; - Molécula; C □ Célula; D □ Pistão; E □ Cilindro de gás. O entorno é tudo que está em volta do sistema, até o "infinito".

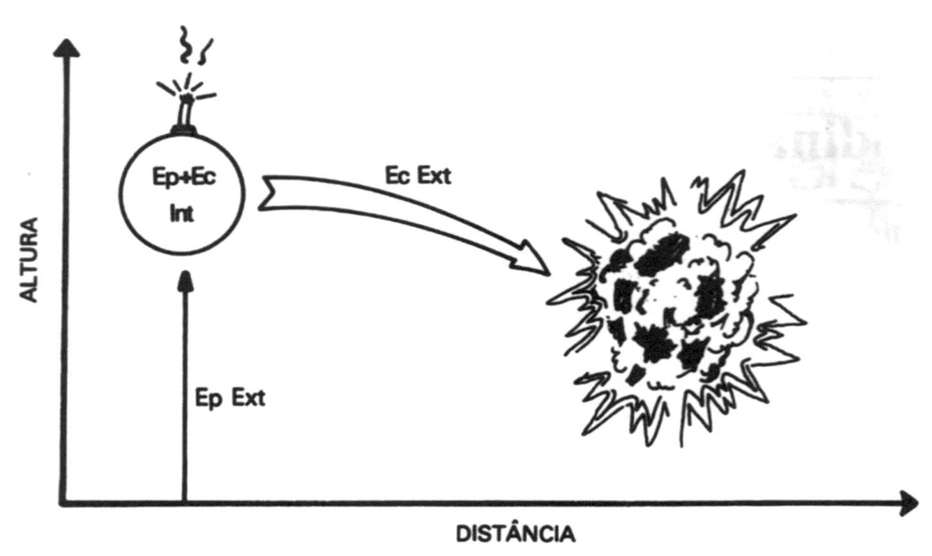

Fig. 3.0.2 – Energia interna e energia externa (ver texto).

Como a TD abrange todos os processos que ocorrem no Universo, ela permite estudar a Energia interna, separadamente da Energia externa. A simplificação obtida, especialmente na Biologia, é de imenso valor. Duas situações esclarecem mais essa vantagem:

Exemplo 1 – Se o sistema é uma bomba (Fig. 3.0.2), tanto faz ela estar no alto (Energia Potencial Externa), como ser lançada (Energia Cinética Externa), que sua Energia Interna (a Potencial, pelo menos), é a. mesma até o momento da explosão.

Exemplo 2 – Se um macaco come uma banana, no alto de uma árvore, sobre o solo, correndo ou parado, ele só aproveita a Energia Interna da banana. Diferença faz se ele comer a banana com casca (mais Energia), ou sem casca (menos Energia).

3 – **Propriedades Intensivas e Extensivas** – A Energia Interna de um sistema, em seus parâmetros macroscópicos, pode ou não depender de Massa do sistema. Essa dependência classifica as propriedades em duas categorias.

Propriedades Intensivas (Independem da Massa)	Propriedades Extensivas (Dependem da Massa)
Pressão	Volume
Temperatura	Quantidade de Matéria
Voltagem	Densidade
Viscosidade	Quantidade de Energia

Exemplo 3 – A voltagem de uma pilha zinco-carvão é 1,5 V, não importando se o tamanho é pequeno ou grande. Mas a quantidade de energia elétrica, é maior na pilha grande. A voltagem independe da massa (intensiva), a quantidade de eletricidade depende da massa (extensiva).

Exemplo 4 – Um litro de água a 90°C tem maior temperatura que uma piscina de 10^6 litros a 25°C. A intensidade (temperatura) é maior no litro de água, mas a quantidade de calor (Energia) é maior na piscina.

4 – **Unidades, Constantes e Variáveis** – As unidades do SI devem ser usadas: joule, volts, kilograma, etc. Para medir temperatura, a escala absoluta é indispensável na maioria dos casos. Usa-se ainda a kilocaloria para medir calor. (Reveja, se necessário, Introdução).

Algumas propriedades da matéria, como calor específico, composição estrutural, condutividade, etc., podem ser consideradas como aproximadamente constantes, durante os processos TD.

O número de variáveis nos processos TD é enorme: pressão, temperatura, volume, quantidade de matéria, composição do sistema, vários tipos de energia, quantidade de calor, trabalho de vários tipos. Para simplificar, algumas dessas variedades são mantidas constantes durante os processos TD, enquanto apenas uma ou duas variam. Esse é o método de facilitar o tratamento desses processos.

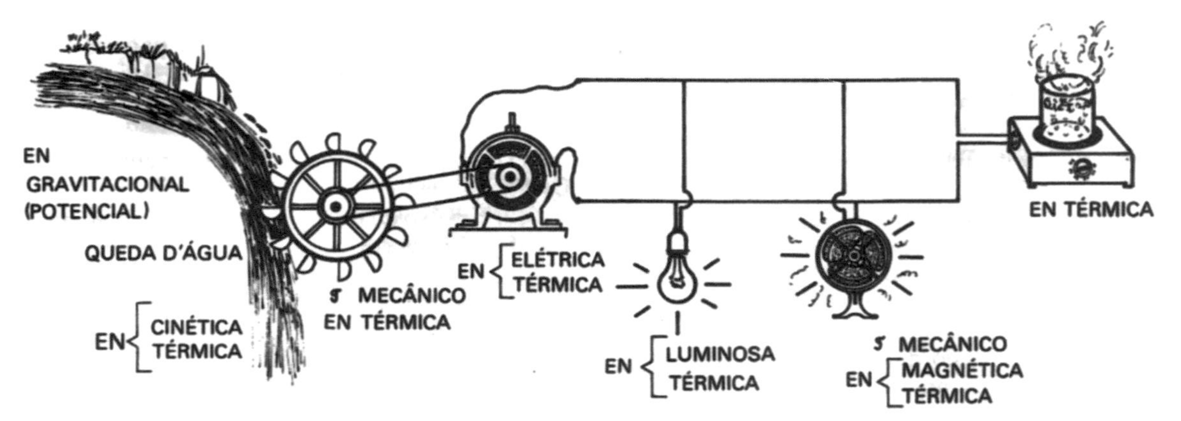

Fig. 3.0.3 – Representação da 1ª Lei TD-T – Trabalho; En – Energia (ver texto).

3.0 – **Termodinâmica – Aspectos Conceituais**

A Termodinâmica (TD) estudava a princípio, a transformação de Calor (Energia Térmica) em Trabalho, e vice-versa. Depois, os fatos foram mostrando que a termodinâmica era muito mais abrangente, disciplinando toda e qualquer mudança que ocorre no Universo. Os seres vivos não são exceção. A termodinâmica tem 2 leis:

Primeira Lei da Termodinâmica

Descreve a conservação da energia, e tem um enunciado simples:

1. Energia não pode ser criada ou destruída, mas somente convertida de uma forma em outra.

Esse princípio é visualizado quando se observam as seguintes transformações de Energia (Fig. 3.0.3).

A energia gravitacional potencial da água que cai, se transforma nos diversos tipos mostrados. A soma de todas essas formas de energia é constante. Uma constatação importante, que vem através da 1ª Lei, é:

2. Toda transformação de energia se acompanha de produção de Energia Térmica (Calor).

Os seres vivos produzem calor em todo e qualquer processo biológico. Alguns perdem o calor gerado para o ambiente, e possuem a temperatura ambiental. Outros conservam parte desse calor, e regulam sua temperatura.

Outra observação importante, derivada da 1ª Lei TD, refere-se à transformação de calor em Trabalho, e vice-versa.

3. Qualquer forma de Energia ou Trabalho, pode ser totalmente convertida em Calor.

A recíproca porém, não é verdadeira, porque:

Calor não pode ser totalmente convertido em Trabalho ou outra forma de Energia (Fig. 3.0.4), porque uma parte continua sempre como calor mesmo (item 3).

Essa observação é muito importante, porque aliada ao item xx , dá origem a uma entidade TD chamada Entropia, que é presença obrigatória em todos os processos universais. (Será apreciada depois).

Em todas essas transformações e processos, a soma total de Energia (Trabalho) é sempre constante. A 1ª Lei pode ser enunciada de forma mais ampla:

4. A Energia do Universo é constante.

Como a observação do cotidiano nos mostra, o Universo está em contínuo movimento (Traba-

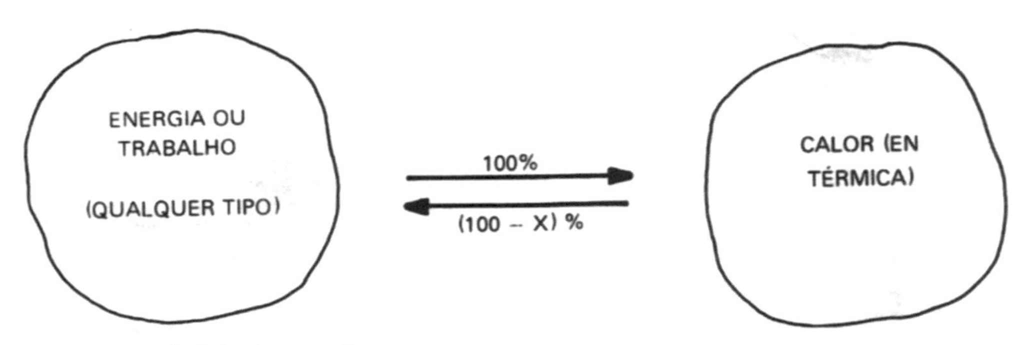

Fig. 3.0.4 – Conversão de Calor (ver texto).

lho). Há, portanto, uma constante troca de energia entre os diversos pontos do Universo. Essa troca se faz de acordo com a segunda lei.

Segunda Lei da Termodinâmica

Descreve a **transferência** da Energia, e tem vários enunciados e corolários (verdades correlatas). Um enunciado simples é:

1. Energia, **espontaneamente**, sempre se desloca de níveis mais altos para níveis mais baixos.

Observações do dia-a-dia mostram exemplos dessa lei: água sempre cai de uma cachoeira, objetos largados no espaço caem, uma xícara de café quente se esfria, luz é mais intensa perto da lâmpada acesa, som é mais forte perto da fonte emissora, etc. Alguns exemplos estão na Fig. 3.0.5.

Em resumo, a 2ª Lei pode ser popularizada como:

2. De onde tem mais, Matéria ou Energia, para onde tem menos.

Um corolário importante da segunda lei é que:

3. É possível, **com a realização de Trabalho,** transferir Energia (Matéria) de nível mais baixo nível mais alto.

Observações do cotidiano exemplificam afirmação (Fig. 3.0.6): Uma bomba hidráulica eleva água de nível mais baixo para nível mais alto (ou um indivíduo levanta um objeto); uma geladeira tira calor de seu interior (mais frio); e o transfere para o exterior (mais quente), com auxílio de um motor (trabalho); a célula expulsa íons Na^+, realizando trabalho na membrana.

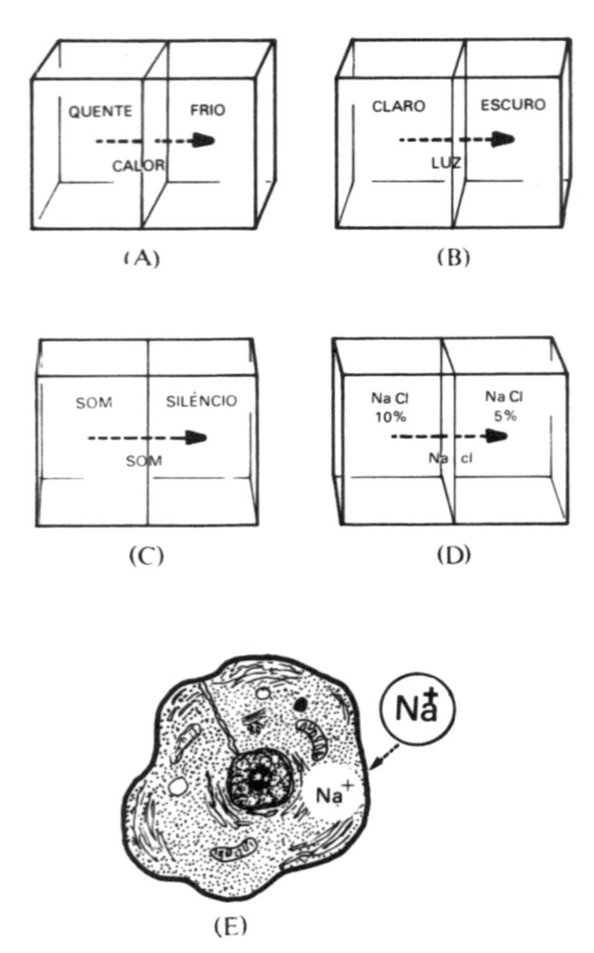

Fig. 3.0.5. Representação da 2ª Lei da Termodinâmica – Notar que nos dois últimos exemplos, Energia foi substituída por Matéria.

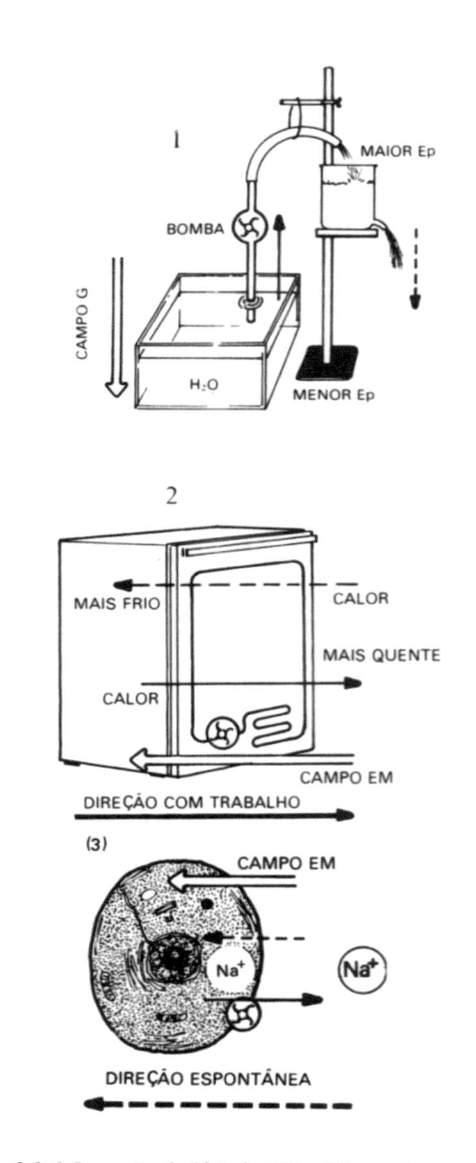

Fig. 3.0.6. Inversão da 2ª Leia TD – (V. texto).

Se, de acordo com a 1ª lei, a energia está em constante movimento (realizando Trabalho), e de acordo com a 2ª lei, a energia somente vai de lugares mais altos (mais Energia) para lugares mais baixos (menos Energia), conclui-se que:

4. Todo sistema que realizou trabalho, tem sua Energia diminuída.

Essa tendência se nota em toda parte: água de uma represa, que aciona uma turbina, ao chegar ao solo, tem menor energia. Os gases de combustão dos motores de explosão, não acionam outro motor, vapor que sai de um pistão não mais empurra outro, as fogueiras se extinguem, os seres humanos envelhecem. Como a 1ª lei diz que a **quantidade** de Energia é constante, é forçoso concluir, pela 2ª lei, que após cada mudança, a qualidade da Energia piorou: a cada mudança aparece uma espécie de Energia degradada, incapaz de realizar Trabalho. Esse tipo especial de Energia é chamado de Entropia.

Conceito de Entropia

Definida operacionalmente. **Entropia** é uma qualidade de Energia incapaz de realizar Trabalho*.

A Entropia é uma presença constante em todos os sistemas, processos e mudanças que ocorrem no Universo. No Universo, a Entropia aumenta sempre e a sentença entrópica condena o Universo a um estado de Entropia máxima, quando toda Energia capaz de realizar Trabalho tiver sido utilizada. O Universo se achará em caos completo no zero absoluto de Temperatura.

Essa tendência de aumento geral e constante da Entropia, leva a outro corolário da 2ª Lei:

5. A Entropia do Universo tende ao máximo.

Entalpia, Entropia e Energia Livre

A **Entalpia** (H) é o conteúdo de calor de um sistema. Ela aparece sempre como uma mudança de entalpia (ΔH) nas transformações que ocorrem. A entalpia de formação (ΔHf) aparece na síntese de compostos. A entalpia de solução (ΔHs) ocorre quando uma substância é dissolvida. A entalpia de reação (ΔHr) ocorre quando uma reação se passa. Pode-se dizer que há uma Entalpia para cada mudança que ocorre no Universo.

Quando a mudança **libera** calor, ela é Exotérmica (Exos = fora; termos = calor) e o sinal de ΔH é negativo ($-\Delta H$). Em certas reações rápidas, a liberação súbita de calor chega a aquecer o sistema. Por exemplo, quando se dissolve NaOH na água (Fig. 3.0.7). No caso do H_2SO_4, a dissolução provoca violenta e perigosa liberação de calor. A combustão de etanol é também exotérmica.

Quando a mudança absorve calor, ela é Endotérmica (Endos = dentro; Termos = calor) e o sinal de ΔH é positivo ($+\Delta H$). Em reações muito rápidas, o sistema esfria, enquanto não recebe calor do ambiente. A dissolução NH_4NO_3 é acompanhada de resfriamento que se percebe pelo tato. (Fig. 3.0.7). A síntese do benzeno é também acompanhada de absorção de calor.

A maioria das reações é exotérmica, mas muitas reações que decorrem em sistemas biológicos, são endotérmicas. Diversos materiais usados em biologia, como p. ex., plásticos, ceras, gessos, resinas, etc., apresentam entalpia de mudança endo ou exotérmicas. Conhecer o sinal de ΔH das reações é importante porque:

Quando se retira calor de uma reação exotérmica resfriando o sistema, a reação atinge equilíbrio mais rapidamente: é como se ajudássemos a retirar o calor que a reação quer eliminar. Quando se aquece uma reação endotérmica, a reação atinge equilíbrio mais rapidamente: é como se fornecêssemos o calor que a reação precisa. Esses achados estão de acordo com o princípio de Le Chatelier.

A **Entropia** (S) é outro aspecto importante das mudanças.

Toda transformação é acompanhada de uma mudança na Entropia (ΔS), sempre no sentido de aumento global da Entropia (Fig. 3.0.8).

No caso (A) o crescimento da Entropia é óbvio. Nos casos (B) e (C) os aumentos são sempre maiores do que as diminuições e a Entropia Total (Sistema + Ambiente = Universo), aumenta sempre. Por convenção, a Entropia negativa $-\Delta S$ significa diminuição, e a positiva $+\Delta S$, significa aumento.

De um modo geral, a Entropia aumenta com a elevação da Temperatura. A febre (Hipertermia corporal) traz certamente um acentuado aumento da Entropia dos processos biológicos. O estado físico também se acompanha de níveis diferentes de entropia, que geralmente aumenta da fase sólida para a líquida, e é mais elevado ainda na fase gasosa.

Numa reação (ou qualquer mudança), o produto da entropia (ΔS) pela temperatura absoluta (T) dá a quantidade de entropia que acompanha essa reação:

$$\text{Quantidade de Entropia} = T\Delta S$$

* Essa definição não é rigorosa, mas satisfaz plenamente. Entropia é energia/Temperatura, e pode ainda trabalhar em outros sistemas que exijam menor nível de Energia. Mas quando chegar ao nível mínimo, aí a Entropia é total.

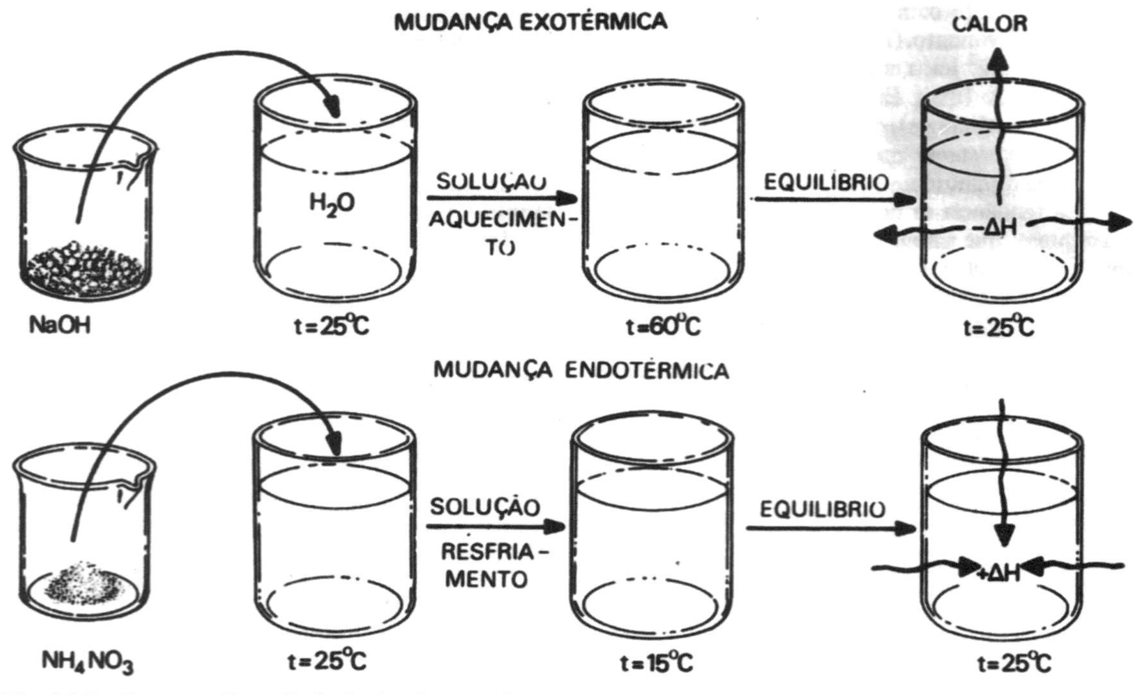

Fig. 3.0.7 – Processos Exo e Endotérmico (ver texto).

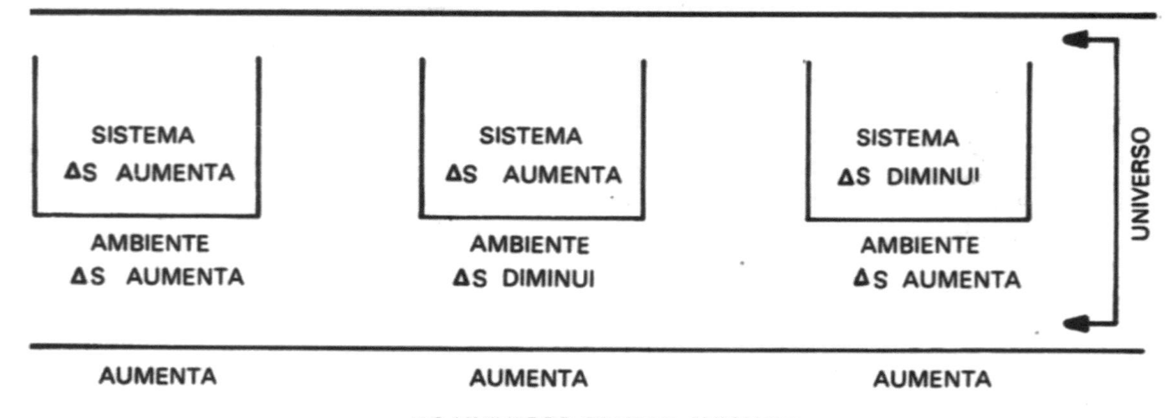

Fig. 3.0.8 – Representação de Entropia das Mudanças.

A entalpia e entropia podem ser combinadas em uma relação que fornece a Energia Livre (ΔG) de um processo ou reação:

$$\text{Energia livre} = (\text{Entalpia}) - (\text{Entropia})$$

$$\downarrow \qquad\qquad \downarrow \qquad\qquad \downarrow$$

$$\Delta G = \Delta H - T\Delta S$$

Essa Energia Livre (ΔG), é capaz de realizar Trabalho a volume e pressão constantes. No caso da temperatura do processo ser invariável, também à temperatura constante.

Alguns processos ou mudanças desprendem Energia Livre, e são chamados de Exergônicos (energia para fora), e o ΔG é negativo ($-\Delta G$).

Outros processos ou mudanças absorvem Energia Livre, e são chamados de Endergônicos (energia para dentro), e o ΔG é positivo ($+\Delta G$).

Exemplo de reação exergônica é a hidrólise do ATP, e de reação endergônica, a síntese dessa mesma molécula.

Quando $\Delta G = 0$, a reação está em equilíbrio Dinâmico, com o mínimo de Energia e o máximo de Entropia. As relações entre ΔG e os processos estão no Quadro 3.0.1.

Quadro 3.0.1 – Valores de ΔG e Propriedades das Reações

Valor Relativo	Tipo Reação	Efeito Observado	Probabilidade de Ocorrência
$-\Delta G$ ou $\Delta G < 0$	Exergônica	Libera Energia	Provável, espontânea
$+\Delta G$ ou $\Delta G > 0$	Endergônica	Absorve Energia	Improvável, provocada
$\Delta G - 0$	Uma ou Outra	Reação em equilíbrio dinâmico, com Energia mínima e Entropia máxima	

Reações Espontâneas – Acoplamento de Reações

Quando a reação tem $- \Delta G$, ela ocorre espontaneamente (Reação 1).

(1) $A + B = C + D$ $\Delta G, = -7$ (–29,3 kJ)

Ocorre espontaneamente, libera 7 kcal.

Se tem $+\Delta G$, só ocorre se receber energia do ambiente (Reação 2).

(2) $D + E = F + G$ $\Delta G_2 = +3$ kcal. (+ 12,5 kJ)

Não é espontânea, e só ocorre se receber uma injeção de 3 kcal.

Se em qualquer sistema, for observado que as reações (1) e (2) estão escorrendo, é porque elas são acopladas.

A reação (1) começa a ocorrer, e antes que ela termine, se inicia a reação (2), usando um dos produtos da reação (1). É o que mostra a reação entre o fosfoenolpiruvato (PEP) e a adenosina difosfato (ADP), na síntese de ATP.

(1) PEP + H_2O Piruvato + Pi $\Delta G° = -62.mol^{-1}$

(2) ADP + Pi ATP + H_2O AG $= + 30{,}5$ $kJ.mol^{-1}$

(3) PEP + Pi Piruvato + ATP AG° = -31,5 $kJ.mor^{-1}$

Nessa reação, o fosfato inorgânico (Pi) da reação (1), não fica livre, como sugere o modo de escrever a reação. Na realidade, o Pi passa diretamente do PEP para o ADP, como é visível na representação pictórica da Fig. 3.0.9.

Este acoplamento ocorre frequentemente no ciclo de Krebs.

Toda reação que ocorre em dois sentidos, é **espontânea** em um sentido, e provocada no sentido oposto: Sentido Espontâneo ($-\Delta G$)

$$\xrightarrow{\hspace{3em}}$$
$$A + B \quad C + D$$
$$\xleftarrow{\hspace{3em}}$$

Sentido Provocado ($+ \Delta G$)

No sentido espontâneo, ela libera uma quantidade de energia $-\Delta G$, e na volta, ela necessita da mesma quantidade de energia, agora com sinal trocado, $+\Delta G$, para ocorrer. Esse é o caso de inúmeras reações biológicas. Apenas um exemplo, o da água, que se decompõe em hidrogênio e hidroxila. Neste sentido, a reação é espontânea com $\Delta G = -19$ kcal. Mas o hidrogênio se une à hidroxila para dar água, e neste sentido oposto ela exige energia para ocorrer, com $\Delta G = + 19$ kcal (79,5 kJ).

$$\text{Espontâneo } H_2\,O \rightleftharpoons H^+ + OH^- \;\; \Delta G = -19\text{kcal}$$

$$\text{Provocado } H^* + OH^- \rightleftharpoons H_2O \quad \Delta G = + 19 \text{ kcal}$$

Energia de Ativação – Curso Energético de Reações-Catálise

Mesmo quando uma reação tem ΔG negativo, e portanto, é provável e espontânea, nenhuma reação ocorre sem que seja fornecida uma energia inicial que deflagre o processo. Esta energia é conhecida como Energia de Ativação (E_A). Só depois é que a reação se processa, e a energia $- \Delta G$ é liberada. O curso de qualquer reação está demonstrado na figura 3.0.10.

O curso Energético descrito na Fig. 3.0.10 é claro:

$$A + B + E_A \rightleftharpoons (AB)^* \rightleftharpoons C + D - \Delta G.$$

Os reagentes A e B absorvem a Energia de Ativação E_A e formam o complexo ativado $(AB)^*$. Esse complexo se desfaz nos produtos C + D e libera $-\Delta G$, energia livre, capaz de realizar trabalho.

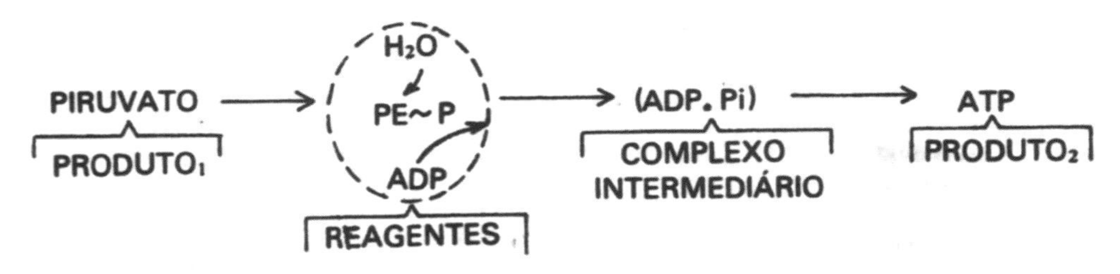

Fig. 3.0.9 – Representação de reação acoplada. O símbolo ~ representa a ligação lábil.

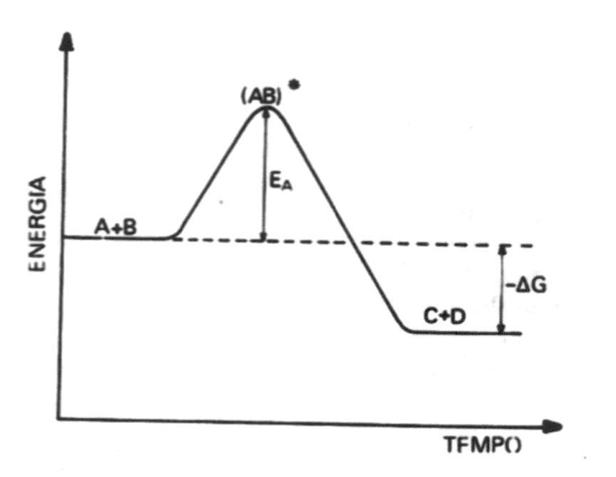

Fig. 3.0.10 – Curso Energético de Reação. A e B – Reagentes. (AB)* – Complexo ativado; C + D – Produtos; E_A – Energia de ativação; -ΔG – Energia livre.

Quando se risca um fósforo, o atrito é a Energia de Ativação que inicia a chama (atrito = calor). Álcool e gasolina só queimam se forem "acesos", i.e., se receberem a Energia de Ativação inicial. Como se vê pelo curso da Fig. 3.0.10, a E_A é liberada quando o complexo (AB)* se desfaz, e pode ser usada para outro par de moléculas. Teoricamente, basta a reação inicial de 2 moléculas para que todo o grupo reaja.

No caso das reações não espontâneas, i.e., endergônicas, antes de receberem o +ΔG, elas necessitam também receber previamente a Energia de Ativação, para que possam ocorrer.

A E_A pode ser alta, como temperatura elevada para queimar madeira, ou petróleo bruto; ou baixa, como uma simples faísca no caso da pólvora, ou do éter de petróleo. Para a TNT e certos fulminatos de mercúrio, basta um leve choque! É fato que:

Reações se passam mais facilmente quando E_A é baixa.

Nas reações exergônicas, a energia liberada –ΔG pode ser utilizada como E_A por outras moléculas, e a reação se passa rapidamente, com violência explosiva.

De um modo geral, a E_A depende da temperatura do sistema. Quanto mais alta a temperatura, mais oferta de E_A. Esse fato permite controlar a velocidade das reações:

Diminuir, abaixando a Temperatura
Aumentar, elevando a Temperatura.

Esse fato tem enorme importância na prática biológica. Alguns materiais biológicos apenas são estáveis em baixas temperaturas, de vários graus abaixo de zero. Reações diversas só ocorrem se o sistema for aquecido, a 100°C, ou mais. Certos materiais odontológicos são preparados a frio, e só atingem solidez quando aquecidos. Pode-se controlar a velocidade da reação de solidificação pela temperatura na qual ela se passa.

Nota – Não se deve confundir a velocidade da reação que depende da E_A, com a velocidade de chegada ao ponto de equilíbrio, que consiste em retirar ou fornecer energia, contrariando o sistema para que o equilíbrio seja atingido mais rapidamente. Reler, se necessário, reações Exo e Endotérmicas.

Catálise

Modificar a E_A é modo eficiente de interferir na velocidade de uma reação (ou mudança). Agentes capazes de modificar a E_A chamam-se catalisadores. O catalisador pode ser positivo (diminui a E_A, aumenta a velocidade) ou negativo (aumenta a E_A, diminui a velocidade). Quando se fala em **catalisador** sem especificar o tipo, quer-se dizer **catalisador** positivo.

O curso energético de uma reação catalisada e não catalisada está ilustrado na figura 3.0.11.

Como se nota pelo curso das Reações Sem e Com Catálise (Fig. 3.0.11), a reação com catálise tendo E_A menor, termina mais rapidamente que a sem catálise. O catalisador tem as seguintes propriedades:

1. Diminui a E_A; 2. Aumenta a velocidade da reação; 3. Não modifica ΔG; 4. Não modifica a

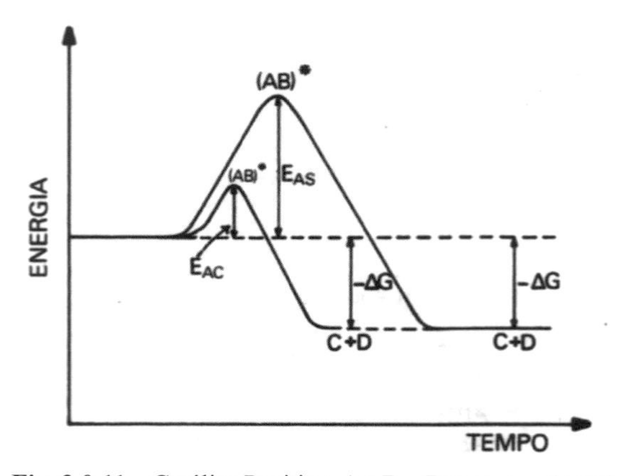

Fig. 3.0.11 – Catálise Positiva. A e B – Reagentes; (AB)* Complexo ativado; C e D – Produtos; -ΔG – Energia livre; E_{AS} – Energia de ativação sem catálise; E_{AC} – Energia de ativação com catálise.

constante de equilíbrio (K). 5. Aparece inalterado no fim da reação. 6. Tem alguma especificidade.

Catálise Biológica

A catálise biológica é tão peculiar aos seres vivos, que constitui um dos modos de investigação da presença desses sistemas no Universo.

Sem catálise não há vida.

A catálise biológica é feita por enzimas, que são moléculas especialmente feitas para essa finalidade catalítica. A catálise biológica é espantosamente mais aperfeiçoada do que a catálise não-biológica, e seu estudo é um dos fascinantes aspectos da Biologia.

Atividade Formativa 3.0

Proposições:

01. Enunciar, de forma simples, a 1ª e 2ª lei da TD.
02. Fazer desenhos representativos da 1ª e 2ª lei da TD.
03. Assinalar Certo (C) e Errado (E):
    1 – A Energia do Universo é constante ( ).
    2 – A Entropia do Universo aumenta sempre ( ).
    3 – Energia (Matéria), espontaneamente se desloca sempre de níveis mais altos para mais baixos ( ).
    4 – Realização de Trabalho permite enviar Energia (Matéria) de níveis mais baixos para mais altos ( ).
    5 – Em qualquer mudança, a Entropia total diminui ( ).
    6 – Entropia é tipo de Energia degradada ( ).
04. Conceituar Entalpia.
05. Completar:
    Exotérmica é reação que.............. calor.
    Endotérmica é reação que....................calor.
06. Quando:
    ΔH é negativo ($-\Delta H$) a reação .... calor e chama-se.............................
    ΔH é positivo ($+\Delta H$) a reação .... calor e chama-se.............................
07. Um pesquisador está observando um Sistema e seu Entorno (Ambiente), e não completou suas notas. Use a TD para ajudá-lo:
    1 – Entropia no sistema diminuiu, no entorno.................................
    2 – Entropia diminuiu no entorno, no ambiente...............................
    3 – Entropia total sempre .... em todas experiências.
08. Pode-se afirmar que se Entropia aumentou no Entorno, ela diminuiu no Sistema? Explique. Pode-se afirmar que se Entropia diminuiu no Sistema, ela aumentou no Entorno? Explique.
09. Conceituar Energia Livre.
10. Completar:
    Exergônica é a reação que .... Energia Livre.
    Endergônica é a reação que .... Energia Livre.
11. Quando ΔG é:
    1– $-\Delta G$, a reação é .... e ....
    2 – $+\Delta G$, a reação é .... e ....
    3 – $\Delta G = 0$, a reação está em ....
12. Explicar como uma reação cujo $\Delta G = +8$ kcal pode estar ocorrendo naturalmente em sistema biológico.
13. Quando uma reação ocorre com $\Delta G = -13$ kcal, qual a Energia indispensável para que ela ocorra em sentido contrário?
14. Dois corpos, um de 2 kg e outro de 3 kg, se largados no espaço, caem. Se, porém, no esquema da figura 3.0.12, você observar o objeto de 2 kg subindo, o que você pode concluir que existe atrás da blindagem? Faça um desenho e explique. Compare com reações químicas acopladas. Qual é o sinal do ΔG do movimento de cada pedra? Se $\Delta G = 0$, o que aconteceria?

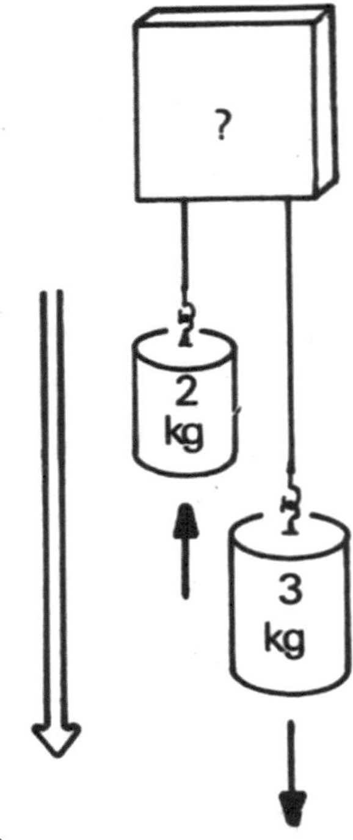

Fig. 3.0.12

15. E se você visse a pedra de 3 kg subindo e a de 2 kg descendo? Complete com 1 palavra as duas possibilidades:
    1 – ....
    2– ....
    Discutir e comparar com reações químicas. Fazer desenhos explicativos.
16. Um catalisador positivo (Completar):
    Diminui a .... de uma Reação.
    Aumenta a .... de uma Reação.
17. Assinalar Certo (C) ou Errado (E):
    Um catalisador altera o ΔG de uma reação ( )
    Um catalisador não altera o K de uma reação ( )
    Os catalisadores se destrõem depois da catálise ( )
18. Qual a função das enzimas? (3 palavras)
19. Desenhar o curso de uma reação com catalisador negativo.
20. "Quem tem, põe; quem não tem, tira". ATD mostra que seria mais correto dizer: "Quem tem, põe; quem não tem, recebe". Discutir porque.

3.1
Termodinâmica — Leitura Complementar LC-3.1

Energia e Entropia em Biologia

Alguns aspectos peculiares da TD aplicada aos Sistemas Biológicos devem ser discutidos.

Energia em Biologia

Na maquinaria celular não há motores de explosão, cilindros a vapor, ou outros artefatos mecânicos. As células não usam Energia Mecânica (expansão de gases) ou Energia Térmica (calor), para produzirem trabalho. As células usam energia livre (ΔG), que é um tipo de energia **elétrica**, que produz trabalho em condições de **isobaria** (isos = mesmo; baros = pressão) e **isotermia** (isos = mesmo; termos = calor), i.e., em pressão e **temperatura** constantes. Há também isocoria (isos = mesmo; corios = volumes), i.e., **volume** constante. Esta é pois uma diferença fundamental entre os seres vivos e as máquinas. Nas máquinas, há realização de trabalho através de **processos** isotérmicos ou isobáricos, etc., mas os **processos**, tal como definidos na TD clássica, não existem nos sistemas biológicos.

Todo trabalho biológico começa em nível molecular.

O trabalho mecânico é função de estruturas especializadas, mas a energia é fornecida através de processos moleculares. O coração realiza, na sua contração, trabalho tipo PΔV (Pressão x Variação de Volume), outros músculos, do tipo F x ΔL (Força x Distância). Mas esses trabalhos não são do tipo de máquina térmica: entra calor, sai trabalho. Nada disso. A energia é elétrica (ΔG), e aciona mecanicamente, por atração e repulsão de cargas, as fibras musculares de contração. Essa energia é também conhecida, embora impropriamente, como Energia Química".

Como o ser vivo não é máquina térmica, não pode ser recarregado por colocação em fontes de calor: fogareiros ou fogões. Há sempre queimaduras. Também não pode ser ligado a uma tomada de energia elétrica, porque leva choque e sofre eletrólise. Os seres vivos recorrem então aos alimentos, e deles retiram sua energia, através de oxidações metabólicas.

Essa energia não está armazenada nas ligações químicas, como erroneamente se pensa e diz: "o ATP tem ligações de alta energia que é liberada na hidrólise da molécula". Nada mais errôneo. A energia aparece como **diferença** entre o conteúdo de energia dos Produtos menos a energia dos Reagentes.

ΔG (Reação) = ΔG (Produtos) – ΔG (Reagentes)

No caso do ATP, a reação de hidrólise, é:

$$\underbrace{ATP + H_2O}_{\text{Reagentes}} \rightleftharpoons \underbrace{ADP + H_3PO_4}_{\text{Produtos}}$$

E a energia liberada equivale a:

ΔG (Reação) = ΔG (Produtos) – ΔG (Reagentes) =
= –7 kcal (29,3 kJ)

(Ver também Energia e Força de Ligações Químicas).

Entropia em Biologia

Além da TD que lida com macrossistemas, existe a TD Quântica que estuda os eventos microscópicos, i.e., dos componentes moleculares dos sistemas em geral: o comportamento de moléculas, sua organização, energia, entropia, seu relacionamento com outras moléculas, etc. A TD Quântica utiliza os métodos da Mecânica Estatística para calcular os parâmetros termodinâmicos dos componentes de um sistema.

Entre esses parâmetros, estão aqueles que permitem relacionar a Entropia de um sistema com sua Organização e conteúdo de Informação. Pode-se também relacionar a Entropia com a Energia de um Sistema.

A seguinte relação existe: quando a Entropia aumenta, a Organização e Informação diminuem; quando a Entropia diminui, a Organização e Informação aumentam.

É pois uma relação inversa:

Aumenta ⟵ Entropia ⟶ Diminui
⇅
Diminuem ⟵ Organização ⟶ Aumentam
Informação

Relação entre Entropia e a Organização e Informação em um Sistema Qualquer

Um modelo que permite visualizar essa relação é feito com os blocos de um quebra-cabeça (Fig. 3.1.1).

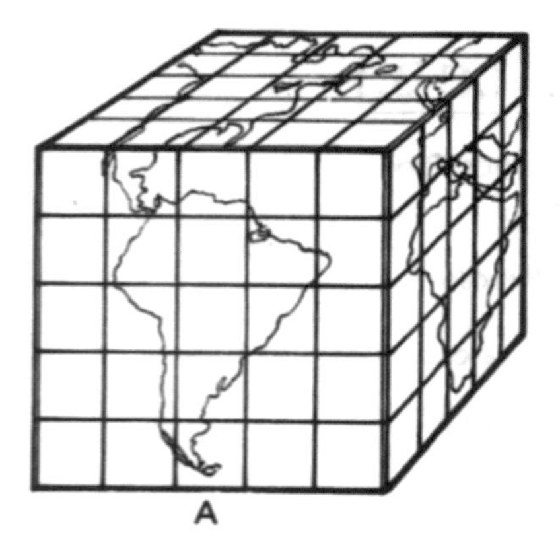

A) Caixa com Entropia Mínima: Cabem 125 blocos.

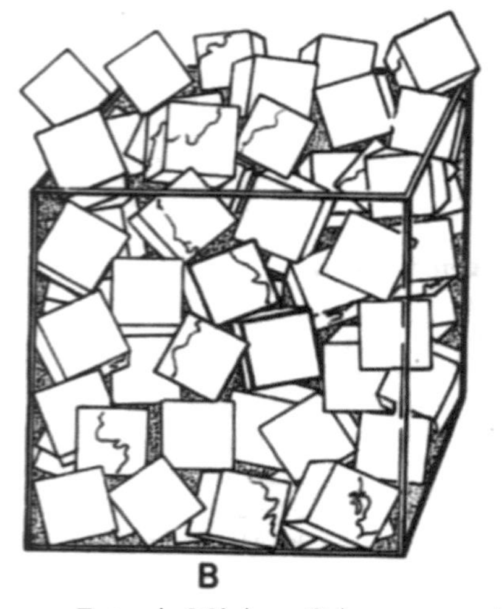

B) Caixa com Entropia Máxima: Cabem menos de 125 blocos.

Fig. 3.1.1 – Modelo da Relação: Entropia (ordem, informação) de um sistema. A – Baixa Entropia, mais Ordem, e até Informação Geográfica. B – Alta Entropia, menor Ordem, baixa Informação e até perigoso caos geopolítico.

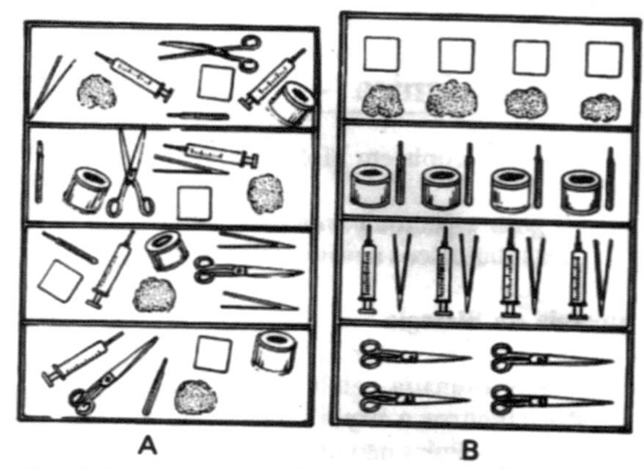

Fig. 3.1.2 – Entropia, Organização e Informação. A – Armário com alta Entropia. Poucos medicamentos, seringas desordenadas, menos pacotes de algodão, pinças quebradas. Desordem, e não se acha nada rapidamente. Desinformação; B – Armário com baixa Entropía. Tudo certo e fácil de achar, além de maior quantidade. Ordem e Informação.

Outro exemplo é o do armário de medicamentos e acessórios de enfermagem de um hospital (Fig. 3.1.12).

Essa relação entre Entropia e Organização não se limita a aspectos físicos somente. Os seres vivos procuram atingir o mais alto grau de Organização, Informação e eficiência de utilização de Energia, justamente pelo processo de diminuir sua Entropia. O exemplo da organização da molécula de hemoglobina (Hb) esclarece esse esforço biológico por uma baixa Entropia. Na passagem dos níveis estruturais (V. Estrutura de Proteínas), a molécula de Hb vai do primário (sequência linear de aminoácidos), secundário (enrolamento em α-hélice, e outras estruturas), **terciário** (a disposição espacial de cadeia polipeptídica) a **quaternário**, a associação de cadeias entre si (Fig. 3.1.3). A cada nivel, a Entropia diminui, a organização e informação aumentam.

Esse processo é **espontâneo**, e portanto, sua Energia deveria decrescer e a Entropia aumentar. A Energia realmente decresce, como o esperado, porque o número de ligações químicas aumenta do primário ao terciário. Mas a Entropia, como demonstra o processo, **diminuiu**. Para respeitar a 2ª lei da TD, a Entropia deve estar aumentando em outra parte do Universo, e isto realmente ocorre no **Solvente** do sistema. (Fig. 3.1.4).

Como se percebe, enquanto a molécula se organiza, a água se desorganiza e a Entropia Total aumenta, como esperado.

Os seres vivos vivem enquanto lutam pelo abaixamento de sua Entropia. Isto resulta em aumento da Entropia ambiental. Viver é retirar Organização do ambiente, é estar em permanente não-equilíbrio com o meio. O equilíbrio é a morte do sistema biológico. Num ecossistema sem interferências estranhas, a Entropia ambiental aumenta em ritmo natural. Só a espécie humana, com seus objetivos às vezes desvairados, é capaz de acelerar o ritmo da Entropia ambiental. Para disfarçar essa agressão ambiental, a Entropia foi apelidada eufemisticamente de **Poluição**.

A diferença entre estado hígido (saúde) e estados patológicos (doenças), é apenas no grau de Entropia, que é aumentado no segundo caso. Toda e qualquer doença ocorre simplesmente por um aumento de Entropia. A Tabela II alista alguns exemplos, colhidos ao acaso. Perturbações entrópi-

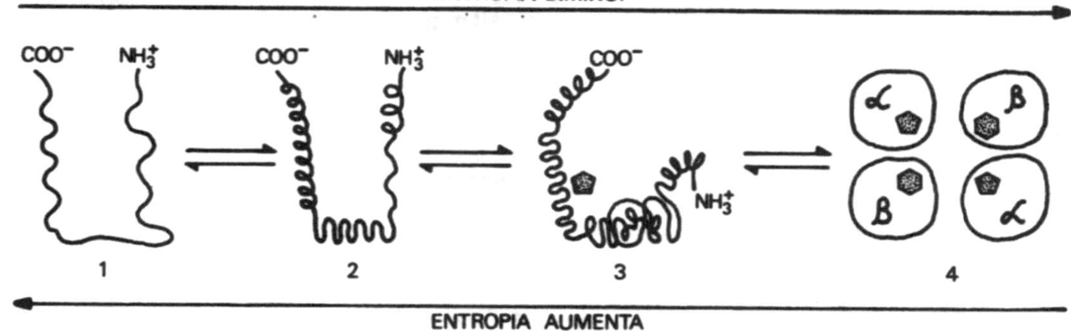

Fig. 3.1.3 – Relação entre Entropia, Organização e Informação nos Níveis Estruturais da Molécula de Hemoglobina A Humana.

Nível: Primário	Terciário
(1)	(3)
Organização – Átomos e moléculas estão em seqüência ordenada.	Organização – Além de (1) e (2), tem-se uma ordem especial bem determinada. Combina-se ao heme ( ).
Informação – Conhecendo-se a posição de um único aminoácido, sabe-se a posição dos outros.	Informação – Além de (1) e (2), sabe-se a posição tridimensional de cada aminoácido.
Secundário	**Quaternário**
(2)	(4)
Organização – Além de (1) – Relação entre aminoácidos é bem ordenada nas hélices.	Deixado à imaginação do leitor. Lembramos apenas que a Organização chegou a tal ponto, que a molécula chama-se hemoglobina e conduz O_2 entre os pulmões e os tecidos.
Informação – Além de (1) sabe-se a orientação axial dos aminoácidos.	

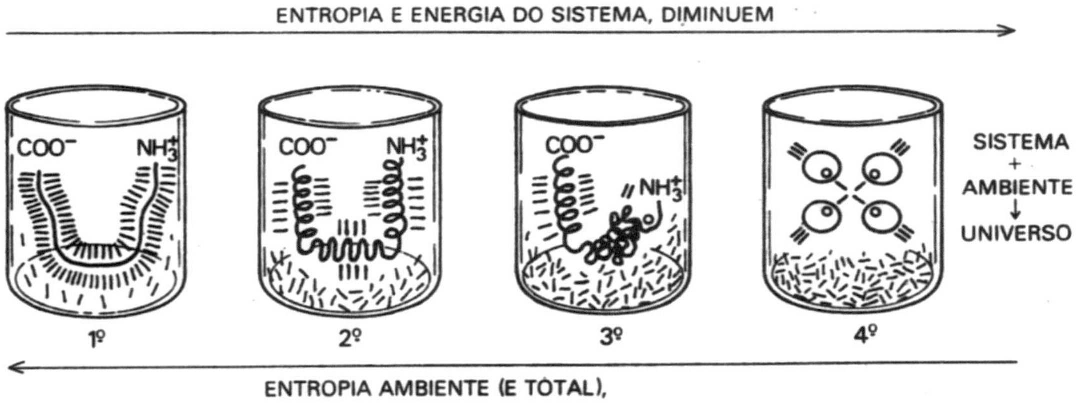

ENTROPIA E ENERGIA DO SISTEMA, DIMINUEM

COO^- NH_3^+

SISTEMA + AMBIENTE ↓ UNIVERSO

1º 2º 3º 4º

ENTROPIA AMBIENTE (E TOTAL),

Fig. 3.1.4 – Relações Sistema x Ambiente na Organização Espontânea de Macromoléculas. Sistema – Molécula de Hemoglobina se organizando. Ambiente – Solvente com água organizada ( ) e água desorganizada ( ).

cas atingem desde a composição, estrutura, função, até os finos mecanismos de controle.

Uma outra ideia da baixa entropia dos seres vivos é dada pelo seguinte fato: nenhuma estrutura não biológica, nenhum artefato aperfeiçoado pelo homem, possui, a 37°C, uma Entropia tão baixa como a da célula viva. A noção de que os cristais possuem entropia mínima é naturalmente válida. Mas se considerarmos as funções desempenhadas por um cristal e por um protozoário conclui-se facilmente que o cristal tem muito menos Organização e Informação que a célula viva. E, neste sentido de TD quântica, pode-se dizer que os seres vivos possuem menos Entropia que o cristal. Schrödinger criou a imagem poética, porém rigorosa:

Os Seres Vivos se Nutrem de Entropia Negativa.

Nesse aforismo, ele pretende "demonstrar" que os alimentos não são Matéria ou Energia, e sim Organização, que tiramos do ambiente.

Tabela 3.1.1
Estados de Entropia Aumentada. Alterações Fisiopatológicas

Estado Patológico	Linguagem Biológica	Linguagem Termodinâmica
Arterioesclerose	Depósito de gordura e cálcio nas artérias, com alterações estruturais, endurecimento da parede, hipertensão.	Aumento de Entropia na Circulação devido à desorganização da fina estrutura das artérias; Distúrbios Energéticos da Hemodinâmica.
Cárie	Corrosão das camadas dentárias.	Aumento de Entropia por desaparecimento de estruturas dentárias.
Drepanocitose (Hemoglobinose S)	Presença de hemoglobina mutante, com anemia, afoiçamento das hematias, entupimento e alterações graves circulatórias.	Aumento de Entropia na molécula de hemoglobina pela troca de um aminoácido na cadeia β (glutâmico por valina). Distúrbios entrópicos da circulação.
Diabetes	Lesões nas células β do pâncreas, falta de insulina ou utilização defeituosa. Hiperglicemia, glicosuria,polidipsia, etc.	Aumento de Entropia na utilização de glicose, lípides e outros metabólitos, por perturbação no mecanismo de controle metabólico insulina-dependente.

3.2
Termodinâmica – Leitura Complementar LC-3.2

Outros Aspectos Termodinâmicos

1. **Sistemas Abertos e Fechados** – Os sistemas TD se dividem em duas classes:
   Fechados – Trocam Energia e Trabalho com o ambiente.
   Abertos – Trocam Energia, Trabalho e Matéria com o ambiente.

Algumas propriedades desses sistemas estão no Quadro 3.2.1.

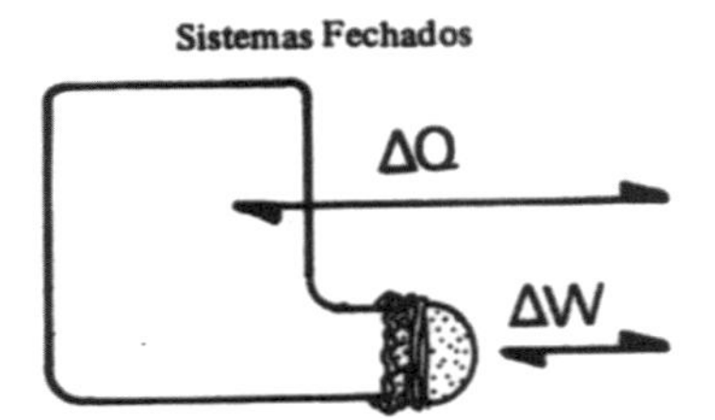

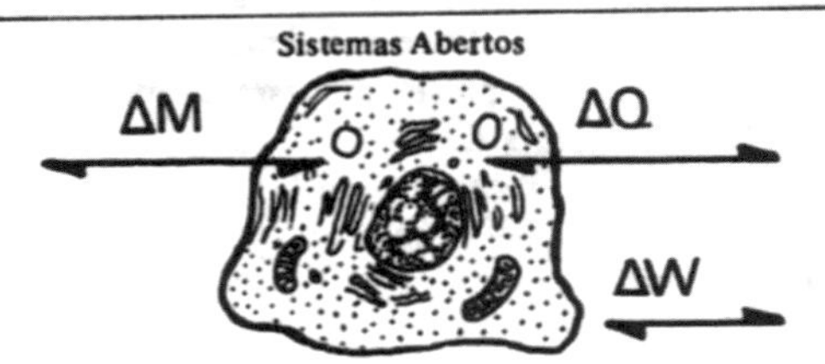

Quadro 3.2.1 – Características dos Sistemas TD Fechados e Abertos.

Uma garrafa térmica, um calorímetro-bomba, uma reação em solução sem desprendimento de gases ou formação de precipitados, uma reação eletroquímica, uma fotorreação, são exemplos de sistemas fechados. Um fogareiro a gás ou carvão, um motor de combustão, e todos os seres vivos, são exemplos de sistemas abertos. A maioria dos sistemas conhecidos é do tipo aberto.

As leis que regem os sistemas abertos são as mesmas dos sistemas fechados, apenas com equações muito mais complexas, com maior número de constantes e de variáveis.

Os sistemas fechados atingem equilíbrio dinâmico com o ambiente, em Calor ou Trabalho (Fig. 3.2.1).

Os sistemas abertos atingem estado ou regime estacionário, que se caracteriza pela equivalência

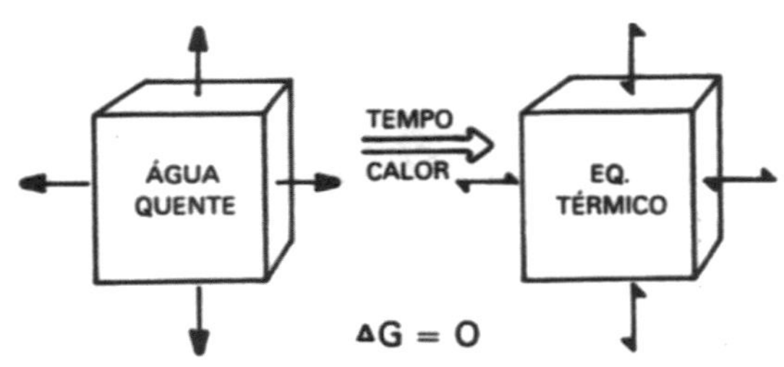

Fig. 3.2.1 – Sistema Fechado: com o tempo, atinge equilíbrio térmico com o ambiente. Calor que entra = calor que sai. Temperatura equalizada.

entre o que sai e o que entra no sistema, de modo que a composição interna do sistema se mantém constante. Para isso, é necessário pois, realizar Trabalho, e o que entra deve ter nível entrópico menor do que o que sai. (Fig. 3.2.2).

A estabilidade da composição apenas se mantém durante a vida do ser vivo. É importante salientar a diferença:

Equilíbrio Dinâmico: $\Delta G = 0$.
Estado Estacionário: $\Delta G \neq 0$

No equilíbrio dinâmico não há trabalho. Pelo contrário, a manutenção do estado estacionário exige Trabalho permanente.

2. Reversível e Irreversível no Sentido TD

A TD diferencia dois tipos de processos:

1 – Processo Ideal, Imaginário ou Abstrato – É concebido na mente: Imagina-se um pêndulo, e tiram-se conclusões.

2 – Processo Real, Físico ou Concreto – Constrói-se um pêndulo, dá-se um impulso e tiram-se conclusões.

Esse exemplo do pêndulo pode ser estendido a todo e qualquer processo ou sistema. No processo ideal, pode-se imaginar que o pêndulo ficará eternamente em movimento, e diz-se que o processo é Reversível. A Energia se conserva "realizando" trabalho, porque não há Entropia. No processo real, o pêndulo acaba parando por causa do atrito (Entropia). Pode-se impulsionar outra vez, e assim por diante. Mas um dia, a corda arrebenta, o pino de suspensão cai, ou outro defeito qualquer ocorre, e o pêndulo acaba parando. Enfim, diz-se que o processo é Irreversível.

Assim, no sentido TD, o processo reversível tem Entropia nula, mas só pode ser Ideal, imaginário. Os processos **irreversíveis** possuem Entropia, porque são Reais, se passam no mundo físico.

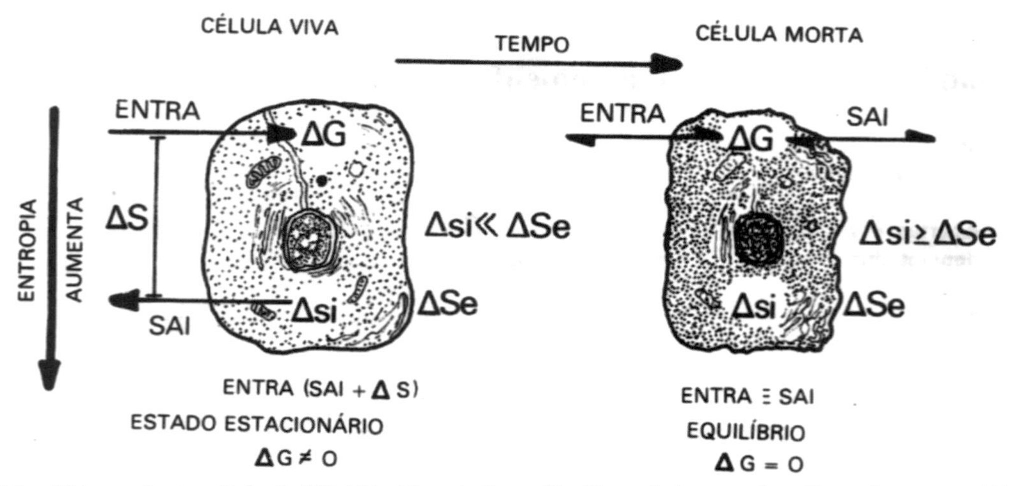

Fig. 3.2.2 – Sistema aberto – Relação TD;ΔG – Energia livre; Si – Entropia interna; Se – Entropia externa; ΔS – Diferença entropia.

Todos os processos biológicos reais são pois irreversíveis, e o envelhecimento é a entropia natural dos seres vivos. A morte é o estado máximo de entropia.

É necessário afastar também a falácia semântica (confusão, erro de linguagem), no caso das chamadas reações "reversíveis e irreversíveis" em química e bioquímica.

Na reação:

$$AgNO_3 + NaCl \rightarrow AgCl + NaNO_3$$

O cloreto de prata se precipita e diz-se que a reação é "irreversível", porque vai somente em um sentido (→).

Já na reação:

$$CH3COOH + H_2O \quad H_3O + CH_3COO^-$$

o ácido acético se hidrolisa para dar hidrônio e base acetato, mas também esses se unem para reformar o ácido acético. A reação vai em dois sentidos (   ) e diz-se "reversível". Como reversível, se ela ocorre realmente quando se joga ácido acético na água?

A explicação é a seguinte: Se essa reação é imaginada teoricamente, ela é ideal e reversível, termodinamicamente. Se ela é feita no laboratório, é irreversível do ponto de vista termodinâmico. Embora a energia de ida e volta seja a mesma apenas com sinal trocado, parte dela se perde como Entropia, e deve ser reposta. É necessário injetar energia no sistema (a fonte pode ser o ambiente ou outra reação exergônica), para que a volta ocorra. Só então, hidrônio e acetato se reúnem para reformar o ácido acético.

Nesses casos, seria mais interessante denominar essas reações de ida e volta como bidirecionais

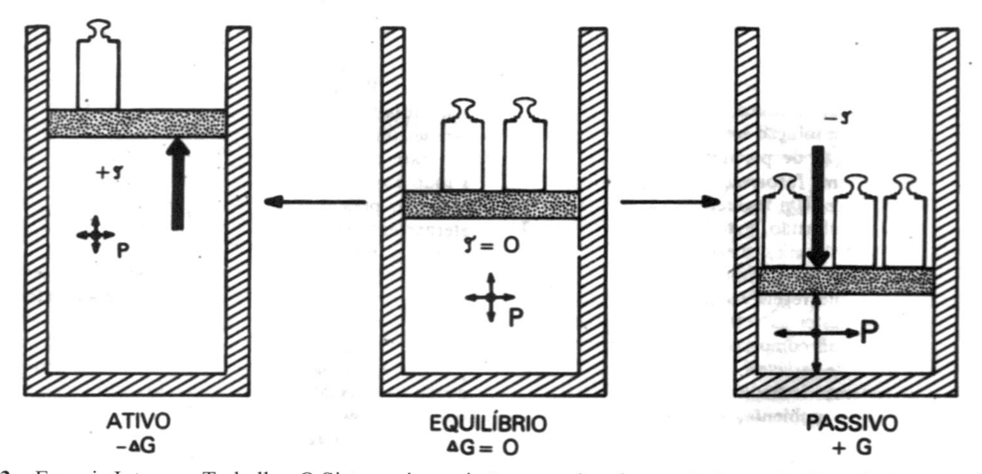

Fig. 3.2.3 – Energia Interna e Trabalho. O Sistema é um pistão com gás sob pressão P, que é a Energia interna. Tamanho relativo de P indica magnitude da Pressão. T – Trabalho tipo PΔV.

ou outro "apelido". Entretanto, o uso da nomenclatura Reversível-Irreversível está muito arraigado no linguajar da bioquímica.

3 – Trabalho Ativo e Trabalho Passivo

O critério TD se baseia na variação da energia interna do sistema, e suas relações com o entorno Fig. 3.2.3).

Trabalho Ativo – Energia interna diminui. O sistema realizou trabalho sobre o ambiente (Fig. 3.2.3 A).

Trabalho Passivo – Energia interna aumenta. O ambiente realizou trabalho sobre o sistema (Fig. 3.2.3 B).

Notar que esse critério não contradiz o que já foi visto no item Trabalho, na Introdução:

Quem tem mais força, sistema ou ambiente, é aquele que trabalha.

4. **ΔG, ΔG°, K e ΔG°'** – A relação entre esses parâmetros TD nem sempre é compreendida com clareza:

ΔG como já vimos, é a Energia Livre liberada em reações e processos vários, e depende das condições experimentais, especialmente as concentrações dos Reagentes. ΔG varia para uma mesma reação, conforme essas condições.

ΔG° foi sugerido para se comparar a Energia Livre de reações. É a medida de Energia livre em condições padronizadas, e se relaciona a ΔG, pela equação:

$$\Delta G = \Delta G^o + RT\ In \frac{P}{R} = - RT\ In \frac{R}{P}$$

onde P e R são os Produtos e Reagentes de uma reação, como por exemplo:

Reagentes	Produtos
A + B	C + D

e $\frac{P}{R} = \frac{C \times D}{A \times B}$ onde A, B, C e D, são as concentrações atuais encontradas. Pode-se usar $\frac{P}{R}$ no Equilíbrio da reação, e nesse caso:

$$\frac{P}{R} = K = \frac{Ce \times De}{Ae \times Be}$$

onde K é a constante de equilíbrio, e Ae, Be, Ce e Dc são as concentrações no equilíbrio. Nesse caso:

$$\Delta G = \Delta G^o + RT\ In \frac{Ce \times De}{Ae \times Be} = \Delta G^\circ + RT\ In\ K$$

Mas, no equilíbrio, AG = O, então:

$$\Delta G^\circ = - RT \ln K$$

Através dessa relação pode-se calcular AG^0, medindo-se as concentrações dos participantes da reação. É necessário respeitar as condições-padrão que para substâncias em solução, sem mudança do estado físico são:

Reagentes misturados inicialmente em concentração 1 molal* e deixados reagir a 25°C, 1 atm de pressão, em pH = O, até que o equilíbrio seja atingido (Fig. 3.2.4).

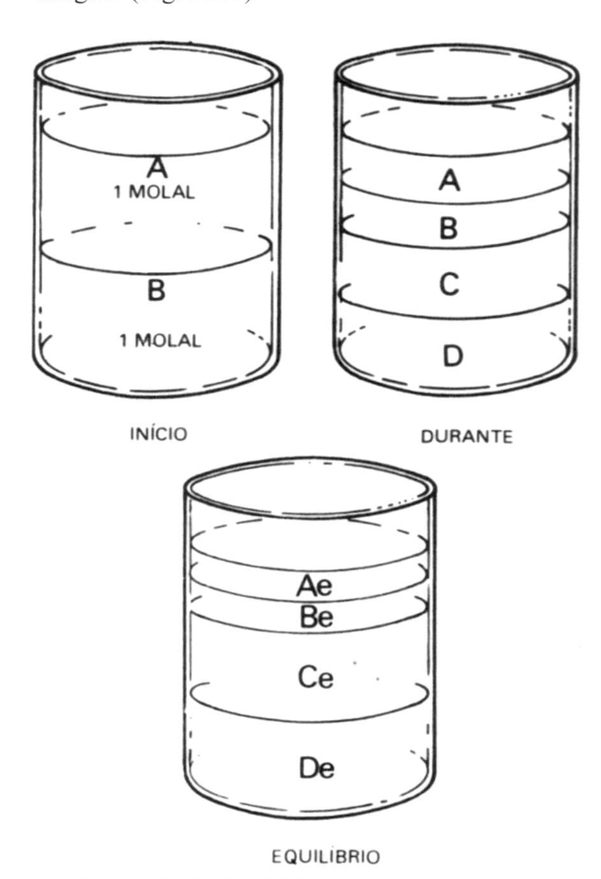

Fig. 3.2.4. Cálculo de ΔG° (ver texto).

Uma vez conhecido ΔG°, pode-se calcular ΔG para outras concentrações viáveis.

ΔG°' é o valor padrão para pH ≠ 0. Em biologia ΔG°' é usualmente relacionado a pH = 7 e t = 37°C. Se o íon H_3O não participa da reação, ΔG° é independente do pH, e ΔG°' = ΔG°, para a mesma temperatura.

*Aproximadamente 1 Molar (Veja Concentração da Solução).

Para finalizar, é importante saber que $\Delta G°$ não é critério para prever a espontaneidade de reação. As **concentrações** dos Reagentes e Produtos é que decidem, e portanto somente ΔG é índice correto.

Três exemplos, a seguir, ilustram essas relações:

Exemplo 1 – Cálculo de ΔG^o – Na reação A + B = C + D, AeB foram reagidos em condições-padrão. No equilíbrio, dosou-se: A = 0,1 e C = 0,9 moles. Calcular ΔG^o. Pela reação, sabemos que B = 0,1 e D = 0,9. Aplicando a relação:

$$\Delta G° = -8,2 \times 298 \times \ln \frac{0,9 \times 0,9}{0,1 \times 0,1}$$

$$\Delta G^o = -10,7 kJ \ (-2,6 \ k \ cal)$$

Nota – Pelos dados acima, $K = \frac{0,9 \times 0,9}{0,1 \times 0,1} = 81$

Exemplo 2 – Cálculo de ΔG. Os mesmos reagentes do exemplo anterior foram dosados em um biossistema, e achados como: A = 0,4 e C = 0,6 moles. Qual a energia liberada a 37°C?
Sabemos que B = 0,4 e D = 0,6 moles:

$$\Delta G = -10,7 + 8,3 \times 310 \ln \frac{0,6 \times 0,6}{0,4 \times 0,4}$$

$$\Delta G = -10,7 + 2,1 = -8,6 \ kJ$$

Nessas concentrações, ΔG é menor que ΔG^o.

Se fosse (A = B) > (C = D), teríamos $\frac{P}{R} < 1$ e, nesse caso, ΔG seria maior que ΔG^o.

Exemplo 3 – $\Delta G°$ negativa e reação não-espontânea.
A reação:

α -D-glicose α-D-galactose

tem AG° = 6,3 kJ. Em um extrato celular, a 25°C essas substâncias foram achadas nas concentrações:

α-D-glicose = 10^{-4} M

α-D-galactose = 10^{-1} M

A energia "liberada" será:

$$\Delta G = -6,3 + 8,2 \times 298 \ln \frac{10^{-1}}{10^{-4}}$$

$$\Delta G = -6,3 + 16,9 = +10,6 \ kJ$$

Nessas concentrações, a reação não é espontânea, e se for achada naturalmente em extrato celular, é porque está acoplada a uma reação exergônica que fornece 10,6 kJ de energia para o seu funcionamento.

Atividade Formativa 3.1

Proposições:

01. Discutir os mecanismos celulares de produção de Trabalho.
02. Mostrar que o ATP é ligação de baixa energia: –7 kcal por mol, enquanto há ligações de 100 a 150 kcal mol^{-1}. Explicar o sentido errôneo de ligação de alta energia. (V. Ligações Químicas, logo adiante, se necessário).
03. Comentar:
Não há poluição, há Entropia.
04. Discutir:
Não há doença, há Entropia.
05. Mostrar que nenhum processo pode ser perfeito, pois há sempre uma Entropiazinha para atrapalhar. Quando se come, fica um restinho no prato, quando se bebe, a última gota fica no copo, do cigarro que se fuma fica um toco (devia sobrar tudo), a roupa que se veste estraga antes de acabar, os sapatos ficam imprestáveis antes do fim, na produção industrial de qualquer coisa um certo número de peças sai com defeito, numa mangueira carregadinha de mangas diversas se perdem sem amadurecer.
Os exemplos são infinitos.
06. Descrever as características dos sistemas abertos e fechados.
07. Com relação ao AG, qual a diferença fundamental entre o Estado de Equilíbrio e o Estado Estacionário?
08. Comentar:
Reversível e Irreversível no sentido TD e no corriqueiro.
09. Desenhar os níveis estruturais de uma proteína, usando um modelo simples para as moléculas de aminoácidos. Sugestão:

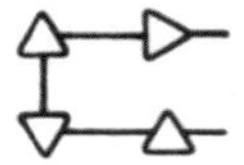
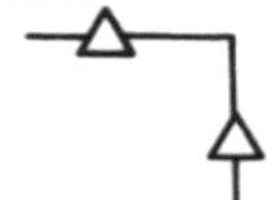

Fig. 3.2.5

10. Frequentemente, uma solução saturada se cristaliza espontaneamente. Ora, os cristais são modelos de Ordem e Organização (Entropia muito baixa). Discutir como é possível. Comparar com organização espontânea de proteínas.
11. "Meu ideal seria que...". Mas na vida real, esse ideal nunca é atingido. Comentar a relação TD desse fato.
12. Durante quanto tempo você aguentaria imaginar um pêndulo indo de um lado para o outro, sem dormir? Como você usaria esse dado para se classificar como sistema ideal ou real?
13. Considere a caixa d'água abaixo. Ela está em equilíbrio dinâmico, ou estado estacionário? Fornecer evidências para a conclusão. O sistema é aberto ou fechado? Como se comportam ΔG e ΔS neste sistema?

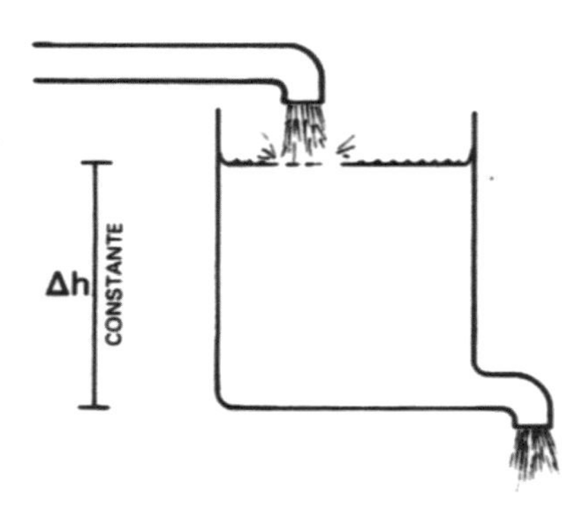

Fig. 3.2.6

14. O que caracteriza o ser vivo como sistema TD? (Certo ou Errado).
    1. É sistema aberto ( )... Fechado ( )
    2. Está em equilíbrio dinâmico ( )... Estado Estacionário ( )
    3. Tem entropia mais baixa que o ambiente ( ).. . Mais alta ( )
    4. Utiliza energia elétrica para funcionar ( )
    5. Utiliza energia térmica para funcionar ( )
15. Descrever a relação entre ΔG e ΔG^o.
16. Quando a relação $\frac{P}{R}$ se torna constante, qual é o valor de ΔG?
17. Qual a relação entre ΔG^o e o valor de K?
18. Numa reação A + B   C + D, os seguintes valores foram observados:
    A = 0,8 B = 0,8 C= 1,6 D= 1,6
    Ae = 0,3 Be = 0,3 Ce = 2,1 De = 2,1
    Calcular K, ΔG^o e ΔG.
19. Uma reação A + B   C + D tem $\Delta G^o = -5$ kJ. A e B foram encontrados como 1×10^{-2} e C e D como 5×10^{-1} moles. Calcular ΔG.
20. Procurar na literatura de Bioquímica casos onde ΔG^o seja negativo, e ΔG positivo.
21. Discutir ΔG, ΔG^o, ΔG^{o}' e K.

GD – 3.1

Várias proposições da AT-3.1, como 01, 03, 04, 05, 08, 11, 12, 16, 20 e 21 são bastante adequadas para GD.

Parte 2
Estruturas Moleculares

4

Átomos – Moléculas – Íons – Biomoléculas

Leitura Preliminar - LP-4 - Opcional

Estrutura Elementar da Matéria

Como já vimos, o Universo, e dele fazendo parte os sistemas biológicos, são constituídos de Matéria e Energia. Nos Biossistemas, a característica principal da Matéria e Energia, é o seu alto grau de organização (baixa Entropia). Essa organização já começa em nível submolecular. O estudo da microestrutura da Matéria e Energia explica como, através de forças coulômbicas, esses componentes fundamentais se associam para formar as supra-estruturas biológicas.

1 - **Estrutura da Matéria** – Ideias, hipóteses, teses, antíteses, e experiências.

Matéria é um dos componentes fundamentais do Universo, e por suas propriedades aparentes, já foi julgada **contínua**. A antítese dessa ideia, isto é, que a Matéria poderia ser **descontínua** (formada de minúsculas partículas), é antiga. Lucretius e Democritus assim pensavam, e Democritus criou a palavra **Átomo** (incortável): o átomo seria a menor partícula da matéria. Durante séculos, esta antítese constituiu-se em anátema cultural, somente foi aceita quase 2.000 anos depois, e levou mais de 100 anos para ser provada, entre 1800 e 1905. O conceito atômico de Dalton (1801), foi retomado por Avogadro (1881), Canizzaro e outros. Porém, somente no fim do século XIX e princípio do século XX, é que a descoberta dos raios catódicos (Lenard), do elétron (Thomson), dos raios-X (Roentgen), da radioatividade (Becquerel e o casal Curie), trouxeram as evidências de autenticidade da teoria.

Definiu-se, nesse período, que a matéria possuía cargas negativas (que eram os elétrons), e positivas, e era geralmente neutra, o que indicava proporções equivalentes dessas cargas.

Concluiu-se que:

Matéria é formada de Átomos

O **Átomo**, sabe-se hoje, não é a menor e indivisível partícula de matéria, mas é a menor estrutura **neutra** da matéria que conserva as propriedades dos elementos químicos, e é capaz de reagir quimicamente. Os átomos dificilmente existem livres: eles possuem grande tendência a se transformarem em moléculas (associação de átomos), ou íons (possuem carga elétrica).

A primeira hipótese sobre a estrutura do átomo foi a de Thomson, a do átomo do "pudim de ameixas": a carga positiva seria um fluido pesado e gelatinoso (a massa do pudim) e as cargas negativas, diminutas e leves (as ameixas), estariam uniformemente distribuídas na massa do pudim (Fig. 4.1 A). Essa ideia saborosa (e válida para a época), não resistiu aos célebres experimentos de Rutherford (1911), que enviou partículas alfa (pesadas, de carga positiva), através de finas folhas de ouro. Se a hipótese de Thomson fosse correta, as partículas alfa (α) passariam facilmente, porque os campos elétricos positivos intramatéria estariam muito espalhados, e consequentemente, fracos. O resultado foi surpreendente: a maioria das partículas α passava como esperado, mas algumas poucas sofreram forte deflexão no trajeto, e até mesmo **repulsão**! Para explicar esse resultado inesperado, Rutherford postulou corretamente que as cargas positivas (e a massa), estavam concentradas em regiões muito pequenas do Espaço, formando fortes campos eletropositivos, capazes de repelir as partículas α. Os elétrons girariam em torno das cargas positivas, em trajetórias circulares distantes, (Fig. 4.1 B). A parte central positiva foi denominada núcleo, e a parte externa, negativa, foi denominada de corona (coroa). A soma das cargas (–) e (+) continuava nula. Essa hipótese foi aperfeiçoada por Bohr, que mostrou estarem os elétrons em órbitas de nível energético bem determinado (correto), e de forma circular (incorreta) (Fig. 4.1 C). Em seguida, Sommerfeld, Heisenberg, Schrödinger, Born e outros, postularam o átomo moderno da mecânica ondulatória. Os elétrons ocupariam posições estatísticas, porém, no espaço em torno do núcleo: é mais correto falar da probabilidade que a carga negativa esteja aqui, ali, ou acolá, (Fig. 4.1 D), em regiões bem delimitadas. Essas posições devem ser imaginadas em função do Tempo: embora as trajetórias sejam superpostas, a presença de cada elétron no mesmo lugar, não é simultânea, os elétrons não se chocam.

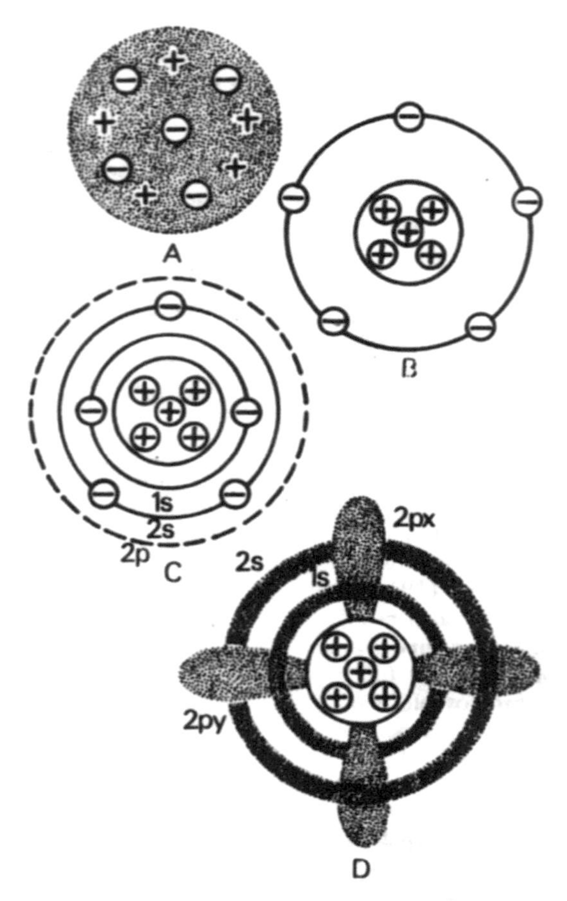

Fig. 4.1. Modelos de Estrutura da Matéria. A – Átomo de Thomson; B – Átomo de Rutherford; C – Átomo de Bohr; D – Átomo da mecânica ondulatória. Parte sombreada, posição mais provável dos elétrons.

O átomo da mecânica ondulatória, pela própria teoria que o criou, não se presta facilmente a modelos, mas parece representar a realidade física do átomo, e explica bem suas propriedades..

Do ponto de vista morfofuncional, (Forma e Função), o átomo pode ser considerado como tendo duas partes distintas, mas não independentes, que são:

Núcleo – Carga positiva, massa, fenômenos radioativos, emissão de energia γ. Possui prótons, neutrons e várias subpartículas (v. Radioatividade).

Órbita – Carga negativa, propriedades químicas de valência, ligação, afinidade, emissão de energia, tipo raios-X, ultravioleta, luminosa e térmica. Possui apenas elétrons.

Os componentes da matéria apresentam dimensões inacreditavelmente pequenas:

O átomo tem 10^{-10} m

O núcleo tem 10^{-14} m

Assim, o núcleo é 10^4 (10.000) vezes menor que o átomo. Se o núcleo tivesse 1 cm de diâmetro, o átomo teria 10^4 cm ou 100 metros. Se o núcleo fosse menor que uma moeda de 1 centavo, colocado no centro de um campo de futebol, o primeiro orbital passaria bem atrás das traves, sem fazer gol (Fig. 4.2). O sistema solar tem dimensões muito mais discretas para as órbitas dos planetas internos.

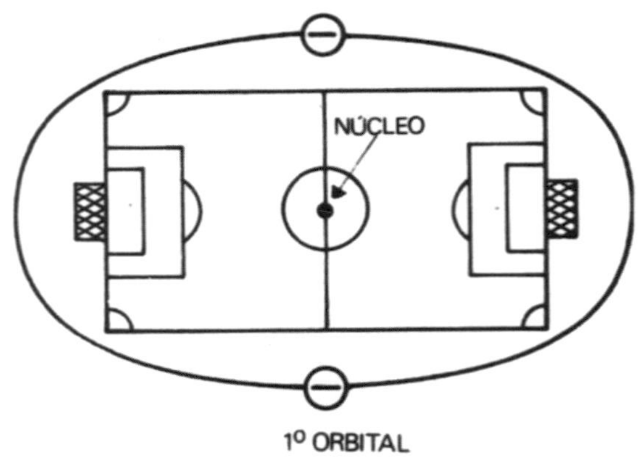

Fig. 4.2 – Modelo do átomo em escala macroscópica (ver texto).

4.1 – Átomos – Moléculas – Ions

Por maior que seja, todo ser vivo é formado de minúsculas unidades fundamentais, que são as moléculas. Algumas dessas moléculas são sintetizadas naturalmente pelos sistemas biológicos, e se denominam biomoléculas. As biomoléculas se associam, e há uma hierarquia de associações, cada associação dando um estágio superior:

Hierarquia Estrutural

Atomos → moléculas → estruturas supramoleculares → células → órgãos → sistemas fisiológicos → Homem.

Átomos

É a menor estrutura neutra da matéria, capaz de tomar parte em reações químicas. O átomo é formado de um núcleo onde se concentram a carga positiva e a quase totalidade da massa, e de órbitas, onde se localizam os elétrons com a carga negativa e uma fração desprezível da massa. O núcleo é formado de várias partículas e subpartículas, das quais nos interessam o próton (carga +) e o neutron (carga zero). Alguns átomos, representados no modelo de Bohr, estão na Fig. 4.3.

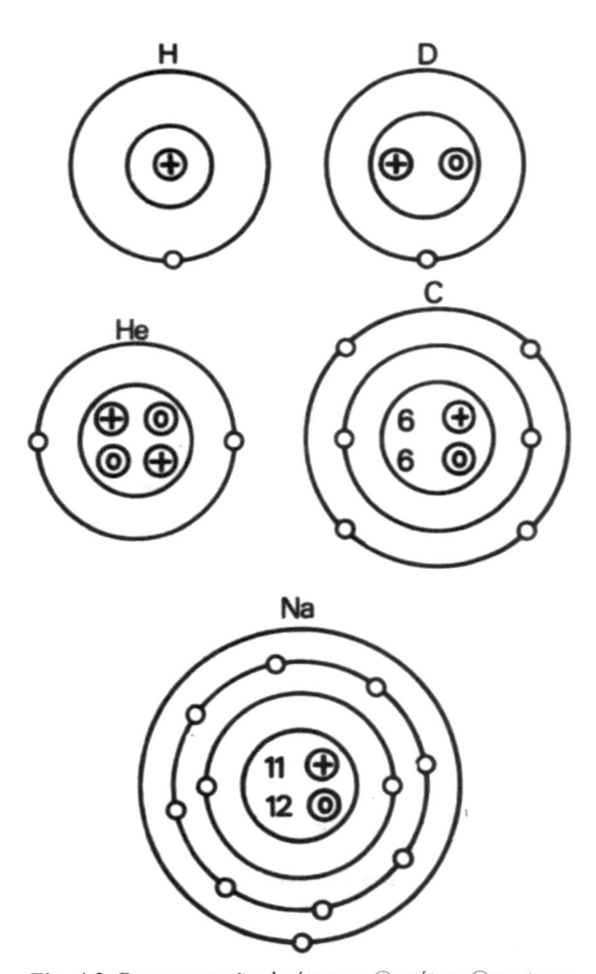

Fig. 4.3. Representação de átomos. ⊕ próton; ◎ neutron; o – elétron; H – hidrogênio; D – deutério; He – Hélio; C – Carbono, Na – Sódio.

Moléculas

Os átomos se unem para formar moléculas. A união se faz pela atração dos elétrons de um átomo pelo núcleo do outro átomo. O conjunto tem propriedades diferentes dos átomos componentes. A representação da molécula de hidrogênio está na Fig. 4.4.

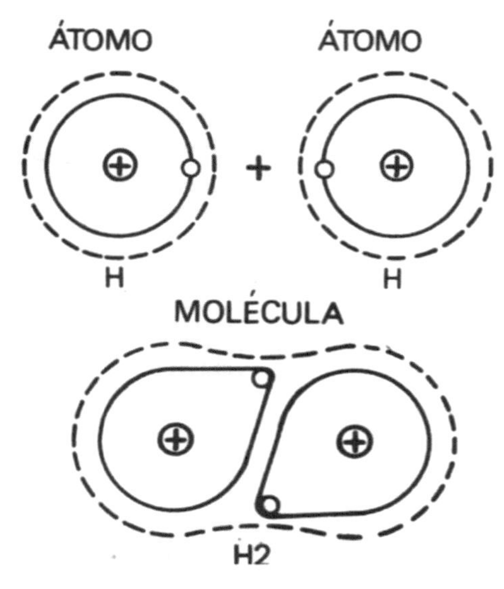

Fig. 4.4. Molécula de H_2 – Dois átomos de H se reúnem formando molécula de H_2. Linha tracejada delimita o domínio de cada estrutura.

Íons

Átomos e moléculas dificilmente permanecem neutros, especialmente nos sistemas biológicos. Eles apresentam grande tendência a perder ou ganhar elétrons, a perder ou ganhar prótons. Se dessa transformação resulta carga elétrica, eles passam a se chamar íons. O nome íon quer dizer **viajante**, e se refere à mobilidade que eles apresentam no campo elétrico. (Fig. 4.5).

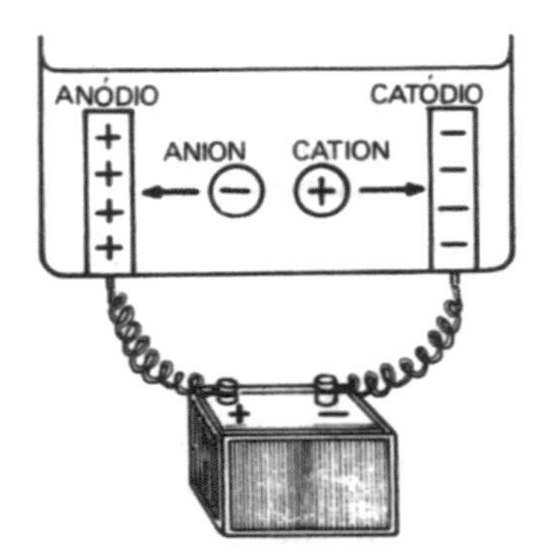

Fig. 4.5. Mobilidade e denominação de íons (ver texto).

Ions Positivos (+), migram para o pólo negativo (catódio), e por esse motivo, são denominados Cátions.
Ions Negativos (–), migram para o pólo positivo (anódio), e por esse motivo são denominados Anions.

Alguns exemplos de íons, são:

Estrutura	Elétron	Próton	Carga Resultante	Nome
Cl	ganha	_	Cl–	Anion
Na	perde	_	Na^+	Cation
R-COOH	_	perde	R.COO–	Anion
$R\text{-}NH_2$	_	ganha	$R.NH_3$	Cation

Existem desde microíons (restos de átomos) como o Na^+ ou SO_4, até macroíons, como as proteínas.

A maioria das biomoléculas tem natureza iônica, sendo raras as que possuem carga zero (moléculas neutras).

4.2 – Ligações Interatômicas e Intermoleculares

Há três tipos de ligação entre os átomos, formadoras de moléculas. Essas ligações que originam moléculas são também chamadas de primárias.

A – Ligações Primárias

1 – **Ligação Iônica** – Um átomo cede, o outro recebe elétrons. A transferência é completa. A cada elétron trocado, corresponde uma valência. O que cede elétrons fica positivo, o que recebe, negativo (Fig. 4.6, A). Esse é o caso do NaCl, onde o Na cede elétron e o Cl ganha elétron, ficando o cation Na^+ e o anion Cl^-.

As ligações Iônicas são fortes, com energias da ordem de 100 $kcal.mol^{-1}$ (420 $kjoule.mol^{-1}$). No entanto, elas formam as chamadas "falsas moléculas", porque são facilmente desfeitas em solução, pela interação com outros íons. São ligações "abertas" Campo elétrico também separa os componentes.

Em solução, os compostos iônicos trocam livremente de parceiro. No plasma sanguíneo e fluídos biológicos em geral, não se pode falar da existência de NaCl, KCl_ou Na_2HPO_4. Existem íons Na^+, K^+, Cl^- e HPO_4, em equilíbrio dinâmico. Associação preferencial cátion-anion só existe quando há formação de precipitados, como Ca^{2+} com PO_4 ou quelatos como Ca^{2+} com EDTA.

Ligação Iônica **Um átomo cede, o outro recebe elétrons**

2. **Ligação Covalente** – Há uma troca mútua de elétron: cada átomo cede e recebe o mesmo número de elétrons. Para cada valência, dois elétrons são trocados, um de cada átomo. Os átomos continuam com o mesmo número de elétrons que tinham antes da ligação, e portanto neutros (Fig. 4.6, B). Não havendo outra alteração, a molécula também é neutra.

A ligação covalente é a verdadeira ligação molecular. Ela é considerada "fechada", porque nenhum outro átomo pode participar, sem quebrar a ligação. A energia é alta, da ordem de 60 ou 120 $kcal.mol^{-1}$ (252 a 540 $kJ.mol^{-1}$), ou até mais.

Moléculas como a água, ureia, glúcides, lípides, aminoácidos, prótides, ácidos nucleicos hormônios e várias substâncias com ação farmacológica, são covalentes. De um modo muito aproximado, os compostos orgânicos são covalentes.

A ligação covalente é de dois tipos: sigma (σ) e pi (π).

As ligações simples são δ, as duplas uma σ e uma π, e as triplas, uma σ e duas π (V. textos de Físico-Química).

Ligação Covalente **Cada átomo recebe o mesmo número de elétrons**

3 – **Ligação Mista** – Como o nome indica, essas ligações apresentam caráter intermediário entre as iônicas e as covalentes. São por isso também chamadas de iônica parcial ou covalente parcial. Existe intercâmbio de elétrons, mas um dos átomos é mais **eletrofílico** (gosta de elétrons), e cede menos o seu elétron, atrai mais o outro elétron. Consequência: este átomo fica mais eletronegativo, e o outro fica mais eletropositivo (Fig. 4.6, C). Como um dos átomos cede mais seus elétrons, essa ligação é também denominada covalente dativa.

Os parceiros não se separam em campo elétrico, mas a molécula é polarizada, isto é, tem uma parte mais eletropositiva, e outra mais eletronegativa, e se **orienta** em Campo Elétrico.

A parte eletronegativa se volta para o pólo positivo, e a eletropositiva para o pólo negativo (V. P-10 e Fig. 4.16).

Nos sistemas biológicos as três ligações apresentam importância adequada à função. Exemplos:

1. No transporte transmembrana de íons é necessário que esses íons estejam livres para que a célula selecione a qualidade e quantidade de que necessite. Ligações devem ser iônicas.
2. Na formação de estruturas celulares e de moléculas que devem manter sua conformação para terem atividade (polipéptides, enzimas,

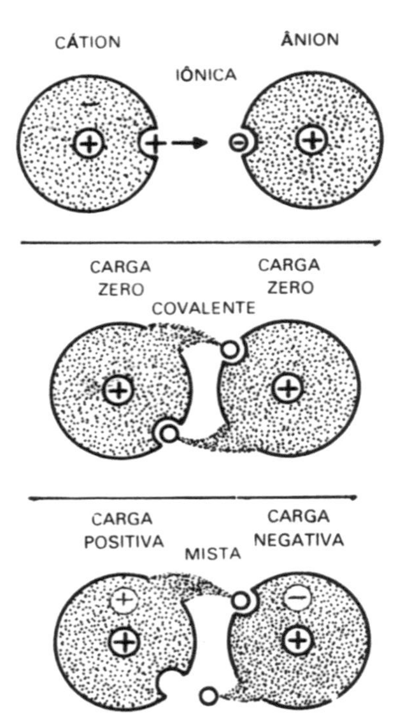

Fig. 4.6. Ligações Primárias. **Iônica** – Um átomo cede, o outro recebe elétron; **Covalente** – Cada átomo cede e recebe elétrons; **Mista** – Cada átomo cede elétrons, mas um fica com elétrons mais perto (átomo eletrofílico).

nucleótides, etc), os componentes devem ter ligações covalentes.

3. Na quebra e formação de moléculas, especialmente nos substratos de enzimas e moléculas do metabolismo energético, as ligações devem ser desfeitas com mais facilidade, em sistemas adequados. A ligação mista é a mais indicada.

B – Ligações Secundárias

1 – **Pontes de Hidrogênio** – Quando um hidrogênio é ligado covalentemente a um átomo eletronegativo (atrai fortemente os elétrons), o próton fica mais exposto, e pode ser atraído por outro átomo, também eletronegativo. Disso resulta uma "ponte' entre os dois átomos, formada pelo próton (Fig. 4.7).

A ponte H é preferencialmente linear, com os três átomos envolvidos formando uma linha reta. Como o próton é muito pequeno, os dois átomos eletronegativos se aproximam bastante. Isso dificulta a aproximação de outro átomo eletronegativo, que poderia romper o conjunto. Assim, a ponte H é relativamente estável, embora seja muito fraca: a parte iônica tem energias de apenas 2 a 5 kcal. mol^{-1} (8 a 20 $kJ\text{-}mol^{-1}$).

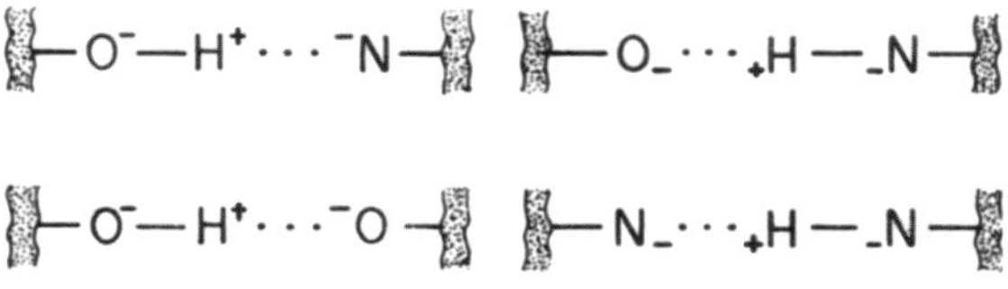

$O^-—H^+\cdots{}^-N$ $\quad$ $O_-\cdots{}_+H—{}_-N$

$O^-—H^+\cdots{}^-O$ $\quad$ $N_-\cdots{}_+H—{}_-N$

Fig. 4.7. Pontes de Hidrogênio. A ponte é representada pela ligação (— H...). Covalente (—) e Iônica (...).

A ponte H pode ocorrer entre átomos de moléculas diferentes (intermolecular) ou entre átomos da mesma molécula (intramolecular). Algumas macromoléculas podem possuir várias pontes H intramoleculares, e as forças do conjunto representam uma fração considerável do total de forças de manutenção da conformação da molécula. A α-hélice (V. Biomoléculas) é mantida, em grande parte, pelas pontes H. A dupla hélice da DNA e RNA também é mantida pelas pontes H. Elas atuam ainda, de modo auxiliar, na manutenção da estrutura terciária e quaternária de proteínas (V. Biomoléculas).

A água tem várias de suas propriedades peculiares dependentes da presença de pontes H entre suas moléculas (V. Água e Soluções).

A quebra de pontes H é responsável pela desnaturação de proteínas, que apresenta grande importância na Biologia, como veremos em exemplos vários.

Na ponte H o próton oscila entre os dois átomos com uma frequência característica, que pode ser detectada por espectroscopia no infravermelho, IV (V. Espectrofotometria).

2 – **Ligações Hidrofóbicas** – Essas ligações não resultam da atração entre os dois grupamentos ligados, e sim de forças externas com grupos ligados.

Quando as moléculas de um solvente se atraem mutuamente com mais força do que a outra molécula que está nesse meio, estas moléculas se juntam por exclusão. A Fig. 4.8 representa um modelo mecânico (A) e um modelo molecular (B), de forças hidrofóbicas.

O nome hidrófobos *(hidros,* água; *fobos,* medo) apenas indica o tipo mais comum dessa ligação por exclusão do solvente água. Aminoácidos como a fenilalanina, vajina, leucina, isoleucina, alafina e metionina possuem grupos laterais hidrofóbicos que são repelidos pela água, formando essas ligações.

Pela sua estrutura, as ligações hidrofóbicas são conhecidas como "falsas ligações", por resultarem de força estranha ao conjunto.

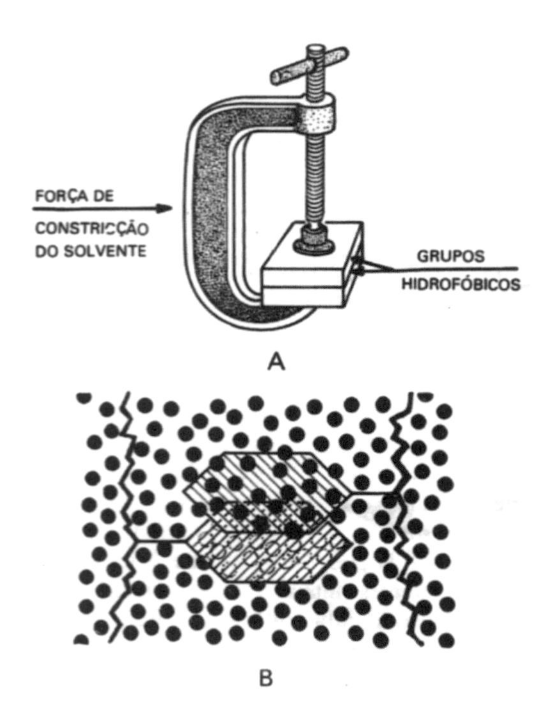

Fig. 4.8. Ligações Hidrofóbicas. A – Modelo mecânico. Grampo apertando duas placas; B – Modelo molecular. Moléculas de água apertando dois grupos fenil.

A energia das ligações hidrofóbicas depende da repulsão do solvente aos grupos participantes. Força de 15 a 25 $kcal.mol^{-1}$ (63 a 105 $kJ.mol^{-1}$) são típicas.

As ligações hidrofóbicas se enfraquecem consideravelmente, e chegam a se anular, quando o solvente, em vez de repelir, **dissolve** os grupos hidrofóbicos. De um modo geral, essa propriedade está relacionada à constante dielétrica do meio. Se a constante é baixa, a repulsão é pequena, e as ligações hidrofóbicas não se formam, porque moléculas de solvente se interpõem entre os grupos participantes.

As ligações hidrofóbicas representam papel importante na manutenção da estrutura de proteínas. Geralmente, o interior das moléculas proteicas é mantido por forças hidrofóbicas, e é ele próprio, hidrofóbico.

Nas moléculas lipoprotéicas, essas forças desempenham o papel principal para manutenção da ligação lipídio-proteína. A existência de complexos lipídicos é também relacionada à presença de forças hidrofóbicas.

3 – **Ligações de Van der Waals** – Resultam da atração de elétrons de uma molécula pelos núcleos de outra (Fig. 4.9).

Como a distância entre os grupos participantes é grande, as forças dessas ligações são muito

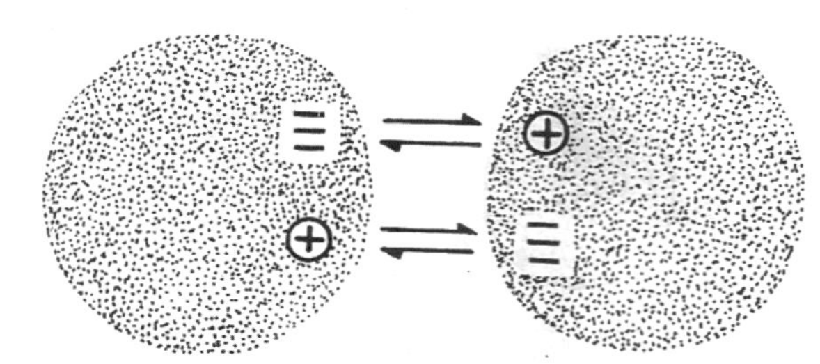

Fig. 4.9. Forças de Van der Waals. (≅) Elétrons (+) Núcleos.

pequenas. Entretanto, em macromoléculas como as proteínas, que são polieletrônicas e polinucleares, essas forças podem desempenhar papel importante em diversos eventos, tais como: sustentam interação de monômeros para formar polímeros, participam da ligação antígeno-anticorpo, da ligação enzima-substrato, e outras interações. Como o raio de ação dessas forças é muito curto, elas somente são efetivas quando as moléculas estão bastante próximas entre si.

4 – **Dipolos Permanentes e Induzidos**. – A distribuição **assimétrica** de cargas elétricas em una molécula, produz regiões onde há maior concentração de cargas positivas, e regiões onde há maior concentração de cargas negativas.

A molécula tem dois pólos, positivo e negativo, e chama-se **dipolo**.

A água é um exemplo de dipolo, e muitas de suas propriedades derivam desta condição (v. Água e Soluções). Nas macromoléculas, é frequente a distribuição assimétrica de cargas, originando dipolos. Os dipolos cujas cargas estão incorporadas na própria estrutura, são os dipolos **permanentes**. A água é exemplo típico.

Os dipolos tendem a se associar pela atração de pólos opostos (Fig. 4.10).

Há outra classe de dipolos, que aparecem quando moléculas carregadas se aproximam de outras, e induzem distribuição assimétrica das cargas elétricas dessa molécula (Fig. 4.11). Esses são os dipolos induzidos, também denominados

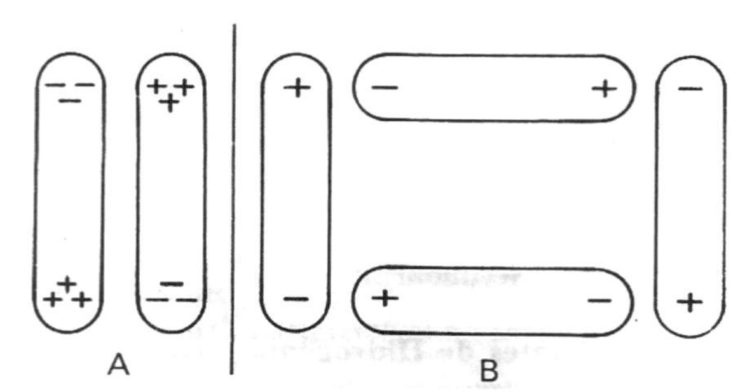

Fig. 4.10. Associação de Dipolos (ver texto).

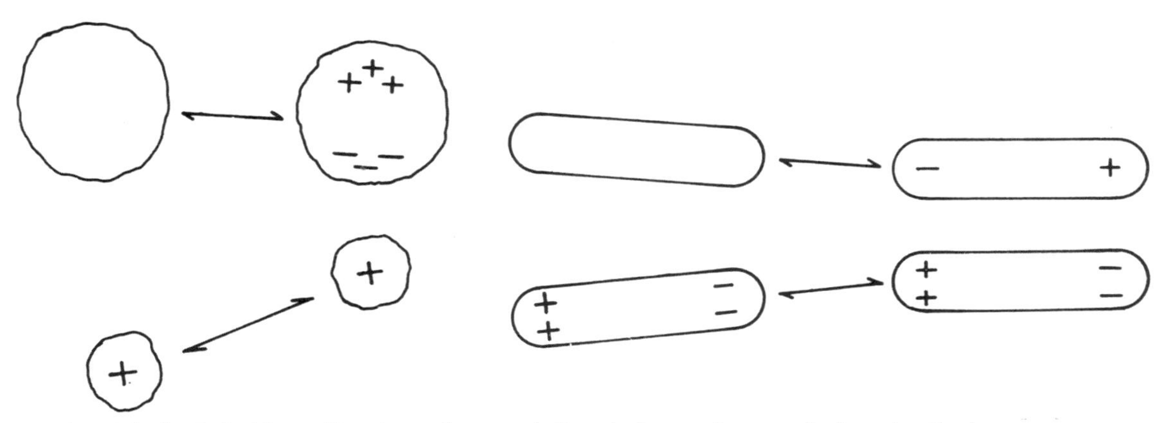

Fig. 4.11. Dipolos Induzidos ou Transientes (ver texto). Setas indicam o fazer e o desfazer dos dipolos.

transientes, porque desaparecem com o afastamento das moléculas. Moléculas com ligações π são muito suscetíveis a formarem dipolos induzidos, ou transientes.

Simples íons, como o Na^+ ou o Cl^-, podem induzir a formação de dipolos transientes.

Os dipolos, tanto permanentes como induzidos, são de grande importância na interação de mensageiros com os seus receptores (v. Membrana), como no caso da acetilcolina, na interação enzima-substrato e outras situações. Todos os dipolos se orientam em campo elétrico.

5 – **Ressonância** – A oscilação de elétrons entre duas partes de uma molécula é conhecida como ressonância (Fig. 4.12). A ressonância, além de conferir maior estabilidade à molécula, gera um dipolo alternante.

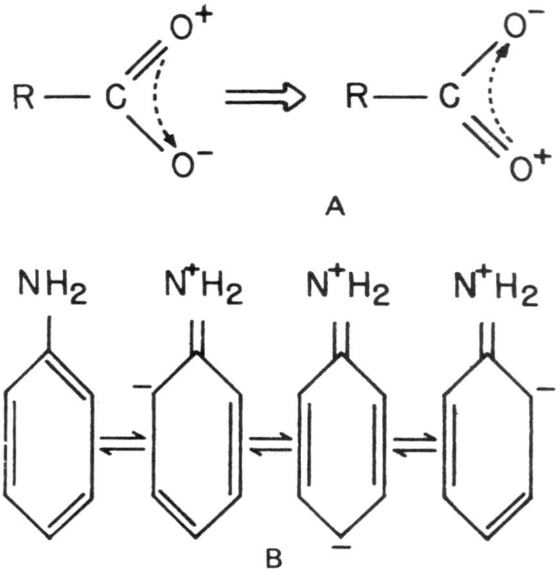

Fig. 4.12. Ressonância. A – No grupo carboxila ionizado (COOD; B – Na anilina, com formas apolar e polar.

O deslocamento do elétron exige ligação π entre os átomos envolvidos. O fósforo, enxofre e carbono formam, frequentemente, compostos ressonantes que participam de importantes mecanismos biológicos. A ressonância no grupo carboxila protonado (COOH), é responsável por ser esse grupo acídico, enquanto a hidroxila similar nos álcoois não é (Fig. 4.13).

As forças de ressonância são da ordem de 15 a 75 kcalmol (63 a 313kJmol^{-1}). Moléculas ressonantes oscilam em campo eletromagnético de frequência semelhante.

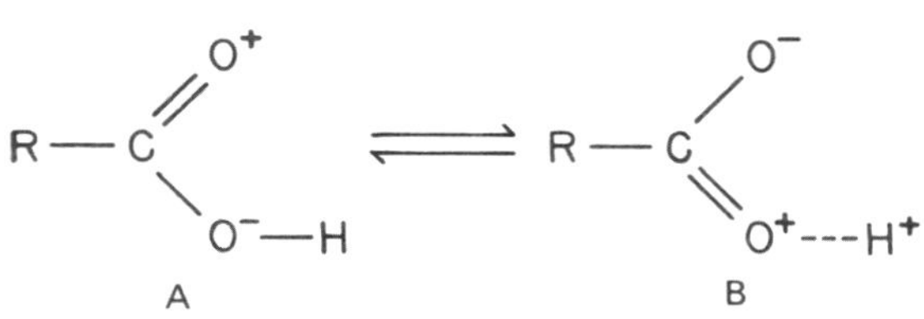

Fig. 4.13. Ressonância na Carboxila Protonada. A – Elétron no oxigênio inferior. Próton é atraído; B – Elétron no oxigénio superior. Próton é repelido, e aparece o efeito ácido.

Forças Coulômbicas de Atração e Repulsão

São as mais fortes, porque derivam de campos elétricos intensos, embora sejam atenuados pela distância entre os grupos **moleculares**, que é maior que nos **átomos**. Um grupamento COO^- pode atrair um grupo NH_3 (e vice-versa), e assim manter ligados dois segmentos de uma proteína, ou mesmo de duas moléculas diferentes. Essas ligações são conhecidas como "ligação sal", ou tipo sal, porque é parecida com esse modo de ligação em sais.

Da mesma forma, dois grupamentos COO^- podem se repelir, e manter afastadas, na posição adequada pela natureza, dois segmentos de uma macromolécula. Dois grupamentos NH_3, também se repelem.

Essas ligações são importantes para a manutenção da estrutura de proteínas (v. adiante), para a formação do centro ativo de enzimas (v. Catalise Biológica), e na abertura e fechamento de canais (v. Membranas).

Forças de London-Heitler

Resultam da movimentação de elétrons dentro de moléculas, como ressonância, dipolos induzidos, deformação estrutural, etc. Como as cargas variam de posição, e o encontro com outras moléculas é por acaso, existem duas oportunidades de repulsão para uma de atração (v. Campo Elétrico). Por esse motivo, as moléculas se afastam uma das outras, e daí o nome de forças dispersoras de London-Heitler. Essa força não deve ser confundida com a força derivada da energia osmótica, que também separa as moléculas, mas é independente da carga (v. Introdução, Difusão, Osmose e Tônus).

Essas forças são fracas, mas pela sua natureza, comuns em várias moléculas biológicas.

Nota – É fácil perceber que a origem de todas essas forças de ligação e repulsão é o Campo Elétrico. Eles são classificados pelo modo de agir, pelas características dos sistemas e pelo comportamento das partes envolvidas A divisão é útil para facilitar o entendimento dos fenômenos.

Todas as forças moleculares são do Campo Elétrico.

Veja na Tabela 4.1, um quadro sinóptico dessas forças.

Parêntesis – Energia x Força de Ligação Molecular

Fala-se muito de Força ou Energia de uma ligação química. Já vimos que Força é massa x aceleração, Energia é força x distância. São parâmetros físicos distintos, mas de certa forma, se equivalem neste caso.

Quando dois átomos se unem para formar uma molécula, o sistema libera Energia (v. na TD). Essa união se dá porque foi feita uma Força sobre o sistema, aproximando os átomos (Fig. 4.14).

A Força x distância é o Trabalho realizado sobre o sistema, e descontando a Entropia, aproximadamente a Energia que sai. Pode-se dizer, em relação às ligações químicas:

Força de uma ligação – É a força que se deve fazer para quebrar uma ligação... porque foi a fosca que se fez para juntar as partes do sistema.

Energia de uma Ligação – É a quantidade õe energia que deve ser fornecida ao sistema para quebrar a ligação... porque foi a quantidade de energia que o sistema perdeu quando se ligou.

A Figura 4.15 é um modelo claro desses conceitos.

A realização de trabalho sobre o sistema (Fig. 4.15.1) fornece a energia necessária para a ligação (Fig. 4.15.2). Essa energia foi gasta pelo sistema para realizar a soldadura entre os átomos. Para desfazer a solda é necessário energia externa (Fig. 4.15.3). Essa energia externa pode ser fornecida por outra molécula ou estrutura adequada. Calor aplicado ao sistema é uma das fontes mais comuns de quebra de ligações, especialmente ern biomoléculas. Campo elétrico é também outro agente quebrador de moléculas. Deve-se lembrar sempre da TD: se a reação é endergônica, fornecimento de energia vai ajudar a ligação (veja TD).

Ligação Química não é Depósito de Energia.

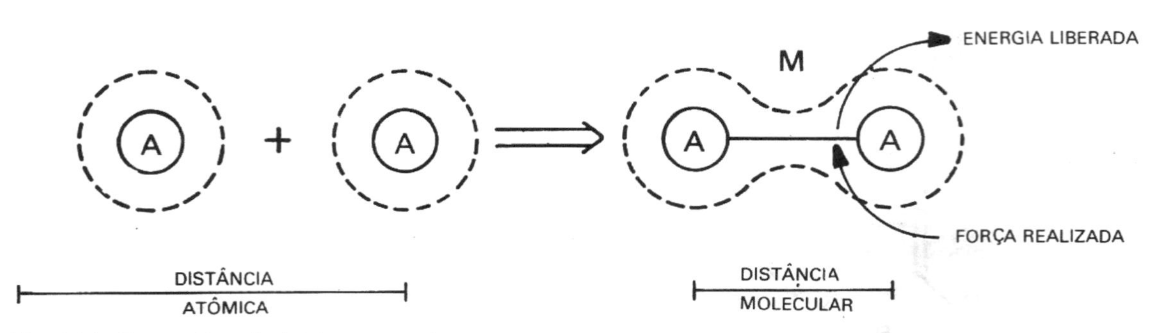

Fig. 4.14 – Força e Energia de Ligações Moleculares. Dois átomos (a) s aproximam e se unem formando molécula (M).

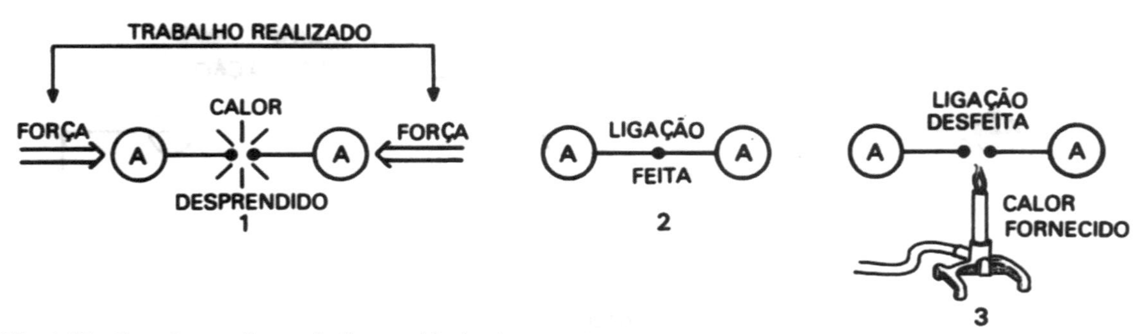

Fig. 4.15 – Energia para ligar e desligar moléculas (ver texto).

Tabela 4.1
Ligações Atômicas e Moleculares

Tipo de Ligação	Mecanismo	Propriedades
	Primárias ou Atômicas	
Iônica	Atração de cargas elétricas entre íons positivos e negativos. Elétron cedido é elétron ganho. Não há troca de elétrons.	Cargas não se neutralizam. Parceiros separam-se facilmente em campo elétrico externo. Os íons se intercambiam, são pares iônicos.
Covalente	Dupla atração de cargas por troca de pares eletrônicos. Partilha de elétrons é justa.	Cargas se neutralizam. Parceiros não se separam em campo elétrico externo. Formam verdadeiras moléculas.
Mista	Cessão e ganho de elétrons não partilhados igualmente: Átomo que atrai os elétrons, fica negativo, o outro, positivo.	Cargas são parcialmente neutralizadas. Parceiros nío se separam em campo elétrico externo, mas sofrem açío modificante desse campo. Formam verdadeiras moléculas.
	Secundárias ou Moleculares	
Pontes H	Atração de prótons entre dois átomos eletronegativos.	Ligação fácil de se formar. É fraca, mas pode ser numerosa. Mantém estrutura de de macromoléculas.
Hidrofóbicas	Repulsão de solvente aquoso a grupos moleculares.	Grupamentos hidrofóbicos não se atraem mutuamente, mas são comprimidos pelo solvente.Mantêm estruturas macromoleculares.
Van der Waals	Atração de elétrons de uma molécula pelos prótons de outra. Cargas fixas.	Tendem a aproximar as moléculas. Participam de vários mecanismos biológicos.
Dipolos	Distribuição assimétrica de carga em moléculas, resulta região positiva (+) e região negativa (-).	Permanentes, induzidos ou transientes. Moléculas se orientam em campo elétrico. Associação de moléculas.
Ressonância	Elétron oscila entre dois ou mais átomos, periodicamente.	Aumenta a estabilidade das moléculas, modifica as propriedades.
Coulômbicas	Cargas elétricas positivas e negativas, atração e repulsão como usual.	Forças importantes na manutenção de aproximação ou afastamento de grupos moleculares.
London-Heitler	Movimentação de elétrons.	Repulsão de moléulas.

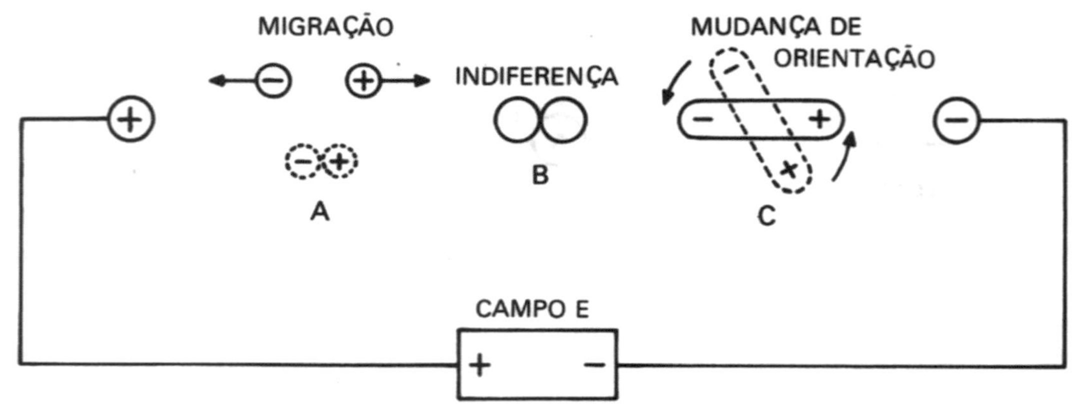

Fig. 4.16

Atividade Formativa 05

01 – O que levou Rutherford a supor que o átomo tinha núcleo e órbitas?

02 – Calcular o tamanho aproximado do átomo (1º orbital) se o núcleo tem:
10^{-2}m 10^{-1} m 1 m 1 0 m 10^{2} m
Comparar com estruturas conhecidas

03 – Descrever a composição e propriedades simples do núcleo e órbitas.

04 – Representar os átomos de hidrogênio, deutério, carbono e sódio, no modelo de Bohr.

05 – Conceituar átomos e moléculas, fazendo esquemas representativos.

06 – Conceituar íon, e representar graficamente a mobilidade de anion e cátion em campo elétrico externo.

07 – Com a perda dos grupos abaixo indicados, qual a carga, o íon e o pólo de migração das moléculas abaixo:

Molécula	Ganha	Carga	Íon	Pólo
X	Próton	------	------	------
Y	Elétron	------	------	------
	Perde			
W	Próton	------	------	------
Z	Elétron	------	------	------

08 – Representar, por desenho esquemático, os três tipos de ligação iônica, covalente e mista.

09 – Citar 3 propriedades de cada ligação.

10 – Colocadas em campo elétrico, as moléculas A, B e C se comportaram como indicado (Fig. 4.16). Identificar o tipo de ligação.

11 – Descrever e representar a ponte de hidrogênio.

12 – Citar 3 propriedades da ponte H.

13 – Conceituar ligação hidrofóbica.

14 – A ligação abaixo foi colocada em um solvente de baixa constante dielétrica. Qual o tipo provável da ligação, e o que sucedeu?

Fig. 4.17

15 – Descrever o papel principal das pontes H e ligação hidrofóbicas na manutençãoda estrutura de macromoléculas.

16 – Explicar o mecanismo das forças de Van der Waals, e citar um exemplo de sua ocorrência em Biologia.

17 – Conceituar dipolo permanente, e transitório.

18 – Fazer um desenho de associação molecular por moléculas dipolares.

19 – Explicar a ressonância eletrônica em moléculas.

20 – Conceituar forças de London-Heitler. Porque essas forças tendem a dispersar as moléculas?

21 – Conceituar forças coulômbicas. Dar um exemplo de atração e outra de repulsão.

22 – Conceituar Energia e Força de uma ligação química.

23 – Supondo as outras condições iguais, colocar as ligações abaixo na ordem decrescente de Energia e religação:

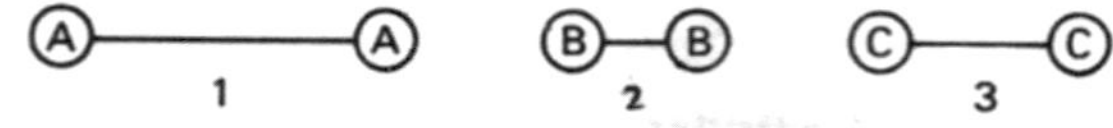

Fig. 4.18

24 – Qual a ordem das Forças utilizadas para ligar os átomos da P. 23?

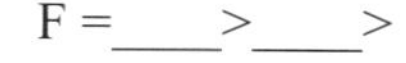
F =____>____>

GD – 05

Veja no fim do capítulo

4.3 – Quantificação de Moléculas

Massa Atômica e Molecular – Dalton – Número de Avogadro1

1 – **Átomo-grama e Molécula-grama – Mol e Mole**

Como medir a quantidade de átomos, moléculas ou íons? Uma convenção útil é aquela que atribui ao hidrogênio massa molecular Unitária*, usando-se como unidade de massa o grama:

"Átomo-grama é a massa atômica tomada em gramas".

"Molécula-grama é a massa molecular tomada em gramas".

Assim, 1 g de hidrogênio (H) é um átomo-grama, 2 g de hidrogênio (H_2) é uma molécula-grama. A expressão molécula-grama é geralmente abreviada:

Mole ou mol

É fácil determinar a molécula-grama (mol) de cada substância: Basta somar a massa dos átomos constituintes. Exemplos:

Exemplo 1 – A água tem massa equivalente a dois hidrogênios e um oxigénio, portanto:

	Átomos	Massa
Molécula	2 H	2 × 1= 2
H_2O	1 O	1 × 16 = 16
		Total: 18 gramas

Assim, 18 gramas de água representam uma molécula-grama.

Exemplo 2 – Determinar o valor do mol de NaCl e do Na_2SO_4:

NaCl	Na_2SO_4
Na – 23	2 Na – 2 × 23 = 46
Cl – 35,5	1 S – 1 × 32 = 32
58.5g.mol^{-1}	4 O – 4 × 16 = 64
	142 g.mol^{-1}

*Valor aproximado. O valor exato é 1/12 da massa do carbono (ver adiante).

Exemplo 3 – Qual o peso (massa) molecular da glicose? A glicose é $C_6H_{12}O_6$:

6 C – 6 × 12 = 72
12 H – 12 × 1 = 12
6 O – 6 × 16 = 96
180 g.mol^{-1}

Se a substância possui água de cristalização na molécula, esse valor deve ser incluído no cálculo:

Exemplo 4 – Calcular o mol de $Na_2HPO_4.7H_2O$:

2 Na – 2 × 23 = 46
1 H – 1 = 1
1 P – 31 = 31
4 O – 4 × 16 = 64
$7H_2O$ – 7 × 18 = 126
268 g.mol^{-1}

O número de moles (n) de uma quantidade qualquer de substâncias é dado pela relação:

$$n = \frac{\text{massa em gramas}}{\text{gramas por mol}}$$

Exemplo 1 – Quantos moles representam 117 g de NaCl?

$$n = \frac{117g}{58{,}5\ g.mol\text{-}1} = 2\ \text{moles.}$$

Exemplo 2 – Quantos moles valem 18 g de glicose?

$$n = \frac{18}{180} = 2\ 0{,}1\ \text{mol.}$$

O conhecimento dessas relações é muito simples mas é **indispensável** no preparo e manuseio de soluções e outras operações de laboratório.

Atenção – Deve-se notar que no SI, a unidade é dada em kilograma, e a massa atômica ou molecular deve ser tomada em kilogramas: 1 kg de H é um kilogramamol de hidrogênio (kmol). 180 kg de glicose valem 1 kg .mol de glicose (kmol). Essas relações ainda são pouco usadas em Biologia.

2 – Número de Avogadro

A quantidade de partículas que existe na molécula-grama de qualquer substância é a mesma, e chama-se Número de Avogadro (também númerode Loschmidt):

$6{,}02 \times 10^{23}$ partículas.mol^{-1} (mol em gramas)

$6{,}02 \times 10^{26}$ partículas.$kmol^{-1}$ (mol em kilogramas, no SI)

Assim, 2 g de H_2, 18 g de H_2O ou 142 g de Na_2SO_4 possuem cada $6{,}0 \times 10^{23}$ partículas (Fig. 4.19).

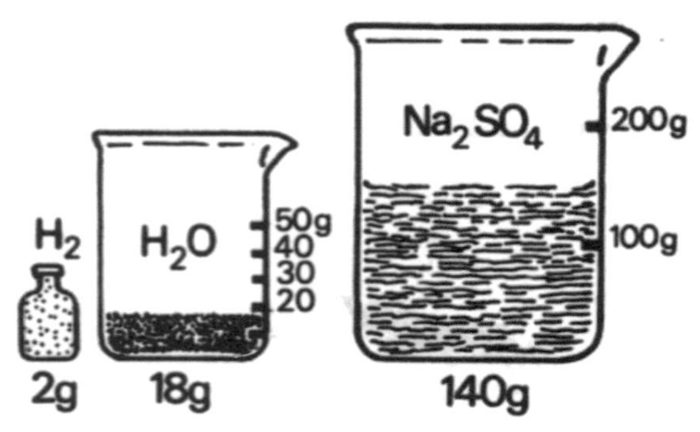

Fig. 4.19. Número de partículas por Mol de substância (ver texto).

O número de Avogadro é uma das importantes constantes da natureza.

Em Biologia, como usual, usa-se ainda o valor do CGS, $6{,}02 \times 10^{23}$ p.mol^{-1}, mas é desejável ir mudando para o valor do SI, $6{,}02 \times 10^{26}$ p.$kmol^{-1}$.

O número de Avogadro é incrivelmente grande. Se uma molécula-grama de glicose fosse distribuída por toda a população da Terra (≅ 6 bilhões), ter-se-ia:

$$x = \frac{6{,}02 \times 10^{23}}{6 \times 10^{9}} = 1 \times 10^{14}$$

partículas por habitante, isto é, cada indivíduo receberia 100.000.000,000,000 de moléculas. O outro lado desse número se relaciona com a atividade biológica de substâncias muito ativas. A acetilcolina age na dose de nanomoles (10^{-9} mol) e até picomoles (10^{-12} mol). Mas, um picomol de acetilcolina ainda representa 6×10^{11} partículas, ou seja, um número considerável de moléculas (100 vezes maior que a população da Terra).

3 – Unidade de Massa Atômica (amu)

É equivalente a 1/12 do átomo de carbono, e vale exatamente 1. Esse número relativo pode ser expresso em unidades ponderais (gramas ou kilogramas) e essa Grandeza é chamada de constante de massa atômica, ou Unidade de Massa Atômica (amu).

$$\text{amu} \begin{cases} 1{,}67 \times 10^{-24} \text{ g} \\ 1{,}67 \times 10^{-27} \text{ kg} \end{cases}$$

4 – Dalton

É o nome proposto para a unidade massa atômica expressa em **gramas**:

$$1 \text{ dalton} = 1{,}67 \times 10^{-24} \text{ g}$$

O uso da palavra dalton depois da massa molecular de substâncias é praxe em Biologia.

"Uma proteína com 60.000 daltons", "A molécula de glicose, com 180 daltons", são frases comuns. Deve-se subentender que a massa relativa está **multiplicada** pelo valor do dalton.

Aliás, esse é o procedimento para calcular a massa **real** em gramas das várias moléculas:

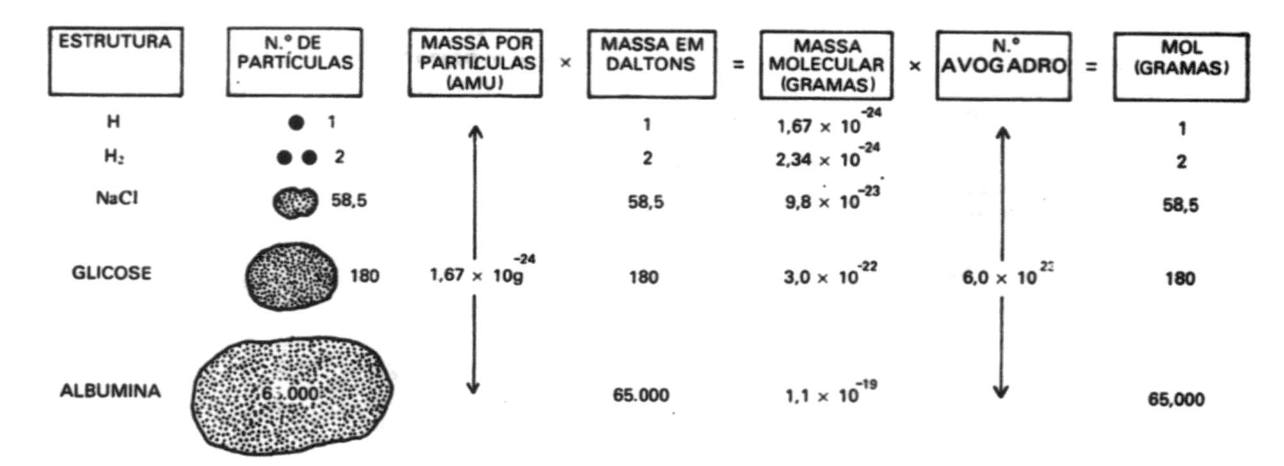

Fig. 4.20. Relações ponderais e unitárias em átomos e moléculas. Notar que a massa em daltons e o mol possuem o mesmo valor numérico, e diferentes valores ponderais.

Exemplo 1 – Qual a massa de íons Na^+, que tem 23 daltons?

$$M = 23 \times 1,67 \times 10^{-24}\ g^{-1} = 3,84 \times 10^{-23}\ g$$

Exemplo 2 – Comparar a massa de uma molécula de albumina com a de uma bactéria. A albumina tem cerca de 65.000 daltons:

$$Malb = 6,5 \times 10^4 \times 1,67 \times 10^{-24} \cong 1,1 \times 10^{-19}\ g$$

Uma bactéria pode pesar cerca de 10^{-12} g, ou seja 10^7 vezes mais (10 milhões).

A massa molecular em gramas, multiplicada pelo número de Avogadro, fornece a molécula-grama (mol) da substância:

$$Glicose = 3 \times 10^{-22}\ gramas.^{-1} \times \times 6.0 \times 10^{23}\ mol^{-1} = 180 g.mol^{-1}$$

$$Albumina = 1,1 \times 10^{-19} \times 6,0 \times 10^{23} = = 65.000\ g.mol^{-1}$$

Ou seja, um mol de albumina tem 65 kilogramas, o "peso" de um adulto!

Não se esquecer que dalton é simplesmente o nome da unidade de massa atômica em gramas.

Essas relações podem ser visualizadas na Fig. 4.20.

AT – 06

01 – Conceituar átomo-grama e molécula-grama.

02 – Calcular o valor da molécula-grama (mol) dos seguintes compostos:

$KC1$	C_2HO_5	$CO(NH_2)_2$
Cloreto de Potássio	Etanol	Uréia

$Na_2.HPO_4.12H_2O$	K_2SO_4
Fosfato dissódico	Sulfato de Potássio

Massas Atômicas aproximadas: H = 1; C = 12; N = 14; O = 16; N =23; P = 31; S=32;C1 = 35,5;K=39.

03 – Calcular o número de moléculas gramas de: 175,5 g de NaCl, 100 g de glicose, 150 g de $Na_2HPO_4.12H_2O$.

04 – Qual o valor do número de Avogadro no CGS e no SI?

05 – Quantas moléculas existem em: 18 g de H_2O, 90 g de glicose, 0,6 g de ureia.

06 – Um fármaco age na concentração de 5×10^{-12} moles. Quantas moléculas estão aí representadas?

07 – A quantos moles de qualquer substância equivalem os números de moléculas abaixo?
3×10^{23} =
12×10^{23} =
30×10^{23} =

08 – Qual o valor da Unidade de Massa Atômica (amu) no CGS e no SI?

09 – Definir o dalton.

10 – Complete o quadro abaixo:

Molécula	Massa (dalton)	Massa em gramas (de 1 mol)	Massa em kg (de 1 k mol)
Sacarose	360	-------------	-------------
Insulina	5.700	-------------	-------------
Tireoglobulina	660.000	-------------	-------------

11 – A massa em gramas das moléculas da P. 09, multiplicada pelo número de Avogadro, fornece qual parâmetro? Calcular os valores.

12 – Desenhar o tamanho proporcional aproximado de moléculas com 5, 10, 100, 1.000 e 10.000 daltons. Quantas partículas você colocará em cada molécula?

Estruturas Moleculares

4.4 – Biomoléculas – Leitura Preliminar.

O termo biomoléculas foi criado para designar moléculas que eram sintetizadas naturalmente, apenas pelos seres vivos ou biossistemas (partes isoladas dos seres vivos). Hoje, muitas dessas moléculas são sintetizadas em laboratório (inclusive proteínas), e fragmentos de DNA já são substituídos in vitro. O termo Biomolécula ficou para representar a vasta classe de moléculas que, possuindo estrutura e função peculiares, desempenham tarefas indispensáveis aos seres vivos. Essas moléculas estão se aperfeiçoando na escala do tempo, numa evolução que ainda continua. As mudanças nessas moléculas é que foram as geratrizes das mudanças morfológicas ou funcionais da evolução:

Toda mudança morfológica foi precedida de uma mudança molecular.

Existem quatro grandes classes básicas dessas moléculas: Glucídios, Lipídios, Protídios, Nucleotídios.*

Com esses componentes, muita água, alguns íons pequenos, e algumas moléculas derivadas, se fazem os seres vivos.

---

*A grafia glúcides, lípides, prótides e nucleotides é mais universal, embora não seja vernácula.

Precursores do Ambiente – Origem das Biomoléculas

Como os seres vivos se formaram a partir dos elementos ambientais, sua composição deve refletir a composição do ambiente formador. Quando se compara a composição do corpo humano com dos mares antigos, e da crosta terrestre, a sugestão da origem marítima da vida, é patente: o corpo humano tem mais de 99% de **H, O, C e N**.

Os primitivos seres vivos usaram moléculas que vieram de síntese **abiótica** (a, sem; bios, vida). Essas moléculas podem ser facilmente sintetizadas em laboratório. A teoria da origem abiótica de moléculas, baseada nas ideias de Oparin e Haldane, já foram amplamente demonstradas por Miller, que obteve várias dessas substâncias. As experiências de Miller, hoje reproduzidas até em Feiras de Ciências, consistem em circular gases e vapor d'água sob descargas elétricas, ou radiação UV, que fornecem a Energia de ativação para a síntese. Diversos precursores de biomoléculas, e inclusive biomoléculas, foram obtidos por esse processo. Miller expandiu a experiência original de Wohler, que obteve **uréia** (biomolécula) fornecendo energia térmica (simples aquecimento) ao cianato de amóônio (molécula orgânica).

Como essas moléculas se associam formando macromoléculas, estruturas supramoleculares, organelas, membranas, células, tecidos, órgãos, sistemas fisiológicos e seres vivos, tem sido objeto de estudos intensos, e muitos detalhes já são conhecidos.

Com relação à origem dos biossistemas, duas correntes discutem quem apareceu primeiro: se as proteínas (catálise), ou os ácidos nucléicos (informação). Uma vez aparecidos os ácidos nucléicos, os seres vivos foram capazes de se reproduzir, porque a informação para sintetizar as mesmas moléculas pôde ser armazenada e transmitida. A capacidade de reproduzir trouxe também a de aperfeiçoar as moléculas, que é a evolução. Muitas espécies já se formaram, muitas já involuiram e desapareceram, muitas continuam evoluindo.

Como já dissemos, a evolução genética e morfológica representa uma manifestação **macroscópica** da evolução de biomoléculas. A evolução molecular precede a mudança morfológica, e se faz de acordo com o princípio de ajustamento ao ambiente (Henderson). As moléculas procuram a melhor composição, estrutura e forma para mais eficientemente desempenhar sua função. Nessa busca não há um plano direto, e as mudanças se fazem ao **acaso** e **necessidade** (Monod): uma troca aqui, outra acolá, até acertar na composição que melhor atenda às necessidades do sistema.

Essas trocas podem levar milhares de anos para ocorrer.

Precursores Biológicos – São as moléculas que os biossistemas usam como matéria-prima para a síntese de biomoléculas. Os precursores variam nos seres autotróficos e heterotróficos (v. Célula, IV Parte), e inclusive em espécies mais evoluídas, e podem ser até aminoácidos. Usando essas moléculas simples, os seres vivos produzem as biomoléculas, que se dividem nos quatro grandes grupos que já vimos: glucídios, lipídios, protídios, nucleotídios.

Glúcides – São também chamados açúcares, sacárides, hidratos de carbono, ou carbohidratos. Os glúcides são polihidroxialdeídos (ou cetonas) fórmula geral (CH_20) n, e se apresentam como monossacárides (unidades simples, monômeros), oligossacárides (duas até 10 unidades, oligômeros) e polissacárides (mais de 10, até milhares de unidades, polímeros). Dos dissacarides em diante, os monômeros são unidos por uma ligação chamada **glicosídica**.

Os glúcides possuem três funções principais:

a) armazenamento de energia como combustível de fácil e imediata utilização;

b) participam de estruturas celulares;

c) fazem parte das moléculas de glicoproteínas, glicolipídios e nucleotídios. Eles aumentam a solubilidade dos compostos onde estão associados.

Fosfatos, ácidos nucléicos, grupos amino e acetamino ligam-se aos glicídios, dando derivados de enorme importância biológica.

Os glucídios são os componentes mais abundantes entre os seres vivos deste planeta, devido à predominância dos vegetais. Essa é uma das razões da carência alimentar entre os seres humanos, porque os glucídios não constituem a única necessidade metabólica dos mamíferos.

Lípides – Também conhecidas como gordura ou óleos, são moléculas quase insolúveis em água, e solúveis em solventes apolares como éter, clorofórmio, ou benzeno. Todas moléculas de lípides são ricas em **C** e **H**, o que as torna hidrofóbicas. Alguns lípides possuem grupamento polar em uma das extremidades da molécula, e apresentam uma solvatação (dissolução em solvente) **direcional**: o grupo polar se dirige para fora em solventes polares (v. Água como Solvente, Substâncias Anfipáticas).

Os lípides estão repartidos em algumas classes básicas:

a) lípides complexos ou saponificáveis: **acilglicerois**, cuja parte lipídica são os ácidos graxos saponificados com ghcerol; os **fosfolípides**, com ácido fosfórico na molécula; os **esfingolípides**, que possuem um derivado da esfingosina; os **glicolípides**, que possuem glucides associados, e as ceras, que são misturas de ácidos graxos saponificados:

b) os lípides simples, nao saponificados, monoméricos: os **terpenos**, múltiplo do isopreno; os esteróides, que contêm o anel ciclopentenoperhidrofemantreno, e as **prostaglandinas**, cujo núcleo é a ciclização de ácidos graxos de 20 carbonos;

c) as lipoproteínas, complexos de lípides e proteínas, sem ligação covalente entre os dois, que ficam unidos por forças hidrofóbicas.

Os lípides participam das seguintes funções biológicas:

a) estruturas, como a membrana celular;

b) combustível para reações biológicas;

c) proteção de superfícies, desde bactérias até grandes animais;

d) nos processos imunitários, e de reconhecimento de antígenos espécie-específicos.

De um modo geral, os lípides funcionam como componentes associados a glúcides e proteínas.

Prótides – Também conhecidos como proteínas, possuem **C, H, N e O**, a maioria S, além de alguns conterem **P, Fe, Zn, Cn, e Mn**. As proteínas são feitas de blocos mais simples, os **aminoácidos**. Existem cerca de 20 aminoácidos mais comuns, além de alguns outros mais raros. As proteínas apresentam grande diversificação de propriedades, sendo que elas desempenham a maior parte das funções biológicas especializadas. A mais proeminente é a **catálise** (v. Catálise e Catálise Biológica), feitas pelas enzimas. As proteínas servem ainda para: **depósito, transporte, contração, proteção, ataque, regulação e manutenção de estruturas** nos seres vivos.

Nucleótides – São moléculas formadas de fosfato, glúcides, e bases púricas ou pirimídicas. Sem fosfato, chamam-se **nucleósides**. Existem dois tipos principais de nucleótides:

DNA, Ácido DeoxiriboNucléico, o glúcide é 2-deoxi-D-ribose

RNA, Ácido RiboNucléico, o glúcide é a D-ribose.

As bases púricas e pirimídicas estão assim distribuídas:

	Púricas	
DNA –	**Adenina**	**Guanina**
RNA –	**Adenina**	**Guanina**

	Pirimídicas		
DNA –	**Citosina**	**Timina**	**--------**
RNA –	**Citosina**	**---------**	**Uracil**

A diferença estrutural entre o DNA e o RNA, além do açúcar, é a presença de Timina no DNA e Uracil no RNA.

O DNA e o RNA são moléculas que armazenam e transmitem **informação**: os caracteres genéticos, a síntese de proteínas, a diferenciação celular, controle dos fenômenos biológicos, e o aprendizado. Ainda, **as bases** púricas e pirimídicas participam de todo o metabolismo intermediário.

Nota – Muitas outras moléculas, como vitaminas, hormônios, coenzimas, polipéptides e diversos metabólitos, participam também dos biossistemas.
Leitura complementar deste tópico: Textos de Bioquímica, de Fisiologia e de Farmacologia.

3.2 – Níveis Estruturais em Biomoléculas

As biomoléculas apresentam uma fascinante sofisticação estrutural. Pela associação de unidades simples, formam-se unidades múltiplas. As unidades **simples** são de dois tipos:

a) **monômeros**, quando são todos iguais, como em alguns carbohidratos;

b) **protômeros**, quando são diferentes, como nos aminoácidos de uma proteína.

As unidades múltiplas são sempre os:

c) **polímeros**, que resultam da associação de monômeros, ou de protômeros.

Esses níveis estruturais ocorrem em todas as classes de moléculas biológicas. A formação desses polímeros visa à obtenção de estruturas capazes de desempenhar função específica. Alguns exemplos esclarecem: nas enzimas, a proteína se conforma de modo a formar o centro ativo; na hemoglobina, o ambiente em volta do ferro hêmico é hidrofóbico; moléculas hidrofóbicas dissolvem as gorduras circulantes, e vários outros exemplos.

Neste texto, elementar, cabe apenas um estudo dos níveis estruturais das proteínas. Para estudos similares em glúcides, lípides e nucleótides, ver manuais de Bioquímica.

3.3 – Prótides e seus Níveis Estruturais

As proteínas apresentam 4 níveis estruturais. Esses níveis, e sua formação espontânea, já foram vistos na TD (reveja, se necessário).

1. **Nível Primário** – É a cadeia polipeptídica, OC-NH, que pode ser considerada como a coluna vertebral das proteínas. A ligação C-N é chamada **peptídica.** As proteínas, exceto em raros casos, têm sempre um grupo amino terminal (N-terminal), e uma carboxila terminal (C-terminal). Os grupos

laterais, **R,** dos aminoácidos, ficam "pendurados" na coluna vertebral. A Fig. 4.21 representa um tripeptide composto dos aminoácidos A, B e C. A ligação OC-NH tem ligeiro caráter de dupla ligação, o que a torna mais rígida, como se estivesse em um plano. Porém, as ligações dos grupos laterais **R**, tais como HN-C-R e OC-C-R podem girar dentro de ângulos permissíveis, que dependem dos grupos R e de outros fatores.

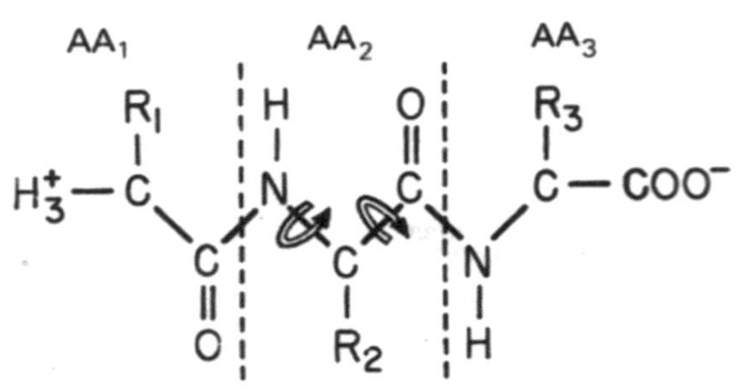

Fig. 4.21. Cadeia Polipeptídica. Notar as duas ligações peptídicas, cortadas pela linha pontilhada, o N – terminal e o C – terminal. As setas indicam o sentido de lotação das ligações menos rígidas.

A estrutura primária pode formar cadeias com mais de 100 aminoácidos. Há proteínas que possuem predominância de certos tipos de aminoácidos, e possuem propriedades peculiares (v. Tratados de Bioquímica).

2. **Nível Secundário** – Existem três tipos principais: as hélices, das quais a α-hélice é a mais comum, as β-estruturas, e a estrutura tipo colágeno.

α-hélice – A cadeia polipetídica se enrola sobre um eixo imaginário (Fig. 4.22A). Olhando-se na direção axial, o sentido de rotação é horário (Fig. 4.22B). Essa é a chamada α-hélice dextrogira, que é a mais estável. A α-hélice levogira (gira no sentido anti-horário), é teoricamente possível, pode ser feita em laboratório, mas ainda não foi encontrada na natureza, (**com 3,6 resíduos de aminoácidos, e 13 átomos**).

A α-hélice tem dimensões bem definidas que são mantidas por ponte H entre os grupos **CO** e **NH**, uma ponte a cada intervalo de 4 aminoácidos, ou seja, quase uma ponte por giro da hélice. A α-hélice é estrutura comum em proteínas, e pode ter até um superenrolamento, como em certas α-queratinas, onde 3 ou 7 cadeias de α-hélice se enrolam, como cordas, em torno de si mesmas. Existem variantes da α-hélice, uma delas é a 3^{10} α-hélice, porque tem apenas 3 resíduos por volta, com 10 átomos, em vez do usual 3,6 resíduos com 13 átomos.

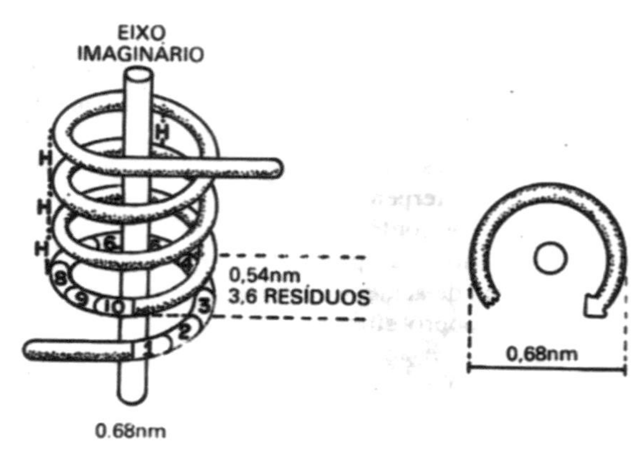

Fig. 4.22. α – hélice; A – Vista lateral; B – Vista axial; – H... – Ponte de hidrogênio. A cada 3,6 resíduos de aminoácidos, e 13 átomos, ha um giro da hélice.

β-Estruturas – A β-estrutura mais comum é a **folha plissada**, cuja aparência é a de uma folha de papel dobrado alternativamente para os lados opostos (plissada), como na Fig. 4.23A.

A estrutura beta resulta do espichamento da α-hélice, e pode ser paralela (Fig. 4.23B) ou anti-paralela (Fig. 4.23 C). Outra esturtura beta é a alça-β, que é uma espécie de joelho que pode juntar as cadeias da folha plissada, formando a folha antiparalela. Ela é formada de 4 aminoácios (Fig. 4.24).

Apenas alguns aminoácidos podem participar dessa alça, porque são mais flexíveis. A prolina é a mais frequente, e asparagina, triptofano e cisteína também participam.

A estrutura β é menos frequente nas proteínas em geral, do que a α-hélice. Ela é mais comum em fibrinas e β-queratinas, que são proteínas ricas em aminoácidos com cadeia R pequena, que favorece o zig-zag da folha β.

Colágeno – A estrutura do colágeno é feita por três cadeias polipeptídicas enroladas entre si, formando uma hélice tríplice. Essas cadeias são mantidas rigidamente em posição, através de ligações covalentes **intercadeias**, realizadas por aminoácidos que possuem dois grupamentos R, como a hidroxiprolina e hidroxilisina. No caso da elastina, outra hélice tríplice e elástica, as ligações intercadeias se fazem através de aminoácidos especiais, como a desmosina, isodesmosina e outros.

A razão dessa estrutura reforçada do colágeno, (que é a proteína mais abundante em grandes animais), se deve à sua função de sustentação das partes pesadas do corpo.

3. **Nível Terciário** – A estrutura terciária de proteínas consiste no enrolamento espacial da cadeia polipeptídica, como se a molécula fosse asa

novelo de lã. A diferença é que a proteína pode assumir formas das mais variadas: esferas, discos, filamentos, além de apresentar bossas e mossas (partes protrusas, para fora, ou partes intrusas, para dentro (Fig. 4.25 A, B e C).

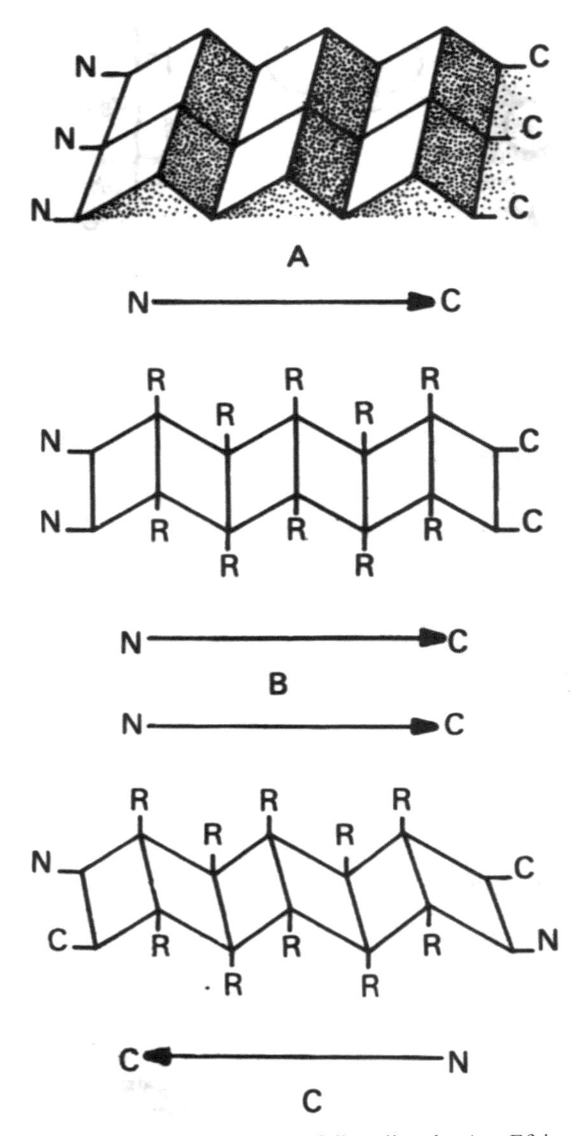

Fig. 4.23. β – Estrutura tipo folha plissada; A – Efeito tridimensional; B – Folha β – paralela, cadeias polipeptídicas correm no mesmo sentido. C – Folha β – antiparalela, cadeias em sentidos opostos. Não se deve supor que o N– e o C– terminais sejam coincidentes, isto é, cada cadeia tem o mesmo número de aminoácidos.

Fig. 4.24. Alça β – Os números indicam os 4 aminoácidos componentes.

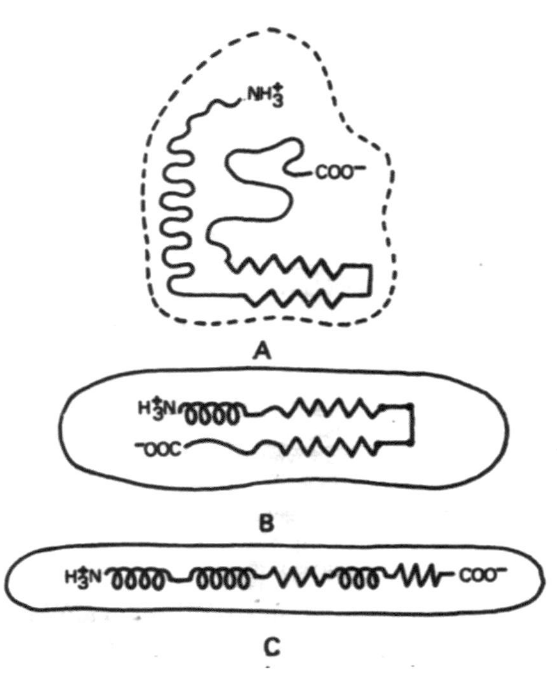

Fig. 4.25. Estrutura Terciária; A – Proteína globular; B – Proteína discóide; C – Proteína filamentosa.

Exemplo de proteína globular é a albumina, de proteína discóide é o protômero da hemoglobina, e de filamentosa, a miosina. A estrutura terciária é mantida por várias forças, como representado na Figura 4.26.

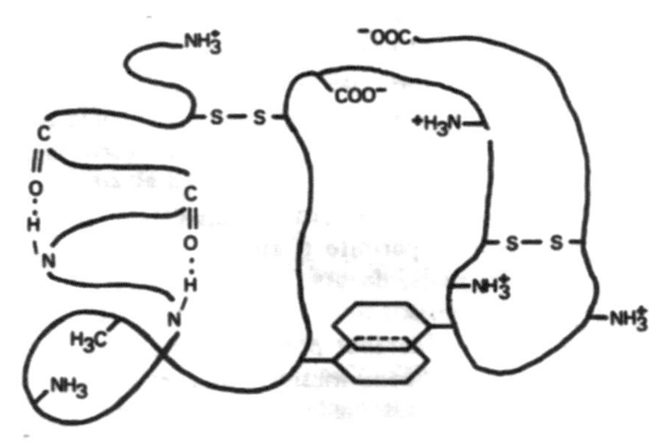

Fig. 4.26. Forças Mantenedoras da Estrutura Terciária. Ponte hidrogênio C = O... H – N; Ponte dissulfeto – S–S– (única covalente); Hidrofóbica – CH_3 x CH_3 e – Coulômbicas ou Iônicas: Atração – COO^- e NH_3^+; Repulsão – HN_3^+ e NH_3^+.

A partir do nível terciário, é que a conformação da molécula tem importância para a atividade biológica: é através das **dobras** e **contorsões** da cadeia polipeptídica, que grupos situados em posições lineares distantes, passam a ocupar posições próximas no espaço. Formam-se regiões que recebem o nome de **sítios ativos**, porque neles se realizam a ação de proteínas com propriedades de enzimas. Os sítios ativos podem ser **catalíticos, de ligação, hidrofóbicos, alostéricos**, etc. Nos sítios catalíticos se passam as reações enzimáticas, nos sítios de ligação se prendem as substratos, nos sítios hidrofóbicos se localizam grupos que devem evitar a presença de água, e os sítios alostéricos se destinam à ligação de moléculas que afetam as propriedades da molécula receptora.

A "proteína", que o artista desenha laboriosamente para a Fig. 4.26, a célula faz enquanto ele pega o lápis. Ao sair do ribossoma, a cadeia polipeptídica traz na sequência linear (primária), toda a informação necessária para o seu envolvimento espontâneo, até aos níveis superiores. (V. Entropia em Biologia). A troca de aminoácidos na sequência primária, por erro genético, dá origem às doenças moleculares, das quais, as hemoglobinoses são muito comuns em nosso meio. (V. Eletroforese).

4. **Nível Quaternário** – A associação íntima de cadeias polipeptídicas dá origem à estrutura quaternária. Os elementos constituintes são chamados de monômeros (se iguais), ou protômeros, (se diferentes). A associação é o polímero. Alguns exemplos estão na Fig. 4.27. A **hexoquinase** é um **dímero**, tem duas cadeias iguais (Fig. 4.27 A); a **hemoglobina** é um **tetramero** (4 cadeias), sendo duas cadeias α e duas B (Fig. 4.27 B); e **insulina** tem duas cadeias bem diferentes ligadas por uma ponte dissulfeto (Fig. 4.27 C); e a lactato dehidrogenase tem proporções diferentes de dois componentes, o **M** (muscular) e o **H** (cardíaco) (Fig. 4.27 D).

Existem muitas outras formas de associação quaternária, como as imunoglobulinas, o colágeno, as hemoglobinas de invertebrados, a ferritina e outras.

A estrutura quaternária é uma sofisticação biológica porque permite o aparecimento de propriedades especiais, de grande importância para o controle de processos biológicos, como cooperatividade, alosteria, e catálise positiva e negativa. Algumas enzimas possuem mesmo cadeias polipeptídicas reguladoras, associadas à unidades catalíticas (v. Textos de Bioquímica).

Associações Multienzimas – Como uma extensão da estrutura quaternária, enzimas podem se associar para desempenhar funções sequenciais.

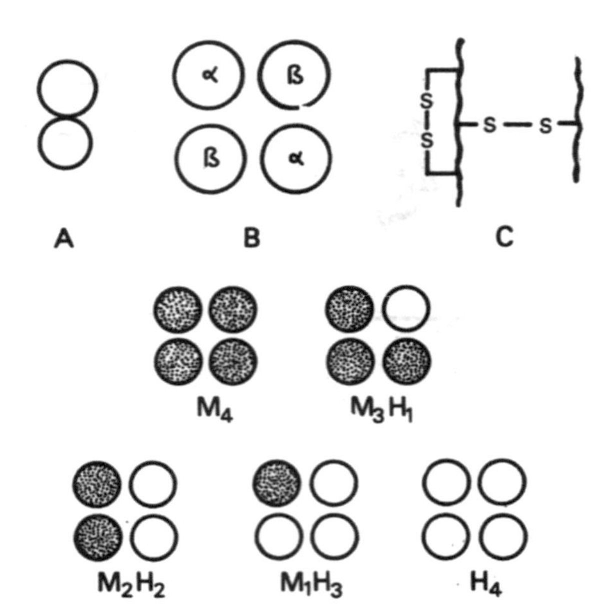

Fig. 4.27. Tipos de Estrutura Quaternária. A – Hexoquinase; B – Hemoglobina; C – Insulina; D - Lactato de hidrogenase. (Ver texto).

A ideia é exatamente a da linha de montagem industrial: cada operador faz a sua parte, e passa o sistema para o operador seguinte. Essas linhas de montagem biológicas, (que precederam de milhares de anos as industriais) são comuns em ribossomas, membranas e mitocôndrias.

Atenção – Não deixe de completar essa noção superficial de estruturas de Biomoléculas com leitura de Textos apropriados.

Conformação Ativa e Inativa – Desnaturação e Renaturação de Proteínas – Quando em seu meio natural, as proteínas adquirem uma conformação estrutural que é chamada de conformação **ativa, nativa** ou **natural** (Fig. 4.28A). Nesse estado, a proteína está com o máximo de sua organização (menor entropia), e demonstra atividade biológica, isto é, desempenha normalmente suas funções, tais como: catálise, transporte, defesa, etc. As proteínas tendem espontaneamente para essa conformação, às custas de aumentar a entropia ambiente (v. TD, Entropia em Biologia). Por meios especiais, é possível fazer desaparecer sucessivamente a estrutura quaternária, terciária e secundária da molécula, deixando-a apenas com a estrutura primária (a cadeia polipeptídica **não** é quebrada). Nesses estados, a proteína está **desnaturada**, e perde em parte, ou totalmente, sua atividade biológica. Meios que modificam a conformação das proteínas são chamados de **desnaturantes** ou **caotrópicos** provocam

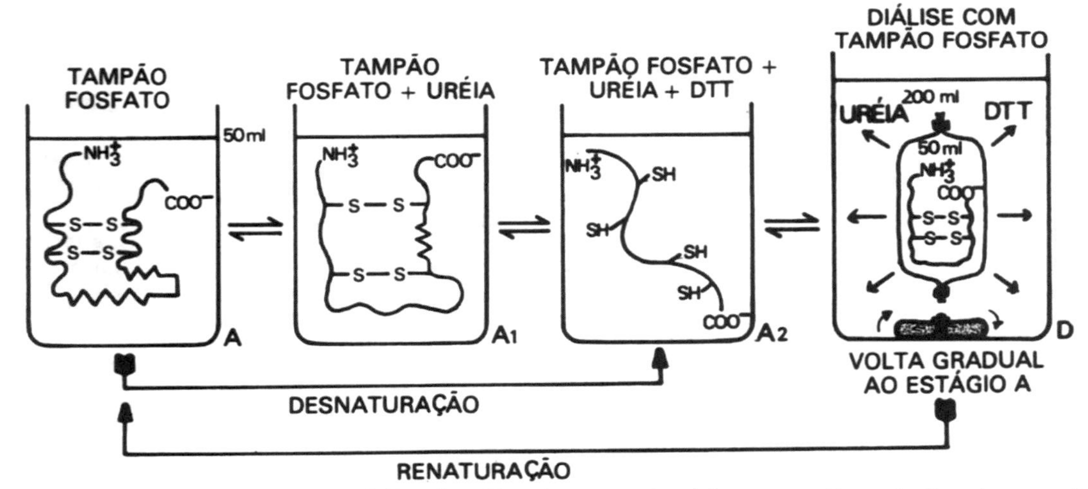

Fig. 4.28. Desnaturação e Renaturação de Proteínas. Descrição operacional do processo. Fases: A – Proteína em meio semelhante ao natural. Conformação ativa; A_1 – Proteína em presença de agentes desnaturantes, a ureia; A_2 – Acrescentando DTT, o agente quebrador de pontes SS; D – Diálise para remover ureia e DTT. Volta ao estado natural. ↿⇂ Misturador.

o caos estrutural). Esses agentes podem ser físicos (calor, radiações, eletricidade) ou químicos (várias substâncias). Entre os desnaturantes químicos mais usados estão a uréia, o cloridrato de guanidina e o sódio dodecilsulfato (SDS). Esses agentes quebram todas as ligações, menos os covalentes (Fig. 4.28 A1). Se a cadeia polipeptídica tem pontes dissulfeto, é necessário acrescentar um agente capaz de romper essas partes, como o ditiotreitol (DTE), β-mercaptoetanol, ou corrente elétrica. Nesse caso, as pontes se rompem e a proteína atinge um estado mais avançado de desnaturação (Fig. 4.28 A2).

A proteína se desnatura por estágios, que podem ser descritos pelo equilibrio (Esquema 4.1).

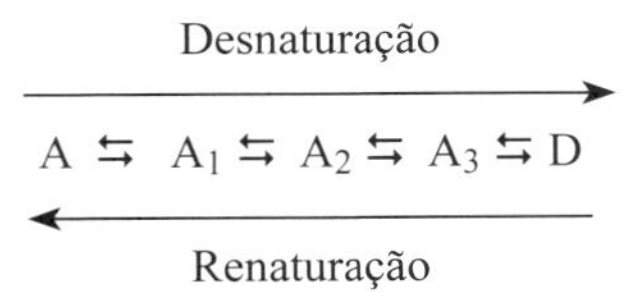

Esquema 4.1 – Estados de Desnaturação da Proteína.

onde A é o estágio ativo, A_1 até A_3 a atividade vai decrescendo, e D é o estágio de inatividade completa.

Em algumas proteínas é possível obter a renaturação quase total do número de moléculas desnaturadas. Uma parte se perde como entropia do processo, mas as moléculas recuperadas voltam à conformação inicial (Fig. 4.28 D).

Os estudos de desnaturação e renaturação de proteínas têm grande importância prática, especialmente para indicar meios de inibir a ação biológica de proteínas. Há ainda certas proteínas que, em presença de desnaturantes apropriados, aumentam sua atividade biológica. Esse fato pode ser usado para incrementar o rendimento dessas proteínas, sem aumentar sua concentração.

AF – 07 (Biomoléculas)

01 – Conceituar biomoléculas. Uma substância feita artificialmente, pode ser considerada biomolécula?

02 – O que é síntese abiótica?

03 – Quais são as grandes classes de substâncias encontradas nos seres vivos?

04 – Descrever as funções dos glúcides, lípides, prótides, e nucleótides. Usar até 50 palavras.

05 – Qual a diferença de composição entre DNA e RNA?

06 – Conceituar, em linhas gerais, os níveis estruturais dos prótides.

07 – Identificar as estruturas abaixo:

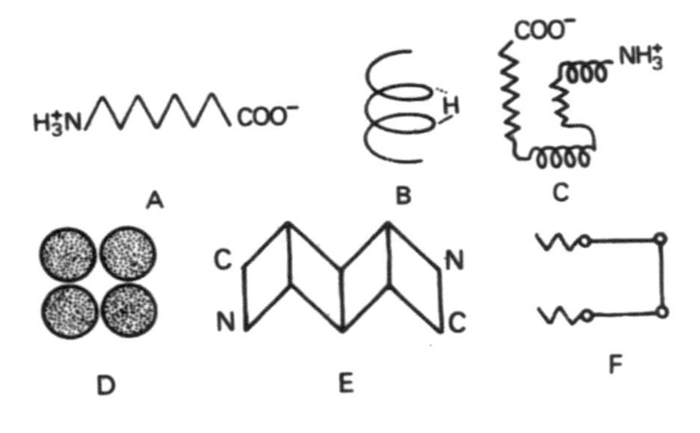

Fig. 4.29.

08 – Na cadeia polipeptídica adiante, quais tipos de estrutura secundária e ligações químicas você pode identificar?

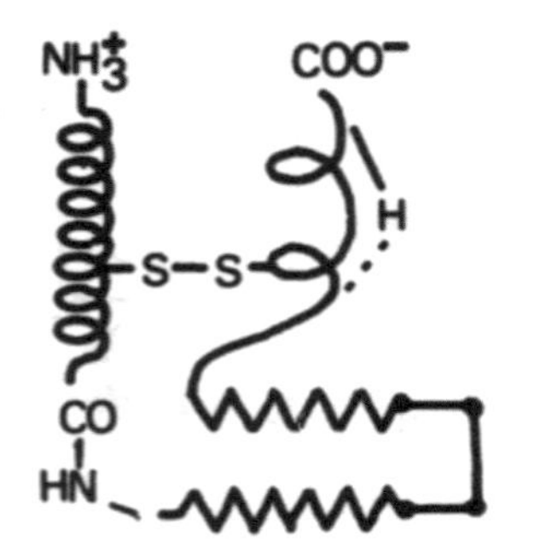

Fig. 4.30

Estruturas 1 ______ 2 _______ 3_______
(Qualquer ordem)

Ligações 1 _____ 2 _____ 3 _____ 4 _____
(Qualquer ordem)

09 – O que você faria para desenrolar (desnaturar), completamente, as proteínas A e B, abaixo?

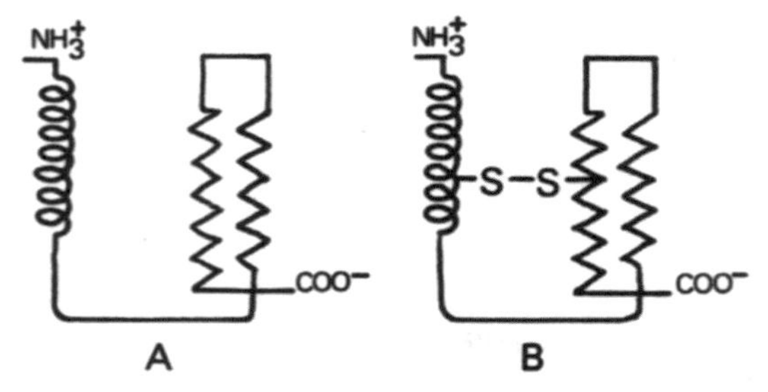

Fig. 4.31

Indique os passos operacionais em cada caso, com as substâncias químicas necessárias, e descreva a renaturação.

GD – 05 e 06

Este DG envolve discussões de fundo filosófico e cultural.

1. Se você introduzir em um ambiente fechado, vapor d'água, amônia e gás carbônico, e adicionar energia ao sistema, é correto esperar que se formem novas moléculas? Inclusive Biomoléculas?
2. Como você pode mostrar que a evolução molecular precede a morfológica? Há uma linha de raciocínio clara e decisiva.
3. Se os caracteres adquiridos **não** são hereditários, como se processam as mudanças na composição e estrutura das moléculas?
4. Discutir a presença de uma "força vital" (vis vitalis), e de um plano diretor para a existência e evolução dos seres vivos. O ponto de vista contrário seria da Organização da Matéria e do ajustamento ao ambiente, através de tentativas ao acaso e necessidade.

Objetivos Específicos do Capítulo 4

Leitura Preliminar

1. Introduzir a evolução do conhecimento sobre a estrutura da Matéria.
2. Descrever sucintamente as dimensões e estrutura do átomo.

4.1 – **Átomos, Moléculas e Íons**

3. Concetuar átomo, molécula e íon. Fazer esquemas representativos dessas classes.

4.2 – **Ligações Interatômicas e Intermoleculares**

A) Ligações Primárias

4. Descrever as propriedades das ligações primárias: Iônica, Covalente e Mista.

B) **Ligações Secundárias**

5. Descrever as propriedades das ligações secundárias:pontes H, ligações hidrofóbicas, ligações de Van der Waals, dipolos permanentes e induzidos, ressonância, forças de London-Heitler, forças Coulômbicas de atração e repulsão.
6. Diferenciar Energia e Força de ligação molecular.

4.3 – **Quantiicação de Moléculas**

7. Conceituar átomo e molécula-grama.
8. Calcular a massa de molécula-grama.
9. Conceituar e calcular mol de uma substância.
10. Conhecer o número de Avogadro e calcular o número de partículas por mol, ou fração de mol, no CGS e SI.
11. Conceituar unidade de massa atômica e dalton, e saber calcular esses valores para moléculas e átomos.

4.4 – **Biomoléculas**

12. Conceituar Biomoléculas.
13. Citar precursores do ambiente, descrevendo fatos relacionados ao aparecimento e evolução de biomoléculas.
14. Conceituar sucintamente, glúcides, lípides, prótides e nucleótides.
15. Descrever algumas propriedades biológicas dessas moléculas.
16. Caracterizar os níveis estruturais de biomoléculas.
17. Descrever os níveis primário, secundário, terciário e quaternário de prótides.
18. Citar propriedades estruturais da hélice, de β-estruturas, e do enrolamento terciário de prótides.
19. Descrever alguns tipos de estrutura quaternária.
20. Descrever e fazer esquema do processo de desnaturação e renaturação de um prótide. Conceituar conformação ativa e inativa.

Parte 3
Água e Soluções

5

Água e sua Importância Biológica

Os sistemas biológicos, tal como os conhecemos, têm água como sua molécula mais abundandante. Um adulto jovem é cerca de 75% água. É possível, sem ser ficção científica, a existencia de sistemas biológicos em outros solventes. Mas no planeta Terra, e possivelmente em muitos outros planetas, a água é o solvente fundamental dos sistemas biológicos.

Neste planeta, sem água, não há seres vivos.

A água é encontrável nas três fases, sólida (gelo), líquida e gasosa (vapor). Essas três fases estão em equilíbrio, que depende de vários fatores, entre os quais a pressão, temperatura, oferta ambiental de água, e presença de seres vivos. Embora a quantidade de água seja aparentemente satisfatória, a distribuição é muito irregular, havendo regiões com muita água, e outras onde a escassez é absoluta. Deve-se notar que a água potável (que pode ser bebida) é difícil de ser obtida, e não deve ser desperdiçada.

5.1 – A molécula de água – Microestrutura da água

A água é um híbrido sp^3 de caráter misto, 60% covalente e 40% iônico. As valências H-O formam entre si um ângulo de 105°. Disso resulta que a molécula da água é assimétrica e tem caráter polar (Fig. 5.1).

A forma é aproximadamente tetraédrica, e se fosse considerada esférica, teria raio médio de 0.3 nm (3 Â). É pois, molécula muito pequena. A formação de pontes hidrogénio é extremamente favorecida por essa estrutura, e a água forma duas pontes H por molécula (Fig. 5.2).

A energia é de ≈ 5 $kcal.mol^{-1}$ (21 $kJ.mol^{-1}$), e como existem 2 pontes por molécula, o total é 10 kcal.mol (42 $kJ.mol^{-1}$).

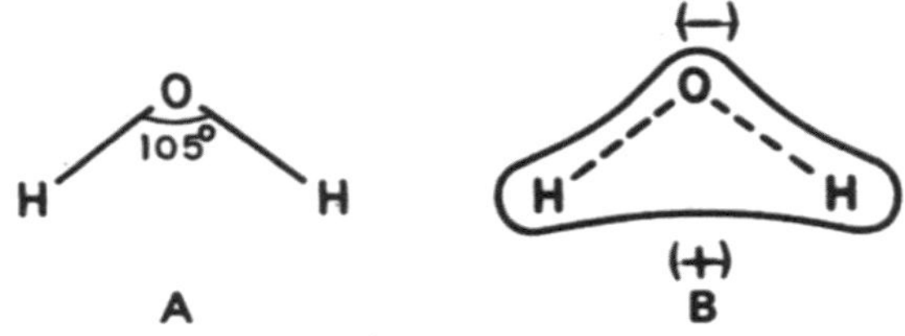

Fig. 5.1. Molécula de Água A - Estrutura; B - Aspecto da forma (raios de Van de Waals), e o dipolo equivalente (+,-).

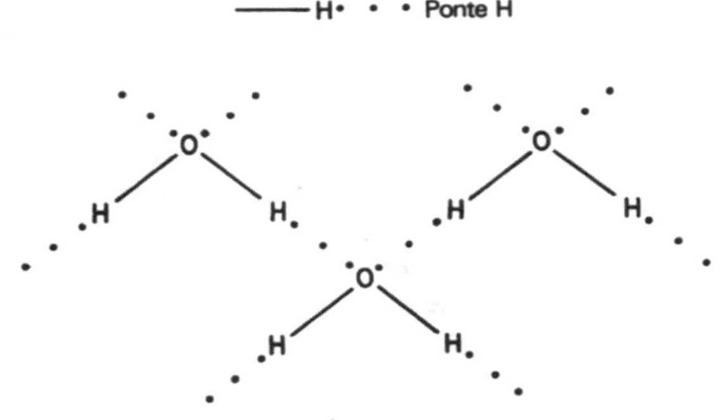

Fig. 5.2. Pontes de H na Àgua. (— H...) Ponte H.

Em resumo, a água tem:
1. Forte caráter dipolar;
2. Abundância de pontes H;
3. Volume diminuto.

Propriedades Macroscópicas da Água – Água no Veículo

Por suas propriedades macroscópicas a água favorece os sistemas biológicos de diversas maneiras:

1. **Densidade** - A densidade do gelo é menor que da água líquida, e o gelo flutua. No inverno, apenas uma camada superficial dos oceanos

e lagos se solidifica, permanecendo líquida a imensa massa inferior, onde a vida continua. Se o gelo fosse mais pesado, o fundo dos oceanos e lagos seria sólido e a ecologia certamente seria diferente.

2. **Calor Específico** – A água tem calor específico muito alto. Calor específico é a quantidade de energia térmica que deva ser fornecida a uma substância para elevar sua temperatura. No caso da água, é necessário adicionar 1 kcal (4,2 kJ) para elevar de 1,0°C a temperatura de 1 litro d'água. Para comparar, o calor específico de glúcides, lípides e prótides é em torno de 0,3 kcal (1,3 kJ). Conversamente, para esfriar a água, é necessário retirar mais calor. Como a água é 3/4 de um sistema biológico, ela age como moderador térmico: os sistemas biológicos estão mais protegidos contra mudanças bruscas de temperatura.
3. **Calor de Vaporização** - A água tem alto calor de vaporização. Para passar isotermicamente de líquido a vapor, a 37°C, ela exige energia de:

$$10{,}3\ kcal.mol^{-1} \cong 0{,}58\ kcal.g^{-1}$$
$$43\ kJ.mol^{-1} \cong 2{,}4\ kJ.g^{-1}$$

Este alto calor de vaporização tem duas vantagens. A primeira é que, para desidratar um sistema biológico, é necessário gastar mais energia. Isso é vantagem, porque a água é essencial. A segunda é um corolário da primeira: é o uso da água para controlar a temperatura corporal. Nos animais homeotermos (temperatura constante), a evaporação de pequenas quantidades de água serve para dissipar o excesso de calor corporal. A evaporação pode ser pela perspiração ou sudorese (eliminação de suor) ou pela evaporação que acompanha a respiração pulmonar (perspiratio insensíbilis, ou perspiração imperceptível). Em temperaturas de 37°C (e acima), esse é um dos meios mais importantes de dissipar excesso de calor. Certos animais que não transpiram, como os cães, controlam a temperatura corporal pelo ofego. (Respiração ofegante, rápida, pela boca).

4. **Tensão Superficial** - Atrações intermoleculares tendem a manter coesas as moléculas de um líquido. As moléculas da camada externa são atraídas para o centro, e constituem uma espécie de membrana que impede a penetração na massa líquida (Fig. 5.3). (V. tb. Introdução à Biofísica, Tensão Superficial).

A tensão superficial da água é alta, e certamente concorreu bastante para a compartimentação biológica, através da génese da membrana. A

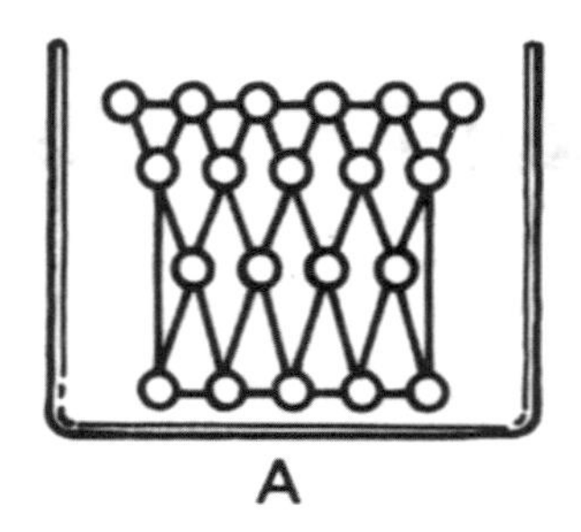

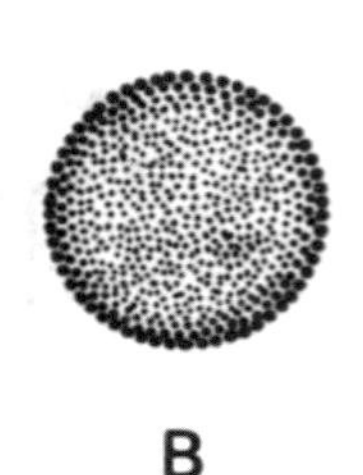

Fig. 5.3. Tensão Superficial. A - Na superfície de um líquido; B - Em torno de uma gota. Notar que a camada externa de moléculas não ten por onde ser atraída para fora.

alta tensão superficial dificulta trocas gasosas nos alvéolos pulmonares dos animais superiores. Esse obstáculo é diminuído pela síntese de surfactantes (agem na superfície), nesses locais (V. Biofísica da Respiração).

A tensão superficial é também importante caso de certas suspensões de medicamentos (V. Suspensões).

5. **Viscosidade** - A água deveria ter alta viscosidade por causa das pontes H, e isso seria um fator desfavorável. Mas, a viscosidade da água é muito baixa (4×10^{-3} Pa.s ou 0,04 poise a 20°C), e acredita-se que isso se deve à contínua flutuação das pontes H, que se fazem e desfazem em 10^{-11}s. A alta viscosidade seria prejudicial a todas as trocas hídricas dos organismos, e no caso da circulação sanguínea, um obstáculo à hemodinâmica.

Propriedades Microscópicas da Água – Água como Solvente

Costuma-se dizer que a água é o solvente universal. Sem exagero, pode-se dizer que a água é um excelente solvente, sendo capaz de realizar a solução de substâncias iônicas, covalente e anfipáticas*.

1. **Substâncias Iônicas** - Sendo polar, a água tem alta constante dielétrica, e ≅80. Isto significa que a força de atração de um anion por um cátion é diminuída de 80 vezes na água, permitindo que cada partícula fique envolvida pela água, i.e., fique em solução (Fig. 5.4).

Na dissolução de pequenos cátions e ânions, a água se orienta através de atração eletrostática de cargas. Esse é o mecanismo pelo qual o raio **hidratado** de cátions é maior do que o de ânions, **invertendo** a situação do raio anidro (Fig. 5.5).

*Anfi, duplo; patos, caráter. Substâncias que possuem parte da molécula apolar e parte polar, i.e., duplo caráter.

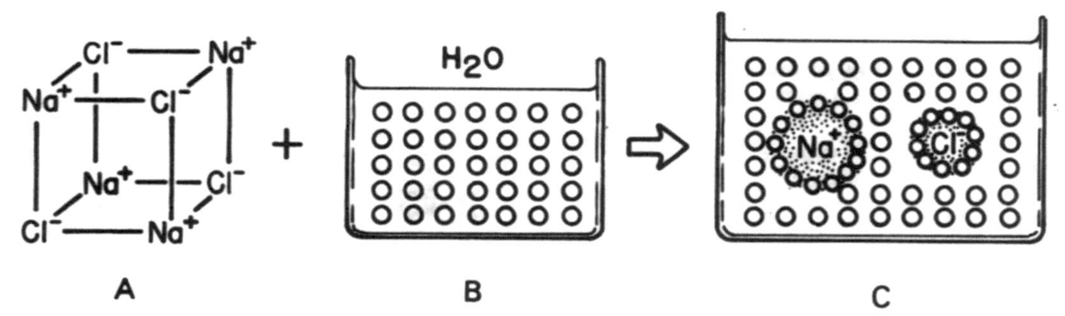

Fig. 5.4. Água como Solvente Iônico. A - Cristal de NaCl já sob forma iônica; B - Água; C - Solução de NaCl. Os íons estão hidratados com água organizada em volta.

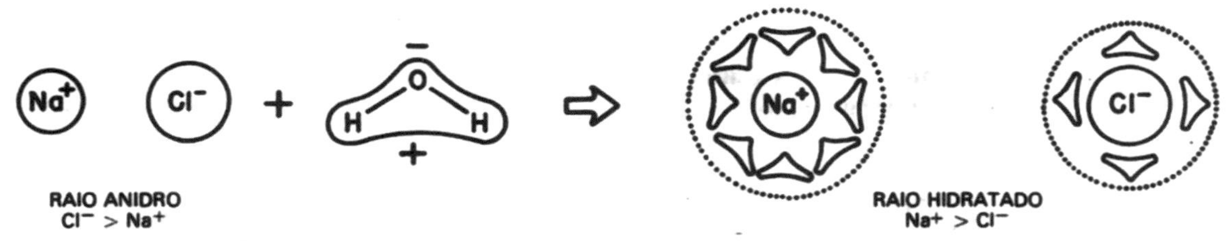

Fig. 5.5. Tamanho de Íons Anidros e Hidratados. A água se orienta com sua extremidade negativa para o cátion e positiva para o ânion.

Como se depreende também da geometria da orientação, os cátions são mais hidratados do que os ânions, fato esse comprovado experimentalmente. Além disso, como a força de atração do Campo Elétrico é **inversamente** proporcional ao quadrado da distância (V. Introdução, Campo E), os íons **menores**, com seu Campo Elétrico mais forte, atraem mais moléculas de água que os **maiores**, e se tornam mais volumosos: o íon K^+ anidro é **maior** que o Na^+ anidro, mas o K^+ hidratado é menor que o Na^+ hidratado. A hidratação de íons tem importante consequência no transporte trans-membrana de íons, e diversos fenômenos biológicos, como veremos no capítulo próprio. (V. Membrana, IV Parte).

As macromoléculas, pelo fato de serem **poliíons**, atraem várias moléculas de água. Toda proteína fixa uma certa quantidade de água, chamá-la de **água de hidratação**. A albumina humana fixa cerca de 18 moléculas de água em cada molécula de albumina. Esse efeito é denominado, às vezes, de "pressão oncótica" (v. Difusão, Osmose e Tônus).

2. **Substâncias covalentes** - Substâncias covalentes se dissolvem na água através da formação de pontes H com as moléculas de água.

Quando as pontes H formadas não perturbam a estrutura da água, a substância é solúvel (Fig. 5.6 A). Se a estrutura é perturbada, a substância é insolúvel (Fig. 5.6 B).

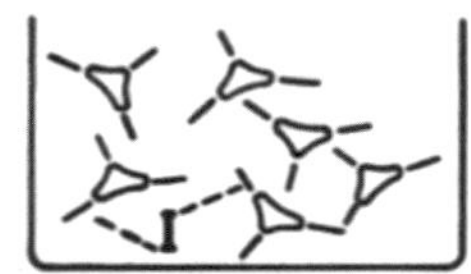

Fig. 5.6. Água como Solvente Covalente. A - Composto Solúvel, S; B - Composto Insolúvel, I.

Algumas substâncias covalentes como a ureia, chegam a ser tão solúveis em água, que se pode obter soluções muito concentradas.

3. **Substâncias Antipáticas** - As moléculas dessas substâncias em meio aquoso se orientam com a parte covalente para dentro e a parte polar para fora, ficando envolvidas por moléculas de água (Fig. 5.7).

As substâncias anfipáticas formam desde soluções, até suspensões, com a água. Tudo depende da proporção relativa entre a parte polar e a parte apolar da molécula. Exemplo clássico é da série de álcoois alifáticos: metanol, etanol, propanol, butanol, pentanol, etc. cuja cadeia alifática (apolar) aumenta nessa ordem. Observa-se que os dois primeiros são completamente miscíveis com a água, e a partir do terceiro, a solubilidade vai decrescendo.

Formação de clatratos, paredes e túneis - Associação de 20 moléculas de água através de pontes H pode formar uma estrutura com cavidade interna de 0,5 nm (5Â), que pode aprisionar

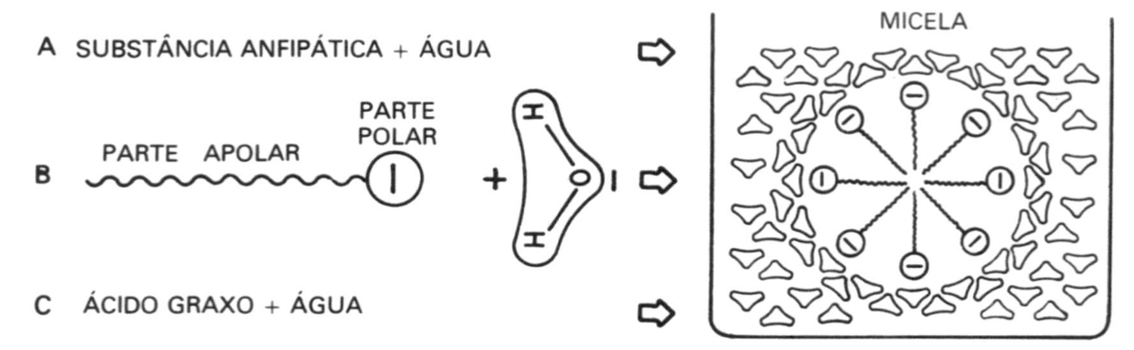

Fíg. 5.7. Micela antipática (ver texto).

pequenas moléculas, íons e até a própria água. É a estrutura de clatrato (gaiola).

Através das pontes H a água forma também finas paredes e túneis, isolando dentro dessas estruturas outras moléculas. Esse sistema pode permanecer estável durante muito tempo, como verdadeiras soluções, e apresentam grande interesse na veiculação de medicamentos.

Mobilidade do Íon H_3O - O hidrônio (V. Soluções), H_3O, tem alta mobilidade, devido às pontes H da água (Fig. 5.8).

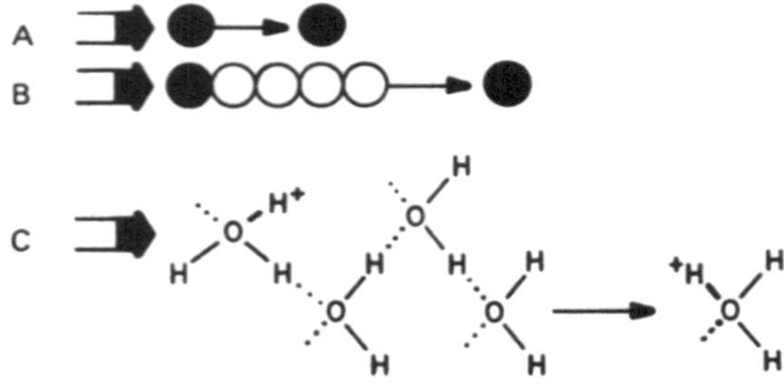

Fig. 5.8. Mobilidade de íons H_3O. Comparação mecânica. A - Bola se deslocando no espaço; B - Bola se deslocando por transferência de Energia; C - Deslocamento de H_3O por transferência de Energia da ligação de pontes H => Energia Fornecida.

A transferência da energia da ligação $-H^+$ se faz através das pontes H, resultando em deslocamento mais rápido do que a movimentação em bloco de H_3O.

Água e Entropia

A água pura, organizada através das pontes H, tem entropia diminuída. Essa entropia pode ser ainda mais minimizada pela presença de substâncias que aumentam a organização da água. Entre essas substâncias estão os íons, especialmente os poliíons (moléculas com várias cargas), como as proteínas. As proteínas desenroladas (como cadeias polipeptídicas) são capazes de orientar um grande número de moléculas de água, e tornam possível a espontaneidade do arranjo espacial, através da desorganização dessa água (V. TD Biológica). Há íons e substâncias que, por exceção, aumentam a entropia da água. Entre essas substâncias estão os anestésicos gerais que, conforme teoria proposta por Pauling, teriam seu mecanismo de ação explicado pela perturbação que causam na água organizada, bloqueando a transmissão do potencial de ação (V. Potencial de Ação).

Atividade Formativa 5

Proposições:

01. Representar a molécula de água de duas maneiras.
02. Representar as pontes H da água.
03. Citar as três características principais da molécula de água.
04. Um quilograma de água e um quilograma de lípides recebem energia térmica correspondente a 5 kcal. Qual a elevação da temperatura desses sistemas? Use os dados do calor específico dessas substâncias.
05. Um indivíduo se exercita e perspira 800 gramas de água. Quantas calorias foram gastas para evaporar essa água? E o trabalho em Joules?
06. Assinalar como Certo (C) ou Errado (E):
    1 - Molécula de água é covalente parcial ( ).
    2 – Tem carga negativa junto ao hidrogênio e positiva junto ao oxigênio ( ).
    3 – Tem caráter dipolar ( ).
    4 - Associação de moléculas de água através de pontes H resulta em diminuição de entropia ( ) ou aumento da entropia ( ) ambiental.

07. Completar com a qualidade que permite à água dissolver:
    1 - Compostos iônicos, através de ....
    2. - Compostos covalentes, através de ....
08. Através de qual orientação espacial a água dissolve substâncias anfipáticas? Faça um esquema de micela anfipática.
09. Para que pode servir a estrutura clatrato?
10. Você acha possível que a célula expulse um íon H_3O de seu interior, através da transmissão de energia pelas pontes H da água? Faça um desenho esquemático de um canal, assumindo diâmetro de 0,9 nm e comprimento de 9,0 nm. De quantas moléculas de H_2O, ligadas por pontes H, se comporia a cadeia?
11. Quantas moléculas de água, compactadas, cabem, aproximadamente, no canal da P-10?
12. Faça um desenho esquemático dos íons hidratados K^+ e Na^+, usando diâmetros de 3,9 e 2,3 cm, respectivamente. Supor que a hidratação é inversamente proporcional ao diâmetro, e da ordem de 10 x para cada íon. Qual o diâmetro do raio hidratado, em cm, de cada íon?

Objetivos Específicos do Capítulo 5

1. Comentar a importância biológica da água.
2. Descrever a microestrutura da molécula de água, e suas características principais.
3. Conhecer e descrever as propriedades macroscópicas da água, e suas relações com os biossistemas; densidade, calor específico, calor de vaporização, tensão superficial, viscosidade.
4. Conhecer e descrever as propriedades microscópicas da água, como solvente de substâncias iônicas, covalentes e antipáticas.
5. Estabelecer a relação entre água e entropia de biossistemas.

6

Soluções em Biologia

6.1 – Conceito de Solução

a) Conceito Qualitativo

Quando jogamos sal na água, e agitamos até o sal desaparecer, temos uma solução (sólido em líquido). Se adicionamos álcool à água, e misturamos bem, resulta outra solução: (líquido em líquido). Quando aquecemos água, antes da fervura, bolhas de gás se desprendem (era uma solução de gás em líquido). Todos os três sistemas possuem um aspecto comum: apenas uma fase (a líquida) e mais de um componente:

Solução é mistura unifásica de mais de um componente

Neste texto, lidaremos apenas com soluções líquidas. A "anatomia" estrutural de uma solução é bastante simples: há um componente dispersor chamado solvente e um componente disperso chamado soluto (Fig. 6.1).

Uma solução aquosa é aquela na qual o solvente é a água, e esse é o solvente natural nos sistemas biológicos. Os seres vivos são soluções diluídas, tendo água como solvente e milhares de componentes como solutos. Muitos desses solutos são peculiares aos seres vivos, como as biomoléculas (proteínas, DNA, etc. V. Biomoléculas).

Além dessa definição qualitativa, as soluções são também definidas quantitativamente.

b) Conceito Quantitativo de Solução

O modo mais usual é usar a relação soluto/solução, e a unidade chama-se Concentração (C):

$$C = \frac{\text{Quantidade de Soluto}}{\text{Quantidade de Solução}}$$

A unidade de concentração do SI é o $kmol.m^3$ (kilomol por metro cúbico), mas seu submúltiplo, $mol.^{-1}$ (mol por litro) é mais usado na prática.

Pode-se ainda usar a relação:

$$C = \frac{\text{Quantidade de Soluto}}{\text{Quantidade do Solvente}}$$

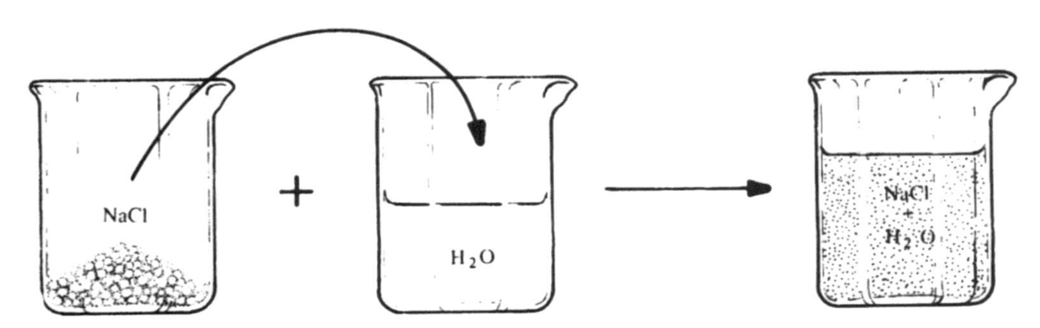

Fig. 6.1. Anatomia de uma solução. Soluto + Solvente = Solução.

Como veremos adiante.

Atenção – "A concentração de soluções é de importância fundamental na prática biológica. Nenhum biologista, seja qual for seu campo de atividade, pode prescindir desse conhecimento". Por esse motivo, esse item será tratado visando a prática do uso de soluções.

Concentração de Soluções – Estudo Quantitativo

Entre os diversos modos de expressar concentração de soluções, três são mais usados:

1. **Percentual** – É o método mais antigo, e corresponde a gramas de soluto por 100 ml de solução. É abreviado g% ou %.
2. **Molar** – São moles de soluto por litro de solução. É representado por $mol.l^{-1}$ ou M.
3. **Molal.** – Corresponde a moles de soluto por kilograma de solvente, é representado por m.

Modo de Preparar Soluções – Os solutos são pesados, transferidos para balões volumétricos apropriados, e a quantidade necessária de água é adicionada (Fig. 6.2, A, B e C).

Pode-se preparar qualquer quantidade de solução, desde que a relação soluto/solução (g% ou molares), ou soluto/solvente (nas molais), seja conservada. Alguns exemplos de preparo de soluções:

A) Solução Percentual

Exemplo 1 – Para preparar 200 ml de NaCl a 5%, pesar 10 g de sal e diluir para 200 ml com água. Relação é 10/200 a 5%.

Exemplo 2 – Preparar 250 ml de glicose a 8%. A quantidade de glicose sai da Regra de Proporções Simples (regra de três): Se em 100 ml tem 8 g de glicose, em 250 terá x:

$$\frac{100}{8} = \frac{250}{x}$$

$$x = \frac{250 \times 8}{200} = 20 \text{ g.}$$

Basta pesar 20 g de glicose e diluir para 250 ml com água.

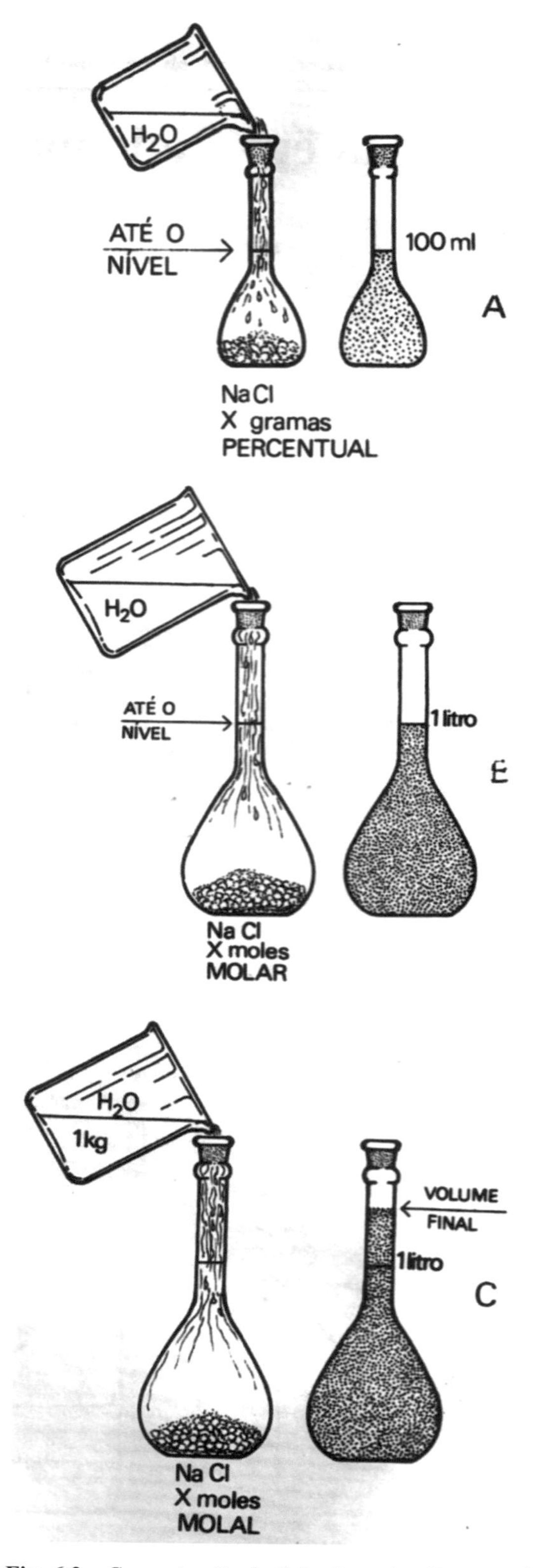

Fig. 6.2 - Concentração de Soluções. A – Percentual ; B – Molar; C – Molal.

A fórmula geral para calcular a quantidade necessária de soluto é:

Quantidade de Soluto =

$$= \frac{\text{Concentração g\%} \times \text{Volume ml}}{100} = \text{(gramas)}$$

ou, resumidamente

$$Q = \frac{\text{g\%} \times \text{V ml}}{100}$$

B) Soluções Molares

Exemplo 3 - Preparar 500 ml de glicose 0,15 M. A solução terá 0,15 moles por litro, ou a metade (0,15 moles/2) em 500 ml. Um mole de glicose = 180 g.

$$Q = \frac{180 \times 0{,}15}{2} = 13{,}5$$

de glicose em 500 ml de solução. A fórmula geral para soluções molares é:

Quantidade de Soluto = Massa Molecular × Molaridade × Volume em Litros (gramas)

ou **Q = P.M.V. (g)**

Essa fórmula vale também para soluções molais (v. adiante).

Exemplo 4 - No caso do exemplo anterior, usando-se a fórmula:
P = 180 g, M = 0,15 Molar, V = 0,5 litros
Q = 180 × 0,15 × 0,5 – 13,5 g de glicose.

Exemplo 5 - Quando a solução tem mais de um soluto, estes devem ser acrescentados antes da diluição final:
Preparar 1 litro de uma solução contendo KC1 a 1%, NaCl a 5% e glicose a 10%.
Pesar, separadamente, 10 g de KC1, 50 g de NaCl e 100 g de glicose. Transferir para balão de 1 litro, usando água, se necessário, para facilitar a operação. Acrescentar até 900 ml de água, agitar para dissolver e completar o volume até 1 litro com água. Misturar bem. A solução está pronta.

C) Soluções Molais

Exemplo 6 - Preparar 500 ml de KC1 0,1 m.
Q = 74,5 × 0,1 × 0,5 = 3,725 g.
Colocar essa massa de KC1 em um recipiente de mais de 1/2 litro, e adicionar 500 ml de água. Trabalhar, de preferência, a 25°C. A diferença entre 0,5 kg e 0,5 litro de água, é desprezível para fins biológicos.

Exemplo 7 - Preparar 100 ml de NaCl 0,15 m + glicose 0,2 m: colocar 0,15 moles de NaCl + 0,20 moles de glicose em frasco de 200 ml e acrescentar 100 g (100 ml) de H_2O, agitar para dissolver.

Outros Modos de Expressar Concentração

Outros modos são ainda usuais em Biologia:

4. Miligramas por cento - Corresponde ao número de miligramas de soluto por 100 ml de solução (Fig. 6.3 A).
5. Miligramas por mililitro ou miligrama por centímetro cúbico (Fig. 6.3 B).
6. Partes por milhão (Fig. 6.3 C).

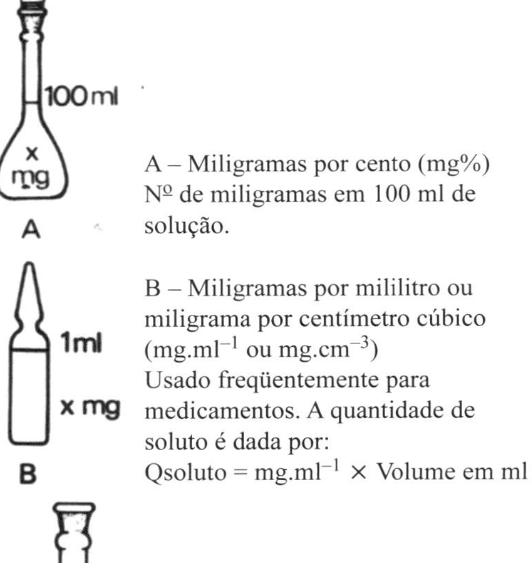

A – Miligramas por cento (mg%)
Nº de miligramas em 100 ml de solução.

B – Miligramas por mililitro ou miligrama por centímetro cúbico ($mg.ml^{-1}$ ou $mg.cm^{-3}$)
Usado freqüentemente para medicamentos. A quantidade de soluto é dada por:
Qsoluto = $mg.ml^{-1}$ × Volume em ml

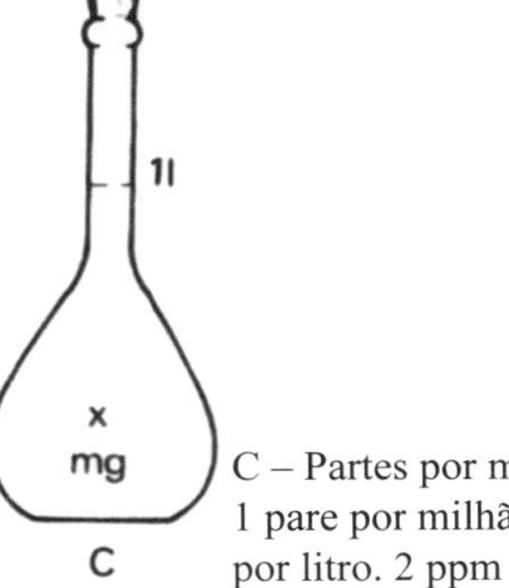

C – Partes por milhão (p.p.m.)
1 pare por milhão corresponde a 1 mg por litro. 2 ppm = $2mg.l^{-1}$, etc.

Fig. 6.3 - Outros modos de expressar concentração.

Conversão de Concentrações

1. Conversão de percentual em molar - Bastar usar a fórmula:

$$C_{Molar} = \frac{g \times 10}{\text{Peso Molecular}}$$

que corresponde a multiplicar por 10 a concentração em g% e dividir pelo peso molecular.

Exemplo 1 - Qual a molaridade de uma solução de glicose a 5%? O peso molecular de glicose = 180.

$$C_M = \frac{5 \times 10}{180} = 0{,}278 \text{ M}$$

Exemplo 2 - Qual a molaridade de uma solução de NaCl 0,9%? O peso molecular de NaCl é 58,5.

$$C_M = \frac{0{,}9 \times 10}{58{,}5} = 0{,}154 \text{ M}$$

2. **Conversão de molar em percentual** - Bastar usar a fórmula:

$$C\% = \frac{\text{Molaridade} \times \text{Peso Molecular}}{10}$$

que corresponde a multiplicar a molaridade pelo peso molecular e dividir por 10.

Exemplo 1 - Qual a concentração percentual de uma solução 0,10 M de NaCl?

$$C_{\%} = \frac{0{,}10 \times 58{,}5}{10} = 0{,}585 \text{ g\%}$$

3. Conversão de mg% para molar, e vice-versa.

$$C_M = \frac{\text{mg\%}}{100 \times M_m}$$

$$\text{mg\%} = C_M \times M_m \times 100$$

4. Conversão de miligramas por mililitro para molar, e vice-versa.

$$C_M = \frac{(\text{mg.ml}^{-1}) \times 1.000}{M_m}$$

$$\text{mg.ml}^{-1} = \frac{C_m \times M_m}{1.000}$$

5. Conversão de partes por milhão em molar, e vice-versa.

$$C_M = \frac{\text{ppm}}{1.000 \times M_m}$$

$$\text{ppm} = C_M \times M_m \times 1.000$$

Exemplos seguem as linhas gerais dos casos 1 e 2, e são tão simples, que se tornam desnecessários.

Ainda Soluções:

1. Soluções Saturadas e Não-Saturadas

A concentração das soluções varia muito. Há soluções com pouco soluto, outras com muito soluto. O que limita a concentração é a solubilidade do soluto. Não se pode fazer uma solução a 20% de uma substância cuja solubilidade é 18%. Quando o soluto está aquém do seu limite de solubilidade, a solução é **não-saturada**. Quando o soluto está dissolvido até o limite de sua solubilidade, a solução é **saturada**. Para se obter uma solução saturada, é conveniente deixar um excesso de soluto no fundo, para manter o equilíbrio. Isto porque, com aumento da temperatura, a solubilidade geralmente aumenta, e a solução pode deixar de ser saturada. Ao contrário, algumas soluções muito concentradas precipitam com abaixamento da temperatura. Algumas podem ser recuperadas com aquecimento cauteloso, outras devem ser desprezadas.

As soluções se saturam porque, apesar de haver fase líquida, as moléculas de solvente disponíveis para envolver o soluto, já estão utilizadas ao máximo (V. Água como Solvente).

2. Concentração e Diluição

Ouve-se frequentemente: "É preciso diluir a solução antes de usar"; ou "Use solução mais concentrada". Concentração e diluição possuem significado oposto, mas diluição não é matematicamente igual a l/C. Elas representam apenas operações de laboratório, usadas no manuseio de soluções. Diluir é diminuir a concentração do soluto, concentrar é aumentar a concentração do soluto. Existem regras para esses trabalhos, como as deste texto.

3. Molar × Molal

Porque esses dois modos de expressar concentração, aparentemente tão parecidos? Em Biologia, usando-se concentrações até 0,2 a 0,3 moles, costuma-se não diferenciar esses modos. Entretanto, os dois são fundamentalmente importantes:

A) Molar

A relação moléculas de soluto/moléculas de solução é constante. Isso permite comparar soluções através da quantidade de soluto em volumes conhecidos das soluções, não importa qual seja a natureza do soluto. Uma solução 0,01 M de NaCl, de glicose, ou de uma proteína, tem sempre:

$$0{,}01 \times 6{,}02 \times 10^{23}$$

moléculas dessas substâncias, em 1 litro de solução (Fig. 6.4 A, B e C).

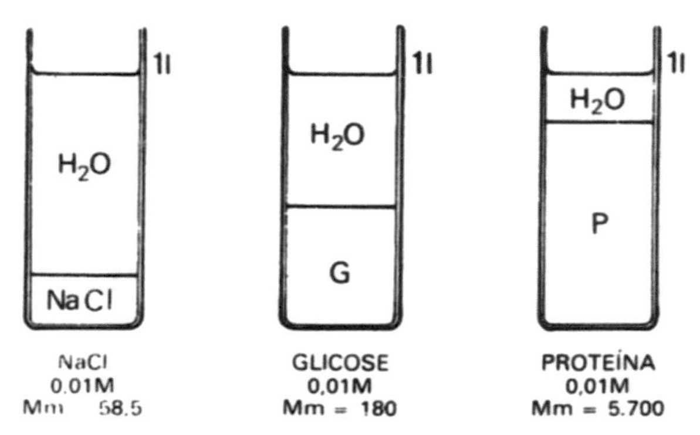

Fig. 6.4 – Solução molar. Relação Soluto/Solução.

Nessas soluções, o volume do **solvente** vai diminuindo à medida que o tamanho do **soluto** aumenta, o que permite conservar sempre constante o número de partículas de soluto no volume total.

Soluções molares são indispensáveis para comparar conteúdo de solutos das soluções.

B) Molal

A relação moléculas de soluto/moléculas de solvente é constante. Isso permite comparar as soluções nas propriedades que dependem dessa relação, como as coligativas (ponto de ebulição, ponto de congelação, tensão de vapor, osmose, etc), e também os parâmetros termodinâmicos como atividade, liberação de energia, etc. A relação soluto/solvente independe do volume do soluto, e é constante (Fig. 6.5, A, B e C).

Nessas soluções, o volume do solvente é sempre o mesmo, de modo que o volume do soluto não influencia o volume total, o que permite conservar constante a relação soluto/solvente.

Nota – Evidentemente, para soluções de componentes idênticos, as soluções molares são mais concentradas que as molais de mesmo valor:

Con. NaCl 0,1 M > Cone. NaCl 0,1 m.

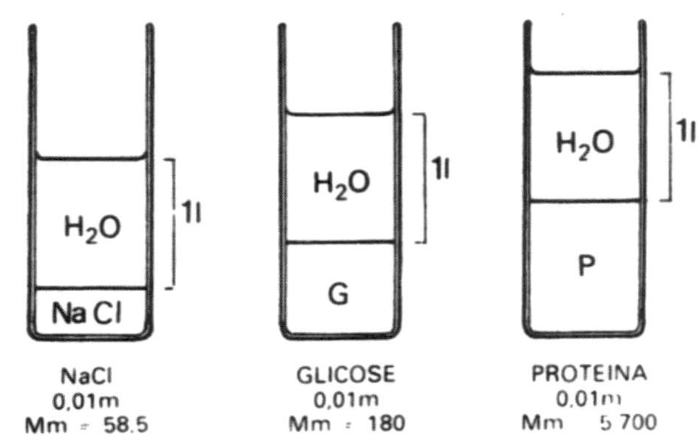

Fig. 6.5 - Solução Molal. Relação Soluto/Solvente.

4. Soluto Líquido

Quando se fazem soluções de líquido em líquido, é comum indicar o volume do soluto em vez da massa.

Exemplo 1 - Fazer solução de etanol a 20%. Ninguém pesa 20 gramas de etanol e dilui com água até 100 ml: mede-se um volume de 20 ml (Fig. 6.6) e dilui-se com água até 100 ml.

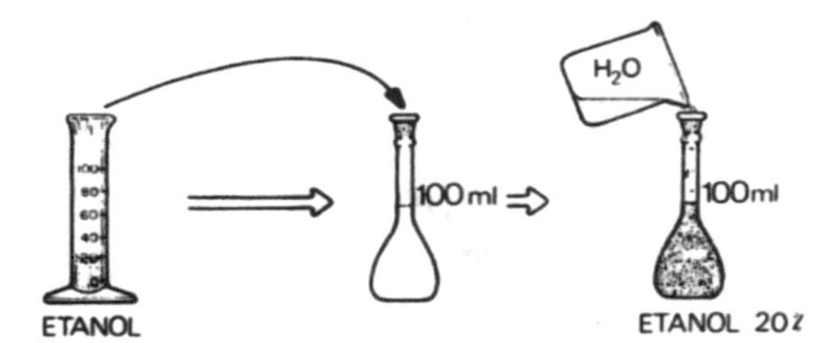

Fig. 6.6 - Solução de líquido em líquido. Modo de preparar.

Alguns textos indicam essa solução com o símbolo (v/v), que significa volume em volume: acetona a 5% (v/v) é 5 ml de acetona em 100 ml de solução.

Nota – Líquidos misturados podem sofrer contração de volume: 1 litro de etanol + litro de H_2O originam 1,93 litros de solução.

Nota – Rever a Fig. 6.1 (Anatomia de uma Solução) e observar que após a mistura do soluto + solvente, o volume do sistema aumentou, embora o soluto "desapareça", ele continua fisicamente existindo. Esse aumento de volume é muito importante no estudo da difusão, osmose e tônus (V. Capítulo próprio).

Atividade Formativa 6.1

Proposições:

01. Conceituar solução – Fazer desenho explicativo.
02. Conceituar concentração e sua Unidade SI.
03. Mostrar como se preparam as soluções:
    1 – KCl a 8%
    2 – glicose 0,1 Molar
04. Calcular a concentração das soluções:
    1 – 2,5 g de glicose em 200 ml de solução
    2 – 0,2 molar de glicose em 50,0 ml de solução
    3 – 3,5 g de KCl em 175 ml de solução
    4 – 0,125 moles de glicose a 200 ml de solução
05. Quantos gramas de soluto são necessários para preparar:
    1 – 500 ml de NaOH 1,5%
    2 – 750 ml de NaOH 0,25 M
    3 – 1.500 ml de NaCl 3,5%
    4 – 1.500ml de NaCl 0,30 M
06. Quantos gramas de soluto existem nas seguintes soluções:
    1 – 1 litro de NaCl a 3%
    2 – 180 ml de NaCl a 2%
    3 – 1 litro de glicose a 5%
    4 – 180 ml de glicose a 3%
07. Quantos moles de soluto existem nas seguintes soluções:
    1 – 1 litro de NaCl 0,2 M
    2 – 270 ml de NaCl 0,1 M
    3 – 1 litro de glicose 0,15 M
    4 – 270 ml de glicose 0,20 M
    Calcule o número de **gramas** desses solutos.
08. Converter para Molar a solução NaCl 2,7 g%, $Na_2H_2PO_4$ 0,45%, e glicose a 1%.
09. Calcular em g% os componentes da solução: Na_2HPO_4 0,05 M; $NaH_2PO_4 \cdot 2H_2O$ 0,045 M e NaCl 0,15 M.
10. Calcular a molaridade das soluções, sendo dada a Massa Molecular:

Substância	$\mathbf{M_m}$
a) Adrenalina, 1 mg%	a) 183,2
b) Glucosamina, 5 mg-l^{-1}	b) 179,2
c) Mercúrio, 12 ppm	c) 203 (dáltons)

11. As séries de soluções A e B (Fig. 6.7), mostram a relação entre seus componentes. Qual série é Molar e qual é Molal?
    Qual a relação entre os componentes das duas séries?

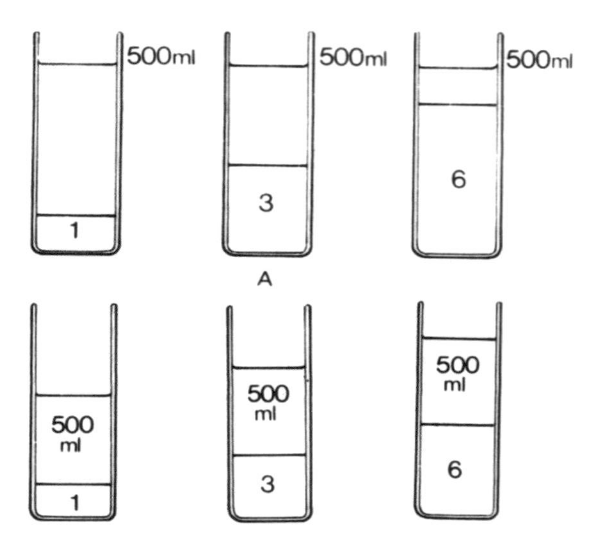

Fig. 6.7

12. Uma solução molar (M) ou molal (m), ou ambas, servem para:
    (completar)
    Calcular a relação soluto/solvente_________
    Conhecer a relação soluto/solvente________
    Determinar o abaixamento crioscópico e ponto de ebulição__________________________
    Determinar atividade termodinâmica dos componentes_______________________
    Calcular a equivalência de soluto__________
    Calcular a equivalência de soluções________
    Calcular a equivalência de solvente________
13. Conceituar "Diluir" e "Concentrar" uma solução.
14. "Preparar", através de desenhos, as soluções:
    1. Álcool a 100%
    2. Glicerina a 5%

6.2 - Osmolaridade, Conceito

Concentração de Moléculas e Concentração de Partículas

Muitas moléculas ao se dissolverem são separadas em suas partículas constituintes, pela ação solvente. Esse efeito geral denomina-se Solvólise (separação pelo solvente). Quando o solvente é água, é a hidrólise (hidros = água, lise = corte).

$$\text{Molécula} \xrightarrow{\text{Hidrólise}} \text{Partícula}$$

$$NaCl \xrightarrow{H_2O} Na^{+} \cdots\cdots Cl^{+}$$

Geralmente, as partículas separadas possuem carga elétrica, e por isso se denominam eletrólitos. Substâncias como NaCl, KCl, $NaHCO_3$, Na_2CO_3,

NaH_2PO_4, Na_2HPO_4 e muitas outras se hidrolisam em solução e originam eletrólitos (Fig. 6.8).

Nem todas substâncias, porém, sofrem esse processo: glicose, ureia, colesterol, aminoácidos, etc, não se hidrolisam. Exemplos estão na Fig. 6.8.

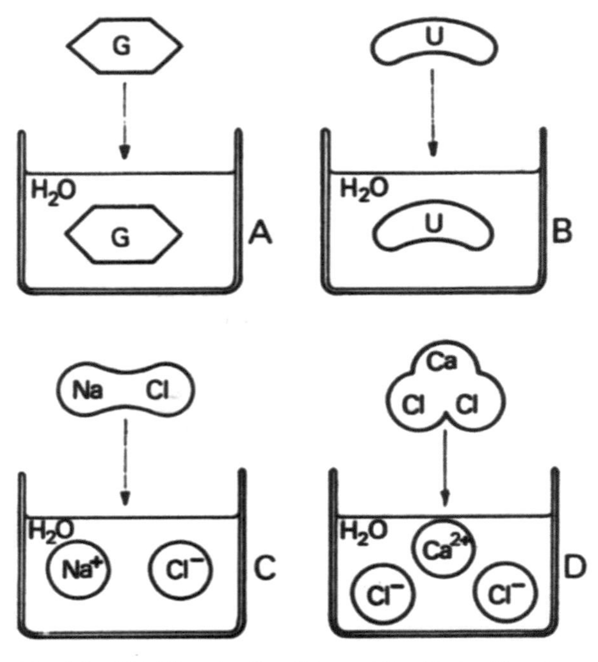

Fig. 6.8 - Hidrólise. A e B – Glicose (G) e Ureia (U), não se hidrolisam; C e D – Cloreto de sódio (NaCl) e Cloreto de cálcio ($CaCl_2$) se hidrolisam nas partículas constituintes.

Uma consequência direta da hidrólise é que a concentração de partículas é maior que a concentração de moléculas, e é indicada pelo prefixo OS:

Concentração Molecular → Concentração
Partículas Molar → Osmolar

A unidade de concentração de partículas é o Osmol, que comporta duas definições:

1. **Conceito Estrutural** - 1 osmol corresponde a $6{,}02 \times 10^{23}$ partículas por litro de solução.
2. **Conceito Operacional** - 1 osmol é o número de partículas que exerce pressão de 22,4 atmosferas em volume de 1 litro, ou pressão de 1 atmosfera em volume de 22,4 litros.

O osmol é especialmente a sub-unidade, o miliosmol (mosmol), é muito utilizado em Biologia. A concentração do plasma sanguíneo é em torno de 300 mosmois e equivale à concentração total de partículas, sejam elas íons, moléculas ou macromoléculas, como as proteínas.

O número de osmóis de líquidos biológicos é facilmente determinável pelo abaixamento do ponto de congelação do sistema, a crioscopia.

Conversão de Concentração Molar × Osmolar

Há três casos:

1. Solutos não se dissociam

As concentrações molar e osmolar são, evidentemente, as mesmas.

$$C_M = C_{OSM}$$

2. Os solutos se dissociam completamente

A concentração osmolar é igual à concentração molar multiplicada pelo número de partículas (n):

$$C_{osm} = C_M \times n$$

Exemplo 1 - Qual a concentração osmolar de NaCl 0,1 M? NaCl libera duas partículas:

$$C_{osm} = 0{,}1 \times 2 = 0{,}2 \text{ osmolar}$$

Exemplo 2 - No caso do $CaCl_2$, que libera 3 partículas, multiplicar por 3: a concentração de partículas de $CaCl_2$ 0,15 M será:

$$C_{osm} = 0{,}15 \times 3 = 0{,}45 \text{ osm}$$

Inversamente, a concentração molar é igual à concentração osmolar dividida pelo número de partículas:

$$C_M = \frac{C_{osm}}{n}$$

Exemplo 3 - Qual a concentração molar de NaCl 0,30 osm? Basta dividir pelo número de partículas.

$$C_M = \frac{0{,}30}{2} = 0{,}15$$

No caso de dúvida quanto ao número de partículas, convém representar a dissociação:

$$\underset{n = 2}{NaH_2PO_4} \longrightarrow \left[\begin{array}{l} Na^+ \\ \\ H_2PO_4^- \end{array} \right.$$

$$NaH_2PO_4 \; (n = 3) \longrightarrow Na^+,\; Na^+,\; HPO_4^{=}$$

$$Na_3PO_4 \; (n = 4) \longrightarrow Na^+,\; Na^+,\; Na^+,\; PO_4^{\equiv}$$

Lembrar que a parte covalente da molécula, nunca se dissocia.

Solutos Múltiplos

Quando uma solução possui vários solutos, a concentração total é simplesmente a soma das concentrações dos solutos.

Exemplo 4 - Solução de NaCl 0,1 M + KC1 0,15 M + glicose 0,20 M, tem a seguinte concentração:

Molar

NaCl --> 0,10
KC1 --> 0,15
Glicose --> 0,20
0,45 M

Osmolar

NaCl --> $0,10 \times 2 = 0,20$
KCl --> $0,15 \times 2 = 0,30$
Glicose --> $0,20 \times 1 = 0,20$
0,70 Osm

Quando os solutos reagem entre si, a concentração **final** depende obviamente dos Reagentes e Produtos. Nestes casos deve-se escrever as reações químicas e calcular as concentrações resultantes.

3. Os solutos se dissociam parcialmente

Nesse caso, deve-se aplicar a fórmula:

$$C_{Osm} = C_M + C_M.\alpha\,(n - 1)$$

onde C_{Osm}, C_M e n possuem o mesmo significado, e α é o coeficiente de dissociação. Valores de α acham-se tabulados em manuais de físico-química, α varia com C_M.

Exemplo 5 - Para uma solução 1×10^{-2} M de ácido acético, o valor de $\alpha = 4,10 \times 10^{-2}$. O ácido acético fornece duas partículas, o protón e o íon acetato (n = 2):

$$C_{Osm} = 0,01 + (0,01 \times 0,041 \times 1) = = 0,010004105 \text{ osm}$$

Nota - Como α varia entre 0 e 1, e n entre Oe N,a equação acima se aplica a todos os casos de dissociação.

6.3 - Normalidade

Para comparar soluções que reagem entre si, como álcalis e ácidos, oxidantes e redutores, reação como precipitação ou quelação, etc., é muito prático usar soluções Equivalentes (equi = iguais, na valência). Esse é o modo Normal (N) de exprimir concentração, porque estabelece uma norma para comparação.A concentração normal é também chamada de **título**, e **titular** uma solução é determinar sua capacidade de combinação ou normalidade.

A unidade é o Equivalente-grama, e a Normalidade (N), é igual à Molaridade (M) multiplicada pela capacidade de **combinação**:

$$N = M \times \text{Capacidade de Combinação}$$

A capacidade de combinação depende da valência e do número de moles capazes de se combinar.

Exemplo 1 - Quando a valência é um, normalidade e molaridade são obviamente iguais:

$$HC1\ 0,1\ M \equiv HCl\ 0,1\ N$$
$$NaOH\ 0.15\ M \equiv NaOH\ 0,15\ N$$

Quando há valências diferentes de um, é necessário considerar a valência e o número de moles.

Exemplo 2 - No caso do H_2SO_4, que se dissocia:

$$H_2SO_4 \rightarrow 2H^+ + SO_4^{=},$$

a **normalidade** é o dobro, tanto para o $2H^+$ como para o $SO_4^{=}$:

$2H^+ \equiv 2$ moles × 1 valência = 2 Equivalentes
$SO4^{=} \equiv 1$ mole × 2 valências = 2 Equivalentes

A representação da capacidade de combinação está na Fig. 6.9.

Soluções tituladas de HC1, NaOH, Tris-base ácido oxálico, permanganato de potássio e várias outras são muito usadas em laboratório. Elas servem como padrão de comparação para determinar o título de soluções de normalidade desconhecida.

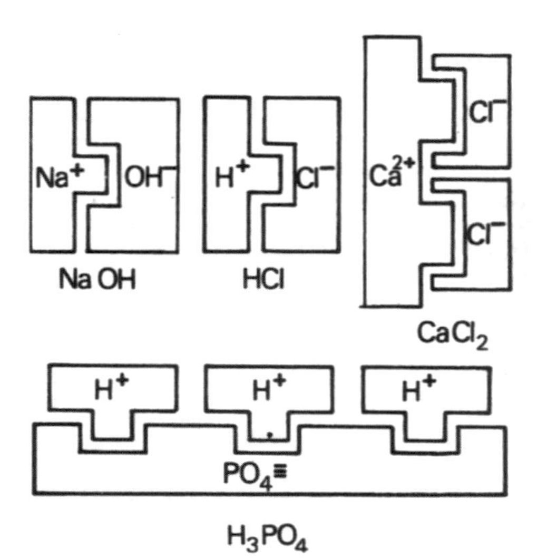

Fig. 6.9 – Representação da Capacidade de Combinação. Cada encaixe macho-femea é uma valência.

6.4 - Comparação e Manuseio de Soluções

Soluções podem ser comparadas quanto à concentração de **moléculas**, pela **Molaridade**, quanto à concentração de partículas pela **Osmolaridade**, e quanto à capacidade de combinação, pela **Normalidade**.

A comparação se faz através da Quantidade (Q) do componente a ser comparado. Usualmente é de Soluto, mas pode ser também de solvente. A fórmula que fornece a quantidade é:

$$Q = CV$$

onde C é a concentração (qualquer unidade), V é o volume (qualquer unidade).

Exemplo 1 - **Percentual** – Qual é a quantidade (Q) de NaCl em 23 ml de uma solução a 5 g% (5 g/100 ml)?

$$Q = C \times v$$

$$\text{NaCl} = \frac{5\text{g}}{100\text{ ml}} \times 23\text{ ml} = 1{,}15\text{ g}$$

Exemplo 2 - Molar – Quantos moles de glicose há em 125 ml de solução 1 M (1 mole/1000 ml).

$$\text{Glicose} = \frac{1\text{ mole}}{1000\text{ ml}} \times 15\text{ ml} = 0{,}125\text{ moles}$$

Nota - O cálculo para Molar vale para Osmolar e Normal (Ver conversão), e ainda para as outras formas de expressar concentração.

Essa fórmula conduz à fórmula geral para comparação de soluções, como representado na Fig. 6.10.

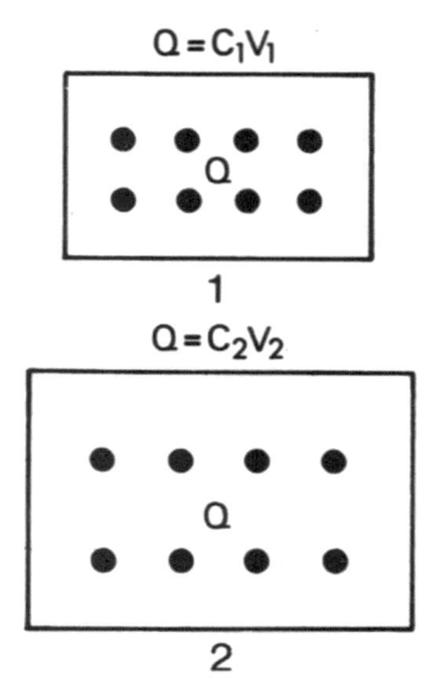

Fig. 6.10 – Comparação da Concentração de Soluções. A mesma quantidade Q de soluto, está em Concentração e Volumes diferentes.

Na solução (1), temos:

$$Q = C_1V_1$$

Se essa solução é diluída ou concentrada (solução 2) a mesma quantidade Q estará em concentração C_2 e Volume V_2:

$$Q = C_2V_2$$

Comparando os dois valores de Q:

$$C_1V_1 = C_2V_2$$

Essa equação é fundamental em operações com soluções, e pode ser usada em qualquer sistema coerente de unidades.

Exemplo 1 - Preparar 500 ml de NaCl 0,9% a partir de NaCl a 18%. Temos:

$$C_1 \times V_1 = C_2 \times V_2$$

$$18\% \times X = 0{,}9\% \times 500\text{ml}$$

$$X = \frac{0{,}9\% \times 500\text{ ml}}{18\%} = 25\text{ ml}$$

Esta solução é preparada assim: (Fig. 6.11).

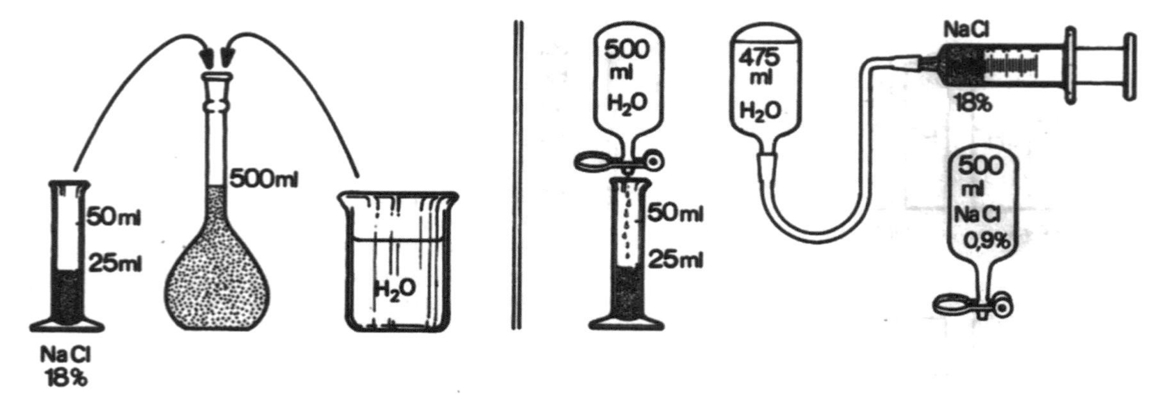

Fig. 6.11 - Diluição de Soluções. A – No laboratório: Medir 25 ml de NaCl a 18%, passar para o balão; B – Na enfermaria: assepticamente, retirar 25 ml de H_2O da embalagem de 500 ml (plástico ou vidro), e acrescentar 25 ml de NaCl a 18% estéril. Na preparação estéril, pode-se perfurar o tubo com agulha, ou usar válvula de 3 vias para injetar os 25 ml de NaCl a 18%.

Exemplo 2 - 20 ml de glicose a 20% foram adicionados a 480 ml de NaCl 0,9%. Qual a concentração final de solutos?

$$V_2 = 480 + 20 = 500 \text{ ml}$$

$$C_1 \times V_1 = C_2 \times V_2$$

Glicose $20 \times 20 = \times \text{ x } 500$

$$x = \frac{20 \times 20}{500} = 0{,}8\%$$

NaCl $0{,}9 \times 480 = X \times 500$

$$x = \frac{0{,}9 \times 480}{500} = 0{,}86\%$$

A concentração de glicose diminuiu bastante, mas a do NaCl pouco se alterou. Isso é o esperado: a glicose foi muito diluída (20 para 500 ml), o NaCl quase nada (480 para 500).

Exemplo 3 - A partir de HC1 0,8 N, preparar 250 ml de HC1 0,2 N. Usar a fórmula:

$$C_1 \times V_1 = C_2 \times V_2$$

$$0{,}8 \text{ N} \times V_1 = 0{,}2 \text{ N} \times 250 \text{ ml}$$

$$V_1 = \frac{0{,}2 \times 250}{0{,}8} = 62{,}5 \text{ ml}$$

Basta colocar 62,5 ml de HC1 em balão de 250 ml e acrescentar água até o volume.

Exemplo 4 - Qual a quantidade de HC1 0,25 N que neutraliza 100 ml de NaOH 0,2 N?

$$C_1 \times V_1 = C_2 \times V_2$$

$$0{,}25 \times V_1 = 0{,}2 \times 100$$

$$V_1 = \frac{0{,}2 \times 100}{0{,}25} = 80 \text{ ml}$$

Exemplo 5 - 10 ml de uma solução de HC1 foram neutralizados por 18 ml de NaOH 0,25 N. Qual o título da solução de HC1?

$$10 \times = 0{,}25 \times 18$$

$$X = \frac{0{,}25 \times 18}{10} = 0{,}45 \text{ N}$$

Exemplo 6 - Uma proteína está dissolvida em 10 ml de HC1 0,15 M, mas é necessário levá-la até à concentração de HC1 0,5 M, no volume máximo de 12 ml. Qual a concentração dos 2 ml de HC1 que devem ser acrescentados? A situação está representada na Fig. 6.12.

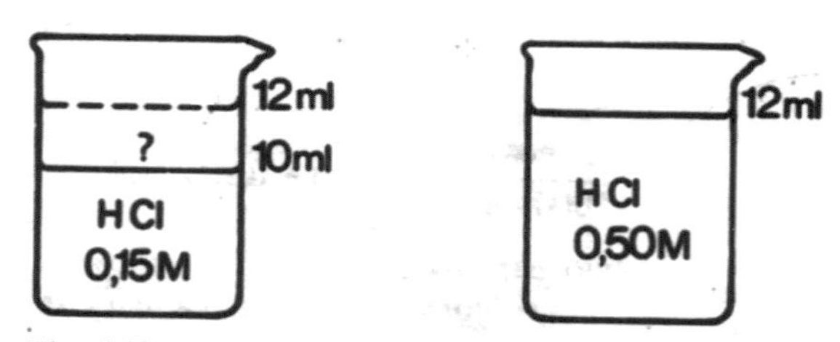

Fig. 6.12 – Concentração de Soluções (1) (V. texto).

A quantidade inicial de HC1 é:

$$Q_1 = C_1V_1$$

A quantidade final de HC1 deverá ser:

$$Q_2 = C_2V_2$$

A quantidade a ser acrescentada é:

$$Q_2 - Qi = Qx$$

Como usual:

$$Qx = C_X.V_X, \text{ e } V_x = 2ml,$$

comparando:

$$Q_2 - Q_i = Q_x$$

substituindo:

$$C_2V_2 - C_1V_1 = Cx.Vx$$

tirando o valor de C_x:

$$C_x = \frac{C_2V_2 - C_1V_1}{Vx} = \frac{0,5 \times 12 - 0,15 \times 10}{2} = 2,25M$$

Basta acrescentar 2,0 ml de HC1 2,25 N aos 10 ml de solução de proteínas em HC1 0,15 M. Resultam 12 ml de HC1 0,5 M.

Exemplo 7 - Tem-se 900 ml de uma solução de NaOH 0,42 N, e quer-se obter uma concentração de 0,50 N, usando-se NaOH 1,0 N para concentrar (Fig. 6.13).

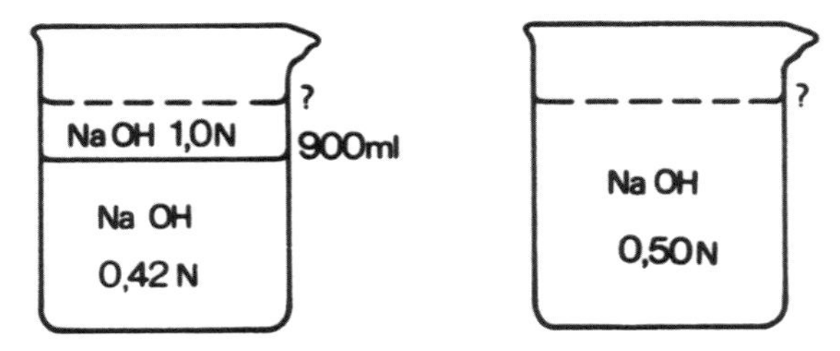

Fig. 6.13 – Concentração de soluções (2) (ver texto).

Falta-nos calcular o volume de NaOH 1,0 N que deve ser acrescentado. As relações quantitativas são:

$$\frac{\text{NaOH } 0,42}{C_1 \cdot V_1} + \frac{\text{NaOH } 1,0}{C_2 \cdot V_2} = \frac{\text{NaOH } 0,50}{C_3 \cdot V_3}$$

Onde $V_3 = V_1 + V_2$. Substituindo:

$$(0,42 \times 900) + (1,0 \times V_2) = 0,50\,(900 + V_2)$$

De onde se obtém V_2: $V_2 = 144$ ml

Basta acrescentar 144 ml de NaOH 1,0 N aos 900 ml de NaOH 0,42 N, que resultam 1.044 ml de NaOH 0,5 N.

Tópico Especial - Adição de Sólido a Líquido

Essas situações ocorrem quando se quer dissolver um sólido até determinada concentração, em um líquido qualquer. É um processo muito utilizado no laboratório, para evitar que proteínas se precipitem, como quando se acrescenta ureia, ou inversamente, para precipitar proteínas, quando se acrescenta sulfato de amônio. O procedimento é simples (Fig. 6.14).

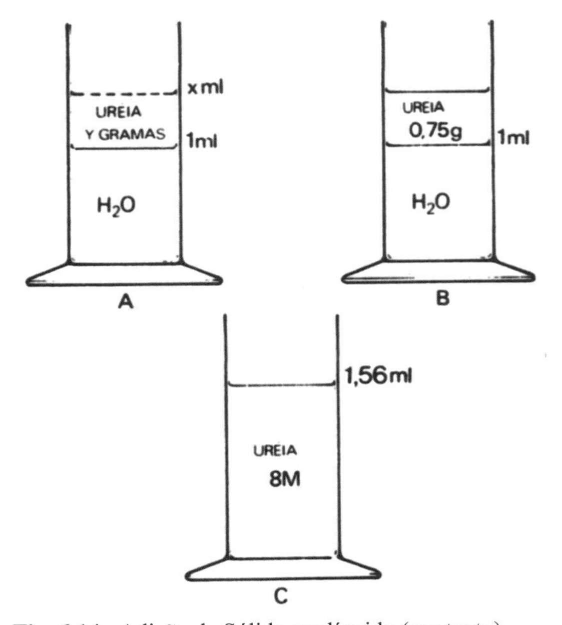

Fig. 6.14 - Adição de Sólido em líquido (ver texto).

Exemplo 8 - Um caso típico é o seguinte: quantos gramas de ureia se deve acrescentar a 1 ml de uma solução qualquer para obter ureia na concentração 8 M? (Fig. 10 A). A fórmula é a seguinte:

$$m = \frac{C_f \cdot Vi}{1 - \frac{C_f}{d}}$$

$$(\text{lembrar que: densidade} = \frac{\text{Massa}}{\text{Volume}})$$

onde m é a massa em gramas do soluto, C_f é a concentração final **em gramas**, Vi é o volume inicial da solução e d é a densidade do soluto.

A uréia tem densidade = 1,33 g/cm^{-3}, a massa molecular é 60 dáltons, e uma solução 8 M deve ter 8 × 60 =480 $g.1^{-1}$, ou 0,48 $g\text{-}ml^{-1}$. Substituindo:

$$m = \frac{0{,}48 \times 1}{1 - \frac{0{,}48}{1{,}33}} = 0{,}75 \text{ g de ureia}$$

Basta acrescentar 0,75 g de ureia a cada ml, que a solução fica 8 M (Fig. 6.14 B).

O volume final da solução é (Fig. 6.14 C).

$$Vf = Vi + \frac{m}{d} = 1 + \frac{0{,}75}{1{,}33} = 1{,}56 \text{ ml}$$

Exemplo 9 - Como dissemos na Introdução, a **densidade** apresenta a concentração da Matéria. No caso da ureia:

a) Quantidade de ureia em 1 litro:

$$m = d \times V = 1{,}33 \times 1.000 = 1.330 \text{ g.}$$

b) concentração molar de ureia sólida segue a relação usual:

$$CM = \frac{g.1^{-1}}{M_m} = \frac{1.330}{60} = 22{,}2 \text{ M.}$$

c) Usar a relação $C_1.V1 = C_2.V_2$, modificada:

$$C_1 . \left(\frac{m}{d}\right) = C_2 \left(V_1 + \frac{m}{d}\right)$$

de onde se tira o valor de m:

$$m = \frac{C_2 \, V_1 \times d}{C_1 - C_2} \text{ (gramas)}$$

e nesse caso, a concentração é Molar. Quanto de ureia se deve acrescentar a 10 ml de solução para obter ureia 8M?

$$m = \frac{8 \times 10 \times 1{,}33}{22{,}2 - 8} = 7{,}5 \text{ g de uréia}$$

Essas duas fórmulas valem para qualquer substâncias sólidas, mesmo as higroscópicas (que absorvem água).

6.5 - Força Iônica

Em soluções de polieletrólitos, isto é, que possuam vários solutos ionizados, as cargas elétricas geram forças de atraçaõ e repulsão entre si, fato que modifica a **concentração efetiva** de cada íon. Para expressar essa concentração influenciada pela carga elétrica, Lewis e Randall, propuseram o conceito de força iônica (μ) representado por:

$$\mu = \frac{1}{2} \Sigma \, (Mz^2)$$

onde **M** é a concentração molar de cada íon, z é a valência respectiva, e Σ (sigma) é o somatório dos produtos Mz^2.

Exemplo 1 - Calcular a força iónica de uma solução 0,2 M de Ca Cl_2.

Íons	Molaridade (M)	$(Valência)^2$ z^2	mol × val^2 Mz^2
Ca^{2+}	0,2	$2^2 = 4$	0,2 × 4 = 0,8
Cl^-	0,2	$1^2 = 1$	0,2 × 1 = 0,2
Cl^-	0,2	$1^2 = 1$	0,2 × 1 = 0,2
			$\Sigma Mz^2 = 1{,}2$

Portanto:

$$\mu = \frac{1}{2} (1{,}2) = 0{,}6 \text{ (mol.l}^{-1} \text{ . val}^2\text{).}$$

Exemplo 2 - Qual a força iônica de uma solução de NaC10,20M + Na_2 HPO_4 = 0.10 M?

$$\mu = \frac{1}{2} \Sigma \; [\overline{(0{,}4 \text{ x} 1^2)}^{Na^+} + \overline{(0{,}2 \text{x} 1^2)}^{C1} + \overline{(0{,}1 \text{x} 2^2)}^{PO_4}] =$$

$$\mu = \frac{1}{2} (0{,}4 + 0{,}2 + 0{,}4) = \frac{1{,}0}{2} = 0{,}5$$

Propriedades como: migração eletroforética, conformação molecular, associação de moléculas, solubilidade, afinidade e atividade enzimática, dependem da força iônica do meio.

Atividade Formativa 6.2

Proposições:

01. Conceituar Solvólise em geral. Mostrar a hidrólise do NaCl e $CaCl_2$.
02. Descrever o Osmol do ponto de vista estrutural e operacional.
03. Calcular a concentração osmolar de:
    1 – NaCl 0,18 M
    2 – KC1 0,35 M

3 – $CaCl_2$ 0,25 M
4 – Glicose 0,1 M
5 – Na_3P0_4 0,15 M

04. Calcular a Molaridade e Osmolaridade das soluções:
1 – NaCl 0,2 M + KC1 0,15 M + glicose 0,1 M
2 - Ureia 0,3 M + glicose 0,2 M + sacarose 0,1 M
3 – Ureia 0,3 M + Na_2HPO_4 0,15 M + + NaH_2PO_4 0,20 M

05. Para que serve expressar concentração em Normalidade? Use até 20 palavras.

06. Conceituar Equivalente-grama.

07. Calcular a Normalidade das soluções:
1 – HC1 0,15M
2 – NaOH·0,20 M
3 – $CaCl_2$ 0,15 M
4 – NaH_2PO_4 0,2 M
5 – H_2SO_4 0,18 M
6 – $Ba(OH)_2$ 0,1 M.

08. Calcular a Molaridade das seguintes soluções:
1 – HC1 0,20 N
2 - NaOH 0,15 N
3 – $CaCl_2$ 0,30 N
4 – NaH_2PO_4 0,2 N
5 – H_2SO_4 N
6 – $Ba(OH)_2$ 0,10 N

09 Descrever a equação fundamental para comparação de soluções, usando um modelo para ilustrar.

10. Calcular a diluição resultante de:
1 – 10mlde NaCl a 15% diluídos para 500ml
2 - 50 ml de glicose a 5% diluídos para 250 ml
3 – 100 ml de HC10,15 N diluídos para 750 ml
4 – 100 ml de NaOH 2 M diluídos para 500 ml

11. As seguintes equivalências de Acido × Álcali foram observadas. Calcular o título das soluções:
1 – 15 ml de NaOH com 3 ml de HC1 0,2 N
2 – 20 ml oe HC1 com 4 ml de NaOH 0,4 N

12. 10 ml de mna solução de HC1 0,2 M devem ser concentrados para 0,6 M, com volume máximo de 3 ml. Calcular a concentração do ácido que deve ser usado.

13. 200 ml de solução de glicose a 0,5% devem ser concentrados para glicose a 5%, em volume máximo de 250 ml. Calcular a concentração da solução de glicose que deve ser usada.

14. A 500 ml de glicose 0,15 M, acrescentou-se 25 ml de glicose 2 M. Qual é a nova concentração de solução?

15. Para evitar a precipitação de uma proteína, deve-se obter uma concentração 7 M de ureia em 5,8 ml de uma solução. Qual a quantidade de ureia a ser acrescentada? Qual o volume final da solução?

16. O sulfato de amônio $(NH_4)_2SO_4$, tem Massa Molecular de 132 dáltons e d = 1,77. A 100 ml de uma solução acrescentou-se 35 g de $(NH_4)_2SO_4$. Calcular a concentração e o volume final da solução.

17. Procure, em Manuais de Bioquímica, a massa molecular e a densidade do cloridrato de guanidina. Quanto se deve acrescentar, por ml de solução, para obter uma concentração 5 M?

18. Calcular a força iônica da solução:
Na Cl 0,35 M + Ca Cl_2 0,15 M + Na_3PO_4 0,1 M.

19. Calcular a força iônica da solução:
Na Cl 0,2 M + HC1 0,3 M + ureia 0,3 M.

GD – 06

Todos os tópicos do item Soluções se prestam a GD. A escolha depende do curso. Farmácia e Ciências Biológicas devem ter ênfase especial.

Objetivos Específicos do Capítulo 6

1. Conceituar solução e descrever seus componentes.
2. Descrever os modos de quantificar soluções: percentual, molar e molal.
3. Saber calcular e preparar soluções percentuais, molares e mòlais.
4. Conhecer e definir outros modos de expressar a concentração de soluções.
5. Converter percentual em molar, e vice-versa.
6. Descrever algumas propriedades de soluções: saturação, concentração e diluição, molar e molal.
7. Descrever o modo de preparar soluções com soluto líquido.

6.2 - **Osmolalidade**

8. Diferenciar: concentração de moléculas de concentração de partículas.
9. Conceituar osmol, estrutural e operacionalmente.
10. Converter concentraçío molar em osmolar, e vice-versa, em solutos simples e múltiplos.

6.3 - **Normalidade**

11. Conceituar normalidade e equivalente.
12. Calcular a normalidade de soluções.
13. Representar, graficamente, a capacidade de combinação de soluções.

6.4 - **Comparação e Manuseio de Soluções**

14. Expressar os métodos de comparação de soluções: Molaridade, Osmolaridade e Normalidade.
15. Saber usar as fórmulas simples para calcular concentração e comparar soluções.
16. Saber usar as fórmulas especiais para concentrar, diluir e comparar soluções.
17. Saber calcular e preparar soluções a partir da adição de sólidos e líquidos.

6.5 - **Força Iônica**

18. Conceituar e calcular a força iônica de uma solução.
19. Relacionar a força iônica com propriedades de soluções.

7

Suspensões

Sao misturas **bifásicas**. As mais usuais são de sólido em líquido (dispersão) ou de líquido em líquido (emulsão), sólido em gás (aerossol) ou de gás em líquido (espuma). Essa classificação é apenas didática. Existem outras combinações, como sólido em sólido, líquido em sólido, etc. Evidentemente, apenas gás em gás é fisicamente impossível. A denominação de **Coloides** (parecendo com cola), não é adequada para esses sistemas, mas usa-se ainda.

Muitos componentes dos sistemas biológicos estão nessa classificação, sendo o protoplasma das células uma "solução coloidal". Na prática farmacêutica e médica, e mesmo no laboratório, esses sistemas encontram grande aplicação.

Anatomia de uma Suspensão

Há uma fase dispersa (fase interna) e uma fase dispersora (fase externa). Quando essas fases estão intimamente misturadas, o sistema parece homogêneo, mas com o passar do tempo, as duas fases se separam (Fig. 7.1).

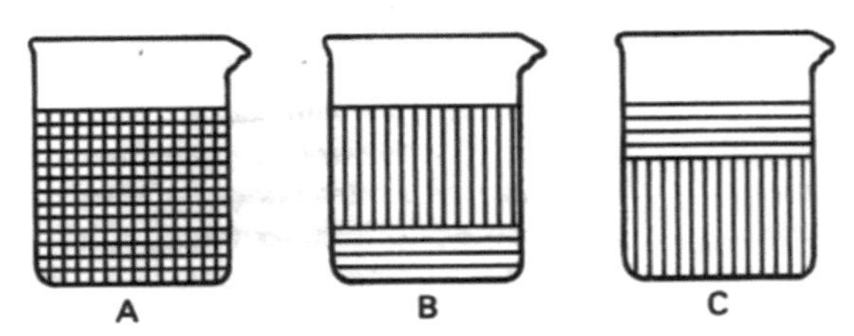

Fig. 7.1 - Anatomia de uma Suspensão. A - Fase dispersa (≡) e fase dispersora (||||) intimamente misturadas; B - Fases separadas, a dispersa mais densa; C - Fases separadas, a dispersa menos densa.

A razão da separação das fases com o passar do tempo, é termodinâmica. As partículas são atraídas pelo Campo Gravitacional, e sobem ou descem conforme a densidade da fase dispersora. Não sendo solução, i.e., sistemas unifásicos, as suspensões não são estáveis. A denominação de fase interna para a substância dispersa e fase externa para a substância dispersora é bem apropriada. A fase interna (dispersa) está sempre envolvida pela fase externa (dispersora, Fig. 7.2).

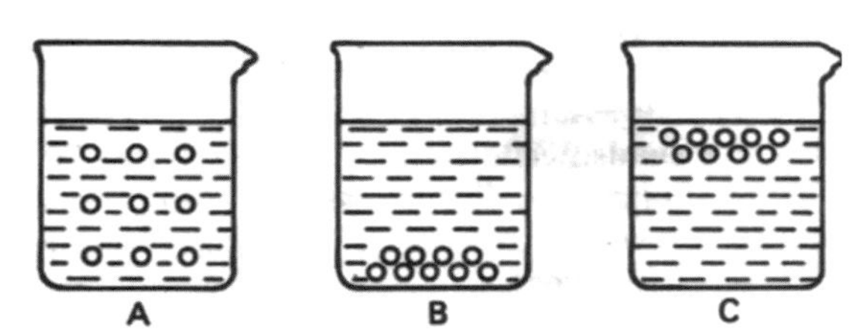

Fig. 7.2 – Fases das Suspensões. A - Notar a fase externa envolvendo a fase interna; B e C - Separação das fases de acordo com as densidades respectivas.

Um adjuvante (que ajuda) bastante a manutenção da mistura homogénea são os estabilizantes. Há estabilizantes de várias naturezas, conforme o mecanismo de ação. De um modo geral, o estabilizante é solúvel na fase dispersa, e suas moléculas se distribuem, portanto, uniformemente e de modo permanente nessa fase. As partículas da fase dispersa possuem afinidade especial pelas moléculas de estabilizantes, e se distribuem por mais tempo na fase dispersora (Fig. 7.3).

Dispersões

São suspensões de sólidos finamente pulverizados em meios líquidos. As partículas podem ter diâmetro de 0,lμ (10^{-3} cm) ou mais. As dispersões

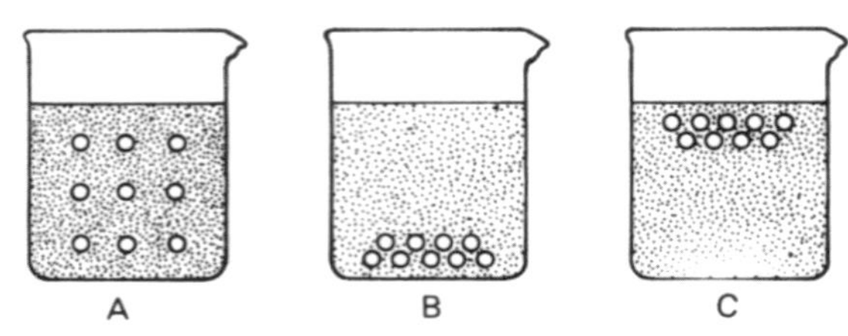

Fig. 7.3 – Estabilizantes - As moléculas do estabilizante (pontilhado) são solúveis e possuem afinidade pelas partículas dispersas (O). A - suspensão homogênea; B e C - separação após tempo mais longo que no caso anterior (Fig. 7.2).

tendem a flocular (a fase sólida se ajunta em flocos, leves) ou se agrega (fase sólida se precipita em blocos pesados). Os flocos se redispersam com mais facilidade, mas os agregados podem ser difíceis de redispersar. As forças responsáveis pela floculação e agregação são elétricas e hidrofóbicas. (V. Ligações Intermoleculares.)

Dispersões para uso injetável devem ser bem homogêneas e bastante estáveis. Estabilizantes são frequentemente usados.

Emulsões

São suspensões de líquido em líquido, e geralmente de dois tipos: óleo disperso em água (óleo/água) ou água dispersa em óleo (água/óleo). A fase dispersa pode assumir área enorme: se 1 ml de óleo mineral é emulsificado em 1 ml de H_2O, e se o diâmetro da gotícula de óleo atinge 0,01μ (10^{-5} cm) a superfície total das gotículas pode chegar a mais de 600 m^2. Esse aumento de área corresponde a um aumento na reatividade da substância dispersa, e resulta na maior eficiência na ação dos medicamentos usados. A absorção de substâncias pela mucosa intestinal, ou pela superfície cutânea, é bastante facilitada pela emulsificação, especialmente a dos lípides.

Aerossol

Dispersão de sólido (ou líquido) em gás. O aerossol é usado em inalações, nos casos de doenças pulmonares. O gás serve de veículo para medicamentos que agem no pulmão. A absorção é quase imediata. Este é um modo prático de administrar vasoconstritores nasais, ou broncodilatadores, como adrenalina, norepinefrina, etc.

Espuma

Quando gás se dissolve em líquidos, e se desprende, o líquido pode formar finas paredes envolvendo a bolha de gás: é a espuma, que pode ser prejudicial em certas afecções respiratorias. O uso de surfactantes (v. adiante) é benéfico nesses casos, porque diminui, e mesmo anula, a formação da espuma.

Agentes Interfásicos

São assim denominadas substâncias que agem nas interfases: sólido-líquido, gás-líquido, etc. Entre esses agentes estão os umectantes, que agem diminuindo o ângulo de molhadura de superfícies, e também tamponam a pressão de vapor do meio em que estão, com tendência a reter água (Fig. 7.4).

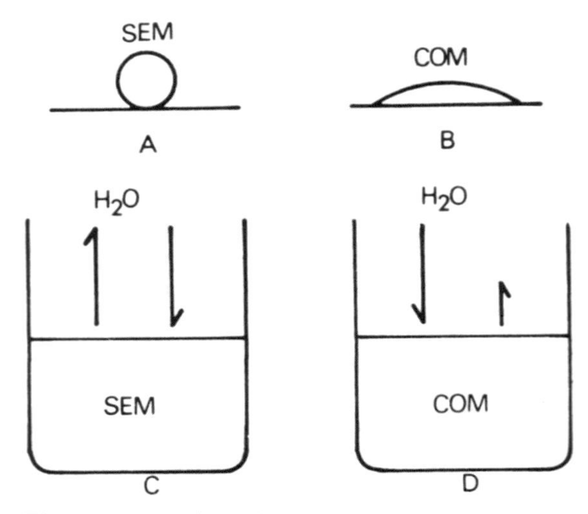

Fig. 7.4 – Mecanismo de ação dos umectantes. A e B – Diminuição do ângulo de molhadura, sem e com umectantes; C e D - Controlando a perda de água, sem e com umectante. O tamanho dos vetores indica a tendência do equilíbrio de H_2O.

Outro agente interfásico são os surfactantes, que agem diminuindo a tensão superficial entre líquidos e gases. As moléculas de um líquido são atraídas em todas direções, com exceção daquelas que estão nas interfases, que são atraídas apenas para dentro e para os lados (Fig. 7.5A). Dessa atração resulta a formação de uma camada monomolecular mais apertada, que aumenta a resistência à penetração no líquido. (V. tb. Introdução à Biofísica, Tensão Superficial e Biofísica da Respiração.)

As moléculas de surfactante se localizam na superfície, entre as moléculas do líquido, e diminuem a atração entre elas (Fig. 7.5B).

Os surfactantes são muito importantes nas afecções respiratórias, porque facilitam as trocas gasosas entre os alvéolos pulmonares e o ar atmosférico, e também evitam o colabamento do alvéolo. (V. Biofísica da Respiração.)

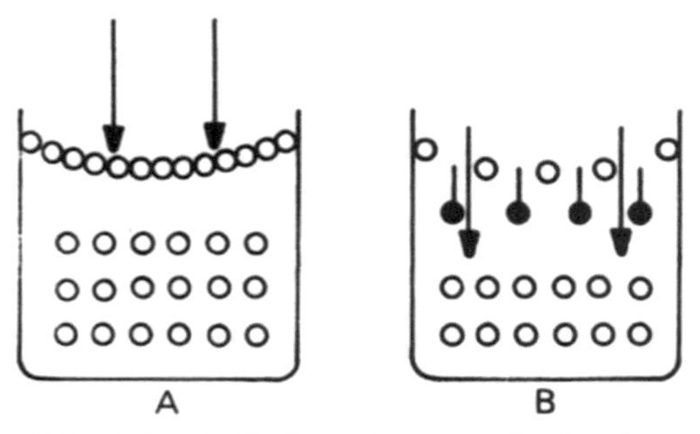

Fig. 7.5 - Ação de Surfactante. As moléculas do surfactante (●) se colocam entre as moléculas da camada superficial (O), separando-as. A penetração (↓) é facilitada.

Outro agente interfásico são os detergentes, que agem "diminuindo a sujeira". Os detergentes, dos quais os sabões são representantes populares, são capazes de diminuir o tamanho das partículas de óleo, de solubilizar proteínas e outros compostos biológicos, facilitando a sua remoção. Os detergentes podem ser catiônicos, aniônicos ou não-iônicos. O brometo de cetil-trimetilamônio (cetrimida) tem carga positiva, é catiônico; o sódio docedil sulfato (SDS) tem carga negativa; e o tween-80, é neutro. Os detergentes, tanto por sua ação solubilizante, como precipitante de grupos carregados eletricamente, agem como poderosos antissépticos. Eles removem lípides das membranas de microorganismos, que morrem imediatamente por falta dessa barreira seletiva no transporte transcelular. A cetrimida é ainda capaz de precipitar glicoproteínas de membranas com carga negativa. O uso de detergentes não biodegradáveis (que não sao metabolizados e destruídos por sistemas biológicos), tem sido uma causa importante de aumento da Entropia de ecossistemas.

Atividade Formativa 7

Proposições:

01. Conceituar Suspensão, fazendo um desenho descritivo.
02. Comentar o conceito de fase externa e interna.
03. Por que as suspensões se separam nas fases constituintes?
04. Como é possível melhorar a estabilidade das suspensões?
05. Conceituar, em até 20 palavras para cada item:
    1 – Dispersão.
    2 – Emulsão
    3 – Aerossol
    4 – Espuma
06. Conceituar agente interfásico.
07. Como agem os umectantes?
08. Como agem os surfactantes?
09. Como agem os detergentes?
10. Porque os detergentes são antissépticos?
11. Como os detergentes podem contribuir para aumentar a poluição (Entropia)?
12. O que você imagina que aconteceria se você misturasse, mol a mol, SDS e cetrimida?

Objetivos Específicos do Capítulo 7

1. Conceituar suspensões.
2. Desenhar o esquema dos componentes de uma suspensão, definindo seu papel no sistema.
3. Conceituar dispersão, emulsão, aerossol e espuma.
4. Descrever o papel dos agentes interfásicos: umectantes, surfactantes e detergentes.
5. Explicar a ação antisséptica de detergentes aniônicos, catiônicos e nâo-iônicos.

8

Difusão Osmose e Tônus

A difusío é um movimento de componentes de uma mistura qualquer, de acordo com a 2ª lei TD:

"De onde tem mais, vai para onde tem menos".

Esses movimentos ocorrem em meios gasosos, líquidos e até sólidos. Nos gases, é rápido: sente-se um perfume agradável logo após a chegada de quem usa. Nos líquidos, é mais lento, e nos sólidos, pode durar séculos até que se note a migração das zonas mais concentradas para as menos concentradas.

Experiência Fundamental da Difusão

A Fig. 8.1 representa um sistema que tem na parte inferior solução de NaCl a 10% e na superior, NaCl a 5%. Como o soluto é mais concentrado em baixo, sobe; como o solvente é mais concentrada em cima, desce.

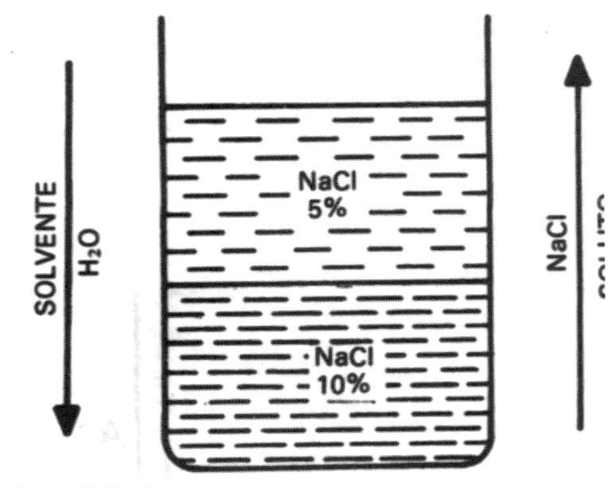

Fig. 8.1 – Difusão – notar que:

	Acima		**Abaixo**
Soluto	5%	<	10%
Solvente	95%	>	90%

A difusão depende de vários fatores, entre os quais o número, o **tamanho** e a forma das partículas.

O **número** de partículas é convenientemente considerado na concentração: quanto maior o gradiente de concentração, mais rápida é a difusão, como representado pelos vetores da Fig. 8.2.

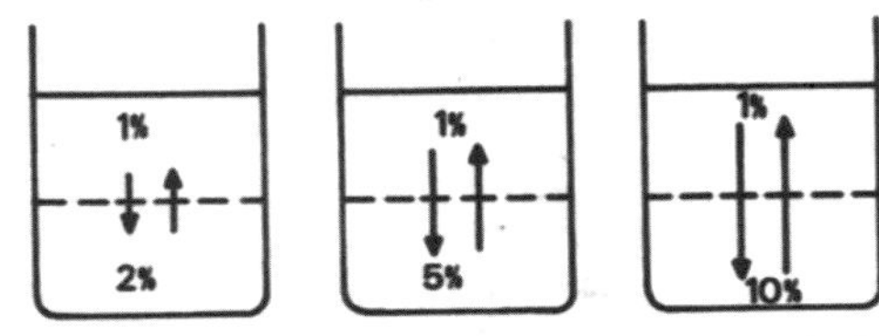

Fig. 8.2 – Difusão e Concentração – Os vetores indicam que a velocidade de difusão é proporcional aos gradientes de concentração.

O volume da partícula tem grande importância. Partículas menores se difundem mais rapidamente. Basta comparar dois sacos furados: um de açúcar, outro de feijão, ou um grupo de pessoas gordas saindo de uma sala, com outro grupo de pessoas magras. A Fig. 8.3 representa o efeito do volume das partículas.

A forma tem certa importância, e cilindros se difundem mais rapidamente do que esferas.

A difusão é bem definida formalmente pelas duas leis de Fick, mas esse estudo foge ao objetivo deste texto. Naturalmente, com aumento da temperatura, a difusão é maior, porque as moléculas possuem maior energia cinética.

Outro fator que influi na difusão é o tempo. A distância atingida pelas moléculas difundidas é aproximadamente proporcional ao inverso do quadrado do tempo. Assim, se a molécula em 1 milisegundo atinge 2 nanômetros, levará 4 ms para chegar a 2 nm; 9 ms para 3nm e 16 ms para atingir

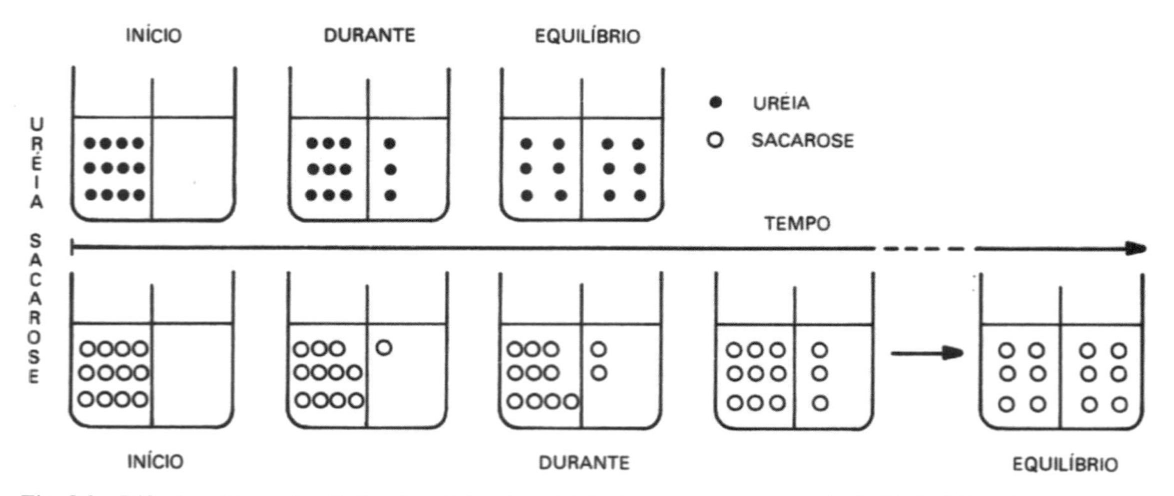

Fig. 8.3 - **Difusão e Tamanho Molecular**. Soluções iniciais de mesma concentração de Ureia (U), e Sacarose (S). A Ureia, massa molecular 60, se difunde mais rapidamente que a Sacarose, massa molecular 342, que só atinge equilíbrio após tempo mais prolongado.

4 nm. Esse aspecto é muito importante nos casos de anoxia (falta de O_2) nos tecidos (Veja adiante).

Osmose – Caso Particular de Difusão

O estudo desses movimentos de soluto e solvente fica muito simplificado quando se despreza a forma e volume das partículas, como na **Osmose**. Nesse caso, considera-se apenas o **número** (concentração) das partículas. Desse modo os fenómenos de osmose podem ser estudados através da **Pressão** que as partículas exercem. O mecanismo da osmose é muito simples: As partículas de soluto e solvente estão em constante movimento, chocando-se com as paredes do vaso. Esses choques são Força exercida sobre Área, i.e., Pressão: $P = \frac{F}{A}$ (Fig. 8.4).

A pressão de solventes puros é sempre máxima, pois é a única partícula do sistema. (Fig. 8.4 A). Quando se acrescenta soluto, a pressão do solvente sempre diminui, porque parte do espaço é ocupado por moléculas de soluto (Fig. 8.4 B), e o número de partículas de solvente, que é o mesmo, passa a exercer sua força em área maior. Quantomais aumenta a concentração do soluto, mais diminui a pressão do solvente, e mais aumenta a pressão do soluto, obviamente. Se essas forças se exercem através de uma membrana permeável, há movimento de partículas de um para o outro compartimento, de acordo com a 2ª lei TD.

Osmose Através de Membranas

Há duas situações fundamentais na osmose através das membranas:

a) Todos os componentes são difusíveis.

b) Há componentes não-difusíveis.

Veremos esses casos através de três exemplos:

a) Componentes difusíveis pela membrana – Não havendo moléculas impermeáveis, há troca geral de todos os componentes:

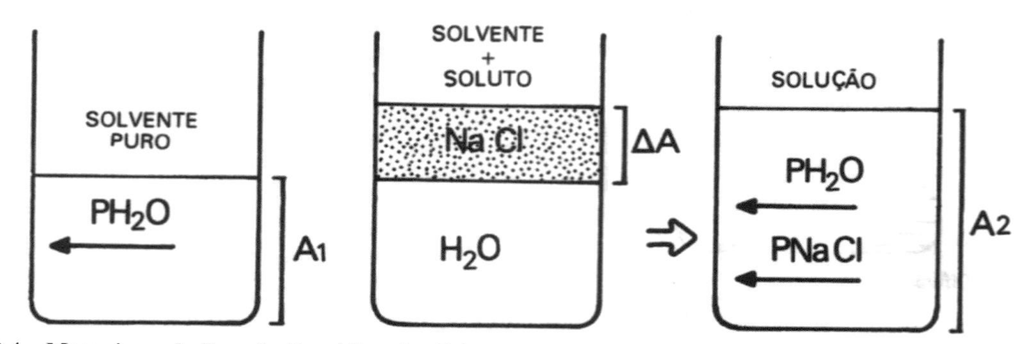

Fig. 8.4 – **Mecanismo da Pressão Osmótica.** A – Solvente puro; B – Soluções. Os vetores representam a P osmótica dos componentes.

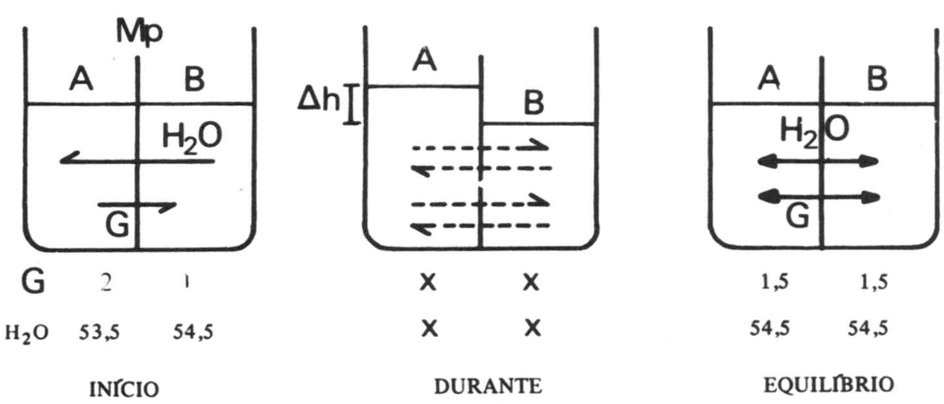

Fig. 8.5 - **Osmose** – **Início.** – Concentração de glicose, A > B, de água, B – A. **Durante a troca** – de acordo com a 2ª lei da TD. Nível varia. **Equilíbrio** – Níveis e concentrações iguais em A e B.

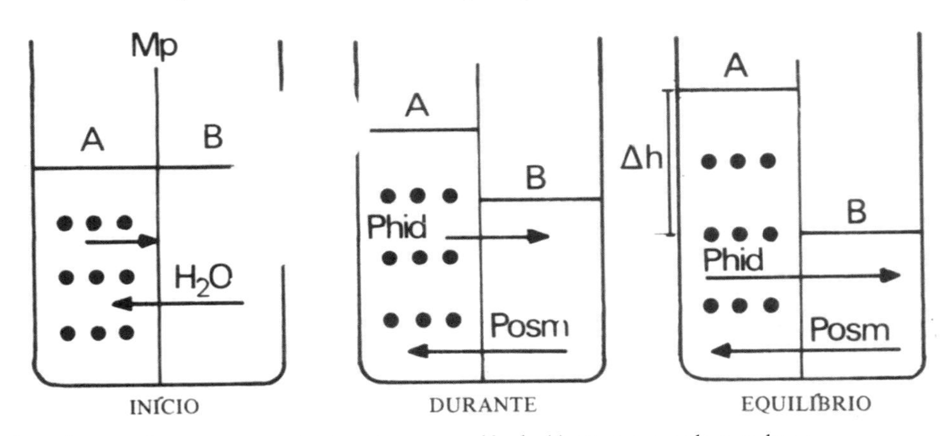

Fig. 8.6 – Pressão osmótica e macromoléculas. A macromolécula (•) não passa pela membrana.

Exemplo 1 – O sistema da Fig. 8.5 tem dois compartimentos (A) e (B) separados por uma membrana permeável. Em (A), glicose 2 M e em (B) glicose 1 M. Vai passar água de (B) para (A) e glicose de (A) para (B).

Como já vimos, a água tem molécula menor que a glicose, e se difunde mais rapidamente, elevando temporariamente o nível líquido em (A), originando uma pressão hidrostática (Δh). Essa pressão empurra a água de volta para (B). No final, os níveis estão na mesma altura, e as concentrações são iguais em (A) e (B). As trocas se fazem agora em equilíbrio dinâmico.

b) Componentes não difusíveis - macromoléculas e pressão osmótica.

As coisas são diferentes quando de um lado da membrana existe uma macromolécula. Esta situação está mostrada no Exemplo 2.

Exemplo 2 – Um sistema como o anterior, possui em (A) uma macromolécula em solução (●), e do lado (B), água (Fig. 8.6).

A macromolécula tenta mas não consegue passar pelos poros da membrana. Desse lado (A), a pressão de solvente é, portanto, menor que do lado (B). Então, passa solvente de (B) para (A), até que haja o equilíbrio:

Pressão hidrostática em (A) = Pressão osmótica em (B).

O resultado final é que passa água de (B) para (A). Esse processo é usado no laboratório para medir a pressão osmótica (v. adiante).

Exemplo 3 – O mesmo sistema do exemplo anterior, mas com a proteína em solução de NaCl 0,2 M. Basta levar em conta os princípios da TD para concluir o que se passará no sistema. A pressão do solvente é maior em (B) do que em (A), e passa solvente de (B) para (A).

Essa passagem resulta da diluição do NaCl em (A) e concentração em (B). Como consequência, pressão de soluto em (B) fica maior do que em

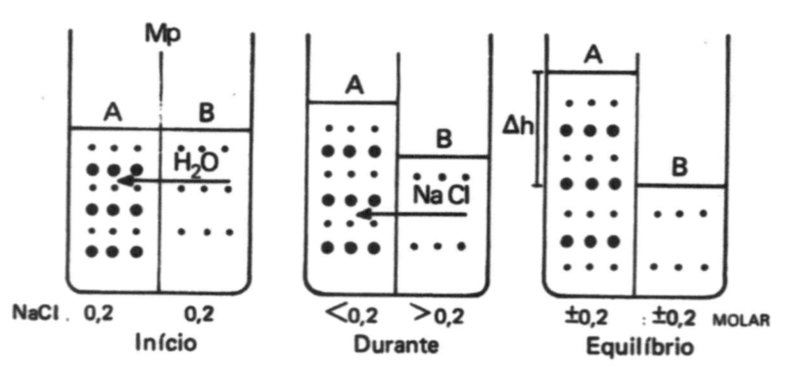

Fig. 8.7 – Efeito Osmótico de Macromolécula. Há passagem de água e sais para o lado da macromolécula (•) NaCl (●).

(A), e passa soluto (NaCl) de (B) para (A), até que haja equilíbrio como no Exemplo 2.

Embora a concentração de NaCl seja igual nos dois lados, é evidente que a **quantidade** no lado (A) é maior. A concentração de água em (A) é **menor** do que em (B), mas a quantidade é maior. Consequência final:

"Com macromoléculas de um lado da membrana, passa solvente e soluto para esse lado".

Esse efeito da macromolécula desaparece se houver um furo na membrana, porque ela se difunde para o outro lado.

Situação análoga ao Exemplo 3 existe no rim de mamíferos (V. Biofísica da Função Renal).

Pressão Oncótica e Pressão Coloidosmótica

Esse efeito osmótico de proteínas era antigamente denominado de pressão oncótica (oncos = tumor), porque as proteínas incham em presença de água, ou de pressão coloidosmótica, porque as proteínas formam soluções "coloides". Ambas denominações são impróprias, mas ainda usadas. Na realidade, o que a proteína faz, é abaixar a pressão do solvente do lado em que está. Há, porém, um componente adicional de retenção de água do lado da proteína, que é a água de hidratação de macromoléculas. (V. Água e Soluções).

Existe equilíbrio de trocas entre os compartimentos celular, extracelular e vascular, através do uso da pressão hidrostática e pressão osmótica. (V. Compartimentação Biológica e Capilares, em Biofísica da Circulação).

Medida da Pressão Osmótica

A pressão osmótica, especialmente a de macromoléculas não difusíveis, é determinada pelo seu equilíbrio com a Pressão hidrostática, usando-se o dispositivo da Fig. 8.8. Um tubo de celofane permeável a todos os componentes, menos à macromolécula, é enchido com a solução, e um manômetro capilar cujo volume interno é desprezível, é amarrado à boca do saco. Ar é excluído, e o conjunto é imerso em solvente externo. Mede-se a diferença de altura líquida (Δh) após o equilíbrio, que pode durar dias até ser atingido. Nesse momento:

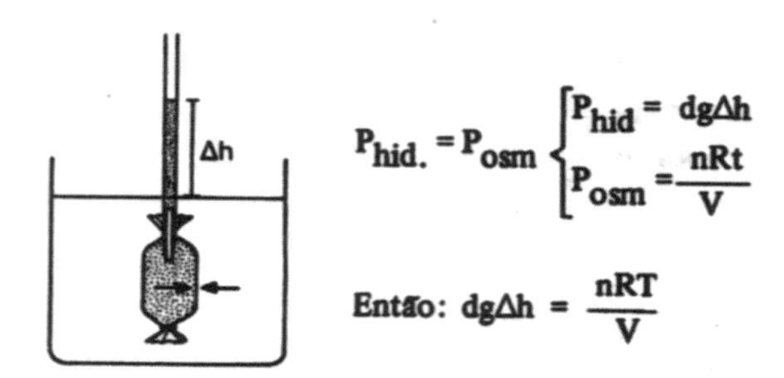

Fig. 8.8 – Medida da Pressão Osmótica, (ver texto).

onde d é a densidade do fluído, g aceleração da gravidade, h a altura, n o número de moles, R a constante dos gases, T a temperatura absoluta, V o volume interno do sistema. Essa relação permite ainda calcular a pressão exercida por solutos em Biossistemas.

A equiparação da pressão osmótica à pressão de gases perfeitos, proposta por Vant'Hoff, permite calcular a pressão de soluções:

$$P_{osm} = \frac{nRT}{V}$$

onde n é o número de moles ou kmoles, R pode ser:

$$R = \begin{cases} 8{,}2 \times 10^{-3}\ l \cdot atm \cdot {}^{o}K^{-}1\ mol^{-1} \\ 8{,}3\ \ J \cdot {}^{o}K^{-1} mol^{-1} \\ 8{,}3 \times 10^{3}\ J \cdot {}^{o}K^{-1} kmol^{-1} \end{cases}$$

Exemplo 4 – Qual a "pressão" exercida pelo plasma sanguíneo humano, cuja concentração é ap. 0,30 osm? A temperatura é 37°C ou 273 + 37 = 310°K.

$$P_{osm} = 0{,}30 \times 10^{-3} \text{ kosm} \times 8{,}3 \times 10^{3}\ \text{J°K}^{-1}\text{kosm}^{-1} \times$$
$$\times \frac{3{,}1 \times 10^{2}\ \text{°k}}{\text{lm}^{3}} \approx 7{,}7 \times 10^{5}\ \text{N·m}^{-2}$$

Em atmosferas teríamos:

$$\text{Posm} = \frac{0{,}3 \times 8{,}2 \times 10^{-2} \times 3{,}1 \times 10^{2}}{1\ \text{L}} \approx 7{,}7\ \text{atm}$$

Isto significa que a pressão interna dos fluidos de um mamífero é cerca de 8 vezes maior que a pressão atmosférica externa, ao nível do mar (V. Pressão Atmosférica).

Exemplo 5 – Uma proteína, na concentração de 17,3 $g{\cdot}l^{-1}$ é colocada em um sistema como o da Fig. 8.8, acima. A solução tem densidade de 1,2 $g{\cdot}cm^{-3}$, e a temperatura é de 25°C. O líquido, no equilíbrio, elevou-se a 5,7 cm. Calcular a massa molecular da proteína.

a) **Cálculo da P_{osm}** – No equilíbrio:
$P_{hid} = P_{osm} = dgh$
$P_{osm} = 1{,}2 \times 10^{3}\ kg{\cdot}m^{-3} \times 9{,}8\ m{\cdot}s^{-2} \times 0{,}057\ m =$
$= 6{,}7 \times 10^{2}\ N{\cdot}n^{-2}$ (Pa).

b) **Cálculo de n** – O número de moles, será:

$$n = \frac{P_{osm} \times V}{RT} = \frac{6{,}7 \times 10^{2} \times 1\ m^{3}}{8{,}3 \times 10^{3} \times 298} =$$
$$= 2{,}7 \times 10^{-4}\ \text{kmol ou } 0{,}27\ \text{mol}$$

c) **Cálculo da Mm** – Vem da relação de concentração:

$$M_m = \frac{g{\cdot}l^{-1}}{n\ (\text{moles})} = \frac{kg{\cdot}m^{-3}}{n\ (\text{kmoles})}$$

$$Mm = \frac{17{,}3\ g{\cdot}l^{-1}}{2{,}7 \times 10^{-4}\ mol{\cdot}l^{-1}} = 6{,}4 \times 10^{4}\ g{\cdot}mol^{-1}\ (\text{dáltons})$$

Essa proteína poderia ser a albumina sérica. O resultado aproximado deve-se a erros experimentais, e foi obtido em aula prática, com albumina bovina.

Essa experiência pode ser feita no laboratório, como aula prática, usando-se hemoglobina semipurificada pelo método de Drabkin, e fornece resultados bastante aproximados, cerca de 6,7 × 10^{4} dáltons.

Tônus – Tonicidade de Soluções – Plasmólise

Células biológicas quando colocadas em diferentes soluções podem permanecer do mesmo tamanho, inchar até arrebentar (plasmólise) ou murcharem por compressão. Essas três situações, de grande interesse na prática, estão relacionadas a dois fatores:

1 – Concentração da solução externa.
2 – Permeabilidade da membrana celular.

O primeiro fator é bem aparente, quando se usam células como a hemácia. A hemácia humana tem concentração interna equivalente a 0,3 osm (300 mosmóis). Quando colocada em meios de diferentes concentrações de NaCl, ela se comporta como na Fig. 8.9.

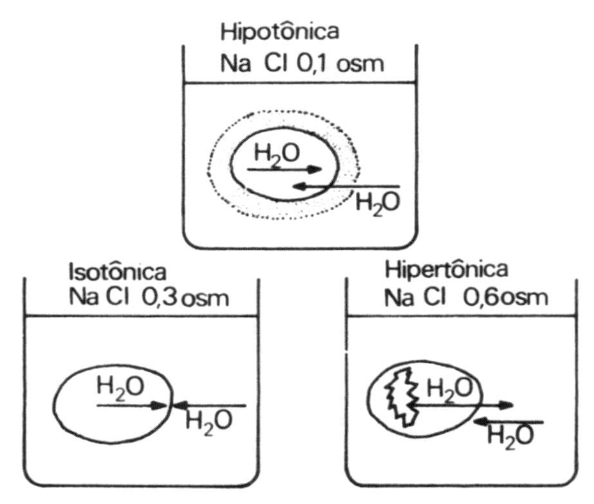

Fig. 8.9 – Tônus e Concentração da Solução Externa – Hipertônica (Hipo = abaixo; tônus = força). A solução tem menos força que a hemácia, esta se dilata. Isotônica (isos = igual), solução e hemácia possuem a mesma força. Hipertônica (Hiper = acima), a solução é mais forte, e espreme a hemácia. Comparar a nomenclatura clássica com a explicação termodinâmica.

A explicação termodinâmica da relação tônus-concentração está nos vetores de solvente (Fig. 8.9). Na solução hipotônica, a pressão de solvente externa é maior, e a água penetra na célula. Na isotônica, há equilíbrio. Na solução hipertônica, a pressão de solvente interna (dentro da célula) é maior, a água deixa a célula. Costuma-se chamar essas hemácias espremidas de hemácias **crenadas** (crenos = dente), por sua aparência ao microscópio (cheias de pequenos dentes). Nesses casos há coincidência da Tonicidade com a Osmolaridade:

a solução hipotônica é também hiposmolar (osmolaridade menor que da hemácia), a isotônica é isosmolar (solução e hemácia, mesma osmolaridade), e a solução hipertônica, é também hiperomolar.

O segundo fator depende da membrana, e está relacionado a substâncias que penetram livremente na célula. Ureia, acetamida, guanidina e muitas outras, estão neste caso. A Fig. 8.10 ilustra uma hemácia dentro de uma solução 0,3 osm de ureia.

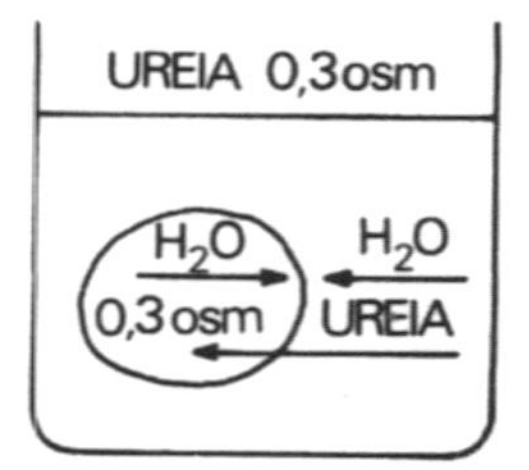

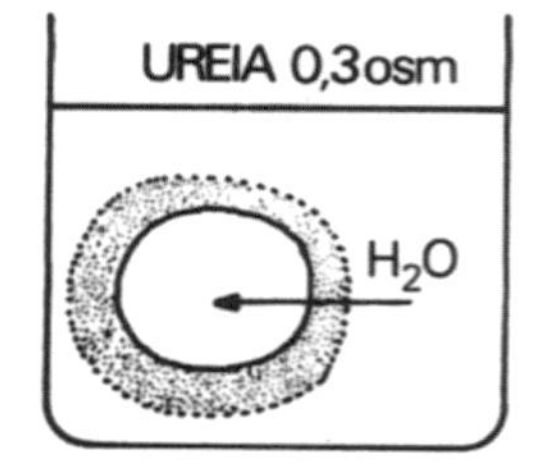

Fig. 8.10 – Tônus e Permeabilidade da Membrana. A – Pressão interna e externa de H_2O é igual. Pressão de Ureia é maior. Ureia penetra na célula. B – Pressão externa de água se torna maior que interna. A solução é hipotônica, água penetra na célula.

As pressões de água, interna e externa, sao iguais, e se equilibram. Mas a ureia penetra na célula, e desequilibra o sistema (Fig. 8.10 A) **diminuindo** a pressão interna de água. Então, água entra na célula (Fig. 8.10 B), que incha e arrebenta. A solução é **hipotônica**. embora seja **isosmolar**. Se a solução externa é 0,3 osm em NaCl e 0,3 osm em ureia, ela se torna isotônica, embora **hiperosmolar**. É que a entrada de ureia na célula, torna as concentrações interna e externa iguais (0,6 osm).

Assim, a tonicidade comporta uma definição operacional, baseada no comportamento da célula:

Solução é isotônica quando a célula não varia seu volume, hipotônica quando a célula incha, e hipertônica quando a célula se encolhe.

Na colheita de sangue, pequena quantidade de água na seringa, às vezes, imperceptível, provoca hemólise. Soluções hipotônicas, até 0,15 osm podem, entretanto, ser injetadas endovenosamente, mas muito lentamente. Da mesma forma, soluções hipertônicas até 1,7 osm podem ser também, lentamente, injetadas na veia. Abaixo e acima dessas concentrações, soluções nao devem ser usadas como injeção endovenosa. Soluções hipertônicas quando injetadas intramuscularmente, sao muito dolorosas.

Difusão e Osmose em Biologia

A difusão tem papel importante na geração de potencial de membrana, realizando o transporte passivo de sódio para o interior da célula, e potássio para o exterior (Fig. 8.11).

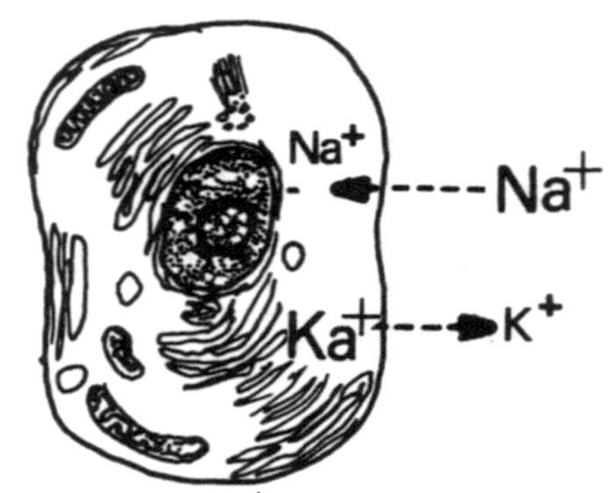

Fig. 8.11 – Difusão de Íons. O tamanho dos símbolos indica a concentração relativa. As setas indicam o sentido da Difusão.

Gradientes de concentração de substâncias nutritivas são responsáveis pelo transporte desses nutrientes pela célula, e acredita-se que este seja um fator que limite o tamanho das células: além de determinado volume, a difusão é insuficiente para levar esses nutrientes a regiões mais afastadas. A distância da difusão é inversamente proporcional ao quadrado do tempo, e isso representa importante fator na nutrição tissular, especialmente de oxigénio nos tecidos cerebrais. Uma anoxia cuja duração seja de 30 a 50 segundos, pode causar danos irreparáveis nos tecidos nervosos.

A difusão de gases nos alvéolos pulmonares é de extrema importância para os mamíferos, especialmente na espécie humana (V. Biofísica da Respiração).

A difusão de medicamentos é muito importante. Anestésicos injetados localmente em pequena área, se difundem, atingindo nervos circunvizinhos e possibilitando a anestesia de regiões consideráveis. A circulação sanguínea acelera a remoção do anestésico, porque aumenta o gradiente de difusão. Por esse motivo, o uso de vasoconstrictores (que diminuem a circulação sanguínea), é um método para prolongar o uso dos anestésicos locais.

A anestesia por difusão, em mucosas, é muito usada, especialmente em odontologia e otorrinologia. Uma gota de anestésico em alta concentração é suficiente para anestesiar até alguns milímetros de profundidade (Fig. 8.12).

A difusão de medicamentos através da barreira hematoencefálica tem papel importante na eficiência de medicamentos tomados oralmente

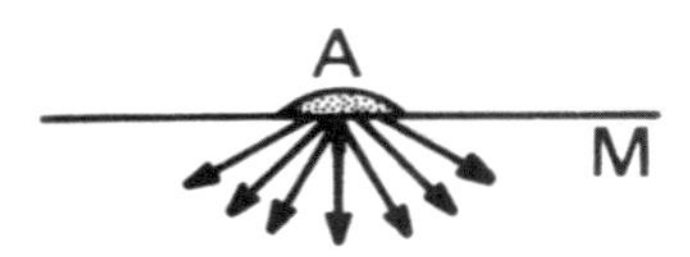

Fig. 8.12 – Difusão de Anestésico. A – Gota de Anestésico; M – Mucosa. As setas indicam a difusão.

ou injetados na circulação, e que devem agir sobre estruturas do sistema nervoso central. A anestesia epidural é também dependente da difusão do anestésico nos espaços epidurais.

A difusão é empregada também em técnicas de laboratório, como a imunodifusão e a imunoeletroforese, onde antigeno e anticorpo reagem após difusão em meio semi-sólido.

A regulação osmótica dos seres vivos se faz internamente, entre os diversos compartimentos biológicos, e externamente, em relação ao meio ambiente. O equilíbrio interno se faz entre os compartimentos intra e extracelulares, entre o extracelular e o vascular. O equilíbrio interno de mamíferos ocorre com pouca diferença de pressão osmótica entre os compartimentos. Uma pressão de 0,3 osm corresponde a aproximadamente 7 atmosferas, e esta, em geral, é a pressão do plasma e de outros compartimentos corporais de mamíferos. Já em certas plantas desérticas, pode haver diferenças de pressão de até 50 atmosferas entre o líquido intra e extracelular, sendo o meio intracelular mais concentrado. A célula está pois em um meio altamente hipotônico, mas não incha porque tem paredes de celulose rígidas.

A adaptação externa se faz em faixa tão extensa, que indica a potencialidade das formas de vida como um sistema altamente bem sucedido. Há seres vivos que vivem em climas extremamente secos, com água apenas sob forma de vapor, e tão baixo quanto 10% de saturação atmosférica. Aumentando a concentração de água, temos seres vivos nos mares e oceanos, com solutos aproximadamente 1 osmolar, até na água de rios e lagos, com apenas traços de matéria dissolvidos. Assim, sistemas biológicos existem quase em ausência de água (10% de vapor) até em água praticamente total (apenas traços de solutos).

Os seres vivos aquáticos são classificados em:

a) **osmoconformadores**, quando possuem osmolaridade interna dependente do meio. Esses seres são também denominados poiquilosmóticos (analogia com poiquilotérmicos); b) **osmoreguladores**, quando possuem osmolaridade independente do meio externo, também chamados homeosmóticos (analogia com homeotérmicos).

Deve-se notar, e isto é importante, que ambas classes possuem processos reguladores:

Os osmoconformadores adaptam sua osmolaridade à osmolaridade ambiente.

Os osmorreguladores adaptam a osmolaridade ambiente ao seu meio interno. Os osmorreguladores podem ainda apresentar regulação **hiperosmôtica**, quando seu meio interno é mais concentrado que o externo; ou **hiposmôtica**, quando seu meio interno é **menos** concentrado que o externo. Alguns apresentam ambos os tipos.

Os mamíferos possuem o "meio interior", que é um mar interno, e se regulam com esse ambiente. Essa regulação não é um equilíbrio, e chama-se **homeostase** (homeos mesmo; stasis posição), e se faz por estado estacionário (V. Termodinâmica).

A medida da osmolaridade total de plasma, sangue, urina e outros fluídos biológicos se faz com facilidade usando os modernos osmômetros, que tilizam o abaixamento crioscópico provocado pelos solutos. O uso desses aparelhos em clínicas de doenças renais é indispensável.

Atividade Formativa 8.0

Proposições:

01. Conceituar Difusão (até 30 palavras).
02. Uma substância volátil é colocada para se difundir em meio gasoso e líquido. Onde será mais rápida a difusão?
03. Considere os sistemas abaixo, separados por membrana permeável, e concentrações de 0,2 e 0,1 M das substâncias indicadas.

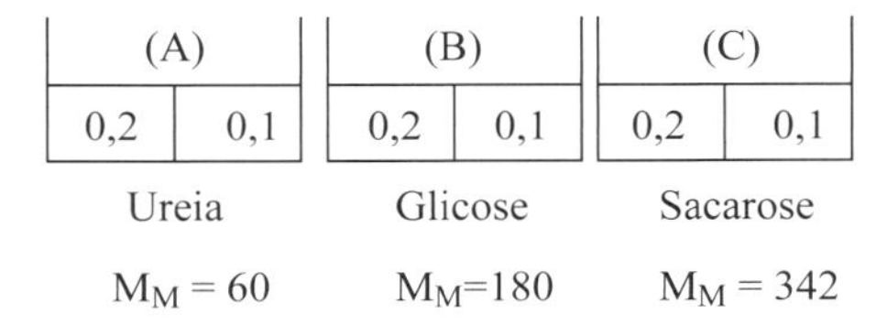

Fig. 8.13

a) A velocidade de migração dos solutos, em ordem decrescente, é:
___________, ___________, ___________

b) O equilíbrio será atingido na seguinte ordem:
1º _________ 2º _________ 3º _________

c) Antes do equilíbrio, o desnível líquido será maior em:
1º _________ 2º _________ 3º _________

d) No equilíbrio, as concentrações nos compartimentos serão:
_____________ (completar)

e) Em todos os casos, a elevação do nível será Transitório ( ) Permanente ( ).

04. Considere os sistemas abaixo.

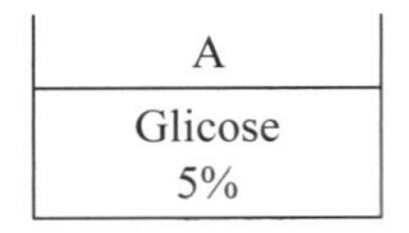

Fig. 8.14

a) A pressão de solvente é maior em ( )
b) A pressão de soluto é maior em ( )
c) Se os sistemas fossem separados por membrana permeável, os fluxos seriam:
Solvente: de ___________ para___________
Soluto: de __________ para ______________

05. Uma macromolécula está de um lado de um sistema, mas a membrana está furada, permitindo a passagem dessa macromolécula. Descrever o que se passará no sistema.
06. Conceituar osmose (até 30 palavras).
07. Considere o sistema abaixo contendo Proteína 1% de um lado, e NaC10,5% dos dois lados. M – Membrana.

Mp
A | B
Proteína Na Cl | Na Cl

Fig. 8.15.

a) Haverá passagem de H_2O de____ para____
b) Haverá passagem de NaCl de___ para____
c) No equilíbrio, a Phid ______ em A será igual à Posm _______ em B.
Certo ( ) Errado ( )
d) A **Concentração** de NaCl em A e B será:
A > B ( ) B > A ( ) B = A ( )
e) A **Quantidade** de NaCl em A e B será:
A > B ( ) B > A ( ) B = A ( )

08. No sistema de P-05, acrescenta-se ao lado A uma pressão hidrostática maior do que a do equilíbrio. Comentar o que vai ocorrer. Comparar com a pressão capilar, e a pressão de filtração no glomérulo.
09. Conceituar Tônus (até 30 palavras).
10. Uma célula é colocada em três soluções de NaCl. Ela incha em 0,05 M, não se altera a 0,1 M e se encolhe a 0,20 M. Classificar a tonicidade das soluções.
11. A célula da P-08 é colocada em solução de ureia 0,20 M, e arrebenta. O que você pode concluir com relação à permeabilidade da ureia?
12. Um paciente tem aumento de sua concentração eletrolítica para 345 mosm. Calcular sua pressão interna em atmosferas.
13. Uma proteína, em solução 25 $g{\cdot}l^{-1}$, eleva o nível líquido a 9,3 cm. A densidade da solução é 1,3 $g{\cdot}cm^{-3}$, e a temperatura, 25°C. Calcular a massa molecular da proteína.

GD – 8.0

Difusão, osmose e tônus se prestam a pesquisas bibliográficas e discussão geral desses tópicos. Porque a água (seiva) sobe em vegetais, é uma pergunta típica. Comportamento de células face à concentração do meio, etc., são temas de alta importância. Cabe ao professor escolher os assuntos que mais interessam o seu curso.

8.2 – Compartimentação

8.2 - Difusão e Osmose Entre os Compartimentos Biológicos

Distribuição de Água e Eletrólitos

Na espécie humana, existe a seguinte distribuição aproximada de componentes, em relação à Massa corporal.

Componente	Percentual
Água	60%
Proteínas	18%
Gorduras	15%
Minerais	7%

O volume de água (60%) está distribuído em dois grandes compartimentos, o **Intracelular** e o **Extracelular**, e esse último se subdivide em dois outros, o **Intersticial** e o **Plasmático** (Fig. 8.16).

Um homem de 70 kg tem a seguinte quantidade de água:

$$\text{Total de água: } \frac{70 \times 60}{100} = 42 \text{ litros}$$

Cálculo semelhante mostra que o compartimento celular, que é o maior compartimento, tem 28 litros (40%). As células estão banhadas pelo líquido do compartimento intersticial, que possui 10,5 l (15%). Fazem exceçao as células do sangue, que estão em contato com o plasma. O compartimento plasmático tem 3,5 l (5%), e está dentro do **espaço vascular**, que compreende plasma + hematias. O espaço vascular é cerca de 8% (5,6 litros), e não está representado na Fig. 8.16. Esseespaço varia com a contração ou dilatação do leito vascular.

Há ainda outros compartimentos extracelulares, como fluido linfático (linfa), o líquido cefalorraquidiano (líquor), e os fluidos sinoviais (lubrificam as articulações), e que são incluídos no

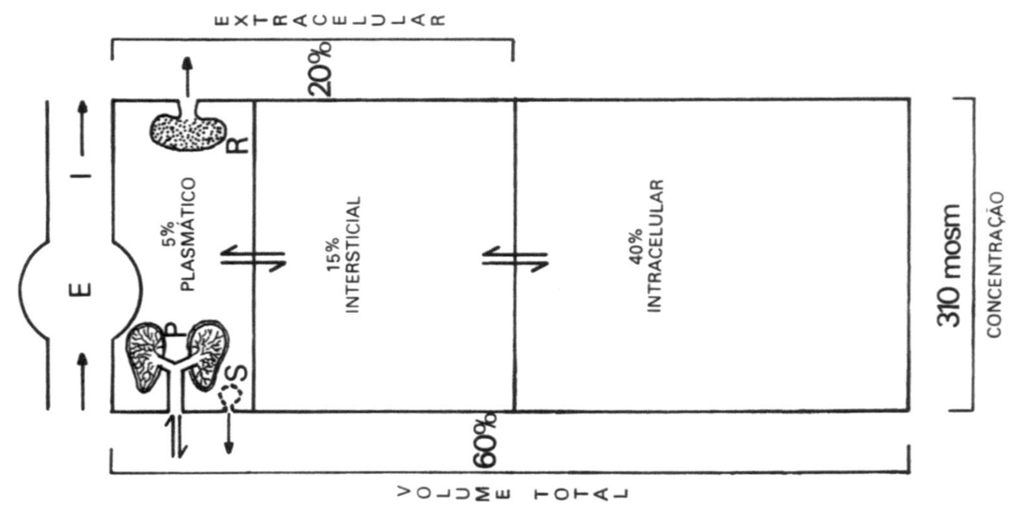

Fig 8.16 – Compartimentos Líquidos do Corpo Humano. E – Estômago; I – Intestino; P – Pulmão; R – Rim; S – Superfície Cutânea e Glândulas Sudoríparas. As setas indicam trajetos de trocas. A altura representa o volume, e a largura representa a concentração.

compartimento intersticial. A representação **morfológica** das relações **anatômicas** dos componentes principais, está na Fig. 8.17.

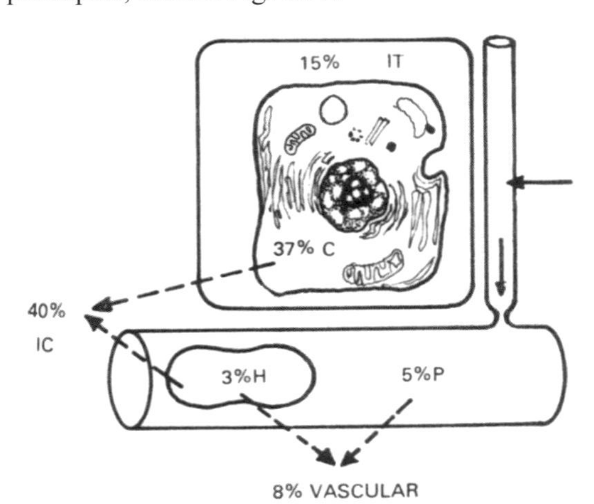

Fig. 8.17 – Representação Morfológica dos Compartimentos Principais. Intracelular: C – Célula; H – Hematia: 37 + 3 = 40%; Intravascular: P – Plasma; H – Hematia: 5 + 3 = 8%; Intercelular: IT – Espaço entre as células; L – Linfático; Total: 15%.

O conhecimento do volume, e da concentração hidroeletrolítica dos compartimentos, é de grande importância clínica e biológica. Métodos biofísicos simples permitem determinar esses parâmetros.

Métodos para Determinação do Volume dos Compartimentos

O princípio geral é usar uma substância que se distribua uniformemente pelo compartimento que se quer conhecer.

1. Determinação do Compartimento Vascular e Plasmático

É também conhecida como determinação da volemia (volume do sangue). É possível determinar o volume do sangue total (volemia), das hematias e do plasma. O método é simples (Fig. 8.18).

O corante Azul de Evans (T-1824) se liga à soroalbumina, e não deixa o espaço vascular. Uma quantidade conhecida desse corante é injetada na circulação (Fig. 8.18A), as moléculas do corante se ligam à albumina (Fig. 8.18B), uma amostra de sangue é centrifugada (Fig. 8.18C), e a concentração do corante é determinada (Fig. 8.18D).

Exemplo: 10 ml de Azul de Evans a 1,0% foram injetados em uma veia de um adulto homem. Após 10 minutos, uma amostra de sangue foi colhida feito o hematócrito e o plasma separado por centrifugação, e feita a determinação de C2. Obteve-se:
Plasma = 58%
Hemátias = 42%
$C_2 = 0{,}00305\%$

1. **Volume Plasmático** – Como usual:

$$C_1 \times V_1 \; C_2 \times V_2$$
$$1{,}0 \times 10 \text{ ml} = 0{,}00305 \times X$$
$$X = 3.279 \text{ ml}$$

2. **Volume Sanguíneo** – Se o plasma é 58% do total, e vale 3.279 ml, a volemia será:

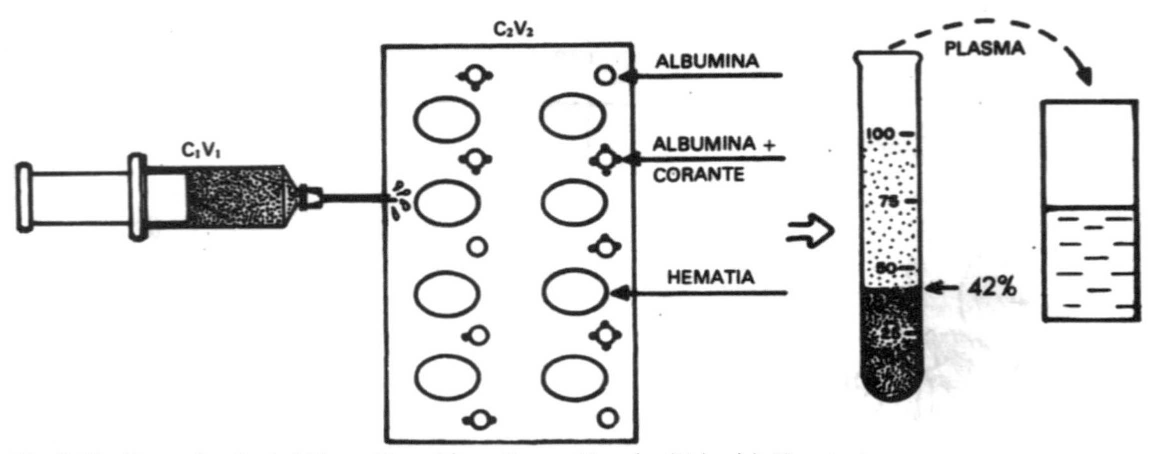

Fig. 8.18 – Determinação do Volume Plasmático e Espaço Vascular (Volemia). Ver o texto.

$$x = \frac{3.279 \times 100}{58} = 5.653 \text{ ml}$$

3. **Volume das Hemátias** – É 42% de 5.653 ml, ou 2.374 ml. Obviamente, é também a diferença:

V_H = (Volemia) — (Volume plasmático).

O uso de albumina marcada com radioisótopos (RISA, Radio-Iodo-Soro-Albumina) ou com hemátias marcadas (^{51}Cr), permite determinações precisas desses volumes (V. Radioisótopos), com maior simplicidade ainda. Também, o ^{133}In se presta a essas determinações.

2. **Compartimento Intersticial** – Substâncias que deixam o espaço vascular, mas não penetram nas células, podem ser usadas para determinar o espaço intersticial. O princípio do método está na Figura 8.19.

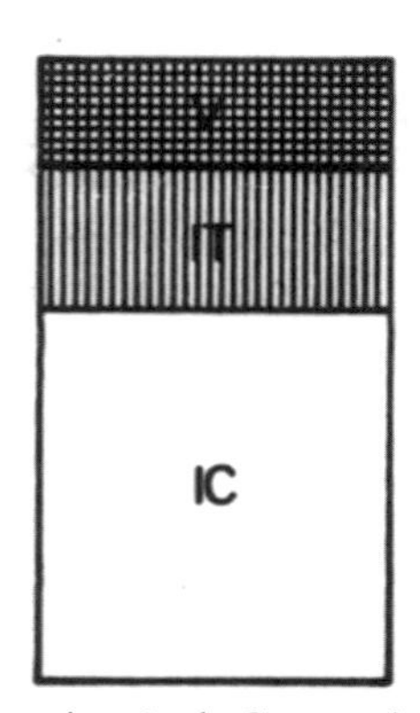

Fig. 8.19 – Determinação do Compartimento Intersticial. V – Comp. Vascular; IT – Comp. Intersticial; IC – Comp. Intracelular; Indicador no Compartimento Vascular. Indicador no Compartimento Vascular – Compartimento Intersticial.

Várias substâncias podem ser usadas: tiocianato, tiossulfato, ferrocianato e inulina, que se distribuem uniformemente nos compartimentos vascular + intersticial. O compartimento vascular é determinado como descrito anteriormente, e a diferença é o compartimento intersticial (V. também Radioisótopos).

3. **Compartimento Intracelular** – O princípio usado é ainda o mesmo: usar indicador que se distribua nesse compartimento. Obviamente, os outros dois sao também atingidos, e devem ser determinados simultaneamente, e seu volume descontado do total. A água pesada (D_2O) se distribui uniformemente por todo o volume hídrico, e serve bem a essa determinação. Outra substância que pode ser usada é antipirina, que também se distribui pelo compartimento hídrico total. (V. tb. Radioisótopos).

Alterações no Estado Estacionário dos Compartimentos

O estado estacionário (V.TD) entre os compartimentos é mantido através da difusão, osmose e transporte ativo de certos componentes. Distúrbios nesse estado estacionário estio entre os mais sérios que podem ocorrer nos biossistemas, especialmente nos mamíferos de grande porte.

O princípio biofísico vigente nos estados hígidos e patológicos é o mesmo:

Os compartimentos mantêm a ísosmolaridade

Isto significa que as alterações de concentração se distribuem entre os componentes. Algumas dessas alterações são:

1. **Desidratação** – É perda de solvente (água) sem perda de soluto (sais, pequenas moléculas, proteínas etc). As alterações estão representadas na Fig. 8.20.

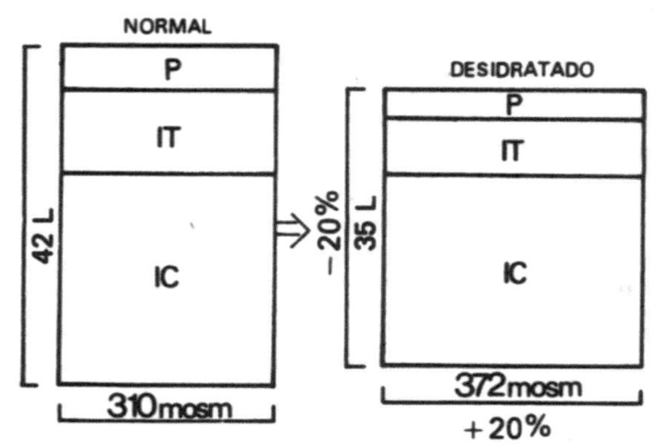

Fig. 8.20 – Desidratação. Horizontal: + 20% Osmolaridade; Vertical: – 20% no Volume Hídrico. Notar a manutenção da isosmolaridade entre os compartimentos.

A desidratação ocorre por várias causas. A mples evaporação cutânea, a chamada "perspiratio insensibilis", ou perspiração insensível, que é perda de água pela pele e pela respiração; quando não é reposta, pode levar à desidratação. A perspiração insensível não deve ser confundida com a sudorese, ou eliminação de suor. Este, se excessivo, pode levar também a desidratação. Outra causa é o diabete insípido. Nessas duas condições ocorre também pequena perda de soluto: o suor é hipotônico, e a urina do diabete insípido, também. Outra causa de desidratação, que pode ser severa, é a insolação (excessiva exposição ao sol). A quantidade aproximada de água a ser reposta pode ser calculada:

Exemplo: Um paciente de 70 kg tem sinais clínicos de desidratação, e um sódio plasmático de 170 $meq \cdot l^{-1}$. O normal é 140 $meq \cdot l^{-1}$, e o volume líquido deveria ser 60% de 70 ou 42 litros. Podemos calcular:

1. A diminuição do volume líquido é indicada pelo aumento relativo da concentração de sódio:

$140 \times 42 = 170 \times X$
$X = 35$ litros de H_2O.

O déficit é:

42-35 = 7 litros ou cerca de 16%.

Esse volume deve ser reposto por via oral, ou pela infusão endovenosa de glicose a 5%. Se houver eficiência de algum eletrólito, este deve ser acrescentado. Um fluxo de 500 ml (1/2 litro) de soluto por hora, é uma velocidade aceitável, e o paciente receberia os 7 litros em 14 horas.

2. **Hiperidratação** – Também conhecida como intoxicação aquosa, ocorre quando há excesso de infusão endovenosa de líquidos, especialmente quando a pressão de filtração renal é baixa. Isso acontece sempre que há hipotensão arterial, como em casos de choque, cirurgia ou anestesia muito extensa e prolongada. O uso inadequado de hormônio antidiurético é também outra causa de hiperidratação (Fig. 8.21).

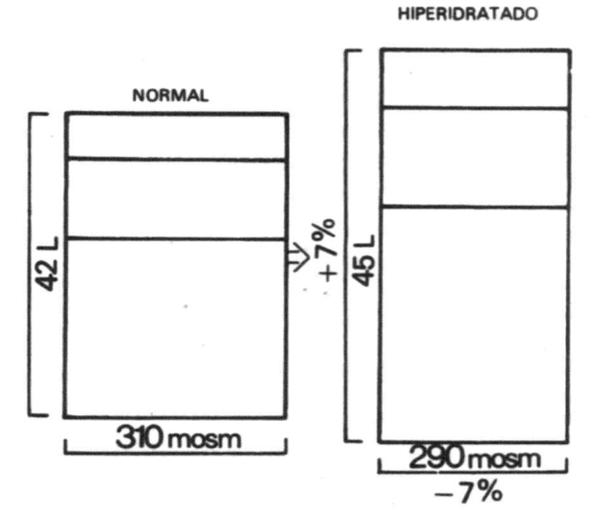

Fig. 8.21 – Hiperidratação (ver texto).

A hiperidratação pode ter consequências graves. A sobrecarga circulatória pode levar a edema agudo do pulmão, ou a colapso circulatório. Como a caixa craniana não é expansível, o edema cerebral pode ter consequências muito sérias, devido à pressão intracraniana aumentada.

Exemplo: Um paciente submetido a cirurgia recebe cerca de 2 l de soro glicosado a 5%, e apresenta sintomas de confusão mental, edema subcutâneo, hipotensão arterial, e diurese diminuída. O paciente foi posto em restrição de água, a hipotensão arterial foi corrigida, resultando em diurese satisfatória e normalização do quadro clínico.

3. **Depleção de Eletrólitos** – Ocorre em várias circunstâncias, como insuficiência do córtex adrenal,

síndrome neurológica. Com excreção aumentada de eletrólitos, e insuficiência renal, entre outros. A depleção de sódio ou potássio é sempre acompanhada da perda de um anion, geralmente Cl^-. A respiração deve visar também a correção de distúrbio hídrico, que geralmente está presente.

Exemplo: Um paciente apresenta deficiência de 10 meq de NaCl (20 mosm), na concentração plasmática. Qual é o déficit salino? Paciente tem 50 kg.

1. Assumindo a isosmolaridade, o volume normal de líquido seria 60% de 50 kg, ou 30 l.

A concentração atual de eletrólitos é:

$$310 - 20 = 290 \text{ mosm.}$$

A quantidade que falta é:

$$20 \text{ mosm.l}^{-1} \times 30 \text{ l} = 600 \text{ mosm ou } 300 \text{ meq de NaCl.}$$

3. Usando-se NaCl a 5%, deve-se injetar gota a gota, endovenosamente, cerca de 350 ml dessa solução, bem lentamente, em 24 horas. A dose equivale a cerca de 17 g de NaCl.

Atenção – Os exemplos aqui citados exemplificam os princípios usados na recomposição do estado estacionário dos compartimentos biológicos, e não devem ser considerados como indicação terapêutica.

Hipodermóclise – Consiste na introdução subcutânea de soluções. Não deve ser usada em pacientes desidratados por causa do mecanismo indicado no Exemplo 1 de osmose (V. Osmose). Antes que os sais sejam reabsorvidos, a água do paciente se dirige para o local da injeção, e pode agravar o quadro de desidratação, induzindo mesmo a um colapso vascular.

Objetivos Específicos do Capítulo 8

A) Parte Geral

1. Expressar o conceito termodinâmico de Difusão.
2. Descrever a experiência fundamental de Difusão.
3. Explicar a dependência da difuslo dos seguintes fatores: concentração, forma, volume, temperatura e tempo.
4. Conceituar osmose, e o mecanismo da pressão osmótica.
5. Descrever fenómenos de osmose em três situações: moléculas difusíveis, presença de macromolécula em água, e macromoléculas em soluções salinas.
6. Conceituar pressío oncótica e pressão coloidosmótica.
7. Relacionar a Pressão Osmótica à Pressão Hidrostática.
8. Calcular a Pressão Osmótica de solutos.
9. Calcular a massa molecular de uma macromolécula através da pressão osmótica.
10. Relacionar Tônus à concentração de soluções.
11. Relacionar Tônus à permeabilidade de membranas celulares.

B) Difusão e Osmose em Biologia

8.1 – Difusão e Osmose em Biologia

12. Descrever algumas relações entre difusão, osmose e tônus em sistemas biológicos.

C) Compartimentação Biológica

8.2 – Difusão e Osmose entre Compartimentos Biológicos

13. Citar a distribuição de água e solutos de um mamífero.
14. Desenhar esquema semiquantitativo dos compartimentos biológicos.
15. Saber determinar e calcular o volume dos compartimentos vascular (plasmático e hemático).
16. Descrever os princípios que prevalecem na determinação dos compartimentos intersticial e intracelular.
17. Descrever alterações no regime estacionário dos compartimentos.
18. Dar exemplos de alterações hidroeletrolíticas, e descrever o princípio geral de correção desses distúrbios.

9

pH e Tampões

Leitura Preliminar 9.0

(Reler os Tópicos que achar necessário).

1. Lei de Ação das Massas – Equilíbrio Químico.
2. Ácidos, Bases, Álcalis e Sais.
3. Estudo da Composição de um Litro de Água.

1. Lei de Ação das Massas – Equilíbrio Químico

Quando reagentes se combinam para gerar Produtos, a velocidade da reação é comandada pela Lei de Ação das Massas (LAM), que é uma das leis fundamentais do Universo.

A Velocidade de uma Reação é Proporcional ao Produto da Concentração Ativa das Substâncias que Reagem.

Ou seja:

$$v \alpha [C_1] [C_2]...[C_n]$$

Multiplicando-se a proporcionalidade por uma constante experimental, (k) obtém-se uma igualdade.

$$v = k[C_{1][C2]...[Cn]}$$

Essa simples equação da LAM permite calcular o ponto de equilíbrio de reação do tipo:

$$A + B \underset{\text{REVERSA}}{\overset{\text{DIRETA}}{\rightleftharpoons}} C + D$$

onde A + B reagem para **formar** C + D, e estes, por sua vez, reagem para reformar A + B (V. Termodinâmica).

No início, quando A + B síο misturados, somente ocorre a reação direta. Porém, quando C + D tiverem concentração suficiente para reagirem e reformar A + B, aparece a reaçío reversa. A velocidade dessa reação reversa vai crescendo até se igualar à velocidade da reação direta. Esse é o **ponto de equilíbrio**, onde:

1. As velocidades de ida e volta são iguais e constantes.
2. As massas de A, B, C e D, ficam constantes, mas não necessariamente, iguais.

No caso da reação $A + B \rightleftharpoons C + D$, as velocidades de ida (v_1) e volta (v_{-1}), são:

Ida (Direta)	Volta (Reversa)
$V_1 - k_1 [A] [B]$	$v_{-1} : k_{-1} [C] [D]$

No equilíbrio, $v_1 = v_{-1}$

Então: $k1 [A] [B] = k\text{-}1 [C] [D]$

Rearrajando, e lembrando que a razão entre duas constantes só pode ser outra constante, temos:

$$\frac{k_1}{k_{-1}} = K = \frac{[C] [D]}{[A] [B]}$$

A constante K é chamada Constante de Equilíbrio, e por definiçío, é sempre a razão Produtos/Reagentes:

$$K = \frac{[\text{Produtos}]}{[\text{Reagentes}]}$$

Simplificadamente,

$$K = \frac{P}{R}$$

Essa equação define as seguintes relações entre K e a Concentração de Produtos e Reagentes:

Constante	Concentração
1. Se K= 1,	Produtos = Reagentes
2. Se K>1,	Produtos > Reagentes
3. Se K<1,	Produtos < Reagentes.

A LAM é extensamente usada para expressar situações relacionadas a pH e Tampões.

2. **Ácidos, Bases, Álcalis e Sais** - O conceito de Brönsted-Lowry é adequado ao estudo de pH e Tampões:

Ácido - Qualquer substância que libera protons.

Base - Qualquer substância que liga prótons.

O mecanismo apresentado como:

$$\text{Ácido} \rightleftharpoons \text{Próton} + \text{Base}$$

Liberação de Prótons (→)
Ligação de Prótons (←)

Assim, o HC1 é **ácido** porque libera prótons (H+), e o Cl^- é **base** porque se liga ao H+ dando o HC1. Alguns exemplos de ácidos e bases estão no Quadro 9.1. Um ácido e sua base recebem o nome de **par conjugado**.

Notar que alguns componentes do Quadro 9.1 não dexiam dúvidas quanto ao seu caráter **Ácido** (clorídrico, acético, amônia), ou ao seu caráter **Básico** (cloreto, acetato, amoníaco). Outros pares conjugados, porém, ora aparecem como Ácidos, ora como Bases (Fosfato I e II, aminoácidos). Nessa situação, deve-se considerar o critério Termodinâmico de Doador ou Aceptor de prótons:

Em um par conjugado qualquer:

Doador é o que tem **mais** prótons.
Aceptor é o que tem **menos** prótons.

Assim, na dupla H_3PO_4 e $H_2PO_4^-$ o doador é o H_3PO_4. Na dupla $H_2PO_4^-$ e $HPO_4^=$ o doador passa a ser o $H_2PO_4^-$, e assim por diante.

O critério de Aceptor e Doador de prótons é mais amplo, e vale para quaisquer substâncias.

Ácidos e Acidez – Um critério importante é o seguinte:

"A acidez é exercida pelo íon H^+ (H_3^+O), e não pela molécula do ácido".

Por esse motivo, os ácidos são divididos em duas classes:

Ácidos Fortes – Liberam totalmente o H^+, formando H_3^+O em alta concentração. O efeito ácido se manifesta com intensidade. Exemplo: HC1.

Ácidos Fracos – Liberam parcialmente o H^+, formando H_3^+O em baixa concentração. O efeito ácido se manifesta fracamente. Exemplo: CH_3COOH.

Este conceito está representado na Figura 9.1.

Notar que, pelo conceito de ácidos e bases, a força **relativa** dessas substâncias é oposta:

Ácido Forte, Base Fraca (mal retém o próton).

Ácido Fraco, Base Forte (segura bem o próton).

Quadro 9.1
Ácidos e Bases

Nome	**Ácido**	**⇌ Próton**	**+ Base**	**Nome**
Ácido clorídrico	HC1	H^+	Cl^-	Cloreto
Ácido Acético	CH_3COOH	H^+	CH_3COO^-	Acetato
Amônia	NH_4^+	H^+	NH_3	Amoníaco
Ácido Fosfórico	H_3PO_4	H^+	$H_2PO_4^-$	Fosfato I
Fosfato I	$H_2PO_4^-$	H^+	HPO_4	Fosfato II
Fosfato II	$HPO_4^=$	H^+	PO_4	Fosfato III
Aminoácido (cátion)	R(COOH)(NH_3^+)	H^+ H^+ nH^+	R(COO^-)(NH_3^+)	Aminoácido (hibrion)
Aminoácido (hibrion)	R(COO^-)(NH_3^+)		R(COO^-)(NH_2^+)	Aminoácido (anion)
Fórmula Geral de ácido	H_nA		$A^{n(-)}$	Fórmula geral de base

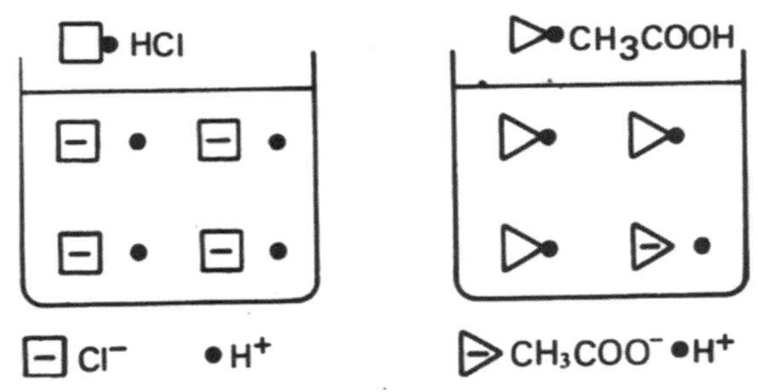

Fig. 9.1 – Ácidos Fortes e Ácidos Fracos (ver texto).

Álcalis – São substâncias que ao se dissociarem, liberam a hidroxila, OH^-. Entre os álcalis estão o NaOH, KOH, NH4OH, Ca (OH), etc.

Como os ácidos, os álcalis se dividem em **fortes** e **fracos**, pois quem exerce o efeito alcalino é o íon OH^-. Os álcalis fortes liberam completamente a hidroxila, OH–, como o NaOH ou KOH. Os álcalis fracos liberam parcialmente a hidroxila, como o NH_4OH.

Sais – São substâncias que, ao se dissociarem, não liberam diretamente nem H+ nem OH–. São compostos do tipo NaCl, KC1, CH_3COONa, NH_4C1, NaH_2PO_4, etc. Os sais se classificam em neutros, ácidos e básicos, conforme sua atuaçao sobre o pH da água, como veremos neste texto.

Nota – Esses conceitos operacionais não são definições rigorosas dessas classes químicas, mas servem admiravelmente bem para estudo de pH e Tampões.

3 – Estudo da Composição de um Litro de Água

Essa é uma experiência fundamental de pH. Um litro d'água é um cubo de $10 \times 10 \times 10\ cm^3$ desse líquido (Fig. 9.2).

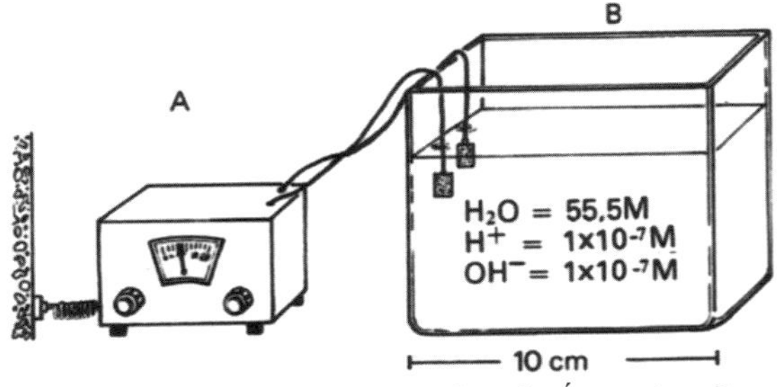

Fig. 9.2 – Composição de um Litro de Água. A – Condutivímetro; B – Um litro d'água ($10 \times 10 \times 10\ cm^3$); Temperatura de 25°C; Pressão de 1 atm.

Um litro de H_2O tem massa aproximada de 1 kg, e como um mol de água tem 18 dáltons, a **concentração** da água é:

$$CH_2O = \frac{1.000l^{-1}}{18\ mol–1} = 55{,}5mol.1–1 \text{ ou M.}$$

Esse valor mostra que a água é um líquido altamente concentrado. Basta lembrar que as soluções biológicas variam de 0,1 a 0,3 mol.l–1, em geral.

A água se ioniza em:

$$H_2O \rightleftharpoons H^+ + OH^-$$

Esses íons conduzem a corrente elétrica, e sua concentração pode ser determinada pelo condutivímetro da Fig. 9.2. Os valores encontrados são:

$$H^+ = 1 \times 10^{-7}\ mol.l^{-1}$$

E, obviamente,

$$OH^- = 1 \times 10^{-7}\ mol.l^{-1}$$

porque a cada íon H^+, corresponde um OH^-. É notável que a água se dissocie **muito pouco**; menos de 2 moléculas em cada 1 bilhão, se dissocia! A constante de Equilíbrio da água é:

$$k = \frac{H^+ \times OH^-}{H_2O} = \frac{1 \times 10^{-7} \times 1 \times 10^{-7}}{55{,}5}$$

como a concentração de H_2O é muito grande, e praticamente constante, ela é incluída na Constante do Equilíbrio, obtendo–se o que se chama de Constante de Dissociação ou Constante do Produto Iônico da água (K):

$$(k \times 55{,}5) = K = H^+ \times OH^- = 1 \times 10^{-7} \times 1 \times 10^{-7}$$

Simplificando:

$$K = 1 \times 10^{-7} \times 1 \times 10^{-7} = 1 \times 10^{-14}\ (mol.l^-)^2$$

Esse resumo, um litro d'água tem uma enorme quantidade de moléculas de água, H_2O, e uma diminuta quantidade de íons H^+ e OH^-, que resultam da escassa dissociação da água. Entretanto, esses íons possuem uma profunda e marcante influência sobre as propriedades da água, e seu estudo é feito no item pH e Tampões.

9.1 – pH e Tampões – Parte Conceitual

Sendo a água o componente mais abundante nos sistemas biológicos, é de se esperar que a água e seus íons desempenhem papel muito importante nesses sistemas, e isso é o que se verifica nos seres vivos.

A água se dissocia espontaneamente em hidrogenion ($H^{+)}$ e hidroxilion (OH^-).

$$H_2O \rightleftharpoons H^+ + OH^-$$

O próton, H^+, não existe livre em solução, e se combina imediatamente a outra molécula de água:

$$H^+ + H_2O \rightleftharpoons H_3\overset{+}{O}.$$

O $H_3\overset{+}{O}$ chama–se Hidrônio, e para simplificar, escreve–se apenas H^+. O íon OH^- é também chamado de hidroxila ou oxidrila. Assim, os íons $H_3\overset{+}{O}$ e OH^- são de primordial importância nas funções biológicas. A concentração bidrogeniônica varia de 1 a 10^{-14} mol.l^{-1}, e a concentração hidroxiliônica acompanha em sentido inverso:

Quando H^+ sobe, OH^- desce.

Para facilitar a representação da escala de concentração hidrogeniônica, usa–se a escala de pH (potencial de H). Por definição,

$$pH = -\log H^+$$

Ou seja "pH é o logaritmo negativo da concentração hidrogeniônica".

As escalas são equivalentes, apenas, como o pH é o log negativo de H^+, a relação é inversa:

Quando o pH desce, H^+ aumenta.

Quando o pH sobe, H^+ diminui.

A escala prática de pH vai de 0 a 14 a 25°C e 1 atm. Por analogia, pOH é o log negativo da concentração de OH^-, e a relação:

$$pH + pOH = 14$$

é constante: se pH = 4, pOH = 10 e pH + pOH = 14. Basta, portanto, usar a escala de pH, que o pOH se torna conhecido (Fig. 9.3).

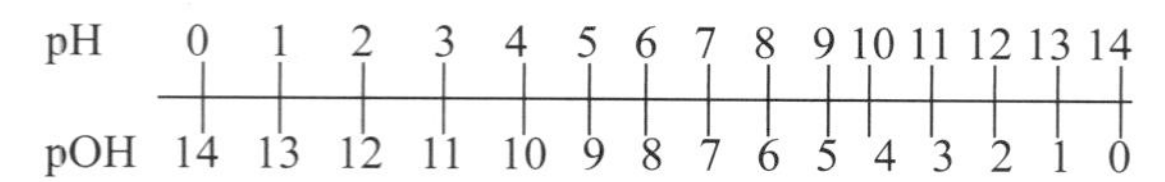

Fig. 9.3 – Escala de pH e pOH – A soma pH + pOH = 14 é constante. A escala de pOH pode ser dispensada.

O pH d responsável pela chamada Reação das soluções. As seguintes situações existem:

pH < pOH	pH = pOH	pH > pOH
Reação Ácida	Reação Neutra	Reação Alcalina

A escala de reação está na Fig. 9.4

Ácido — Neutro — Alcalino

0 1 2 3 4 5 6 7 8 9 10 11 12 13 14

Fig. 9.4 – Relação entre pH e Reação do Meio, a 25°C a 1 atm.

A água pura tem reação neutra, e a 25°C, pH = 7, e portanto, pOH também é igual a 7. O pH da água pura pode ser amplamente modificado por aditivos, como veremos a seguir.

Modificação do pH da Água

Quando se acrescentam ácidos, esses ácidos liberam H^+, e o pH desce:

$$HCl + H_2O - H_3{+}O + Cl^- \quad \left[\begin{array}{l} H^+ \text{sobe} \\ pH \text{ desce} \end{array} \right.$$

A adição de ácidos fortes (Fig. 9.5 A) abaixa o pH a extremos. Uma solução 0,1 M de HCl tem pH = 1, fortemente ácido. Este pH pode ser encontrado no suco gástrico de adultos.

A adição de ácidos fracos (Fig. 9.5B) abaixa o pH menos violentamente. O vinagre é uma solução de ácido acético e tem pH em torno de 3 a 4. Ácido cítrico do suco de limão, ácido tartárico de refrigerantes baixam o pH a 2,8-3,2.

A adição de bases (como álcalis) fortes eleva bruscamente o pH da água, e uma solução 0,1 M de NaOH (soda cáustica, tem pH = 13 (Fig. 9.5D). Álcalis fracos como amônia e outros, provocam menor elevação do pH (Fig. 9.5C).

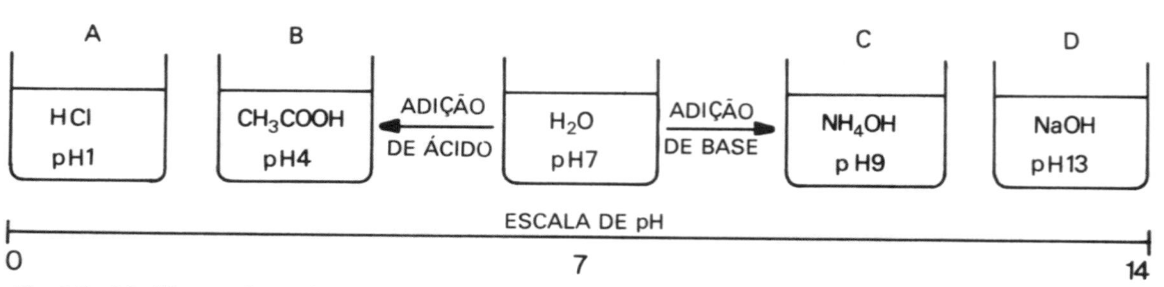

Fig. 9.5 – Modificação do pH da água por adição de ácidos e bases.

Alguns fluidos orgânicos são alcalinos, como o suco pancreático, que tem pH médio igual a 8. Álcalis liberam base OH^- que se combina a prótons, elevando o pH.

$$OH^- + H^+ \rightleftharpoons H_2O \left[\begin{array}{l} H^+ \text{ desce} \\ \text{pH sobe} \end{array} \right.$$

Nota – A Tabela 9.1 alista alguns ácidos e álcalis. Todo cuidado é pouco ao lidar com ácidos e álcalis fortes. Risco de queimaduras graves e mesmo lesões mortais pode resultar do contato dessas substâncias com o organismo. Os ácidos fortes provocam dor violenta, imediata, os álcalis levam mais tempo, mas suas lesões são também muito graves.

Os sais que se hidrolisam em partículas que não afetam a concentração hidrogeniônica, não modificam o pH: NaCl, KC1, etc. Mas, há sais como o acetato de sódio, que libera a base CH_3COO^-, que se combina ao hidrogênio, e o pH sobe:

$$CH_3COO\,Na \rightleftharpoons CH_3COO^- + Na^+$$
$$CH_3COO^- + H^+ \rightleftharpoons CH_3COOH$$

A captura de prótons pela base, dando ácido não dissociado, resulta em diminuição da concentração hidrogeniônica, e elevação do pH.

Sais como o cloreto de amónio liberam NH_4^+ que por sua vez, libera prótons:

$$NH_4^+ \rightleftharpoons NH_3 + H^+, \text{ e o pH abaixa}$$

Esse tríplice comportamento classifica os sais em:

Neutros – Não modificam o pH da água.
Ácidos – Abaixam o pH da água.
Básicos – Elevam o pH da água.

Nota – Alguns sais estão alistados na Tabela 9.1.

B) Controle e Determinação de pH

a) Controle do pH — Sistemas Tampões

Os seres vivos são extremamente sensíveis às variações do pH do seu meio interno. Na espécie humana, o pH do plasma sanguíneo é 7,42, e variações de ±0,3 unidades de pH trazem consequências graves, com grande risco de vida. O controle físico do pH é feito através de misturas reguladoras chamadas **Tampões**. O efeito tamponante está mostrado na Fig. 9.6.

Notar que adição de ácido na solução sem tampão provoca grande diferença de pH: de pH 7 para pH 3. Na solução tamponada, a diferença é atenuada: de pH 7 para pH 6.5 Efeito similar é observado para a adição de álcali.

Tabela 9.1
Ácidos, Álcalis e Sais

Ácidos		
Fortes	Fracos	
Clorídrico – HCl Sulfúrico – H_2SO_4 Nítrico – HNO_3	Acético – CH_3–COOH Fosfórico – H_3PO_4 Bicarbônico – $NHCO_3$	
Alcalis		
Fortes	Fracos	
Hidróxido de sódio – NaOH Hidróxido de Potássio – KOH Hidróxido de lítio – LiOH	Hidróxido de Amônio - NH4OH Tris – C4H1INO3 Cafeína – C8H-10O2N4.H2O	
Sais		
Ácidos	Neutros	Básicos
Cloreto de Amônio – NH_4C1 Fosfato I de Sódio – NaH_2P0_4 Sulfato de Amônio – $(NH_4)_2S0_4$	Cloreto de Sódio – NaCl Cloreto de Potássio – KC1 Sulfato de Sódio – Na_2SO_4	Acetato de Sódio – CH_3COONa Bicarbonato de Sódio – $NaHCO_3$ Fosfato II de Sódio – Na_2HPO_4

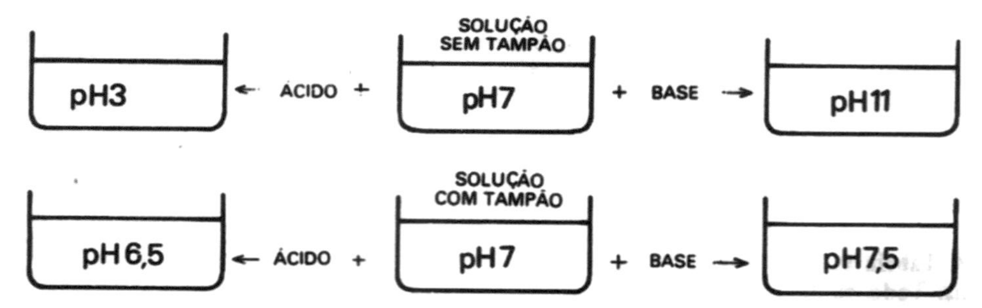

Fig. 9.6 - Representação do Efeito Tamponante. Notar que adição de ácido na solução tampão provoca grande diferença de pH: de pH 7 para pH 3. Na solução tamponada, a diferença é atenuada: de pH 7 para pH 6,5. Efeito similar é observado para a adição de álcali.

O mecanismo desse efeito é simples. O tampão:

Recolhe prótons quando há excesso.
Fornece prótons quando há falta.

Assim, o sistema tampão é formado por um Aceptor de prótons e um Doador de prótons, operando reversivelmente.

Um desses sistemas é a mistura de ácido acético-acetato de sódio, que funciona assim (Esquema 9.1).

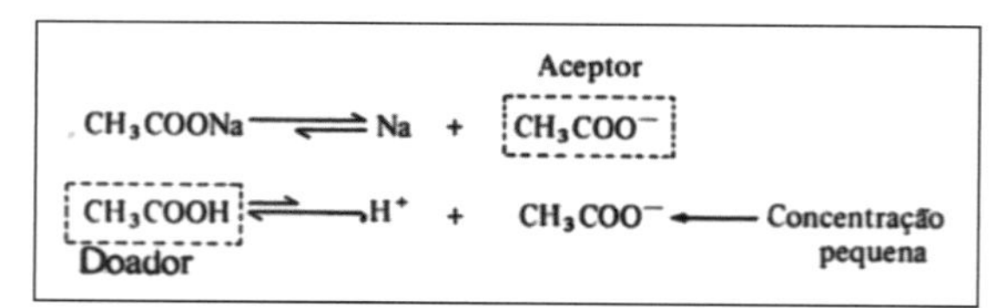

Esquema 9.1 – Estrutura de um Tampão.

O acetato de sódio se dissocia completamente, e a base acetato (CH_3COO^-) está pronta a receber prótons (H^+). O ácido acético (CH_3COOH) se dissocia pouco, e está pronto para fornecer prótons quando houver necessidade. Quando se acrescenta HC1 ao sistema, o HC1 libera prótons (H+), que são capturados pelo acetato, formando ácido acético pouco dissociado, e o efeito da acidez não aparece, porque o próton está combinado ao acetato. O pH desce menos do que na ausência do tampão. Quando acrescentamos NaOH, o OH− do álcali captura os prótons livres do tampão, mas o ácido acético libera outros, e regula o pH.

O Tampão **não impede** mudanças de pH, mas atenua consideravelmente essas mudanças. (V. Fig. 9.6). Existem várias combinações dè pares conju» gados Aceptor/Doador de prótons, que funcionam na faixa de pH onde se encontram os sistemas biológicos. Sem esses tampões a existência de seres vivos é impossível. Os sistemas tampões mais importantes nó plasma sanguíneo de grandes mamíferos, são o bicarbonato ácido bicarbônico, o fosfato II/ fosfato I e outros menos importantes. Variações nesses sistemas conduzem a condições de Acidose ou Alcalose, que devem ser imediatamente combatidas. (V. Leitura Complementar 9.2).

b) **Determinação do pH – Indicadores** (V. também Leitura Complementar 9.1).

O conhecimento do pH de fluídos biológicos e de soluções de laboratório é de importância primordial. Existem aparelhos especiais, os peagâmetros para determinações precisas, mas uso de **indicadores de pH** é indispensável na prática. Os indicadores de pH são substâncias que mudam de cor conforme o pH do meio. Alguns indicadores mais usados, com a relação cor/pH estão na Tabela 9.2.

O uso de indicadores é hoje muito facilitado, pela existência de fitas de papel, ou de plástico, impregnadas com essas substâncias. As fitas são introduzidas nas soluções, ou uma pequena gota da solução é colocada sobre a fita. A cor resultante é comparada com uma série de padrões coloridos. Fora da faixa de mudança de coloração, que é a faixa útil, os indicadores não funcionam. É que os indicadores são ácidos fracos que apresentam cor A (Ácida) quando protonados e cor B (Básica) quando desprotonados (Fig. 9.7).

As cores extremas ocorrem no ponto de viragem, e cores intermediárias aparecem na faixa de viragem, e representam misturas de cores A e B. Os indicadores são usados: 1 – Ponto de viragem. Titulação de ácidos com base forte ou titulação de base com ácido forte. 2 – Determinação do pH. Na faixa de viragem a mudança de cor acompanha o pH. (Veja Leitura Complementar 9.1).

Atividade Formativa 9.0

Proposições:

01. Escrever a equação de dissociação da água, e citar o nome dos componentes.

Tabela 9.2
Indicadores de pH

Indicador	Cor Ácida	Faixa pH	pK		Cor Básica
Metanil Amarelo	Vermelho	1,2	1,7	2,3	Amarelo
Tropeolina 00	Vermelho	1,4	2,3	3,2	Amarelo
Bromofenol Azul	Amarelo	3,0	3,8	4,6	Violeta
Bromocresol Verde	Amarelo	3,8	4,6	5,4	Azul
Metil Vermelho	Vermelho	4,2	5,2	6,3	Amarelo
Fenol Vermelho	Amarelo	6,8	7,6	8,4	Vermelho
a-Naftolftaleína	Marrom	7,3	8,0	8,7	Verde
Fenolftaleina	Incolor	8,3	9,1	10,0	Vermelho
P - Naftol Violeta	Amarelo	10,0	11,0	12,0	Violeta
Nitramina	Incolor	10,8	11,9	13,0	Marrom

02. Por que a água e seus íons são importantes em Biologia?

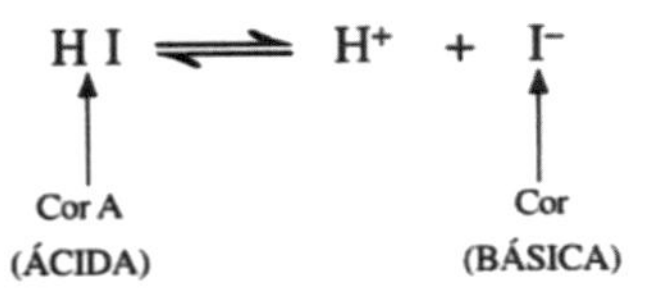

Fig. 9.7 – Comportamento de Indicadores (V. Texto).

03. Conceituar pH em uma única frase (até 12 palavras).

04. Completar:
Quando o pH desce, H^+ ....
Quando o pH sobe, H^+ ....

05. Se pH + pOH = 14, calcular:
1 – pH = 1,4 pOH
2 – pH = 6,8 pOH
3 – pH = 12,3 pOH

06. Escrever a relação quantitativa pH-pOH para as Reações:
Ácida Neutra Alcalina
pH...pOH pH... pOH pH...pOH

07. O que acontece com o H^+ e pH do meio, quando se acrescenta:
1 – HC1 H^+ ....pH ....
2 – NaOH H^+ ....pH ....
3 – NaU H^+ ....pH ....
4 – Na_2CO_3 H^+ ....pH ....
5 - NH_4Cl H^+ ....pH ....

08. Assinale como Certo (C) ou Errado (E):
1 – Acidez não é exercida pelos ácidos ( )
2 – Acidez é exercida pelo próton liberado pelos ácidos ( )
3 – Ácidos que liberam pouco o próton, são fracos ( )
4 – Ácidos que liberam completamente o próton, são fortes ( )
5 – Prótons não liberados não exercem acidez ( ).

09. Assinale como Certo (C) ou Errado (E)
1 – Alcalinidade não é exercida pelos álcalis ( )
2 – Alcalinidade é exercida pelo OH^- livre ( )
3 – Álcalis que liberam totalmente o OH^- são fracos ( )

10. Porque o NH_4Cl acidifica o meio em que é diluído?

11. O acetato de sódio (CH_3COONa) modifica o pH do meio. Explicar quais alterações ocorrem, e porque ocorrem.

12. Conceituar Sistema Tampão.

13. O mecanismo do efeito Tampão é:
_____________ Prótons, quando há excesso.
________________ Prótons, quando há falta.

14. Fazem parte de um sistema Tampão, (Sim ou Não):
1 – Doador de prótons ( )
2 – Aceptor de prótons ( )
3 – Íon Na^+ ( )
4 – Íon $C1^-$ ( )
Explicar a rejeição se houver, dos itens recusados.

15. Comentar as afirmações:

16. Um sistema tampão impede mudanças de pH. Um sistema tampão atenua mudanças de pH. Considere a afirmação abaixo:
"Qualquer substância que mude suas características físicas (cor, fluorescência, solubilidade, etc), em função do pH, pode ser usada para indicar a acidês de soluções". Certo ou Errado? Discutir

17. Olhe os dados da Tabela 9.2 e complete (Certo ou Errado).
1 – Abaixo dc pH 3,0 o Bromofenol Azul é amarelo ( )
2 – Entre pH 3,0 e 4,6 o Bromofenol Azul varia de cor ( )

3 – O fenol vermelho não serve para indicar pH na faixa 5,0 a 6,2 ( )
4 – Para determinar pH na faixa de 8,5 a 9,8, pode-se usar a fenolftaleina ( )

18. Que indicadores seriam úteis, para determinar pH nas faixas: (V. Tabela 9.2)
1 – 1,6 a 3,0
2 – 6,9 a 8,4
3 – 10,0 a 11,5

9.2 - pH e Tampões - Parte Formal

A) Conversão de H^+ em pH e vice-versa

O pH é o logaritmo negativo da concentração hidrogeniônica, e definido por:

$$pH = -\log H^+ \text{ e } H^+ = \text{antilog} - (pH)$$

A conversão de H^+ em pH e vice-versa se faz através das propriedades dos logs, ou usando calculadora eletrônica. Exemplos:

---

a) Método Algébrico, usando logaritmos

Conversão $H^+ \rightarrow pH$

1. Escrever H^+ em notação científica (potência de 10, com apenas UM algarismo significativo à esquerda da vírgula:
$H^+ = 0,0000000374$ $H^+ = 3,74 \times 10^{-8}$

2. Inserir na fórmula:
$pH = -\log(3,74 \times 10^{-8})$
Uma parte do log já está achada:
$-\log(10^{-8}) = -(-8) = +8$

3. Na Tabela de Mantissas, achar o valor correspondente aos dígitos 374 e dar sinal negativo: $374 \cong 0,5729$, arredondar para 0,57 com sinal (–): –0,57

4. Somar as duas partes:
$pH = -0,57 + 8 = 7,43$

Conversão $pH \rightarrow H^+$

1. Inserir o valor na fórmula:
$H^+ = \text{antilog} - (7,43)$

2. Transformar o log negativo em híbrido: característica negativa, mantissa positiva, usando 0 – 1,+ 1:

–1	+ 1,00
–7	–0,43
–8	+ 0,57

$H^+ = \text{antilog } 8,57$

3. Olhar na Tábua de Mantissas o antilog de 0,57, e compor o número procurado:
Antilog $0,57 = 10^{0,57} = 3,7$
Antilog $-8 = 10^{-8}$

4. Multiplicando as duas partes:
$H^+ = 3,7 \times 10^{-8}$

---

b) **Usando Calculadora** – Um dos processos abaixo se adapta às calculadoras mais comuns. Nas programáveis, pode-se estabelecer um programa muito simples para calcular. (V. manual de instruções dessas máquinas).

Calculadora com função log e y^x

Nota – Os parâmetros entre retângulos indicam as teclas a serem pressionadas.

$H^+ \longrightarrow pH$

$H^+ = 3,75 \times 10^{-8}$ pH = ?

$pH \longrightarrow H^+$

pH = 7,43 H^+ = ?

Dígitos	Operação	Mostrador	Dígitos	Operação	Mostrador
3,75	[EE] [+/−]	3,75	10		10
		3,75-00		[y^x]	10
8		3,75-08	7,43	[+/−] [EE]	−7,43 00
	[log] [+/−]	7,425...		[=]	3,71 −08

Calculadora com tecla de Função e 10a

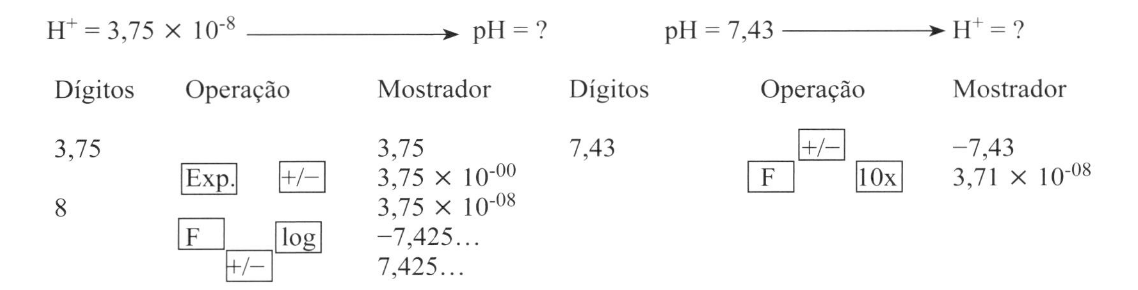

$H^+ = 3,75 \times 10^{-8}$ ⟶ pH = ? pH = 7,43 ⟶ H^+ = ?

Dígitos	Operação	Mostrador	Dígitos	Operação	Mostrador
3,75		3,75	7,43	[+/−]	−7,43
	[Exp.] [+/−]	$3,75 \times 10^{-00}$		[F] [10x]	$3,71 \times 10^{-08}$
8		$3,75 \times 10^{-08}$			
	[F] [log]	−7,425...			
	[+/−]	7,425...			

Com pequenas variantes, um desses processos é sempre utilizável em qualquer modelo com funções exponenciais.

B) **Extensão da Notação pH** – A notação pH revelou-se útil, e foi extendida a outros parâmetros:

K – Constante de dissociação	pK = −log K
C – Concentração	pC = −log C
A – Atividade	pA = −log A
OH^- – Hidroxila	pOH = −log OH−

C) Efeito Tampão – Equação de Henderson–Hasselbach (H-H)

Na dissociação de um ácido fraco qualquer HA:

$$HA \rightleftharpoons H+ + A-$$

Forma-se um par: Doador (HA) e Aceptor (A−) de prótons. Generalizando:

$$\text{Doador} \rightleftharpoons \text{Protón} + \text{Aceptor}$$

$$D \rightleftharpoons H+ + A$$

cuja constante K de dissociação será:

$$K = \frac{\text{Produtos}}{\text{Reagentes'}}$$

$$\text{ou seja: } K = \frac{H^+ \times A}{D}$$

Explicitando H^+:

$$H' = K \frac{D}{A}$$

Tirando o −log, e invertendo a fração:

$$-\log H+ = -\log K + \log \frac{A}{D}$$

Usando a convenção de pH:

$$pH = pK + \log \frac{A}{D}$$

Obtemos uma equação que tem a vantagem mnemônica de: A, acima; D, denominador. Evita ainda a confusão de quem é sal quem é ácido, usando o critério termodinâmico:

Aceptor tem menos **prótons**, Doador tem mais **prótons**

Exemplos estão na Tabela 9.3,

A simples observação da Tabela 9.3 indica o pK a ser usado, e também a dupla A/D. Esse critério se aplica a todas substâncias que aceitam e doam prótons reversivelmente. Notar que a fórmula geral é idêntica à de ácidos e bases.

D) **Efeito Tamponante – Titulação de Tampão** – Uma ideia nítida do efeito tamponante é obtida quando se acompanha a curva de titulação de um tampão (Fig. 9.8).

Tabela 9.3
Quem é Quem na Equação de H-H

Nome	Doador	Próton + Aceptor	Nome	pK Valor aproximado	
Ác. fórmico	CHOOH	$H^+ + CHOO^-$	Formiato	pK	2,8
Ác. acético	CH_3-COOH	$H^+ + CH_3COO^-$	Acetato	PK	4,7
Ác. carbônico	H_2CO_3	$H^+ + HCO_3$	Bicarbonato	pK,	6,1
Bicarbonato	HCO_{-3}	$H^+ + CO^-{}_3$	Carbonato	pK2	10,1
Ác. fosfórico	H_3PO_4	$H^+ + H_2PO^-{}_4$	Fosfato I	pK_1	2,0
Fosfato 1	$H_2PO^-{}_4$	$H^+ + HPO^={}_4$	Fosfato II	pK_2	6,8
Fosfato II	$H_2PO^={}_4$	$H^+ + PO^={}_4$	Fosfato III	pK_1	12,3
Amônia	$NH^={}_4$	$H^+ + NH_3$	Amoníaco	pK	12,8
Glicina	R < COOH / NH^+	H^+ + R < COO^- / $NH^+{}_3$	Glicinato 1	pK_1	6,0
Glicinato 1	R < COO^- / $NH^+{}_3$	H^+ + R < COO^- / NH_2	Glicinato II	pK_2	9,3
Fórmula geral de doador (D)	H^nA	$nH + A^{n(-)}$	Fórmula geral de aceptor (A)	Variável	

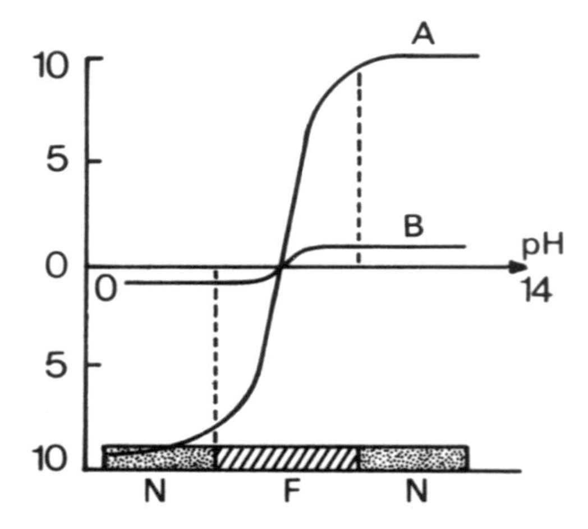

Fig. 9.8 – Efeito Tampão – Ordenada – Base ou Ácido adicionados; Abscissa – pH medido; A – Solução sem tampão; B – Tampão Fosfato pH 6,8; F – Faixa de Eficiência do Tampão; N – Faixa Inoperante do Tampão.

Observa-se que a solução não tamponada (A), sofre grandes alterações de pH para pequenas adições de ácido ou base. O sistema tampão (B), na faixa do pK (6 8 ± 1,5 unidades de pH), resiste às mudanças de pH (região F). Porém, fora dessa faixa, o sistema perde sua propriedade tamponante, e se comporta como água (região N).

Outro aspecto importante da capacidade de tamponamento refere-se à posição do pH em relação ao pK do sistema. Existem três situações:

– A = D	log A/D = O	pH = pK
– A > D	log A/D > O	pH > pK
– A < D	log A/D < O	pH < pK

Em palavras, quando a concentração de Aceptor é igual à do Doador, o pH resultante será igual ao pK. (item 1). Se a concentração do Aceptor é maior, o pH do tampão estará do lado "alcalino" do pK. (item 2). Se o Doador é mais concentrado, o pH do tampão estará do lado ácido do pK. (item 3). Essas relações determinam a eficiência do tamponamento do sistema (Fig. 9.9).

1º Caso, pH = pK. Eficiência para neutralização de **Ácidos e Bases** é a mesma (Fig. 9.9A).

2º Caso, pH < pK. Eficiência para neutralização de **Bases** é maior que para **Ácidos** (Fig. 9.9B).

3º Caso, pH > pK. Eficiência para neutralização de **Ácidos** é maior que para **Bases** (Fig. 9.9C).

Essa propriedade tem grande importância em Biologia, porque o tampão $HCO^-{}_3/H.HCO_3$ do plasma sanguíneo (pH 7,4), está longe do pK do ácido bicarbônico (pK = 6,1). (Veja Leitura Suplementar 9.2 e Biofísica da Respiração).

O outro fator que condiciona a eficiência do tamponamento, é a quantidade de substâncias tamponantes. Essa quantidade tanto pode resultar do volume, como da concentração do tampão:

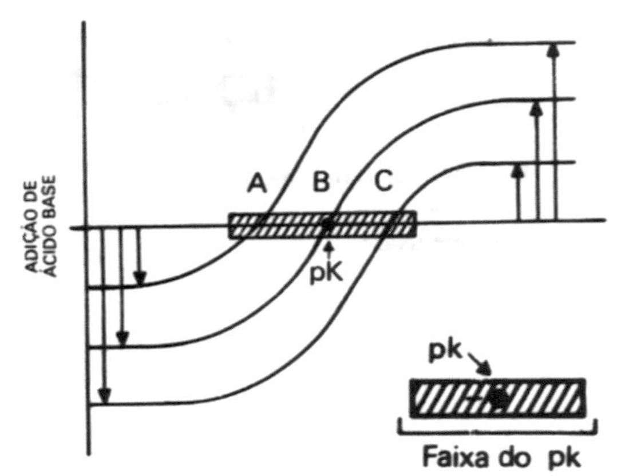

Fig. 9.9 – Eficiência Tamponante (ver texto). As setas indicam a quantidade de Ácido ou Base que cada tampão pode suportar.

Dois litros de um tampão 0,1 M resistem mais à mudança de pH do que 1 litro desse mesmo tampão (esse é o fator extensivo). Similarmente, 1 litro de tampão 0,2 M resiste mais do que 1 litro do mesmo tampão, porém 0,1 M (esse é o fator intensivo).

E) Usos da Equação de Henderson–Hasselbach (H-H)

1 – Cálculo do pH de um Sistema Tampão

Exemplo 1 – Qual o pH resultante da mistura de 0,32 moles de acetato com 0,25 moles de ácido acético?

Temos:

$A = 0{,}32 \quad D = 0{,}25$

o pK é 4,7 (Tabela 9.3).

$$pH = 4{,}7 + \log \frac{0{,}32}{0{,}25} = 4{,}7 + 0{,}11 = 4{,}81$$

Exemplo 2 – Qual o pH da mistura de 0,15 moles de Na_2HPO_4 e 0,20 moles de NaH_2PO_4?

Os pares iônicos são:

$A = Na_2HPO_4 = 0{,}15$

e

$D = NaH_2PO_4 = 0{,}20.$

O pK adequado é pois o $pK_2 = 6{,}80$ (Tabela 9.3).

$$pH = 6{,}8 + \log \frac{0{,}15}{0{,}20} = 6{,}8 - 0{,}12 = 6{,}68$$

2 – Cálculo da Relação A/D para Preparar Tampão de pH Desejado

Exemplo 3 – Qual a mistura de ácido acético e acetato que fornece um tampão de pH 4,20 e de molaridade 0,5 M?

O ácido acético tem pK =4,75. O aceptor (A) é o acetato, e o doador (D) é o ácido acético. Então:

$$4{,}20 = 4{,}75 + \log \frac{A}{D}$$

$$\log \frac{A}{D} = 4{,}20 - 4{,}75 = -0{,}55,$$

$$\frac{A}{D} = 10^{-0{,}55} \therefore \frac{A}{D} = 0{,}28$$

$A = 0{,}28\ D\ (1)$

Pela molaridade necessária, temos:

$A + D = 0{,}5,$

$A = 0{,}5 - D \qquad (2)$

Combinando (l) e (2)

$0{,}28D = 0{,}5 - D \therefore 1{,}28\ D = 0{,}5$

$$D = \frac{0{,}5}{1{,}28} = 0{,}39 \text{ moles}$$

$A = 0{,}5 - 0{,}39 = 0{,}11$ moles

A mistura de 0,11 moles de acetato Ç(CH_3COO^-) e 0,39 moles de ácido acético (CH_3COOH) fornece o pH desejado. Usando-se solução estoque de acetato de sódio 0,5 M e ácido acético 0,5 M, misturar 11 volumes de acetato com 39 volumes de ácido acético.

Exemplo 4 – Qual a mistura de fosfato que fornece um tampão de pH 7,6 e molaridade 0,20 M?

O pK mais próximo é 6,8, as espécies iônicas correspondentes são Na_2HPO_4 (A) e NaH_2PO_4 (D). (Veja Tabela 9.3).

$$7{,}6 = 6{,}8 + \log \frac{A}{D},$$

$$\log \frac{A}{D} = 7{,}6 - 6{,}8 = 0{,}8,$$

então:

$$\frac{A}{D} = 10^{0'8} = 6{,}30,$$

$A = 6{,}3\ D\ (1)$

Pela molaridade exigida (0,20 M), temos:

$$A + D = 0,20$$

e

$$D = 0,20 - A \ (2).$$

Combinando (1) e (2):

$$A \ 6,3 \ (0,20 - A) = 1,26 - 6,3 \ A$$

donde:

$$A = 1,26 - 6,3 \ A,$$

$$7,3 \ A = 1,26$$

$$A = \frac{1,26}{7,3} = 0,173 \ M,$$

$$D = 0,20 - 0,173 = 0,027 \ M$$

Misturar 0,173 moles de Na_2HPO_4 com 0,027 moles de NaH2PO4. Obtém-se tampão fosfato pH 7,6 e 0,20 M em concentração.

Se as soluções estoque de fosfato são 0,20 M, misturar 173 ml de (A) com 27 ml de (B), ou qualquer múltiplo desses volumes.

Exemplo 5 – Quanto de HC1 se deve acrescentar à base Tris (T) para obter tampão 0,1 M de pH 7,4?

A base Tris reage com o HC1 fornecendo o par conjugado:

$$T + HC1 \rightleftharpoons TH + Cl$$

↖Aceptor Inicial ↖Doador Resultante

e o Aceptor livre, será:

$$TL = T - TH$$

Assim, na equação H.H a base Tris total fica diminuída daquela que se combinou ao HCI:

$$pH = pK + \log \frac{TL \leftarrow \text{Aceptor Livre}}{TL \leftarrow \text{Doador}}$$

o pK do Tris é 8,06. Substituindo:

$$7,40 = 8,06 + \log \frac{TL}{TH} \text{ ou:}$$

$$\text{Log} \frac{TL}{TH} = -0,86 \text{ e:}$$

$$\frac{TL}{TH} = 0,22 \ (2)$$

Pela molaridade exigida:

$$TL + TH = 0,1 \ M$$

de onde tiramos:

$$TL = 0,1 - TH$$

Substituindo em (2)

$$\frac{(0,1-TH)}{TH} = 0,22 \setminus 1,22 \ TH = 0,1$$

$$TH = \frac{0,1}{1,22} = 0,082 \text{ moles}$$

Temos que usar 0,082 moles de HCI para cada 0,1 moles de Tris base. A massa molecular do Tris é 121 daltons. Pesar 12,1 g de Tris, adicionar 820 ml de HCI 0,1 M, e diluir para um litro. Lembrar que 820 ml de HCI 0,1 M são equivalentes a:

$$0,1 \text{ mol}^{-1} \times 0,821 = 0,082 \text{ moles HCI}$$

3 – Fórmula Geral para Soluções de Concentração Diferente

Quando se tem soluções de acetato 0,15 M e ácido acético 0,25 M, por exemplo, usa-se a forma modificada da equação de H-H.

$$\text{ph } pK + \log \frac{C_A.V_A}{C_D.V_D}$$

onde:

CA e VA são respectivamente a Concentração e o Volume do Aceptor, e CD e VD parâmetros similares para o Doador. C deve ser usado apenas em unidades molares ou derivadas: $mol.l^{-1}$, $osmol.l^{-1}$ ou $Eq.l^{-1}$, etc. Volume pode ser usado em qualquer unidade coerente.

Exemplo 6 – A mistura de 118 ml de acetato de sódio 0,15 M (A) com 125 ml de ácido acético 0,20 M tem qual pH? aplicando a fórmula geral:

$$pH = 4,7 + \frac{\log 0,15 \ Mx \ 118 \ ml}{0,20 \ M \times 125 \ ml} = 4,7 +$$

$$+ \log \frac{17,7}{25} = 47 + \log 0,708$$

$$pH = 4,7 - 0,15 = 4,55$$

Essa forma da equação é muito útil na prática, porque permite usar soluções de concentração diferentes. A concentração final é calculada como usual:

$$C_1V_1 + C_2V_2 = C_3V_3$$

$$(0,15 \times 118) - (0,20 \times 125) = C_3 \times 143 \ ml$$

$$C3 = \frac{20,2}{143} = 0,14 \ M$$

4 – Adição de Ácidos ou Álcalis a Tampões – Titulação de Tampão

Nas manipulações de laboratório, é comum a necessidade de adicionar ácido ou álcali a um tampão, e o pH varia. Os processos biológicos, especialmente os metabólicos, produzem ácidos e bases que modificam o pH dos meios biológicos. É possível calcular a mudança do pH, conhecendo-se a quantidade de ácido ou álcali adicionado ao tampão. A equação de H-H se modifica de forma simples.

Vamos supor um tampão acetato/ácido acético com 0,4 moles de cada componente, e a este tampão se adiciona 0,1 moles de HC1 ou 0,1 moles de NaOH. Chamaremos o Doador adicional de d e o Aceptor adicional de a. A equação se modifica:

Adição de Ácido (d)	Adição de Álcali (a)
$pH = pK + \log \frac{A - d}{D + d}$	$pH = pK + \log \frac{A + a}{D - a}$

Por que o Doador adicional (d) é somado ao Doador original (D), e ainda subtraído do Aceptor (A)? A explicação é que o HC1 se combina mole a mole com o acetato de sódio (diminui A) e forma ácido acético (aumenta D). No caso do tampão acima:

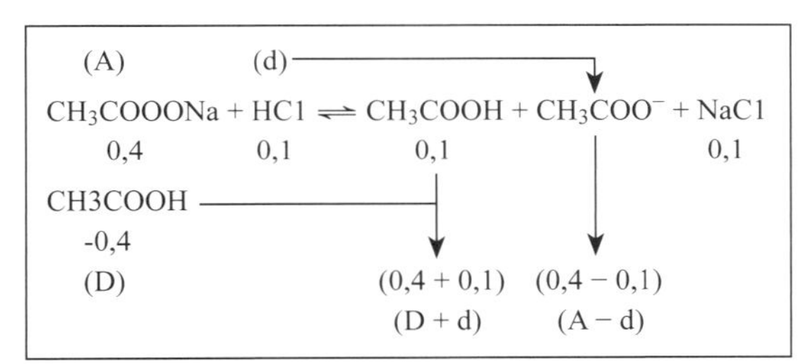

Exemplo 7 – Calcular o pH do tampão modificado como acima.

o pH inicial era:

$$pH = 4,7 + \log \frac{0,4}{0,4} = 4,7$$

O pH modificado será:

$$pH_2 = 4,7 + \log \frac{0,4 - 0,1}{0,4 + 0,1}$$

$$pH_2 = 4,7 + \log \frac{0,3}{0,5} = 4,7 - 0,22 = 4,5$$

A diferença com o inicial é:

$$\Delta pH = 4,7 - 4,5 = 0,2 \text{ unidades de pH}$$

Se houver uma segunda adição de ácido, teremos:

$$pH_3 = 4,7 + \log \frac{0,3 - 0,1}{0,5 + 0,1} = 4,7 + \log \frac{0,2}{0,6} =$$

$$= 4,7 - 0,48 = 4,2$$

$$pH_3 = 4,2,$$

e a diferença:

$$\Delta pH = 4,5 - 4,2 = 0,3 \text{ UpH.}$$

A mudança com acréscimo de base ou álcali, é inversa e simétrica à adição de ácidos. Verifique.

5 – Cálculo do pK

Faz-se diversas relações A/D usando soluções rigorosamente preparadas de Aceptor e Doador, e mede-se o pH. O pK é obtido pela aplicação da fórmula:

$$PK = pH - \log \frac{A}{D}$$

Exemplo 8 – Calcular o pK do par conjugado ácido dietilbarbitúrico (D), e do dietil-barbiturato de sódio (A).

Foram feitas as seguintes misturas A/D e o pH medido em peagametro bem padronizado. Os resultados obtidos foram:

$\frac{A}{D}$	pH Medido	$\log \frac{A}{D}$	pK
1:1	7,88	0	7.88
2:1	8,16	–0,30	7.86
5:1	8,54	–0,69	7.85
10:1	8,86	–1,00	7.86
	Média pK = 7.86		

Esse é o pK do dietilbarbiturato ácido, ou Barbital Ácido.

6 – Modificação do pH de Tampão

Outra aplicação importante da Eq. H-H é calcular o quanto de ácido ou base se necessita adicionar para mudar um tampão de um ΔpH desejado.

Exemplo 9 – Quanto se deve acrescentar de ácido a um tampão de acetato pH 4,5 para levá-lo a pH 3,9?

$$pH_2 = pK + \log \frac{A - d}{D + d}$$

onde pH_2 é o novo pH

$$pH_2 - pK = \log \frac{A-d}{D + d}$$

$$\text{Antilog } (pH_2 - pK) = \frac{A - d}{D + d}$$

Faremos antilog $(pH_2 - pK) = \Delta p$

$$\Delta p = \frac{A-d}{D + d}$$

$$\Delta p\,(D + d) = A - d$$

Explicitando d:

$$d = \frac{A - D\Delta p}{\Delta p + 1}$$

No exemplo acima

$$pH_2 - pK = 3{,}9 - 4{,}7 = -0{,}8$$

Antilog

$$(pH_2 - pK) = \Delta p = 10^{0,8} = 0{,}16$$

$$d = \frac{A - (D \times 0{,}16)}{0{,}16 + 1}$$

Para tampão de acetato pH 4,5:

$A = 0{,}3$ e
e
$D = 0{,}5$,

então:

$$d = \frac{0{,}3 - (0{,}5 \times 0{,}16)}{0{,}16 + 1} = \frac{0{,}3 - 0{,}08}{1{,}16} = 0{,}19$$

Devemos acrescentar 0,19 moles de HC1 ou outro ácido forte. Verificação:

$$PH_2 = 4{,}7 + \log \frac{0{,}3 - 0{,}19}{0{,}5 + 0{,}19} = 3{,}9$$

Mostrar que, para alcalinizar um tampão a pH desejado, deve-se usar:

$$a = \frac{D\Delta p - A}{\Delta p + 1}$$

onde: a é a quantidade de base adequada.

F) Aminoácidos, Proteínas e Outros Anfions – pHi e pI

Examinaremos no item 1, os Aminoácidos, e no item 2, as Proteínas e o pH do meio.

1 – Aminoácidos

Existem substâncias que, na mesma molécula, possuem mais de um grupo Doador/Aceptor de próton, e sao denominadas anfotéricas (anfi = ambas), ou anfólitos (eletrólitos anfóteros) ou anfions. Exemplo típico são os aminoácidos. A glicina possui os grupamentos COO^- (carboxila) e NH^+_3 (amina). Ambos funcionam reversivelmente em faixa de pH diferentes: a carboxila em pH 1,3 a 3,3 (pK = 2,35) e a amina em pH 8,6 a 10,6 (pK = 9,60) (Fig. 9.10).

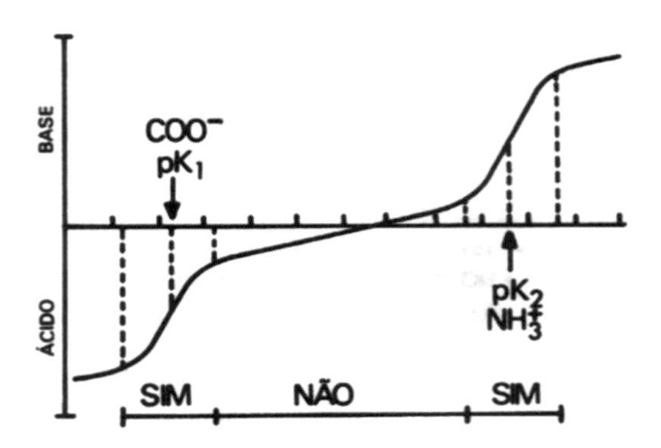

Fig. 9.10 – Aminoácidos e pH – Glicina e seu Comportamento.
A - Mecanismo de Doação e Aceitação de Prótons na faixa do pH. Comparando carboxila com amina:
COO^- é base mais fraca que NH2, ou: COOH é ácido mais forte que NH^+_3.
B – Curva de titulação da glicina: É tamponante de pH 1,3 a 3,3 pela COO^- e de 8,6 a 10,6 pelo NH_{+3}. No intervalo, nenhum poder tamponante.

Quando se comparam as formas moleculares (A) com a curva de titulação (B) o mecanismo íntimo do processo se revela (Fig. 9.11):

As denominações cátion, hibrion e anion se referem às cargas efetivas da molécula. O hibrion (íon = híbrido) possui cargas positivas e negativas em número igual, e a soma é sempre zero.

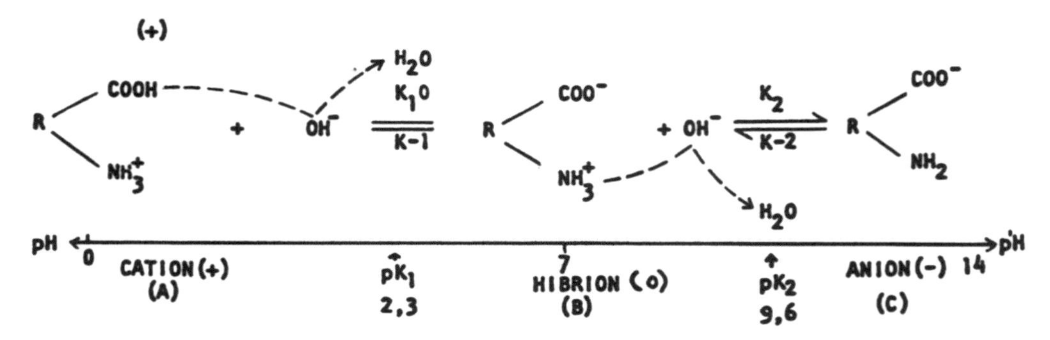

Fig. 9.11 – Formas Moleculares de um Aminoácido (Glicina) em Função do pH.
A –Em pH < pK_1. Totalmente protonado, carga efetiva: + 1. Cátion.
B – Entre o pK_1 e o pK_2. Carboxila desprotonada, carga efetiva (+) + (–) = 0. Hibrion.
C – Em pH > pK_2. Totalmente desprotonado. Carga efetiva: – 1. Anion.

Ponto Isoelétrico (pI) ou pH Isoelétrico (pHi) de Aminoácidos

É a posição na escala de pH onde a soma das cargas positivas e negativas se anula. Pela Fig. 9 vê-se que esse ponto é entre o pK adjacente à forma hibrion. Por definição:

$$K_1 = \frac{|Hibrion|\ |H^+|}{|Cátion|} \quad e \quad K_2 = \frac{|Anion|\ |H^+|}{|Hibrion|}$$

Multiplicando K_1 por K_2:

$$K_1 \times K_2 = \frac{|Hibrion|\ |H^+|}{|Cátion|} \times \frac{|Anion|\ |H^+|}{|Hibrion|}$$

$$K_1 \times K_2 = |H^+|^2 \times \frac{|Anion|}{|Cátion|}$$

Mas, evidentemente,

|anion| = |Cátion| porque não há perda de substância, e:

$$|H^+|^2 = K_1 \times K_2$$

$$|H^+| = (K_1 \times K_2)^{1/2}$$

Usando a definição de pH e pK =

$$pHi = \frac{1}{2}(pK_1 + pK_2)$$

No caso da glicina, $pHi = \frac{2,35 + 9,60}{2} = 6$

Quando se dissolve glicina em água pura, esse será o pH da solução (ap. 6,0). Ela está totalmente ionizada: a carboxila desprotonada (COO^-) e a amina protonada ($NH^+{}_3$). A carga efetiva é zero. Se HC1 é acrescentado, a carboxila se protona 50% em pH 2,35. Se, ao contrário, se acrescenta NaOH, o grupo amino se desprotona 50% em pH. 9,6. Abaixo do pK_1 e acima do pK_2, as formas são 100% cátion e anion, respectivamente*.

A glicina é um aminoácido monoamino--monocarboxílico (uma amina, uma carboxila). Existem alguns aminoácidos com duas carboxilas e uma amina (dicarboxílico, monoamínico), ou com duas aminas e uma carboxila (diamino-mono-carboxílico). Eles se dissociam de forma similar:

* Essas Formas são realmente flutuações estatísticas.

pH < pK_1	pH = pK_1	pH = pHi	pH = pK_2	pH > pK_2
R COO^- NH_3^+ 100%	R COO^- NH_3^+ 50% R COOH NH_3^+ 50%	R COO^- NH_3^+ 100%	R COO^- NH_3^+ 50% R COO^- NH_2 50%	R COO^- NH_2 100%

1) Dicarboxnico-Monoamino ($2COO^-$, $1NH^+_3$)

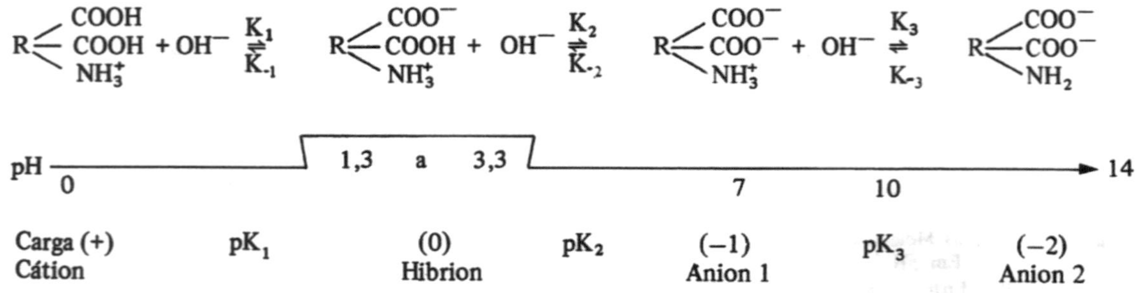

$$R\begin{cases}COOH\\COOH\\NH_3^+\end{cases} + OH^- \underset{K_{-1}}{\overset{K_1}{\rightleftharpoons}} R\begin{cases}COO^-\\COOH\\NH_3^+\end{cases} + OH^- \underset{K_{-2}}{\overset{K_2}{\rightleftharpoons}} R\begin{cases}COO^-\\COO^-\\NH_3^+\end{cases} + OH^- \underset{K_{-3}}{\overset{K_3}{\rightleftharpoons}} R\begin{cases}COO^-\\COO^-\\NH_2\end{cases}$$

pH 0 — 1,3 a 3,3 — 7 — 10 — 14

Carga (+) Cátion	pK_1	(0) Hibrion	pK_2	(−1) Anion 1	pK_3	(−2) Anion 2

Esses aminoácidos possuem três pK, e o pHi, onde a carga é zero, ocorre entre o pK_1 e o pK_2, como mostra o diagrama ao lado:

$$pHi = \frac{1}{2}(pK_1 + pK_2)$$

2) Diamino-Monocarboxílico ($2NH^+_3$, $1COO^-$)

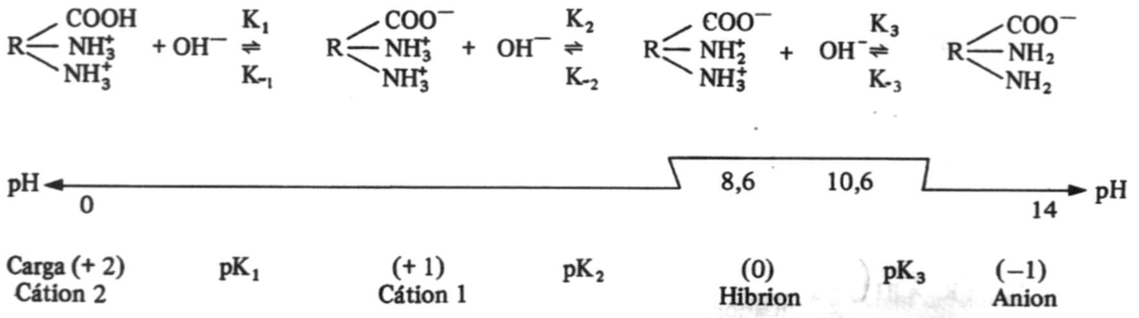

$$R\begin{cases}COOH\\NH_3^+\\NH_3^+\end{cases} + OH^- \underset{K_{-1}}{\overset{K_1}{\rightleftharpoons}} R\begin{cases}COO^-\\NH_3^+\\NH_3^+\end{cases} + OH^- \underset{K_{-2}}{\overset{K_2}{\rightleftharpoons}} R\begin{cases}COO^-\\NH_2^+\\NH_3^+\end{cases} + OH^- \underset{K_{-3}}{\overset{K_3}{\rightleftharpoons}} R\begin{cases}COO^-\\NH_2\\NH_2\end{cases}$$

pH 0 — 8,6 — 10,6 — 14 pH

Carga (+ 2) Cátion 2	pK_1	(+ 1) Cátion 1	pK_2	(0) Hibrion	pK_3	(−1) Anion

Da mesma forma, esses aminoácidos possuem três pK, e a carga zero (pHi), ocorre entre o pK_2 e pK_3, como mostra o diagrama de ionização.

$$pHi = \frac{1}{2}(pk_2 + pk_3)$$

Na linguagem coloquial costuma-se dizer que a carboxila é um grupo ácido, e a amina um grupo básico. Vemos que essa denominação deve ser entendida com relação ao pH de dissociação desses grupos: a carboxila sempre abaixo de pH 3, e a amina sempre acima de pH 9.

Existem aminoácidos que possuem outros grupos dissociáveis: na histidina, o grupo imidazol ($pH \approx 6,0$); na cisteína, o SH ($pK \approx 8,3$); na tirosina, o hidroxífenol ($pK \approx 10,1$); e na arginina, o guanidil ($pK \approx 12,5$). (V. Textos de Bioquímica e Físico-Química).

2 - Proteínas e pH do Meio

As proteínas são poliaminoácidos, e seu comportamento pode ser considerado como um múltiplo dos aminoácidos componentes. Elas se comportam como cátions abaixo do pHi, como hibrions no pHi, e como anions acima do pHi. Sendo polieletrólitos, as proteínas se combinam com vários cátions e anions, especialmente K^+, Na^+, Ca^{2+}, Cl^-, $H^2PO_4^-$ etc. Essa combinação dá origem a dois tipos de estado elétrico de hibrion para as proteínas:

Ponto Isoelétrico ou pH isoelétrico = A proteína tem carga zero, em solução de eletrólitos diversos (Fig. 9.12).

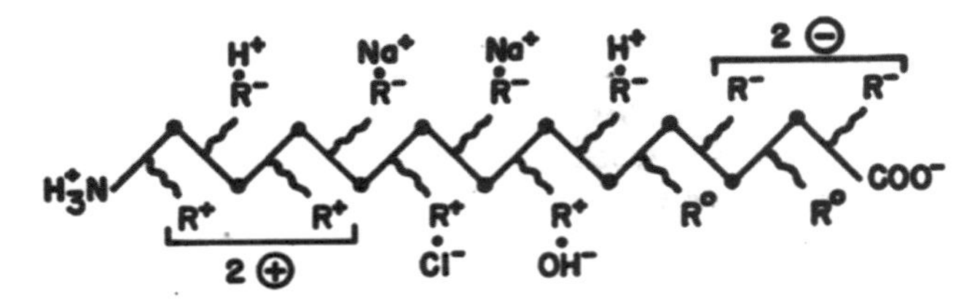

Fig. 9.12 – Ponto isoelétrico de proteína (ver texto).

Balanço Elétrico.

$1COO^-$	$1NH^+_3$
$2R^-$	$2R^+$

Carga Efetiva = 0

No ponto isoelétrico (pI), as cargas da proteína estão neutralizadas por outros ions além de H^+ e OH^-, como por exemplo, os ions Na^+ e Cl^-. As cargas proteicas livres somam sempre zero.

Ponto Isoiônico ou pH Isoiônico – A proteína está dissolvida apenas em água, e suas cargas positivas e negativas se anulam, por adição de H^+ e OH^-, apenas. Seria como se, na Fig. 9.12, a proteína estivesse combinada a 3 íons H^+, sem a presença da Na^+. Esta é uma situação ideal, difícil de atingir, mas pode ser bastante aproximada quando se dializa uma proteína contra água destilada, especialmente se essa água contém resinas mistas (V. Cromatografía de Troca Iônica), ou por Filtração Molecular. (V. Filtração em Gel).

As proteínas no pH **isoiônico**, são frequentemente insolúveis. Algumas gotas de uma solução de NaCl podem ressolubilizar imediatamente a proteína: é que no ponto **isoelétrico** elas são solúveis. O ponto isoelétrico e o ponto isoiônico não coincidem necessariamente na escala de pH. Se há bloqueio de COO^-, o ponto isoelétrico é mais alto que o isoiônico. Mas se há grupos combinantes no NH^+_3, o ponto isoelétrico é mais baixo que o isoiônico. Levar uma proteína ao ponto isoiônico e obter sua precipitação é método auxiliar de purificação de proteínas.

Atividade Formativa 9.1

Proposições:

01. Conceituar pH (até 10 palavras) e expressar formalmente o conceito.
02. Conceituar pK e pOH. Seja econômico nas palavras.
03. Conceituar Doador e Aceptor de Próton.
04. Assinalar como Doador (D) ou Aceptor (A) de próton os seguintes componentes de pares iônicos, e indicar o pK.

CH_3-COOH ( ) e CH_3-COO^- ( ) pK ____ NH_4^+ ( ) e NH_3 ( ) pK ____

H_3PO_4 ( ) e $H_2PO_4^-$ ( ) ____ C(COO^- ( ), NH_3^+ ( )) e C($COOH$ ( ) ____, NH_2 ( ) ____)

H_2CO_3 ( ) e HCO_3^- ( ) ____

05. Converter pelo método algébrico e usando calculadora:

$H^+ \rightarrow pH$	$pH \rightarrow H^+$
$H^+ = 3{,}82 \times 10^{-3}$	pH= 2,75
$H^+ = 4{,}76 \times 10^{-8}$	pH= 7,42
$H^+ = 2{,}54 \times 10^{-11}$	pH=10,3

06. Indicar na Fig. 9.13 quais soluções são tamponantes:
    A( ) B( ) C( )
07. Na Fig. 9.13, assinalar aproximadamente a faixa útil tamponante:
    A__________B_________C_________

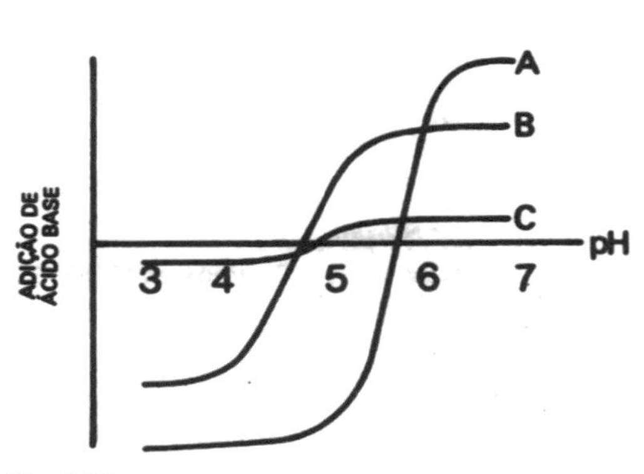

Fig. 9.13

08. Calcular o pH dos seguintes sistemas tampão:
    1 – 0,23 moles de CH_3-COO^- + 0,16 moles de CH_3COOH
    2 – 0,35 M de Na_2HPO_4 + 0,48 M de NaH_2PO_4
09. Calcular a composição dos tampões abaixo:
    1 – Sistema acetato/ácido acético, pH 5,1 e 0,25 M.
    2 – Sistema Fosfato I/Fosfato II, pH 6,5 e 0,20 M.

10. Usando os dados da proposição 09:
    1 - Preparar 2 litros de tampão acetato, a partir de solução estoque 0,5 M.
    2 - Preparar 1 litro de tampão fosfato, a partir de solução estoque 0,25 M.
11. "Preparar" um tampão de Tris – HC1 0,5 M, pH 8,50.
12. Calcular o pH das seguintes misturas:
    1 – 135 ml de acetato 0,25 M + 80 ml de ácido acético 0,20 M.
    2 – 176 ml de Fosfato I 0,15 M + 250 ml de Fosfato II 0,20 M.
13. "Titular" com 5 adições de 0,1 ml de ácido, e 5 adições de 0,1 mol de base, os seguintes tampões:
    1 – Tampão acetato, pH 4,7, 1,0 M
    2 – Tampão acetato, pH 4,7, 0,5 M
    3 – Tampão acetato, pH 4,0, 0,5 M
    4 – Tampão acetato, pH 5,4, 0,5 M
    Fazer um gráfico semelhante ao da P-06.
14. Quanto se deve acrescentar de ácido a um tampão de fosfato pH 7,8 para levá-lo a pH 7,2?
15. Quanto se deve acrescentar de base a um tampão fosfato de pH 6,2 para levá-lo a pH 6,8?
16. Desenhar as possíveis formas iónicas da glicina em função do pH.
17. Demonstrar o cálculo do pI de aminoácido.
18. Em que faixa de pH funcionam os grupos COOH e $NH^+{}_3$ da glicina?
19. Conceituar um anfólito como anión, hibrion e catión.
20. Conceituar pI e pH isoiônico.
21. Uma proteína possui 17 carboxilas (COO–) e 12 aminas ($NH^+{}_3$). Como será sua ionização no ponto isoelétrico? Íons presentes: Na^+, Cl^- $H^+{}_3O$ e OH^-. Representar com desenho.
22. O ponto isoelétrico da proteína da P-20 ocorrerá em pH ácido ( ), neutro ( ), ou alcalino ( )? Dado: pH neutro = 6,75.
23. Uma proteína contém excesso de grupos $NH^-{}_3$ sobre COO^-. Seu ponto isoelétrico ocorrerá em pH acima ou abaixo de pH 7?
24. Uma proteína contém 15 aminas ($NH3^-$) e 10 carboxilas (COO^-). Como será sua ionização no ponto isoiônico? Representar com desenho.
25. Descrever e desenhar a protonação de um aminoácido monoaminomonocarboxílico, começando em pH acima do último pK.

pH e Tampões - Leitura Complementar

1. pK e Temperatura.
2. Limites da Escala de pH.
3. Medida do pH.
4. Titulações Eletrométricas.

1. pK e Temperatura

Por razões termodinâmicas (V. TD), a constante de dissociação cresce com a temperatura. Para a água temos:

Temp °C	KH_2O	pKH_2O	pH neutro
18	$5,9 \times 10^{-15}$	14,2	7,10
25	$1,0 \times 10^{-14}$	14,0	7,00
37	$3,1 \times 10^{-14}$	13,5	6,75
40	$3,8 \times 10^{-14}$	13,4	6,72

Na temperatura da espécie humana, 37°C, o pH neutro é pois 6,75. A febre (hipertermia), é responsável por um aumento da dissociação eletrolítica da água (e de outras substâncias). Alguns pesquisadores atribuem certos efeitos da febre como resultantes da dissociação eletrolítica aumentada. Na Termoterapia, esse é um dos fatores que condicionam os efeitos. (V. Termoterapia).

2. Limites da Escala de pH

Para fins práticos, usa-se a escala de 0 a 14, mas nada impede que esses limites sejam ultrapassados, desde que a soma pH + pOH = 14, equivalendo ao produto $H^+ \times OH^- = 10\text{-}14$. Podemos ter pH = –1, e nesse caso, pOH = 15, e assim por diante. Os valores de H^+ e OH^- seriam respectivamente, 10^{+1} e 10^{-15}.

3. Medida do pH

Os métodos mais usados são o eletrométrico e o de indicadores.

a) **Método Eletrométrico** – Consiste em comparar a concentração hidrogeniônica da solução com a concentração hidrogeniônica de um eletródio especial (Fig. 9.14). Esse dispositivo gera uma diferença de potencial que é comparada com a de um eletródio padrão. A diferença entre os dois potenciais é convertida diretamente em unidades pH através de arranjos eletrônicos. Atualmente, os eletródios de leitura e padrão, são combinados em um único tubo, e podem ser introduzidos até dentro de células.

As equações da medida estão descritas na Leitura Suplementar de Redox, e se referem à meia-célula 1/2 O + H^+. (V. Redox).

A medida eletrométrica do pH é um recurso experimental indispensável na pesquisa e ensino, e não deve ser desconsiderada em nenhuma circunstância.

b) **Método com Indicadores** – O princípio do método já foi descrito na Parte Conceitual de pH e Tampões. Na. prática, além do uso de

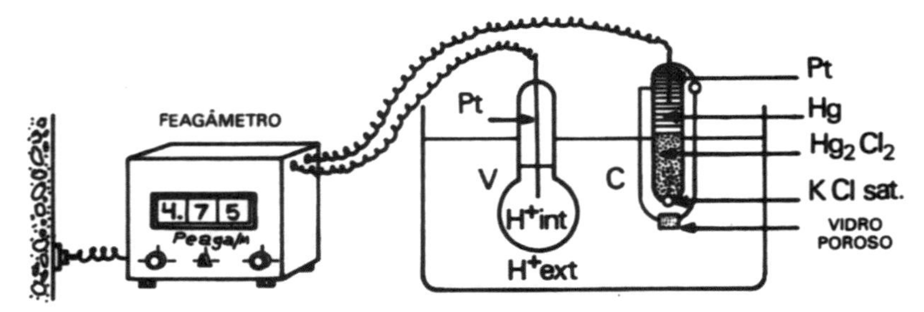

Fig. 9.14 – Medida Eletrométrica do pH (ver texto). V – Eletrodo de Vidro; C – Eletrodo de Calomelano (Padrão).

fitas impregnadas com esses indicadores, usa-se também adicionar gotas do indicador a volumes determinados da solução desconhecida e a tampões padronizados.

4. Titulações Eletrométricas

Consistem na titulação da acidês ou alcalinidade de um sistema, acompanhada de leitura simultânea do pH. A Fig. 9.15 mostra o dispositivo usado.

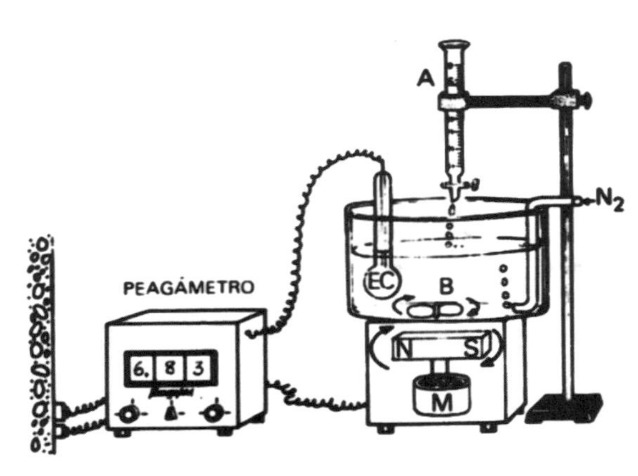

Fig. 9.15 – Dispositivo para Titulação Eletrométrica. A – Bureta com Ácido ou Álcali; B – Barra Magnética; EC – Eletrodo Combinado (H^+ + padrão); M – Motor do Agitador Magnético; N_2 – Nitrogênio.

A temperatura deve ser constante, e o volume deve variar o mínimo possível.

Coloca-se um volume determinado da solução a ser titulada, liga-se o agitador magnético para homogeneizar bem, e vai-se adicionando quantidades medidas de **ácido**, e lendo-se o pH resultante. O procedimento é repetido usando-se **álcali**. O N_2 é usado para eliminar traços de CO_2 atmosférico, que interfere na medida do pH. As medidas de pH e os volumes de ácido ou álcali consumidos são lançados em gráfico, e obtém-se as chamadas curvas de titulação, das quais existem vários exemplos neste texto.

9.1 – pH e Tampões – Leitura Complementar 9.2

1. pH e Biossistemas e Estruturas Naturais.
2. Gradiente de pH em Biossistemas.
3. Reações Bioquímicas.
4. pH Ótimo de Enzimas.
5. Conformação de Biomoléculas.
6. Interação de Grupos Proféticos e pH.
7. pH e Ligantes.
8. pH e Dissociação de Proteína.
9. Equilíbrio Ácido-Básico.
10. Absorção, Distribuição e Atividade de Medicamentos.

1. pH de Biossistemas e Estruturas Naturais

O pH é de importância geral em Biologia. O pH de alguns sistemas naturais e artificiais está na Tabela 9.3.

Tabela 9.3
Valores Aproximados de pH

Material	pH
HC1 1 N	1
Suco gástrico	1 a 3
Suco de limão	2
Refrigerantes com ácido tartárico	2,8-3,2
Vinagre	a 3,5
Solos cultiváveis	-8
Suco de tomate	4-4,5
Próstata (intracelular)	4,5
Urina	4,8-8,0
Suor	4-6,8
Saliva	5,8-7,1
Músculo (intracelular)	6,10
H_2O a 37°C	6,75
Fígado (intracelular)	6,9
H_2O a 25°C	7,0
Leite	7,0
Fezes	7,1
Esperma	7,2
Plasma sanguíneo	7,42
Fluido intersticial	7,42
Água do mar	7,5
Bile	6,2-8,5
Suco pancreático	7,6-8,6
Osteoblastos (intracelular)	8,5

Compulsando-se os valores da Tabela 9.3, observa-se que a maioria dos pH de sistemas biológicos estão entre 6 e 8,5. A água a 37°C é neutra em pH 6,75, e portanto, no caso dos humanos (e na maioria dos grandes mamíferos), o pH do plasma e fluido intersticial é **alcalino** (pH 7,42). A concentração do hidrogenions corresponde á:

pH 6,75 H^+ de $17{,}7 \times 10^{-8}$ $mol.l^{-1}$
pH 7,42 H^+ de $3{,}8 \times 10^{-8}$ $mol.l^{-1}$

Há cerca de $\frac{17{,}7}{3{,}8} \simeq 5 \times$ menos H+ no plasma e fluído intersticial. Essa concentração é mais próxima do pH da água dos oceanos (pH 7,5) o que sugere ser o meio interior (Claude Bernard), realmente um mar interior. A comparação dos eletrólitos do mar e plasma reforça essa semelhança.

2. Gradiente de pH e Biossistemas

Outro aspecto importante, com relação à TD dos sistemas biológicos, é a existência de grandes gradientes de pH entre compartimentos corporais. O gradiente entre o plasma (pH = 7,4) e o estômago (pH = 2) é de 5,4 unidades de pH, o que equivale a diferença de concentração de 10^6 ou um milhão. Esse é o esforço que as células da mucosa gástrica necessitam fazer para secretar HC1. O gradiente de pH é também, na hipótese quimiosmótica de Mitchell (V. Textos de Bioquímica), responsável pela síntese de ATP nas mitocôndrias. O gradiente entre as células musculares e o plasma é grande, pH 7,42 - 6,10, o que equivale a uma diferença de 50 × mais H^+ nas miofibrilas. Essa acidificação favorece a contração da miosina.

Esse gradiente íngreme, entre o fluido intersticial e as miofibrilas, exige um enorme trabalho ativo para secretar o protón H− para dentro dessas estruturas. A 37°C, temos:

$$\tau = RT \ln \frac{C1}{C2} = 8{,}3 \text{ x}3{,}10 \text{ x } 102 \text{ x } \ln 50$$
$$\tau = 10{,}0 \text{ kJ}$$

3. Reações Bioquímicas e pH

As reações bioquímicas das quais os sistemas biológicos dependem para viver, são intensamente controladas pelo pH. Os íons hidrogenions participam ativamente dos mecanismos de óxido-redução, que por esse motivo são pH-dependentes – A a NAD e FAD participam de mecanismos que dependem da concentração H^+. (V. Textos de Bioquímica). Muitas dessas reações estão descritas neste texto.

4. pH ótimo de Enzimas

A atividade enzimática, i.e., a atividade catalítica das enzimas é pH-dependente de um modo extremamente sensível. De um modo geral, cada enzima tem um pH ótimo para funcionar, onde a atividade catalítica é máxima. De ambos os lados da curva, a atividade decresce, com uma forma característica. (Fig. 9.16).

Fig. 9.16 – Relação entre Atividade e pH

Enzima	pH ótimo
1 – Lisozima do mamão	4,3
2 – α-glicosidase	5,4
3 – Urease	6,8
4 – Tripsina	8,0

A curva de atividade x pH indica quais grupamentos podem estar envolvidos no mecanismo de catálise. No caso da lisozima do mamão, trata-se um grupo COO^- de um ácido-glutâmico (pK 4,4). A urease apresenta um pico secundário de atividade, que pode representar o envolvimento de mais de um grupamento no centro ativo (V. Texto de Bioquímica). Certamente, a existência de um pH ótimo para a atividade, é chance para controle dessa atividade através de pequenos desvios no pH do meio. O mecanismo desse efeito do pH sobre a atividade enzimática pode se fazer na molécula da enzima, com mudança na ionização de grupos que ligam o substrato, que participam no mecanismo catalítico, ou na manutenção da estrutura ativa, ou no substrato, mudando a conformação ou ionização, ou ambos.

Como vemos na Tabela 9.3, o pH intracelular da próstata (4,5) é para facilitar a atividade da fosfatase **ácida** prostática. Nos osteoblastos, pH = 8,5, é para facilitar a atividade da fosfatase alcalina dos ossos. Pela diferença de pH ótimo, cada fosfatase não interfere na atividade da outra.

5. Conformação de Biomolécuias e pH

Outro aspecto do pH em sistemas biológicos é a mudança de conformação que biomoléculas sofrem com mudanças de pH. De um modo geral, em pH abaixo de 3 e acima de 10, as proteínas se acham desnaturadas. A existência de alta concentração de H^+ no meio, interfere com as pontes H intramoleculares (V. Estrutura Molecular), porque os prótons do ambiente competem com os prótons que fazem essas pontes (Fig. 9.17).

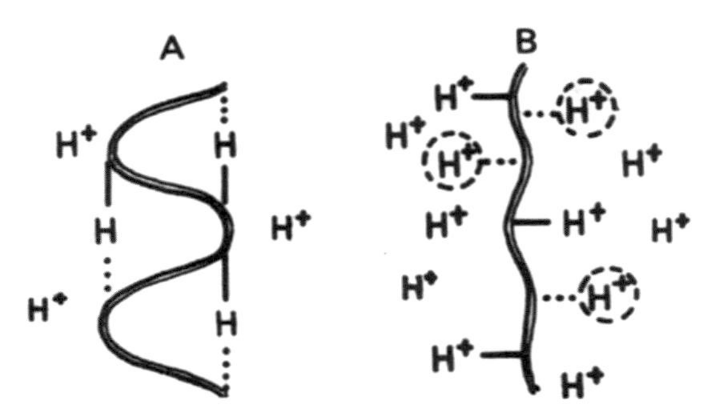

Fig. 9.17 – Pontes H e pH do Meio; – H+ ... – Ponte H; (H+) – Hidrogenion do Meio; A – Proteína em Conformação Natural; B – Proteína Deformada por Excesso de (H+).

Paradoxalmente, esse efeito ocorre quando, ao contrário, a concentração de OH^- cresce, porque esses íons atraem os H^+ das pontes H, enfraquecendo-as, e até mesmo, rompendo-as efetivamente.

Essa ruptura de pontes H nos extremos da escala de pH ocorre também com o DNA e o RNA, que passam a cadeia simples em pH abaixo de 3 e acima de 11.

Em pH alcalino, acima de 10, algumas proteínas sofrem ruptura das pontes SS, que ficam reduzidas a SH. Esse é o método usado para alisar cabelos com pastas alcalinas, e no tratamento industrial de lã com álcalis, para obter fios mais macios.

6. pH e Interação de Grupos Prostéticos

O pH afeta também a interação de grupos prostéticos com as proteínas. O heme da hemoglobina, em pH ácido se transfere para solventes de baixa constante dielétrica, como a metil-etil-cetona, deixando a apoproteína na fase aquosa.

7. pH e Ligantes

O efeito de **ligantes** em proteínas, como por exemplo o O_2 na hemoglobina, é afetado pela ligação com H^+, e portanto, pelo pH. Quando a hemoglobina se liga ao oxigênio nos pulmões, ela se torna um ácido mais forte, e libera um íon H^+ para cada molécula de O_2 ligada. Nos tecidos, quando ela transfere o O^2 para os processos metabólicos, ela se torna uma base mais forte, e liga um H+ para aproximadamente, cada molécula de O2 liberada. Existe pois, uma diferença de pK entre a oxi e a deoxi Hb.

$$\text{OxiHb } (HbO_2),\ pK = 6{,}6$$
$$\text{DeoxiHb } (Hb),\ pK = 8{,}2$$

Pelo pK, a HbO_2 cede prótons mais facilmente que Hb.

Essa diferença é usada para transportar íons H+ dos tecidos para o pulmão, apenas pela mudança de pK: Nos tecidos, o sistema deoxigenado

$\frac{Hb^-}{H^+.Hb}$ captura o protón, e ao chegar no pulmão recebe o O_2 transformando-se no sistema

$\frac{HbO^-_2}{H^+.HbO_2}$, que libera o próton ($H^+$).

Os íons H^+ liberados se combinam ao HCO^-_3 dando H_2CO_3, que é imediatamente decomposto pela anidrase carbônica pulmonar, transformada em H_2O e CO_2, que é exalado na expiração. Calcula-se que a cada mol de O_2 que se liga, a Hb libera 0,7 moles de H^+: Conversamente, a afinidade da hemoglobina para o O_2 varia com o pH, como esperado. Esse é o chamado efeito Bohr: com a baixa do pH, a afinidade diminui.

8. pH e Dissociação de Proteínas

O efeito do pH sobre a dissociação de proteínas já foi apreciado na Parte Formal, item 2. As proteínas, poliíons, polieletrólitos ou polianflons, são moléculas que possuem inúmeras cargas positivas e negativas. A carga efetiva é a soma das cargas, e pode ser positiva, nula ou negativa. Quando a proteína está no seu pH isoelétrico, sua carga efetiva é zero, porque as positivas e negativas se anulam. Se está abaixo do ponto isoelétrico, é cátion (carga positiva), se está acima é anion (carga negativa).

As cargas de superfície da proteína estão relacionadas com a mobilidade da proteína em um campo elétrico (V. Eletroforese) e no comportamento face às resinas de troca iônica (V. Cromatografia).

9. Equilíbrio Ácido-Básico

Esse tema é tão extenso que há livros especializados sobre o assunto e, por esse motivo faremos breve resumo sobre aspectos biofísicos.

A manutenção do equilíbrio ácido-básico deve-se fazer de forma estrita em grandes mamíferos. No homem, o pH do plasma e líquidos intersticiais

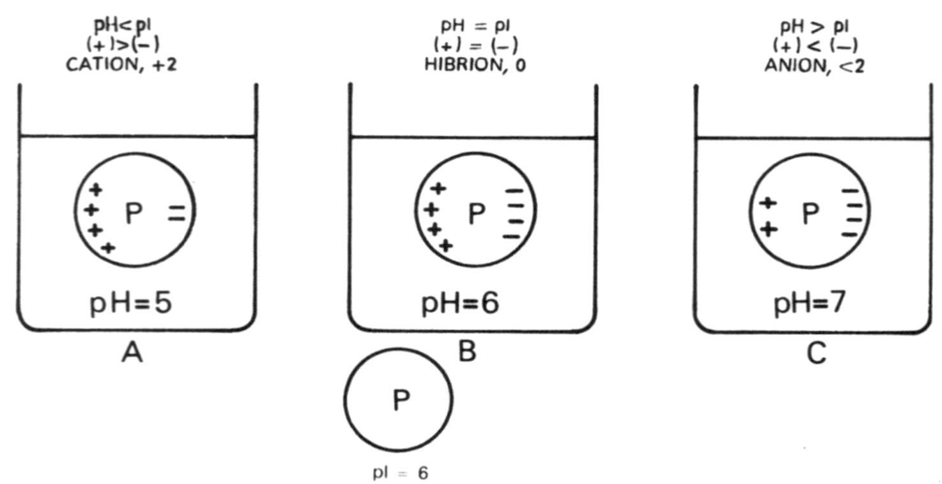

Fig. 9.18 – pH do meio e Dissociação de proteínas (ver texto).

é 7,40, e as oscilações normais estão em torno de pH 7,36 a 7,44. Variações de ± 0,3 são distúrbios graves do equilíbrio Ácido-Básico. No sangue de mamíferos, os seguintes tampões são de maior importância:

$$\frac{HCO_3^-}{H_2CO_3} \quad \frac{HPO_3^-}{H_2PO_4^-} \quad \frac{Hb^-}{H^+.Hb}$$

$$\frac{HbO_2^-}{H^+.HbO_2} \quad \frac{\text{Proteína}}{H^+.\ \text{Proteína}}$$

O principal tampão é o sistema bicarbonato/ácido carbônico, cujas concentrações são: Aceptor HCO_3^- 25×10^{-3} M e Doador H_2CO_3 $1{,}25 \times 10^{-3}$ M. O pK é 6,l:

$$pH = 6{,}1 + \log \frac{25 \times 10^{-3}}{1{,}25 \times 10^{-3}} = 6{,}1 + \log 20 = 7{,}4$$

o pH resultante está 1,3 unidades acima do pK, o que tornaria esse tampão ineficiente, não fosse o controle fisiológico pelo pulmão (elimina ou retém o CO_2) e pelo rim (elimina ou retém as bases fixas, especialmente Na^+).

O H_2CO_3 vem do CO_2 produzido nos tecidos, e está em equilíbrio com o CO_2 alveolar, que é cerca de 40 mmHg. O CO_2 pode existir em solução como H_2CO_3 (hidratado) ou como gás (CO_2 dissolvido). A quantidade condiciona essa relação, e no plasma sanguíneo só existe H_2CO_3. Assim é fácil calcular quanto há de CO_2 como H_2CO_3 quando se conhece a pressão parcial desse gás.

Hoje é fácil a medida de pH e pCO2 sanguíneas, através de aparelhos simples, e que fornecem grande precisão. O uso de **nomogramas** permite obter os parâmetros necessários para se avaliar o estado de equilíbrio ácido-básico. O pH da urina completa esses dados. Quatro situações fundamentais são conhecidas:

Alcalose Respiratória - Quando há hiperventilação pulmonar, o CO_2 formado nos tecidos é rapidamente eliminado, e a PCO_2 no alvéolo cai. Há imediatamente uma baixa do H_2CO_3 conhecida como hipocapnia, com consequente elevação do pH sanguíneo. O rim tenta equilibrar, eliminando urina alcalina.

Um adulto que respira em **hiperpnéia** e **taquipnéia** (profunda e rapidamente), entra rapidamente em alcalose. (Não faça este teste de pé). Doenças mentais, meningite, toxinas, podem causar alcalose respiratória.

Acidose Respiratória – Quando há hipoventilação pulmonar, a pCO_2 alveolar cresce, aumentando o CO_2 dissolvido (hipercapnia). Este, como já vimos, existe todo como H_2CO_3, e há uma baixa do pH sanguíneo. O rim tenta compensar, eliminando urina ácida. Morfina e outras substâncias que deprimem o centro respiratório, pneumonia, enfisema, pneumotórax, podem causar grave acidose respiratória.

Alcalose Metabólica - Quando existe aumento de bases ou diminuição de ácido, por distúrbios metabólicos, o pH se eleva. O rim tenta compensar excretando urina alcalina. Há também hipoventilaçao pulmonar. Ocorre em vómitos constantes com perda de HC1, ou na ingestão excessiva e antiácidos.

Acidose Metabólica - Quando existe aumento de ácido ou diminuição de base. O rim tenta compensar eliminando urina ácida. Há hiperventilação pulmonar. A causa mais comum é o diabetes mellitus, onde grande acúmulo de ácido acetoacético pode ocorrer.

10. Absorção, Distribuição e Atividade de Medicamentos

Esses parâmetros são influenciados pelo pH do meio. Um medicamento qualquer, MH, que se dissocia:

$$\underset{(D)}{MH} \rightleftharpoons H+ + \underset{(A)}{M-}$$

D – Doador prótons
A – Aceptor de Prótons

e cujo pK = 6, estará, predominantemente sob a forma MH no estômago (pH baixo, H^+ alto), mas sob forma M^- (desprotonado), no plasma, onde o pH = 7,4, e os prótons escasseiam. Essa propriedade trará ainda um gradiente de distribuição entre os comportamentos biológicos, dependendo da tendência termodinâmica natural ser para a ionização ou ligação de próton (forma não-ionizada).

Esses resultados mostram que, no estômago, a aspirina se dissocia pouco, mas no plasma está quase totalmente dissociada, o que sugere que a aspirina é rapidamente absorvida.

Exemplo 2 – A cafeína tem pK = 13,2 (base muito forte). Cálculos semelhantes aos realizados no Exemplo 1, mostram que a cafeína, no estômago tem 101 2 moléculas na forma D para urna molécula na forma A. No plasma, se A = 1, D = 105, o que é muito menor. Os resultados sugerem que a cafeína é pouco absorvida na forma dissociada. E, também, que a forma predominante no organismo, tanto em pH ácido como em pH alcalino, é a forma não-ionizada, protonada (D).

No Estômago pH= 1	No Plasma pH = 7,4
Usando a Equação H-H:	
$1 = 3 + \log \frac{A}{D}$	$7{,}4 = 3 + \log \frac{A}{D}$
$\frac{A}{B} = 10^{-2}\ M = 0{,}01\ M$	$\frac{A}{D} = 10^{4,4}\ M = 25.000\ M$
Ou seja, para cada molécula na forma A, temos 100 na forma D.	Ou seja, para cada molécula na forma D, temos 25.000 na forma A.

Exemplo 1 – A aspirina (antipirético e analgésico), é o ácido acetil-salicilico, cujo pK = 3. Como se encontram as formas aspirina ácido (D, doador de prótons, não-ionizada) e aspirina base (A, aceptor de prótons, ionizada), no estômago e plasma sanguíneo?

Através desse efeito de provocar as formas ionizada e não-ionizada de medicamentos, o pH dos fluidos biológicos tem grande papel na atividade de fármacos.

Objetivos Específicos do Capítulo 9

Leitura Preliminar (Opcional)

A) Lei de Ação das Massas

1. Citar a lei de Ação das Massas (LAM).
2. Descrever o comportamento de reação reversível.
3. Baseado na LAM, escrever a equação da constante de equilíbrio (K) e a relaçío entre K e Produtos e Reagentes.

B) Ácidos, Bases, Álcalis e Sais

4. Conceituar Ácidos, Bases, Álcalis e Sais.
5. Reconhecer essas categorias químicas em substâncias.
6. Enunciar o conceito de Aceptor e Doador de Prótons.
7. Conceituar ácidos fracos e fortes, definir efeito ácido.
8. Conceituar bases fracas e fortes, definir efeito básico.

C) Estudo da Composição de 1 Litro de Água

9. Explicitar a composição de 1 litro d'água quanto aos componentes: H2O, H+ (H3+O), OH–, K e k.
10. Estabelecer as relações entre H+ e OH , k e K.

9.1 – pH e Tampões – Ponte Conceitual

11. Escrever a equação de dissociação da água.
12. Conceituar pH e escrever sua equação.
13. Relacionar a escala pH e pOH.
14. Relacionar pH e pOH com a reação do meio.
15. Descrever o modo de modificar o pH da água com ácidos, bases e sais.
16. Citar os cuidados na lide com ácidos e álcalis fortes.
17. Descrever as mudanças de pH em soluções tamponadas e não tamponadas.
18. Conceituar efeito tampão, e o papel do Aceptor e Doador de Prótons.
19. Descrever o mecanismo de tamponamento fazendo um esquema com Aceptor e Doador de Prótons.
20. Conceituar indicador de pH.
21. Descrever o uso do indicador de pH para determinação de pH e titulação de soluções.

9.2 – pH e Tampões – Parte Formal

22. Calcular pH a partir de H+ e vice-versa.
    a) Usando logaritmos
    b) Usando calculadora eletrônica.
23. Descrever a extensão da notação pH a outros parâmetros de soluções.
24. Deduzir a equaçío de Henderson-Hasselbach.
25. Identificar quem é Aceptor, quem é Doador de Prótons.
26. Descrever o efeito tamponante através de curvas de dissociação.
27. Dar as características da eficácia de tamponamento de uma solução em função de:
    a) relação pH/pK
    b) Volume e Concentração.
28. Saber usar a equação de Henderson-Hasselbach nas situações seguintes:
    1 – Cálculo do pH de um sistema tampão.
    2 – Cálculo da relação A/D
    3 – Uso da fórmula geral
    4 – Adição de Ácidos e Álcalis a tampões
    5 – Cálculo do pH
    6 – Modificação do pH de tampão.
29. Descrever o comportamento de Aminoácidos e Prótides em função do pH.
30. Conceituar pl de Aminoácidos.
31. Conceituar pl e pH isoiônico de Prótides.

pH e Tampões – Leitura Complementar LC-9.1

32. Descrever a relação entre pK e temperatura.
33. Descrever o princípio da determinação eletrométrica do pH.
34. Descrever uma titulação elétrica.

pH e Tampões – Leitura Complementar LC-9.2

35. Citar o pH de alguns biossistemas e Estruturas Naturais.
36. Conhecer o papel de gradiente de pH em biossistemas, e calcular a energia nesses gradientes.
37. Relacionar atividade enzimática ao pH.
38. Relacionar pH à conformação de proteínas, interação em grupos protéticos e ligantes.
39. Fazer esquema da ionização de proteínas e pH do meio.
40. Descrever algumas alterações do equilíbrio Ácido-Básico.
41. Relacionar o comportamento de Fármacos com o pH do meio.

10

Oxidação e Redução em Biologia

Redox

A energia utilizada nos processos metabólicos tanto aeróbicos (com oxigênio), como anaeróbicos (sem oxigênio), vem das reações Redox de alimentos.

Não há Oxidação sem Redução equivalente, nem Redução sem Oxidação equivalente. Essas reações são sempre acopladas, e designadas coloquialmente como Reações Redox.

As reações Redox ocorrem em todos os Biossistemas, e seu mecanismo é muito simples. É necessário, porém, assimilar os conceitos e **convenções** adotadas.

Leitura Preliminar LP-10.1

A Experiência Fundamental de Redox

O sistema da Fig. 10.1 ilustra os fenômenos de Redox, e consiste numa pilha de Daniell modificada.

Quando o conector c é ligado, observa-se o seguinte:

1. Voltímetro acusa diferença de potencial, sendo A negativo, e B positivo.
2. Miliamperímetro indica corrente elétrica no sentido A → B.
3. Pesando-se os eletródios ao fim da experiência, constata-se que houve:
   Diminuição da massa no zinco
   Aumento da massa no cobre
4. Dosando-se os íons $Zn^2 +$ e Cu^{2+} na solução, observa-se que houve:
   Aumento de Zn^{2+}
   Diminuição de Cu^{2+}

Esses quatro dados são compatíveis com a seguinte explicação:

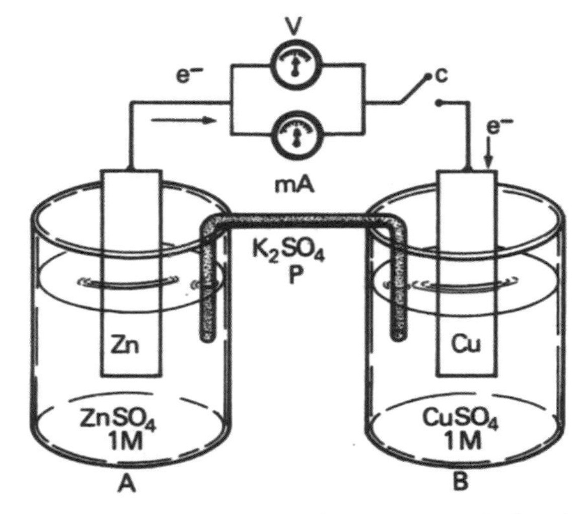

Fig. 10.1 — *Demonstração dos Fenômenos Redox.* A – Lâmina de Zn em ZnS°41M; B – Lâmina de Cu em $CUSO_4IM$. *Conexão Elétrica:* V – Voltímetro; mA – Ponte de K_2SO_4 em gel de ágar a 3%; c – Conector.

O sistema funciona como uma pilha, onde o Zinco (Zn^o) é o pólo negativo (cede elétrons) e o cobre (Cu^o), é o pólo positivo (recebe elétrons). A cessão de elétrons pelo Zn^o o dissolve como íons Zn^{2+} (a massa do Zn diminui, a concentração do $ZnSO_4$ aumenta) e o íon Cu^{2+} (em solução), recebe os 2 elétrons e se metaliza como Cu^o (a massa do Cu aumenta, a concentração de $CuSO_4$ diminui).

Uma reação compatível com essa hipótese, é:

Compartimento A	$Zn^o \rightleftharpoons Zn^{2+} + 2_e^-$	1ª Etapa
Compartimento B	$Cu^{2+} + 2_e^- \rightleftharpoons Cu^o$	2ª Etapa
Reação Redox	$Zn^o + Cu^{2+} \rightleftharpoons Zn^{2+} + Cu^o$	Soma

Diversas outras experiências provam essa hipótese. Uma experiência simples indicada pela soma da Reação Redox é que uma lâmina de zinco introduzida em uma solução de um sal de cobre, deve precipitar o cobre e dissolver o zinco. Isto realmente acontece. Desses resultados sai o mecanismo fundamental de Reações Redox.

Doação e Aceitação de Elétrons é o Mecanismo Fundamental de Reações Redox

10.1 – **Conceitos Fundamentais de Redox**

1. **Redutor e Oxidante** - Analogamente ao conceito de Ácidos e Bases:

Redutor é Doador de Elétrons
Oxidante é Aceptor de Elétrons

Ainda, como no conceito de ácidos e bases, o fenômeno é reversível:

O redutor, ao perder seus elétrons, se transforma em um oxidante:

$$\text{Redutor} \rightleftharpoons \text{Oxidante} + \text{Elétron}$$

Comparar com o conceito de Ácidos e Bases (V. pH e Tampões). De acordo com a TD, pode-se reconhecer em um par Redox qualquer quem é Redutor quem é Oxidante.

Redutor

1. Tem mais elétrons.
2. É mais eletronegativo (menos eletropositivo).
3. Tem menor afinidade eletrônica (tendência a perder elétrons).

Oxidante

1. Tem menos elétrons.
2. É menos eletronegativo (mais eletropositivo).
3. Tem maior afinidade eletrônica (tendência a ganhar elétrons).

Ainda mais uma vez, o comportamento é semelhante ao de Ácidos e Bases, com relação ao aceitar ou doar prótons.

2. **Reações Redox** - As reações sempre se passam entre uma dupla de reagentes: um par é Redutor (fornece elétrons), o outro par é Oxidante (recebe elétrons).

Dupla Redox:

$$\text{Redutor}_1 \rightleftharpoons \text{Oxidante}_1 + \text{Elétrons} \quad \text{1º Par (Redutor)}$$

$$\text{Oxidante}_2 + \text{Elétrons} \ \text{Redutor}_2 \quad \text{2º Par (Oxidante)}$$

Como usual, a reação é **espontânea** em um sentido (–ΔG), e **provocada** no sentido oposto (+ΔG). Essa característica é dada pelo potencial elétrico dos pares envolvidos na reação.

3. **Potencial Redox** – Como há troca de elétrons, há uma diferença de potencial **E** envolvida no processo. Essas voltagens são determinadas experimentalmente usando-se voltímetros especiais, muito sensíveis. Essa diferença de potencial depende de várias condições experimentais, como temperatura, concentração dos reagentes, pressão e, frequentemente, do pH do meio.

O potencial Redox determina o sentido da reação. Existem tabelas para o potencial redox padrão (Eo) de cada reação. Alguns valores estão na Tabela 10.1.

Através do potencial Redox pode-se saber quem será Redutor, quem será Oxidante, em uma dupla qualquer:

Potencial mais alto (mais eletropositivo) - Par Oxidante

Potencial mais baixo (mais eletronegativo) - Par Redutor

Assim, na Tabela 10.1, quem está acima é sempre **oxidante**, quem está abaixo é sempre **redutor**. No caso da Tabela 10.1, a platina (Pt^{+2}) é o oxidante mais forte, e o potássio (K°) é o redutor mais forte.

O sinal do potencial Redox segue o sentido da reação: se é positivo para um lado, é negativo para o outro. Na Tabela 10.1 está representada a convenção.

Nota - Esse sistema é adotado internacionalmente, mas não generalizadamente. Outras convenções são ainda usadas, e como o que se convenciona é certo para quem usa, muita confusão existe na notação Redox.

4. **Comportamento de Reações Redox** - Vamos considerar uma dupla Redox qualquer, com os pares A e B, que possuem as seguintes características:

$$A^+ + e^- \rightleftharpoons A° - 0{,}21 \text{ V}$$
$$B^+ + e^- \rightleftharpoons B° - 0{,}53 \text{ V}$$

Como se passaria a reação entre esses componentes? Para isto é necessário:

1. Identificar quem é Redutor, quem é Oxidante.
2. Somar os componentes e o potencial.

Tabela 10.1
Potencial Padrão Redox

Valores colocados em ordem decrescente Eò ≅ Eo + 0,43 (volts)			
Oxidante + Elétron	⇌ Redutor	E' pH7 37°C	E_0 pHl 25°C
$Pt^{2+} + 2e^-$	⇌Pt°	+ 2,02	+ 1,60
$1/2\ O_2 + 2H^+ + 2e^-$	⇌H_2O	+ 1,23	+ 0,82
$Fe^{3+} + e^-$	⇌Fe^{2+}	+ 1,19	+ 0,77
$Cu^{2+} + 2e^-$	⇌Cu°	+ 0,76	+ 0,34
$2H^+ + 2e^-$	⇌H_2O	+ 0,43	0,00
Fe^{3+}.Cit a + e^-	⇌Fe^{2+}.Cit a	+ 0,30	
Fe^3·Hb + e^-	⇌Fe^{2+}.Hb	+ 0,15	
$Ag(CN)_2^- + e^-$	⇌Ag° + 2 CN	+ 0,12	-0,31
Deidroascorbato + 2 H^+ + 2 e^-	⇌Ascorbato. H_2	+ 0,08	
Fe^{3+} Mioglobina + e^-	⇌Fe^{2+}·Mioglobina	+ 0,05	
Fumarato + $2H^+ + 2e^-$	⇌Succinato	+ 0,03	
AzM + $2H^+ + 2e^-$	⇌AzM.H_2	+ 0,01	-0,42
FAD + $2H^+ + 2e^-$	⇌FADH	-0,06	
Piruvato + NH_3 + $2H^+ + 2e^-$	⇌Alanina	-0,13	
Piruvato + $2H^+ + 2e^-$	⇌Malato	-0,33	
$NAD^+ + 2H^+$ + e-	⇌NADH.H^+	-0,34	
$Zn^{2+} + 2e^-$	⇌Zn^0	-0,34	-0,76
SS + $2H^+ + 2e^-$	2SH	-0,35	
Fe^{3+}. Ferredoxina + e^-	⇌Fe^{2+}.Ferredoxina	-0,43	
Acetato + $2H^+ + 2e^-$	⇌Acetaldeído	-0,60	
$Na^+ + e^-$	⇌Na^0	-2,28	-2,71
$Ca^{2+} + 2e^-$	⇌Ca^0	-2,44	-2,87
$K^+ + e^-$	⇌K^0	-2,49	-2,92

Abreviações: AzM – Azul de metileno oxidado (azul)
AzM.H_2 – Azul de metileno reduzido (incolor)
Cit a – Citocromo a.Fe^{3+} Hb – metemoglobina (oxidado)
Fe^{2+}.Hb – Hemoglobina reduzida
SS – Dissulfeto
SH – Sulfidrila

Nota: Referencial Padrão: é adotado o do par hidrogenion-hidrogênio ($H^+ \rightleftharpoons H^0$), que vale + 0,43 V em pH7 a 37°C, e 0,00 V em pH1 a 25°C.

Quadro 10.1
Sinal do Potencial Redox × Sentido da Reação
Exemplos do Cobre e Zinco

1. Aceitação de Elétrons **Oxidação**	**2. Doação de Elétrons** **Redução**
Oxidante + elétron ⇌Redutor E_Q (V)	Redutor ⇌oxidante + elétron E_o (V)
$Cu^{2+} + 2e^- \rightleftharpoons Cu^0$ +0,34	$Cu^0 \rightleftharpoons Cu^{2+} + 2e^-$ -0,34
$Zn^{2+} + 2e^- \rightleftharpoons Zn^0$ -.0,76	$Zn^0 \rightleftharpoons Zn^2$ * + $2e^-$ + 0,76

O procedimento é simples:

O componente mais eletronegativo é o **Redutor**, nesse caso é o **B** que tem Eo = –0,53. Ele será o fornecedor de elétrons para o par A, que será o **Oxidante**.

Existem 2 métodos para escrever a reação:

Método 1

a) Escrever a reação com Oxidante acima, e Redutor abaixo:

$$A^+ + e^- \rightleftharpoons A^\circ - 0{,}21\ V$$
$$B^+ + e^- \rightleftharpoons B^\circ - 0{,}53\ V$$

b) Somar os termos opostos, colocando o Redutor no 1º membro, cancelar os elétrons:

$$B^\circ + A^+ \rightleftharpoons A^\circ + B^+$$ → Sentido Espontâneo ← Sentido Provocado

c) Subtrair os potenciais na ordem:

$$E_{Redox} = E_{Oxidante} - E_{Redutor}$$

$$E_{Redox} = -0{,}21 - (-0{,}53) = +\ 0{,}32\ V$$

O sinal **positivo** de Redox indica que, nesse sentido, a reação é **espontânea**. Se E_{Redox} **fosse negativo**, a reação não seria expontânea, e para ocorrer, seria necessário injetar energia (elétrica) no sistema (V. Leitura Suplementar).

Método 2

a) Colocar o par Redutor **acima**, na ordem **inversa** da reação (doador de elétrons), e o par Oxidante na ordem **direta** (aceitação de elétrons).

Redutor $B^\circ \rightleftharpoons B^+ + e^-$ + 0,53 (Doação de elétrons)

Oxidante $A^+ + e^- \rightleftharpoons A^\circ$ – 0,21 (Aceitação de elétrons)

b) Somar os termos, cancelando os opostos, e somar os potenciais:

$$B^\circ + A^+ \rightleftharpoons B^+ + A^\circ \quad E_{Redox} = +\ 0{,}32$$

Nota – O método 2 tem a vantagem de seguir a ordem natural das reações Redox, sendo também mais simples. Não se pode, apenas, esquecer de inverter a reação de Redução. Exemplos:

Exemplo 1 – O que acontece quando uma lâmina de Zn é introduzida em uma solução de sulfato de Cobre? As reações dos pares Redox, são (Tabela 10.1):

$$Zn^{2+} + 2e^- \rightleftharpoons Zn^o\ -0{,}76\ V$$

$$Cu^{2+} + 2e^- \rightleftharpoons Cu^o + 0{,}34\ V$$

Os potenciais indicam que o $Zn2^+$ é redutor e o Cu^{2+} oxidante. Usando o método 2:

$Zn^\circ \rightleftharpoons Zn^{2+} + 2e^-$	+ 0,76 V
$Cu^{2+} + 2e^- \rightleftharpoons Cu^o$	+ 0,34 V.
$Zn^\circ + Cu^{2+} \rightleftharpoons Zn^{2+}$	+1.10 V

A reação é espontânea. O Zn^o irá se dissolver como Zn^{2+}, e o Cu^{2+} se precipitar como Cu^o. Esse, aliás, é um teste usado em metalurgia para medir a eficiência da zincagem de peças metálicas. A peça é introduzida em uma solução de sulfato de cobre, e o zinco dissolvido, ou o cobre precipitado (ou ambos), são medidos.

Exemplo 2 - O par Redox C e D possuem as características abaixo. Como é o balanceamento da reação?

$C^{2+} + 2e^- \rightleftharpoons C^\circ$	+ 0,25 V
$D^{1+} + e^- \rightleftharpoons D^\circ$	+ 0,46 V

Pela voltagem, o parceiro redutor é o C. É necessário levar em conta a diferença de elétrons: C usa dois, D apenas um. Basta realizar a equivalência, multiplicando D por 2.

$C^o \rightleftharpoons C^{2+} + 2e^-$	–0,25
$2D^+ + 2e^- \rightleftharpoons D_2$	+0,46
$C^\circ + 2D^+ \rightleftharpoons C^{2+} + D_2^\circ$	+0,21 V

Notar que, de acordo com a TD, a voltagem não foi multiplicada por dois. É que a voltagem é propriedade intensiva, e independe da massa do sistema. A valência (número de elétrons), é propriedade extensiva, e depende da massa do sistema.

Exemplo 3 - Nas cadeias biológicas é comum representar as reações Redox como no Esquema 10.1.

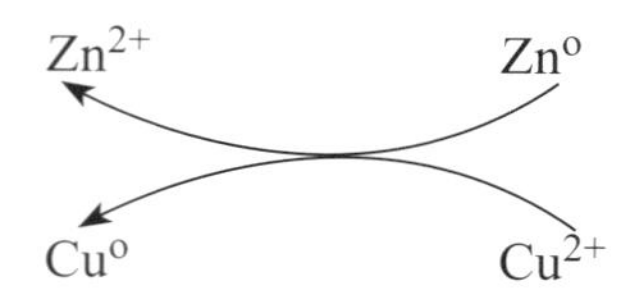

É como se fosse

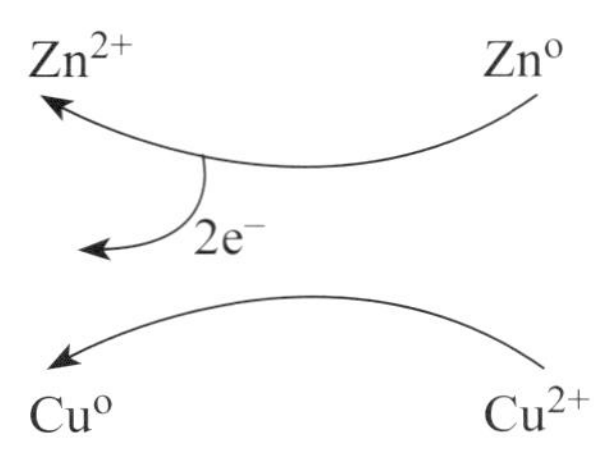

A doação de elétrons está implícita nas setas curvas.

5. Reações Redox com Troca de Hidrogénio

Além da troca de elétrons, podem haver reações Redox onde há troca de Hidrogênio, como prótons, H^+. Esse é o caso mais frequente em reações biológicas. Nestes casos, a voltagem da reação é dependente do pH do meio (ver Tabela 10.1 e Leitura Suplementar). Nestes casos, é necessário haver um Doador e Aceptor para os prótons liberados, que somam-se aos elétrons, e se ligam covalentemente às moléculas.

Exemplo 1 – Os tióis, reagentes que possuem o grupo SH, se oxidam, espontaneamente, em solução, para dissulfeto SS. Na Tabela 10.1 temos:

$$SS + 2H^+ + 2e^- \rightleftharpoons 2SH \quad E'_0 = -0,35 \text{ V.}$$

A reação se passa em presença de oxigênio molecular, isto é, de O_2 dissolvido na solução, que aceita os hidrogênios (H^+) para formar água. Usando o método 2, com dados da Tabela 10.1 para SS e 1/2 de O_2 a 37° e pH = 7, temos:

$2SH \rightleftharpoons SS + 2H^+ + 2e\text{-}$	+ 0,35 V
$1/2\ O_2 + 2H+ + 2e^- \rightleftharpoons H_2O$	–1,23 V
$2SH + 1/2\ O_2 \rightleftharpoons SS + H_2O$	+ 1,58 V

Em presença de catalisadores, essa reação é responsável pela oxidação de grupos SH para SS, especialmente em pH ligeiramente alcalino, entre 7 e 9.

Nas reações Redox com participação de H^+, é evidente que o pH do meio, que representa a oferta de H^+, tem grande influência sobre a voltagem da reação. (V. Leitura Suplementar.)

Exemplo 2 – O $NADH^+$ é capaz de reduzir o ácido ascórbico (Vit. C). Na Tabela 10.1 temos:

$$\text{Deidroascorbato} + 2H^+ + 2e^- \rightleftharpoons \text{Ascorbato.}H_2 \quad + 0,08\text{V}$$

$$NAD^+ + 2H^+ + 2e^- \ NADH.H^+ \quad - 0,34 \text{ V}$$

Pelos dados, o $NAD^+/NADH.H^+$ é o componente Redutor, e fornece os elétrons e os prótons. Escrevendo a Reação:

$$NADH.H^+ \rightleftharpoons NAD^+ + 2H^+ - 2e^- + 0,34 \text{ V}$$

$$\text{Deidroascorbato} + 2H^+ + 2e^- \rightleftharpoons \text{Ascorbato} + 0,08 \text{ V}$$

$$NADH.H^+ + \text{Deidroascorbato} \rightleftharpoons NAD^+ + \text{Ascorbato} + + 0,42 \text{ V}$$

Assim, o $NADH.H^+$ mantém a vitamina C em seu estado reduzido.

Nota - Outros grupos, como CO_2, NH_3 e O_2 podem participar de trocas Redox.

10.2 – Redox em Biologia

Nota - Este é um dos capítulos mais vastos dos processos bioquímicos. Os aspectos biofísicos para este texto básico se limitam a um sumário dos sistemas envolvidos.
As moléculas que participam de Redox em sistemas biológicos podem ser agrupadas em 5 grandes classes:

1. **NAD+ ou NADP** – São a Nicotinamida Adenina Dinucleotides (NAD^+) e seu Fosfato (NADP). Elas recebem e doam H^+, e funcionam como coenzimas de deidrogenases.

$$\begin{matrix}\text{Substrato} \\ \text{Reduzido}\end{matrix} + NAD^+ \xrightleftharpoons{\text{Enzimas}} \begin{matrix}\text{Substrato} \\ \text{Oxidado}\end{matrix} + NADH.H^+$$

2. **FAD** – Flavina, Adenina Dinucleotídeo. São também coenzimas de deidrogenases, e trocam portanto H^+. Possuem cor no estado oxidado. Flavina vem de **flavius**, amarelo, mas existem pigmentos vermelhos, verdes e de outras cores. O mecanismo é semelhante ao da NAD^+.

3. **Proteínas Ferro-Sulfúricas** - São proteínas que possuem átomos de ferro e enxofre em ligação especial (S – Fe), permitindo que o **ferro** participe de reações Redox:

$$S - Fe^{2+} \rightleftharpoons S - Fe^{3+} + e^-$$

Entre essas proteínas estão as ferredoxinas, encontradas em várias bactérias, e a adrenodoxina, encontrada no córtex supra-renal.

4. **Citocromos** - São proteínas que possuem um átomo de Fe ligado ao anel de porfirina, mas ao contrário das hemoglobinas, onde o Fe deve estar sempre como Fe^2 + (para combinação reversível com o oxigênio), nos citocromos, o Fe participa de mecanismos Redox:

$$Fe^{2+} . Cit \rightleftharpoons Fe^{3+} . Cit + 2e^-$$

5. **Ubiquinonas** - São quinonas espalhadas por toda parte nos sistemas biológicos (ubi, em toda parte). As ubiquinonas são lipossolúveis, e participam das reações Redox dessas substâncias. Elas recebem e doam H^+.

Entre os mecanismos de Redox está o longo caminho da respiração aeróbica, a cadeia respiratória, que consiste em compostos que cedem e recebem elétrons, e nesse trajeto produzem energia livre. O trabalho é utilizado na **síntese de biomoléculas, no transporte transmembrana**, e na **contração muscular**, que representam cerca de 95% da atividade biológica. O ciclo de Krebs faz parte dessa longa cadeia respiratória. (V. Tratados de Bioquímica.) O elétron pode ir desde o acetato (–0,60), e termina formando água com o O_2 (+ 1,23), dando um salto de + 1,83 V.

Os processos Redox são especialmente ativos nas mitocôndrias, onde participam (entre outras reações), da oxidação fosforilativa do ADP para ATP. As três grandes classes de biomoléculas, glúcides, lípides e prótides, podem ser oxidados, fornecendo energia.

Nos cloroplastos, a fotossíntese é também um conjunto de reações Redox, tanto na fase clara (com energia luminosa), como na fase escura (sem energia luminosa).

Nota 1: Reações Redox e Catalisadores - A pergunta mais frequente que se ouve sobre Redox é:
"Se um par acima (Tabela 10.1) for misturado com um par abaixo, a reação ocorre?"

A ideia de comparar os potenciais leva ao conceito eletrodinâmico que flui corrente quando há diferença de potencial, e, sendo os pares misturados, a reação ocorrerá imediatamente (como na ligação de uma pilha).

A resposta é a seguinte: a reação é provável e espontânea, e pode ocorrer logo em seguida, como no caso do zinco e cobre, pode levar horas ou dias, como no caso do SH com o O_2 molecular, ou pode levar tempo indeterminado, como no caso da solução alcoólica de Azul de Metileno (AzM + Etanol), que fica anos seguidos na prateleira do laboratório. A dimensão Tempo não está nas equações TD. A presença de **catalisadores** positivos (V. Catálise e Catálise Biológica), é que acelera a velocidade dessas reações. Traços de iodeto (I^-) aceleram violentamente a reação entre sulfato cérico e anidrido arsenioso. O óxido de platina provoca decomposição imediata do H_2O_2. Os sistemas biológicos produzem as enzimas, que são os mais eficientes catalisadores que se conhece.

Atividade Formativa – AT 10.1

Proposições

P. 01 Desenhar a pilha de Daniell modificada.

P. 02 Assinalar os fenômenos que ocorrem na experiência fundamental de Redox como Certo (C) ou Errado (E).
1. Passa corrente de A —> B ( ).
2. Há uma diferença de potencial entre A e B ( ).
3. O compartimento B é negativo ( ).
4. O Zn^o perde elétrons ( ).
5. O Cu^o ganha elétrons ( ).

P. 03 Na experiência fundamental de Redox, as observações deram origem às seguintes conclusões:

Observação	**Conclusão**
1. Passa Corrente A → B	1.__________
2. Há diferença de Potencial	2.__________
3a. O Zn^o diminui	3a.__________
3b. O Zn^{2+} aumenta	4a.__________
4a. O Cu^o aumenta	4a.__________
4b. O Cu^{2+} diminui	4b.__________

P. 04 Completar:
Redutor é ______________________________
Oxidante é ______________________________

P. 05 Citar pelo menos duas características de Redutores e Oxidantes.

P. 06 Num par Redox qualquer, o que identifica o: (Completar com a Voltagem)
Redutor é ____________________________
Oxidante é ____________________________

P. 07 Completar os pares e o trajeto do elétron na Reação

Redutor ⇌ Oxidante + Elétron

Oxidante + Elétron ⇌ Redutor

P. 08 Ordenar os pares abaixo em ordem decrescente de poder oxidante. E_o é dado em volts.

A/B + e^- – 0,34

G/H + e^- – 0,05

M/N + e^- +0,26

C/D + e^- + 0,20

I/J + e^- + 0,40

O + e^-/P – 0,21

E/F + e^- +0,10

K + e^-/L + 0,08

Q/R + e^- – 0,32

Use esses dados para as P. 09 e P. 10.

P. 09 Usando os dados da Tabela P. 08.

	Par	Eo
O Oxidante mais forte	______	_____
O Redutor mais forte	______	_____

P. 10 Indicar quem é redutor, quem é oxidante, nas duplas abaixo. Fazer as reações e somar os potenciais. Use o método 1, ou o método 2, conforme sua preferência.

A/B e C/D

K/L e M/N

C/D e M/N — use a tabela

O/P e G/H — da P.08

E/F e A/B

I/J e Q/R

P. 11 Use o método 2 para resolver as equações Redox abaixo. Dados na Tabela 10.1.

	Condições
1. Fumarato/Succinato e Az M/Az $M.H_2$	37°, pH7
2. Fe^{3+}/Fe^{2+} e Zn^{2+}/Zn°	25°, pH1
3. Piruvato/Malato e Acetato/Acetaldeído	37°, pH7

P. 12 O que é necessário para que uma reação Redox ocorra rapidamente?

GD

São temas adequados, entre outros que podem ser escolhidos pelos interessados, os seguintes:

1. Princípios Gerais de Redox.
2. Resolução de Equações Redox.
3. Redox em Biologia (com pesquisa bibliográfica).
4. Catalizador e Reações Redox em Biologia (com pesquisa bibliográfica).

Redox

Leitura Suplementar 10

1. Convenções Usadas - Condições Gerais

Nos textos de Biologia, muitas convenções são usadas para exprimir as condições de reação. Algumas entre as mais usadas:

E_o = Potencial padrão em pH =0, a 25°, e quando [Oxi]/[Red]= 1,0 molal.
(os parêntesis indicam concentração ativa)

E = Potencial encontrado em pH = 0,25°C, em quaisquer concentrações de [Oxi]/[Red].

E_o e E estão relacionados através da equação de Nernst, que veremos adiante.

Em Biologia, o pH de referência mais usado é 7, ou em torno desse valor. A temperatura é de 37°C. As convenções propostas são:

E'_o = Potencial padrão em pH geralmente 7, a 37°C (310°K), quando [Oxi]/[Red] = 1,0 molal.

E' = Potencial encontrado em pH geralmente 7, a 37°C, em quaisquer concentrações de [Oxi]/[Red]

A equação de Nernst pode ser usada com esses valores. Existem ainda Em_7 E_7, e outros símbolos, com significado semelhante a $E_{,o}$ e E'.

Usa-se ainda, por analogia com.ΔG^o, os símbolos E° e E'°, onde a atividade iônica substitui a concentração.

2. Equação de Nernst

A diferença de potencial que ocorre entre as formas oxidada e reduzida de uma substância, é dada por:

$$E = E_o + \frac{RT}{nF} \ \text{In} \ \frac{[Oxi]}{[Red]}$$

ou

$$E = Eo - \frac{RT}{nF} \ \text{In} \ \frac{[Red]}{[Oxi]}$$

R = Cte Universal dos gases = 8,31 (Joules.°K. mol^{-1})

T = Temperatura absoluta = 293 + t (°K)

n = Número de elétrons trocados

F = Cte de Faraday = 9,65 x 10^4 (coulombs. mol^{-1})

Multiplicando-se por 2,3, pode-se usar log decimais:

$$E = E^o + 2{,}3 \frac{RT}{nF} \log \frac{[Oxi]}{[Red]}$$

Não esquecer de: na forma $\frac{Red}{Oxi}$ usar o sinal negativo (–).

Exemplo 3 - Qual a diferença de potencial entre as formas Cu^{2+}/Cu^{3+} em concentrações 0,1 M/0,99 M?
Usando-se os dados da Tabela 10.1 sabendo que $Cu^{2+} \equiv$ Red = 0,01 e $Cu^3 + \equiv$ Oxi = 0,99 temos:

$$E = 0{,}7 + 2{,}3 \frac{8{,}31 \times 298}{1 \times 9{,}65 \times 104} \log \frac{0{,}99}{0{,}01} =$$

$$= 0{,}76 + 0{,}12 = + 0{,}64 \text{ V}$$

Exemplo 4 - Numa solução, em determinado momento, existe uma concentração de SS/SH de 1:50 (1 mol/50 moles), e de oxigênio dissolvido/água, de 1 x 10^{-3}/55,5 moles. Calcular a diferença de potencial da dupla Redox. É possível calcular separadamente, e somar as voltagens.
Para o par SS/SH, SS é Oxi e SH é Red:

$$E = -0{,}35 + \frac{RT}{nF} \ln \frac{1}{50} = -0{,}35 - 0{,}10 = -0{,}36 \text{ V}$$

Para o par 1/2 O_2/H_2O, temos:

$$E = + 1{,}23 + \frac{RT}{nF} \ln \frac{1 \times 103}{55{,}5} = + 1{,}23 -$$

$$- 0{,}28 \simeq + 0{,}94 \text{ v}$$

A diferença de potencial E será:

E = E Oxi – E Red = + 0,94 – (–0,36) = + 1,30.

Esse potencial indica que a reação espontânea é no sentido de SH formar SS. Se no biossistema existe mais a forma SH do que SS (50 para 1), há um mecanismo injetando energia no sistema, para mantê-lo reduzido, apesar da oxidação de O_2 dissolvida. Essa situação ocorre em todos os biossistemas. Notar que o potencial nas condições biológicas é ainda mais baixo que nas condições padrões. (V. pág. 167).

2.1 - Situações Derivadas da Equação de Nernst

Existem quatro situações de grande interesse.

2.11 - Notar que, quando [Oxi] = [Red], o termo

$\frac{RT}{nF}$ In $\frac{1}{1}$ fica igual a 0, e então $E = E_0$

Esse é o modo de calcular o potencial padrão E_0, colocando-se Oxidante e Redutor em concentrações iguais.

2.12 - Observar que no Equilíbrio, por definição:

$$E = O \text{ e } \ln \frac{[Red]}{[Oxi]} = \ln K$$

Substituindo:

$$E_o = + \frac{RT}{nF} \ln K$$

quando se considera, por convenção, a forma **Reduzida** como Produto e a forma **Oxidada** como Reagente.

Esse é outro método para a medida experimental de E_o.

2.1.3 - Transpondo, na equação do equilíbrio:

$nE_oF = +RT \ln K$

lembrar que a Energia livre, ΔG^o é:

$\Delta G^o = -RT \ln K$

Combinando:

$\Delta G^o = - nE_oF$ (condições padrões)

E também:

$\Delta G0 = - nEF$ (quaisquer condições)

Exemplo 5 – Calcular a Energia liberada no trajeto entre acetato/acetaldeído e $1/2O_2/H_2O$, que ocorre nos biossistemas. Pela Tabela 10.1, a E_o será:

+ 1,23 – (–0,6) = + 1,83 V

A energia padrão será:

$$\Delta G° = - 2 \text{ x } 1{,}83 \text{ x } 9{,}65 \text{ x } 10^4 = - 3{,}5 \text{ x } 10^5 \text{ Joules·mol}^{-1}$$

ou aproximadamente – 8,4 x 10^4 calorias·mol^{-1} (–84 kcal·mol^{-1}). O sinal negativo de $\Delta G°$indica expontaneidade da reação, nas condições padrão de reação, apenas (V. TD).

3. Redox e pH

Quando íons H^+ participam do mecanismo Redox, a voltagem varia em função da concentração hidrogeniônica.

Esse fato permite a determinação eletrométrica do pH.

A experiência fundamental está representada na Fig. 10.2.

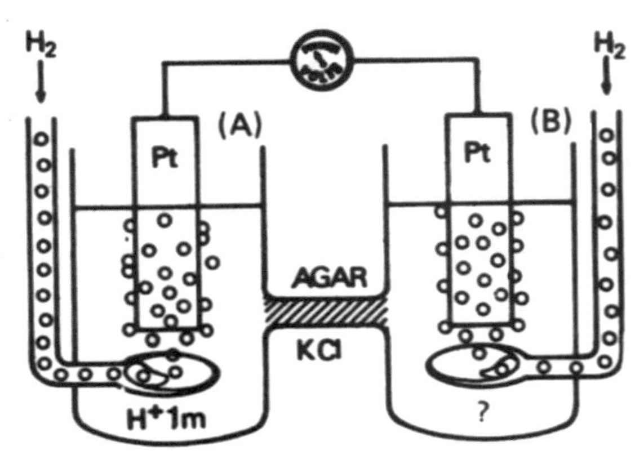

Fig. 10.2 – Eletrocélula de Hidrogênio. H_2 – Hidrogênio Molecular; H* – Hidrogenion; m – Concentração Molal; Pt – Platina; Ágar – KC1 – Ponte Elétrica; A – Célula Referencial de H^+; B – Célula de H+ Desconhecido.

A célula referencial de H^+ (célula A), tem um eletródio de Pt imerso em solução 1 m (1 molal) de H^+. A célula B tem a concentração de H^+ que se quer medir. Ambos eletródios de Pt estio imersos em gás H_2, e 1 atm de pressão. A platina é suporte inerte para a seguinte reação Redox:

$$1/2\ H_2 \rightleftharpoons H^+ + e^- \qquad \boxed{E_o = 0{,}000}$$

a voltagem, **por convenção**, é nula, a 25°C, 1 atm de pressão, e pH = O. Nesse caso, aplicando-se a equação de Nernst:

$$E = 2{,}3\ \frac{RT}{nF}\ \log\ \frac{[H_2]^{1/2}}{[H^+]}$$

Notar que,

$$[H_2]^{1/2} = [1]^{1/2} = 1,$$

e a fração se reduz a

$$\log \frac{1}{[H+]} = -\log [H^+] = pH.$$

Substituindo:

$$\boxed{E = 2{,}3 \frac{RT}{nF} . pH}$$

como n = 1, a 25°C, temos:

$$E = \frac{2{,}3\ 8{,}31 \times 298}{1 \times 9{,}65 \times 10^4} . pH$$

O valor das cifras é 0,059. Então:

$$E = 0{,}059\ pH$$

A 37°C, cálculo semelhante mostra que:

$$E = 0{,}061\ pH.$$

Nota - Em qualquer temperatura, sempre que $[H^+] = [H_2]$, obtemos o valor de Eo:

$$E_o = 2{,}3\ \frac{RT}{nF}\ . pH$$

Exemplo 6 - Qual o pH de uma solução a 37°C, cuja E = 0,45 V?

$$pH = \frac{04{,}5}{0{,}061} = 7{,}4\ pH = 7{,}4\ v$$

Exemplo 7 - Qual a E de uma solução cujo pH é 5,6 a 37°C.

$$E = 0{,}061 \times 5{,}6 = 0{,}34\ V$$

Exemplo 8 - Qual a diferença entre uma voltagem Redox, a 37°C, em pH = 0 e pH = 7?

$$E = 0{,}061 \times 7 = 0{,}43\ V$$

Se E = 0,20 em pH = 0, teremos E' = 0,63 em pH7

Nos casos de participação de H^+ na reação Redox, basta medir a voltagem em pH mais conveniente, e converter para o pH desejado.

Nota - Nas reações Redox onde não há participação do íon H^+, a voltagem é pH-independente.

4. Reversão de Reações Redox - Voltagem Máxima

Pelo fato das reações Redox se passarem com uma diferença de potencial, é fácil reverter essas reações pela aplicação de corrente de uma simples pilha elétrica. O dispositivo está representado na Fig. 10.3.

Notar que a polaridade da pilha P e do sistema Redox está ligada invertida: positivo da pilha no negativo do sistema. Usando-se a Resistência

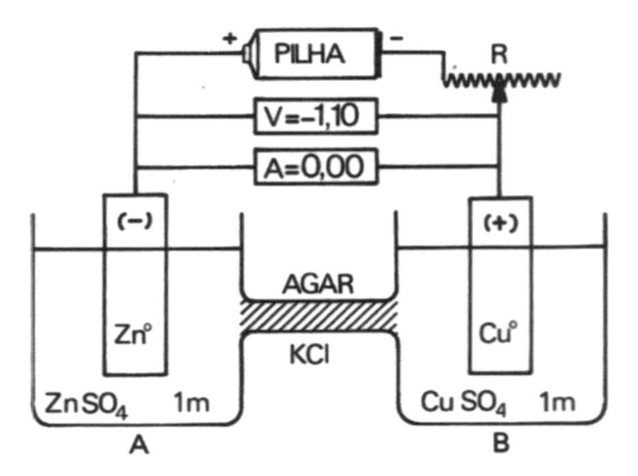

Fig. 10.3 – Dispositivo para Reversão de Reações Redox. P – Pilha; R – Resistor Variável; V – Voltímetro; A – Amperímetro.

variável R, é possível ir aplicando um potencial crescente ao sistema, e acompanhado o registro da corrente e da voltagem. O seguinte quadro representa as observações:

Voltagem Aplicada pela Pilha	Corrente Medida	Voltagem Medida	Fenômeno Observado
0	A→B	+ 0,80 V	Precipitação Cu° Solubilização Zn°
–1,10	0	0	Nada
–1,90	B→A	+ 0,80 V	Precipitação Zn° Solubilização Cu°

No primeiro caso, a situação representa o máximo do curso expontâneo da reação. No segundo caso, a voltagem aplicada pela pilha anula o fenômeno. No terceiro caso, a voltagem aplicada pela pilha reverte a reação ao ponto máximo. Entre os dois extremos, a reação caminha para um ou outro lado. Notar que o máximo de diferença de potencial é quando a corrente é zero, e a voltagem medida é também zero. Nesse ponto, o sistema está em Equilíbrio. Então,

$$\Delta G = 0 \text{ e } \Delta G° = nE_{max}.F.$$

Porque Emax. = E_o. Nesse caso, [oxi] = [Red].

A voltagem máxima só é obtida em condições de **trabalho** nulo, isto é, quando a pilha **anula** a corrente e a voltagem do sistema. (V. TD).

5. **Redox e Temperatura da Reação**

O efeito da temperatura permite calcular a Entalpia e a Entropia de uma reação Redox. Usa- se o sistema do parágrafo anterior, e mede-se E em diversas temperaturas. Com a medida de E, pode-se calcular ΔH e ΔS. Com a medida de E_o, pode-se calcular ΔH° e ΔS°. Nesse caso, [Oxi] = [Red].

1. Entalpia – É fornecida pela relação:

$$\Delta H = nFT\left(\frac{\Delta E}{\Delta T}\right) - - nEF = nF\left(\frac{T.\Delta E - E}{\Delta T}\right)$$

onde ΔE é a mudança do potencial em função da mudança de temperatura, ΔT. Essas mudanças são muito pequenas, e exigem voltímetros sensíveis a 10^{-5} volts para serem medidas com acuro.

2. Entropia – Usar a relação:

$$\Delta S = nF\left(\frac{\Delta E}{\Delta T}\right)$$

Exemplo – Calcular ΔH e Δs da reação:

$$Ag + HgCl \rightleftharpoons AgCl + Hg.$$

Os valores foram medidos, e encontram-se na tabela abaixo.

t°	15°	20°	25°	30°	35°
T	288	293	298	303	208
ΔT	–10	–5	0	+ 5	+ 10
$E \times 10^2$	4,21	4,38	4,55	4,72	4,89
ΔE	–0,34	-0,17	0	+ 0,17	+ 0,34

Os valores de T e E da coluna do meio (a 25°C), são tomados como referência. Aplicando-se nas fórmulas:

O valor médio de

$$\frac{\Delta E}{\Delta T} = \frac{E_2 - E_1}{T_2 - T_1} = 3,37 \times 10^{-4}$$

$$\Delta H = 1 \times 9,65 \times 10^4 [(298 \times 3,37 \times 10^{-4})] - - 4,55 \times 10^{-2} = 5.300 \text{ J } (5,3 \text{ kJ})$$

ou cerca de 1,27 kcal.

$$\Delta S = 1 \times 9,65 \times 104 (3,37 \times 10^{-4}) = 32.5 \text{ J.°K}^{-1},$$

ou

$$7,8 \text{ cal °K}^{-1}.$$

Esse procedimento é modo importante para cálculo de ΔH e ΔS.

Atividade Formativa – AT-10.2

Proposição

P 01 Usando os dados da Tabela 10.1, calcular E nos seguintes pares Redpx, em t = 37°C.

Par	Concentração Molar
F^{3+}/Fe^{2+}	0,001/1,35
Fe^{3}Cit a/Fe^{2} + Cit a	0,98/1 x 10^{-4}

P 02 Uma solução de Hemoglobina reduzida, inicialmente 0,1 M, após certo tempo apresenta voltagem de 0,12 V a 37°C. Calcular a relação Hb reduzida/Hb oxidada que se formou.

P 03 No equilíbrio, a E_o de uma reação Redox é – 0,45 V. Calcular a constante K e a concentração da forma [Oxi] se [Red] = 1,5 x 10^{-2}M.

P 04 Uma reação Redox (2 elétrons trocados) foi revertida com uma pilha, e a corrente nula foi obtida com aplicação de um potencial de - 0,75 V. Calcular ΔG^o da reação.

P 05 Demonstrar algebricamente a relação entre pH e Redox.

Objetivos Específicos do Capítulo 10

Leitura Preliminar

1. Desenhar e descrever a experiência fundamental de Redox.
2. Conceituar o mecanismo de Redox.

10.1- Conceitos Fundamentais de Redox

3. Conceituar Redutor e Oxidante.
4. Caracterizar Redutor e Oxidante.
5. Escrever Reações Redox em várias formas.
6. Descrever e saber calcular o Potencial Redox.
7. Saber usar uma Tabela de Oxidantes e Redutores.
8. Identificar, em dupla Redox, o par Redutor e o par Oxidante.
9. Resolver reação em duplas Redox.
10. Saber o critério de espontaneidade em reações Redox.
11. Resolver reações Redox com troca de hidrogênio.

10.2 - Redox em Biologia

12. Descrever algumas propriedades das cinco classes gerais de substâncias que participam de Redox em Biossistemas.
13. Descrever o comportamento de pares e duplas Redox, em função de catalizadores.

Leitura Suplementar LS-10

14. Conhecer alguns símbolos e convenções usadas em Redox.
15. Usar a equação de Nernst para calcular parâmetros Redox.
16. Descrever a relação algébrica entre Redox e PH.
17. Desenhar o esquema de determinação do pH por Redox.
18. Esquematizar o sistema para reversão de Reações Redox.
19. Citar as condições de reversío de Reações Redox.
20. Relacionar Redox com temperatura da Reação, e usando essa relação, calcular Entalpia e Entropia de Reação Redox

11

Soluções – Métodos Biofísicos de Estudo

Espectrofotometria – Cromatografía – Eletroforese

As soluções biológicas são multicomponentais, i.e., além do solvente água possuem um número enorme de componentes. Um extrato celular de fígado pode ter mais de 500 enzimas. O plasma sanguíneo possui mais de mil substâncias, entre íons como Na^+, K^+, Cl”, HCO_3; pequenas moléculas como glicose, ureia, creatinina, colesterol, polissacárides, lípides complexos, polipéptides, proteínas simples e conjugadas, hormônios, vitaminas, pigmentos, ácidos nucleicos, etc.

Estudar a composição qualitativa e quantitativa desses sistemas é indispensável em biologia. Os métodos biofísicos de estudo permitem separar e **identificar** esses componentes, além de permitir estudo das suas propriedades de estrutura e função. A determinação quantitativa é também conseguida com certa facilidade.

A) Espectrofotometria

Consiste em usar o espectro radiante para inspecionar sistemas biológicos, especialmente soluções. No procedimento básico, um feixe de energia atravessa a solução, e a sua absorção oferece informações sobre a qualidade e quantidade dos componentes do sistema.

Conceitos Fundamentais

A energia da radiação é medida em nm (nanômetros). A faixa mais utilizada do espectro vai do ultravioleta (200 nm) até o infravermelho curto

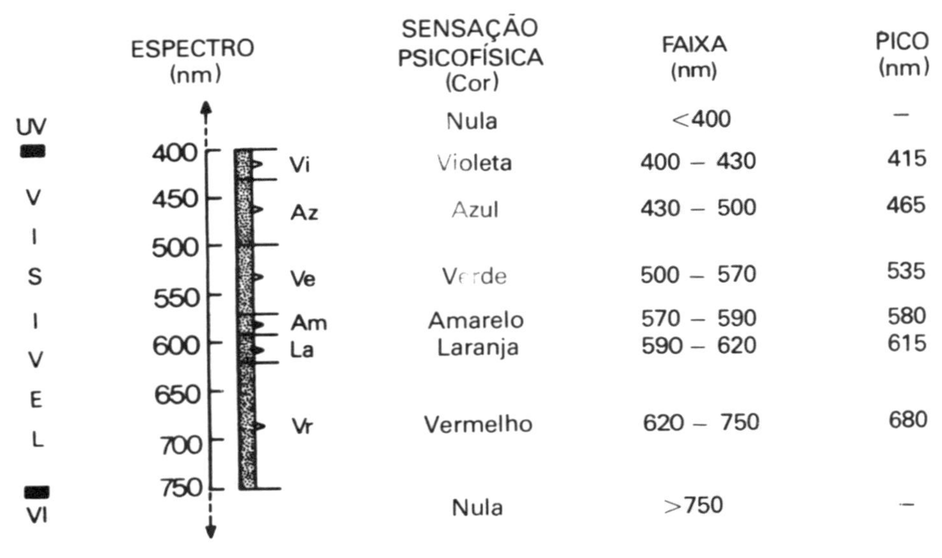

Fig. 11.1 – Espectro Visível. No UV, nenhuma sensação. No Visível, há conespondência entre o comprimento de onda e a cor (mais rigorosamente, entre a frequência e a cor). No IV, novamente nenhuma sensação. O pico corresponde ao máximo de cor.

(1.000 nm). Para aplicações especiais, usa-se até ondas de rádio (ultracurtas).

A letra grega λ (lambda) é utilizada para simbolizar o comprimento da onda. Para outros modos de medir λ, veja a LC 11.1, item 1.

A faixa do **visível**, i.e., aquela que é percebida pelo olho humano, vai de 400 a 750 nm. Nessa faixa, nós experimentamos uma gama de sensações visuais denominadas cores. Abaixo de 400 e acima de 750 nm, os seres humanos não sentem nenhuma sensação. Portanto,

"Cor é uma sensação psicofísica que associamos a um comprimento de onda predominante".

Uma classificação prática das cores está na Fig. 11.1.

As cores da Fig. 11.1 são cores puras, e suas combinações podem dar o incolor ou **branco** (mistura de cores que se anulam) ou o **matiz**, que é uma cor mista. Acredita-se que o olho humano seja capaz de perceber mais de 180 a 200 matizes. O negro é a ausência de todas as cores.

A Cor dos Objetos

Por que os objetos opacos (impermeáveis à luz) e os transparentes (permeáveis à luz) possuem cor? A resposta está na Fig. 11.2.

A neve é branca porque **reflete** todas as cores, o carvão é preto porque **absorve** todas as cores. Cores intermediárias representam a absorção diferencial de luz branca: alguns comprimentos de onda são mais absorvidos do que outros.

Outra noção importante é a de **cor** e **pigmento**. Chama-se cor ao espectro de Energia radiante, e pigmento a qualquer Matéria que dá sensação de cor. Um feixe de luz azul é cor, uma mancha dc tinta azul é pigmento. As cores somadas, se anulam, dando o branco. Os pigmentos somados, dão o negro. Na prática, esses dois termos são agrupados como cor, mas há diferença: um é Energia, outro é Matéria.

Luz Monocromática (MC)

A luz usada em experiências e medidas espectrofotométricas é a chamada luz monocromática (monos = um; cromos = cor). A luz monocromática é pois a de um único comprimento de onda. Na prática, a luz cuja faixa vai de 5 a 30 nm, em média, é considerada de boa qualidade monocromática. Uma luz verde de 535 ± 5 nm é mais monocromática do que se fosse 535 ± 25 nm. Quanto **menor** o espalhamento do espectro, **melhor** a monocromaticidade. Essas relações estão representadas na Fig. 11.3:

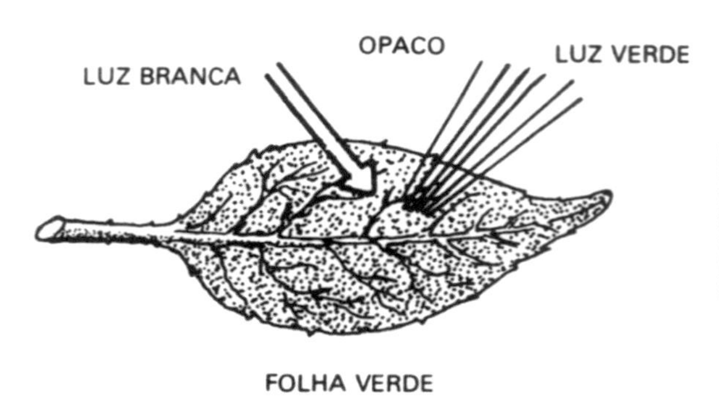

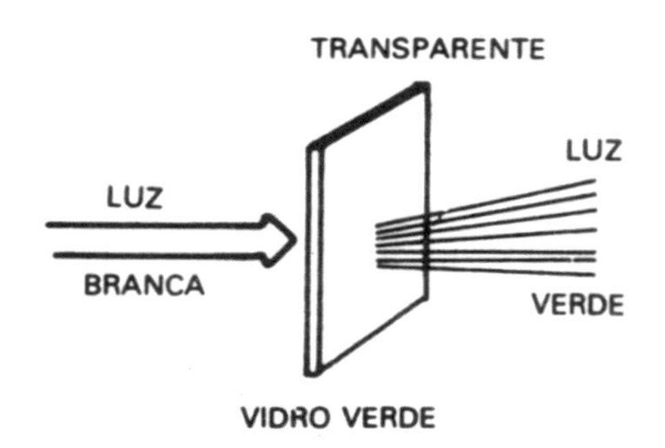

Fig. 11.2 – Cor dos objetos: A – Opacos: **refletem** sua cor; B – Transparentes: **transmitem** sua cor.

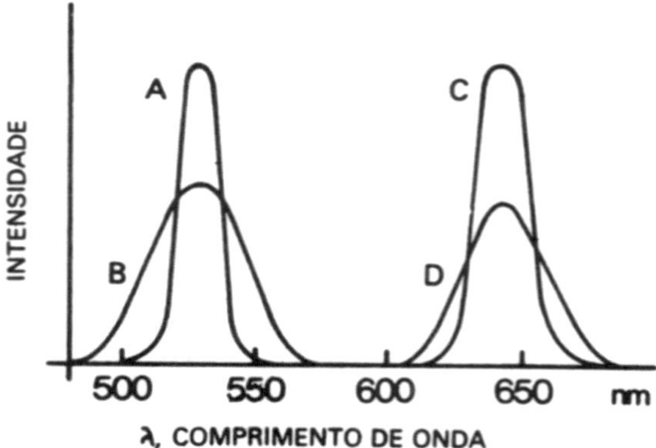

Fig. 11.3 – Espalhamento da Luz Monocromática. A e B – Luz monocromática verde; A – Faixa estreita, menor espalhamento; B – Faixa larga, maior espalhamento; C e D – Luz monocromática vermelha, com o mesmo comportamento.

Por que É Necessário Usar Luz Monocromática? – Essa pergunta é fundamental em Espectrofotometria, e compreender a necessidade de seu uso, é entender o princípio básico dos dois métodos mais gerais de emprego da espectrofotometria.

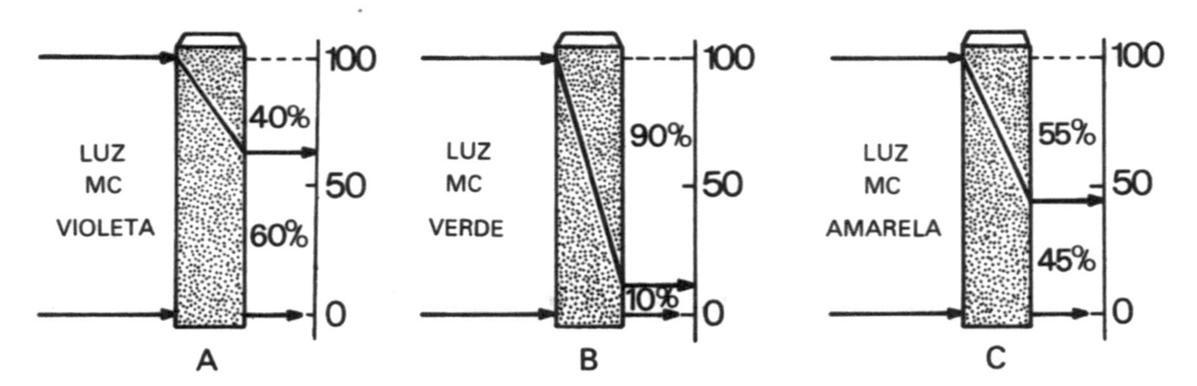

Fig. 11.4 – Absorção diferencial de luz monocromática.

Luz MC	Absorção	Transmissão
A Violeta	40%	60%
B Verde	90%	10%
C Amarela	55%	45%

Existem duas razoes para usar luz MC: a **qualitativa**, e a **quantitativa**.

1. Razão Qualitativa

O único modo de saber quais as cores (comprimentos da onda), que são absorvidos, é passar luz MC de vários comprimentos de onda, uma de cada vez, através da solução teste (Fig. 11.4).

A experiência da Fig. 11.4 indica claramente o **comportamento** da luz MC usada. Por exemplo, para se medir a solução teste, deve-se usar luz MC verde, que é 90% absorvida (Fig. 11.4 B), e proporcionará grande sensibilidade à medida. A luz violeta, e a amarela (Fig. 11.4 A e C), não são adequadas, porque são pouco absorvidas. É possível obter comprimentos de onda que sejam "específicos" para certas substâncias. (V. também Curva de Absorção Espectral).

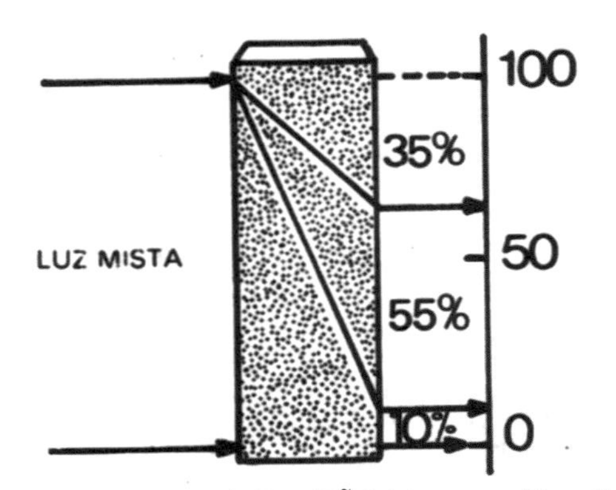

Fig. 11.5 – Absorção da Luz NÃO Monocromática. Foi usada a solução teste da experiência anterior. A luz espúria é 55% transmitida.

2. Razão Quantitativa

Quando se está medindo a luz absorvida, a passagem de energia não absorvida irá prejudicar a leitura, dando um resultado alto e falseado. Essa luz não absorvida, conhecida como luz espúria, está representada na Fig. 11.5.

Observa-se que o componente MC da luz mixta é fortemente absorvida (90% - Absorção, 10% - Transmissão). Mas os outros comprimentos de onda passam em grande quantidade (45% - Absorção, 55% - Transmissão), falseando completamente o resultado.

É fundamental usar luz MC que seja a maior parte absorvida, para determinar a presença de uma substância em solução.

Modos de Usar a Espectrofotometria

Os métodos mais frequentemente usados compreendem a Espectrofotometria de: A) Absorção, B) Emissão, C) Fluorescência e D) Absorção Atômica.

A) Espectrofotometria de Absorção

É o processo fundamental. Consiste em passar um feixe de energia radiante através da solução, e medir sua absorção.

Instrumentação e Equipamento – O aparelho usado é o espectrofotômetro, que deve ser capaz de:

1 - Produzir luz monocromática (luz MC).

2 - Medir a luz absorvida pelas soluções. Para isso, basicamente, é constituído e opera como na Fig. 11.6.

A fonte de luz tem seu feixe focalizado peio colimador (C) sobre um prisma de quartzo. A luz é decomposta em ultravioleta (UV), violeta (Vi), azul (Az), verde (Ve), amarelo (Am), laranja (La), vermelho (Vr) e infravermelho (IV). Uma fenda

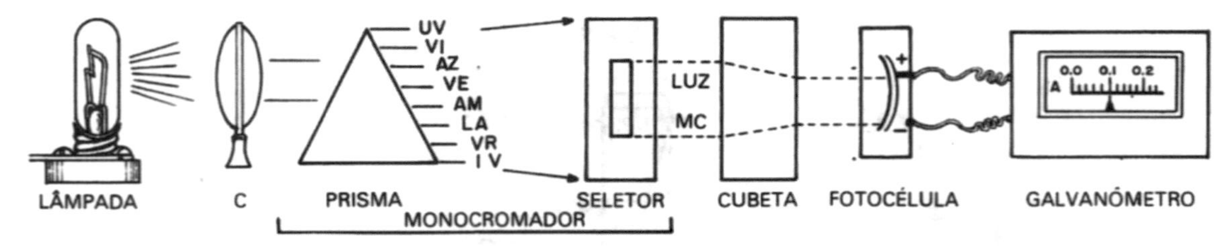

Fig. 11.6 – Esquema do Espectrofotômetro. (Veja o texto).

seletora escolhe uma fina porção desse espectro como luz monocromática (luz MC). A luz MC passa através da cubeta que contém a solução, e parte é absorvida, parte transmitida. Uma fotocélula acoplada a um galvanômetro mede a luz transmitida. A diferença é a luz absorvida. O galvanômetro tem uma escala especial de 0,0 a 2,00, que indica leituras lineares, i.e., aritmeticamente proporcionais à absorção da luz. As fontes de luz para ultravioleta são geralmente lâmpadas de hidrogénio, ou de deutério. Para o visível e infravermelho, lâmpadas de tungstênio e irradiadores de cerâmica são usados. A decomposição da luz é feita, além de prismas, por grades de difração. Um método simples de obter luz monocromática é usar filtros, que são pedaços de vidro colorido especiais, que deixam passar luz da sua cor. A luz MC dos filtros é de qualidade inferior à dos prismas e grades. Esses filtros de absorção podem ser combinados a camadas de interferência, que melhoram sua seletividade. Para o IV longo, usam-se cristais de NaCl como monocromadores. As cubetas são de vários formatos, mas a cubeta padrão tem trajeto ótico de 1,00 cm. (Fig. 11.7).

Modo de Operar o Espectrofotômetro

Uma medida típica é feita assim: coloca-se uma solução suporte na cubeta, acerta-se o zero do galvanômetro. Colocam-se depois soluções padrões e mede-se a absorção. Por último, coloca-se o desconhecido e mede-se a absorção. Pelo conhecimento das absorções padrões, é fácil calcular a concentração da solução desconhecida.

Usos da Espectrofotometria de Absorção

Os usos principais são:

1. Determinação de quais comprimentos de onda são absorvidas pelas substâncias. Obtém-se a Curva de Absorção Espectral.
2. Determinação da concentração de substâncias. Obtém-se uma relação entre a Concentração e a Absorção luminosa.

Curvas de Absorção Espectral

A substância é colocada na cubeta, e os comprimentos de onda do UV até o IV vão sendo passados, e a absorção de cada faixa é medida. Faz-se um gráfico de Comprimento de Onda × Absorção. Alguns exemplos estão na Fig. 11.8.

A curva da Fig. 11.8.1 é a de uma proteína no UV. Note-se que ela tem um pico de absorção

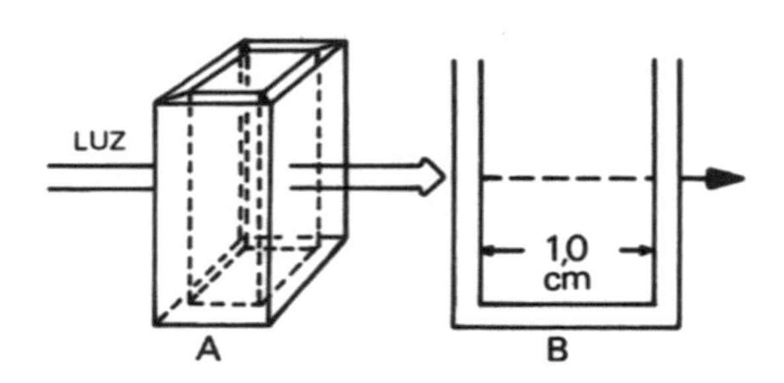

Fig. 11.7 – Cubeta Padrão: A – Forma usual; B – Trajeto ótico.

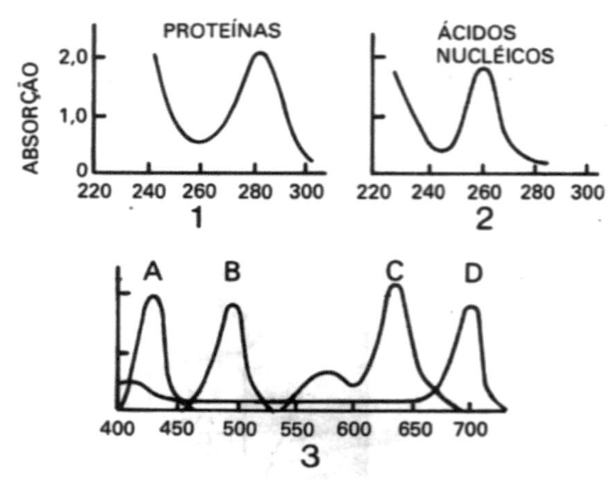

Fig. 11.8 – Curvas de Absorção Espectral. 1 – Proteínas no ultravioleta; 2 – Ácidos Nucleicos no ultravioleta; 3 – Corantes histológicos no visível. A – Auramina (amarelo); B – Vermelho neutro; C – Azul de cresil brilhante; D – Verde malaquita.

em 280 nm. A Fig. 11.8.2 é da absorção de ácidos nucléicos também no UV. Elas apresentam pico característico em 260 nm. A Fig. 11.8-3 é de alguns corantes histológicos na faixa do visível. A curva de absorção espectral permite duas coisas:

1. Identificar substâncias - As curvas são uma espécie de "impressão digital" das substâncias, e caracterizam a presença desses compostos.
2. Identificar grupamentos químicos - Certos grupamentos como COO^-, $NH^+{}_3$, imidazóis, etc. apresentam curvas espectrais características, especialmente na faixa do IV. (Veja Leitura Complementar 11.1.)
3. Indicar a pureza de substâncias - Quando a curva obtida se afasta do esperado, impurezas podem ser suspeitadas na solução.
4. Indicar os comprimentos de onda para dosagem da substância – Para dosar uma substância, tem-se que escolher um comprimento de onda que seja absorvido especificamente. Na Fig. 11.8, vemos que: para dosar proteínas, devemos usar luz de 280 nm; para ácidos nucléicos, de 260 nm, e para dosar a Auramina, azul de 420 nm, para o Azul de Cresil Brilhante, podemos usar 640 nm, e como uma segunda escolha, 590 nm, onde há um pico secundário de absorção (Fig. 11.8.3-C).

Como já abordamos na introdução, pode-se observar na Fig. 11.8.3 que as substâncias possuem cores diferentes daquelas que absorvem. Costuma-se chamar de par complementar a essas cores **absorvidas × exibidas**. Assim, o verde é considerado complementar do vermelho, e vice-versa. O mesmo se diz da dupla azul-amarelo. Essas relações são apenas aproximadas.

Veja também a Leitura Complementar 11.1

Determinação da Concentração de Substâncias

Este é um dos métodos mais sensíveis e precisos para a determinação de componentes de solução. Consiste em medir a luz absorvida. O princípio geral da absorção de luz é o seguinte:

"Quanto mais choques entre o feixe de Energia e a Matéria absorvente, mais Energia é absorvida".

Esse princípio está representado na Fig. 11.9, A e B, e se verifica em função de dois fatores, trajeto óptico e concentração:

1. Quando a concentração da substância é constante, a absorção depende do comprimento do trajeto óptico (lei de Lambert).

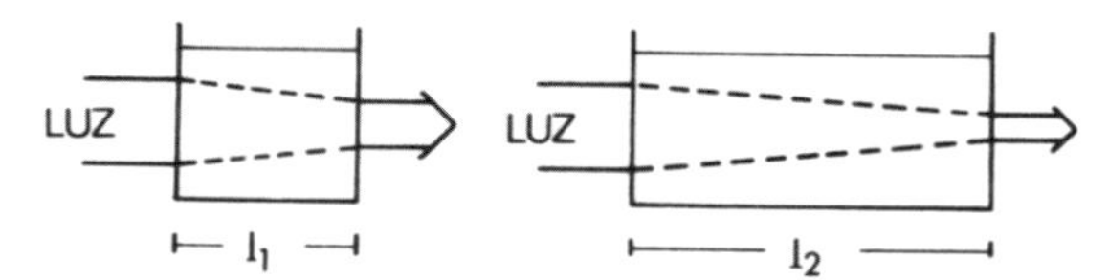

Fig. 11.9A

2. Quando o trajeto óptico é constante, a absorção depende da concentração (lei de Beer).

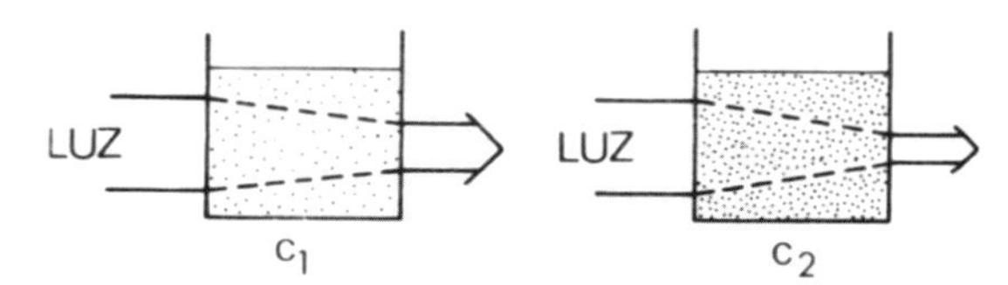

Fig. 11.9B

Combinando as duas leis, Absorção é proporcional ao trajeto óptico e à concentração:

$$A \propto \ell \, . \, C$$

Introduzindo uma constante experimental de proporcionalidade, E, a proporção vira igualdade:

$$A = E \, . \, \ell \, . \, C$$

Tomando ℓ como constante, e igual a 1 cm:

$$A = E \, . \, C$$

Isto significa que a Absorção (A)* é relacionada a uma constante experimental E, chamada Coeficiente de Extinção, e à concentração da substância. O valor de E é obtido usando-se soluções de concentração conhecida: não há cálculo teórico para 3. Uma vez conhecido o valor de E, basta obter A do desconhecido que se calcula C.

$$C = \frac{A}{E}$$

Exemplo 1 – Determinação Experimental de E - Uma proteína em concentração $2{,}5 \times 10^{-4}$M é colocada na cubeta e sua absorção (A) a 280 nm é achada 0,85.

$$E = \frac{A}{C} = \frac{0{,}85}{2{,}5 \times 10\text{-}4} = 3{,}4 \times 10^3 \; (A \, . \, \ell \, . \, mol^{-1})$$

---

* Costuma-se denominar a Absorção por cm ($A \cdot cm^{-1}$) de Absorbância, Absortividade ou Absorvência. Nenhum nome diz além de Absorção, na linguagem coloquial.

O valor de E é registrado como:

$E_{280}^{M} = 3,4 \times 10^3$

e significa que é o coeficiente de extinção molar lido a 280 nm.

Exemplo 2 – Determinação Experimental de E – Uma solução de glicose com 0,05 mg% é aquecida com o-tolidina e desenvolve-se uma cor verde-azulada. A cor é lida em 650 nm, e A = 0,42. Cálculo de E:

$$E = \frac{0,42}{0,05} = 8,4$$

Registra-se o valor de E como

$E_{650}^{mg\%} = 8,4$

Exemplo 3 – Sabe-se que uma proteína tem E_{280}^{M} $=3,4 \times 10^3$. Um extrato dessa proteína mostra Absorção em 280 nm de 0,47. Calcular sua concentração:

$$C = \frac{A}{E} = \frac{0,47}{3,4 \times 10^3} = 1,38 \times 10^{-4}\ M$$

Exemplo 4 – Soluções de glicose de concentração desconhecida foram reagidas com o-tolidina e as absorções a 650 nm foram:
Solução 1 – 0,38; solução 2 – 0,69; solução 3 – 1,20.
Calcular a concentração de glicose, se $E_{650}^{mg\%} = 8,4$

$$C_1 = \frac{0,38}{8,4} = 0,045\ mg\%$$

$$C_2 = \frac{0,69}{8,4} = 0,082\ mg\%$$

$$C_3 = \frac{1,20}{8,4} = 0,14\ mg\%$$

Fator de Calibração e Curva de Calibração

Na prática diária, para fins clínicos ou que não exigem conhecimento desses fatores absolutos, pode-se determinar a concentração de substâncias a partir da comparação com concentrações padronizadas. Neste caso, pode-se usar cubetas cilíndricas, que são muito mais baratas do que as cubetas-padrão. O processo é tão seguro quanto o outro.

a) Fator de Calibração, f

Quando a relação entre Concentração e Absorção é linear, calcular-se o chamado fator de calibração:

$$f = \frac{\text{Concentração do Padrão}}{\text{Absorção do Padrão}}$$

$$= f = \frac{C_p}{Ap}$$

Agora, basta multiplicar a Absorção dos desconhecidos pelo Fator de calibração, que as concentrações são obtidas:

$$C = A \times f$$

Desde que, padrão e desconhecido, sejam tratados do princípio ao fim, nas mesmas condições, o método é válido.

Exemplo 5 – Uma solução de glicose de concentração 0,05 mg% foi reagida com o-tolidina e a cor resultante foi lida em 620 nm. Registrou-se A = 0,33. Desconhecido foi tratado de modo similar, e obteve-se A = 0,90. Qual o fator de calibração e a concentração do desconhecido?
Calculando o fator:

$$= f = \frac{C_p}{Ap} = \frac{0,05}{0,33} = 0,15$$

Usando o fator f para calcular o desconhecido:

$C = A \times f = 0,90 \times 0,15 = 0,135$ mg%

Esses fatores costumam ficar invariáveis por tempo indefinido, e alguns laboratórios confiam em determiná-los raramente. Não é boa medida. Para maior segurança, os fatores devem ser determinados frequentemente, e melhor ainda, usando padrões em duplicata e de diferentes concentrações. Assim, pode-se escolher um valor médio, mais verdadeiro, para o Fator de Calibração.

b) Curva de Calibração

Quando uma substância não segue a lei de Beer, i.e., a Absorção não é linear em função da concentração, não se pode usar fator de calibração nem coeficiente de extinção E para dosar essa substância. Nesses casos, recorre-se à Curva de Calibração. A Curva de Calibração é obtida com a leitura da absorção de padrões de várias concentrações, como mostrado a seguir:

Exemplo 6 – Uma série de soluções-padrão de ureia, contendo 1, 2, 3, 4 e 5 mg% foram reagidos com diacetilmonoxima, gerando uma cor amarelo-avermelhada. Esses padrões foram lidos em 430 nm e os valores obtidos estão abaixo (Fig. 11.10).

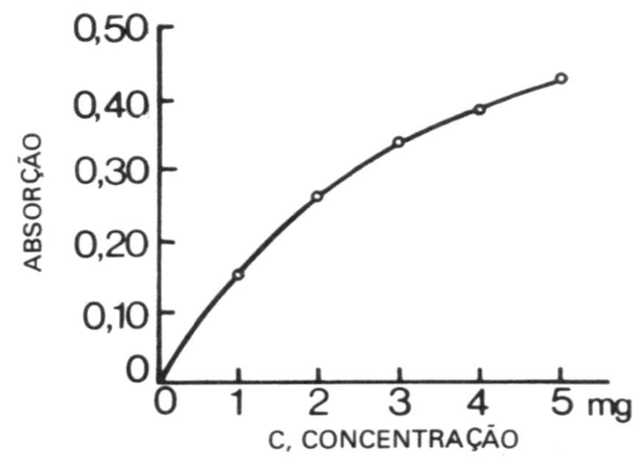

Fig. 11.10 – Curva de Calibração (V. Texto).

O cálculo do desconhecido faz-se graficamente, por interpolação dos valores obtidos na curva de calibração. Por exemplo, uma solução de ureia mostrou A = 0,30. Pela leitura gráfica, C = 2,5 $mg \cdot l^{-1}$.

A espectrofotometria de absorção é um dos métodos mais utilizados em Biologia.

B) Espectrofotometria de Emissão

Neste tipo, o sistema biológico é excitado, e emite luz*. A luz é característica da substância emissora. Pode-se reconhecer e dosar substâncias:

1. **Fotometría de chama** – Usada exclusivamente para cátions, que quando são aquecidos emitem luz característica. O princípio do método está na Fig. 11.11.

A solução a ser analisada é gotejada ou vaporizada no queimador, em alta temperatura. Os cátions emitem luz, o Na^+, luz amarela, o K^+, vermelha, o Ca^{2+}, avermelhada, etc. Um filtro seleciona o comprimento de onda (cor), do metal que se quer dosar. A luz específica, que é proporcional à concentração do emissor, estimula a fotocélula, que aciona o galvanômetro.

Esse método é bastante usado para determinação do Na^+, K^+ e Ca^{2+}, mas está sendo suplantado pelo fotômetro de absorção atômica (veja adiante).

2. **Fluorimetria** – A excitação é feita com luz, geralmente UV, e a luz emitida pelas substâncias que se excitam é medida. Como nesse processo de excitação os compostos orgânicos não são destruídos, esse método é muito usado para a determinação de vitaminas, neurotransmissores, e outras substâncias fluorescentes. O fluorímetro pode ser bastante sofisticado, havendo um monocromador para escolher o comprimento de onda excitador, e outro para selecionar o comprimento de onda emitida (Fig. 11.12).

A substância a ser analisada é colocada na cubeta C. Através do Excitador escolhe-se um comprimento de onda que sabidamente excite a substância. Esta emite luz (Fluorescência F), que é recolhida pelo prisma do Analisador (PA), que decompõe a luz emitida. A fenda seletora do analisador (FA) permite escolher um comprimento de onda específica da substância que se quer dosar.

* Ver Leitura Complementar – LC-11.1.

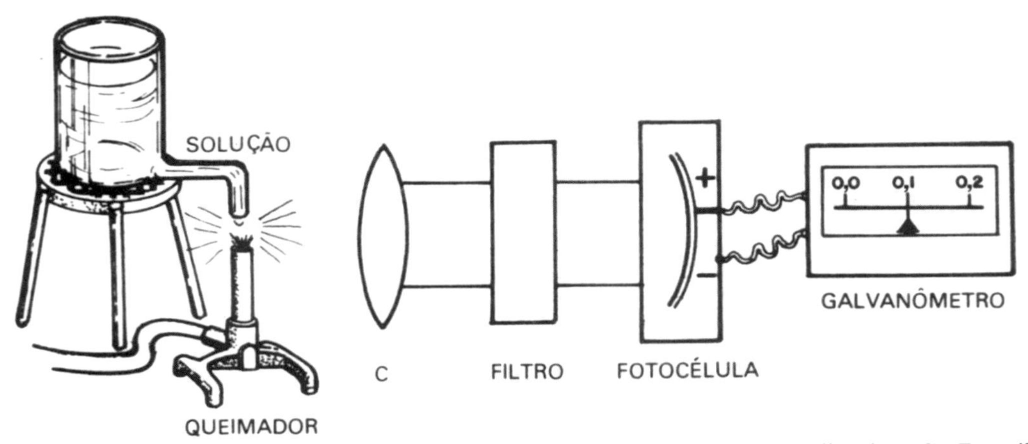

Fig. 11.11 – Princípio elementar do fotômetro de chama. S – Solução; Q – Queimador; C – Colimador; FC – Fotocélula; G – Galvanômetro.

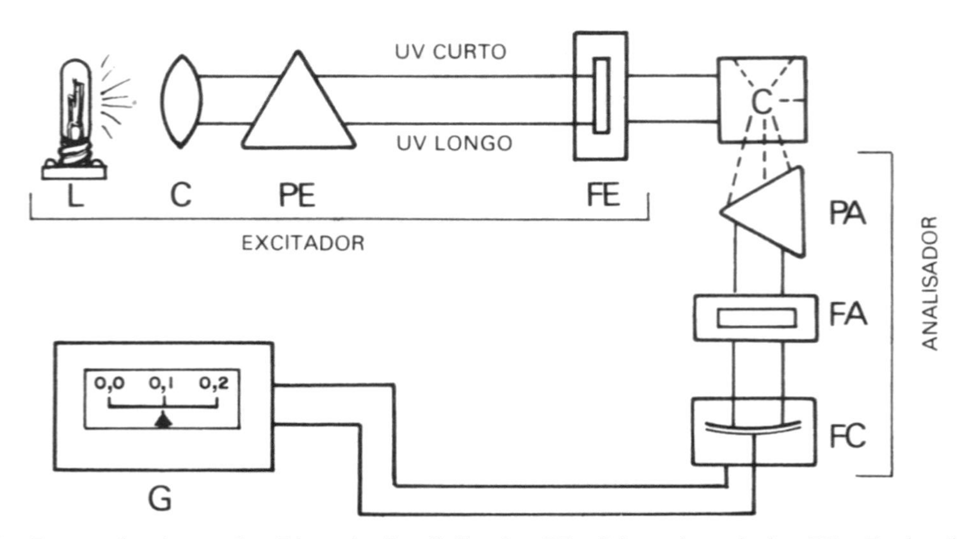

Fig. 11.12 – Espectrofluorímetro. L – Lâmpada; C – Colimador; PE – Prisma do excitador; FE – Fenda seletora do excitador; C – Cubeta; F – Fluorescência; PA – Prisma do analisador; FA – Fenda seletora do analisador; FC – Fotocélula; G – Galvanômetro (ver texto).

A quantidade de luz emitida, que é proporcional à concentração da substância, é medida pelo conjunto Fotocélula (FC) e Galvanômetro (G).

Fotometria de Absorção Atômica

Baseia-se no fato de que os metais absorvem os mesmos comprimentos de onda que emitem. Assim, uma lâmpada de sódio tem sua luz amarela absorvida preferencialmente pelo vapor de sódio. O espectrofotômetro está na Fig. 11.13.

A lâmpada emissora é do metal que se quer determinar, e emite, portanto, luz específica. Existem lâmpadas para quase todos os metais de interesse. Na cubeta de circulação, a solução a ser dosada é vaporizada, de preferência em alta temperatura. Se nesse vapor estiver o metal da lâmpada, a luz será especificamente absorvida. Esse método é extremamente sensível e tem grande acuro, pois o vapor pode ser obtido de uma microamostra, e continuamente circulado. Para a dosagem de Hg é o método de escolha, especialmente em estudos de poluição ambiental.

Atividade Formativa 11.0

Proposições:

01. Descrever o espectro radiante usado na espectrofotometria (até 30 palavras).
02. Conceituar: Cor e Matiz.
03. Em um laboratório totalmente escuro, um feixe de luz azul é lançado sobre uma série de placas coloridas. Qual seriam as cores percebidas pelo observador?

COR DA PLACA REFLETORA	Preta	Vermelha	Verde	Azul	Branca
COR PERCEBIDA	___	___	___	___	___

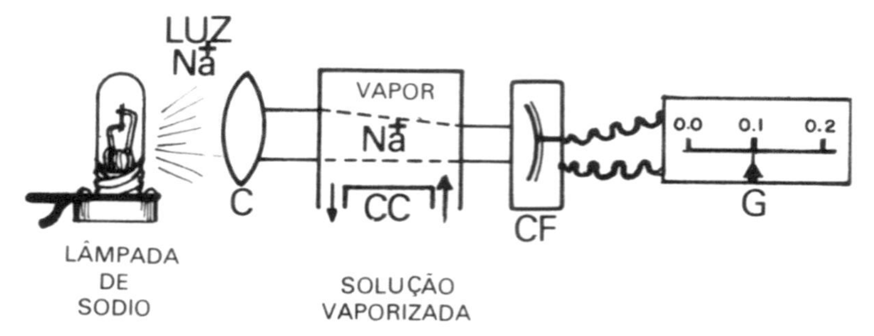

Fig. 11.13 – Fotômetro de absorção atômica. Luz – emitida por lâmpada do metal que se quer dosar; C – Colimador; CC – Cubeta de circulação; FC – Fotocélula; G – Galvanômetro.

04. Em um laboratório totalmente escuro, um feite de luz é passado através de vários vidros coloridos, sucessivamente. Através de um deles percebe-se uma cor vermelha. Qual a cor do ádro e do feixe luminoso? Justificar sua resposta.
05. Definir Branco e Negro.
06. Conceituar luz monocromática (até 20 palavras).
07. Assinalar as luzes monocromáticas (MC) e não monocromáticas (n).
    Comprimento de onda (nm)
    280 ± 5 ( )
    415 ± 10 ( )
    500 ± 100 ( )
    620 ± 70 ( )
    750 ± 12 ( )
08. Apresentar razões, de forma justificada, do porquê do uso de luz MC em espectrofotometria.
09. Desenhar o esquema de um espectrofotômetro.
10. Descrever o funcionamento do espectrofotômetro.
11. Ao ser submetida ao espectro luminoso, uma substância mostrou a seguinte relação entre comprimento de onda e Absorção:

λ nm	410	410	420	430	440	450	460	470	480	490	500
A	0,00	0,05	0,08	0,60	0,20	0,05	0,05	0,08	0,25	0,08	0,05

    Fazer um gráfico em papel milimetrado: ordenada, absorção; abscissa, comprimento de onda. Quais os mais absorvidos? Qual você usaria para dosar a substância?
12. Considere as Curvas de Absorção Espectral abaixo e responda Sim ou Não, ou complete:

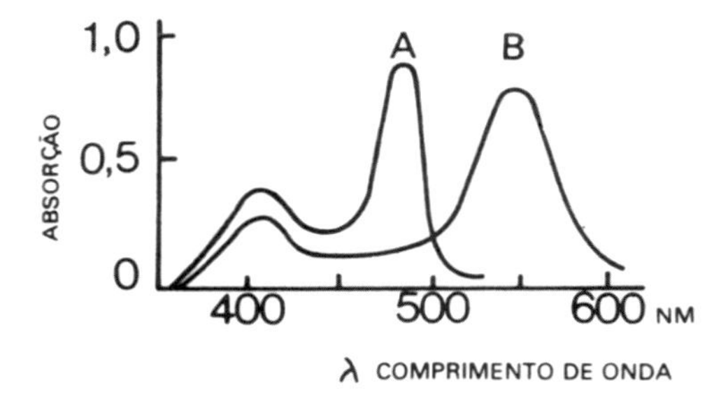

Fig. 11.14

1– As substâncias A e B são idênticas ( )
2– As substâncias A e B podem ter um grupamento químico comum ( )
3– Quais comprimentos de onda (aprox.) você usaria para determinar A e B?
A B

13. Qual é o princípio quantitativo da absorção de luz? (até 30 palavras).
14. Representar a absorção da luz em função de ℓ e em função de C.
15. Uma substância tem $E_{420}^{1M} = 1{,}4 \times 10^3$. Uma solução dessa substância deu $A_{420} = 0{,}31$. Calcular C.
16. Uma substância tem $E_{420}^{mg\%} = 85$. Uma solução diluída a 1:10 deu A = 0,42. Calcular a concentração da solução original (não diluída).
17. Uma substância nas concentrações de 3, 6 e 9×10^3 tratada com reagente de cor, e a lida em 620 nm. As absorções foram respectivamente 0,26; 0,51 e 0,79. Calcular o fator de calibração.
18. Uma série de padrões de uma substância deu a seguinte relação entre Concentração e Absorção:

C = 0,25	0,50	0,75	1,0	1,25 $mg{\cdot}ml^{-1}$
A = 0,28	0,47	0,56	0,61	0,64

    Construir uma curva de calibração em papel milimetrado. Quantos $mg{\cdot}ml^{-1}$ têm três desconhecidos com A = 0,58, A = 0,35 e A = 1,08?
19. Descrever o princípio da fotometria de chama (até 30 palavras).
20. Descrever o princípio da fluorimetria (até 40-50 palavras).
21. Descrever o princípio da fotometria de absorção atômica (até 40-50 palavras).

GD-11.0

A Espectrofotometria pode, globalmente, servir de Tema para Discussão em classes interessadas, especialmente em Cursos de Farmácia e Ciências Biológicas.

TL-11.0

1. Fazer Curva de Absorção Espectral de ácido pícrico, azul de metileno e fucsina, no espectro visível. Lançar as três curvas no mesmo gráfico, e discutir.
2. Fazer a relação de Absorção × Concentração com sulfato de cobre e ácido pícrico. Qual a diferença importante entre as duas?
3. Visitar laboratórios clínicos onde são usados métodos espectrofotométricos, e se inteirar dos procedimentos usados.

Espectrofobiometria – Leitura Complementar – LC-11.1

1. Outros Modos de Expressar a Energia Luminosa.

Quadro 11.1
Parâmetros que Medem Energia de Radiações

Unidade	Dimensão	Símbolo	Valor	Fatores de Conversão	
Micron	L	μ	10^{-6} m	μ= nm × 10^{-3}	nm = μ x 10^3
Angstron	L	A°	10^{-10}	A° × 10^{-1} = nm	$\frac{1}{A°} \times 10^8 = v$
Nanômetro	L	nm	10^{-9} m	A° = nm × 10 $\frac{1}{v} \times 10^7$ = nm	$\frac{1}{nm} \times 10^7 = v$
Nº de Onda	L-^{1}	v	cm^{-1}		$\frac{1}{v} \times 10^6$ = u
Frequência	s^{-1}	f	s^{-1}	Ver Abaixo	

2. Mecanismo de Absorção da Luz - Relação entre o Nível de Energia e a Estrutura Absorvente.
3. Energética da Absorção da Luz.
4. Equação da Absorção da Luz.

1. Outros Modos de Expressar a Energia Luminosa

A energia das Radiações pode ser medida em várias unidades. Já vimos a medida em nanômetros (nm). Podem ainda ser usados o Angstron A°, o número de onda (v), a frequência (f), e o micro μ.

A energia da radiação é:

Diretamente proporcional ao número de onda (v) e a frequência (f).

Inversamente proporcional ao comprimento de onda (nm e A°).

Os valores de cada unidade, e seus fatores de conversão fazem o Quadro 11.1.

Para a conversão de frequência, é necessário considerar a velocidade da luz no vácuo, c = 3 × 10^8 m.s^{-1}. Basta converter para a unidade que se quer usar.

Exemplo 1 – Qual a frequência de um comprimento de onda de 540 nm? Velocidade C em nanômetros por seg = 3 × 10^{17} nm.s^{-1}.

$$f = \frac{c}{\lambda} = \frac{3 \times 10^{17}}{540} = 5{,}5 \times 10^{14}\ s^{-1}\ \text{(ciclos/seg)}$$

Pode-se também, conservar c = 3 × 10^8 m-s^{-1} e expressar o comprimento de onda em metros.

2. Mecanismo de Absorção da Luz. Relação Entre o Nível da Energia Radiante e a Estrutura Absorvente

Porque e como a luz é absorvida? Porque certos comprimentos de onda (níveis energéticos) são absorvidos, e outros não?

"A luz é absorvida quando sua Energia é transferida para uma estrutura apropriada, realizando Trabalho".

Esse mecanismo estabelece uma nítida relação entre a Energia do feixe luminoso, e a Energia da estrutura absorvente. Elas devem estar em nivel muito próximo, para que haja transferência da Energia do feixe para a estrutura.

Uma relação aproximada está na Fig. 11.15.

A absorção da luz deixa o sistema energizado. Pode ocorrer desde simples excitação, até ionização da matéria. Se o elétron apenas oscila, sem deixar seu orbital, o sistema apenas se aquece. Nos movimentos moleculares também se observa aquecimento do sistema. A absorção da luz é o mecanismo inicial das reações fotoquímicas, como na visão e na fotossíntese.

A transição eletrônica em orbitais internos e médios tem mais interesse em fenômenos físicos e atômicos. As transições externas possuem grande importância em Biologia. A energia de elétrons repostos na posição inicial é emitida como fluorescência ou fosforescência. A primeira dura 10^{-9}s, a segunda vai de 10^{-3} a vários segundos. (V. Radioatividade e Radiações).

3. Energética da Absorção e Emissão de Energia

A energia (E) de um único fotón é dado por:

$$E = h\frac{c}{\lambda}$$

onde h é a constante de Planck, é o comprimento de onda.

h = 6,6 × 10^{-34} J.s c = 3 × 10^8 m.s λ = m

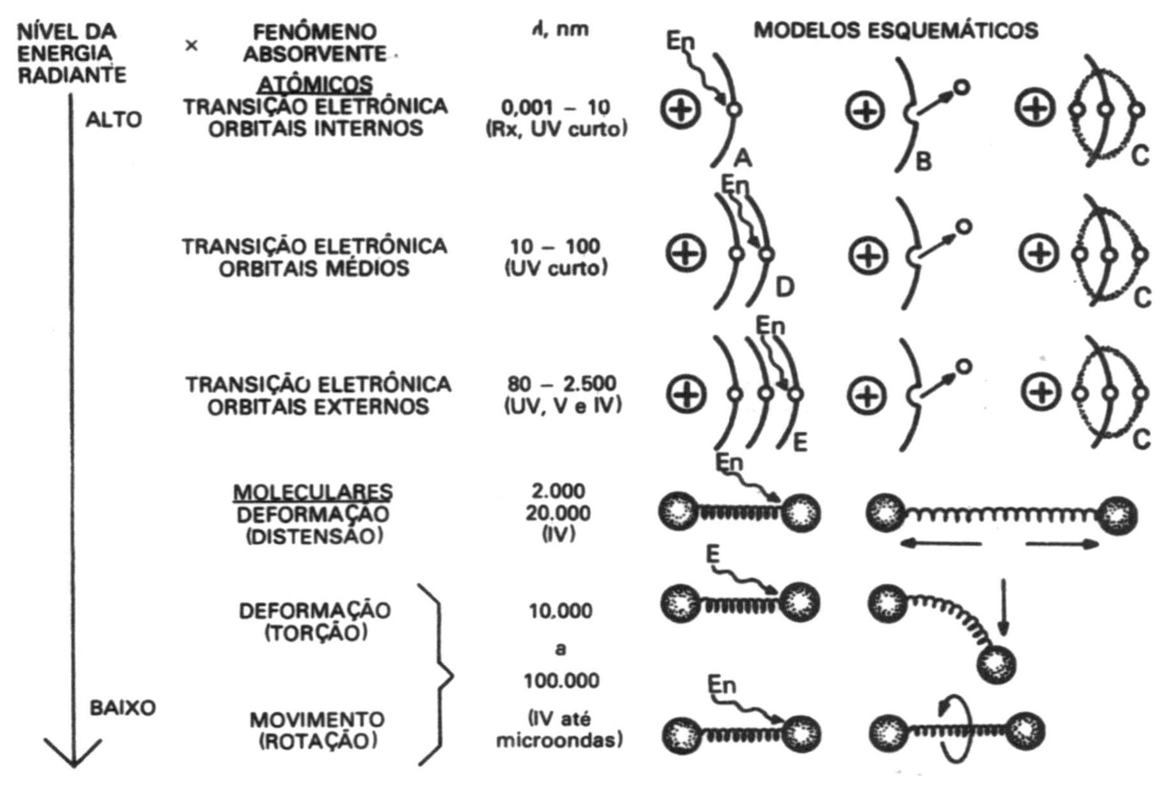

Fig. 11.15 – *Relação Entre Nível de Energia da Luz e Estrutura Absorvente.* A, Elétron Interno Recebe Energia (En). B. Pode ser ejetado se energia for suficiente. C. Pode apenas vibrar. D. Elétron Médio. E. Elétron Externo. Podem ocorrer os mesmos fenômenos que em B e C. Os movimentos moleculares se fazem com níveis mais baixos de energia. O Núcleo atômico O Molécula

Como $\frac{c}{\lambda}$ = v, temos*

$$E = h.\nu$$

Onde v é a frequência em ciclos por segundo

$$\nu = s^{-1}$$

Quando se multiplica esse valor pelo número de Avogadro, obtém-se um mol-equivalente de energia, denominado einstein.

$$E\ eq = \frac{c}{\lambda} \times A$$

A =	$6{,}02 \times 10^{23}$ p.mol^{-1} $6{,}02 \times 10^{26}$ p.Kmol^{-1}

Exemplo 1 – Calcular a energia de um fóton e de um mol de fótons de 400 nm.

a) 1 fóton:

$$E = \frac{6{,}6 \times 10^{-34}\ \ 3 \times 10^{8}\ m}{400 \times 10^{-9}\ m} = 4.95 \times 10^{-19}\ \text{Joules.}$$

b) 1 einstein:

$$E = 4{,}95 \times 10^{-19} \times 6{,}02 \times 10^{23} = 2{,}98 \times 10^{5}\ J.mol^{-1}$$

Esse valor, de 298 kJ.mor^{-1} ou 71 kcal.mol^{-1}, é bastante elevado do ponto de vista de realizar tarefas biológicas. É energia capaz de quebrar ligações covalentes. (V. Átomos e Moléculas). Energias do ultravioleta e Rx são ainda maiores. (V. Radioatividade e Radiações).

4. Equação da Absorção de Luz

A absorção da luz depende da quantidade de material absorvente, em extensão e concentração. Fenomenologicamente, depende do número de choques úteis entre a luz e o absorvente. Esse efeito está representado na Fig. 11.16.

O material absorvente representado, absorve 20% da luz incidente. No primeiro estágio, de 100% incidente são absorvidos 20%, passam 80%. No segundo estágio, são absorvidos 20% dos 80% incidentes, passam 64%, e assim por diante. O gráfico mostra uma função exponencial. A equação que define essa função, para variações infinitamente pequenas é:

$$\frac{dI}{dI} = k.c.I$$

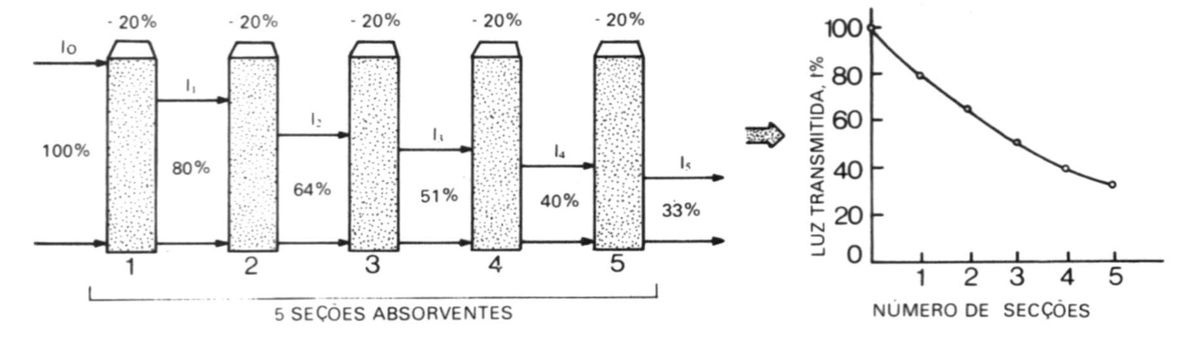

Fig. 11.16 – Luz incidente e secção absorvente.

onde **dl** é o diferencial da luz que passa, **dl** é a espessura do trajeto absorvente, **h** é uma constante experimental de proporcionalidade, c é a concentração do material absorvente, e i é a intensidade inicial da luz. O sinal negativo é para satisfazer o fato de que a Intensidade da luz diminui com a absorção.

Separando as variáveis, e integrando entre limites:

$$\int_{Io}^{I} \frac{dI}{I} = kc \int_{1=o}^{1} dI \longrightarrow In \left| I \right|_{Io}^{I} = -kc \left| 1 \right|_{o}^{1}$$

ou na forma integral

Logarítmica **Exponencial**

$$In \frac{I}{Io} = k.c.1 \qquad \frac{I}{Io} = e^{-k.c\text{-}1} \qquad \boxed{e = 2{,}718...}$$

k é a Constante Natural de Extinção, e é peculiar à substância absorvente. A forma em log decimal é obtida quando se substitui e pelo seu valor em potência de 10:

$$e = 2{,}718 ... = 10^{0,43}$$

Substituindo:

$$\frac{I}{Io} = Io^{(0,43k)\ c\ \text{-}\ I}$$

Como 0,43 k é uma constante agrupada, ela é simbolizada por E, denominada Constante Decimal de Extinção:

$$0{,}43k = E$$

Substituindo: $$\frac{1}{Io} = 10^{E.1.c}$$

Essa é a equação fundamental de absorção da luz, em suas várias formas. Essa equação tem imenso valor prático, pois torna desnecessário medir Intensidades absolutas de luz. Basta medir a relação, $\frac{I}{Io}$, atribuindo um valor fixo a Io. Na prática, se convenciona Io como igual a 100%. A diferença é 1. Os cálculos são simples, e dão origem a duas escalas de medida: a de **Transmissão*** e a de **Absorção***.

Define-se como Transmissão (T), a seguinte relação:

$$T\% = \frac{1}{Io}$$

onde Io = 100% (constante) e 1 varia entre 0 (não passa nenhuma luz) até 100% (passa toda a luz). Essa relação dá origem a uma escala que tem relação logarítmica com a concentração, e é de manuseio incômodo.

Para facilitar mais ainda, define-se a grandeza **Absorção** (A):

"A Absorção, A, é o log negativo da Transmissão, T".

$$A = -\log T = -\log \frac{I}{Io} = +\log, \frac{Io}{I},$$

ou:

$$A = \log \frac{Io}{I} = \log Io - \log I$$

Como Io = 100 = 10^2, log de Io = 2. Então:

$$\boxed{A = 2 - \log 1}$$

Essa é pois a relação formal entre A e T. Quando:

i = 100% A = 2 − 2 = 0

A absorção é nula.

I = 1% A = 2 − 0 = 2

---

* São equivalentes de Transmitância, Absorvência ou Absorbância, quando em relação ao trajeto óptico, geralmente cm^{-1}.

A absorção é igual a 2.

$I = 0\%, A = 2 - \log 0 = \propto$

A absorção é total.

A escala útil dessas medidas vai até A = 1,5 a 2,0 e a faixa de leitura mais exata vai de 0,05 a 0,4. Deve-se lembrar que entre A = 2 e A = 8, a escala se comprime em apenas 1% da luz transmitida!

Notar que a expressão de A:

$$A = -\log T = \log 10^{E.l.c} = E.l.c.$$

$$\boxed{A = E.l.c}$$

é a expressão com a qual começamos o estudo da espectrofotometria.

At-1 1.1

Proposições

01. Converter: a) 600 nm em Ângstrons e cm^{-1}
    b) $5,5 \times 10^{-6}$ cm^{-1} em nm e μ
    c) $2,6 \times 10^{18}$ s^{-1} em nm e μ
02. Descrever o que ocorre quando a luz é absorvida.
03. Completar com **alta**, **média** ou **baixa**, a energia luminosa que você espera seja absorvida por: Transição eletrônica em orbitais externos
    Transição eletrônica em orbitais internos
    Distenção de Moléculas
    Rotação de Moléculas
    Arrancamento de elétrons internos
04. Calcular a energia por fóton e por mol de fótons dos seguintes comprimentos de onda:
    500 nm 800 nm 20.000 nm
    Compare com a energia por mol de ligações moleculares. Quais seriam capazes de romper essas ligações? E de romper pontes hidrogênio?
05. Um material absorve 30% de luz incidente. Quanto de luz passaria em 4 estágios desse material?
06. Conceituar k, 0,43 k e E.
07. Transformar em Absorção as seguintes Transmissões:
    T = 80% 60% 30% 20% 10%
08. Mostrar que A = E.l.c, através da equação fundamental da Absorção da luz.

GD-11.1

A Leitura Complementar se presta a um GD para grupos interessados em teoria e aplicações da espectrofotometria.

11.2 – Cromatografia

Os métodos cromatográficos permitem a separação de componentes de sistemas biológicos. O princípio geral é:

"movimentar o sistema em condições apropriadas, e separar **espacialmente** os componentes: a cada componente, uma posição no trajeto". (Fig. 11.17).

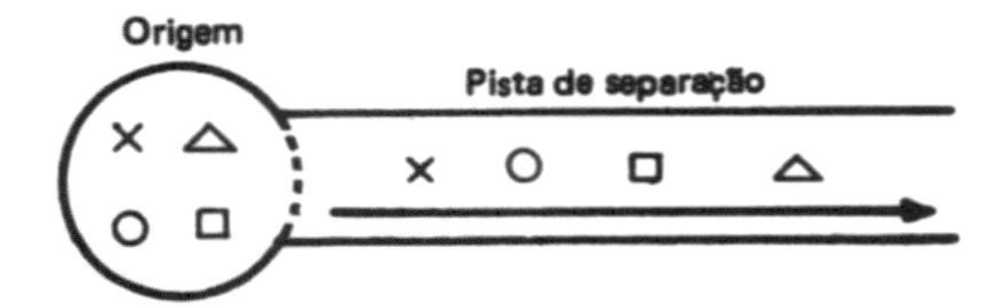

Fig. 11.17 – Princípio da Cromatografia – O sistema, neste caso uma solução com 4 componentes misturados (Δ, O, X), e arrastado pelo espaço através de método apropriado. As substâncias se movem com velocidade diferente, e se separam.

A separação é efetuada em sistemas **bifásicos**: sólido-líquido ou sólido-gás. A fase líquida é chamada fase móvel, solvente ou elucnte, a fase sólida é a fase fixa, suporte ou matriz. A solução a ser separada ocorre na fase móvel, e os componentes são retardados seletivamente na fase fixa. As forças que atuam no processo são do Campo EM, como adsorção, coeficiente de partilha, afinidade seletiva; ou do Campo G, como o atrito e tamanho das partículas.

A cromatografia pode ser feita de vários modos. Entre os mais comuns estão as colunas e as placas (Fig. 11.18).

Na coluna que é um tubo cilíndrico, a fase fixa é empilhada, bem umedecida, com o solvente. Na placa, aplica-se a fase fixa como uma fina camada, ou usa-se um pedaço de papel especial. De acordo com as forças que participam do processo, os métodos cromatográficos podem ser agrupados em 5 classes (Quadro 11.2).

Uma descrição desses métodos gerais pode ser resumida assim:

1. Cromatografia de Adsorção

a) **Mecanismo** – Está representada na Fig. 11.19. O separando A tem 1 ponto de afinidade pela partícula do suporte, o separando B tem 2, e o C tem 3. A força de adsorção é pois variável. Ao ser passado o eluente, o separando A se solta primeiro, seguido pelo B e pelo C. Conforme o eluente usado, essa ordem de saída pode ser alterada.

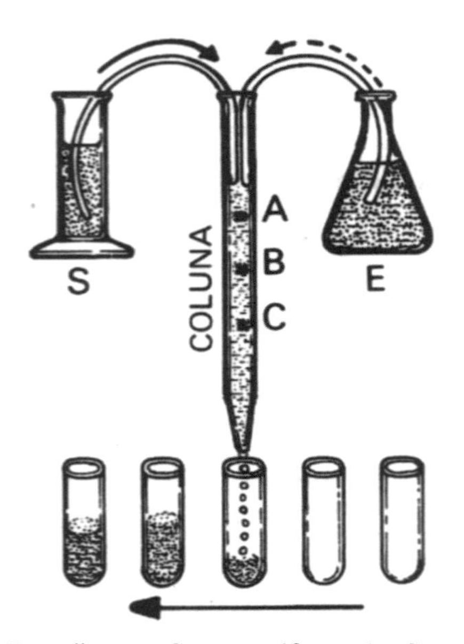

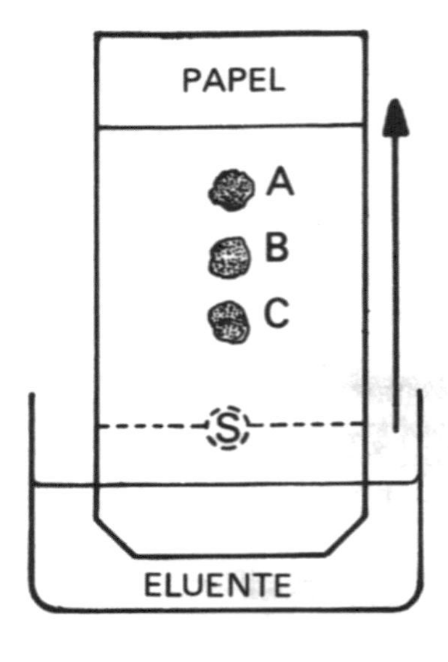

Fig. 11.18 – Procedimentos Cromatográficos – 1 – Cromatografia em coluna: a coluna contém a fase fixa. S – Solução sendo aplicada (1º passo); E – Efluente a ser usado (2º passo); A, B e C – Substâncias separadas; T – Tubos se deslocando. 2 – Cromatografia em placa: P – Placa ou papel; S – Solução aplicada; E – Efluente subindo por capilaridade; A, B e C – Substâncias separadas.

Quadro 11.2
Processos Cromatográficos Gerais

Adsorção	Partição	Filtração
Fenômeno de superfície, adsorção em partículas inertes. Com eluente apropriado, desadsorção é seletiva: os menos adsorvidos saem primeiro.	Coeficiente de partilha. Diferença de solubilidade em misturas de solventes que se deslocam. Os separandos mais solúveis migram mais que os menos solúveis.	Tamanho das moléculas versus cavidades no suporte. As moléculas menores entram nessas cavidades, e se retardam. As maiores saem na frente.

Troca Iônica	Afinidade
Cargas elétricas nos separandos e no suporte. As moléculas mais atraídas se fixam mais. As menos atraídas saem na frente.	Atração eletiva entre o separando e o suporte, por enzima e substrato ou antígeno e anticorpo. A eluição é feita por competição.

b) **Procedimento** – Pode-se usar colunas ou placas. (V. Fig. 11.18).

Os separandos são adsorvidos na superfície da fase fixa, que pode ser pó de carvão, sílica, celulose, caolim, hidroxiapatita, etc. Após a adsorção, os componentes são retirados seletivamente por solventes especiais. Os menos fortemente adsorvidos vêm primeiro. Com o uso de eluentes adequados, é possível separar e até identificar os componentes. Quando se coloca tinta de caneta em um pedaço de giz, e deixa-se fluir mistura de etanol e água pelo giz, pode-se obter uma ideia do processo.

Cromatografia de Partição

a) **Mecanismo** – Está representado na Fig. 11.20. Os separandos A, B e C possuem coeficiente de partilha etanol/água, variável, sendo A > B > C, a ordem de solubilidade no etanol. Quando os separandos são aplicados na origem (O), e uma mistura eluente de etanol + água é feita subir pelo suporte, os componentes se distribuem assimetricamente na fase fixa: água fica mais ou menos uniforme, mas o etanol estabelece um gradiente de concentração: mais concentrado acima, menos concentrado

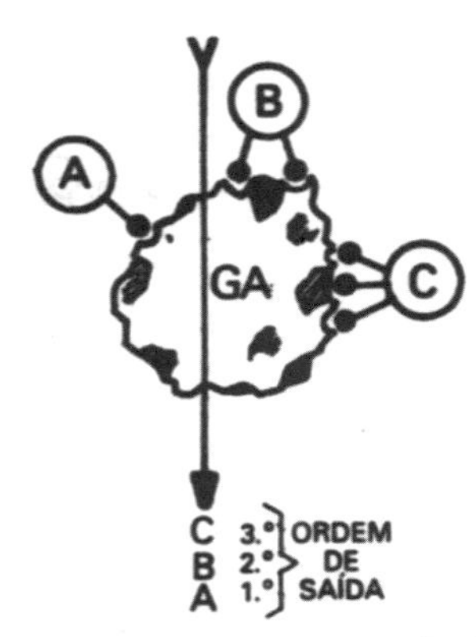

Fig. 11.19 –Mecanismo da cromatografia de adsorção. GA – Grão do adsorvente: A, B e C – Separandos com adsorção diferencial.

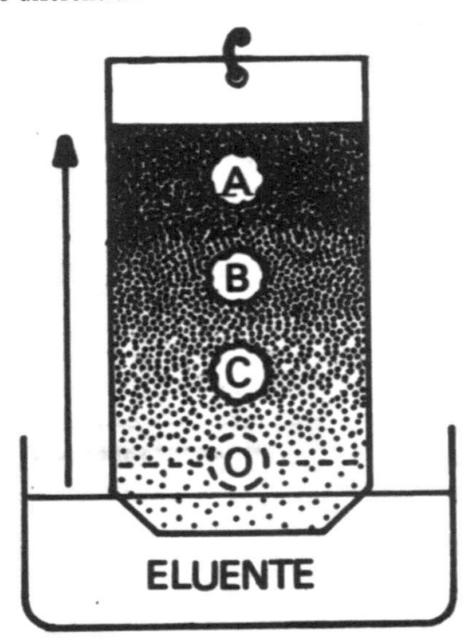

Fig. 11.20 – Cromatografia de partição.

abaixo. Então, as substâncias se colocam em ordem do coeficiente de partilha: as mais solúveis no etanol acima, as menos solúveis, abaixo. No caso, A, B e C é a ordem encontrada.

Procedimento – Pode-se usar colunas ou placas (Fig. 11.18), mas o uso de placas é mais generalizado. A cromatografia de partilha é indispensável na identificação de pequenos compostos biológicos. Os eluentes podem ser as mais variadas misturas de solventes, cada mistura servindo a um determinado objetivo.

As distâncias migradas são muito precisas e define-se como R_f (Relação à frente), a relação:

$$Rf = \frac{\text{Distância percorrida pela Substância}}{\text{Distância percorrida pelo Solvente}}$$

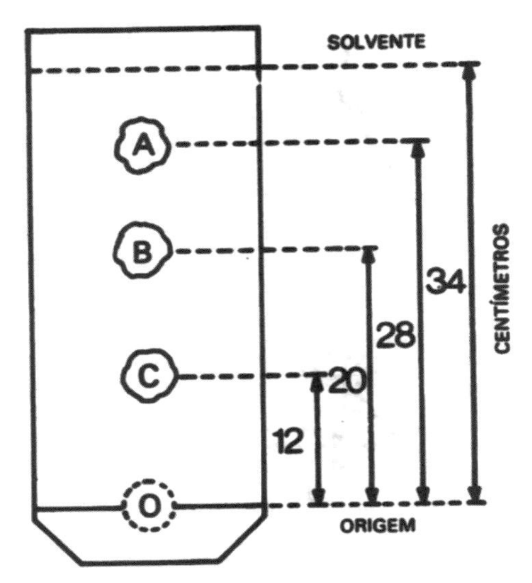

Fig. 11.21 – Determinação do Rf.

No caso da Fig. 11.21, os R_f são:

$$R_{fA} = \frac{28}{34} = 0{,}82$$

$$R_{fB} = \frac{20}{34} = 0{,}56$$

$$R_{fC} = \frac{12}{34} = 0{,}35$$

A determinação do R_f permite usar padrões conhecidos para a identificação de componentes em misturas: corre-se o padrão com o desconhecido, lado a lado. Substâncias idênticas migram a mesma distância, i.e., possuem o mesmo R_f.

3. Filtração em Gel

a) **Mecanismo** – Está representado na Fig. 11.22. Existem três moléculas de tamanho relativo A > B > C. A fase fixa é formada de partículas que possuem cavidades de tamanho molecular. As moléculas maiores não penetram nessas cavidades, e saem na frente. As outras moléculas se ordenam pelo seu volume relativo, em ordem decrescente de volume, porque penetram no gel, e seguem um caminho mais longo e tortuoso (Fig. 11.22).

b) **Procedimento** – Pode-se usar colunas ou placas (Fig. 11.18), mas o uso em colunas é muito mais frequente.

A filtração em gel também permite a determinação do R_f, com localização tão precisa, que se pode calcular a Massa Molecular de substâncias, com relativa facilidade. Uma mistura de γ-globu-

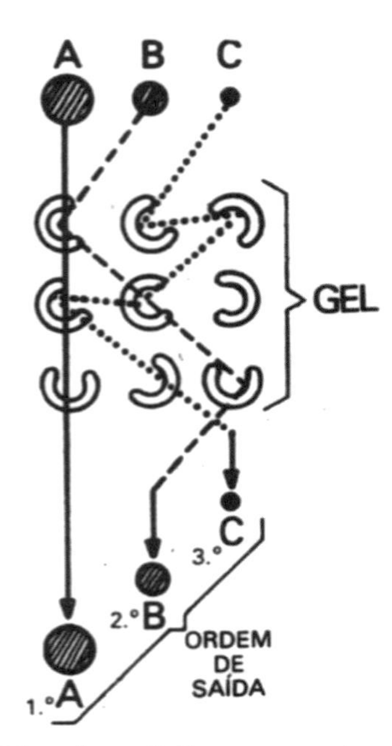

Fig. 11.22 – Mecanismo dà filtração em gel. A, B e C – Moléculas de volume diferente: – Partículas em gel com cavidades – → – Trajeto mais curto;----→Trajeto médio; ....→–Trajeto mais longo.

lina (Massa Molecular 150.000), albumina (MM = 66.000), ovalbumina (MM = 40.000) e lisozina (MM = 15.000), produzem um diagrama cromatográfico como o da Fig. 11.23, com a γ-G na frente, seguindo-se as outras proteínas.

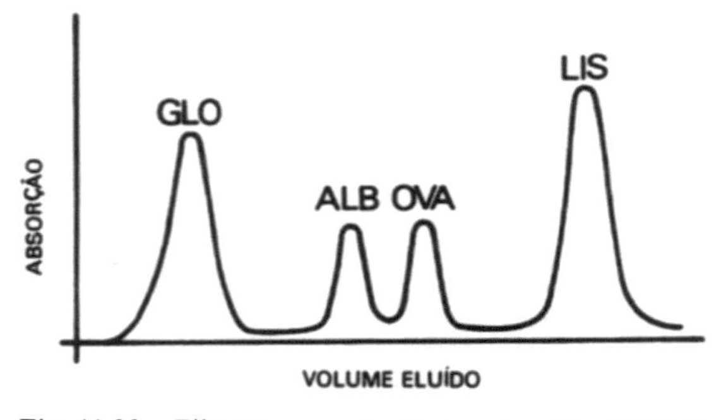

Fig. 11.23 – Filtração em gel – Ordem de saída: 1º GLO – Gamaglobulina; 2º ALB – Albumina; 3º OVA – Ovalbumina; 4º LIS – Lisozima; A – Absorção espectrofotométrica á 280 nm.

4. Troca Iônica

a) **Mecanismo** – As partículas da fase fixa possuem carga elétrica e retêm substâncias de carga contrária. Essas partículas chamam-se comumente de **Resinas** (Fig. 11.24) e são aniônicas (retém e trocam anions), catiônicas (retêm e trocam cátions) ou mistas (retêm e trocam anions e cátions). Quaisquer substân-

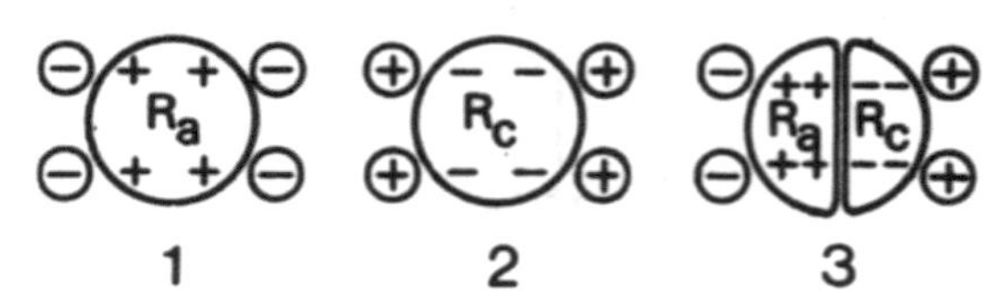

Fig. 11.24 – Resinas troca-íons. Ra – Aniônica; Rc – Catiônica; Rm – Mista.

cias que possuem carga, podem ser separadas, usando-se métodos especiais de eluição (a seguir).

Exemplo 1 – Uma mistura de proteínas é aplicada a uma resina aniônica. As proteínas sob forma de anion ficam retidas, as catiônicas saem. Já há uma separação. As proteínas aniônicas podem ser retiradas seletivamente por dois modos:
1º) Aumento da concentração de anions (Cl^-, CH_2COO^-). Por exemplo, faz-se em gradiente de NaC1 de 0,1 a 2 M. Quando os íons Cl^- atingirem concentração competitiva, as proteínas vão se soltando, as com menor carga (–) saem primeiro, e as diversas proteínas presentes são seletivamente separadas.
2º) Gradiente decrescente de pH. Se o pH do tampão inicial for abaixado acaba passando pelo ponto isoelétrico das proteínas, que nesse momento, com carga efetiva nula, se desprendem. A ordem de saída é na ordem decrescente do pl.

Exemplo 2 – Uma mistura de proteínas é aplicada em coluna contendo resina catiônica. As proteínas com carga (+) se prendem à fase fixa, as aniônicas são eliminadas. Elas podem ser retiradas por gradiente crescente de cátions (Na^+, K^+), p. ex., NaCl de 0,1 a 2 M. Também se pode usar gradiente crescente de pH na solução eluente.

Exemplo 3 – As resinas mixtas são usadas para a obtenção de água deionizada, pois numa simples passagem, a resina retém anions e cátions. A água deionizada não é substituto para a destilada, porque substâncias sem carga não são retiradas.

A cromatografia troca-íons tem ainda inúmeras aplicações (V. Textos de Físico-Química).

5. Afinidade

a) **Mecanismo** – Está representado na Fig. 11.25. A fase fixa, ou matriz, possui grupamentos químicos que possuem afinidade eletiva pelos separandos, como por exemplo, um substrato e sua enzima.

O substrato é fixado covalentemente à matriz, e sua conformação específica fica à espera da molécula M da enzima. Quando se passa nessa coluna, uma mistura de várias proteínas, apenas a enzima se fixa ao substrato, e as outras saem. A enzima fixada pode ser "lavada", e depois eluída em forma pura. Pode-se passar uma molécula semelhante à enzima (Eluente 1), ou o próprio substrato livre (Eluente 2). Em ambos os casos, por competição, a enzima purificada é liberada.

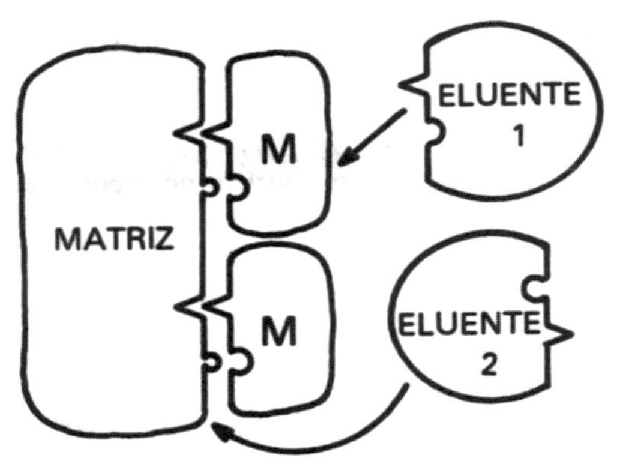

Fig. 11.25 – Mecanismo da Cromatografia de afinidade (ver texto).

b) **Procedimento** – As colunas (Fig. 11.18) são mais convenientes para a cromatografia de afinidade. O grupamento reativo deve estar exposto. A solução contendo o separando é aplicada, pode-se lavar para eliminar impurezas, e eluir especificamente. Agonistas podem ser usados para atrair seus receptores. Outra aplicação é a de colunas contendo Hg fixo, que "seguram" compostos –SH. Colunas contendo –SH fixo podem reter proteínas com pontes –SS, e vice-versa: colunas contendo SS fixo podem reter proteínas sulfidrílicas (com –SH). A cromatografia de afinidade é das mais usadas em Biologia.

Atividade Formativa 11.2

Proposições:

01. Descrever o princípio geral do procedimento cromatográfico. Fazer um desenho.
02. Citar as forças que intervêm no processo cromatográfico.
03. Descrever com diagramas os dois procedimentos mais usuais para realizar a cromatografia.
04. A cromatografia é um sistema................ onde os componentes são deslocados na fase...............e retardados na fase................ completar).
05. Uma série de oligômeros de carbohidratos é adsorvida em carvão, e eluída com soluções de etanol em concentração crescente. Você espera que a ordem de saída seja do monômero para dímero, trímero, etc., ou inversa? Discutir qual seria a ordem de afinidade da adsorção dos carboidratos.
06. Numa cromatografia de partição, a frente de solvente migrou 41 cm. A migração de componentes foi:
    A = 35 cm, B = 31 cm, C = 20 cm.
    Calcular o Rf
07. Uma solução de acetona-água (4 + 1), é usada para correr um cromatograma em papel. Acetona sobe mais que a água (V. Fig. 2). Como se colocariam em ordem, de cima para baixo, as substâncias A, B e C, cujo coeficiente de lartilha acetona/água é: 0,8, 0,3 e 0,7 respectivamente.
08. Uma série de proteínas com massa molecular V = 25.000, B =20.000, C =60.000 e D = 150.000 são filtradas em gel. Qual a ordem de saída das proteínas?
09. Três proteínas de pI, A = 4,2, B =4,6 e C = 5,2 são colocadas em pH 6,0 e passadas m resina aniônica. Completar:
    1 – Elas se fixarão à coluna.
    Certo ( ) Errado ( )
    2 – Se elas se desprendessem com gradiente de Cl^-, a ordem de saída seria:
    1º _______, 2º_______, 3º _________
    3 – Se elas forem eluídas com gradiente de pH, o gradiente seria:
    Ascendente ( ) Descendente ( )
10. Uma mistura de proteínas cujo pI é: A = 5,4, B = 5,8, C = 6,4 e D = 6,7, estão em tampão pH = 6,0. Se elas forem passadas em uma coluna contendo resinas catiônicas, quais ficarão retidas? E se a resina for aniônica? Fazer um esquema das resinas e das proteínas, mostrando as cargas elétricas.

– Se elas forem retiradas com gradiente de cátions, a ordem de saída seria:
1º ____________, 2º ____________
– Para retirá-las com gradiente de pH, o gradiente será:
Crescente ( )   Decrescente ( )
– A ordem de saída será:
1º ____________, 2º ____________

11. Conceituar cromatografia de afinidade.
12. Uma coluna contém grupos –SH fixados à matriz. Que substâncias você poderia separar usando essa resina?

GD – 11.2

A cromatografia como um todo, especialmente para estudante de Farmácia e Ciências Biológicas.

TL – 11.2

Separação, em placas de sílica, de corantes histológicos ou de aminoácidos. (Usar lâminas de microscopia).

Pode-se também separar uma imensa gama de pigmentos vegetais. Filtração em gel de hemoglobinas é também prática simples.

11.3 – Eletroforese

Consiste na separação dos componentes de um sistema através da aplicação de um campo elétrico. É um dos métodos mais usados no laboratório, tanto na forma fundamental, como nas variantes. Tem inúmeras aplicações.

Princípio do Método

Substâncias em solução que possuem carga elétrica livre, deslocam-se quando submetidas a um campo elétrico de sentido invariável. A migração se faz de acordo com a lei de Coulomb (Fig. 11.26).

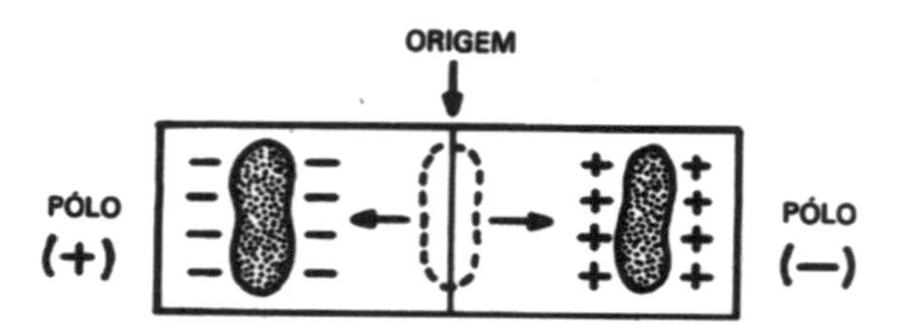

Fig. 11.26 – Princípio geral da eletroforese – Separação qualitativa. Num retângulo de papel umedecido com solução eletrolítica, aplica-se uma amostra contendo substâncias positivas e negativas na **Origem**. Após aplicação do campo elétrico, as substâncias migram para os pólos de carga oposta.

1. Componentes de carga negativa migram para o pólo positivo.
2. Componentes de carga positiva migram para o pólo negativo.

Além da separação qualitativa de partículas carregadas, a eletroforese permite separar partículas de mesma carga, porém com quantidade diferente de carga (ainda a lei de Coulomb) (Fig. 11.27).

Fig. 11.27 – Princípio geral da eletroforese – Separação quantitativa – Três proteínas com carga elétrica diferente: A^{8-}, B^{6-} e C^{4-}, possuem velocidade de migração proporcional ao no de cargas: A > B > C.

Fatores que Condicionam a Migração Eletroforética

A velocidade de arrasto das partículas sofre a influência de um grande número de variáveis: pH do meio, pI ou pK das substâncias, dos eletrólitos usados, de interações com a fase fixa, temperatura, evaporação, movimentos hídricos no suporte, etc. Mas em condições padronizadas, é altamente reproduzível, o que torna a eletroforese um dos métodos mais usados no laboratório.

Como já vimos em pH e Tampões, Leitura Complementar 9.1, as proteínas são anfíons, cuja carga elétrica efetiva depende do pH do meio. Esse fato condiciona a migração eletroforética da proteína:

1 – Se o pH do sistema é acima do pI da proteína, ela tem carga negativa e migra para o pólo positivo (Anódio) (Fig. 11.26).
2 – Se o pH do sistema é abaixo do pI da proteína, ela tem carga positiva e migra para o pólo negativo (Catódio) (Fig. 11.26).
3 – Se o pH do sistema é igual ao pI da proteína, a carga efetiva é zero, e a proteína fica estacionária.

A manipulação desses fatores torna a eletroforese um método muito útil. Pela simples variação do pH, é possível separar uma proteína de várias outras, ou separar um grupo de proteínas associadas em seus componentes, determinar o ponto isoelétrico de proteínas, estudar associação antígeno-anticorpo, etc.

Quanto maior é a diferença pH > pI, ou pH < pI, maior é o número de cargas negativas, ou positivas. Esse é o fator que permite a separação de proteínas com mesmo tipo de cargas: se uma série de proteínas cujo pI é, A= 5,0, B = 5,3, C = 5,8, é colocada em meio de pH = 7, elas vão adquirir cargas negativas na proporção A > B > C, e vío migrar nessa ordem para o pólo positivo.

A voltagem aplicada deve ser adequada para separar o mais rapidamente possível, antes que a difusão espalhe os componentes. Voltagem muito alta, porém, aquece o sistema e prejudica a separação.

A concentração dos eletrólitos (mais rigorosamente, a força iônica), deve ser a menor possível, para evitar "compressão" da carga intrínseca da proteína, e também para diminuir a condutividade do meio: quanto mais corrente elétrica, mais calor é gerado no processo.

Tipos de Eletroforese

Basicamente dois:

1. **Eletroforese Livre** – As substâncias são separadas em meio totalmente líquido, em um tubo em U, e os movimentos de convecção provocados pela dissipação do calor exigem aparelhos e instalações especiais. É método em desuso.
2. **Eletroforese em Suporte** – As substâncias são separadas em meio sólido (papel, acetato de celulose) ou semi-sólido (gel de amido, ou agar ou poliacrilamida), e a perturbação causada pela convecção é abolida. Essa eletroforese é tão simples, que pode ser realizada no campo, e até mesmo em casa! A tessitura do suporte, além de impedir a convecção, ainda diminui a difusão dos separandos, facilitando sua completa separação. Existem ainda outros processos derivados da eletroforese, que serão revistos adiante.

Descrição do Processo Eletroforético

Acompanhe atentamente a Fig. 11.28.

Instrumental da Eletroforese

É necessário uma fonte de corrente contínua, uma câmara para efetuar a separação, um densitômetro para leituras das faixas, fitas de acetato de celulose, corante, sistemas tampões. A Fig. 11.28 mostra o conjunto necessário para fazer a separação eletroforética em acetato de celulose.

Execução da Eletroforese

Uma minúscula gota do material biológico é aplicada na fita suporte umedecida com tampão apropriado, e liga-se o campo elétrico. Após tempo

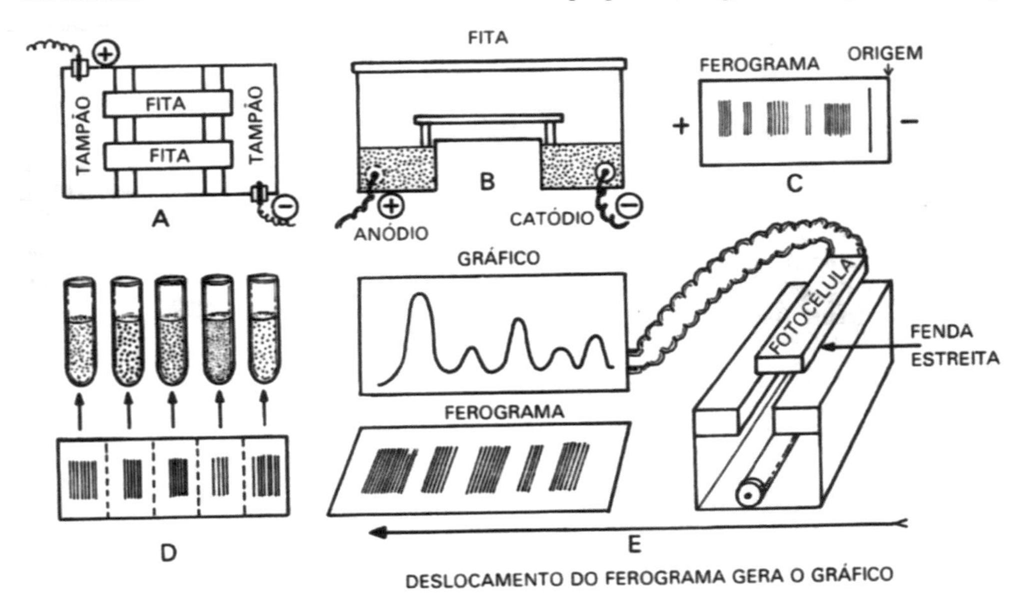

Fig. 11.28 – Sistema para Eletroforese. A) Vista superior: Câmara de Separação, compartimento catódico e anódico, com duas fitas suporte. B) Vista lateral-Câmara de separação. C) Frações de soro sanguíneo humano separadas e reveladas por corante especial. D) Quantitação das Frações. As faixas são cortadas no pontilhado e dissolvidas em ácido acético, a Absorção lida em espectrofotômetro. E) Densitômetro. A fita corada é deslizada numa fenda milimétrica de luz, e a Absorção medida por fotocélula. Um computador analógico fornece traçado proporcional à quantidade de proteína, e o percentual de cada fração, lido automaticamente. Este método exige o densitômetro que é um espectrofotômetro especial.

adequado, as frações estão separadas, e a fita é corada para revelar os componentes, diafanizada, e as frações lidas por eluição (Fig. 11.28 D) ou densitometria (Fig. 11.28 E). As frações e suas quantidades são peculiares ao sistema examinado.

Aplicações

O campo de aplicação é vasto. Entre os usos mais comuns estão o estudo clinico do plasma e líquido de mamíferos, resolução de misturas complexas de proteínas, ácidos nucleicos, aminoácidos, identificação de componentes, determinação da pureza e homogeneidade molecular, determinação do pI, genética molecular e inclusive determinação da massa molecular de macromoléculas.

A eletroforese tem grande interesse em veterinária, porque o soro de animais é característico da espécie, e mostra alterações peculiares em condições patológicas. A eletroforese é também usada em taxonomia, para classificar espécies, porque cada espécie apresenta um quadro proteico diferente.

Eletroforese – Métodos Especiais

1. **Eletroforese em Gel** – O suporte mais usado é a poliacrilamida, em tubos (cilindros) ou placas. Adiciona filtração pelos poros à separação pela carga, aumentando o número de frações. Usa-se também amido, ou agar.
2. **Eletroforese com SDS em Gel de Poliacrilamida** – Proteínas tratadas a quente por Sódio-Dodecil-Sulfato (SDS), perdem a carga intrínseca e adquirem carga negativa constante em relação ao peso molecular. São assim atraídas para o anódio, e pode-se determinar seu volume (massa aproximada, por consequência), através da filtração pelos poros do gel: as proteínas menores chegam na frente (inverso da filtração em gel).
3. **Eletrofocalização** – O campo elétrico forma um gradiente de pH através de uma mistura de anfólitos, e as proteínas migram para o anódio ou catódio, até encontrarem seus pontos isoelétricos, onde estacionam.
4. **Imunoeletroforese** – Após a separação eletroforética, faz-se uma reação antígeno-anticorpo, lava-se a preparação para retirar as proteínas solúveis, e restam os complexos insolúveis An-Ac.
5. **Eletroforese de Alta Voltagem** – Aplica-se uma voltagem alta ao sistema, e separam-se pequenas moléculas com rapidez, antes que elas possam se difundir. Com baixa voltagem, a difusão prejudicaria a separação. Esse procedimento é essencial para aminoácidos e polipéptides.

Atividade Formativa 11.3

Proposições:

01. Enunciar o princípio de separação de componentes pela eletroforese:
    a) Qualitativo
    b) Quantitativo
    Desenhar um esquema do processo.
02. Enumer algumas vantagens da eletroforese em suporte sobre a eletroforese livre.
03. Esquematizar o equipamento para fazer a eletroforese.
04. Uma proteína purificada mostra duas porções na eletroforese. Discutir as situações possíveis quanto à pureza da proteína.
05. Uma mistura de proteínas cujo pI é: A = 4,3, B =4,6 e C =4,8 é eletroforetada em pH 6,0. Completar:
    As proteínas são anions ( ) cátions ( ) e migram para o anódio ( ) catódio ( ).
    A ordem de chegada é:
    1º _______ 2º ________ 3º _________
06. Uma série de proteínas com peso molecular A = 50.000, B = 24.000 e C = 150.000 são tratadas com SDS e eletroforetadas em gel de poliacrilamida. Qual a ordem de chegada?
07. Uma proteína foi eletrofocalizada e estacionou em pH 7,45. Se ela for pura, pode-se supor que seja esse o seu pi? Se ela for impura, o que pode estar ocorrendo?
08. Para separar aminoácidos, você usaria a mesma voltagem que serve para proteínas? Discutir.
09. Fazer um pequeno levantamento das aplicações de eletroforese na sua futura profissão. Converse com profissionais, faça uma busca na literatura (até 3 a 4 páginas).

GD – 11.3

A eletroforese como um todo, pode ser utilizada para GD, especialmente em cursos de Veterinária, Farmácia e Ciências Biológicas.

LC – 11.3

Separação de soro sanguíneo de grandes animais, em acetato de celulose, pode ser feita em 1 a 2 horas, e é prática indispensável em cursos de Veterinária.

Alunos de Medicina podem trazer casos clínicos. Em geral, todos os cursos se interessam por aplicações da eletroforese em suas profissões.

Objetivos Específicos do Capítulo 11

Espectrofotometria – Cromatografia – Eletroforese

11.1 – Espectrofotometria

1. Conceituar espectrofotometria.
2. Citar a faixa mais usada para as medidas espectrofotomé tricas.
3. Conceituar cor e a faixa onde existe esta sensação.
4. Explicar porque objetos, opacos e transparentes, possuem cor.
5. Diferenciar cor e pigmento.
6. Conceituar luz monocromática e saber distinguir seu espalhamento.
7. Mostrar, inclusive por diagramas, porque é necessário usar luz monocromática, citando motivos:
   a) Qualitativos
   b) Quantitativos
8. Descrever, no espectrofotômetro de absorção, a função de:
   a) Fonte de luz
   b) Colimador
   c) Monocromador
   d) Fenda seletiva
   e) Cubeta de amostra
   f) Galvanômetro
9. Descrever o processo de determinar uma Curva de Absorção Espectral.
10. Citar 3 aplicações das Curvas de Absorção Espectral.
11. Enunciar o princípio básico da absorção da luz.
12. Enunciar a lei de Lambert e a lei de Beer, usando diagramas simples para ilustrar essas leis.
13. Saber usar a equação A " E.l.c para calcular um dos parâmetros, sendo dados os outros três.
14. Saber expressar o coeficiente de absorção E, em suas unidades.
15. Saber calcular e usar o Fator de Calibração f.
16. Saber construir e usar uma Curva de Calibração.
17. Descrever a fotometria de emissão em 2 modos:
   1) Fotometria de Chama;
   2) Fluorimetria
18. Descrever a Fotometria de Absorção Atômica.

2. Leitura Complementar – LC-11.1

19. Saber converter:
   a) Nanômetro em Angstrom e microm;
   b) Nanômetro em número de onda;
   c) Frequência em mm;
   d) Número de onda em frequência.
20. Explicar porque alguns comprimentos de onda são absorvidos, e outros não.
21. Relacionar o nível energético da radiação e a estrutura ou função absorvente.
22. Calcular a energia de um fóton de luz.
23. Explicar a absorção da luz por meio de diagrama, e saber desenhar o gráfico resultante.
24. Integrar a equação de absorção da luz.
25. Escrever e usar a forma logarítmica da equação de Transmissão e de Absorção da luz.

11.2 – Cromatografia

1. Conceituar cromatografia.
2. Enunciar o princípio da separação cromatográfica.
3. Citar as fases da cromatografia, e suas funções.
4. Descrever sucintamente o modo de fazer cromatografia cm colunas e placas.
5. Descrever o mecanismo e o procedimento dos métodos cromatográficos de:
   a) Adsorção.
   b) Partição.
   c) Filtração em gel.
   d) Troca iônica.
   e) Afinidade.
6. Responder perguntas simples sobre o comportamento cromatográfico de substâncias, nos métodos acima.

11.3 – Eletroforese

1. Citar o conceito de eletroforese.
2. Enunciar o princípio do método.
   a) Qualitativo.
   b) Quantitativo.
3. Citar 3 fatores físico-químicos que condicionam a migração eletroforética.
4. Relacionar a migração de proteínas em função do pl e o pH do meio.
5. Conceituar eletroforese livre e em suporte.
6. Descrever, sucintamente, o instrumental da eletroforese, e modo de executar o processo.
7. Distinguir métodos eletroforéticos especiais.
8. Responder perguntas simples sobre comportamento de substâncias biológicas na eletroforese.

Parte 4
Estruturas Supramoleculares – A Célula

12

Membranas Biológicas

Leitura Preliminar – A Célula

A – A Célula

A célula, em conceito muito amplo, pode ser considerada como:

1. A unidade fundamental dos seres vivos.
2. A menor estrutura biológica capaz de ter vida autónoma.

As células existem como seres unicelulares, ou fazendo parte de seres mais complexos, os pluricelulares.

Com relação à **suficiência de alimentação**, os seres vivos, e também suas células constituintes, se dividem em duas grandes classes:

1. **Autótrofos** – (auto, por si mesmo; trophos, nutrição). Aqueles que sintetizam todos os componentes moleculares que precisam para viver.
2. **Heterótrofos** – (heteros, diferente; trophos, nutrição). Aqueles que necessitam receber algumas moléculas (ou precursores), de outros seres vivos, ou de outras fontes.

As **algas verdes** são um exemplo clássico de autótrofos e a *Entamoeba coli,* de heterótrofo. A *Euglena viridis,* em presença de luz, é autotrófica, em ausência, heterotrófica. Os vírus não são células, e utilizam parte da maquinaria de células hospedeiras para se reproduzirem.

As células, tanto de seres vivos **uni**, como **pluricelulares**, são classificadas em três tipos gerais, de acordo com o refinamento estrutural:

1. **Procariócitos** – As mais rudimentares, sem membrana nuclear.
2. **Eucariócitos** – As mais sofisticadas, com membrana nuclear.
3. **Fotossintéticas** – Desenvolvimento intermediário entre as precedentes. Utilizam Energia Radiante para sintetizar biomoléculas.

Quadro 12.1
Estruturas Celulares

Procariócitos	Eucariócitos	Fotossintéticas
Parede celular	Parede celular	Parede celular
Membrana citoplasmática	Membrana citoplasmática	Membrana citoplasmática
Núcleo indefinido	Núcleo definido	Núcleo definido
Ribossomos	Ribossomos	Ribossomos
–	Retículo endoplasmático	Retículo endoplasmático
–	Mitocôndrias	Mitocôndrias
–	Lisossomos	–
–	Peroxissomos	–
–	Complexo de Golgi	–
–	–	Cloroplastos
–	–	Vacúolos
Citosol	–	–
Grânulos de depósitos	–	–

Quadro 12.2
Composição e Propriedades de Estruturas Celulares

	Procariócitos	**Eucariócitos**	**Fotossintéticas**
Parede Celular	Polissacarídeos ligados a polipeptídeos. Lipopolissacarídeos. Protege a célula contra meios hipotônicos. Confere antigenicidade especie-específica.	Mucopolissacárides ácidos, glicolípides, glicoproteínas. Tem propriedades ligantes com outras células. Tem compatibilidade e especificidade célula-semelhante.	Fibras de celulose coladas com polissacarídeos e proteínas. Resistência osmótica e mecânica.
Membrana Citoplasmática	Dupla camada lipídica ap. (45%) e proteínas (55%). É altamente hidrofóbica, seletivamente permeável, possui poros. Usam energia AG para produzir ATP.	Similar à anterior, com mais diversificação de lípides e prótides. Altamente hidrofóbica, seletivamente permeável tem sistema para transporte ativo de íons, e diversas enzimas encravadas na dupla camada lipídica, que exercem várias funções.	Similar à procariocítica. Hidrofóbica, seletivamente permeável, tem transporte ativo de íons. Algumas enzimas encravadas.
Núcleo	Limites nao definidos, sem membrana nuclear. DNA possui informações genéticas para RNA.	Núcleo tem membrana nuclear. DNA é combinado a formando cromossomos. O nucléolo possui RNA. Na replicação, DNA se auto-replica.	Semelhante a eucariócito.
Ribossomos	Dímero de 50S + 30S. Sítio da síntese de proteínas. RNA m se fixa entre as duas unidades.	Maiores e mais numerosos que nos procariócitos. Maioria ligada ao retículo endoplasmático, e o resto livre no citoplasma. Síntese de proteínas nos dois sítios.	Semelhante a eucariócito.
Retículo Endoplasmático	–	Membrana única forma cisternas que se intercomunicam através de todo o citoplasma, e se abrem para o exterior da célula. Sítio de localização dos ribossomos, que sintetizam proteínas para o interior das cisternas.	Semelhante a eucariócito.
Demais Estruturas	As mitocôndrias são as usinas de energia das células eucariócitas e fotossintéticas, produzindo ATP através da oxidação de alimentos. Os doroplastos convertem energia eletro-magnética em energia "química" (ATP, energia elétrica potencial). Os **lissossomos** contêm enzimas hidrolíticas, e servem como digestores na pinocitose (peinos, fome; eitos, célula), que é a penetração de partículas na célula através de rearranjos na membrana citoplasmática. Os **peroxissomas**, contêm enzima oxidativa e produzem O_2 e H_2O. 0 **aparelho de Goigi** excreta proteínas para o exterior da célula. Os **vacúolos** contêm vários subprodutos das funções celulares vegetais, e os **grânulos de depósito** armazenam combustível nas células procariócitas.		

Os procariócitos são as menores células conhecidas, e compreendem as ricketsias, espiroquetas, certas algas e as eubactérias entre outras. Os eucariócitos são muito maiores, e compreendem os fungos, protozoários, algas superiores, e as células dos seres superiores, tanto vegetais, como animais. As fotossintéticas são células vegetais, em sua maioria, e produzem glicose e amido, utilizando energia radiante.

Todos os três tipos possuem membrana citoplasmática, que envolve o citoplasma, e parede celular, que envolve a membrana. Um resumo das estruturas componentes dessas células está no Quadro I.

B – Membranas Biológicas

1. Conceito de Compartimentação

No espaço sem barreiras, as trocas de Energia e Matéria se fazem livremente (Fig. 12.1 A). A presença de uma barreira qualquer (peneira, papel de filtro, papel celofane), seleciona o trânsito pelo tamanho dos transeuntes (Fig. 12.1 B), mas pode haver passagem livre pelos lados. Se, porém, parte do espaço é completamente envolvido pela barreira (Fig. 12.1 C), aparecem dois compartimentos. Nesse caso, as trocas se fazem obrigatoriamente através da barreira. Um tubo de diálise, uma célula, um balão de borracha, etc, são estruturas que apresentam compartimentação.

A compartimentação é o estabelecimento de duas regiões no espaço, separadas fisicamente por uma barreira, e funcionalmente por um trânsito seletivo. A importância desse sistema para o aparecimento de seres vivos, não deve ser minimizada:

Sem compartimentação, não há seres vivos. A estrutura fundamental para compartimentação, nos seres vivos, é a membrana biológica.

2. Membranas Biológicas

São estruturas altamente diferenciadas, destinadas a uma compartimentação única, na natureza. Elas são capazes de selecionar, por mecanismos de transporte Ativos e Passivos, os ingredientes que devem passar, tanto para dentro, como para fora.

As membranas biológicas estabelecem um gradiente entrópico entre interior (Entropia baixa), e o exterior (Entropia alta), e consegue manter o interior em Estado Estacionário (Veja Termodinâmica).

Estrutura da Membrana Biológica

A evolução do conceito estrutural da membrana citoplasmática pode ser sumarizada em três modelos principais:

1. **Membrana Paucimolecular de Davson e Damelli** (Fig. 12.2 A) – O método supõe a existência de poucas (pauci) espécies de moléculas. Seria uma dupla camada lipídica, com as extremidades hidrofóbicas voltadas para dentro da membrana, e proteínas globulares adjacentes aos terminais hidrofílicos do lípide.
2. **Membrana Unitária de Robertson** (Fig. 12.2 B) – Similar à anterior, com a proteína esticada, e cada cadeia polipeptídica associada aos lípides, formando uma unidade estrutural.
3. **Modelo do Mosaico Fluido** — Sugerido por Singer e Nicholson (Fig. 12.2, C e D), onde as proteínas da membrana estão engastadas na camada lipídica, do lado interno, do' lado externo, ou atravessando completamente a membrana. Existe uma grande variedade de proteínas membranais. A fluidez está condicionada ao tipo de ligações intermoleculares na membrana (veja a seguir). O termo mosaico se deve ao aspecto da membrana na microscopia eletrônica. Atualmente, o modelo do mosaico

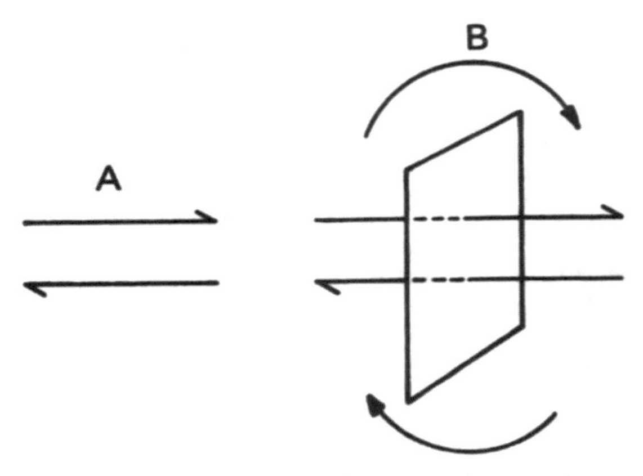

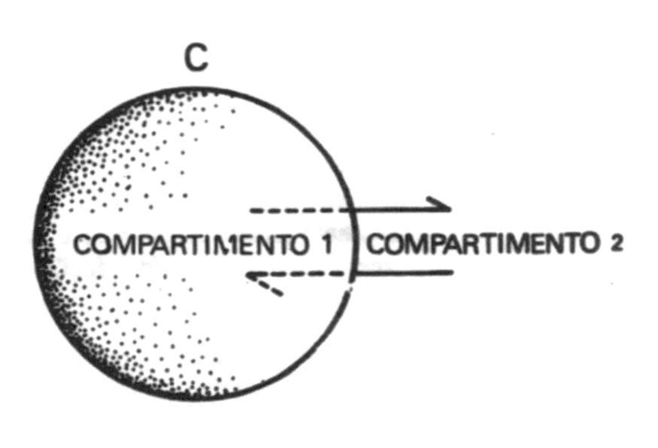

Fig. 12.1 – Espaço e Compartimentação (ver texto).

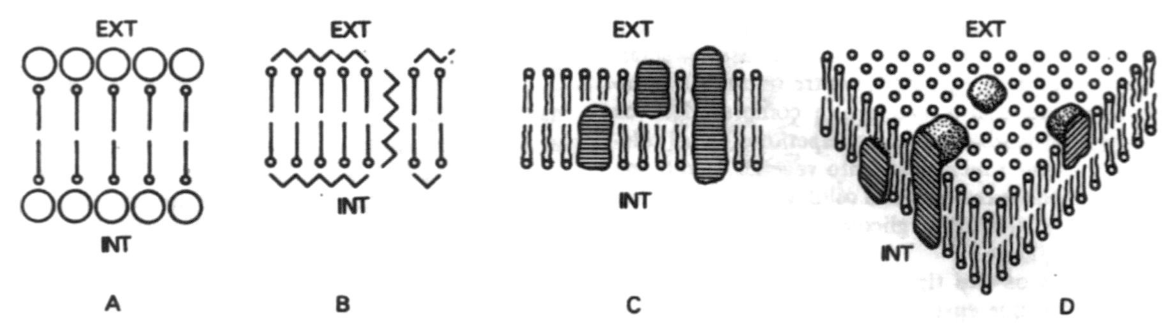

Fig. 12.2 – Modelos de Membranas Biológicas. A – Davson-Danielli; B – Robertson; C e D – Singer e Nicolson (ver texto).

fluido é o mais aceito, por encontrar apoio em várias evidências experimentais. Nenhum modelo de membrana está pronto, e a evolução das pesquisas irá melhorar o conhecimento atual.

Dimensão da Membrana

A espessura é de 7 a 9 nm (10^{-9} m). Diâmetros celulares vão de 10^3 a 2 x 10^4 nm (exceto os ovos de aves), o que dá áreas e volumes variáveis. Uma célula de 1.000 nm tem área de 3 x 10^6 nm^2 (3 x 10^{-8} cm^2) e volume de 5 x 10^8 nm^3 (5 x 10^{-13} cm^3). Esses espaços são determinados pela membrana.

Ligações na Membrana

Esse é um aspecto importante com relação à estrutura:

A membrana não é uma estrutura covalente.

As forças que mantêm as biomoléculas na membrana, sío coulômbicas, hidrofóbicas, pontes H, etc. (ver Moléculas e Biomoléculas).

C – A Membrana Morfofuncional – Modelos

O estudo das funções da membrana, do ponto de vista biofísico, pode simplificar bastante o seu complexo funcionamento. Para efeito didático, a membrana pode ser considerada como tendo 4 estruturas **básicas** (Quadro 12.3).

Não cabe neste texto discutir a existência autônoma e individual desses componentes, mas sim de apresentá-los como explicação dos fenômenos observados na membrana.

1. Poros ou Canais

Os canais (Fig. 12.3) podem possuir carga positiva, negativa, ou serem destituídos de carga elétrica. A carga se origina de grupos laterais de proteínas, como COO^- e NH^+_3, e possivelmente de outros grupos. Pode haver grupamentos de afinidade específica, para íons ou outras moléculas.

A natureza da carga seleciona os íons:

Canais positivos, repelem cátions (+) deixam passar anions (–) (Fig. 12.3 A).

Quadro 12.3.
Estruturas Básicas da Membrana

Poros ou canais	Zonas de Difusão Facilitada (ZDF)	Receptores	Operadores
São passagens que permitem a comunicação entre o lado externo e o interno da célula. Os canais podem ser olhados como uma "falha" na continuidade da membrana.	São regiões que possuem moléculas de uma determinada espécie química, em alta concentração. Daí, moléculas afins se difundem com mais facilidade através dessas zonas.	São sítios capazes de receber moléculas específicas. Com a ligação dessas moléculas, uma mensagem é transmitida, e a célula a cio na mecanismos de abertura ou fechamento de poros, entrada ou saída de substâncias, etc. Os receptores, frequentemente estão associados aos operadores.	São maquinismos moleculares capazes de transportar substâncias através da membrana, em sentido único. Os operadores que transportam para fora, não transportam para dentro, e vice-versa.

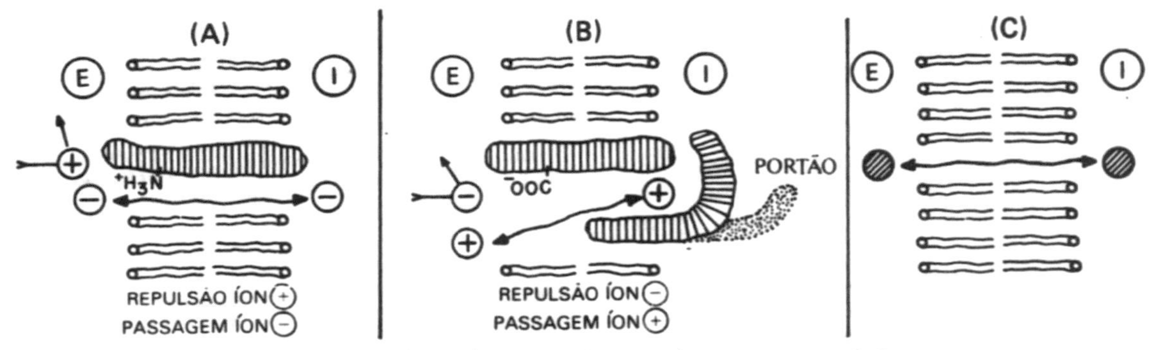

Fig, 12.3 – Representação esquemática de canais (ver texto). E – Lado Externo; I – Lado Interno.

Canais negativos, repelem anions (–) deixam passar cátions (+) (Fig. 12.3 B).

Há canais sofisticados que possuem, além da barreira da carga, um ou dois portões que se abrem sob comando (Fig. 12.3 B). O canal de Na^+ é desse tipo. O portão fica fechado durante o potencial de repouso e se abre durante o potencial de ação (V. adiante). Apesar do mecanismo do portão ser acionado ativamente, o trânsito é ainda passivo nesses canais.

Nos canais com carga, não passam substâncias sem carga, porque esses canais estão sempre ocupados. Há também poros sem carga (Fig. 12.3 C). Os canais sem carga não devem ser considerados como um orifício, ou conduto, permanentemente aberto, e sim como uma flutuação mecânica de moléculas vicinais. Essas moléculas se afastam pela pressão das substâncias que possuem passe livre através da membrana.

Diâmetro dos Canais × Volume dos Transeuntes

Além da carga, o diâmetro dos canais seleciona os passantes conforme o volume dos íons. A escala de volume hidratado desses íons (V. Água e Soluções), está representado–$^-$, mas cerca de 200 vezes mais permeável que o Na^+. Os anions HCO^-_3 e fosfatos são muito pouco permeáveis. O Ca^{2+} tem comportamento especial (ver LC – 21).

Existem canais específicos para os íons Na^+ e Ca^{2+}. O canal de Na^+ participa do potencial de ação (V. adiante).

Ao passar pelos poros, os íons transitam anidros, sem conduzir água. Seu envoltório aquoso é feito pela água do canal.

Concentração dos íons e Direção do Transporte

O trânsito, nos canais, é passivo, e se faz de acordo com o gradiente de concentração: (V. Osmose).

"Sempre do lado mais concentrado, para o menos concentrado" (Fig. 12.5).

2. Zonas de Difusão Facilitada

São regiões que possuem alta concentração de moléculas da mesma espécie química. Nesses locais, a passagem de moléculas de composição

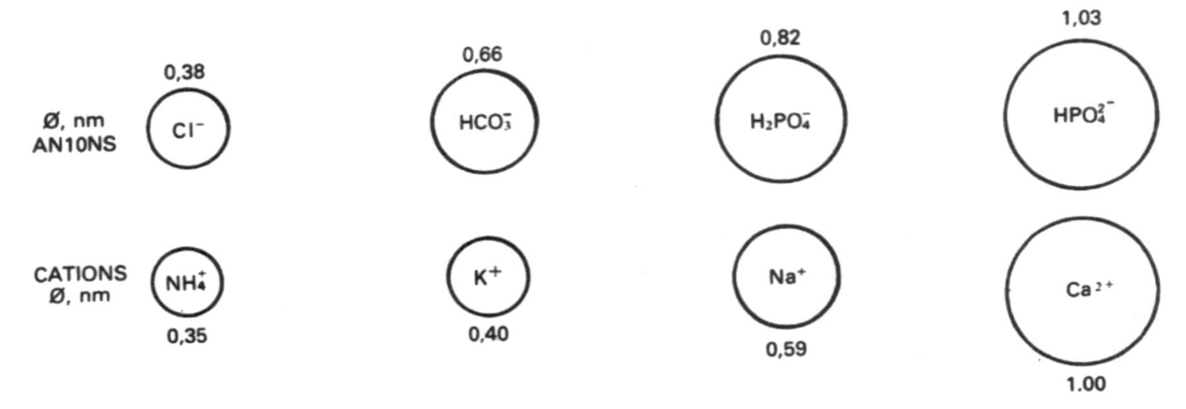

Fig. 12.4 – Tamanho aproximado de íons hidratados, (ver texto) Ø – Diâmetro.

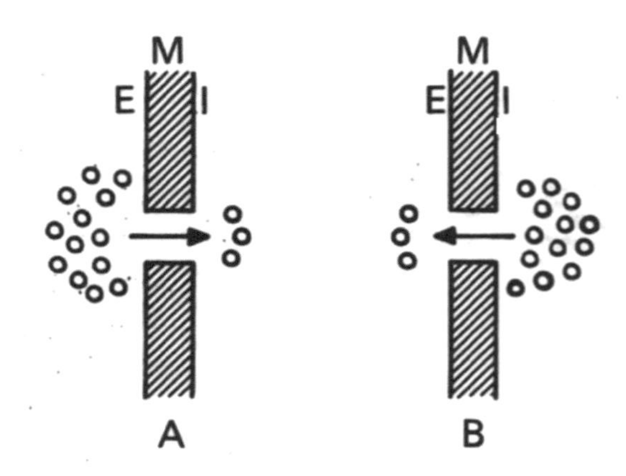

Fig. 12.5 – Concentração de íons e direção do trânsito. E – Externo; M – Membrana; I – Interno; → – Trânsito.

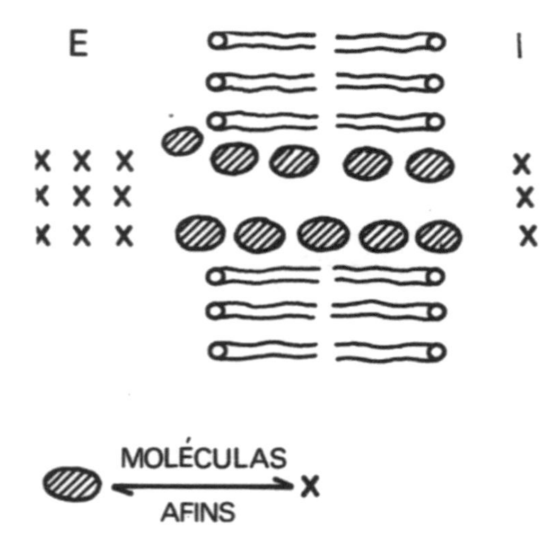

Fig. 12.6 – Difusão facilitada. As moléculas sâo quimicamente afins às moléculas x.

semelhante, por esse motivo, é facilitada (Fig. 12.6), e se abreviam ZDF.

Uma região dessas para lípides, tem alta concentração de moléculas lipídicas (como lipoproteínas), uma ZDF para polissacárides tem alta concentração de glicoproteínas, etc. Mal comparando, a ZDF funciona pelo principio do coeficiente de partilha (V. Cromatografía), as moléculas afins se "dissolvem" nas afins, e passam pela membrana. A velocidade de difusão na ZDF segue cinética do tipo enzimático. Michaelis-Menten (V.LC-12.1, ítem 4).

Acredita-se que as ZDF sejam importantes trajetos para participantes de processos imunológicos das células, permeando antígenos e anticorpos. Hormônios esteróides também transitam através de ZDF.

3. Receptores

São sítios que possuem estrutura adequada à ligação de certas moléculas que, ao se ligarem deslancham uma série de processos celulares. As mensagens podem ser dirigidas a poros (canais) ou a operadores, e a ordem é executada (Fig. 12.7). O receptor da insulina, ao receber essa molécula, inicia o processo de absorção da glicose pela célula, além de outros processos fisiológicos.

Existem receptores na **membrana** e no **citosol**. Os da membrana são para insulina, glucagon, hormônios proteicos, adrenalina, acetilcolina, etc. Os do citosol, em geral, reconhecem hormônios lipidícos (esferoides) que atravessam facilmente a membrana, como os andrógenos, estrógenos e corticosteróides. A **Calmodulina**, que é um receptor de Ca+, localizado no citosol, é uma proteína de baixo peso molecular.

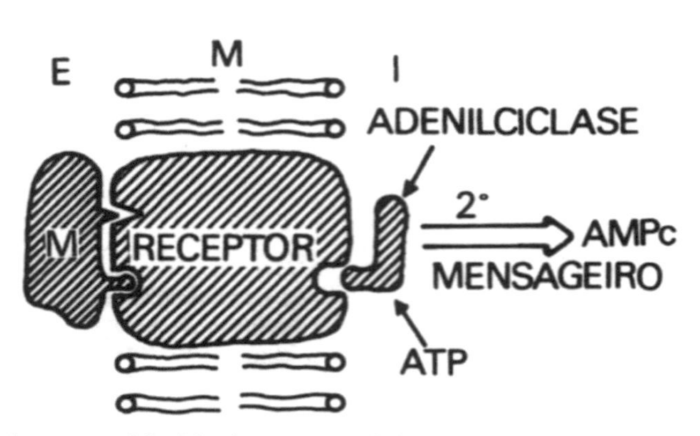

Fig. 12.7 – Receptor. E – Lado externo; M – Membrana; I – Lado interno; M – Mensageiro.

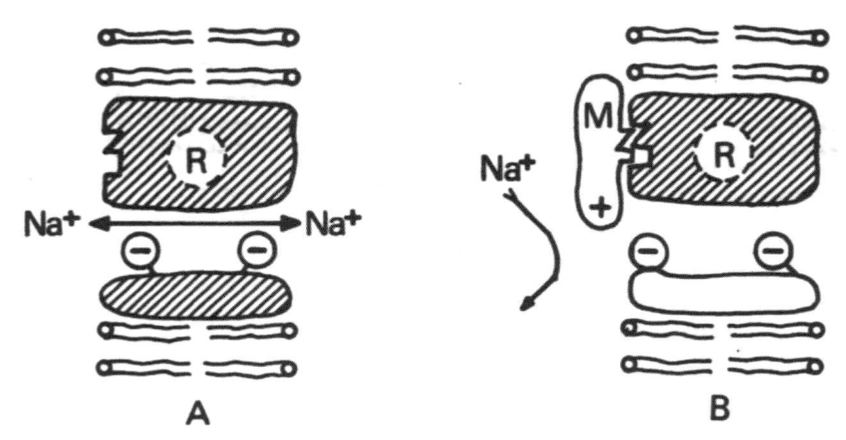

Fig. 12.8 – Receptor acoplado a um canal M mensageiro. A – Receptor sem mensageiro, canal aberto; B – Receptor com mensageiro, canal fechado.

Funcionamento do Receptor

Está representado na Fig. 12.7. A molécula mensageira M se acopla ao receptor, que muda sua conformação. A adenilciclase, recebe energia da hidrólise de um ATP, e sintetiza o cAMP, que é o segundo mensageiro, já no citosol.

Além dessa execução de tarefas, cabe aos receptores parte importante na regulação da atividade celular. Essa atividade reguladora, segundo hipótese mais em voga, se deve ao jogo dos núcleosídeos cíclicos, cAMP e cGMP, que geralmente são antagônicos: onde um estimula, o outro inibe. É a teoria do Ying-Yang: Não há bom, nem mau agente. Ora um é "bom", ora é "mau".

Pode-se imaginar muitos tipos de modo de funcionar para receptores. Na Figura 12.8 está representado um receptor que controlaria a passagem através do canal de sódio. O mensageiro, tendo carga elétrica (+), atrairia as cargas negativas do canal, obstruindo o trânsito. Não é necessário imaginar que esse mecanismo ocorra somente através de cargas. Mudanças conformacionais das moléculas teriam efeitos semelhantes.

O receptor da insulina já está bem purificado. Sabe-se que sua massa é cerca de 3 x 10^5 dáltons, possui carbohidratos e grupos SH (sulfidrila).

Há substâncias que ocupam os receptores, impedindo o acesso do mensageiro. Exemplo clássico é o da atropina, que se liga aos receptores muscarínicos da acetilcolina, e bloqueia o efeito da acetilcolina. A tetradotoxina é capaz de obstruir mecanicamente, por impedimento estéreo, o canal de sódio, bloqueando o potencial de ação (v. adiante). O segundo mensageiro do receptor de acetilcolina pode ser o cGMP, com a guanilciclase como enzima. Nas sinapses, não há necessidade do 2º mensageiro.

4. **Operadores**

São mecanismos capazes de realizar transporte Ativo, isto é, contra gradientes de concentração, elétrico, ou ambos. (V. Introdução, Trabalho nos Campos). Os operadores utilizam ATP como fonte da Energia. Uma figuração idealizada de um operador, está na Figura 12.9. O princípio operacional é simples: a molécula a ser transportada (Fig. 12.9 A) se encaixa no operador, que muda sua conformação, segurando-a (Fig. 12.9 B). Uma molécula de ATP se encaixa na fenda que resultou da mudança de conformação do operador, é hidrolizcada, e libera energia para outra mudança, maior, com realização de Trabalho, que é o transporte para dentro da molécula desejada (Fig. 12.9 C). O operador volta ao estado original (Fig. 12.9 A).

O sentido normal do trânsito é unidirecional: operadores que introduzem substâncias na célula, não são os mesmos que excretam essas mesmas substâncias.

Existe sempre uma molécula de ATPase envolvida no processo. Bastante conhecida é a Na^+–K^+–Mg^{2+} ATPase, conhecida como sódio-potássio-ATPase, que participa de um operador muito importante, que é a bomba de sódio.

O estudo da membrana é hoje um dos capítulos mais ativos da Biologia, havendo especialistas que se denominam, com convicção, membranologistas. Há livros e periódicos somente sobre este assunto, a membranologia.

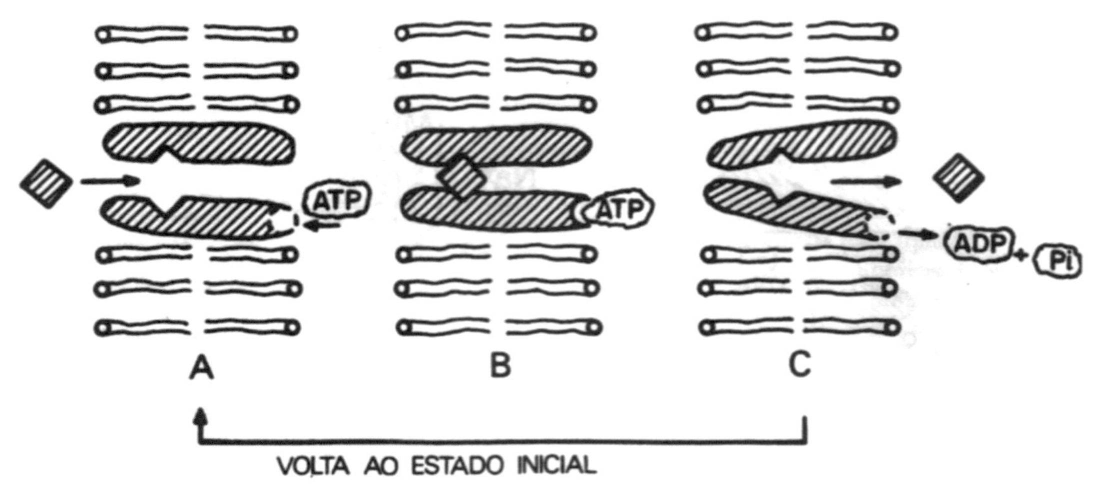

Fig. 12.9 – Representação de um operador (ver texto).

Membranas e Transporte – LC-12.1

D – Tópicos Específicos

1. Ciclo γ-glutamílico

Segundo Meister e cois, aminoácidos podem ser transportados para o interior da célula, através de combinação com o radical γ-glutamil da glutationa (γ-glutamil-cisteinil-glicina). Esse tripéptide se encontra livre em tecidos animais, em concentração de5a8x10^{-3} M. O γ-glutamil-aminoácido seria hidrolizado no interior da célula, e liberaria o aminoácido. Se confirmada, essa hipótese atribuiria um papel específico para a glutationa, em sistemas biológicos.

2. O Íon Ca^{2+}

No transporte transmembrana de Ca^{2+}, funciona uma Ca^{2+} ATPase. Esse processo é especialmente acentuado na membrana do retículo sarco-plasmático, onde há um processo ativo de transporte de Ca^{2+} para o interior do retículo. O íon Mg^{2+} é um cofator para o funcionamento da Ca^{2+} ATPase. A despolarização da membrana do retículo sarcoplasmático liberta o caldo e dispara a concentração muscular. (V. Contração Muscular).

3. Antibióticos, Ionóforos e Transporte

Alguns antibióticos alteram o fluxo transmembrana de íons. A valinomicina aumenta a permeabilidade ao K^+, e a gramicidina A, aumenta a permeabilidade aos íons K^+, ou Na^+. O mecanismo de transporte pode ser difusão facilitada. (V. adiante), como na valinomicina, ou a formação de canais, como na gramicidina A. O íon K^+ passa mais facilmente que o Na^+, porque tem menor raio hidratado. A água não é excluída dessas passagens, que possuem cerca de 0,4 nm (4 Â).

Muitas outras substâncias que interferem no transporte de íons já foram sintetizadas, e foram denominadas de ionóforos (íon, caminhante; phorein, carregar, conduzir), ou seja carreadores de íons.

4. Difusão Facilitada

O transporte passivo de substâncias pela membrana tem dois modos principais:

Um é o não facilitado (ou não mediado), que ocorre simplesmente pelo gradiente de concentração, e seu gráfico seria uma reta em função da concentração (Fig. 12.10 A). À medida que a concentração aumenta, o fluxo cresce proporcionalmente.

O segundo processo é o transporte passivo facilitado, ou mediado. Nesse caso, a relação entre concentração e fluxo segue a cinética de Michaelis-Menten. A partir de certa concentração, o sítio de transporte está saturado, e o fluxo não mais aumenta.

Este é exatamente o que ocorre nas ZDF.

5. Membrana Celular e Parede Celular

Todas as células possuem essas duas estruturas, que estão sucintamente descritas no Quadro 12.2 (V. Célula). A relação entre essas duas estruturas pode ser visualizada na Figura 12.11. A membrana é responsável pelo potencial de estado fixo e potencial de ação, que resulta de distribuição assimétrica de ânions e cátions, sendo o exterior positivo (há excessões). A parede celular tem carga negativa devido à presença de glúcides, fosfolípi-

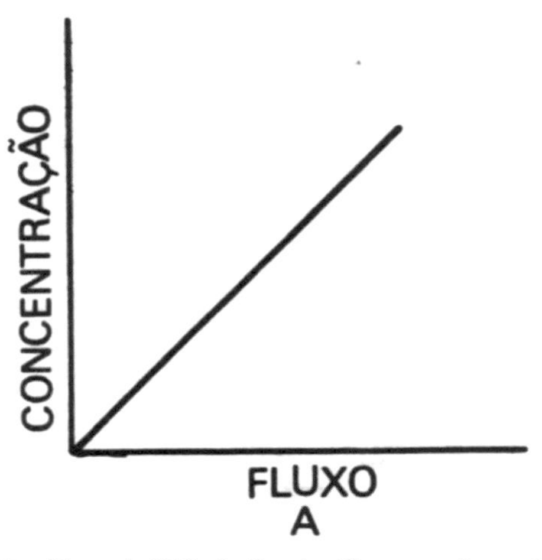

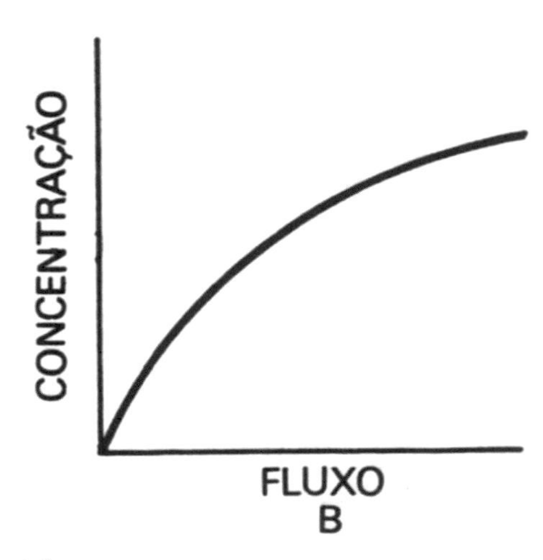

Fig. 12.10 – Tipos de Difusão Passiva Transmembrana (Ver texto).

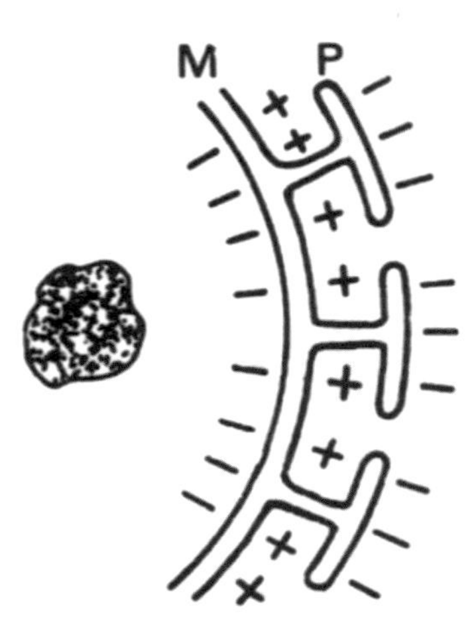

Fig, 12.11 – Parede e Membrana Celular (ver texto). M – Membrana; P – Parede.

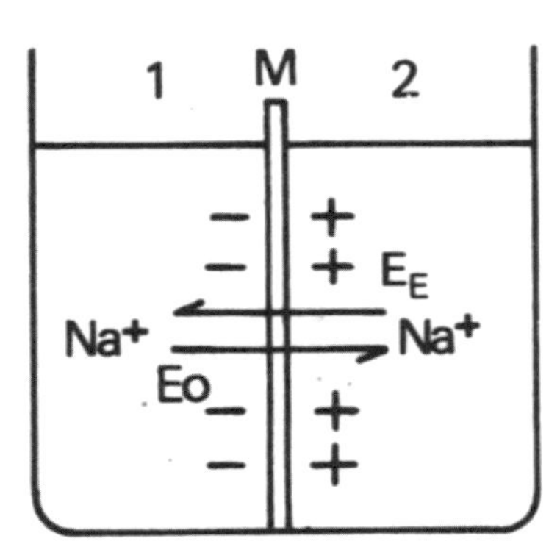

Fig. 12.12 – Gradiente Eletrosmótico: M – Membrana Potencial: (1) negativo; (2) positivo. Concentração – $Na^+(1) > Na^+(2)$.

des e proteínas, é responsável pelas propriedades eletroforéticas de células (migram para o anódio), pela comunicação, reconhecimento, e adesão celular. A parede celular é chamada de glicocálice, em algumas células.

Membranas e Transporte – LC-12.2

E. Equação de Nernst e Trabalho de Transporte

1. Equação de Fluxos Iônicos e Potencial de Equilíbrio

Existem várias equações de fluxos iônicos, cuja base é a equação de Nernst. No sistema da Figura 12.12, que pode ser uma célula, há uma membrana polarizada separando duas concentrações iônicas. Os gradientes Elétrico e Osmótico podem ser considerados separadamente.

a) O Gradiente Elétrico

O íon Na^+, positivo, é atraído para o lado negativo com uma Energia Elétrica (E_E) igual a:

$$E_E = nEF$$

onde:
n = Valência de íon.
E = diferencial de potencial (volts) entre (1) e (2).
F = Cte. de Faraday.9.65 x 10^4 C.mol-[1]

b) O Gradiente Osmótico

O gradiente de concentração (osmótico), empurra o íon Na^+ de (1) para (2) com a Energia Osmótica (E_0) de:

$$E_0 = RT\ In\frac{C_2}{C_1}$$

R = Cte. dos gases. 8,31 $J.K^{-1}.mol^{-1}$
T = Temperatura absoluta, °K
C_1 = Concentração de Origem
C_2 = Concentração de Destino

No equilíbrio:

$$E_E = E_o$$

e

$$nEF = RT\ In\frac{C_2}{C_1}$$

O valor do potencial elétrico, E, será:

$$E = \frac{RT}{nF}\ In\ \frac{C_2}{C_1}\ (volts)$$

ou:

$$E = 2{,}3\frac{RT}{nF}\ log\frac{C_2}{C_1}$$

Essa é a equação de Nernst que fornece o potencial em condições de equilíbrio. A 37°C, para íons monovalentes, e usando log decimal, temos:

$$E = 61{,}5\ log\frac{C_2}{C_1} = 61{,}5\ log\ \frac{C_1}{C_2}\ (milivolts,\ mV)$$

Atenção – Respeitar sempre as Concentrações de Origem (C_1), e Destino (C_2), do íon.

Exemplo – A célula abaixo tem um potencial de –85 mV (lado interno) (Fig. 12.13). Os números representam a concentração iônica em m moles. Calcular o potencial em condições de equilíbrio, dos íons.
No sentido Interno (1) para o Externo (2), temos:

$$Na^+ = 61{,}5\ log\ \frac{140}{12} = +\ 66mV$$

$$K^+ = 61{,}5\ log\ \frac{4}{160} = +\ 98mV$$

$$C1^- = 61{,}5\frac{120}{4} = -\ 91mV$$

O que significam estes valores? Primeiro, que nenhum íon está no potencial de equilíbrio. Segundo, que o potencial da célula resulta do somatório de vários íons. Terceiro, que a célula realiza imenso trabalho para manter o Na^+ bem distante de seu potencial de equilíbrio (comparar –85 mV com + 66 mV). Por esse motivo, a bomba iônica da célula, embora funcione também para o íon K^+, é chamada de bomba de sódio.

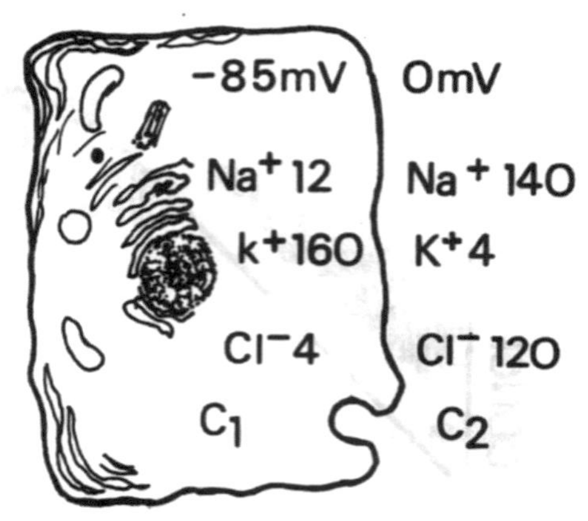

Fig. 12.13 – Potencial de Ions (ver texto).

2. Trabalho Realizado no Gradiente Eletrosmótico

Quando o trabalho de transporte é máximo, E_E e E_o representam a mudança de energia livre do sistema:

$$\Delta G_E = n\Delta EF\ \text{Energia ou Trabalho Elétrico}$$

$$\Delta G_o = RT\ ln\frac{C_2}{C_1}\text{Energia ou Trabalho Osmótico}$$

O trabalho realizado no transporte (ΔG_T), é a soma algébrica dessas energias:

$$\Delta G_T = \Delta G_E +\ \Delta Go = n\Delta EF + RT\ ln\frac{C_2}{C_1}$$

Exemplo – No caso da célula do exemplo anterior, o trabalho de expulsar o íon Na^+, seria a 37°C.

$$C_2 = 140,\ C_1 = 12\quad \Delta E = +\ 85mV$$

$$Na^+\ \text{interno} \rightarrow \text{externo}$$

$$(Na^+)\ i \rightarrow e = \Delta G_T = (1 \times 85 \times 10^{-3} \times 9{,}65 \times 10^4) + (8{,}31 \times 310 \times Ln\ \frac{140}{12})$$

$$\Delta G\ (Na^+)\ i \rightarrow e = 8.202 + 6.329 = 14.531\ \text{Joules}$$

ou

14,5 kJ.

Como o sinal de AG é positivo, o transporte não é expontâneo (passivo). A célula dispende energia para realizá-lo. Notar que, tanto o gradiente Elétrico como o Osmótico, sab contrários à saída de Na^+.

No caso do íon K^+, o cálculo para expulsão seria:

$$(K^+)i \rightarrow e = \Delta G_T = (1 \times 85 \times 10^{-3} \times 9{,}65 \times 10^4) -$$

$$- (8{,}31 \times 310 \times \text{In} \frac{4}{160})$$

$$\Delta G\ (K)i \rightarrow e = \underbrace{8.202}_{\text{contra}} - \underbrace{9.502}_{\text{a favor}} = -\ 1.300\ J$$

$$\Delta G = -\ 1{,}3\ kJ.$$

O sinal de G indica que o transporte ocorre expontaneamente. O gradiente elétrico é **contra**, o gradiente osmótico é a favor. Como esse é maior, o K^+ **sai** expontaneamente, e entra por trabalho ativo. Um cálculo simples mostra que a célula trabalha cerca de 11 vezes mais para expulsar o Na^+, do que para introduzir oK+.

Para o íon Cl^- temos:

$$(Cl)\ i.e = AG_T = (1 \times 85 \times 10^{-3} \times 9{,}65 \times 10^4) -$$

$$- (8.31\ x310\ x\ \text{In} \frac{120}{4})$$

$$\Delta G\ (Cl)\ i \rightarrow e = -\ 8{,}202 + 8{,}762 = +\ 560\ J$$

ou

$$\text{ap.} + 0{,}6\ kJ.$$

O sinal positivo indica que a saída de cloreto exige energia, mas o valor de AG, próximo de zero, indica que esse íon está em quase-equilíbrio (V.TD). Esses resultados mostram, também, que a célula dispende muito pouca energia para expulsar o Cl^- na célula, aproximadamente a metade da energia gasta, para introduzir o K^+.

Atividade Formativa – AT-12

Célula – Membrana – LC-12.1 e LC-12.2

01. Conceituar célula (até 20 palavras)
02. Completar:
    1. Os seres autotrofos ____________ todas as moléculas que necessitam.
    2. Os seres heterotrofos________________ algumas moléculas que necessitam.
03. Indicar o tipo de célula.
    1. Primitivas, sem membrana nuclear, possuem ribossomos ____________________
    2. As mais diferenciadas, com núcleo definido, ribossomos, mitocôndrias, lisossomos.
    3. Possuem cloroplastos, utilizam energia radiante para sintetizar biomoléculas______
04. Conceituar compartimentação (até 30 palavras).
05. Citar três características funcionais de membranas biológicas.
06. Do ponto de vista termodinâmico, o que faz a membrana biológica?
07. A membrana permite equilíbrio dinâmico, ou o regime estacionário?
08. A área da superfície de uma esfera é $A = 4\ \pi\ r^2 = \pi\ d^2$, e o volume de uma esfera é $V = 4\ \frac{\pi\ r^3}{3} = \frac{\pi\ d^3}{3}$. Calcular a área e o volume de uma célula de 5×10^3 nm de diâmetro.
09. Quais forças participam das ligações **intermoleculares** de componentes de membrana? Sim ou Não.
    Coulombicas ( )
    Hidrofóbicas ( )
    Covalentes ( )
    Pontes H( )
10. A membrana pode ser considerada como tendo quatro estruturas operacionais, os canais, as **ZDF**, os **receptores** e os **operadores**. Citar 3 propriedades de cada estrutura.
11. Citar dois fatores que condicionam a passagem de íons pelos canais.
12. A direção da passagem de íons pelos canais se faz através do gradiente de _____ (completar).
13. Conceituar ZDF (até 20 palavras).
14. Que tipo de cinética do transporte prevalece nas ZDF. Fazer um gráfico aproximado.
15. Conceituar Receptor (até 30 palavras).
16. Os receptores de membrana e do citosol possuem afinidade para diferentes tipos de mensageiros. Citar esses tipos de moléculas--mensageiras.
17. Descrever o funcionamento de um receptor até 30 palavras).
18. Quais as duas características principais no transporte de operadores?
19. Qual é o principal papel da glutationa em sistemas biológicos?

20. Conceituar ionóforo (até 20 palavras).
21. Fazer esquema da membrana e parede celular, com as respectivas cargas elétricas.
22. Considere o sistema abaixo. Calcular o gradiente osmótico e o gradiente elétrico para os íons Na^+ e Cl^-. Qual gradiente é maior?

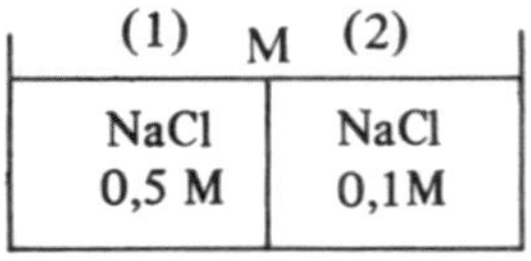

(1)	(2)
NaCl 0,5 M	NaCl 0,1M

M

Fig. 12.14

23. No sistema acima, calcular o trabalho de transporte de Na^+ de (1) para (2), e vice-versa. O trabalho e passivo ou ativo?

24. Calcular o trabalho de transporte do íon Ca^{2+} de (1) para (2), no sistema abaixo. O transporte é espontâneo?

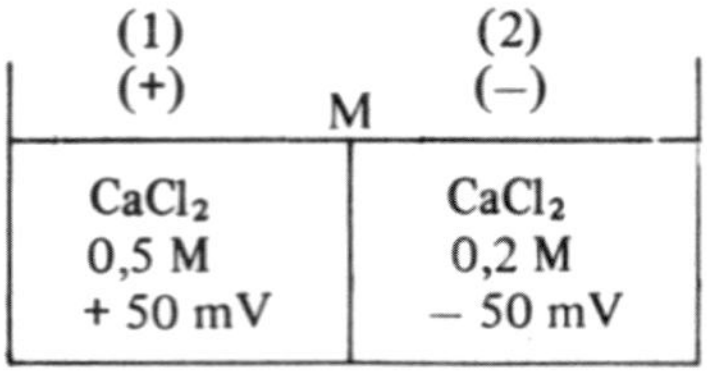

(1) (+)	(2) (–)
$CaCl_2$ 0,5 M + 50 mV	$CaCl_2$ 0,2 M – 50 mV

M

Fig. 12.15

25. Se o gradiente osmótico e o gradiente elétrico possuem o mesmo sentido, que se pode afirmar com relação ao tipo de transporte, e ao sinal de ΔG? É possível concluir alguma coisa com relação ao sinal de ΔG^0?

Objetivos Específicos do Capítulo 12

A - Leitura Preliminar - A Célula

1. Expressar o conceito amplo de célula.
2. Conceituar seres autótrofos e heterótrofos.
3. Citar propriedades gerais de células procariocíticas, eucariocíticas e fotossintéticas.

B - Membranas Biológicas

4. Conceituar compartimentação.
5. Descrever o papel termodinâmico das membranas biológicas.
6. Descrever e esquematizar os modelos: paucimolecular, unitário e do mosaico fluido de membranas biológicas.
7. Calcular dimensões da membrana em modelos celulares.
8. Diferenciar as ligações químicas prevalentes nas membranas.
9. Descrever os poros ou canais, e exemplificar algumas de suas propriedades e funcionamento.
10. Descrever o princípio do transporte em zonas de difusão facilitada (ZDF) e sua cinética de transporte.
11. Fazer esquema de receptor e descrever seu funcionamento.
12. Fazer esquema de operador e descrever seu funcionamento.

C - LC-1 - Leitura Complementar - Tópicos Específicos

13. Descrever o possível papel da glutatíona no transporte transmembrana.
14. Conhecer o mecanismo de transporte de íon Ca^{2+}.
15. Descrever o funcionamento de um ionóforo.
16. Reconhecer transporte passivo não mediado, e mediado.
17. Relacionar propriedades da célula com a membrana citoplasmática e a parede celular (glicocálice).

D - LC-12.2 - Equação de Nernst e Trabalho de Transporte

18. Diferençar os gradientes elétrico e osmótico.
19. Calcular a energia desses gradientes.
20. Calcular a resultante desses gradientes.
21. Identificar o sentido do transporte ativo e passivo através do valor de ag.

13

Bioeletricidade – Potenciais Bioelétricos – Bioeletrogênese

Sendo os seres vivos máquinas elétricas (V. Introdução à Biofísica), é natural que seus elementos produzam e usem eletricidade. As células vivas apresentam uma diferença de potencial entre os dois lados da membrana. Com excessão de algumas raras células vegetais, o interior é sempre negativo, e o exterior, positivo. A origem desses potenciais é uma distribuição assimétrica de íons, especialmente de Na^+, K^+, $Q^{—}$ e HPO^+_4 .

O potencial existe sob duas formas principais:

a) Potencial de Repouso, ou de estado fixo, mais ou menos em estado estacionário.
b) Potencial de Ação, que é uma variação e propagação brusca do potencial, e pode conduzir importantes mensagens.

Os estudos dos biopotenciais, bioeletricidade, ou a geração desses potenciais (bioeletrogênese) é um vasto campo do conhecimento, ainda sendo explorado em vários aspectos.

Bioeletricidade

A. Leitura Preliminar 13.1

Veja Introdução à Biofísica, Campo Eletromagnético.

B. Leitura Preliminar 13.2

Métodos Experimentais para Estudo da Bioeletricidade.

Nos Biossistemas, a miniaturização das estruturas, as pequenas voltagens, e diminutas amperagens, exigem condições especiais de trabalho.

1. Blindagem

Contra influências elétricas externas. Usa-se uma tela metálica de malha fina, ligada à terra, e que forma uma gaiola sobre a preparação a ser examinada. Se o dispositivo inclui o experimentador, chama-se gaiola de Faraday.

2. Eletródios Impolarizáveis

Para recolher os potenciais e corrente, é necessário o uso de eletródios que não se polarizem. A polarização dos eletródios é o acúmulo de cargas opostas às que estão sendo medidas (Fig. 13.1 A), e que abaixam o potencial verdadeiro. Isso ocorre em biossistemas, porque em meios líquidos há sempre íons positivos e negativos. Os eletródios impolarizáveis possuem cargas próprias negativas e positivas. É uma ideia simples, que funciona: apenas o excesso de cargas é detectado. Um fio de prata, Ag^o, recoberto de AgCl (cloreto de prata); tem essa propriedade: Ag^+ é positivo, Cl^- é negativo. O Ag° recolhe o potencial que chega (Fig. 13.1 B).

Outro exemplo é o eletródio de cloreto de potássio, cujo par iónico, K^+ c Cl^- são íons fisiológicos, e possuem condutividade parecida (Fig. 13.1 C). Existem ainda muitos outros eletródios, inclusive para determinação de íons, e do pH.

Esses eletródios podem ser afilados a frações de micra de espessura, e penetrarem em células sem causarem maiores danos. Essa técnica de penetração é conhecida como empalamento (de empalar, espetar).

Para registros superficiais, como do eletrocardiograma, os eletródios são untados com uma pasta eletrolítica, que além de impolarizar, melhora o contacto elétrico (Fig. 13.1 D). De um modo geral, os eletródios são utilizados em pares, sendo um ativo (percebe as diferenças de potencial), e o outro, de referência (sempre em potencial zero).

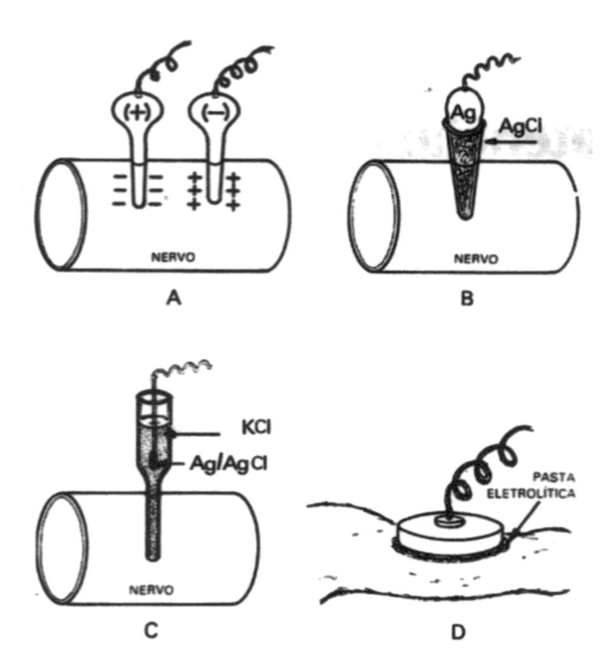

Fig. 13.1 – Eletródios Polarizáveis e Impolarizáveis (ver texto).

3. Instrumental

Milivoltímetros e microamperímetros sío extensamente usados. Para se obter um traçado contínuo das variações de voltagem ou corrente, usa-se o osciloscópio, cujo funcionamento é descrito abaixo. Para registro do eletrocardiograma, eletroencefalograma, etc, há aparelhos que fazem o traçado dos eventos, diretamente em tira de papel.

3.1– O Osciloscópio

Consiste em um tubo de raios catódicos (feixe fino de elétrons), e de uma tela que fluoresce com o impacto dos elétrons. O feixe eletrônico tem dois movimentos simples: horizontal, chamado de varredura, e vertical. Ambos podem ser controlados por impulsos internos e externos, e o feixe pode ficar parado, mover-se, etc. (Fig. 13.2 A). No eixo de x registram-se movimentos horizontais, no eixo de y, verticais. Para medidas biológicas, é conveniente deixar o feixe "varrendo" no eixo de x, gerando uma fina linha horizontal (Fig. 13.2 A). Esse eixo vai medir dessa maneira, o Tempo do evento. No eixo de y (vertical), liga-se o potencial: se o potencial se eleva, o feixe sobe (Fig. 13.2 B), se o potencial se abaixa, o feixe desce (Fig. 13.2 C). Com a combinação desses movimentos, traçados incrivelmente complexos podem ser registrados com facilidade (Fig. 13.2 D). Com o uso de grade calibrada (Fig. 13.2 E), pode-se medir com precisão a magnitude e o tempo de cada evento. A Figura 13.2 E, mostra um pulso positivo de + 2 mV, duração de 1,8 ms (milissegundos), seguido de um pulso negativo de – 1 mV com duração de 3,2 ms.

Há osciloscópios com duplo feixe eletrônico, com memória que registra os traçados para repeti-los depois, é possível filmar ou fotografar os traçados, etc. Os osciloscópios oferecem a grande vantagem de uma diminuta inércia mecânica.

3.2 – Estimuladores e Controladores de Voltagem e Corrente

Técnica das mais importantes em eletrofisiologia, é a de estimular os tecidos, e observar a reação. Estímulos elétricos, químicos, luminosos, e até mecânicos, podem ser usados. Notar que o estímulo é Energia introduzida no sistema. O estímulo mais comum é o elétrico. Diversos tipos de correntes, e magnitudes de voltagens, podem ser usados. Os choques elétricos variam quanto ao tipo de corrente, duração e intensidade, e são aplicados de modo a não lesar o sistema. (V. adiante).

Os controladores de voltagem e corrente são usados para anular, manter ou modificar os potenciais e correntes dos biossistemas, através da aplicação de voltagem e corrente a esses sistemas. (V. adiante). Rever Campo Eletromagnético, se necessário.

3.3 – Potenciais Iônicos e Potenciais Bioelétricos

Através do desequilíbrio iônico, é possível a obtenção de potenciais elétricos de várias naturezas.

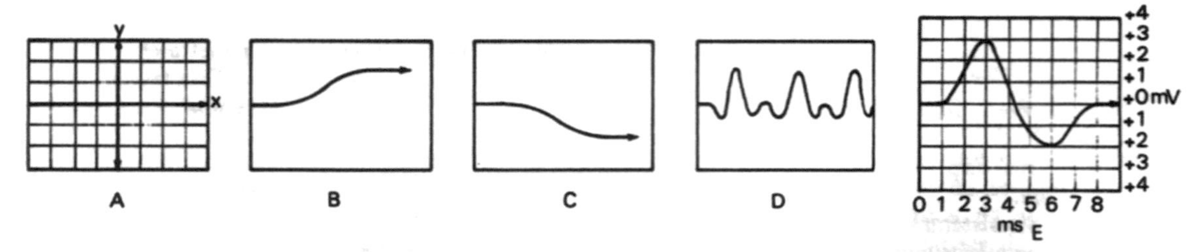

Fig. 13.2 – O Registro Osciloscópico.

a) Potenciais Não Biológicos

As pilhas elétricas (V. Redox), os geradores de corrente, o efeito fotoelétrico, etc., são alguns processos de se obter diferença de potencial, bastante conhecidos. Outro processo simples é o da difusão de íons. O sistema é formado por dois compartimentos (1) e (2) separados por uma membrana permeável (M), que pode ser de celofane comum (Fig. 13.3). No início, Fig. 13.3 A, o lado (1) tem solução de NaCl, mais concentrada que o lado (2). Como o íon Cl^- é menor que o íon Na^+, ele passa mais facilmente para o lado (2). (V. Difusão, Osmose e Tônus), e estabelece uma diferença de potencial entre os dois lados da membrana com o lado (2), negativo (Fig. 13.3 B). Com o tempo, no equilíbrio, as concentrações iônicas se igualam, e o potencial desaparece (Fig. 3 C).

Se a solução em (1) é NaH_2PO_4, o íon Na^+ que é menor que a $H_2PO^-{}_4$, se difunde mais rapidamente para o lado (2), e o potencial é invertido: lado (1) negativo, lado (2) positivo.

Esses potenciais de difusão são puramente passivos, e atingem equilíbrio após tempo útil. Pode-se obter, também, uma distribuição assimétrica de íons, pela aplicação do potencial de uma pilha aos lados (1) e (2). Este seria um potencial ativo, pelo trabalho elétrico da pilha.

b) Potenciais Biológicos

Por associação de mecanismos passivos e ativos, os biossistemas produzem e utilizam uma variada gama de potenciais elétricos.

1. Experiência Fundamental de Biopotenciais

Quando um milivoltímetro, usando-se os eletródios especiais que já descrevemos, é aplicado a uma célula, pode-se observar uma diferença de potencial (Fig. 13.4).

Quando se aplica o eletródio ativo do lado de fora, (Fig. 13.4 A), a diferença mostra o lado externo positivo, + 85 mV. Quando o eletródio ativo é colocado no lado interno, a diferença é – 85 mV (Fig. 13.4 B). Esses resultados indicam que a célula examinada deve ter uma distribuição de cargas como na Fig. 13.4 C: o lado interno, negativo, o lado externo, positivo, e o gradiente de voltagem é 85 mV. Por convenção, o potencial referido é o interno. No caso, seria – 85 mV, e o lado externo, teria 0 mV (Fig. 13.4 C).

2. Potencial de Repouso, Potencial Transmembrana, de Regime Estacionário ou de Estado Fixo

Essas denominações se referem ao potencial medido no item a. Esse potencial tem sua origem

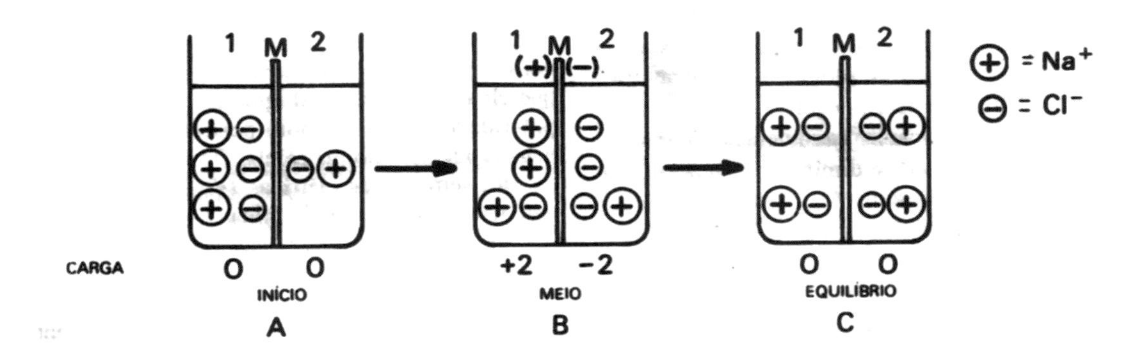

Fig. 13.3 – Potencial Iônico de Difusão.

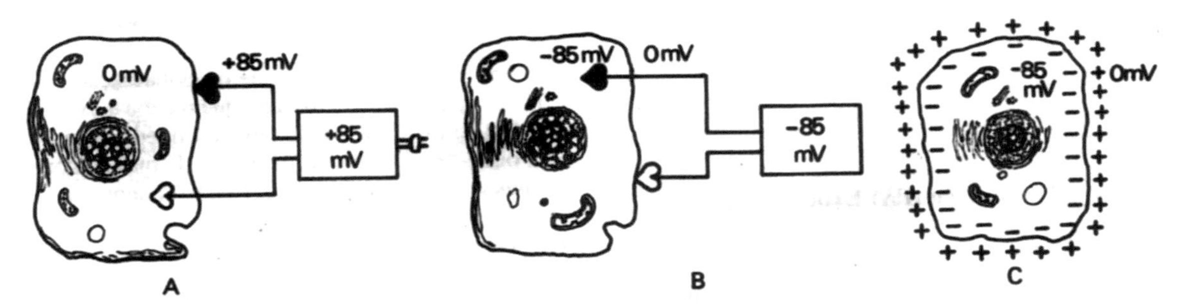

Fig. 13.4 – Potencial Transmembrana (ver texto). ♥ Eletródio Ativo. ♡ Eletródio Referencial.

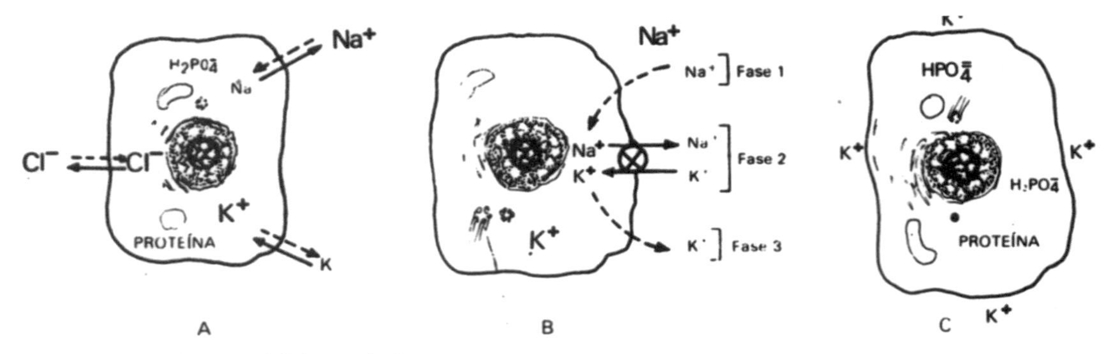

Fig. 13.5 – Geração do potencial de estado fixo.

e um mecanismo simples, de alternância entre transporte ativo e transporte passivo de pequenos íons. Em linhas gerais, o processo ocorre como mostrado na Fig. 13.5.

Na Fig. 13.5A, estão representadas as concentrações e o tipo de transporte (ativo e passivo), de cada íon. Em linhas gerais, o mecanismo ocorre assim (Fig. 13.5 B):

1ª Fase – Os íons Na^+ entram passivamente na célula, através do gradiente de concentração.

2ª Fase – A célula expulsa esses íons ativamente, ao mesmo tempo que introduz, também ativamente, um íon K^+.

3ª Fase – Esse íon K^+ tem grande mobilidade, e volta passivamente, para o lado externo da membrana, conferindo-lhe carga positiva. Do lado interno, íons fosfato e especialmente proteínas aniônicas fornecem a carga negativa.

O íon Cl^- acompanha passivamente, por atração elétrica, o íon Na^+, e diminui o potencial elétrico para alguns milivolts. A célula fica como na Fig. 13.5C, polarizada.

Um aspecto importante desse potencial, é que os íons envolvidos na sua geração, representam uma parte infinitesimal, mínima, das concentrações desses íons. Pode-se dizer que as concentrações iônica intra e extracelular permanecem constantes durante todo o tempo.

Todas as células possuem potencial transmembrana, que desaparece com a morte celular.

3. Potencial de Ação (PA) Experiência Fundamental

O potencial de repouso pode ser anulado pela aplicação de um potencial de mesma magnitude e polaridade inversa. Essa experiência de anulação local da voltagem, tem seu dispositivo como na Fig. 13.6.

Através de uma pilha e de um resistor variável para controlar a voltagem (o conjunto é o controlador de voltagem já mencionado) aplica-se um choque elétrico de potencial igual ao da célula, com a polaridade trocada: o pólo positivo no interior, o negativo no exterior da célula. O local fica despolarizado, sem cargas elétricas (Fig. 13.6), que são anuladas pelas cargas da pilha.

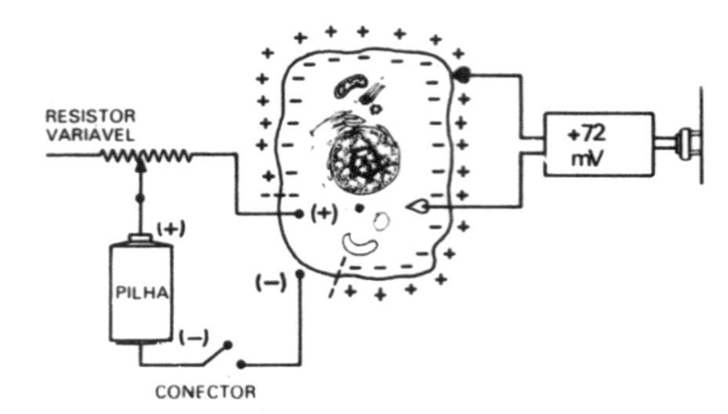

Fig. 13.6 – Experiência de Anulação Local da Voltagem (ver texto) – Membrana despolarizada.

Em certos tecidos, chamados de excitáveis após a aplicação desse choque, uma série de eventos pode ocorrer, envolvendo toda a célula. Esse fenômeno se passa em três fases que se sucedem rapidamente: despolarização (D), polarização invertida (I) e repolarização (R), e se propaga a partir do local excitado (Fig. 13.7).

Em Fig. 13.7A, a onda de despolarização (D) se inicia no local da membrana que recebe a excitação. Ela se propaga, sendo seguida imediatamente pela onda de polarização invertida (I) que começa no mesmo local (Fig. 13.7B). Imediatamente após, começa a repolarização (R), que é a volta ao normal da polaridade (Fig. 13.7C).

De um modo geral; a duração do potencial de ação é muito pequena. Em células de mamíferos, é de alguns milissegundos.

Vários estímulos podem deflagrar o potencial de ação: químicos, elétricos, eletromagnéticos, e até mecânicos. Há células especiais, auto-excitáveis,

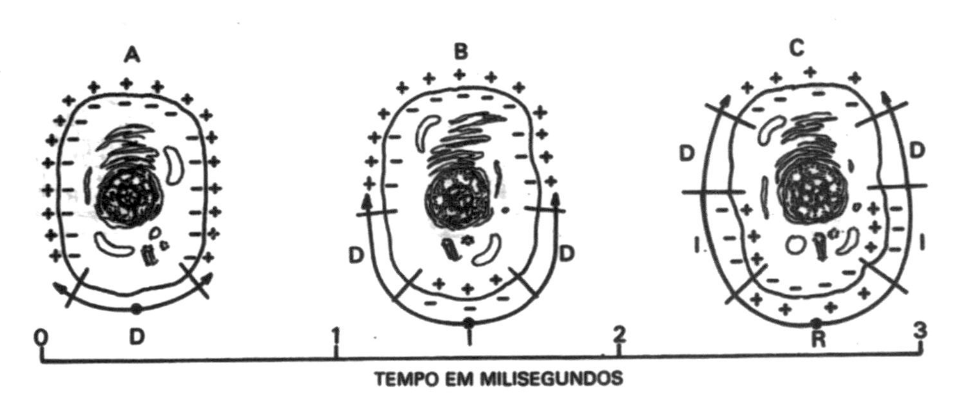

Fig. 13.7 – Potencial de Ação. Mudanças de Polaridade na Membrana de uma Célula Imaginada grande. D) Despolarização ; I) Polaridade Invertida; R) Repolarização. A bolota (•) marca o local de início dos fenômenos.

que geram ritmicamente o potencial de ação. Essas células são responsáveis pelo início dos movimentos repetitivos biológicos, como batimentos cardíacos e frequência respiratória.

Há uma relação entre as variações elétricas do potencial de ação, e os movimentos iônicos transmembrana. Um resumo dessas relações é:

1. **Despolarização** – Abertura dos canais de Na^+, com penetração de uma diminuta quantidade de íons Na^+, suficiente para anular a diferença do potencial transmembrana.
2. **Polarização invertida** – Continua a entrada de Na^+, e com um pouco mais desses íons, a parte interna da célula fica positiva.
3. **Repolarização** – Logo em seguida, fecham-se os canais de Na^+, e o íon K^+ sai da célula, repolarizando-a. A bomba de sódio se encarrega de expulsar o pequeno excesso de íons Na^+ que estava no interior da célula, e tudo volta ao estado inicial.

Propagação do Potencial de Ação (PA) – Experiência Fundamental

O potencial de ação se propaga através de células e também intercélulas, nos tecidos excitáveis. Os nervos são formados de células que podem atingir metros de comprimento, e constituem estruturas adequadas para estudo da propagação do PA. Um conjunto para essa finalidade está representado na Figura 13.8. Um nervo é colocado em uma solução nutritiva, aerado ou oxigenado, e dois eletródios excitados são empalados em uma das extremidades. Alguns centímetros adiante, dois eletródios para captar o PA são colocados. Esses eletródios se ligam a um osciloscópio, que registra as variações do potencial. A distância d entre os eletródios, sendo conhecida, permite calcular a velocidade de propagação do impulso, por que a duração é mostrada pelo osciloscópio. Pode-se também determinar as características que são necessárias ao choque de excitação: voltagem, corrente e tempo mínimo de aplicação.

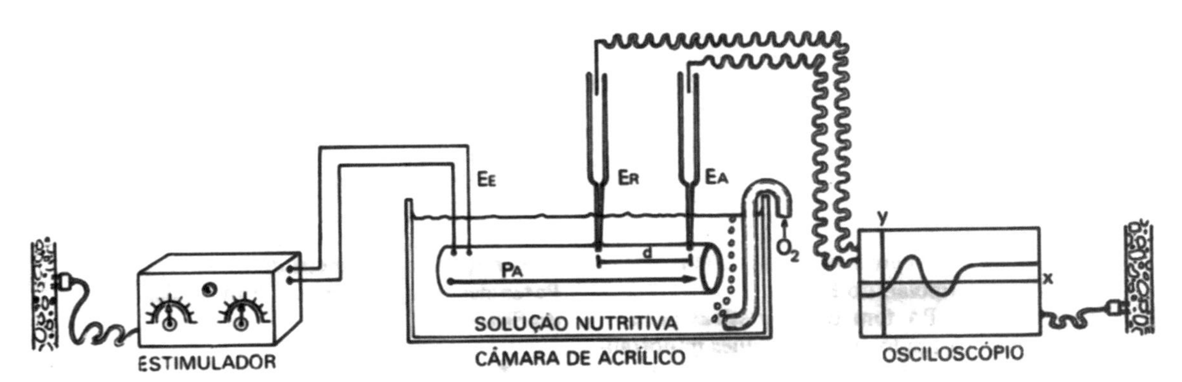

Fig. 13.8 – Dispositivo Experimental para Registro de Biopotenciais. EE – Eletródios Estimuladores; ER –Eletródio de Referência; EA – Eletródio Ativo. PA – Deslocamento do Potencial de Ação.

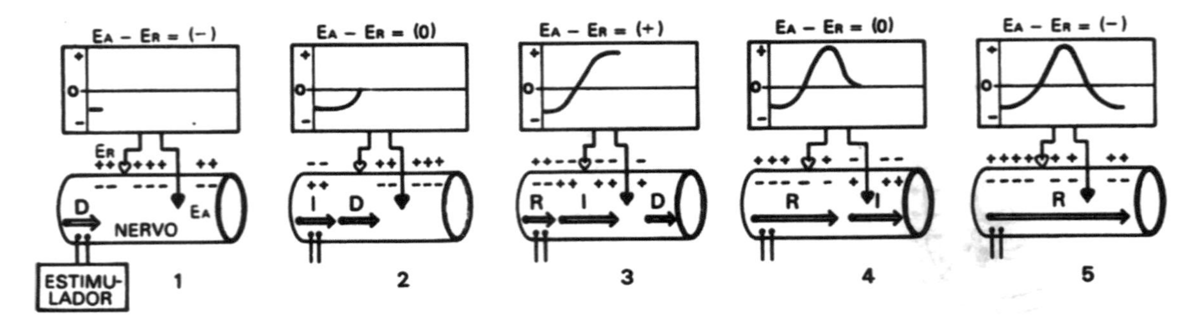

Fig. 13.9 – Registro Monofásico do Potencial de Ação (PA).

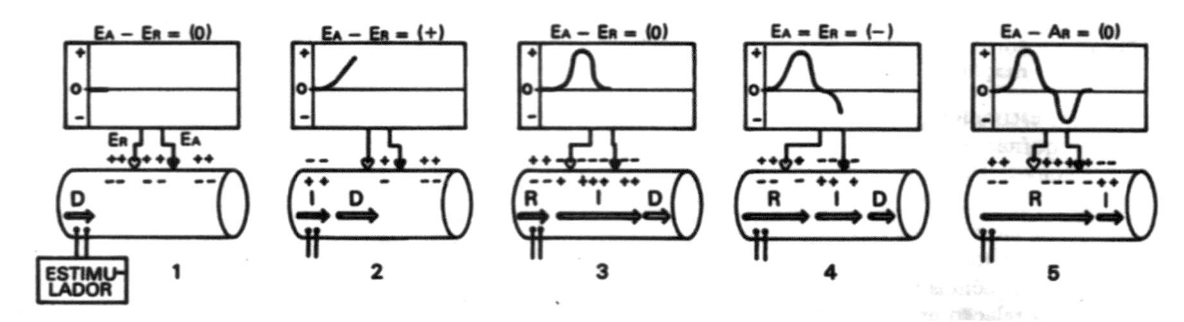

Fig. 13.10 – Registro Bifásico do PA (ver texto).

O gráfico obtido depende das condições usadas, e o mesmo potencial de ação gera dois tipos de gráficos, conhecidos como monofásicos ou unipolares, e bifásicos ou bipolares.

a) Registro Monofásico do PA

É obtido quando o eletródio de referência (E_R) é colocado na superficie externa da membrana, e o eletródio ativo (E_A) é espetado no interior da célula (Fig. 13.9). Na posição (1), foi deflagrado um choque despolarizante, e o registro vai começar:

Na posição (1), antes da chegada do PA, o E_A registra o potencial negativo no interior da neurofibrila. Na posição (2), a onda de despolarização (D) atinge o eletródio de referencia, E_R, o E_A registra ainda um potencial negativo, mas menor que em (1). Na posição (3), a onda de polarização invertida atinge o E_R, eoE_A registra um potencial fortemente positivo. Na posição (4), a onda de repolarização (R) chega ao E_R, ambos eletródios estão em potencial positivo, e a diferença registrada é zero. Em (5), as condições são como em (1), e o registro é no mesmo potencial, isto é, negativo. O traçado representa o registro unifásico, monofásico ou unipolar, do PA.

O registro de PA tem características peculiares a cada sistema usado, e tem detalhes importantes descritos na Fisiologia e Fisiopatologia desses sistemas. (V. Textos de Fisiologia e Neurofisiologia).

b) Registro Bifásico do PA

É obtido quando ambos eletródios, o E_R e E_A, são colocados na superfície da membrana (Fig. 13.10). Na posição (1), a despolarização deflagrada pelo estímulo ainda não atingiu os eletródios, e o potencial registrado é zero. Na posição (2), a onda de despolarização (D) já atingiu o eletródio de referência (E_R), e o eletródio ativo (E_A) registra um potencial positivo. Em (3), ambos eletródios estão na faixa de polarização invertida (I), e o registro é de potencial nulo. Na posição (4), a onda de repolarização (R) já atingiu o E_R, e o E_A registra um potencial negativo, ainda pertencente à onda I. Em (5), a repolarização está completada, e o registro é o mesmo que na posição (1), isto é, nulo.

O registro do PA, tanto unifásico como bifásico, é de grande importância em Fisiologia (V. Textos Especializados).

4. Variações no Potencial de Repouso (PR) e Potencial de Ação (PA) em Função das Condições do Sistema

Tanto o PR como o PA são mecanismos muito sensíveis às condições intra e extracelulares. Variações na concentração iônica se refletem na magnitude e duração desses potenciais. O aumento do K^+ externo, $[K^+]$ e diminui o PR de –70 mV até 0, e mesmo chega a inverter para + 10 mV. A célula não sobrevive muito tempo nessas condições, que não chegam a ocorrer in vivo. A explicação é a seguinte: com o aumento do $[K^+]$e, diminui o gradiente $[K^+]$ e/$[K^+]$i, com consequente diminuição do transporte passivo de K^+ para o exterior da membrana.

A diminuição do $[Na^+]$e (sódio externo), provoca baixa do PA, porque há menor concentração de sódio para entrar rapidamente na célula, durante as fases de despolarização e polarização invertida do PA. Entretanto, a diminuição do $[Na^+]$e não afeta muito o PR, porque esse íon é lentamente transportado na gênese do PR.

Como já vimos, substâncias que bloqueiam o canal de sódio, a bomba de sódio, ou o metabolismo da membrana, ou da célula, substâncias que ocupam os receptores, podem alterar bastante o PR, e especialmente, o PA. (V. Textos de Fisiologia e Farmacologia).

5. Nervos Amielinados e Mielinados – Condução Saltatoria

Existem dois tipos de nervos, bem estudados histologicamente.

1. **Amielínicos ou amielinados** – A membrana do axônio está em contato direto com os tecidos vizinhos (Fig. 13.11 A e B).
2. **Mielínicos ou mielinados** – A membrana do axônio é envolvida pela célula de Schwan, cuja membrana é rica em uma lipoproteína, chamada mielina. As partes descobertas são os nódulos de Ranvier (Fig. 13.11 Ce D).

Nos nervos mielínicos a troca iônica se faz apenas no nódulo de Ranvier (Fig. 13.11 D), e o impulso salta sobre as bainhas de mielina. Nesses nervos, a velocidade de condução é maior que nos nervos não mielinizados, e pode chegar a ser 50 x mais veloz. Os nervos mielínicos representam uma evolução sobre os não-mielínicos. A condução saltatória é também mais econômica que a condução contínua em nervos nío mielinizados, pois o dispêndio de energia metabólica é menor.

6. Condução Ortodrômica e Antidrômica

Quando um nervo é estimulado, o impulso elétrico caminha igualmente nos dois sentidos (Fig. 13.12). A condução no sentido naturalmente programado para o nervo é chamada de ortodrômica (ortos, certo; dromos, pista). A que se propaga em sentido contrário é a antidrômica (anti, contra; dromos, pista).

Entre os mecanismos naturais para impedir a condução antidrômica, existem as sinapses. Tanto as sinapses excitatórias, como as inibitórias, bloqueiam os impulsos antidrômicos (veja a seguir).

7. Sinapses Inibitórias e Excitatórias

A transmissão do impulso nervoso entre dois nervos, ou entre o nervo e um efetor, como o músculo, é feito através de estruturas denominadas sinapses. A sinapse é uma espécie de relê elétrico. Existem vários tipos de sinapses. Em toda sinapse há uma junção (Fig. 13.13) da parte terminal de

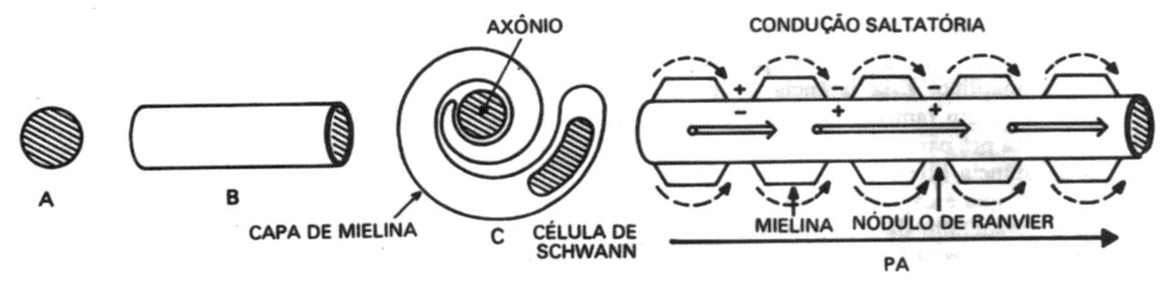

Fig. 13.11 – Nervos Amielinados e Mielinados – Condução Saltatória. (ver texto).

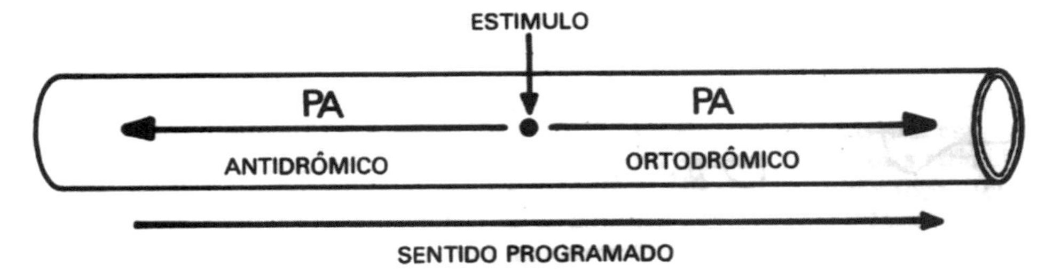

Fig. 13.12 – Condução Ortodrômica e Antidrômica (ver texto).

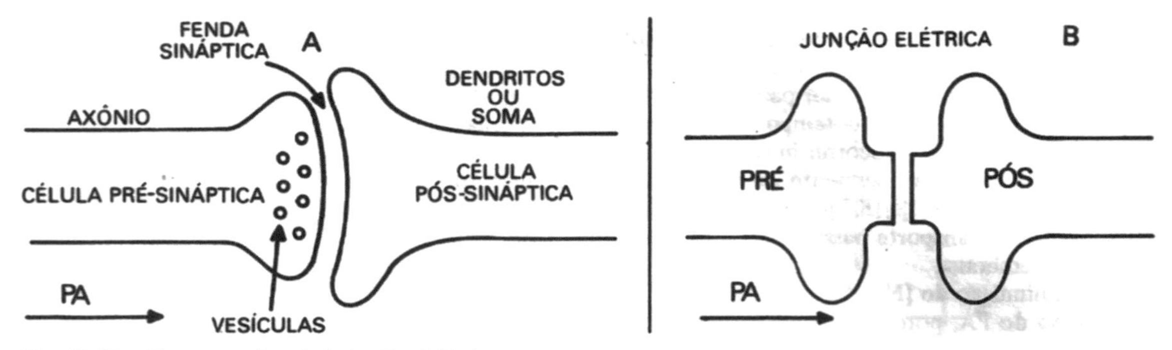

Fig. 13.13 – Sinapses – A – Química;B – Elétrica.

um axônio de uma célula pré-sináptica, com os dendritos ou a soma de uma célula pós-sináptica. A transmissão da Informação da fibra pré para a pós-sináptica (Fig. 13.13 A) é feita através de um mediador químico (Fig. 13.13 B) (na grande maioria das sinapses), ou através de contato elétrico (tipo especial de sinapse). Existem ainda sinapses mistas, onde há condução química e elétrica.

a) Funcionamento das Sinapses

Nas sinapses elétricas, o impulso que chega é rapidamente transmitido à fibra pós-sináptica, com um mínimo período de latência (Tipo B, Fig. 13.13).

Nas sinapses onde a mediação do impulso é através da liberação de uma substância química, há sempre uma latência maior para aparecimento do pulso pós-sináptico. Essa latência pode chegar a 1,5 ms, tendo um tempo mínimo de 0,5 ms para saltar da fibra pré para a pós-sináptica.

A substância liberada pela vesícula, o mediador químico que é capaz de transmitir o impulso, chama-se geralmente de neurotransmissor. Vários neurotransmissores já foram identificados com certeza, e muitas substâncias safo ainda estudadas como possíveis neurotransmissores.

A natureza do neurotransmissor determina se o impulso que chega na fibra pré-sináptica vai passar (sinapse excitatória), ou se vai ser bloqueado (sinapse inibitória). O funcionamento dessas sinapses está representado na Figura 13.14.

Na sinapse excitatória, o PA chega à extremidade pré-sináptica, e libera o neurotransmissor das vesículas. Esse mediador liberado atravessa a fenda sináptica e se localiza em receptores específicos, resultando em aumento da permeabilidade da membrana a pequenos íons, especialmente ao íon Na+. A penetração dos íons Na+ despolariza a membrana pós-sináptica e quando suficientemente intensa, inicia um PA que continua no mesmo sentido do anterior (Fig. 13.14 A).

Na sinapse inibitória o processo é semelhante, mas o neurotransmissor liberado aumenta a permeabilidade aos íons K^+, e especialmente ao íon Cl^-, que penetra na membrana pós-sináptica, provocando uma hiperpolarização: o interior fica mais negativo, o exterior mais positivo. Assim, o PA que chega não consegue despolarizar a célula, e não passa (Fig. 13.14 B).

b) Natureza Química dos Neurotransmissores

Os mediadores das sinapses excitatórias são mais bem conhecidos. Em um grande número de

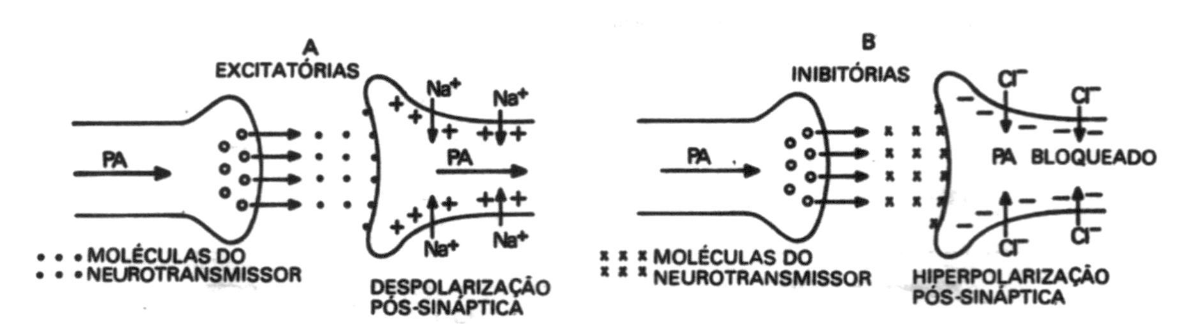

Fig. 13.14 – Sinapses Excitatórias e Inibitórias (ver texto).

sinapses (em todas as parassimpáticas, e inclusive algumas sinapses simpáticas), a acetilcolina é o mediador. Essas sinapses se denominam colinérgicas. Em quase todas sinapses simpáticas, o neurotransmissor é a norepinefrina, que dá o nome de adrenérgicas a essas sinapses.

Existem ainda outros mediadores de sinapses excitatórias, como a dopamina, a serotonina, a histamina e a substância P, que funcionam no sistema nervoso central (SNC). O papel da histamina e substância P é ainda controverso.

Os mediadores das sinapses inibitórias sío ainda mal conhecidos, mas é possível que a glicina seja um desses neurotransmissores inibitórios.

Muitos polipeptídeos encontrados no SNC parecem desempenhar funções de neurotransmissores.

c) Potencial Eletrotônico – Resposta Local – Potencial de Disparo

Esses eventos estão relacionados ao estímulo elétrico de células excitáveis, e estão apresentados na Figura 13.15.

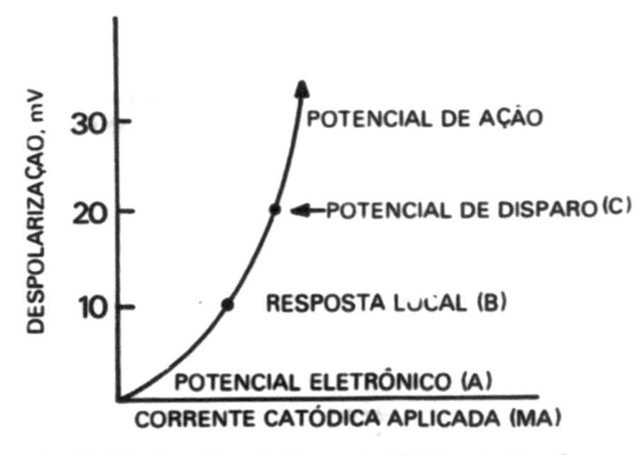

Fig. 13.15 – Detalhes da Resposta Elétrica da Membrana.

Potencial Eletrotônico – Consiste na variação do potencial da membrana quando se aplica um estímulo subliminar. Se o estímulo é anódico, a membrana se hiperpolariza. Se é catódico, a membrana se despolariza. O fenômeno é puramente passivo, e proporcional à corrente aplicada, e pode levar à despolarização de 7 a 10 mV (Fig. 13.15 A), em regiões localizadas.

Resposta Local – Quando se aplica uma corrente de maior intensidade, a despolarização aumenta para 15 a 20 mV, e deixa de ser proporcional à corrente aplicada, porque aparece um processo ativo de despolarização. Essa resposta local é reversível, e desaparece logo com a retirada da corrente excitatória (Fig. 13.15 B).

Potencial de Disparo – Acima do nível da resposta local, aparece o potencial de ação (PA). Esse limite de despolarização é o chamado potencial de disparo do potencial de ação (Fig. 13.15 C).

Esses detalhes da resposta celular a estímulos são de grande importância no estudo das propriedades de tecidos excitáveis.

d) Condições Experimentais Macroscópicas na Eletrofisiologia – Reobase e Cronaxia

Desde os primórdios dos estudos de neurofisiologia, que essas características de resposta de sistemas neuromusculares é conhecida. De um modo geral, usam-se preparações macroscópicas, nervos e músculos isolados. Pode-se também aplicar esses parâmetros a membros de animais. A reobase é uma corrente limite, e a cronaxia é um tempo limite, e estio representados na Figura 13.16.

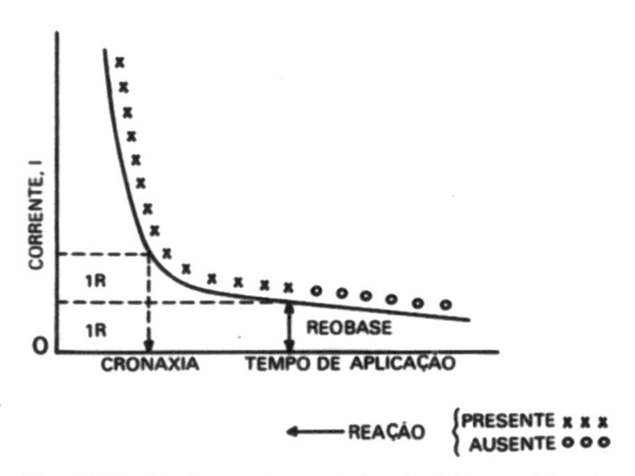

Fig. 13.16 – Reobase e Cronaxia (ver texto), xxx – Reação presente, ooo – Ausência de reação.

Quando se lança em gráfico a relação Intensidade da Corrente x Tempo de Aplicação, necessários para se obter uma resposta da preparação, obtém-se um gráfico como o da Fig. 13.16. O gráfico mostra que:

Abaixo de uma corrente limite 1 R, o tecido não reage, não importa qual o tempo, de aplicação. Essa intensidade mínima é a **Reobase** (reos, corrente), isto é, a corrente básica para a reação.

Convenciona-se tomar 2 x essa corrente básica como **corrente padrão** para estimular tecidos, e poder comparar a excitabilidade das diferentes preparações. O tempo que a corrente padrão (2 x R) deve ser aplicada para provocar a contração pode ser obtido pela curva de corrente x tempo, e denomina-se Cronaxia (cronos, tempo, axis, eixo, fibra). A cronaxia é um tempo padrão de comparação da excitabilidade de sistemas biológicos, porque, em condições experimentais determinadas, é constante para cada tecido. A cronaxia pode estar aumentada em diversas condições fisiopatológicas.

Atividade Formativa

Bioeletrogenese – Condução do Potencial de Ação

01. Descrever o eletródio de Ag^o, Ag^+ e Cl^- (até 20 palavras).
02. Por que os eletródios impolarizáveis são necessários em biossistemas?
03. O que se registra, de um modo geral, nos eixos de y e x do osciloscópio?
04. Conceituar estimulador.
05. De acordo com o volume dos íons, colocar a polaridade que resultaria no início do transporte, nos sistemas abaixo:

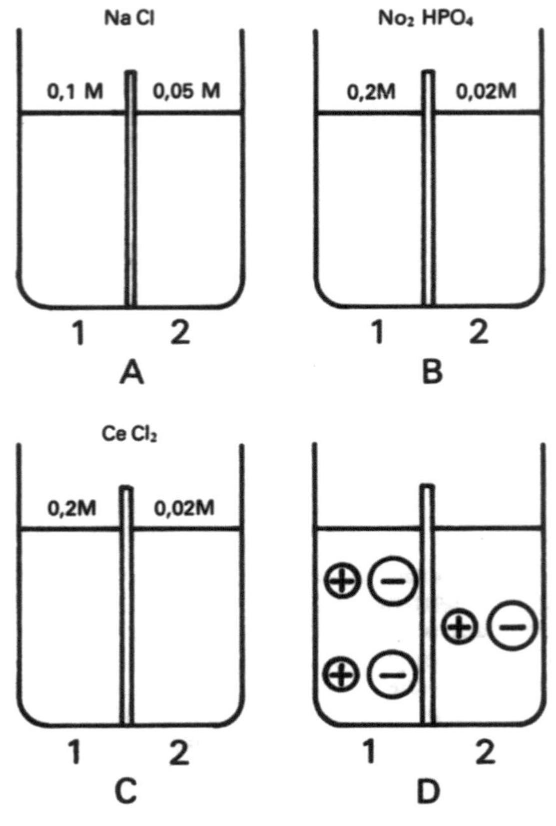

Fig. 13.17

06. No sistema representado na Figura 13.18, em suas condições iniciais, foi aplicado o potencial da pilha por dez minutos, e desligado o conector. Responder.

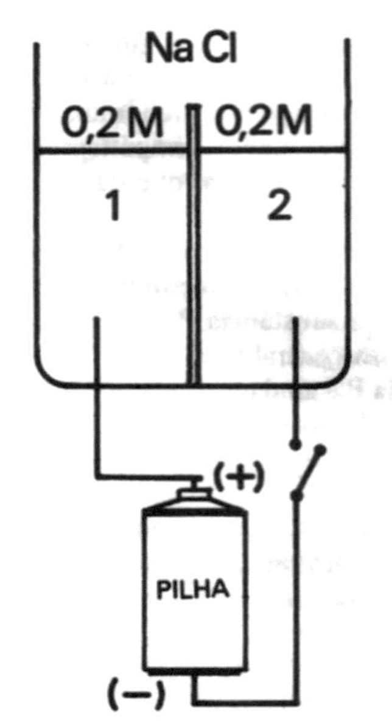

Fig. 13.18

1. A polaridade inicial era ___________ em (1) e (2).
2. Durante a aplicação da corrente elétrica houve migração de ________________ de (1) para (2) e de ___________________ de (2) para (1).
3. Ao ser desligada a corrente da pilha, entre os lados (1) e (2) existe uma dp. (Sim) (Nao)? Sublinhe a resposta correta.
4. Se há um dp, o lado positivo é ____________ (completar).

07. O potencial de repouso tem sua génese assim (cortar o errado).
Os íons Na^+ entram por transporte (passivo) (ativo) na célula, que o expunha por transporte (passivo) (ativo). (Logo em seguida) (simultaneamente), a célula expulsa íons K^+. A carga externa da membrana é dada por íons (K^+) (Na^+), e a carga interna por (proteínas) ($H_2PO^-{}_4$) (Cl^-).
08. Com relação ao potencial de repouso, assinale Certo (C) ou Errado (E).
1. A célula dispende energia para realizá-lo ( ).
2. A maior parte da concentração iônica do sistema participa do processo ( ).
3. O potencial é da ordem de milivolts ( ).
4. O potencial pode ser anulado pela aplicação de um contra-potencial ( ).
09. Quais sao as três fases principais do potencial de ação?

10. Que tipos de estímulos podem causar o potencial de ação?
11. O aumento acentuado da permeabilidade ao Na^+ ocorre em que fase do potencial de ação?
12. Fazer desenhos representando:
    a) O potencial de repouso.
    b) O potencial de ação.
13. Assinalar como unifásico ou bifásico os registros do potencial de ação abaixo:

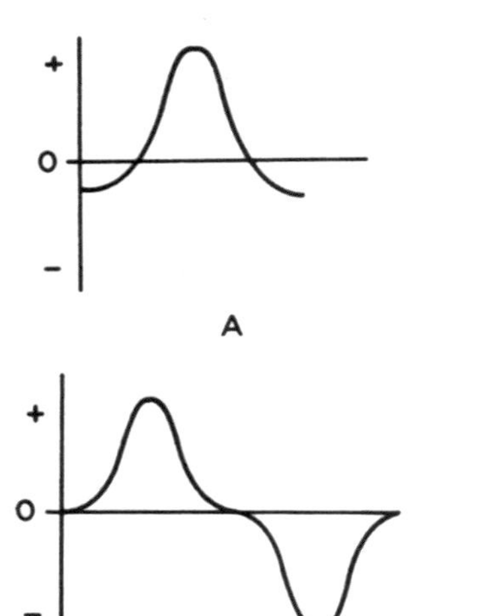

Fig. 13.19

Por que a forma do registro de (A) e (B) é diferente?

14. Coloque o sinal do potencial nos sistemas registradores abaixo:

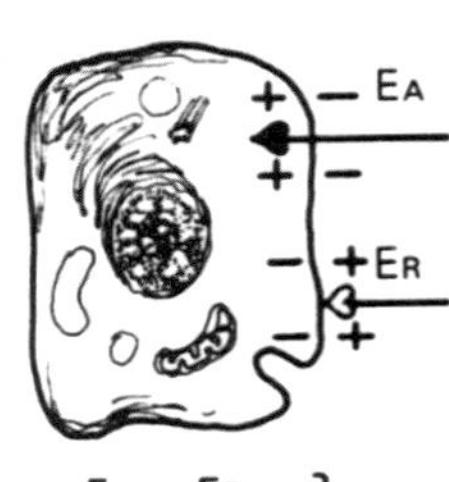

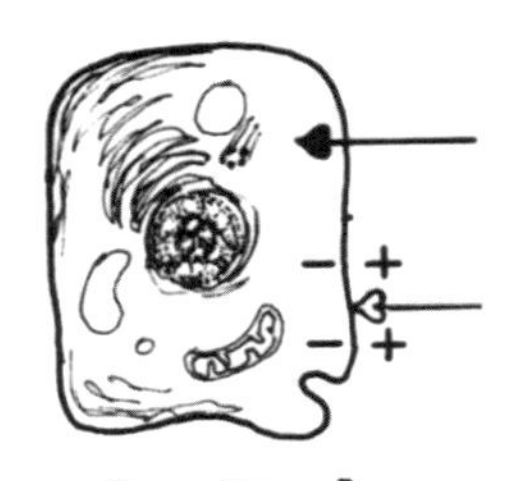

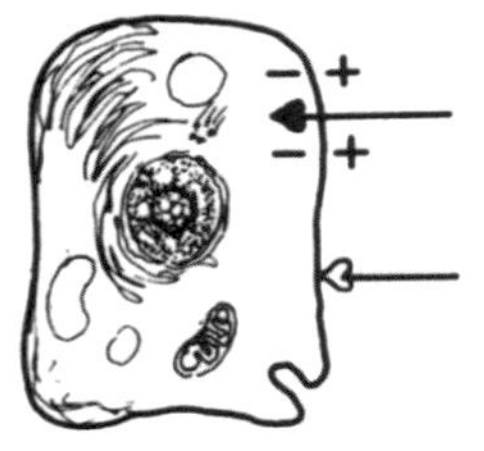

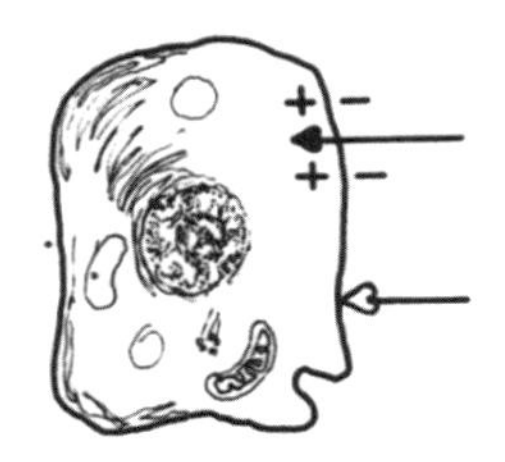

Fig. 13.20

15. Descrever o registro bifásico em relação às fases do potencial de ação (até 30 palavras).
16. Descrever o registro unifásico em relação as fases do potencial de ação (até 30 palavras).
17. Descrever a condução saltatória (até 30 palavras).
18. Justificar as vantagens da fibra mielinada sobre a não-mielinada (até 20 palavras).
19. Fazer um esquema da condução do impulso ortodrômico e antidrômico.
20. Descrever uma sinapse (até 30 palavras).
21. A transmissão da informação nas sinapses pode ser (Certo ou Errado):
    a) Mediadora química ( ),
    b) Elétrica ( )
    c) Mista ( )
22. A transmissão do impulso através de mediadores químicos, é:
    a) Imediata ( )
    b) Demora certo tempo ( )
23. A natureza do neurotransmissor determina se a sinapse é __________ ou __________ (completar).
24. Explicar o mecanismo de inibição e excitação nas sinapses.
25. O que é potencial eletrotônico?
26. O que é resposta local?
27. O que é potencial de disparo?
28. O que é a reobase?
29. O que é a cronaxia?

Objetivos Específicos do Capítulo 13

A – LC-13.1 – Veja Introdução à Biofísica

B – LC-13.2 – Métodos Experimentais para Estudo da Bioeletricidade

1. Explicar o papel da blindagem elétrica usada nas preparações.
2. Conceituar polarização, e impolarização de eletródios.
3. Descrever dois tipos de eletródios impolarizáveis.
4. Descrever o funcionamento do osciloscópio de raios catódicos.
5. Descrever a função de estimuladores e controladores da voltagem.
6. Fazer esquema e mostrar a formação de potenciais não biológicos.
7. Desenhar a experiência fundamental de bio-potenciais.
8. Fazer esquema e descrever o mecanismo do potencial de repouso (PR).
9. Fazer esquema da experiência fundamental do potencial de ação (PA).
10. Descrever as fases do PA.
11. Relacionar as fases do PA com movimentos iônicos transmembrana.
12. Desenhar a montagem usada para estudar a propagação do PA e citar as condições.
13. Reconhecer o registro monofásico e bifásico do PA.
14. Citar fatores que influem no PR e PA.
15. Citar propriedades de nervos amielinados e mielinados.
16. Diferençar condução ortodrômica de antidrômica.
17. Conceituar sinapses neurais.
18. Descrever o funcionamento de sinapses excitatórias e inibitórias.
19. Dissertar sobre a natureza e propriedades de alguns neurotransmissores.
20. Descrever: potencial eletrônico, resposta local e potencial de disparo.
21. Descrever a reobase e a cronaxia.

14

Contração Muscular

Já em 1863, Sechenov dizia que toda manifestação externa do ser vivo é a atividade muscular. Excetuando-se a emissão de luz pelos seres vivos (a bioluminescência), a contração muscular é realmente o meio de manifestação de atos, tanto internos, como externos.

A contração muscular é serva da atividade cerebral, mas sem ela, todas as conquistas intelectuais permaneceriam confinadas ao sistema nervoso.

1. Tipos de Músculos

Todo músculo é formado por um feixe de fibras. Existem dois tipos principais de fibras musculares, as lisas e as estriadas. Essa nomenclatura vem do seu aspecto microscópico.

a) Fibras Lisas

Contraem-se mais lentamente, mas a contratura pode demorar muito tempo. São encontradas nas vísceras, especialmente no tubo digestivo, bexiga e artérias.

b) Fibras Estriadas

Contraem-se mais rapidamente, e em casos normais, sua contraçío dura pouco. Formam a massa dos músculos esqueléticos, e como um tipo especial, do miocárdio. A musculatura estriada é cerca de 40% da massa corporal humana.

Existem certos moluscos lamelibrânquios que possuem um músculo com os dois tipos de fibras: as estriadas fecham rapidamente a concha, mas com pouca força. As fibras lisas mantêm uma contração forte por longo período de tempo. Esse comportamento é importante na defesa do molusco.

2. Relações Energéticas no Músculo

O músculo é um biossistema que transforma Energia Elétrica Potencial de biomoléculas em Calor, e Trabalho Mecânico. A sequência dessas transformações está na Fig. 14.1 (V. Teoria dos Campos, e TD).

Essa cadeia de transformações energéticas é descrita como:

Em repouso (Fig. 14.1 A), a energia está praticamente toda em estado potencial. Quando o músculo se contrai, há duas formas de liberação de calor: uma pelas reações químicas (Fig. 14.1 B), e outra pelo atrito entre as estruturas (Fig. 14.1 D). O movimento, que representa o Trabalho Mecânico do Músculo, é a parte representada na Fig. 14.1 C, a contração muscular.

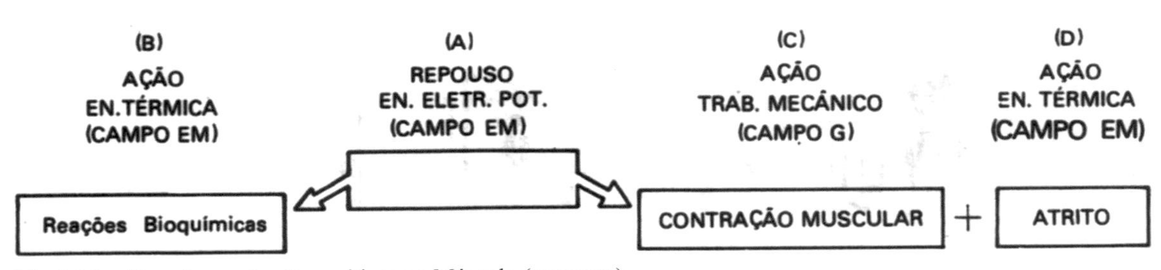

Fig. 14.1 – Transformações Energéticas no Músculo (ver texto).

Tanto o calor, como o trabalho muscular, podem ser medidos com precisão. Define-se como eficiência mecânica (E_f) a seguinte relação:

$$E_f = \frac{\text{Trabalho Realizado}}{\text{Energia Gasta}}$$

Essa relação indica quanto da energia virou trabalho, quanto se despendeu como calor.

Exemplo – Um músculo realiza certo trabalho, e o calor desprendido é medido, dando um total de 850 J. O trabalho mecânico foi levantar massa de 30 kg a 1 metro de altura. Qual a eficiência mecânica, e o calor produzido?

1. Eficiência mecânica (V. Campo G e a Biologia).

$$E_f = \frac{300}{850} = 0{,}35 \text{ ou } 35\%$$

2. Calor produzido

$$C = 850 - 300 = 550 \text{ J } (65\%)$$

São 13,2 cal, calor suficiente para aquecer 1 litro de água e cerca de 0,13°C. Se o músculo pesa 0,1 kg, sua temperatura subiria aproximadamente 1,3°C. Isto não acontece devido aos mecanismos de eliminação do calor, que são muito eficientes. (V. também Campo G, Aplicações à Biologia).

3. Tipos de Contração Muscular

Quando um músculo se contrai, existem duas situações diferentes, denominadas contração isométrica e contração isotônica, como na Fig. 14.2, e descrita a seguir.

a) Contração Isométrica (isos, mesmo; metros, comprimento)

Nesse tipo, o músculo se contrai, mas seu comprimento não se altera (Fig. 14.2 A). Essa contração ocorre quando tentamos levantar um peso, e não conseguimos, ou quando sustentamos, de maneira imóvel, um objeto qualquer (Fig. 14.3 A). Nesse caso:

Não há trabalho físico

Porque o produto Força × Distância é nulo (veja também Introdução à Biofísica). Toda energia gasta é dissipada como calor. É possível medir a Pressão, ou a Tensão, que o músculo exerce (Fig. 14.2 A).

Toda energia dispendida correspondente ao caso B, da Figura 14.1, é energia térmica, calor.

b) Contração Isotônica (isos, mesmo; tônus, força)

O músculo se contrai, e seu comprimento diminui (Figs. 14.2 B e 14.3 B). Há, portanto, trabalho físico do tipo força × distância, e a distribuição de energia é como na Fig. 14.1, nos casos B, C e D. É possível, como já dissemos, medir o trabalho utilizado e o calor desprendido. O encurtamento pode chegar a 1/3 do comprimento do músculo relaxado.

Os músculos possuem sistemas de controle que permitem a passagem de um tipo de contração, para o outro, e possuem uma distribuição de calor e trabalho bem definida, como veremos a seguir.

4. Calor e Trabalho nas Contraçôes Musculares – Equação de Hill

A produção desses dois parâmetros nas contrações isométricas e isotônicas está definida pela equação de Hill:

$$E_n = A + a.\Delta L + f.\ \Delta L$$

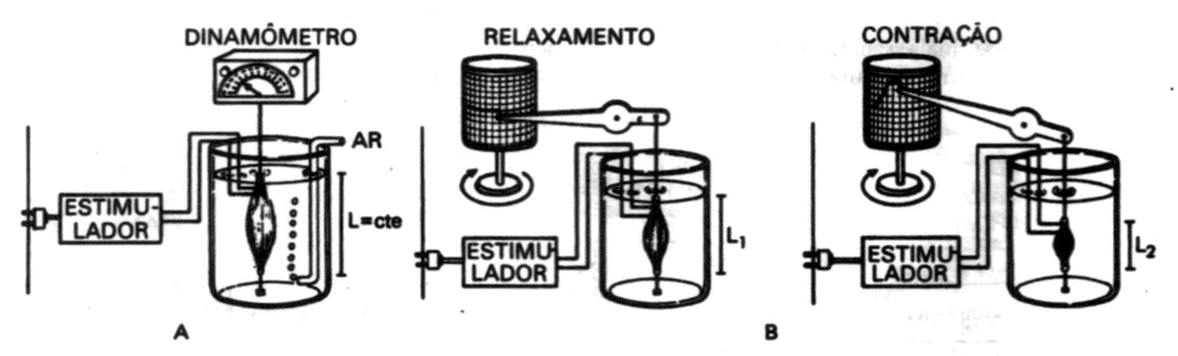

Fig. 14.2 – Calor e Trabalho na Contração Muscular (ver texto).

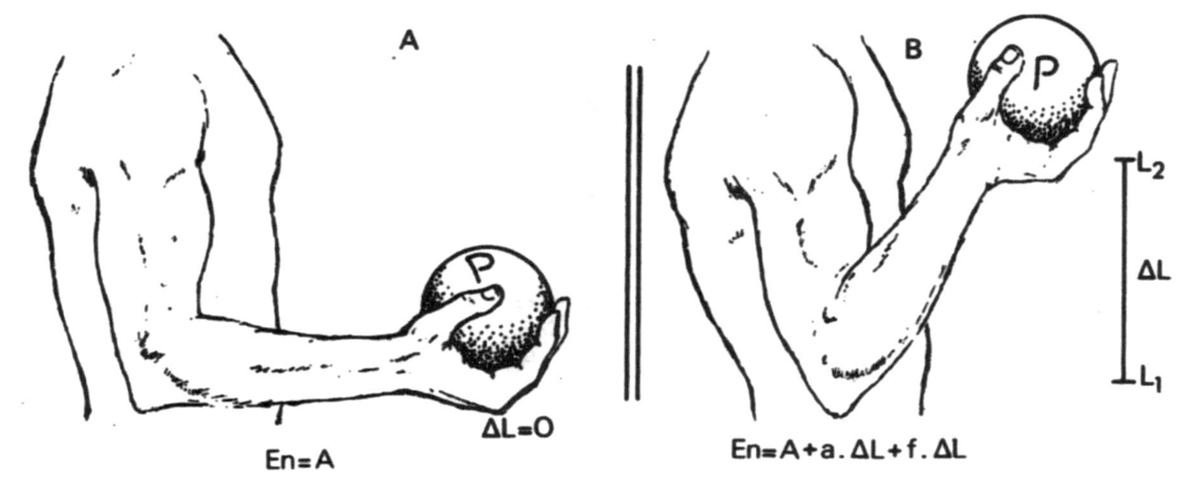

Fig. 14.3 – Tipos de Contração Muscular (ver texto). A) Isométrica; B) Isotônica.

da seguinte forma:

1. **Contração Isométrica** – Como o musculo não muda seu comprimento, $\Delta L = O$, e não há trabalho. Nesse caso,

$$E_n = A$$

onde A é chamado calor da ativação (Fig. 14.3 A).

2. **Contração Isotônica** – A distribuição segue a forma completa da equação de Hill, porque L # O:

$$E_n = A. + a.\Delta L + f.\Delta L$$

onde A é o calor de ativação, equivalente ao da contração isométrica, $a.\Delta L$ é o produto do calor de contração a, pela distância percorrida, e $f.\Delta L$ é o trabalho realizado pela força f exercida pelo músculo, no espaço L (Fig. 14.3 B).

5. O Músculo como Motor

O músculo é um motor elétrico linear. Elétrico, porque a força que o impulsiona vem da atração ou da repulsão de cargas elétricas em sua estrutura. Linear porque não há rotação, deslocamentos helicoidais, etc. As partes somente se deslocam em linha. Como todo processo biológico, a contração muscular:

começa em nível molecular,

e termina em nível de sistema. Um rápido estudo desse motor muscular compreende os níveis estruturais, e a relação estrutura-função.

A. Níveis Estruturais no Músculo

Do nível microscópico, passando pelo ultramicroscópico, e chegando à molécula, a estrutura de um músculo é como descrita na Fig. 14.4.

A Figura 14.4 A representa um feixe de fibras musculares, onde se pode notar uma estrutura repetitiva de Z a Z. A imagem de uma fibra isolada (Fig. 14.4 B) mostra um aspecto característico dessa estrutura, e que é denominada sarcômero. O sarcômero se extende entre duas linhas Z, e tem cerca de 2,5 a 1,0 μm (2.500 a 1.000 nm). O aspecto óptico à microscopia eletrônica dá origem aos seguintes parâmetros: uma zona clara, H, tendo no centro a linha M fina. A zona H está no centro de uma faixa escura, denominada faixa A (anisotrópica), que é seguida por uma faixa mais clara, a faixa I (ísotrópica). A isotropia e anisotropia se referem à propriedade de simetria e assimetria ópticas, uma não é birrefringente, a outra é. A faixa A tem cerca de 1,6 μm e a faixa I cerca de 1,0 μm. A faixa A tem filamentos grossos e filamentos finos, causa da anisotropia. Os filamentos finos se prendem à linha Z, e os filamentos grossos estão soltos, tendo na parte mediana a linha M.

No nível molecular (Fig. 14.4 C), os filamentos grossos têm como componente principal a miosina, que é uma proteína longa, de 160 × 24 nm, e pesa cerca de $4{,}8 \times 10^5$ daltons, associada a outros componentes como a proteína da linha M, e outras.

Os filamentos finos possuem como componente principal, a actina. A actina ocorre em duas formas, a G-actina (glóbulos), e a F-actina (Filamentosa). A F-actina é um polímero da G-actina, como as contas de um colar. Cada molécula de

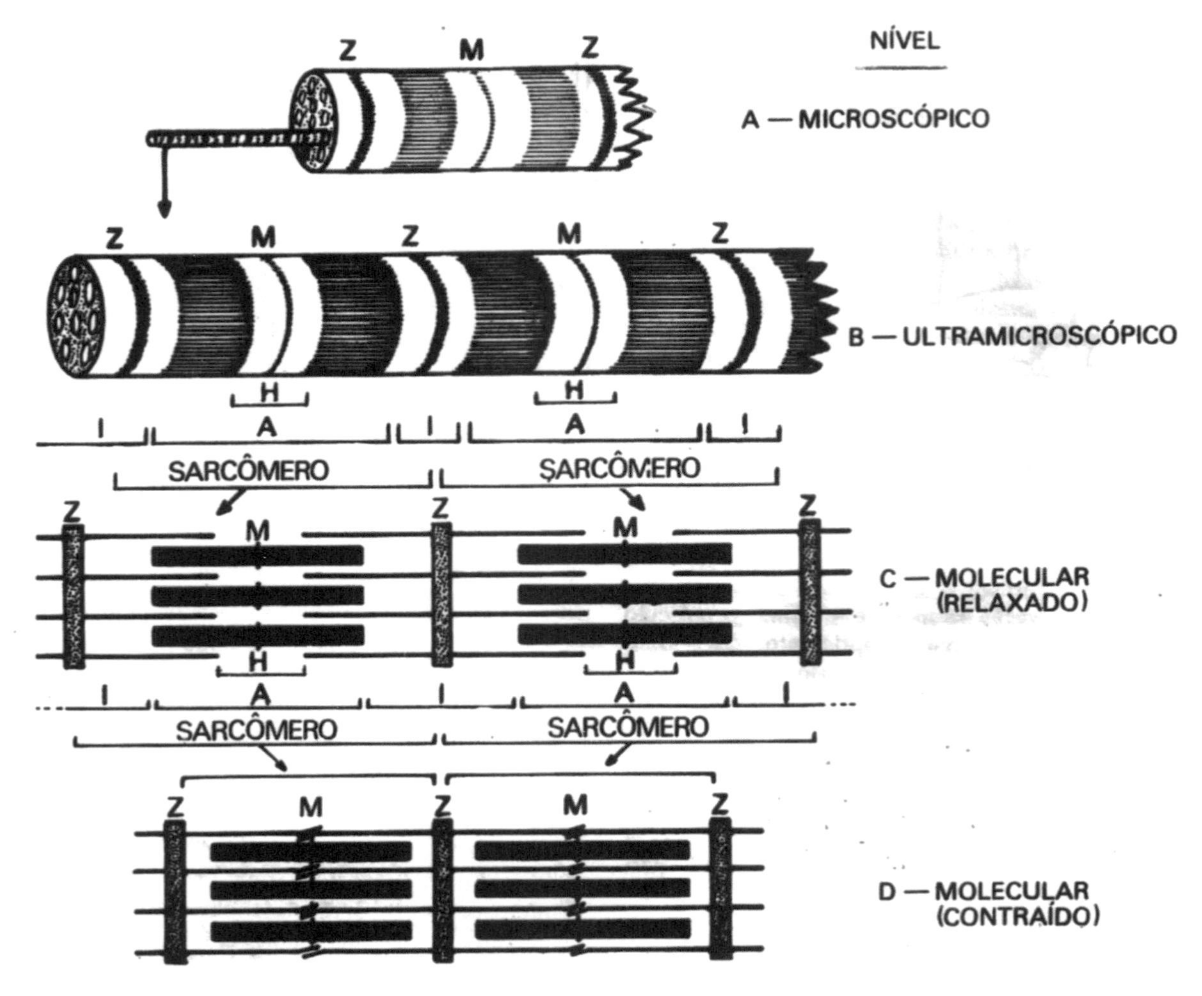

Fig. 14.4 – Níveis Estruturais no Músculo (ver texto).

G-actina liga fortemente um íon Ca^{2+}. No filamento fino existe ainda a troponina, que é um trímero de TN-C (Troponina → Ca^{2+}), TN-I (Troponina Inibitória) e TN-T (Troponina → Tropomiosina). A TN-C se liga a dois íons Ca^{2+}, a TN-I inibe a contração se combinar com a actina (quebra o complexo actinomiosina), e a TN-T, que está normalmente ligada à tropomiosina, impedindo a concentração.

B. Mecanismos da Contração Muscular

Existem várias teorias, e o mecanismo íntimo da contração muscular é ainda um campo de estudos fértil de novos resultados.

Um breve resumo de alguns fatos já descritos vem a seguir.

a) Início da Contração – O impulso nervoso é conduzido pelo axônio do motoneurônio até a placa terminal (placa neuromuscular, e libera acetilcolina: Ach). A liberação de Ach despolariza as fibras gerando um potencial de ação. As fibras, despolarizadas, se contraem. Até esse ponto, estão descritos os processos clássicos da fisiologia neuromuscular. Os eventos moleculares, resumidamente, são:

b) Contração – A despolarização da membrana (sarcolema) é acompanhada de rápida saída de Ca^{2+} das cisternas do retículo sarcoplasmático. A saída de Ca^{2+} do sarcoplasma é o impulso inicial da contração, porque ao se ligar à TN-C, catalisa a atividade ATPásica da actinomiosina, cujo centro ativo está na cabeça da molécula. A liberação de energia permite mudanças conformacionais que resultam no aparecimento de uma força elétrica, que provoca o deslizamento das moléculas de actina. Como resultado, as estruturas de Z a Z se encolhem, sem que haja contração de moléculas (Fig. 14.4D). No músculo,

"Não há proteínas contrateis, há estruturas contráteis".

A TN-C, ao se ligar ao cálcio iônico, Ca^{2+}, impede a ação inibitória da TN-I, e o processo continua enquanto houver o estímulo nervoso.

c) **Relaxamento** – Quando cessa o estímulo nervoso, o retículo sarcoplasmático retira o Ca^{2+} do fluido circundante, através de processo ativo independente. Há novo gasto de ATP. Com a queda da concentração de Ca^{2+} no complexo TN-C, perto do centro ativo da actinomiosina, cessa a hidrólise de ATP, a contração é desativada, os músculos voltam à posição inicial, e a TN-I reassume seu papel inibidor.

d) **Generalidades** – O ATP é reposto pela reação da fosfocreatina + ADP, que regenera o ATP e forma creatina. O mecanismo anaeróbio de glicólise é também um fator importante (V. adiante).

O comportamento de grupos SH (sulfidrila) na molécula de miosina é interessante. Existem dois grupos SH por molécula. Um, mais exposto, quando é bloqueado, a atividade ATPásica aumenta, sugerindo que esse SH tem atividade inibitória. O outro, mais difícil de ser atingido, quando bloqueado, aparece uma inibição completa da atividade ATPásica, o que indica sua presença no centro catalítico, e sugere, ainda, sua participação no mecanismo de hidrólise do ATP.

C. Ultra-estrutura Molecular

Muito já se sabe sobre a conformação das proteínas envolvidas na contração muscular. A orientação dessas moléculas, nos filamentos grossos e filamentos finos, é de importância para a contração (Fig. 14.5).

O sentido vetorial das cargas é invertido no filamento grosso, a partir da linha M, devido à orientação das moléculas de miosina. No filamento fino, ocorre o mesmo, a partir da linha Z, com as moléculas de actina. Desse modo, fica impedido um deslocamento bidirecional na contração e na descontração. Há sempre aproximação das linhas Z na contratura, e afastamento no relaxamento, por causa do sentido vetorial das forças.

D. Uma Conclusão Fisiológica a Partir da Biofísica

Um homem de 70 kg sobe correndo uma escada de 6 metros de altura, em 10 segundos (Fig. 14.6). O trabalho físico (v. Introdução), é:

$$T_F = 70 \times 10 \times 6 = 4,2 \times 10^3 \text{ J}$$

Se o trabalho **biológico** rendeu 25% do Tf, temos:

$$T_B = 16,8 \times 10^3 \text{ J ou ap. 4 kcal.}$$

Se toda essa energia veio da combustão aeróbica, e sabe-se que o consumo de O_2 fornece cerca de $4,8 \text{ kcal-l}^{-1}$, seriam necessários:

$$\text{Volume de } O_2 = \frac{4 \text{ kcal}}{4,8 \text{ kcal-l}^{-1}} = 0,831.$$

Esse volume de 800 cm^3 de O_2 em apenas 10 segundos exigiria uma absorção de 80 cm^3 de O_2 por segundo. Sabe-se que a ventilação pulmonar (v. Biofísica da Respiração), é cerca de 4 cm^3 de O_2 por segundo, em repouso, e pode atingir até 2.500 cm^3 por segundo. Entretanto, esse aumento leva tempo para ocorrer, e em 10 segundos não atinge os 80 cm^3 necessários para a oxidação da glicose. É forçoso concluir que há um mecanismo **anaeróbico** de produção de energia. Mesmo

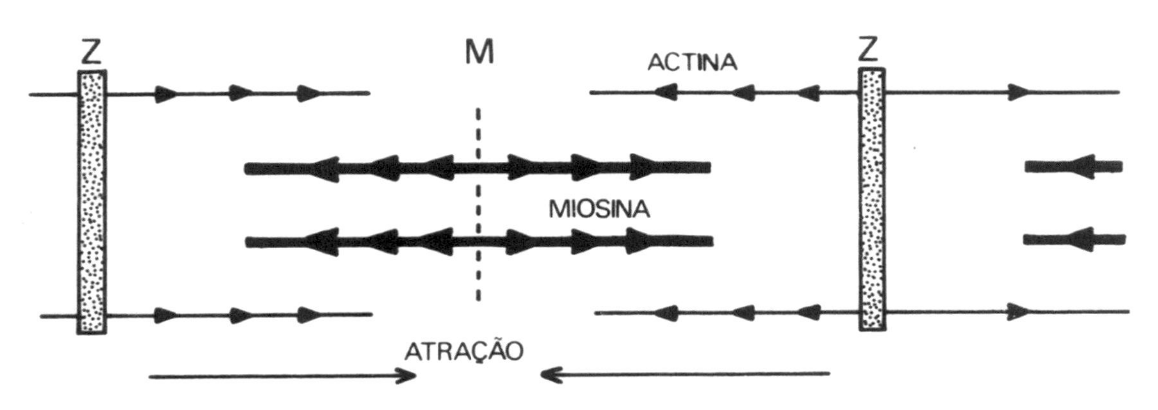

Fig. 14.5 – Orientação de cargas no sarcômere (ver texto).

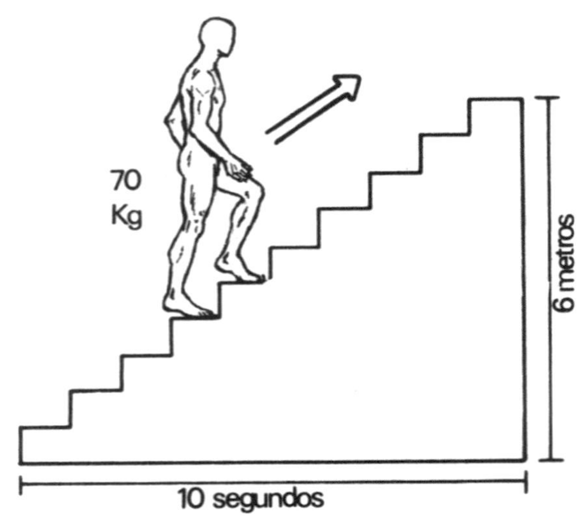

Fig. 14.6 – Exercício muscular (ver texto).

em condições normais, sem excesso de trabalho muscular, a energia de origem **aeróbica** é 40%, e de origem anaeróbica, é 60%. Em condições de exercício violento, a contribuição anaeróbica pode chegar a 95%. Esse tipo de metabolismo leva a um acúmulo de ácidos orgânicos (especialmente ácido lático), que é uma das causas da exaustão muscular pelo exercício.

Quem corre, cansa.
Quem corre, descansa.

Atividade Formativa

Contração Muscular

01. Na contração muscular pode haver (Certo ou Errado):
    a) Somente produção de calor ( )
    b) Produção de Calor e Trabalho ( )
    c) Mesmo uma parte do Trabalho se converte em calor ( )
    d) Produção só de Trabalho ( )
02. Um músculo de 1,2 kg se contrai, levantando massa de 5 kg a 1,5 m de altura. Despreze a massa do músculo. Foram gastos 2.000 J. Calcular:
    a) A eficiência mecânica.
    b) O calor produzido.
    c) O aquecimento do músculo, supondo que não haja perda de calor. Calor específico do músculo: 0,8 cal $grau^{-1}$.
03. O que é contração isométrica? (até 30 palavras).
04. O que é contração isotônica? (até 30 palavras).
05. A equação de Hill é aplicada para ambos os tipos de contração muscular. Completar:

    E,, = A (contração ____________)

    $E_n = A + a\text{-}\Delta L - f\text{-}\Delta L$ (contração_____)
06. Explicar os termos da equação de Hill (até 30 palavras).
07. No músculo, como motor, existem (Sim ou Não)
    a) Estruturas contráteis ( )
    b) Proteínas contráteis ( )
08. Descrever sucintamente o aspecto de uma fibra muscular ao microscópio eletrônico (até 50 palavras).
09. Descrever algumas características da molécula de miosina (até 30 palavras).
10. Quais são os tipos de actina? (até 40 palavras).
11. Completar, com a função própria, as troponinas:
    TN-C ______________________________
    TN-I ______________________________
    TN-T______________________________
12. Descrever, **sucintamente**, as fases da contração muscular:
    a) Início da Contração
    b) Contração
    c) Relaxamento
13. Descrever o papel dos dois grupos SH na molécula de miosina (até 30 palavras).
14. Fazer um esquema mostrando por que a contração é impedida de se realizar em sentido contrário.
15. Convencer, usando argumentos, que no músculo há uma fonte anaeróbica de fornecimento de energia.

TL e GD – A critério do professor.

Objetivos Específicos do Capítulo 14

1. Conceituar a atividade muscular do ponto de vista biológico.
2. Dar algumas características de fibras lisas e estriadas.
3. Fazer um esquema das relações energéticas do músculo.
4. Calcular a eficiencia mecânica do trabalho muscular.
5. Descrever a contração isométrica e suas relações energéticas.
6. Descrever a contração isotônica e suas relações energéticas.
7. Descrever a estrutura das zonas I, H e A do músculo.
8. Conhecer o papel das moléculas de miosina, actina e troponina.
9. Dissertar sucintamente sobre a contração muscular e suas fases.
10. Realizar cálculos simples sobre trabalho muscular e necessidades metabólicas.

Parte 5
Biofísica de Sistemas

As associações supracelulares constituem os tecidos e os sistemas. A origem desses sistemas é devida à necessidade das trocas metabólicas de células dos animais superiores. Os animais uni ou paucicelulares (Fig. 5P-1 A), trocam todos seus metabolitos com o meio exterior, e a difusão tem velocidade suficiente para conduzir e trocar os metabolitos. Nos animais pluricelulares, a complexidade dos diversos segmentos corporais foi criando, cada vez mais, dificuldades de troca para células colocadas em seu interior. Aparecem então os Sistemas Fisiológicos, que estão representados na Figura 5P-1 B.

A função desses sistemas é manter a constância do "meio interior", que é o conceito criado por Claude Bernard, para os fluidos extracelulares. Mantendo essa constância, os sistemas conservam, também em regime estacionário, o meio intracelular, e o próprio ser vivo.

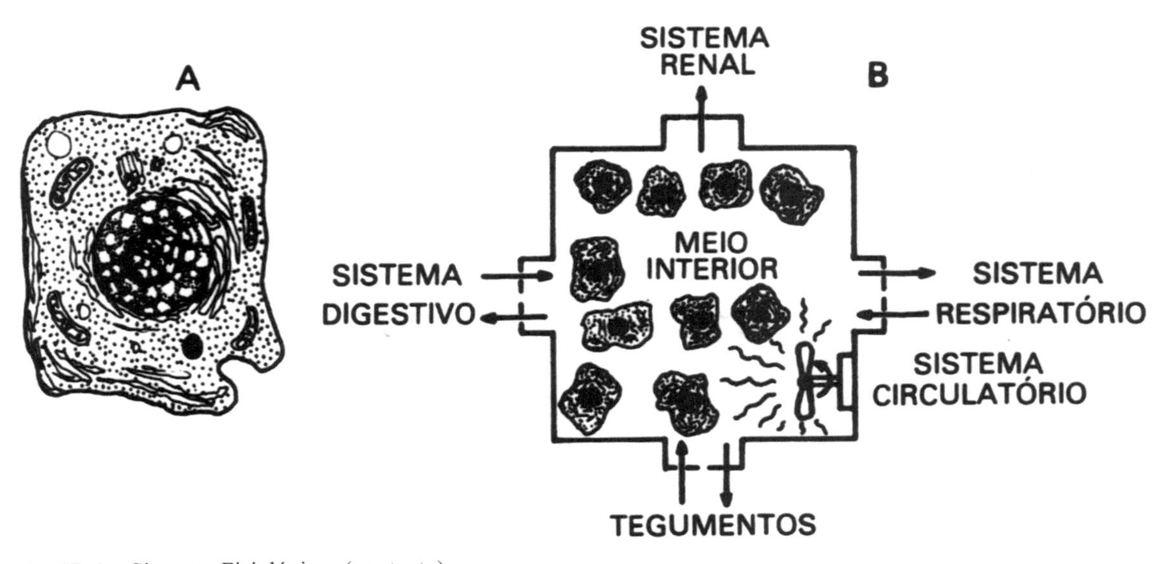

Fig. 5P-1 – Sistemas Fisiológicos (ver texto).

15

Biofísica da Circulação Sanguínea

A. Introdução

O Sistema Circulatório tem função de comunicador de Matéria e Energia entre os diversos compartimentos biológicos. É um leva-e-traz contínuo de metabolitos diversos, um exercer ininterrupto de energia potencial e cinética sobre as partes do organismo. O conjunto que realiza essas funções se compõe de:

1. O coração, uma bomba pouco aspirante e muito premente.
2. Os vasos sanguíneos, que formam uma rede contínua, unida pelo coração.
3. O sangue, um fluido parte células, parte líquido.
4. Um sistema de controle, autônomo, mas ligado ao sistema nervoso central.

Esse aparelho circulatório funciona conforme a seguinte série de eventos (Fig. 15.1).

O primeiro estágio (1) é o metabolismo molecular das células dos marca-passos atriais, que dispara um potencial de ação (PA) que se propaga (2) através dos feixes nervosos do coração. Essa despolarização do PA é seguida de contração muscular (3), que ejeta sangue no sistema de vasos (4). O ciclo se repete, espontaneamente, de (1) a (4). Os estágios (1) e (2) se passam no campo eletromagnético, e os estágios (3) e (4) no campo gravitacional.

B. O Campo Eletromagnético e a Circulação

O potencial de ação do miocárdio se passa com as fases principais que já vimos no Capítulo de Bioeletricidade, mas possui um componente rápido e um componente lento, cuja somatória de pulsos elétricos gera um registro mais complexo.

A Figura 15.2 representa, de modo esquemático, as fases do PA (despolarização, polarização invertida e repolarização), da massa muscular do miocárdio.

Na Figura 15.2 A, começa a onda de despolarização (ooo), seguida (Fig. 15.2 B) de polarização invertida (------), e na Fig. 15.2 C, a repolarização (+ + +). Essas ondas se dirigem em várias direções (–). A soma vetorial dessa atividade elétrica é uma resultante imaginária (⇒), denominada eixo elétrico ou vetor elétrico do coração.

O potencial de ação cardíaco pode ser registrado em várias partes do corpo, através de galvanômetros sensíveis. Processos engenhosos foram desenvolvidos, mesmo antes da fabulosa era eletrônica, para registrar esses potenciais. O registro da atividade cardíaca é conhecido como eletrocardiograma, abreviado ECG. O aparelho registrador chama-se eletrocardiógrafo, e o traçado do ECG fornece informações clínicas, e científicas, de valor inestimável.

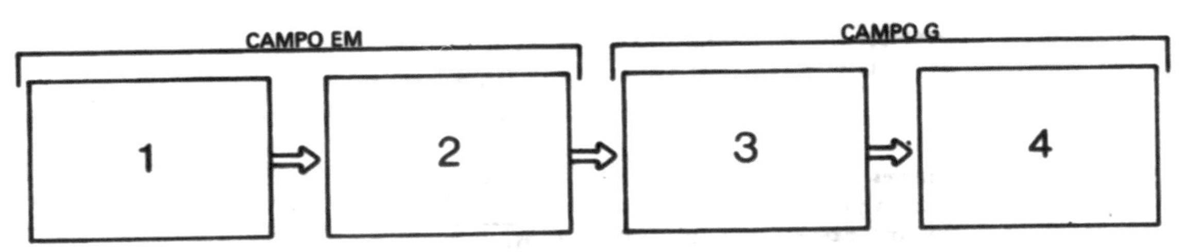

Fig. 15.1 — Eventos do Ciclo Cardíaco (ver texto). 1. Campo EM: (1) Metabolismo Molecular — Em células auto-excitáveis começa a despolarização. (2) Eventos Elétricos — PA que se propaga ao coração. 2. Campo G: (3) Eventos Musculares — Contração das fibras musculares do coração. (4) Eventos Hidrodinâmicos — a massa sanguínea circula nos vasos.

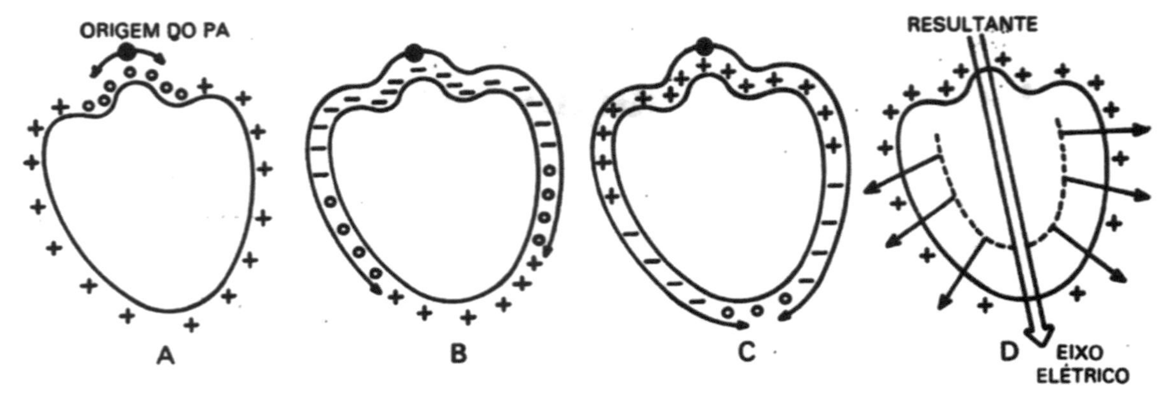

Fig. 15.2 □ Potencial de Ação Esquemático do Miocárdio. o o o: carga zero; - - -: carga negativa; + + +: carga positiva; → vetores; ⇒ resultante.

Quais são os princípios biofísicos que prevalecem na tomada do ECG?

Já vimos, em Bioeletricidade, como um registrador provido de um eletródio ativo (E_A) e de um eletródio de referência (Er), pode ser usado para determinar potenciais e correntes biológicas (rever se necessário, Biopotenciais).

Em todo dipolo (um pólo (+) e um (–), a energia se distribui em linhas isopotenciais (isos, mesmo), como mostrado na Fig. 15.3. Nessas linhas, em qualquer ponto, o potencial é o mesmo. Um voltímetro colocado como na Fig. 15.3, com o E_R na linha – 1 e o E_A na linha + 2, irá ler o potencial dp:

$$dp = E_A - E_R = +2 - (-1) = +3mV$$

Se o E, estivesse em – 3, e o E_R em + 1, a dp seria

$$dp = -3 - (+1) = -2 \text{ mV}$$

E a voltagem lida seria negativa. Se agora, os eletródios permanecessem fixos, mas houvesse um dipolo transiente, entre os pontos A e B, com o potencial variando em ondas entre os dois pontos, os eletródios iriam indicar essas variações, ora registrando potenciais negativos, zero, ou positivos. O potencial lido será sempre a soma algébrica:

$$\boxed{dp = E_A - E_R}$$

Um exemplo simples desse tipo de registro está na seção que trata da propagação do impulso nervoso (V. Biopotenciais). Esse é o princípio básico para registro dos potenciais cardíacos na superfície do corpo. O eletrocardiógrafo é ligado de modo especial, como veremos, ao corpo do animal cujo ECG se quer medir.

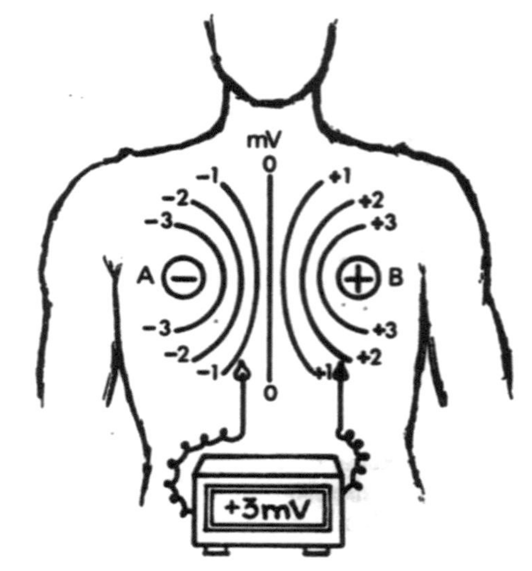

Fig. 15.3 – Potenciais em Dipolo (ver texto).

O ECG Humano

Existem três modos principais de registro.

a) **Método Clássico de Einthoven** – Consiste em ligar os eletródios como mostrado na Fig. 15.4.

Por convenção internacional R (right) é o braço direito, L (left) é o braço esquerdo, e F (foot) é o pé esquerdo. Cada modo de ligar recebe o nome de Derivação (D), e as derivações DI, DII e DIII são como mostradas em A, B e C, respectivamente, na Figura 15.4. a Dp medida em cada caso, será:

E_A E_R
D_I = $V_L - V_R$ (braço esquerdo – braço direito)
D_{II} = $V_F - V_R$ (pé esquerdo – braço direito)
D_{III} = $V_F - V_L$ (pé esquerdo – braço esquerdo)

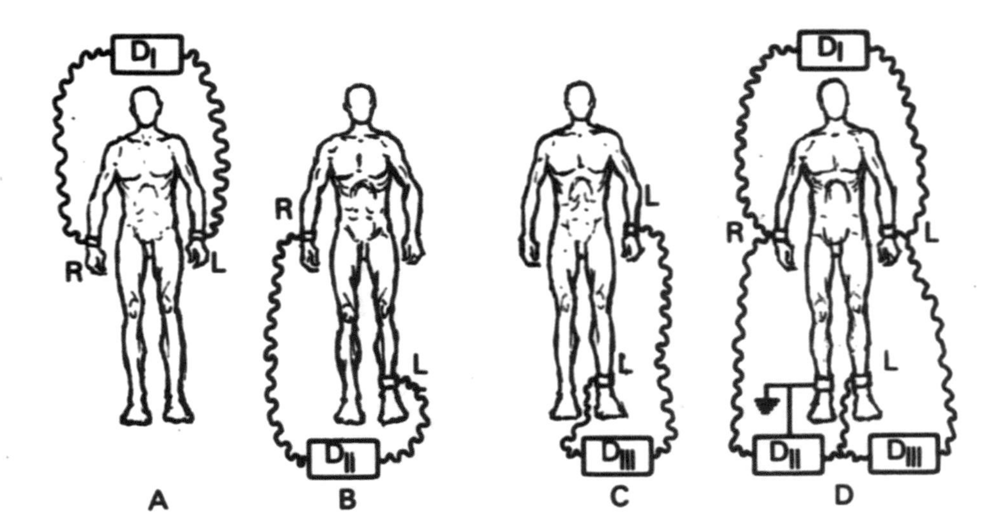

Fig. 15.4 – Registro de Eithoven. R – Direito. L – Esquerdo. F – Pé

Notar que a soma DI + DIII = DII:

$$D_1 + D_{nl} = (V_L + V_R) + (V_F - V_L) = V_F - V_R$$

Através de uma chave de múltiplos canais, o aparelho é ligado como mostrado na Fig. 15.4 D, e cada derivação é registrada separadamente. A perna direita é usada como terra, para evitar indução de campos EM externos. O modo de registro é tipicamente Bipolar, isto é, cada eletródio registra separadamente os potenciais locais, que são imediatamente somados algebricamente.

b) Método Unipolar de Wilson – O eletródio de referência, E_R, é ligado a um "terminal central", cujo potencial é próximo de zero, e se considera zero. O terminal central de Wilson é obtido como mostrado na Fig. 15.5.

Três pontos do corpo são ligados entre si, através de resistências altas (5.000 Ω) que diminuem o potencial no ponto T, para zero. O eletródio ativo, E_A é colocado no membro cuja voltagem se quer medir. Na Fig. 15.5, está sendo medida V_R. A dp medida é:

E_A E_R
$V_R = (V_R - V_T) = V_R - O = V_R$
$V_L = V_L - V_T) = V_L - O = V_L$
$V_F = V_F - V_T) = V_F - O = V_F$

Como $V_T = O$, a voltagem captada pelo eletródio é simplesmente a que existe no local. Wilson introduziu ainda as medidas precordiais V, e V_6. Esses potenciais são tomados colocando o E_A em diversas partes do tórax, como mostrado na Fig. 15.6. Esses registros são complementares aos anteriores, e muito importantes.

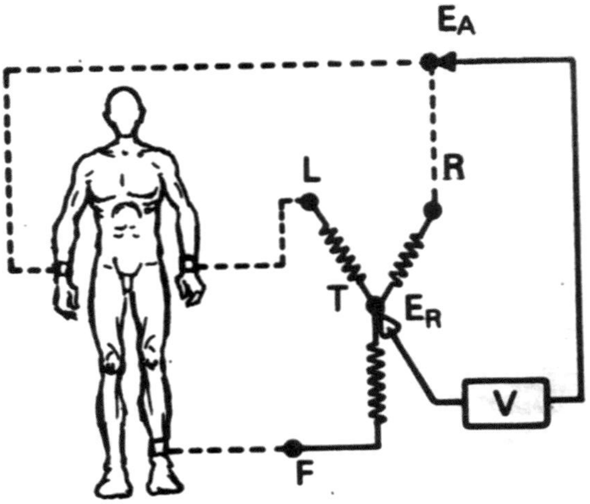

Fig. 15.5 – Derivações Unipolares de Wilson (ver texto).

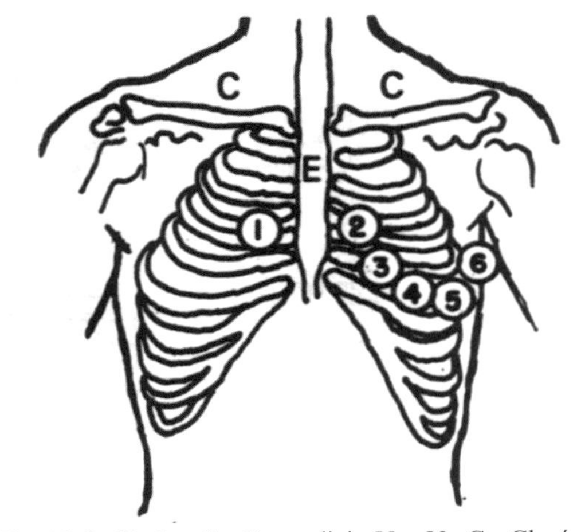

Fig. 15.6 – Derivações Precordiais, V_1 a V_6. C – Clavícula; E – Esterno.

No método de Wilson, as derivações V_R, e V_L e V_F fornecem leitura muito baixa, e foram substituídas pelo processo descrito a seguir.

c) Registro Unipolar Aumentado – Para abreviar a baixa dp obtida no método anterior, nas derivações V_R, V_C e V_F, Goldberg sugeriu que a central terminal T fosse obtida com apenas duas resistências, cancelando-se a resistência correspondente ao membro a ser medido (Fig. 15.7).

No caso da Fig. 15.7, a resistência do braço direito (R) é desligada, e o registro de V_R fica aumentado. Essas derivações recebem a denominação de:

aV_R = aumentada V_R

aV_L = aumentada V_L

aV_F = aumentada VF

Nas derivações precordiais, V_1 e V_6, não é necessário usar a derivação aumentada, porque os potenciais são altos. Com os modernos registradores, todas essas ampliações da dp são feitas eletronicamente.

Como fica o registro habitual do ECG? É rotina tomar as seguintes derivações:

D_I D_{II} D_{III} aV_R aV_L aVF

V_1 V_2 V_3 V_4 V_5 V_6

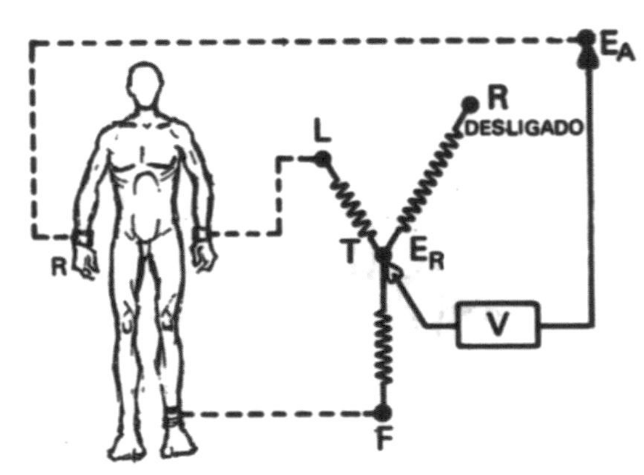

Fig. 15.7 – Registro Unipolar Aumentado (ver texto).

O Traçado Básico do ECG

Em linhas gerais, o registro da atividade elétrica do coração fornece um gráfico como o da Fig. 15.8.

O traçado representa diferenças de potencial, em mV, lançadas em função do tempo, em segundos. Para melhor conveniência na leitura do traçado, cada quadrado representa:

Na Vertical, 0,1 mV

Na Horizontal, 40 ms.

Na Fig. 15.8, um ciclo cardíaco completo está entre as barras verticais, entre 0 e 0,72 segundos, e se compõe basicamente, de uma onda P, um complexo QRS, um segmento ST, da onda T, e eventualmente, de uma onda U.

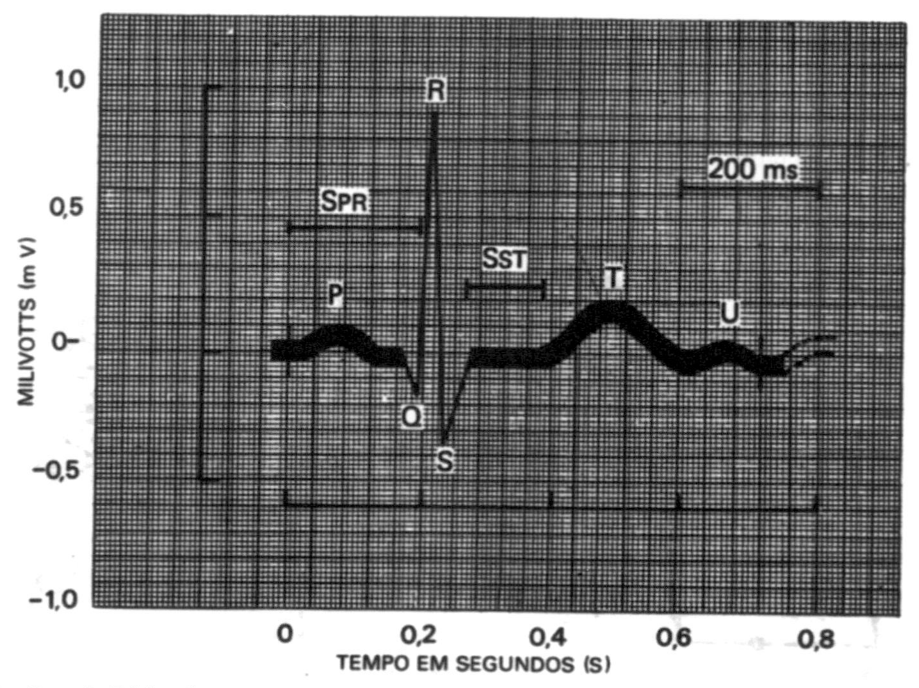

Fig. 15.8 – Traçado Básico do ECG Humano.

A relação entre esses parâmetros eletrocardiográficos e os eventos elétricos é a seguinte (Quadro 15.1).

Quadro 15.1 1
Relação entre ECG e PA do Miocárdio

Evento	Fase do PA
Onda P	Despolarização atrial
Complexo QRS	Despolarização ventricular
Segmento ST e onda T	Repolarização ventricular
Onda U	Repolarização lenta dos músculos papilares

A duração de certos intervalos entre esses parâmetros é de fundamental importância, entre os quais se destaca o intervalo PR, a duração do QRS, o intervalo QT (V. Tratados de Fisiologia).

O Eixo Elétrico do Coração ou Vetor Cardíaco

Representa a resultante das várias ondas de despolarização do sincício miocárdico, especialmente da massa ventricular. A soma dos vetores no complexo QRS, nas derivações uni e bipolares, dá algumas informações sobre hipertrofia do miocárdio, e outros dados de interesse clínico. Usam-se dois métodos para sua determinação.

a) **Método do Triângulo de Einthoven** – Baseia-se na ideia de que o coração está colocado no centro de um triângulo equilátero (Fig. 15.9 A), e seu vetor se projeta no plano compreendido pelo triângulo (Fig. 15.9 B). O inverso da representação em 15.9 B é verdadeiro: projetando-se os vetores D_I, D_{II} e D_{III}, no cruzamento das linhas se forma o eixo elétrico (E_e). Como usar o triângulo de Einthoven como sistema de coordenadas é pouco prático, este é transformado em sistema cartesiano, pelo deslocamento dos lados do triângulo (Fig. 15.9C). Os lados do triângulo são empurrados, formando o sistema de coordenadas da Fig. 15.10.

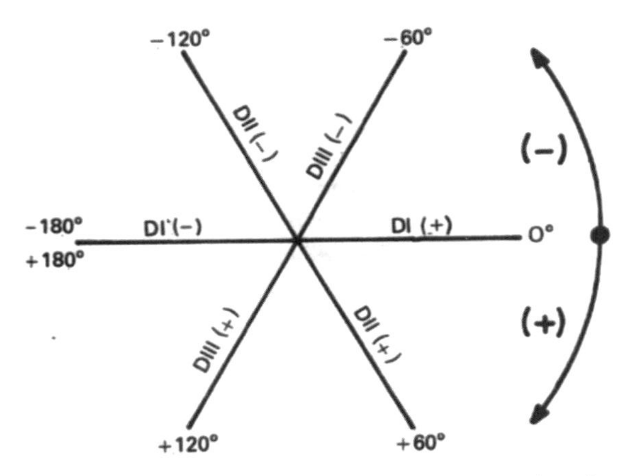

Fig. 15.10 – Sistema de Coordenadas Derivado do Triângulo de Einthoven. Observar as derivações e o sentido positivo e negativo da graduação.

O processo é simples:

1. Tirar o eletrocardiograma.

2. Somar os pulsos principais do complexo QRS, em D_I, D_{II} e D_{III} (veja Fig. 15.11).

3. Lançar os valores no sistema de coordenadas, respeitando a polaridade (Fig. 15.12).

A soma dos vetores é feita como descrito na Introdução à Biofísica (Campo G, Vetores).

Os valores normais estão em ampla faixa, de – 30° a + 110°, segundo alguns autores, ou de 0° a 90°, segundo outros. O biótipo morfológico se acompanha de valores normais aproximadamente carcterísticos. Nos brevilíneos, o E_g se aproxima de 0°, nos longilíneos de + 90°, e nos normolíneos tem posição intermédia.

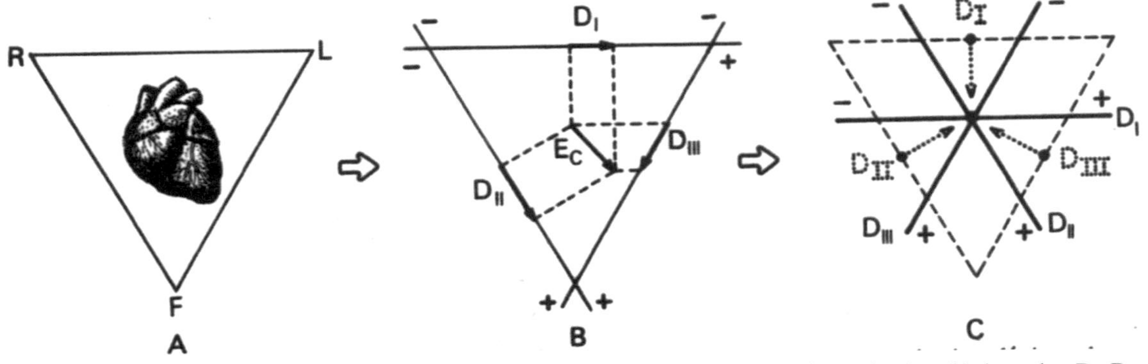

Fig. 15.9 – Triângulo de Einthoven. A – Coração no triângulo de Einthoven. B – Projeção do eixo elétrico sobre D_I, D_{II} e D_{III}. C – Transformação do triângulo em um sistema de três coordenadas congruentes. Ee – Eixo elétrico.

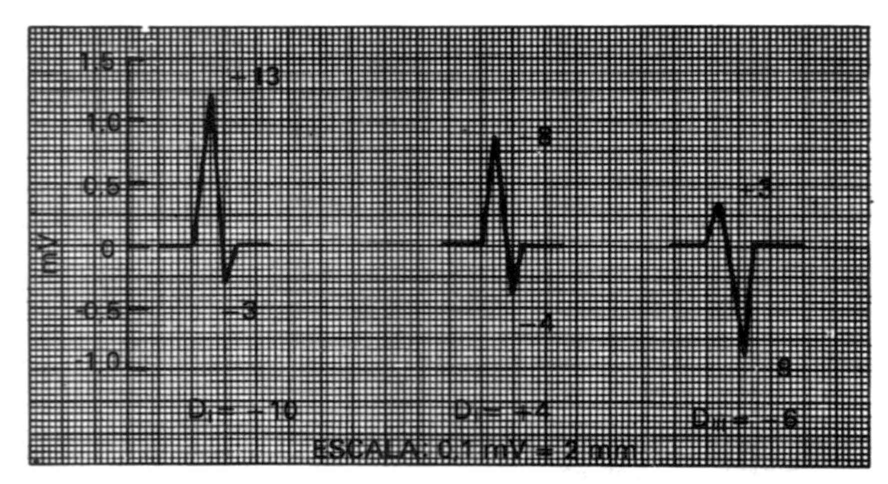

Fig. 15.11 – Soma dos Pulsos do QRS. Cada 0,1 mV vale 1 mm.

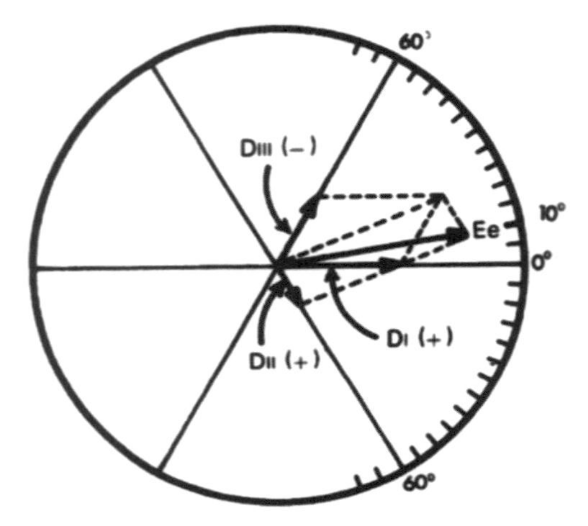

Fig. 15.12 – Vetores D_I, D_{II} e D_{III}. $D_I = + 10$;$d_{II} = + 4$; $D_{III} = - 6$.

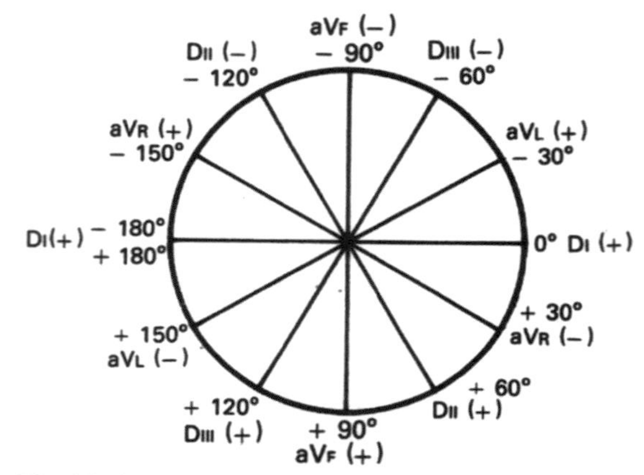

Fig. 15.13 – Sistema de Coordenadas para Determinação do Ee com as Derivações Clássicas e Unipolares. Notar que aV_R e aV_L possuem polaridade invertida em relação ao sinal algébrico dos ângulos.

b) **Métodos das Derivações Oássicas e Unipolares** – O princípio do método é estatístico, e baseia-se na distribuição dos seis vetores D_I, D_{II}, D_{III}, aV_R, aV_L e aV_F. Usa-se um sistema de coordenadas como o anterior, acrescido das derivações unipolares aumentadas. A distribuição angular, a polaridade das derivações e sinal dos ângulos estão na Fig. 15.13.

O procedimento é o seguinte:

1. Determinar a polaridade de cada derivação, sendo desnecessário medir a magnitude dos vetores (Fig. 15.14).

2. Traçar, de acordo com a polaridade, um arco de círculo que:

a) Comece nessa derivação.

b) Termine nas duas derivações perpendiculares.

No exemplo da Fig. 15.15, para a derivação D_I (–), temos: centro em D_I, extremidades em aV_F (+) e aV_F (–).

Similarmente, para a derivação aV_R (–), temos: centro em aV_R (–) e extremidades em D_{III} (–) e D_{III} (+).

3) Após traçar os seis arcos de círculo, verificar quais derivações são cortadas pelo maior número de arcos. No exemplo da Fig. 15.14, aV_L (+) e D_I (+) são cortadas por 6 arcos. Então, o E_e está entre 0° e – 30°, ou aproximadamente, em – 15°.

4) Uma aproximação maior pode ser feita quando se considera a magnitude dos vetores que formam o ângulo onde o E_g está localizado. No exemplo que estamos vendo, a Fig. 15.14 mostra que D_I (+) é bem maior que aV_L (+). O eixo deve estar mais próximo da D_I (+) entre 0 e – 15, aproximadamente – 7°.

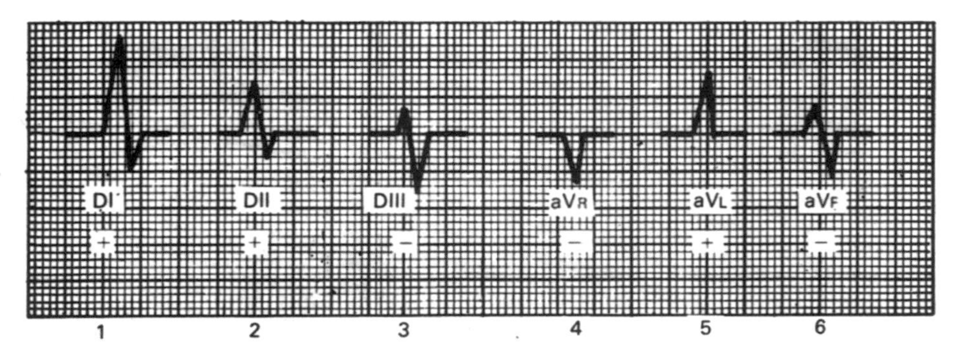

Fig. 15.14 – Polaridade dos Vetores nas Derivações Clássicas e Unipolares.

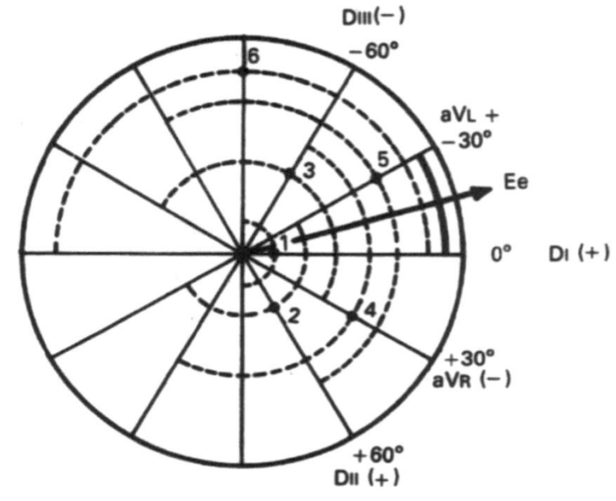

Fig. 15.15 – Arco de Círculo das Derivações Clássicas e Unipolares (ver texto).

Esse método se simplifica quando, ao se fazer o traçado, nota-se que uma derivação qualquer possui pulsos isodifásicos (iguais nas duas fases), isto é, com amplitude negativa igual à positiva, como ocorre na Fig. 15.16, com a derivação D_{III}.

Nesse caso:

"O eixo elétrico é perpendicular à derivação isodifásica".

No exemplo dado, o E_g é perpendicular a D_{III}, e coincide exatamente com aV_R (−) que tem sinal (−) (Fig. 15.17). O valor é + 30°, como na Fig. 15.13 ou Fig. 15.15, anteriores.

Leitura Suplementar

Em textos de Fisiopatologia, e Especializados, alterações do ECG.

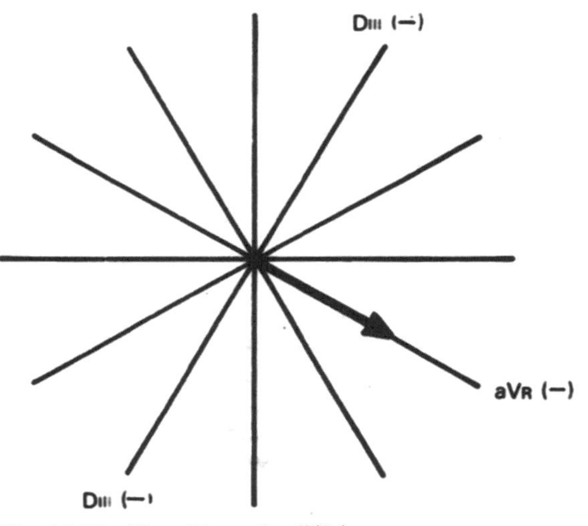

Fig. 15.17 – Vetor Ee em Isodifásica.

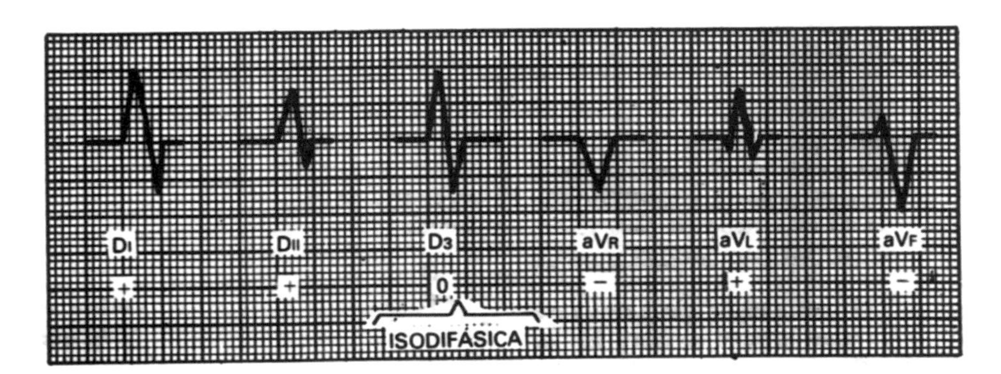

Fig. 15.16 – Derivação com Vetores Isodifásicos.

C. O Campo Gravitacional e a Circulação

Os parâmetros Energia Potencial. Energia Cinética, Energia Gravitacional, Atrito, Pressão, Viscosidade, além de fatores geométricos, desempenham papel importante na Mecânica Circulatória. A explicação dos fenômenos que ocorrem é puramente física, e isto facilita e simplifica o conhecimento de importantes fatos fisiológicos.

1. Descrição Sumária do Sistema Circulatório

Uma única frase resume o aspecto principal do tipo de estrutura e função desse sistema, em mamíferos:

"A circulação sanguínea é um sistema fechado, com o volume circulatório em regime estacionário".

Isto quer dizer que o sangue está contido em um sistema de bomba hidráulica e vasos condutores, sem vazamento (fechado), e o que entra de um lado é igual ao que sai do outro (estado estacionário). A Fig. 15.1 8 representa esse sistema e seus se-tores principais que são:

A) Anatomicamente

1. Grande circulação ou circulação sistêmica (setas duplas).
2. Pequena circulação ou circulação pulmonar (setas simples).

B) Funcionalmente

São quatro setores A. B, C e D, separados pelas setas interrompidas da Fig. 15.18. As características de pressão, conteúdo de O_2 e CO_2, estão assinaladas na Fig. 15.18.

Deve-se notar a peculiaridade do regime estacionário no sistema: Ele existe entre a grande e pequena circulação, sendo o volume que sai igual ao que entra. Também entre os setores, o volume circulatório é estacionário. A Fig. 15.19 mostra a continuidade anatômica e fluxional entre a pequena e a grande circulação. Essa continuidade demonstra como é obrigatório que o regime estacionário exista também entre a grande e pequena circulação. Isto significa que a quantidade de sangue que é movimentada a cada impulso do coração é a mesma, na grande e na pequena circulação. Esse volume é cerca de 83 ml ejetado em cada ventrículo, ou cerca de 165 ml pelo coração, em cada batida.

A Figura 15.19 indica ainda que a **área total seccional** de cada segmento varia bastante. Ela vai aumentando da aorta até os capilares sistémicos, e depois diminui dos capilares até a veia cava. Es-

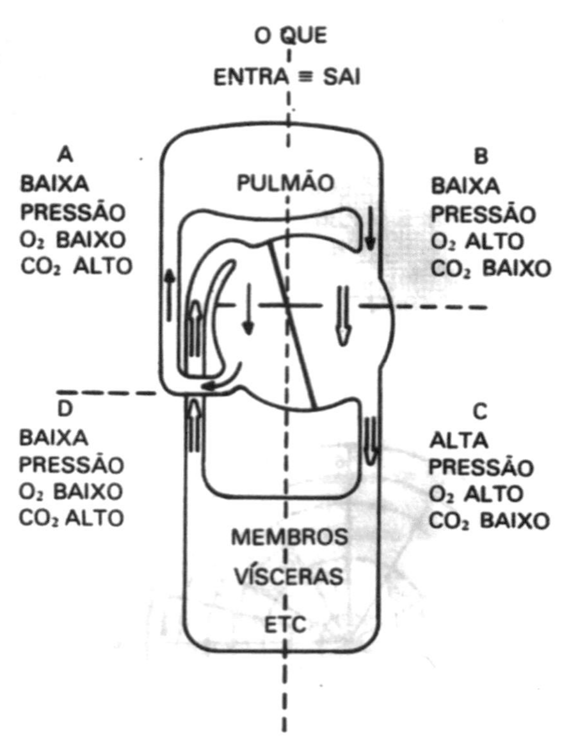

Fig. 15.18 – Aparelho Circulatório de Mamífero Superior (ver texto).

trutura similar existe na pequena circulação, entre a artéria e a veia pulmonar.

Deve-se notar que, na pequena circulação, a parte com alto O_2 e baixo CO_2 é a venosa, ao contrário da grande circulação. A pressão é baixa, tanto nas artérias (cerca de 15 mm Hg média), como nas veias.

Cerca de 1/4 do sangue está na pequena circulação, e 3/4 na grande. Um indivíduo com 5 litros de sangue tem aproximadamente 1,2 litro na pequena circulação, e cerca de 3,5 litros na grande. Aproximadamente 250 ml (0.25 l) estão no coração, dando um total aproximado de 5 litros.

2. Propriedades de um Fluxo em Regime Estacionário (RE)

a) Uma experiência simples está representada na Fig. 15.20. Do frasco (A) corre um líquido para o frasco (B), através de um setor de tubos concêntricos de diâmetro variável. Esse setor está representado na parte (C) da figura.

Observa-se que:

1. Estado ou Regime Estacionário – Nos três segmentos do tubo, o fluido que entra é igual ao que sai:

Entra ≡ Sai

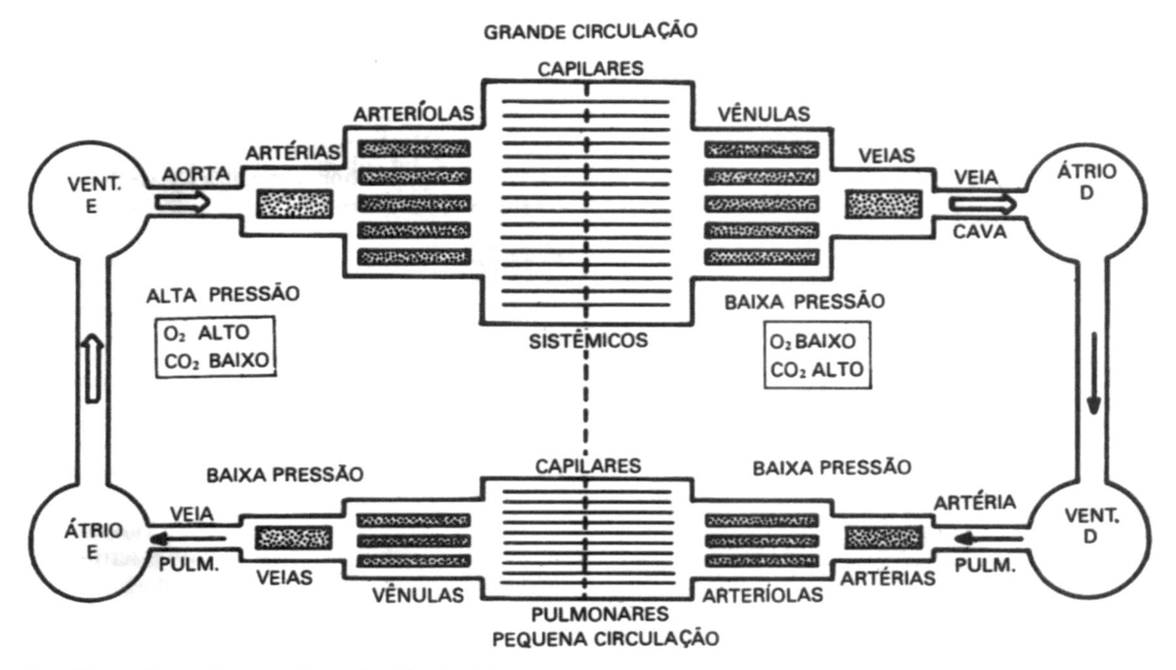

Fig. 15.19 – Plano Geral do Aparelho Circulatório (ver texto).

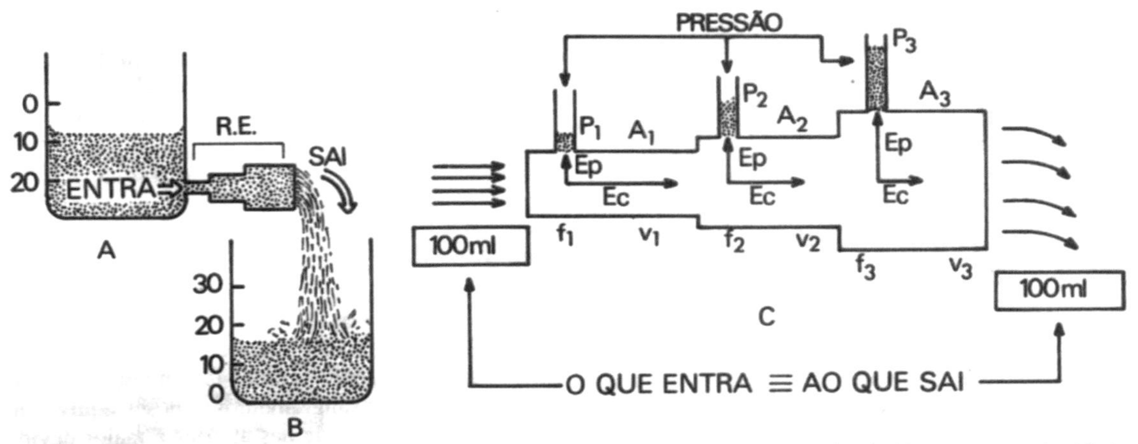

Fig. 15.20 – Regime Estacionário. Ep – Energia Potencial, causa a pressão; Fc – Energia Cinética, causa a velocidade; f – Fluxo (volume movimentado pelo tempo); v – Velocidade Linear do fluido; A – Áreas das Secções.

2. **Fluxo** – A quantidade de líquido que passa é a mesma nos três segmentos. O fluxo total é igual a cada fluxo parcial:

$$F = f_1 = f_2 = f_3$$

3. **Energética** – A velocidade de circulação diminui à medida que o diâmetro aumenta, isto é, a Energia Cinética diminui:

$$v1 > v2 > v3$$

A pressão lateral aumenta, porque a soma $E_p + E_c$ é aproximadamente constante, e a Energia Potencial (E_p) cresce às custas da Energia Cinética (E_c). Na realidade, parte da E_c é consumida pelo atrito, e a E_p não aumenta tanto como mostrado, mas tem-se:

$$Ep_1 < Ep_2 < Ep_3$$

A Equação do Fluxo em RE

A equação do fluxo é a mesma de qualquer outro condutor:

$$f = v \times A, \text{ isto é,}$$

o fluxo é igual ao produto da velocidade de circulação pela área do tubo, como mostra a simples Análise Dimensional:

$$\text{fluxo} = \text{velocidade} \times \text{área}$$

$$f = (LT^{-1}) \times (L^2) = L^3T^{-1}$$

onde se obtém volume em função do tempo, isto é, fluxo.

No caso do regime estacionário:

$$F = f_1 = f_2 = f_3 \ldots$$

generalizando e substituindo o valor de f:

$$F = v_1 A_1 = v_2 A_2 = v_3 A_3 = \ldots = v_n A_n$$

isto é, a constância do fluxo se mantém independentemente do segmento considerado. Variam apenas a área e a velocidade.

Exemplo – Em um sistema em regime estacionário, o fluxo é de 100 $ml.min^{-1}$. Se os segmentos A, B e C possuem áreas de 10, 20 e 100 cm^2, qual é a velocidade nesses três segmentos?

Dimensões | Valor

$$v = \frac{cm^3.min^{-1}}{cm^2} = cm.min - 1 \qquad v_A = \frac{100}{10} = 10\ cm.min^{-1}$$

$$v_b = \frac{100}{20} = 5\ c.min^{-1}$$

$$v_c = \frac{100}{100} = 1\ cm.min^{-1}$$

Esses princípios se aplicam ao sistema circulatório, como veremos em seguida.

3. Fluxo Estacionário em Biologia

Quais são as relações entre as condições do fluxo estacionário e a fisiopatologia circulatória? Várias e importantes noções estão condicionadas às propriedades que vimos.

a) Quebra do Regime Estacionário

O edema pulmonar é uma das mais graves emergências circulatórias, e sua gênese deve-se ao desrespeito ao regime estacionário. No edema pulmonar, a quantidade de sangue que entra na pequena circulação é **maior** que a que sai. Isso pode ocorrer por aumento da resistência à circulação, por falha da bomba cardíaca (veja tratados de fisiopatologia). Esse acúmulo de sangue (denominado estase ou estagnação sanguínea) impede as trocas gasosas, e tende a sair pelos alvéolos, afogando o paciente no próprio plasma. O processo é agudo. Calcula-se que uma estase de 1% durante 10 minutos é mortal. A melhor terapêutica é restabelecer o estado estacionário (V. textos especializados).

Exemplo – Um paciente tem um desvio de 1% no RE, durante 10 minutos. Calcular a quantidade de fluido que fica no pulmão.
Supondo um débito de 81 ml a cada batida, 1% é 0,8 ml, aproximadamente (geralmente, é mais, nesses casos), o fluido acumulado em 10 minutos será:

$$\text{Volume} = 0{,}8\ ml \times 90 \times 10 \times 700\ ml.$$

A estase pode ocorrer em outros territórios, devido a várias causas, como no fígado e baço, causando engurgitamento (inchação) desses órgãos. Essas disfunções devem ser socorridas em pronto atendimento.

Outro exemplo da extrema gravidade do desaparecimento do estado estacionário são as hemorragias. As hemorragias crônicas podem levar longo tempo até serem perigosas, porque o restabelecimento da volemia é possível. Mas, nas hemorragias agudas, é necessário corrigir a deficiência do estado estacionário com a urgência possível. Estancar o sangramento, e, se necessário, repor o volume circulante com sangue, plasma ou soluções de macromoléculas.

Nas hemorragias arteriais, a perda de sangue é muito mais rápida que nas hemorragias venosas, e o estado estacionário é perdido com mais rapidez. Por esse motivo, os sangramentos arteriais são mais perigosos do que sangramentos venosos equivalentes. A perda de sangue nas artérias é maior devido à pressão lateral (E_p) do sangue, que se transforma em E_c na parte seccionada. Nas veias, a E_p é mínima.

b) Relação entre a Velocidade de Circulação e o Diâmetro dos Vasos. Constância do Fluxo

Como a área dos segmentos vasculares do sistema circulatório é bastante variável, e o fluxo é obrigatoriamente constante, a velocidade de circulação varia de acordo com esses fluxos, e segue a lei geral de fluxos em regime estacionário. Essa constância do fluxo, e variação da velocidade, é aparente quando se comparam três setores fundamentais do sistema circulatório: a artéria aorta, os capilares e a veia cava. Os dados relativos a esses três segmentos estão no Quadro 15.2.

Quadro 15.2
Parâmetros Circulatórios da Aorta, Capilares e Cava. Valores Médios e Aproximados

	Aorta	Capilares	Cava
Diâmetro	2,0 cm	8 μm	2,4 cm
Número	1	2 bilhões	1
Área	3,0 cm^2	cm^2	4,5 cm2
Velocidade	28 $cm.s^{-1}$	0,04 cm.s-^{1}	19 cm.s-1
Fluxo	28 × 3,0 = 84 $ml.s^{-1}$	0,04 × 2.200 = 88 $ml.s^{-1}$	2819 × 4,5 = 86 $ml.s^{-1}$

Esses valores indicam, claramente, a constância do fluxo sanguíneo, que é de cerca de 85 a 90 $ml\text{-}s^{-1}$. Esse valor se estende a todos os territórios vasculares representados na Fig. 15.18. Nesses segmentos, as variações de área são acompanhadas de variações de velocidade, de tal modo que o fluxo permanece constante, como previsto pela equação de fluxo.

c) **Relação entre Energética de Fluxo e a Pressão Arterial** (Veja no item Energética de Fluxo, adiante).

d) **Fístula Arteriovenosa – Comunicação Interventricular e Interatrial**

Pode haver uma comunicação anômala, uma espécie de curto-circuito, entre os compartimentos circulatórios, como no caso mostrado na Fig. 15.21, de uma fístula interatrial. Essa comunicação é acompanhada de passagem de sangue do átrio esquerdo (pressão mais alta) para o átrio direito (pressão mais baixa). A comparação entre a situação normal (A) e a patológica (B) mostra que o estado estacionário permanece em cada circulação. Mas, no caso (B), a pequena circulação tem uma sobrecarga extra de y ml de sangue:

A) Normal
- Pequena circulação: entra e sai × ml de sangue
- Grande circulação: entra e sai × ml de sangue

B) Patológica
- Pequena circulação: entra e sai × + y ml de sangue*
- Grande circulação: entra e sai × ml de sangue.

A manutenção desse estado estacionário explica por que o indivíduo pode viver longo tempo com essas anomalias, embora a pequena circulação tenha uma sobrecarga de y ml de sangue.

* Notar a sobrecarga de y ml.

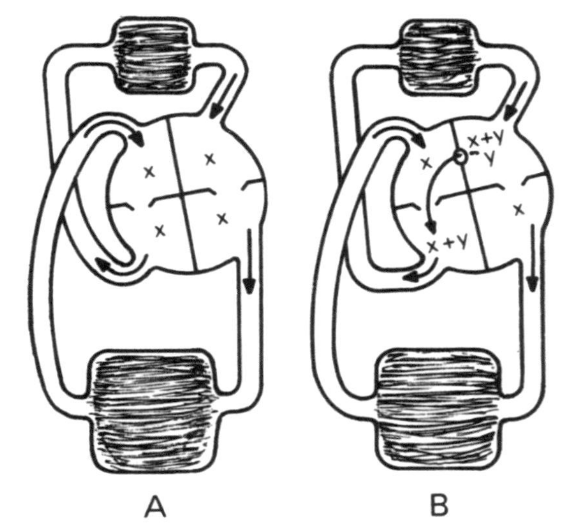

Fig. 15.21 – Fístula interatrial. A – Normal; B – Fístula.

A colocação de pontes de safena, uma correção cirúrgica para prover de um caminho paralelo ao sangue de região coronária deficiente, necessita que a ligação se faça entre pontos de circulação livre, para que o estado estacionário seja mantido. Não pode haver estase. Na fístula interventricular também permanece o estado estacionário. (Faça um esquema.)

4. Energética de Fluxos em Regime Estacionário

Em um sistema líquido que se movimenta em tubos, através do Trabalho realizado por uma bomba hidráulica, a energia total (E_t) do fluido é dada por quatro termos, que compõem a equação de Bernouilli.

$$E_t = E_p + Ec + E_D + E_g$$

onde E_t é a energia total, E_p é a energia potencial (efeito de pressão lateral), Ec é a energia cinética (deslocamento do fluido), E_d é a energia dissipada (atrito), e E_g é a energia posicional devida à ação do campo G. A representação vetorial dessas Energias está na Fig. 15.22.

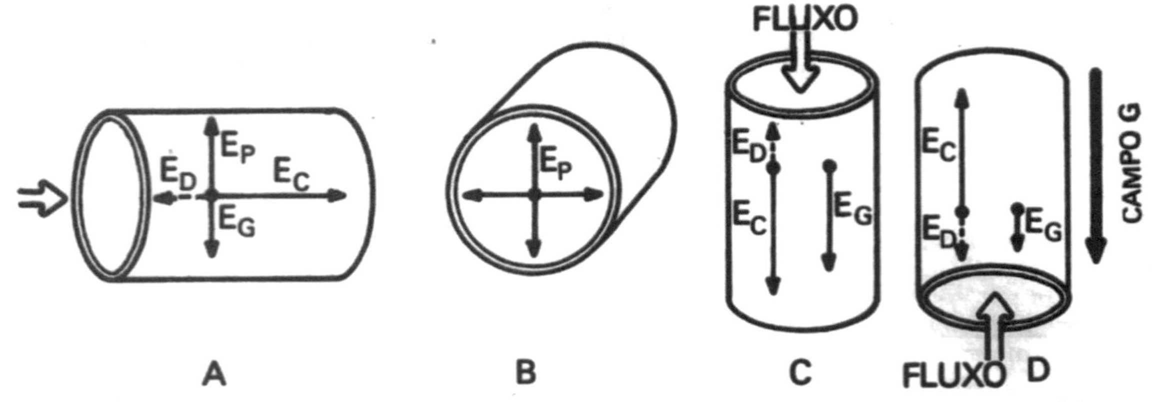

Fig. 15.22 – Energética da Circulação. A – Vetores em um vaso horizontal. B – O vetor Ep se exerce radialmente. C – Vetor EG a favor da EC. D – Vetor EG contra EC. Notar que EC e ED sempre são opostos. Esses termos são bem demonstrados como no Quadro 15.3.

Quadro 15.3
Parâmetros da Equação de Bernouilli

Termo	Significado	Fórmula	Origem
EP	En. Potencial (Pressão)	P.V	Coração
EC	En. Cinética (Velocidade)	1/2 mv2	Coração
ED	En. Dissipada (Atrito)	µc.f.L	Atrito
EG	En. Posicional (Altura)	d.g.h	Campo G

Nota: Veja (se necessário) Introdução à Biofísica, para relembrar esses parâmetros.

O significado desses termos, em suas relações com a hemodinâmica, será apreciado a seguir.

4.1 – Relação entre Energética do Fluxo e Pressão Lateral

O componente E_G será desprezado nesse caso, por não alterar o resultado. A equação de fluxo fica:

$$E_T = E_p + \overrightarrow{E_C} + \overleftarrow{E_D} \equiv cte$$

onde a soma das energias é constante. Num vaso como o da Fig. 15.23, onde ramos laterais conduzem sangue para os tecidos, a relação dos parâmetros mostra que:

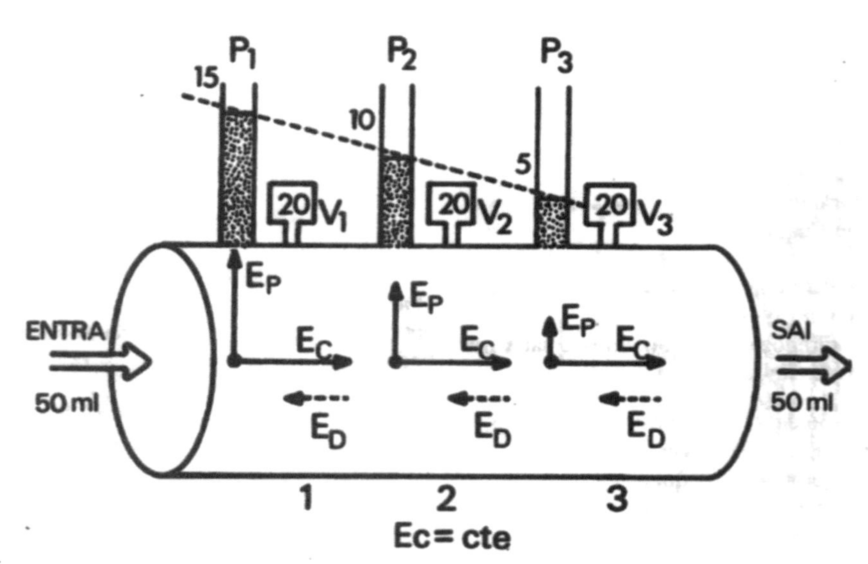

Fig. 15.23 – Área dos Vasos e Pressão Lateral (ver texto) – $A_1 < A_2 < A_3$.

A energia cinética, E_C, representa a velocidade do fluxo, e não pode diminuir no regime estacionário. Mas ela se gasta em parte para vencer a E_D, a energia de dissipação do atrito, e se repõe às custas da Ep, a energia potencial, que causa a pressão lateral. Assim, a pressão cai ao longo do vaso. É por este motivo que artérias laterais distais possuem menor pressão de irrigação que artérias laterais proximais. Esse efeito é, em parte, contrabalançado pela divisão das artérias em segmentos de áreas cada vez maiores (Fig. 15.24).

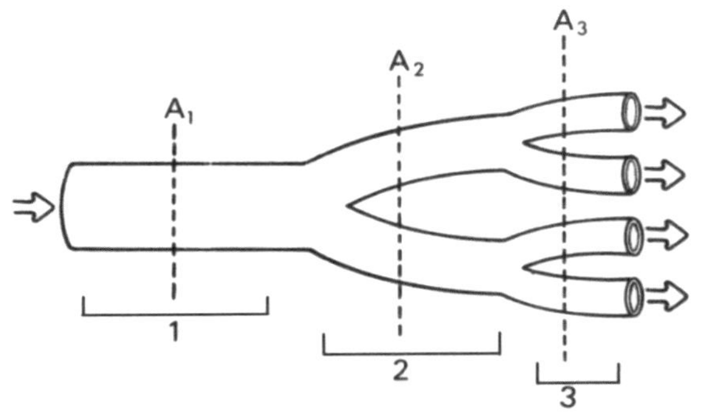

Fig. 15.24 – Fluxo e Pressão Lateral. Ep – En Potencial; EC –En Cinética; P – Pressão; V – Velocidade; ED – En Dissipada (atrito).

Do segmento (1) ao (3), as áreas **totais** A_1, A_2 e A_3 vão aumentando gradativamente. Isso resulta em diminuição de velocidade de circulação, e consequente **aumento** da pressão lateral (v. Fig. 15.20 e texto pertinente). Graças a essa divisão em áreas maiores, a pressão na árvore arterial cai muito pouco, de 100 mm Hg ($1,3 \times 10^4$ Pa) a 90 mm Hg ($1,2 \times 10^4$ Pa) nas artérias mais distantes. Nas arteríolas, a queda é um pouco maior, mas a pressão chega na entrada dos capilares ainda com 35 mm Hg ($4,6 \times 10^3$ Pa). Este é o item C da Energética do Fluxo e Pressão Lateral, que mencionamos anteriormente. Esse alargamento da área atinge o máximo no leito capilar.

Do sistema capilar para as veias, ocorre o contrário, e as áreas seccionais vão diminuindo. A velocidade **aumenta**, o que **diminui** a pressão lateral, e facilita o desaguamento das veias tributárias nos troncos menores. Na veia cava, a pressão cai de 4 a 6 mm Hg, praticamente nula ($6,7 \times 10^2$ Pa).

4.2 – Anomalias do Fluxo – Gradiente de Queda da Ep em Estenoses e Aneurismas

O que acontece quando há anomalias do fluxo, com a pressão lateral do sangue?

A estenose é um **estreitamento** da luz do vaso, o **aneurisma** é uma dilatação. A Fig. 15.25, que é uma simplificação da Fig. 15.24, representa esses casos.

Nota-se que, com o gasto da E_C e sua reposição pela E_p, esta vai caindo, como esperado, nos segmentos normais. Na parte estenosada, o sangue circula com maior velocidade, e a E_p cai além do gradiente normal. No segmento pós-estenose, embora a velocidade seja normal, a pressão é menor. O motivo é que mais E_C foi gasta para vencer a estenose, e esse gasto se repõe com a E_p. Na região do aneurisma, a velocidade é menor, o que acarreta um aumento da E_p. Esse aumento estabelece um círculo vicioso, porque, por sua vez, tende a aumentar a dilatação do aneurisma.

Esses dados explicam a maior frequência de infarto nas regiões onde há artérias esclerosadas. A aterosclerose consiste na deposição de gorduras e cálcio, entre outras substâncias, no lúmen de artérias, que ficam estenosadas. Nessas regiões, a velocidade do sangue aumenta, e a pressão lateral diminui. Com a queda da pressão lateral a nutrição dos tecidos fica prejudicada, podendo haver isquemia (deficiência de sangue), e até mesmo o infarto (necrose dos tecidos).

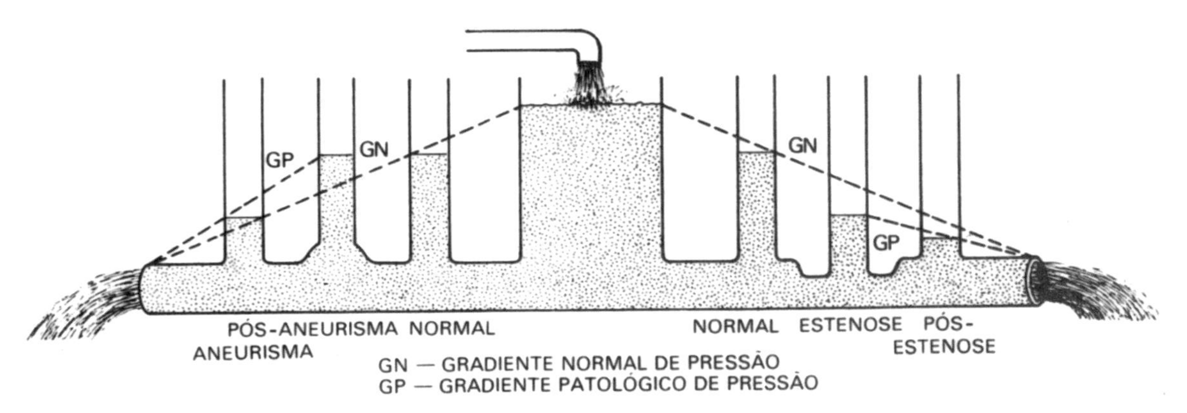

Fig. 15.25 – Anomalias do fluxo (ver texto).

A ruptura de aneurismas é também um acidente vascular perigoso.

4.3 – Relação entre Onda de Pulso e Velocidade de Circulação

Todas artérias apresentam uma dilatação perceptível ao tato como uma discreta batida, síncrona com a contração cardíaca. É o pulso. A tomada do pulso fornece informações valiosas sobre o funcionamento do aparelho circulatório, como a frequência, a presença de arritmias (falta de ritmo), a intensidade, e outras. Embora o pulso possa ser registrado graficamente, com riqueza de detalhes, a simples palpação permite verificar importantes condições.

O que é o pulso? À primeira vista, parece ser a corrente sanguínea impulsionada pela contração cardíaca. Mas não é. A Figura 15.26 ilustra o que é **pulso** e o que é **corrente sanguínea**.

A onda de pulso é a energia da contração cardíaca que se propaga pelo sangue. É Energia Mecânica.

A corrente sanguínea é o deslocamento da massa de sangue, medida pelo movimento de hemácias. É Matéria.

A onda de pulso se propaga com velocidade 4 a 6 vezes maior que a corrente sanguínea, e é palpável. A corrente sanguínea não é perceptível ao tato, e necessita métodos especiais para ser percebida.

4.4 – Energética da Sístole e Diástole

O ciclo da contração cardíaca passa por duas fases bem características.

Sístole – Contração com esvaziamento do coração. Os átrios ejetam sangue nos ventrículos, e esses nas artérias aorta (coração esquerdo) e artéria pulmonar (coração direito).

Diástole – Relaxamento com entrada de sangue nas cavidades cardíacas, e fechamento das válvulas arteriais.

Durante a sístole, o sangue é subitamente acelerado em todas as artérias, pela massa sanguínea que é ejetada nos ventrículos. A pressão e velocidade do sangue atingem um nível máximo. Durante a diástole, tanto a pressão como a corrente sanguínea continuam, embora em nível menor.

Por que a pressão e o fluxo continuam durante a diástole? A origem da força é a seguinte (Fig. 15.27).

Na Figura 15.27 A, está representado o ventrículo esquerdo, instantes antes da sístole. Na Fig. 15.27 B, a contração do ventrículo lançou massa de sangue com energia cinética (E_C), que se divide em dois componentes:

Um, como E_C, acelera o sangue e dilata a artéria.

Outro, como Energia Potencial E_P, se armazena na artéria.

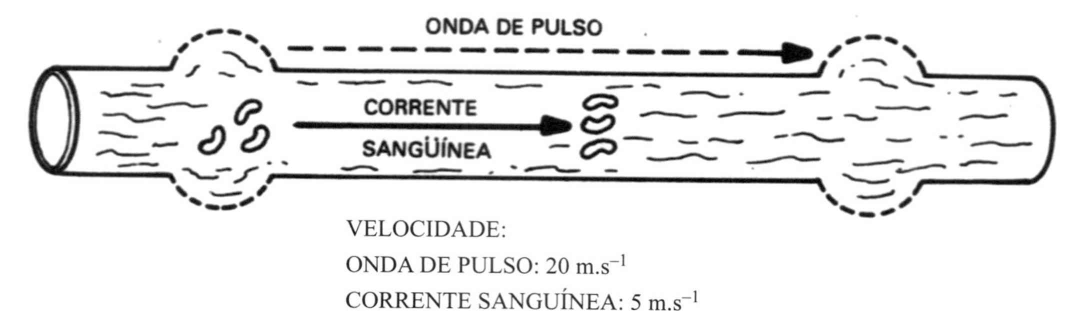

VELOCIDADE:

ONDA DE PULSO: 20 $m.s^{-1}$

CORRENTE SANGUÍNEA: 5 $m.s^{-1}$

Fig. 15.26 – Onda de Pulso e Corrente Sanguínea (ver texto).

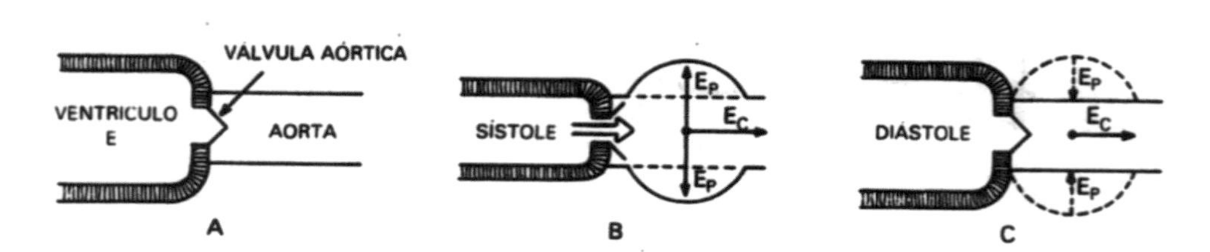

Fig. 15.27 – Energética da Sístole e Diástole (ver texto).

Quando a sístole termina, começa a diástole, a válvula aórtica se fecha, a E_C da contração está gasta. Então, a E_P armazenada na artéria se transforma parcialmente em E_C. Ficam novamente dois componentes:

Um, como E_C, mantém a corrente sanguínea. Outro, como E_P, mantém a pressão lateral.

Todas artérias se comportam dessa maneira, o que permite duas condições importantes:

Em nenhum momento do ciclo:

1. O fluxo se interrompe.
2. A pressão se anula.

Durante a diástole, a pressão e o fluxo são menores do que durante a sístole, obviamente. Deve-se notar que: "ainda durante a diástole, a pressão e o fluxo resultam do Trabalho cardíaco durante a sístole, que ficou armazenado como E_P nas artérias".

Não se deve confundir a pressão sistólica e diastólica com a medida da pressão arterial por métodos indiretos, como o do esfigmomanômetro aparelho de medir a pressão pelo pulso: esfigmo, pulso). A relação entre esses parâmetros será discutida no item: Fluxo Laminar e Turbilhonar × Pressão Sanguínea.

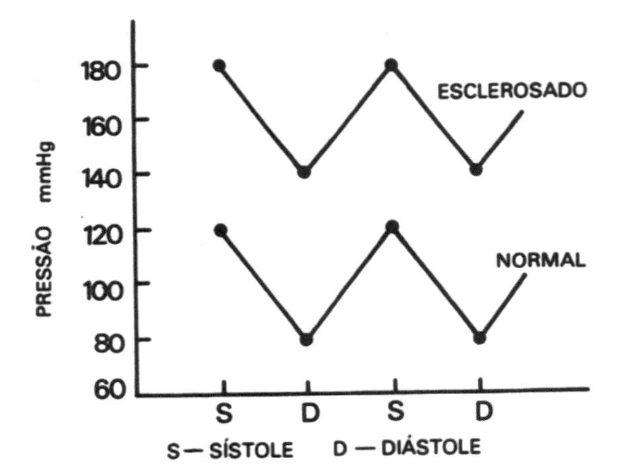

4.5 – Hipertensão de Origem Vascular e sua energética

Existem vários tipos de hipertensão (pressão acima dos valores médios esperados). Um tipo que ocorre nos casos de arteriosclerose tem sua energética explicada pelo mecanismo que acabamos de descrever (Fig. 15.28).

O vaso normal exige apenas 120 mm Hg para fornecer um fluxo normal satisfatório, e na volta, devolve os 80 mm Hg também adequados às condições normais. O vaso esclerosado necessita pressão maior para ser dilatado em diâmetro equivalente, na hipótese mostrada, 180 mm Hg. A devolução de energia é obviamente maior, porque as paredes são mais grossas, e ainda necessitam mais energia para uma dilatação equivalente. É como comparar as pressões fornecidas por um pneu de automóvel e outro de caminhão. O gráfico mostra as variações da pressão sistólica (S) e diastólica (D) nos casos N (normal) e P (patológico).

A hipertensão de origem vascular ateromatosa é também acompanhada de aumento da resistência periférica ao fluxo sanguíneo.

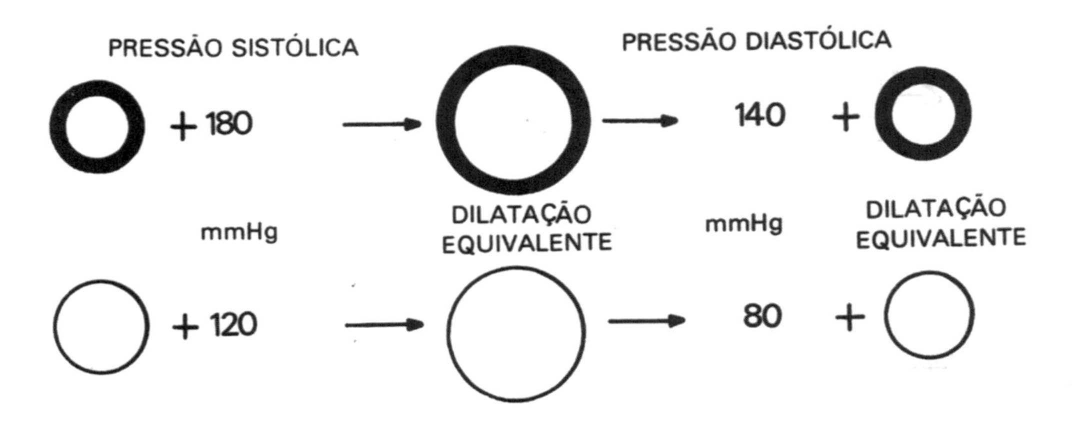

Fig. 15.28 – Pressão em Vasos Normais e Patológicos.

4.6 – Pressão nos Capilares – Forças Envolvidas

Os capilares representam a única parte do sistema cardiovascular acessível a trocas metabólicas com os tecidos. Para servir a esse fim, a estrutura e as forças envolvidas são peculiares.

O comprimento dos capilares, em média, é de 0,8 a 1,2 nm (800.000 a 1.200.000 nm) e o diâmetro, um pouco mais do que o de uma hemácia, isto é, 8 a 8,5 μm (8.000 nm). Se o capilar tivesse 1 cm de diâmetro, seu comprimento seria de cerca de 1 metro. A velocidade do sangue nos capilares, como já vimos, é cerca de 0,4 $mm.s^{-1}$, o que faz o tempo de circulação ser de 2 a 2,5 segundos. Esse é o tempo gasto entre a entrada no capilar, através da arteríola, e a saída, através da vênula.

Os capilares, como de resto todo o sistema vascular, pulsam, e suas paredes apresentam uma camada única de células endoteliais, cimentadas com proteínato de cálcio. Essas paredes apresentam poros de tamanho variável com a região do corpo. No sistema nervoso central, os poros são de menos de 3 nm, e permitem trocas de moléculas muito pequenas, como água e gases. Os poros de 3 a 5 nm, são mais comuns e permitem a troca de água e pequenas moléculas. Nos glomérulos, os poros são um pouco maiores (V. Biofísica da Função Renal). No fígado, há poros de até 10 nm, que permitem alguma troca de macromoléculas. Existem mais de 2 bilhões de capilares em um adulto.

A velocidade de circulação no leito capilar é lenta, para permitir as trocas metabólicas necessárias. A qualquer instante, cerca de 5% do sangue se encontra no leito capilar, ou seja, 250 ml para um volume sanguíneo total de 5 litros. Porém, como o volume do leito capilar é grande, passam cerca de 5 litros de sangue por minuto. Com esse fluxo, um volume de fluido quase equivalente ao total de plasma, (cerca de 3 litros), é trocado em apenas 10 minutos, entre os capilares e os tecidos. Lembrar sempre, que a troca de proteínas é mínima.

Quais são as forças responsáveis por esses parâmetros que vimos acima? São simples, e seu equilíbrio também. Na Figura 15.29 A estío representadas as forças que existem entre os capilares e o compartimento intersticial (Compartimento Extra-celular, CEC).

Os vetores representam as direções nas quais essas forças se aplicam. Os números indicam o valor em mm Hg. Na entrada do capilar, na conexão com a arteríola, a diferença de P_{osrn} deixa um saldo de 22 mm Hg a favor da penetração de fluido, mas a P_{hid} ganha a luta, deixando um saldo de 13 mm Hg a favor da expulsão de fluido para o Compartimento Extracelular (CEC). Na saída do capilar, na conexão com a vênula, essas mesmas forças deixam um saldo a favor da penetração de líquido, de 13 mm Hg. Entre esses extremos, há um gradiente de pressão:

Esse gradiente de Saída-Entrada de fluido no capilar está representado na Figura 15.29 B. Nota-se que as forças possuem uma resultante nula, teoricamente, no meio do caminho.

O estado estacionário no capilar é importante. Se o fluido que sai é maior do que o fluido que entra, imediatamente, água é retida no CEC, numa condição conhecida como edema. Há várias causas de edema, todas relacionadas a uma alteração das forças que acabamos de estudar. Elas são:

A. Alterações na Pressão Osmótica

1. Diminuição da P_{osm} intracapilar, por hipoproteinemia (baixa concentração de proteínas no plasma). A resultante osmótica na entrada do capilar diminui. Como consequência, há escape de

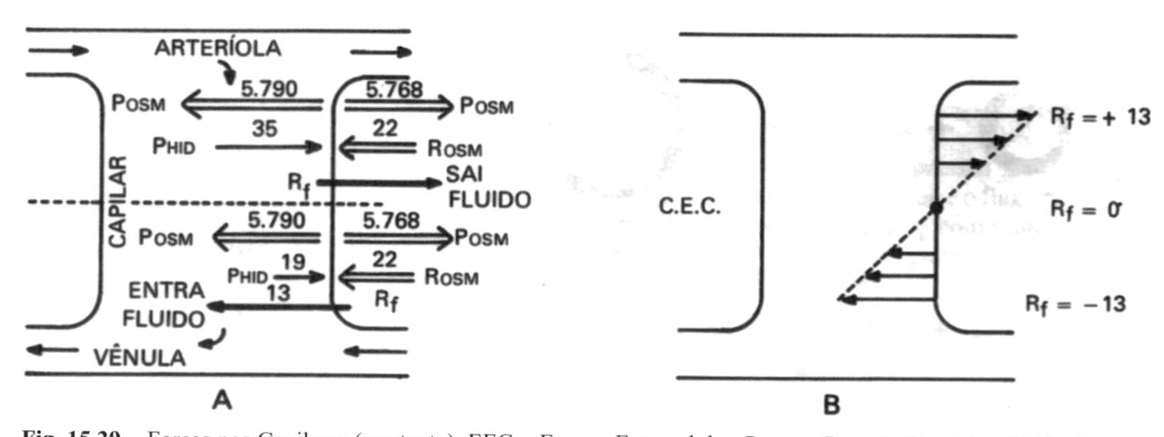

Fig. 15.29 – Forças nos Capilares (ver texto). EEC – Espaço Extracelular; Posm – Pressão Osmótica; Phid – Pressão Hidrostática Posm – Resultante Osmótica; Rf – Resultante Final. Todas as pressões em mm Hg. Desenho fora das proporções naturais.

fluido para o CEC. Na saída do capilar, a entrada de fluido é também prejudicada, acentuando a retenção de fluido no CEC.

2. Aumento de sais no CEC. Quando, por razões de insuficiência cardíaca, ou renal, há retenção de sais, a P_{osm} do CEC aumenta, com consequente retenção de fluido nesse compartimento.

B. Alterações na Pressão Hidrostática

1. Dilatação arteriolar ou constrição venular. Em ambos casos, há um **aumento** da P_{hid}, e consequente **aumento** do vetor de saída e **diminuição** do vetor de **entrada** de fluido.

2. Aumento da pressão venosa. Sempre que há um aumento da pressão venosa, a passagem do sangue através dos capilares exige um aumento da Phid, e a situação das forças é como no caso anterior: **maior** saída e **menor** entrada de fluido.

Ação do campo gravitacional. Veja no item campo G, adiante.

C. Alterações na Permeabilidade do Capilar

Há substâncias como a histamina, bradicinina, e certas cininas, que aumentam a permeabilidade do capilar, permitindo o vazamento de macromoléculas, especialmente albumina, para o CEC. Com a queda da P_{osm} intracapilar, fluido se acumula nesse espaço. Essa é a explicação do edema que acompanha os estados inflamatórios.

5. Tipos de Fluxo: Fluxo Laminar, Fluxo Turbilhonar e Seu Relacionamento com a Circulação Sanguínea

A reologia (reos, corrente), é a ciência que estuda os fluxos e suas deformações, distingue dois regimes de escoamento, como mostra a experiência da Figura 15.30.

Em duas buretas contendo água de torneira, colocam-se algumas gotas de fucsina e 0,1% em água destilada, bem no topo da coluna líquida. Em seguida, as buretas são abertas:

Bureta A – O líquido é escoado lentamente. O corante se dispõe em camadas concêntricas, afunilando-se no centro do tubo. Olhando-se por cima, é possível ver a regularidade das camadas concêntricas, ou lâminas de fluido. Esse é o fluxo laminar ou lamelar (pequenas lâminas, ou camadas). Figura 15.30 A.

Bureta B – O líquido é escoado com o máximo de velocidade. O corante se distribui de forma irregular, formando redemoinhos, turbilhões, com porções de fluido se entrechocando. Olhando-se por cima, é possível ver a desorganização das camadas de corante. Esse é o fluxo turbilhonar ou turbulento (Figura 15.30 B).

Pode-se passar de um regime ao outro, simplesmente variando a velocidade de escoamento. Abaixo dessa velocidade, o fluxo é laminar, acima é turbilhonar. Essas relações estão mostradas no grá-

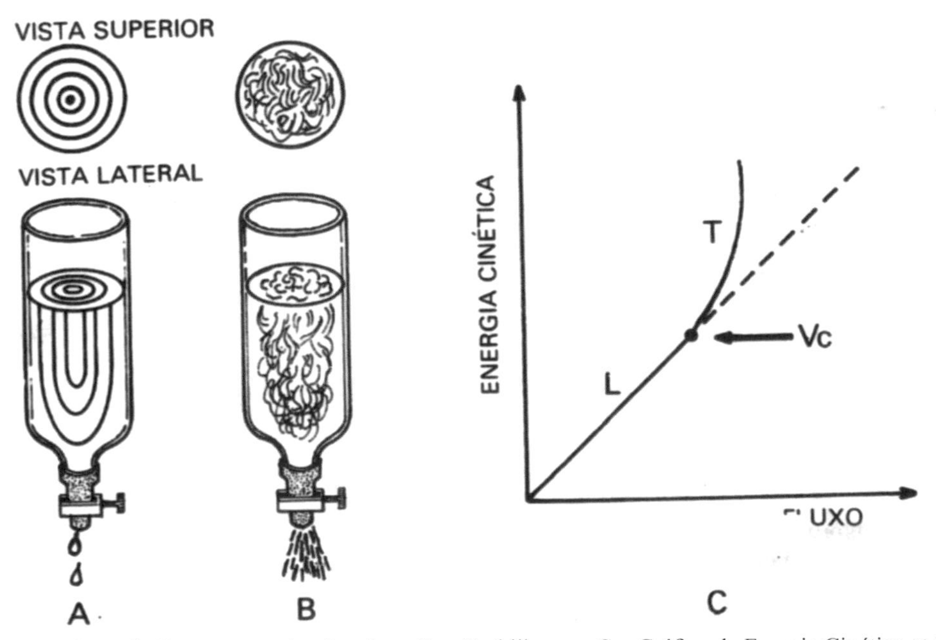

Fig. 15.30 – Regimes de Escoamento. A – Laminar; B – Turbilhonar; C – Gráfico de Energia Cinética × Fluxo.

fico da Fig. 15.30 C. A velocidade limite é chamada de velocidade crítica. Essa velocidade é muito importante em biologia, como vemos no item 4.1.

A termodinâmica dos fluxos laminar e turbilhonar esclarece os achados. No fluxo laminar, a Entropia é adequada ao processo, não havendo desperdício da Energia cinética (E_C), e o fluxo é proporcional à velocidade linear do sangue. No fluxo turbilhonar, a Entropia é exagerada, porque parte da E_C é gasta em vencer um atrito interno maior, causado pelo choque de fluidos em movimento turbilhonar, e a velocidade linear do fluido é menor. O fluxo, portanto, não cresce proporcionalmente, com o aumento da E_C.

Do ponto de vista macroscópico, há outra diferença fundamental entre o escoamento laminar e o turbilhonar.

Laminar – É silencioso.

Turbilhonar – É ruidoso.

Essa propriedade, usada para a medida indireta da pressão arterial, é um dos métodos mais empregados em clínica e investigação, como vemos no item 4.3.

5.1 – **Número de Reynolds e Velocidade Crítica**

O número de Reynolds é um valor adimensional que indica o limite entre o fluxo laminar e turbilhonar. Esse número, em condutores retilíneos, é de cerca de 2.000 no SI (aproximadamente 1.000 no CGS), para vários fluidos, inclusive o sangue. O número de Reynolds (Re) é dado pela relação:

$$Re = \frac{Vc.d.r}{\eta}$$

onde Vc é a velocidade crítica, d é a densidade do fluido, r o raio do condutor, e η é a viscosidade do meio. Essa relação permite calcular a velocidade crítica Vc, abaixo da qual o fluxo é laminar, e acima é turbilhonar.

Exemplo – Calcular a Vc para a aorta. Os valores são $d = 1{,}06 \times 10^3$ kg.m^{-3}, $r = 1{,}25 \times 10^{-2}$ m e $\eta = 2{,}8 \times 10^{-3}$ Pa.s.

$$Vc = \frac{Re.\eta}{d \cdot r} = \frac{2 \times 10^3 \times 2{,}8 \times 10^{-3}}{1{,}06 \times 10^3 \times 1{,}25 \times 10^{-3}} =$$

$$= 0{,}42 \text{ m.s}^{-1} \text{ ou } 42 \text{ cm-s}^{-1}$$

Medidas rigorosas indicam que a velocidade do sangue na aorta, em casos normais, em repouso, está entre 25 a 37 cm-s^{-1}. É portanto um fluxo laminar. Essas condições podem variar, e exemplos dessas variações estão no item 5.4.

5.2 – Distribuição das Camadas de Fluido

Um fato notável no escoamento lamelar é observado na experiência simples da Fig. 15.30 A. É que a velocidade das camadas é maior no centro do tubo, diminuindo gradualmente para a periferia.

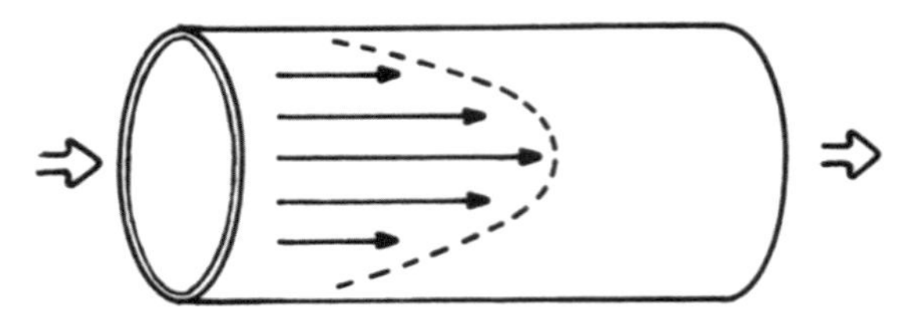

Fig. 15.31 – Camadas lamelares e velocidade de circulação (ver texto).

Esse fato é importante na colheita de amostras de sangue em vasos mais calibrosos. A amostra colhida pode não ser representativa da composição média do sangue: é que nas partes próximas à parede dos vasos, onde a velocidade é mais lenta, há maior acúmulo de elementos figurados do sangue (hemácias, leucócitos e plaquetas) (Fig. 15.31).

5.3 – Medida da Pressão Arterial

A medida indireta da pressão arterial é um método simples e valioso (Fig. 15.32). Consiste em comprimir uma artéria através de um manguito de ar, que é ligado a um manómetro (Fig. 15.32 A).

Quando a pressão externa aplicada colaba as paredes da artéria (aperta uma contra a outra) o fluxo cessa completamente, e nada se escuta no estetoscópio. Em seguida, o manguito é descomprimido gradualmente. Quando a pressão sanguínea é suficiente para forçar um jato de sangue através da parte estreitada da artéria, esse jato passa com alta velocidade, produzindo um fluxo turbilhonar, que se ouve como um ruído rascante, a cada pulsar do coração. A pressão indicada pelo manômetro, nesse instante, é a **Pressão Sistólica** ou **Máxima** (Fig. 15.32 B).

Continua-se a descompressão gradual. O estrangulamento arterial diminui, e o fluxo turbilhonar também, o que se reconhece como uma mudança no tom do ruído (fica mais grave). Quando se atinge uma pressão subcrítica, o escoamento volta ao laminar, e o ruído desaparece. A pressão indicada pelo manômetro, nesse instante, é a **Pressão Diastólica** ou **Mínima** (Fig. 15.32 C).

Alguns autores consideram a mudança de tom (de mais agudo para mais grave) como indicativo da Pressão Diastólica. É uma questão de escola (V. Tratados de Fisiopatologia).

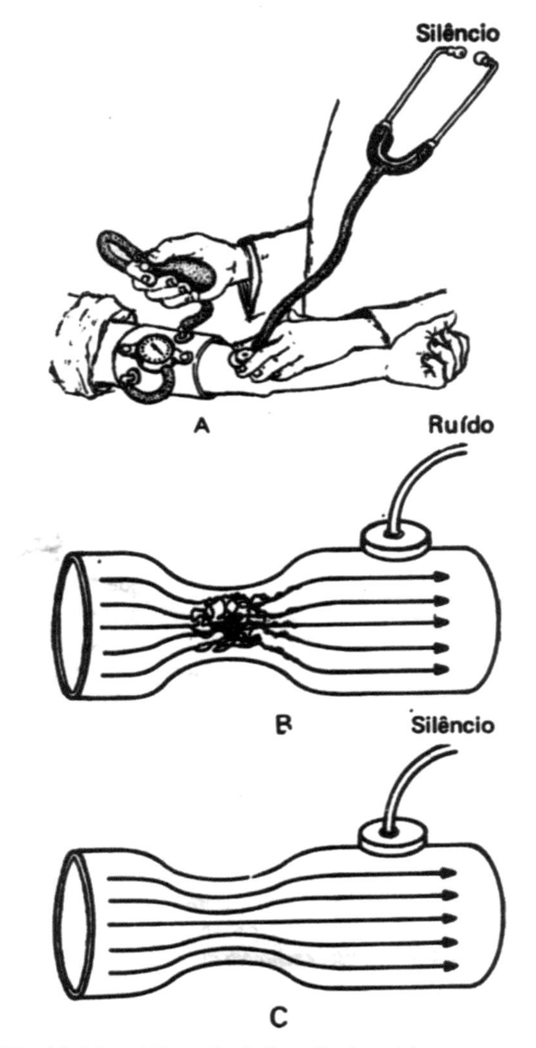

Fig. 15..32 – A Tomada da Pressão Arterial.

5.4 – Sopros Circulatórios

De um modo geral, a circulação sanguínea é silenciosa, com fluxo laminar em todos setores. O aparecimento de ruído, pela presença de fluxo turbilhonar é conhecido como sopro circulatório, e pode ser normal ou patológico.

Como vimos no cálculo da velocidade crítica (item 4.1), se a velocidade do sangue na aorta passar de 37 $cm{\cdot}s^{-1}$, aparecerá fluxo turbilhonar, e consequente ruído. Em crianças sadias esse fenômeno pode ocorrer, assim como em adultos após exercício que aumenta a velocidade do sangue. Esses casos são normais.

Estreitamento das válvulas cardíacas, por lesões inflamatórias ou degenerativas, que deixam cicatrizes estenosantes, pode ser responsável por fluxos de velocidade acima da V_c, e aparecem sopros. Esses sopros podem ser sistólicos ou diastólicos, conforme o instante em que são ouvidos.

O abaixamento da viscosidade sanguínea acarreta concomitante diminuição da V_c, com aparecimento de sopros que podem ser ouvidos em todo o tórax, e às vezes, em outras regiões (V. também lei de Poiseuille).

O jato de sangue que é lançado em um aneurisma, ou que sai dele, pode provocar turbulência, com ruído associado. Essa turbulência é localizada (Fig 15.33) na entrada e saída do aneurisma, pois na região dilatada, a velocidade é menor (V. Energética de Fluxo).

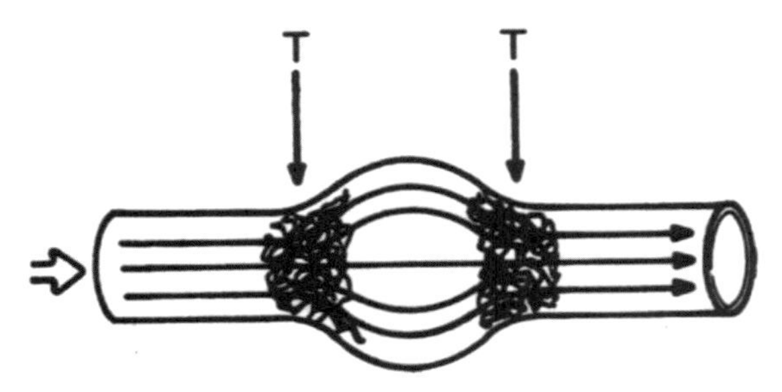

Fig. 15.33 – Fluxo Turbilhonar em Aneurisma (ver texto).

Nas fístulas arteriovenosas, que são uma comunicação entre artéria e veia, o sangue da artéria esguicha com alta pressão dentro da veia, provocando fluxo turbilhonar localizado, e sopro associado. Situação semelhante existe na comunicação interventricular, onde sempre aparece sopro. Na fístula ou comunicação interatrial, (Fig. 15.21), o ruído nem sempre aparece, porque a pressão nos átrios é bem menor que nos ventrículos.

6. Fatores Físicos que Condicionam o Fluxo – Lei de Poiseuille

A equação do fluxo de um fluido em condutores foi estabelecida por Poiseuille, médico francês, que a deduziu empiricamente. Sua comprovação teórica é rigorosa, e essa equação se aplica não apenas ao sangue, em vasos da circulação, como em outros fluidos e condutores. A equação é a seguinte:

$$F = \frac{\pi \, \Delta \, P \, r^4}{8 \, \Delta L \eta}$$

Onde F é o fluxo (volume escoado pelo tempo), ΔP é a diferença de pressão, r é o raio do tubo, elevado à 4ª potência, ΔL é o comprimento do tubo, e η é a viscosidade, π e 8 são constantes de integração. O que significam esses valores? Veja a Figura 34.

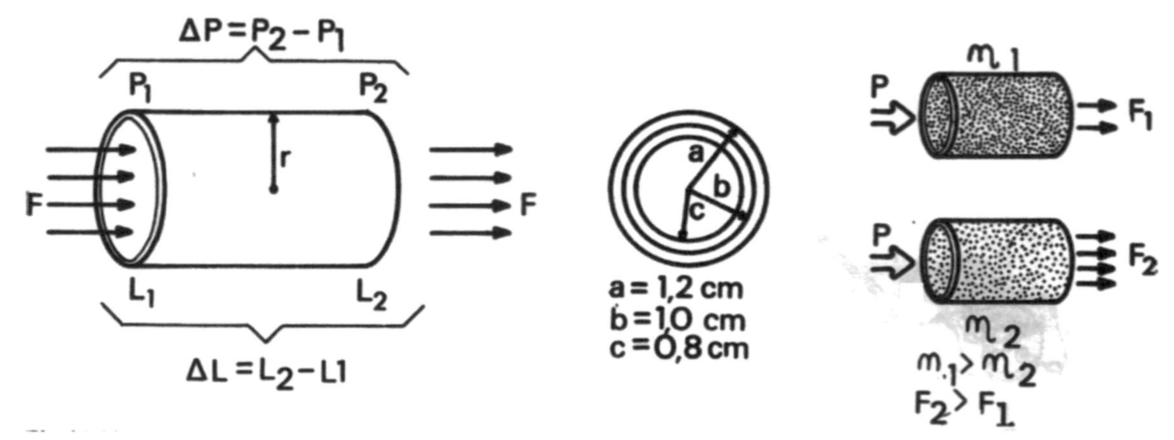

Fig. 15.34 – Representação da lei de Poiseuille. A – Segmento de vaso sanguíneo. B – Artéria de 1 cm (tamanho natural), aumentando para 1,2 cm e diminuindo para 0,8 cm. C – Fluido com alta viscosidade. D – Fluido com baixa viscosidade.

a) Pressão

A diferença da pressão entre P_1 e P_2 (Fig. 15.34 A) condiciona o fluxo. Se o sistema necessita mais fluxo, esse aumento pode ser obtido por elevação da pressão. Esse fator explica também as falhas circulatórias decorrentes de pressão insuficiente: quando P_1 abaixa, o fluxo diminui. Essa situação ocorre em vários casos fisiopatológicos, como choque circulatório, hipotensão ortostática (baixa da pressão na posição em pé), deficiência da contração cardíaca, como no infarte, ou na falta de condução do impulso contrátil pelos feixes atrioventriculares.

É interessante calcular o gradiente de queda da pressão entre dois pontos do sistema circulatório:

Exemplo – Qual a queda da pressão entre dois pontos distantes 10 cm da aorta? Fluxo =85 ml.s^{-1}, r =1,25 cm η= 2,8 × 10^{-3} Pa.s. Usando o SI:

$$\Delta P = \frac{8 \times F \times L \times \eta}{\pi r^4} =$$

$$= \frac{8 \times 0{,}085 \times 10^{-3}\,.m^3.S^{-1} \times 0{,}10m \times 2{,}8 \times 10^{-3}\,Pa}{3{,}14 \times (1{,}25 \times 10^{-2})^4\,m^4}$$

$$= 2{,}5\ Pa$$

Essa pressão de 2,5 Pa (25 dine.cm^{-2}) equivale apenas a cerca de 0,02 mm Hg! Isto significa que o gradiente de pressão é mínimo, e explica porque há uma queda de apenas 3 mm Hg desde a entrada da aorta (100 mm Hg), até à primeira bifurcação (97 irimHg). Calcule esses valores em Pa.

Esse cálculo mostra também que, para se obter um Fluxo de 85 ml.s^{-1} em uma artéria de 1 mm de raio, seriam necessários 7,8 × 10^4 Pa (580 mm Hg). Não há vaso biológico que suporte essa pressão, tendo esse diâmetro. (Confira o cálculo).

b) Raio

Esse é um dos fatores mecânicos mais importantes para o controle de fluxo na circulação. Como o raio está elevado à 4ª potência, uma diminuta variação do raio corresponde a uma grande variação no fluxo. A Figura 15.34 B, mostra um vaso de 1 cm de raio, variando entre 1,2 e 0,8 cm.

Qual a variação de fluxo nesses casos?

Aumento: passar de 1,0 para 1,2 é aumento de 20%, mas a elevação do fluxo será:

$$F = (1{,}2)^4 - (1{,}0)^4 = 2{,}1 - 1{,}0 = 1{,}1 \text{ ou } 110\%!$$

Diminuição: passar de 1,0 para 0,8 é diminuição de 20%, mas o decréscimo do fluxo será:

$$F = (0{,}8)^4 - (1{,}0)^4 = 0{,}40 - 1{,}0 = -0{,}60 \text{ ou } -60\%!$$

Cálculos semelhantes mostram que para um aumento de 16% no raio, o fluxo dobra (acréscimo de 100%). O fluxo total de sangue pode aumentar até 600% (cerca de 6 × 85 = 510 ml.s^{-1}), por uma combinação de aumento da frequência cardíaca, pressão de ejeção e vasodilatação. Esse último fator é essencial, porque somente a vasodilatação diminui a resistência periférica ao fluxo (V. adiante).

O mecanismo de controle do fluxo através da vasodilatação (aumento do fluxo), ou vasoconstrição (diminuição do fluxo), é eficiente, porque o raio do vaso contribui decisivamente.

c) Comprimento do Tubo

Em sistemas com circulação aberta, como mostrado na Figura 15.35, e submetidas às mesmas condições, o fluxo é inversamente proporcional ao comprimento, como diz a lei de Poiseuille.

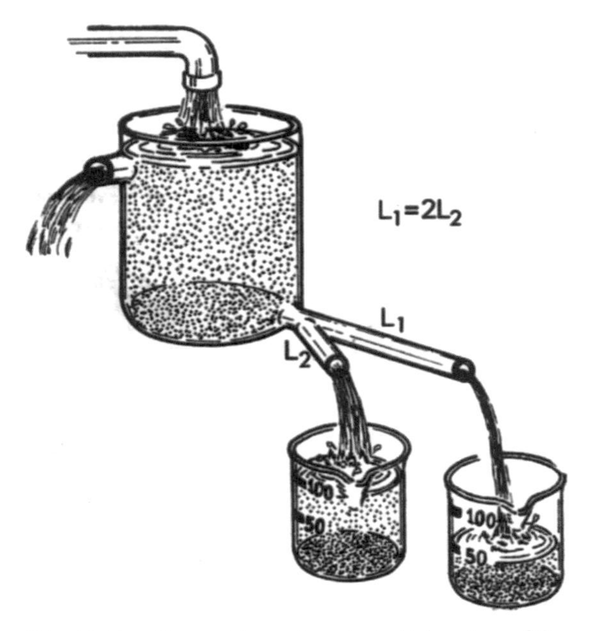

Fig. 15.35 – Fluxo e Comprimento do Tubo. $L_1 = 2\ L_2$.

Entretanto, isso não pode acontecer no sistema circulatório, que é fechado, e em regime estacionário. No sistema circulatório, $\Delta L = 1$, na equação de Poiseuille. O que se verifica é que, com a distância L percorrida pelo sangue, há apenas um desgaste maior na Ec, que se repõe às custas da Ep (V. Energética da Circulação).

d) Viscosidade

As variações da viscosidade sanguínea podem acarretar modificações graves no fluxo:

Diminuição da viscosidade – Nas anemias profundas, a diminuição de viscosidade pode ser acompanhada de um aumento da velocidade tal, que a velocidade crítica é excedida, e aparece um sopro circulatório audível em várias partes do tórax.

Aumento da viscosidade – Doenças que aumentam a viscosidade do sangue, como a policitemia vera (aumento do número de eritrócitos), ou certas macroglobulinemias, (aumento de macroglobulinas), podem induzir consideráveis diminuições do fluxo, que necessitam rápida intervenção para diminuir a viscosidade do sangue, através de retirada de hematias, ou administração intravenosa de fluidos.

A lei de Poiseuille é válida somente para fluxo laminar. Quando o fluxo se torna turbilhonar, outras variáveis intervêm, sendo necessário aplicar correções adequadas.

Resistência Periférica – Um outro parâmetro físico de importância na circulação sanguínea é a Resistência Periférica. Por analogia com a lei de Ohm (V. Campo Eletromagnético), define-se como resistência periférica.

$$\text{Pressão} = \text{Resistência} \times \text{Fluxo}$$
$$P = R \times F$$

O valor de $R = \dfrac{P}{F}$ é dado em unidades incoerentes de $\dfrac{P\ \text{mm Hg}}{F\ \text{ml.s}^{-1}}$ chamada "unidade R".

Assim, para um fluxo de 85 ml-s^{-1} causado por uma diferença de pressão de 85 mm Hg, temos:

$$R = \frac{85}{85} = 1 \text{ unidade R.}$$

Essa é aproximadamente a resistência entre a aorta e os capilares. A queda da pressão é 100 – 15 mm Hg e o fluxo 85 $\text{ml.}^{\text{s}-1}$.

$$R = \frac{100 - 15}{85} = \frac{85}{85} = 1 \text{ unidade R}$$

Na hipertensão, valores de P podem chegar a 220 mm Hg. Então:

$$R = \frac{220 - 15}{85} = 2{,}4 \text{ unidades R}$$

Ou seja, é necessário um trabalho de 2,4 × maior para circular o mesmo volume de sangue.

Em atletas bem treinados, durante o exercício físico, a pressão se eleva a 145 mm Hg, mas o fluido pode chegar a 6 vezes o fluxo basal. Nesse caso:

$$R = \frac{145-5}{6 \times 85} = \frac{130}{510} = 0{,}25 \text{ unidades R}$$

o que corresponde a uma diminuição de 4 vezes de R.

A resistência periférica aumentada é um fator mportante na génese da hipertensão vascular, e de outros distúrbios da circulação.

7. Relação entre Pressão e Tensão – Lei de Laplace

O biologista confunde frequentemente essas duas grandezas físicas. Pressão é Força/Área e Tensão é Força/Raio. Quanto maior é a área, menor é a pressão, quanto maior é o raio, menor é a tensão. A Figura 15.36 mostra essas relações em dois modelos conhecidos, o balão de borracha para festas, e o diploma enrolado como canudo. Quando se enche o balão de borracha, nota-se uma diferença marcante entre o início do enchimento (tem-se que fazer uma força maior), e o fim, onde um sopro leve é suficiente para aumentar o volume do balão. Quanto maior a superfície do balão, menor é a pressão exercida sobre o soprador. Um diploma, quanto mais apertado é enrolado, mais tensão ele exerce sobre a gominha de borracha que o segura. O balão pode ser considerado como formado de milhares de gorninhas constituindo sua parede, e exercendo tensão sobre o conteúdo do balão. A lei de Laplace tem equações que dependem da forma do continente, e se aplicam aproximadamente às estruturas abaixo:

$P = \frac{2T}{R}$	$P = (T \frac{1}{R_1} + \frac{1}{R_2})R$	$P = \frac{T}{R}$	
Esferas	Elipsóides	Cilindros ←	Forma
(Coração)	(Aneurismas)	(Vasos) ←	(Estrutura)

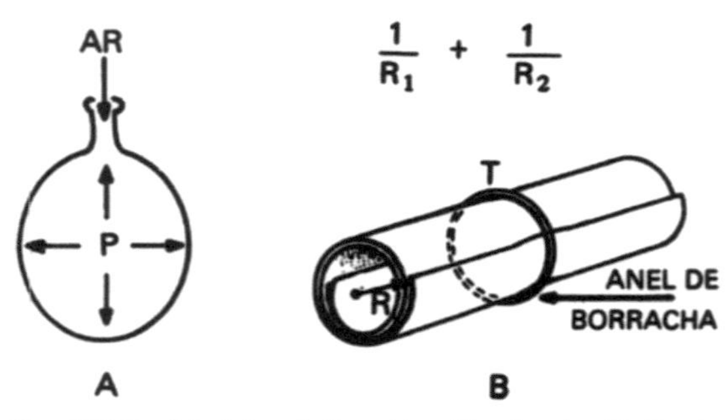

Fig. 15.36 – Modelos de Pressão e Tensão. A – Balão de Borracha; B – Diploma Enrolado.

onde *P* é a pressão exercida na cavidade, Té a tensão exercida pelas paredes da cavidade. A tensão é mantida por fibras musculares (coração), ou elásticas (vasos em geral). A comparação entre as fórmulas para esferas e cilindros mostra que, para um ventrículo de 3 cm e uma aorta de 1 cm de raio, a tensão no ventrículo tem que ser 6 vezes maior que na aorta, para manter a mesma pressão.

Outra conclusão importante da lei de Laplace é em relação ao coração dilatado:

A lei mostra que, se R aumenta, T deve aumentar na mesma proporção para manter P invariável. Assim, o coração dilatado tem que produzir uma tensão maior que um coração de tamanho normal, para sustentar a pressão necessária. Como o coração tem quatro cavidades, o Trabalho cardíaco é cerca de 4 vezes maior nos corações dilatados.

Como vimos na Introdução à Biofísica, o trabalho cardíaco é do tipo $P \times \Delta V$, e pode aumentar, tanto através de P, como de ΔV. Na hipertensão arterial prolongada, a dilatação cardíaca é um achado frequente, e reflete o aumento de ΔV para ajudar no trabalho extra necessário.

Nos aneurismas, a lei de Laplace prevê que, teoricamente, o rompimento deve se dar na região onde o raio de curvatura é maior.

A tensão é medida em Nm^{-1}, e tem sido determinada em várias partes do organismo. Alguns valores são:

Ventrículo esquerdo	8×10^2 N.m^{-1}	(8×10^5 dines. cm^{-1})
Aorta	2×10^2 N.m^{-1}	(2×10^5 dines. cm^{-1})
Cava	20 N.m^{-1}	(2×10^5 dines. cm^{-1})
Capilares	2×10^{-2} N.m^{-1}	(20 dines. cm^{-1})

Na aorta, considerando um raio de 1 cm, a tensão corresponde à força exercida por um peso de 0,2 kg (200 gramas). É, pois, uma tensão considerável.

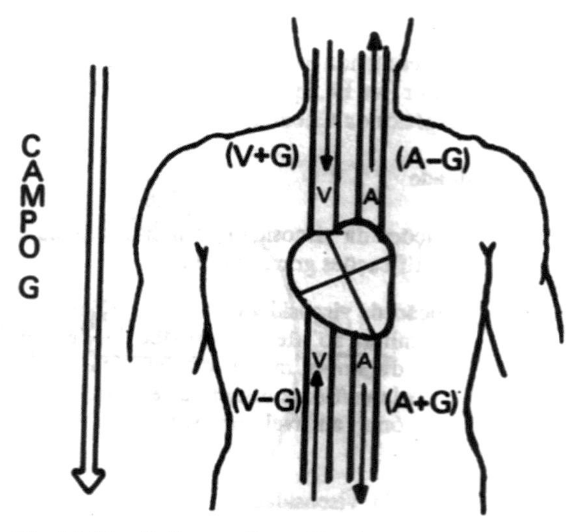

Fig. 15.37 – O Campo G e a Circulação. + G – A favor do movimento do sangue; – G – Contra o movimento do sangue.

8. O Campo Gravitacional e a Circulação

a) O termo E_g da Equação de Bernouilli. Já vimos, no item Energética da Circulação (Fig. 15.22), que o campo G é um dos termos da equação de Bernouillí. Em um indivíduo na posição em pé, os vetores G são contra a subida do sangue, e a favor da descida. Na Figura 15.37, essas relações estão representadas tendo o coração como nível referencial.

Pode-se notar que, acima do coração, o campo G é contra a circulação arterial, e a favor da venosa. Abaixo do coração, inverte-se a relação, e o campo G é a favor da circulação arterial, e contra a venosa.

Qual é a contribuição quantitativa do campo G? Usando unidades de mmHg, a conversão de uma coluna de sangue para de mercúrio, é a seguinte, pelas densidades desses líquidos:

Pressão Sangue:

$$\frac{1{,}06 \times 10^3 \text{ kg.m}^{-3} \times 10\text{m.s}^{-2} \times 1 \text{ mmHg}}{13{,}6 \times 10^3 \text{ kg.m}^{-3}} =$$

$$= 0{,}78 \text{ mmHg}$$

ou seja, a cada 1 cm de altura no campo G, a coluna de sangue pesa 0,78 mm Hg.

Exemplo 1 – Qual a contribuição do campo G para a pressão sanguínea arterial na cabeça, a 40 cm acima do coração? A resposta é simples.
Sabe-se que a pressão arterial no coração é cerca de 95 mm Hg. O vetor é – G, então:

$$P = 95 - (40 \times 0{,}78) = 95 - 30 = 45 \text{ mm Hg*}$$

Essa diminuição de 30 mm Hg é aproximadamente 35% do total, e explica porque uma baixa de pressão é acompanhada de perda temporária dos sentidos. A posição deitada que acompanha o desmaio, é uma defesa contra o campo G, porque nessa posição, a cabeça fica ao nível do coração, e o efeito do campo G desaparece.

Exemplo 2 – A pressão venosa na cabeça é cerca de 5 mm Hg. Qual o efeito do campo G?

$$P = 5 - (40 \times 0{,}78) = 5 - 31 = - 26 \text{ mm Hg}$$

O sinal indica pressão negativa, que tem grande importância em sangramentos na parte superior do corpo, acima do nível cardíaco. É que, quando uma veia se rompe, há tendência de aspiração de ar pelo coto inferior (pelo coto superior, há o sangramento). Esse perigoso evento não acontece, porque as paredes do vaso colabam, fechando o orifício. Porém, nos seios venosos peridurais, que são rígidos devido à caixa óssea do crânio, a abertura desses seios venosos é acompanhada de sucção de ar, provocando embolias gasosas que podem ser mortais. Esse fato deve ser levado em consideração nos casos de acidentes com ferimentos cranianos, e na neurocirurgia, quando há abertura da caixa craniana.

Exemplo 3 – Qual é a contribuição do campo G para a pressão arterial, no pé de um indivíduo, em posição ereta? A distância coração-pé é cerca de 120 cm. O campo G soma-se à pressão arterial, que no pé, é cerca de 90 mm Hg.

$$P = 90 + (120 \times 0{,}78) = 90 + 90 = 184 \text{ mm Hg}$$

Esse aumento de pressão contribui para agravar o sangramento arterial na extremidade inferior, embora ajude o trabalho cardíaco.

Exemplo 4 – Qual a pressão venosa nos membros inferiores?

$$P = 5 + (120 \times 0{,}78) = 5 + 94 = 99 \text{ mm Hg.}$$

Esse grande acréscimo de pressão lateral tende a estagnar o sangue nas veias, e mostra ser necessário, além das válvulas de não-retorno, uma força contrária para levar o sangue até o coração. Esta é justamente a "vis a tergo" (força que vem de traz), e que existe em todo território venoso. É o sangue que vem dos capilares e empurra o que está adiante, até o coração.
A pressão contribuída pelo campo G, dificulta o retorno venoso, é uma causa coadjuvante na formação de varizes, que são dilatações das veias,

---

****Nota* – Verificar, na Introdução à Biofísica, o mesmo cálculo feito em termos energéticos. Comparar o grau de informação entre os dois métodos, nos 4 exemplos aqui citados, usando Pa como unidade de pressão.

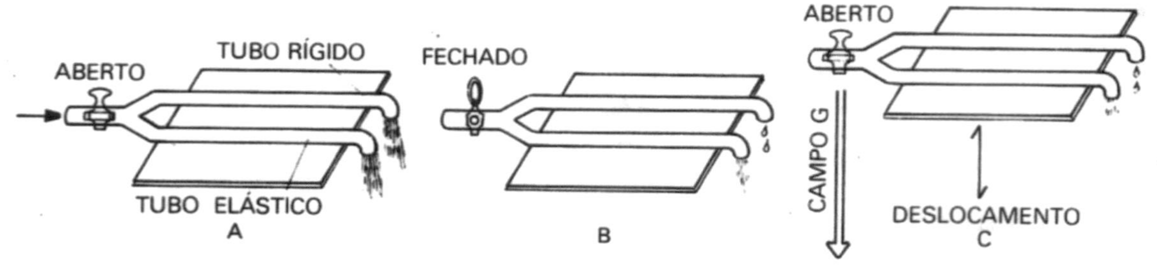

Fig. 15.38 – Tubos Rígidos e Elásticos no Campo G (ver texto).

com consequente estagnação do sangue. As varizes ocorrem em vários territórios nervosos, como no esôfago e plexo hemorroidário, sempre que há dificuldade de retorno venoso. (V. Tratados de Fisiopatologia). Esses fatos mostram que a postura de indivíduos no campo G, é importante do ponto de vista circulatório. Deitar um paciente inconsciente ou chocado, com a cabeça ao nível do coração, é, salvo contra-indicações outras, uma medida conveniente. Em casos de choque vasogênico, é indispensável. A colocação desses pacientes em posição sentada, comprimindo a cabeça entre os joelhos, é prejudicial, além de dificultar a ventilação pulmonar.

b) Tubos Rígidos e Elásticos no Campo G

O comportamento de fluxos em tubos rígidos e elásticos, sob a ação do campo G, explica alguns fatos observados na hemodinâmica. A Figura 15.38 mostra dois tubos semelhantes, um rígido e o outro elástico.

Em A, os tubos recebem água sob mesma pressão, e os fluxos estão em equilíbrio. Se a torneira for subitamente fechada (Fig. 15.38 B), o fluxo cessa, logo em seguida, no tubo rígido, mas continua, ainda que por instantes, no tubo elástico. É que este, como já vimos, acumula Ep nas paredes, e a devolve como Ec, sob forma de fluxo. É exatamente a situação de sístole e diástole (V. neste texto). Esse comportamento diferente de tubos rígidos e elásticos, explica o que ocorre quando há uma falha súbita na bomba que fornece o sangue: Em indivíduos com artérias flexíveis, o suprimento de sangue continua, mas em pacientes com artérias esclerosadas, rígidas, há baixa ou interrupção do fluxo. Frequentemente, essa é a causa das "tonteiras" que essas pessoas declaram sentir. Essa também é a razão da isquemia ser mais acentuada em territórios irrigados por artérias esclerosadas, quando há uma deficiência no fluxo sanguíneo.

Na Figura 15.38 C, o sistema de tubos é bruscamente elevado no Campo G, no tubo rígido cessa o fluxo, que ainda continua, embora diminuído, por certo tempo, no tubo elástico. Essa variação de G sobre o fluxo é notado em pessoas que se levantam bruscamente, estão em elevadores ou aviões que sobem rapidamente no Campo G; o fluxo diminui, e diminui mais ainda em artérias esclerosadas.

Esse efeito do Campo G exige que os cosmonautas sejam lançados ao espaço em posição semi-deitada, com a cabeça ao nível do coração. Roupas "anti-G", que pressionam o sangue na massa corporal, são também adjuvantes na subida e descida de cosmonaves.

Biofísica da Circulação

Atividade Formativa 5.1

01. Quais são as partes fundamentais do sistema cardiovascular?
02. Qual é a série de eventos do ciclo cardíaco?
03. O PA cardíaco tem um somatório vetorial que é denominado _______________
04. Quais os potenciais medidos nos sistemas abaixo?

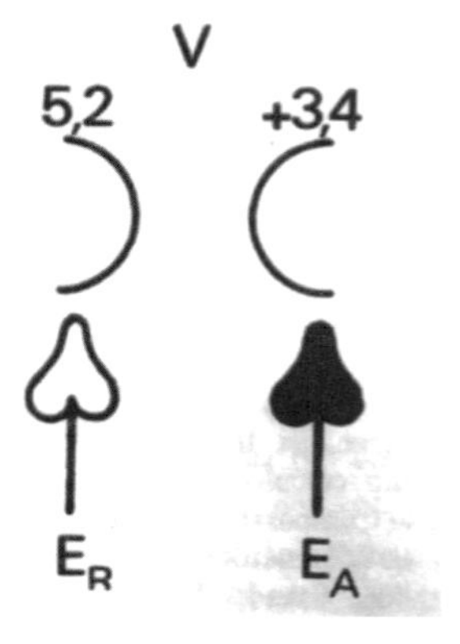

Fig. 15.39 A

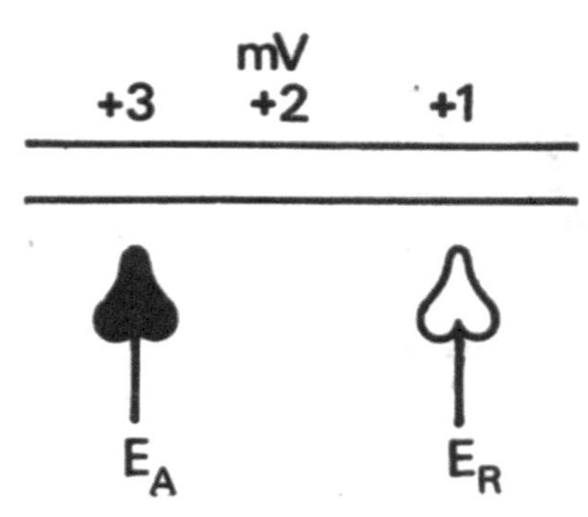

Fig. 15.39 B

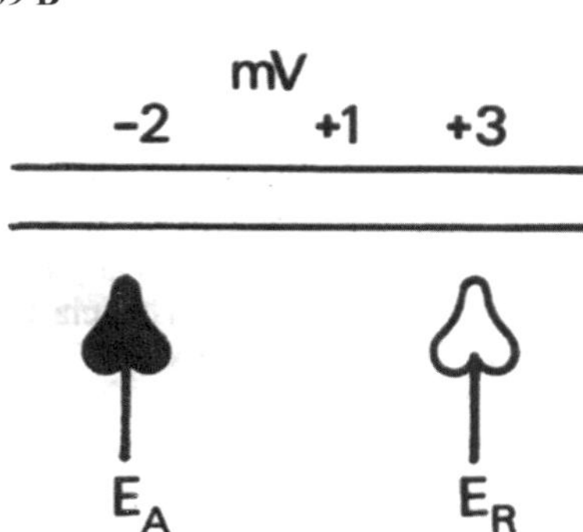

Fig. 15.39 C

05. Qual é o princípio do Terminal de Wilson? (30 palavras).
06. Quais métodos estio sendo usados e quais derivações estio sendo medidas em A e B (Fig. 15.40)?

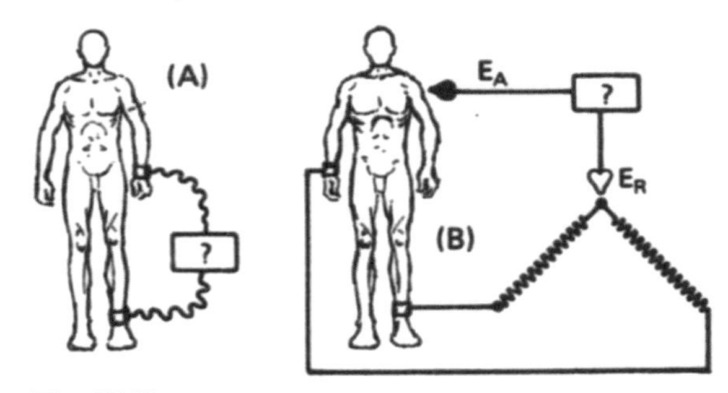

Fig. 15.40

07. Se o eletródio ativo é colocado sobre o tórax, quais derivações podem ser medidas?
08. Completar o quadro, com a relação evento-fase do PA:

Evento	**Fase do PA**
Onda P	__________
Complexo QRS	__________
Segmento ST	__________

09. Considere o triângulo (Fig. 15.41). Como você o transformaria em um sistema de coordenadas congruentes? Qual será o ângulo entre as coordenadas? E o sinal de cada eixo?

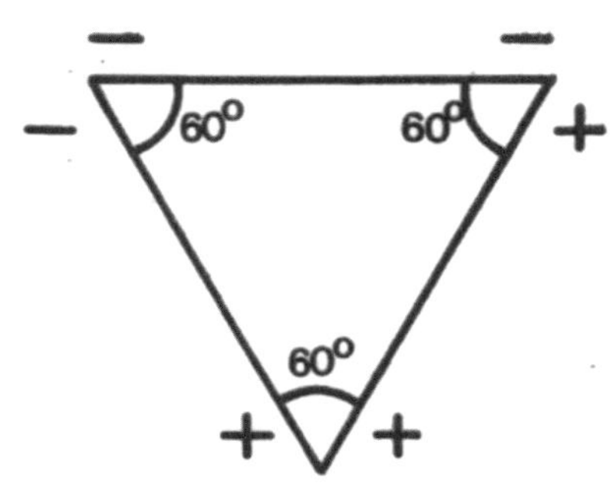

Fig. 15.41

10. Calcular a soma dos pulsos dos QRS abaixo, e colocar no sistema de coordenadas da pergunta 08. Qual é o ângulo aproximado da resultante?

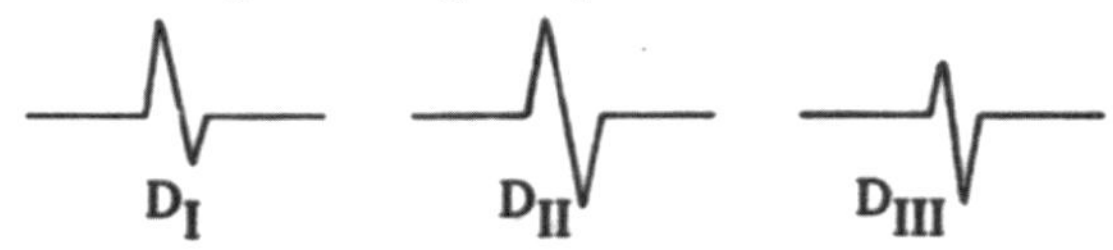

Fig. 15.42

11. Determinar o eixo elétrico pelo método estatístico no ECG abaixo.

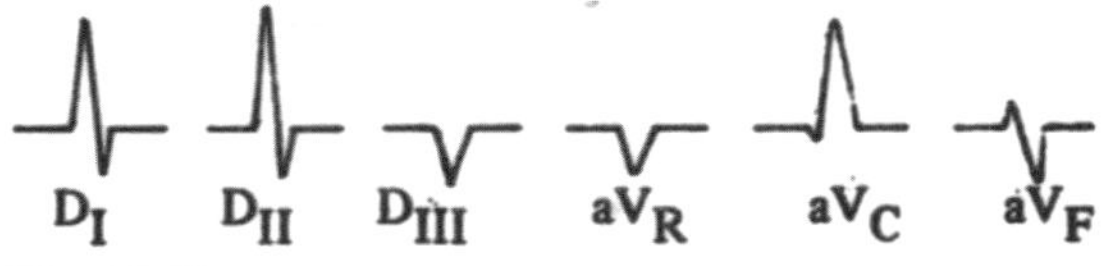

Fig. 15.43

12. Colocar a equivalência dos setores da circulação.
    1. Baixa pressão, O_2 baixo e CO_2 alta ( )
    2. Alta pressão, O_2 alta, CO_2 baixo ( )
    3. Baixa pressão, O_2 alta, CO_2 baixo ( )
    A. Artéria pulmonar
    B. Veia pulmonar
    C. Aorta
13. Fazer um esquema da circulação de mamíferos.
14. Citar o princípio de um fluxo em estado estacionário.
15. No sistema abaixo, em estado estacionário, completar:

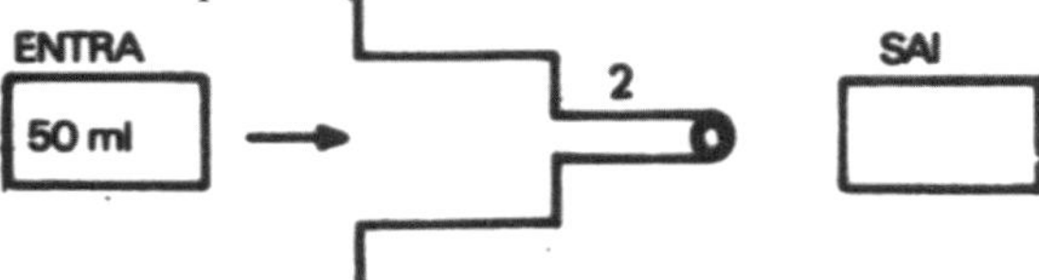

Fig. 15.44

v é a velocidade, f é o fluxo, E_c, Energia cinética, e E_p, Energia potencial.

16. O fluxo na aorta de um cão é 40 mls^{-1}, e o diâmetro da aorta é 0,8 cm. Qual será o fluxo em um território vascular de 10 cm de diâmetro, no mesmo animal?
17. Citar e descrever as variações de fluxo em uma fístula interatrial (40 palavras).
18. Escrever a equação de Bernoulli e dar o significado de seus termos (40 palavras).
19. Assinale como certo (C) e errado (E) as seguintes afirmativas:
    1. Em regime estacionário de fluxo, o volume que entra é igual ao que sai, mas a energia é maior na entrada e a entropia é maior na saída ( ), e ainda:
    2. O fluxo é constante ( ).
    3. A velocidade é constante ( ).
    4. A Ep não diminui ( ).
    5. A Ec é constante ( ).
20. A pressão lateral é aumentada em:
    Aneurisma ( ).
    Estenose ( ).
21. A velocidade de fluxo é diminuída em:
    Aneurisma ( ).
    Estenose ( ).
22. Explicar por que há maior incidência de infarto tissular em regiões irrigadas por artérias estenosada (20 palavras).
23. Descrever a diferença entre onda de pulso e corrente sanguínea (20 palavras).
24. Fazer um esquema e descrever a energética do fluxo na sístole e diástole (30 palavras).
25. Qual a origem da Ec na diástole? (20 palavras)
26. Qual a razão física da hipertensão vascular? (30 palavras)
27. Fazer um esquema e descrever as forças atuantes no capilar (30 palavras).
28. Descrever algumas causas de edema (50 palavras).
29. Na tomada da pressão arterial, o princípio é o aparecimento e desaparecimento de fluxo.
30. O fluxo laminar é ____________ (propriedade acústica).
31. Em determinado trecho de uma circulação, o sangue atinge v = 40 $cm\text{-}s^{-1}$. Ouve-se um ruído,
    indicando fluxo turbulento. Qual é o diâmetro máximo que o vaso pode ter?
    dsangue $1{,}06 \times 10^{3}$ $kg\text{-}m^{-3}$ e
    $\eta = 2{,}8 \times 10^{-3}$ Pa·s
32. Descrever a tomada da pressão arterial usando o esfigmomanômetro e o estetoscópio (50 palavras).
33. Qual é a alteração do fluxo que provoca o aparecimento de sopro circulatório?
34. Em um tubo de 100 cm de comprimento, aplica-se uma P de 10 mm Hg. Qual é o fluxo resultante, se o tubo tem diâmetro de 1,0 cm e depois passa a 0,5 cm?
    Nota: Usar o SI.
35. Conceituar resistência periférica (30 palavras).
36. Qual a influência do comprimento do tubo no fluxo sanguíneo? (40 palavras).
37. Um indivíduo faz exercício, e sua pressão sobe a 130 mm Hg. Se a sua resistência periférica abaixa para 0,6, qual é o fluxo?
    Fluxo basal: 85 $ml\text{-}s^{-1}$
38. Em qual dos sistemas abaixo existe maior tensão?

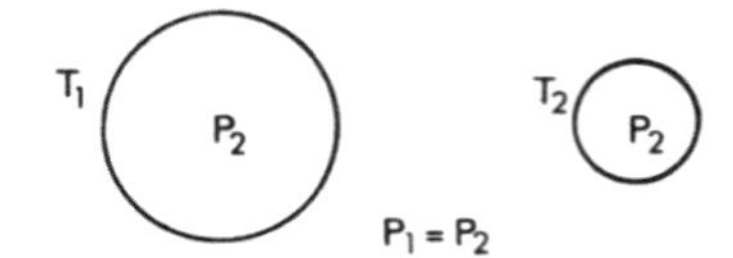

Fig. 15.45

39. Acima do coração, o campo G _________a pressão arterial, e abaixo, ____________ a pressão venosa.
40. Vasos rígidos são vantajosos/desvantajosos para atenuar mudanças do Campo G.

GD

Todo o assunto é altamente interessante para GD.

TL

Tomada da pressão arterial.

Resolução do eixo elétrico em ECG.

Objetivos Específicos do Capítulo 15

A. Introdução

1. Citar os componentes principais do sistema circulatório.
2. Conhecer e descrever sucintamente as quatro etapas do seu funcionamento.

B. O Campo EM e a Circulação

3. Desenhar um gráfico simples do PA no miocárdio, e descrever seus eventos principais.
4. Descrever um dipolo, fazer um gráfico de suas linhas isopotenciais e calcular dp corretamente.
5. Descrever o método de Einthoven para registro de potenciais cardíacos.
6. Descrever o método unipolar de Wilson e o Registro Unipolar Aumentado.
7. Relacionar, no traçado básico do eletrocardiograma, as ondas e intervalos com o PA cardíaco.
8. Traçar o eixo elétrico cardíaco pelo triângulo de Einthoven.
9. Traçar o eixo elétrico cardíaco pelas derivações Uni e Bipolares.

C. O Campo G e a Circulação

10. Descrever sumariamente o aparelho circulatório.
11. Identificar as partes que possuem alta ou baixa pressão, alto ou baixo O_2, e alto ou baixo CO_2.
12. Identificar um fluxo um regime estacionário.
13. Relacionar Ep e Ec em fluxo estacionário ideal.
14. Usar a equação do fluxo estacionário.
15. Dissertar sobre as propriedades do fluxo estacionário em Biologia.
16. Citar parâmetros circulatórios (área, fluxo e velocidade de circulação).
17. Explicar a equação de fluxo em fístulas arteriovenosas e comunicação interatrial ou inter-ventricular.
18. Escrever a equação de Bernouiili, e dissertar sobre seus termos fazendo gráfico vetorial dos componentes.
19. Descrever as relações entre E_p, E_c e E_d em fluxo estacionário.
20. Explicar a queda da pressão lateral com a subdivisão de vasos.
21. Fazer desenho e explicar anomalias de fluxo sanguíneo em estenose e aneurismas.
22. Relacionar a perda de E_p através da E_c e E_d, e suas consequências biológicas.
23. Estabelecer a diferença entre onda de pulso e corrente sanguínea.
24. Descrever a Energética da Sístole e Diástole.
25. Relacionar hipertensão arterial com elasticidade vascular.
26. Descrever as relações de pressão nos capilares.
27. Equacionar as forças capilares nos casos de edema.
28. Descrever fluxo laminar e fluxo turbilhonar e suas propriedades.
29. Conceituar número de Reynolds e usar sua equação.
30. Esquematizar as camadas de fluidos em fluxo laminar, em função da velocidade.
31. Relacionar a medida da pressão arterial com os tipos de fluxo.
32. Dissertar sobre a origem dos sopros circulatórios.
33. Escrever a equação de Poiseuille e explicar seus termos.
34. Fazer cálculos simples com a equação de Poiseuille.
35. Conceituar resistência periférica e fazer cálculos simples com esse parâmetro.
36. Explicar a lei de Laplace e suas consequências na circulação.
37. Explicar a ação do campo G sobre a circulação.

16

Biofísica da Respiração

A) Introdução

Os seres vivos, com relação ao uso de oxigênio (O_2), se dividem em duas classes principais:

Aeróbios - que usam oxigênio.

Anaeróbios - que não utilizam, ou usam O_2 em circunstâncias especiais.

Alguns aeróbios chegam a ser prejudicados pela presença de O_2, mas os biossistemas mais evoluídos, usam obrigatoriamente oxigenio como comburente (mantém a combustão), e eliminam CO_2.

Os seres unicelulares trocam, por simples difusão, o O_2 e CO_2 com o meio ambiente. Alguns seres paucicelulares, e mesmo pluricelulares, também. Mas, a partir de um certo volume, ou massa do biossistema, a difusão torna-se insuficiente para atender à demanda biológica. Faz-se necessário um sistema capaz de conduzir O_2 à intimidade dos tecidos, e carrear CO_2 para o ambiente, atendendo a velocidade das trocas metabólicas.

É curioso que, na evolução, não houve aperfeiçoamento do sistema armazenador de O_2. As razões se prendem ao "ajuste ao ambiente", onde há uma oferta ampla e satisfatória de O_2, aliada a uma dificuldade técnica de armazenar os volumes enormes de gás que são necessários. Foi mais fácil evoluir um mecanismo que providenciasse a rápida troca de gases entre o ambiente, e o interior, dos seres vivos. Essa tarefa é desempenhada pelo Aparelho Respiratório, que funciona em conjunto com o Aparelho ou Sistema Circulatório. O funcionamento do Sistema Respiratório é simples, e se faz em um ciclo de dois hemiciclos.

1º Hemiciclo - Inspiração. - Ar atmosférico é aspirado para uma estrutura bem permeável, o pulmão, onde entra em contato com o sangue. O_2 é absorvido.

2º Hemiciclo - Expiração. - O ar pulmonar é expelido para o ambiente, carreando o CO_2 e outros componentes para fora.

Com a sequência Inspiração $\rightleftharpoons$ Expiração, o aparelho respiratório realiza a troca rápida $O_2 \times CO_2$, no pulmão. A circulação se encarrega de levar O_2 aos tecidos, e trazer CO_2 ao pulmão.

Esse esquema, bastante simplificado, é efetivo em manter a homeostasia do meio interno, funcionando em estado estacionário, com entrada de alta entalpia, e saída de alta entropia (v. Termodinâmica).

Leitura Preliminar 16.1

A LP-16.1 recomendada é a Introdução à Biofísica, Gases, Pressão, etc.

Leitura Preliminar LP 16.2 (Opcional)

1. Leis dos Gases e Suas Aplicações Biológicas

Dos quatro estados da matéria, **sólido, líquido, gás e plasma**, dois são fáceis de lidar, e desde a remota antiguidade se mede e trabalha com sólidos e líquidos. Os gases, só mais recentemente foram entendidos e dominados. Com o plasma, a humanidade está ainda aprendendo seu controle e uso.

Nos gases, as forças de repulsão moleculares são mais fortes que as de atração, e as moléculas se repelem, tendo tendência a se espalharem até o infinito, se não forem contidas em um Volume determinado. Esse volume determinado só é obtido quando o gás está em um recipiente qualquer. O choque das moléculas de gás sobre as paredes do recipiente, é Força/Área ou **Pressão**. Se o gás é aquecido, ou resfriado, o volume ou a pressão podem variar, e a Temperatura é o terceiro parâmetro que define a situação de estado de um gás. Portanto, para definir um gás, é necessário explicitar:

Volume **Pressão** **Temperatura**

Quando se conhecem dois desses valores, é possível calcular o terceiro.

As unidades usadas para medir esses parâmetros, são:

Volume – mm^3, cm^3 (ml), e m^3 (SI).

Pressão – mm H_2O mHg, cm H_2O ou Hg, atm, Torr, $dines.cm^{-2}$ e $N.m^2$ que é o Pascal (Pa), unidade do SI.

Temperatura – Usam-se centígrado °C, e graus absolutos °K onde:

$$°K = 273 + °C$$

A equivalência dessas unidades é:

1 torr (de Torricellí), é a pressão causada por uma coluna de 1 mm de altura de Hg, em condições padrão de densidade do mercúrio e de gravidade terrestre. Portanto, para finalidades biológicas,

$$1 \text{ torr} \cong 1 \text{ mm Hg}$$

É fácil concluir que:

$$1 \text{ atm} \equiv 760 \text{ mm Hg} \cong 760 \text{ torr.}$$

A única unidade **coerente**, é o Pa, que vale:
$1 \text{ Pa} = 7{,}5 \times 10^{-3}$ torr
$1 \text{ torr} = 1{,}33 \times 10^{2}$ Pa
$1 \text{ Pa} = 9{,}9 \times 10^{-6}$ atm
$1 \text{ atm} = 1{,}01 \times 10^{5}$ Pa
A conversão de unidades é simples.

Exemplo 1 - Quantos Pa valem 4,8 torr?

$$\text{Pressão} = 4{,}8 \times 1{,}33 \times 10^2 \text{ Pa} = 638 \text{ Pa}$$

Exemplo 2 - Uma pressão de 530 Pa equivale a quantos torr?

$$\text{Pressão} = 530 \times 7{,}5 \times 10^{-3} \cong 4{,}0 \text{ torr.}$$

Outra unidade não coerente, usada especialmente em metereologia, e o bar, cuja correspondência é:

$$1 \text{ bar} = 10^5 \text{ Pa} = 10^6 \text{ dine.cm}^{-2} = 1{,}33 \times 10^7 \text{ torr}$$

2. Condições Padrão NTP

É um parâmetro de referência indispensável. As variáveis Volume, Pressão e Temperatura são tomadas em condições de referencial: Temperatura, 0°C ou 273°K e Pressão 1 atm ou 760 mm Hg (aproximadamente 760 torr). Nessas condições 1 mol de um gás ideal tem volume de 22,4 litros (1 kmol - 22,4 m^3). Essas condições são conhecidas como NTP (Norma de Temperatura e Pressão). Ainda, as variáveis Volume, Pressão e Temperatura, estão relacionadas em uma série de leis conhecidas, como:

1. **Lei de Boyle-Mariotte** - Relaciona o volume e a pressão de um gás, quando a temperatura é constante:

"O volume de gás é inversamente proporcional à pressão, mantida constante a temperatura"

Essa lei está representada na Figura 16.1.

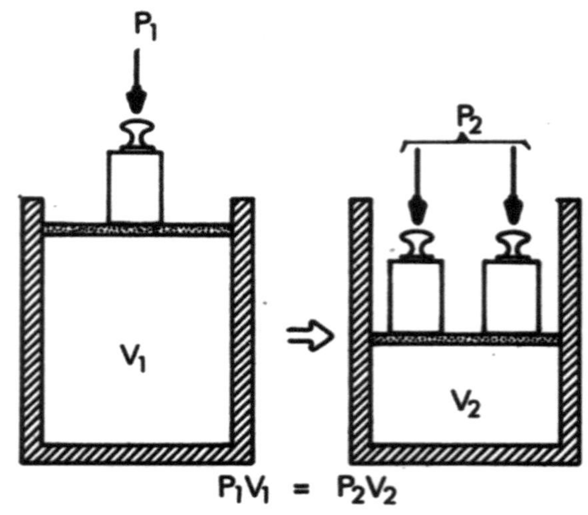

Fig. 16.1 – Representação da Lei de Boyle-Mariotte.

A equação da lei é simples: $P_1 V_1 = P_2V_2$

E seu gráfico pode ser representado de duas formas (Fig. 16.2).

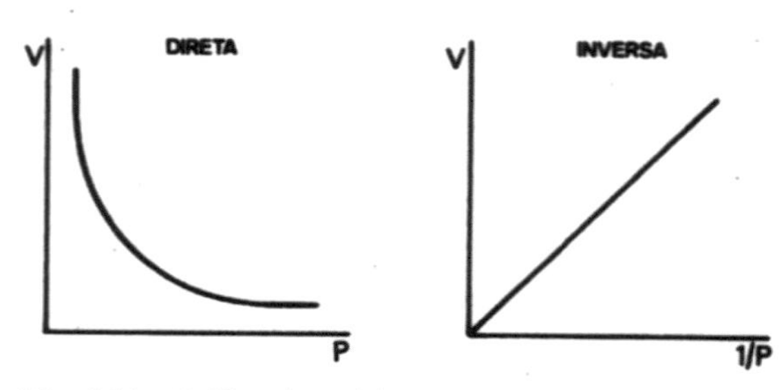

Fig. 16.2 - Gráfico da Lei de Boyle-Mariotte.

Exemplo 3 - Um litro de gás à pressão de 1 Pa é submetido à pressão de 4 Pa. Qual sua variação de volume?

$$11 \times 1 \text{ Pa} = 4 \text{ Pa} \times X$$

$$X = 0{,}251$$

A lei de Boyle-Mariotte explica as mudanças de pressão que o ar sofre, ao sair e entrar nos pulmões, além de outras aplicações técnicas.

Exemplo 4 - Na inspiração, há uma diminuição de 5 mm Hg (665 Pa) na pressão intrapulmonar. Qual é a variação do volume de 0,5 1 de ar que entra no pulmão? Se a pressão externa é 700 mm Hg, temos:

$$700 \times 0{,}5 = 695 \times \chi$$

$$\chi = 0{,}5041,$$

ou seja, uma variação de volume de 4 cm^3.

2. **Lei de Gay-Lussac-Charles** - Relaciona o volume de um gás com a temperatura:

"O volume de um gás é diretamente proporcional à temperatura absoluta, mantida a pressão constante".

A equação, e seu gráfico, são (Fig. 16.3):

Fig. 16.3 - Gráfico da Lei de Gay Lussac.

$$V_1T_2 = V_2T_1$$

Essa lei permite calcular a variaçáo de volume que um gás sofre ao entrar e sair do pulmão, além de outras aplicações.

Exemplo 5 - Meio litro de ar a 20°C é aspirado para o pulmão, a 37°C. Qual é seu aumento de volume?

$T_1 = 273 + 20 = 293$

$T_2 = 273 + 37 = 310$

$0{,}5 \text{ 1} \times 310°K = 293 °K \text{ x}$

$x = 0{,}531,$

ou cerca de 30 cm^3.

Esse volume se soma ao anterior, e quando alguém inspira 500 ml de ar a 20°C, esse volume chegaria como 534 ml no pulmão, não existissem outras circunstâncias fisiológicas intervenientes.

3. **Lei Geral dos Gases** - Representa a combinação das duas leis anteriores, obtida através da teoria cinética da matéria. A equação é a conhecida:

$$PV = nRT$$

onde P é a pressão do gás, V é o volume, n é o número de moles, R, é a constante universal dos gases, e T é a temperatura absoluta.

A constante R tem vários valores, mas dois são mais adequados:

$$R = 8{,}3 \times 10^3 \text{ J.kmol}^{-1} \text{ °K}^{-1}$$

$$R = 8{,}3 \text{ J.mol}^{-1}\text{°K}^{-1}$$

Exemplo 6 - Um animal consome 270 ml de O_2 por minuto, a 37°C, à pressão de 1 atm. Quantos moles de O_2 são consumidos?
Passando para o SI,

$V = 0{,}27\text{x } 10^{-3} \text{ m}^3$

$P \approx 1{,}01 \times 10^5 \text{ Pa}$

$T = 273 + 37 = 310°K$

a) Usando $R = 8{,}3 \times 10^3$ J.kl- $°K^{-1}$, temos:

$$n = \frac{PV}{RT} = \frac{1{,}01 \times 10^5 \times 0{,}27 \times 10^{-3}}{8{,}3\text{x}3{,}1 \times 10^2}$$

$n = 1{,}0 \times 10^{-5}$ kmoles ou $1{,}0 \times 10^{-2}$ moles

b) Usando $R = 8{,}3 \text{ J.mol}^{-1} \text{ °K}$, temos:

$$n = \frac{PV}{RT} = \frac{1{,}01 \times 10^5 \times 0{,}27 \times 10^{-3}}{8{,}3\text{x}3{,}1 \times 10^2}$$

$n = 1{,}0 \times 10^{-2}$ moles

Exemplo 7 – Qual o volume ocupado por um mol de gás ideal em condições NTP?

$T = 273°K$

$P = 1{,}01 \times 10^5 \text{ Pa}$

$$V = \frac{nRT}{P} = \frac{1 \times 8{,}3 \times 273}{1{,}01 \times 10^3} = 2{,}24 \times 10^{-2}\ m^3$$

Outra aplicação importante da lei dos gases é na mudança de estado termodinâmico de um número fixo de moles de um gás.

Na situação P_1, V_1 e T_1, temos:

$P_1V_1 = n\,RT_1$

Na situação P_2, V_2 e T_2, temos:

$P_2V_2 = nRT_2$

Dividindo membro a membro:

$$\frac{P_1V_1}{P_2V_2} = \frac{T_1}{T_2}$$

Rearranjando:

$$\frac{P_1V_1}{T_1} = \frac{P_2V_2}{T_2}$$

Essa equação permite calcular a correção de volumes em respirômetros, etc.

Exemplo 8 - Um volume de ar de 0,5 l a 20°C e 760 torr é aspirado para o pulmão, a 37°C e 756 torr. Qual é o novo volume de gás?

$$V = \frac{P_1V_1T_2}{P_2T_1} = \frac{760 \times 0{,}5 \times 310}{756 \times 293} = 0{,}532\,l$$

4. **Lei de Dalton** - Essa lei se refere à pressão total e parcial de uma mistura de gases, e diz: **"A pressão total de uma mistura de gases é igual à soma da pressão de cada componente."**

$$PT = P_1 + P_2 + P_3 + ... + Pn$$

No caso do ar atmosférico,

$$P_{ar} = Pn_2 + Po_2 + Ph_2o^{(v)} + pco_2 + P_g$$

onde P_g representa os gases raros e, atualmente, a poluição. Essa relação permite calcular a pressão parcial, conhecendo-se o percentual de cada componente, ou o percentual conhecendo-se a pressão parcial.

Exemplo 9 - Qual a pressão parcial da N_2 e de O_2 na atmosfera, em 760 mm Hg ($1{,}01 \times 10^5$ Pa). Sabemos que N_2 é 78% e O_2 é 20% do total de gases. A pressão parcial, será:

$$Pn_2 = \frac{760 \times 78}{100} = 593 \text{ mm Hg } (7{,}9 \times 10^4 \text{ Pa})$$

$$Po_2 = \frac{760 \times 20}{100} = 152 \text{ mm Hg } (2{,}0 \times 10^4 \text{ Pa})$$

A lei de Dalton é importante para o cálculo de PH_2O (v.) na respiração, na formação de misturas gasosas, etc.

5. **Lei de Henry** - Define o volume de um gás dissolvido em um líquido:

"O volume de um gás dissolvido em um líquido é proporcional à pressão do gás sobre o líquido, a um fator de solubilidade e ao volume do líquido."

$Vd = P \times f \times V_l$ onde V_d é o volume dissolvido em ml, P é a pressão em torr, f é o fator de solubilidade, e V_l é o volume de líquido, em litros. Alguns valores de f estão na Tabela 16.1. Um exemplo do uso da Tabela 16.1 vem a seguir:

Tabela 16.1
Volumes de gás (ml) em NTP que se dissolvem em 1 litro de H_2O sob pressão de 1 torr, em diversas temperaturas. Valores aproximados ($ml.l^{-1}$-$torr^{-1}$)

	Temperatura, °C					
Gás	0°	10°	20°	30°	37°	40°
N_2	0,0315	0,0250	0,0197	0,0171	0,0158	0,0152
0_2	0,0645	0,050	0,0408	0,0342	0,0290	0,0263
$C0_2$	2,23	1,58	1,05	0,875	0,700	0,697

Nota: Esses valores, multiplicados por 0,760 fornecem o coeficiente de ∞ de Bunsen, que representa o volume de gás dissolvido em 1 ml de líquido, sob pressão de 760 mm de Hg (1 atm).

Exemplo 10 - Quantos moles de O_2 se dissolvem em 250 ml de H_2O sob pressão de 100 torr, a 37°C?

$V_d = 100 \text{ torr} \times 0{,}029 \text{ ml.l}^{-1}.\text{torr}^{-1} \times 0{,}251 =$

$= 0{,}725$ ml de O_2

Nota: Esses valores já são reduzidos para NTP.

6. **Lei de Graham** - Define a difusão de gases, e diz que:

"A difusão de um gás é inversamente proporcional à raiz quadrada de sua massa molecular".

$$v = \frac{1}{\sqrt{M}}$$

Para o uso em Biologia, várias constantes, têm sido acrescentadas, o que torna os valores obtidos sujeitos a muitos fatores, o que traz alguma impressão. A lei é adaptada como:

$$v = \frac{Cs.T.A.\Delta P}{\sqrt{M.L.n}}$$

onde Cs é o coeficiente de solubilidade, T é a temperatura absoluta, A, é a área de difusão, ΔP é o coeficiente de pressão, M é a massa molecular, L é a distância, eηéa viscosidade do meio. Apesar da complexidade, essa equação se aplica em estudos de difusão, de gases em biossistemas.

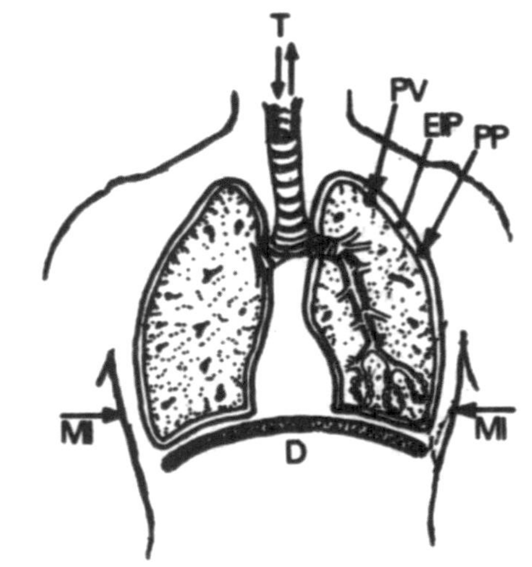

Fig. 16.4 – Aparelho Respiratório Esquemático (ver texto).

B) Estrutura e Função do Aparelho Respiratório

Introdução

O aparelho respiratório (Fig. 16.4), se compõe de um tubo, a traqueia (T) que leva o ar ao pulmão (P) onde esse ar entra em contato íntimo com o sangue. Os pulmões estão encerrados dentro de uma caixa ósseo-muscular, o tórax, que se dilata e contrai através dos músculos intercostais (MI) e do diafragma (D). Entre o pulmão e a caixa torácica há um duplo folheto seroso, formado pela pleura visceral (PV), colada ao pulmão, e pleura parietal

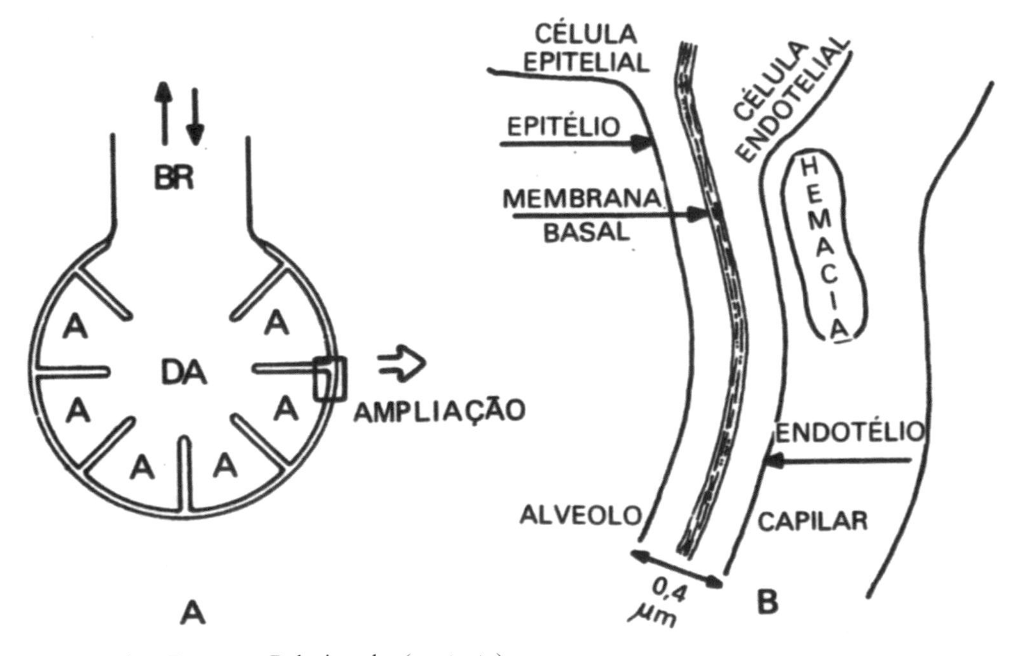

Fig. 16.5 - Alvéolo e Estruturas Relacionadas (ver texto).

(PP), aderida ao tórax. Entre os dois folhetos da pleura, existe um espaço virtual importante, que é o espaço interpleural (EIP). Nesse espaço há uma pressão subatmosférica ou pressão negativa (V. Introdução à Biofísica).

A traqueia se subdivide em brônquios, que possuem cerca de 10 subdivisões em ordem de diâmetro e estrutura. Os brônquios se dividem em bronquíolos, que possuem 6 a 8 subdivisões em ordem de diâmetro, e já nas últimas categorias, não possuem cartilagem. A partir da perda de cartilagem nos bronquíolos, começam a aparecer os alvéolos, que são estruturas em forma de sáculos (Fig. 16.5 A). Nos alvéolos, a entrada é chamada de bronquíolo respiratório (BR), e a parte onde o ar circula dentro do alvéolo é o ducto alveolar (DA), (ducto, passagem). A intimidade do sangue com o ar atmosférico, no alvéolo, é claramente vista na Fig. 16.5 B. Apenas uma membrana de espessura média de 0,4 μm ($0,4 \times 10^{-6}$ m) separa os gases do sangue.

2. O Ato de Respirar – O Ciclo Respiratório

Com a dilatação do tórax, pela elevação da caixa óssea das costelas, e abaixamento do diafragma, o pulmão acompanha esse movimento devido à pressão negativa interpleural, entre os dois folhetos da pleura. Essa pressão é pequena, de - 260 a - 1.000 Pa (- 2 a - 8 torr), mas é suficiente para acionar a 2ª lei da termodinâmica: de onde tem mais (Pressão), vai para onde tem menos, e o ar atmosférico penetra nos pulmões (Fig. 16.6 A). Na expiração, o tórax e o diafragma diminuem o volume torácico interno, e a pressão alveolar se torna positiva, acima da pressão atmosférica, e o ar é expulso dos pulmões (Fig. 16.6 B). O ar que entra e sai é conhecido como ventilação pulmonar. As seguintes características são importantes:

1. A ventilação, isto é, a entrada e saída de ar em condições normais, é puramente Passiva. Um indivíduo com as vias aéreas obstruídas, pode dilatar ou contrair o tórax, que nenhum movimento de ar se verifica.
2. Não há trabalho muscular na expiração em repouso, e inconsciente. Os músculos se relaxam. Existe trabalho na inspiração (contração muscular). Quando a respiração é forçada, há trabalho muscular no ciclo completo.

O termo pressão negativa deve ser substituído com vantagem pelo conceito de pressão subatmosférica. Nesse caso, se a pressão ambiente é 730 torr ($9,71 \times 10^3$ Pa), entre os folhetos da pleura a pressão é 712 a 718 torr ($9,54 \times 10^4$ a $9,56 \times 10^4$ Pa), na inspiração, ou de 722 a 725 torr na expiração ($9,60 \times 10^4$ a $9,64 \times 10^4$ Pa).

2.1 – Alteração na Pressão Interpleural – Pneumotórax

Quando a pressão subatmosférica do espaço interpleural se torna atmosférica, o tórax se dilata, mas o pulmão não acompanha. Isto porque, é a entrada de ar atmosférico que dilata o pulmão, passivamente. Essa situação ocorre quando o ar penetra no folheto interpleural, em uma condição conhecida como pneumotórax (Fig. 16.7).

O pneumotórax pode ser por perfuração da pleura parietal (Fig. 16.7 A), da visceral (Fig.

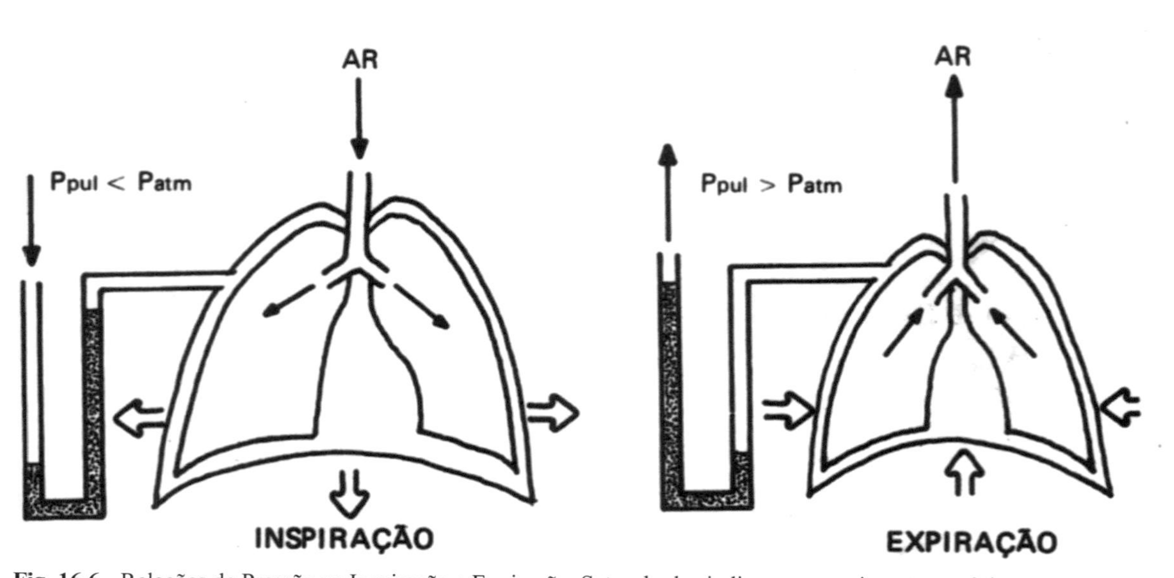

Fig. 16.6 - Relações de Pressão na Inspiração e Expiração. Setas duplas indicam os movimentos torácicos.

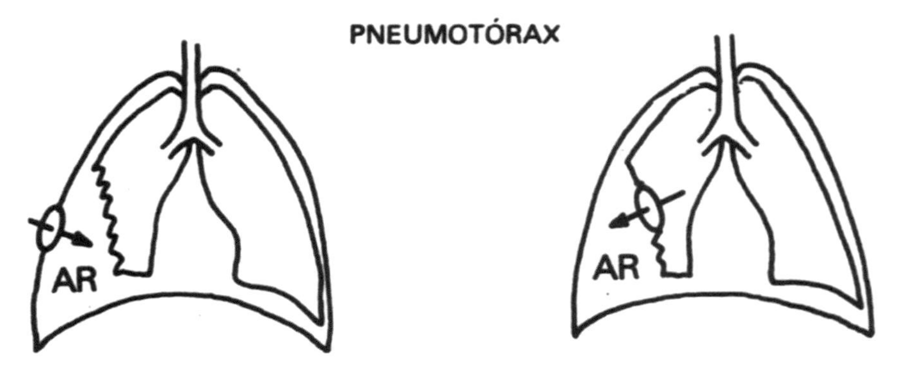

Fig. 16.7 - Pneumotórax. A - Perfuração Pleura Parietal; B - Perfuração Pleura Visceral. Notar a retração pulmonar no lado perfurado.

16.7B), ou de ambas as pleuras. As causas podem ser traumáticas (ferimentos transfixantes, costelas partidas), infecciosas e outras. O pneumotórax é usado terapeuticamente, em certos casos, para "descansar" o pulmão. Nesse procedimento, ar estéril é introduzido no folheto interpleural. O pneumotórax valvular, onde a lesão forma uma válvula que deixa o ar entrar, mas não sair do folheto interpleural, é uma forma mais grave, porque, a cada movimento respiratório, o pneumotórax se acentua. Todos os casos de pneumotórax devem ser tratados visando à recomposição da pressão subatmosférica interpleural (V. Drenagem Torácica). Derrames pleurais, com sufusão de líquido para o espaço interpleural (hidrotórax e hemotórax) também dificultam a expansão pulmonar.

3. Volumes e Capacidades Pulmonares

Os pneumologistas descrevem 4 volumes e 4 capacidades relacionadas com a mecânica respiratória, e que facilitam o entendimento dessa mecânica respiratória. Esses 8 parâmetros estão representados na Fig. 16.8, que deve ser atentamente observada, em conjunto com as definições do Quadro 16.1.

3.1 – Determinação dos Volumes e Capacidades Pulmonares

O espirógrafo é um aparelho que registra volumes expirados e inspirados, e consiste, basicamente, em uma campânula de volume conhecido, colocado sobre água (Fig. 16.9), e cujos movimentos de ascensão e descida com a entrada e saída de ar, são registrados em um quimógrafo. O CO_2 é absorvido por cal sodada.

Esse aparelho básico pode ser completado por circuitos especiais para absorção e dosagem de CO_2 expirado, com equipamento para reposição automática do O_2 consumido, analisadores da concentração de O_2, sistema para introdução de hélio (He) e sua dosagem, e outros implementos.

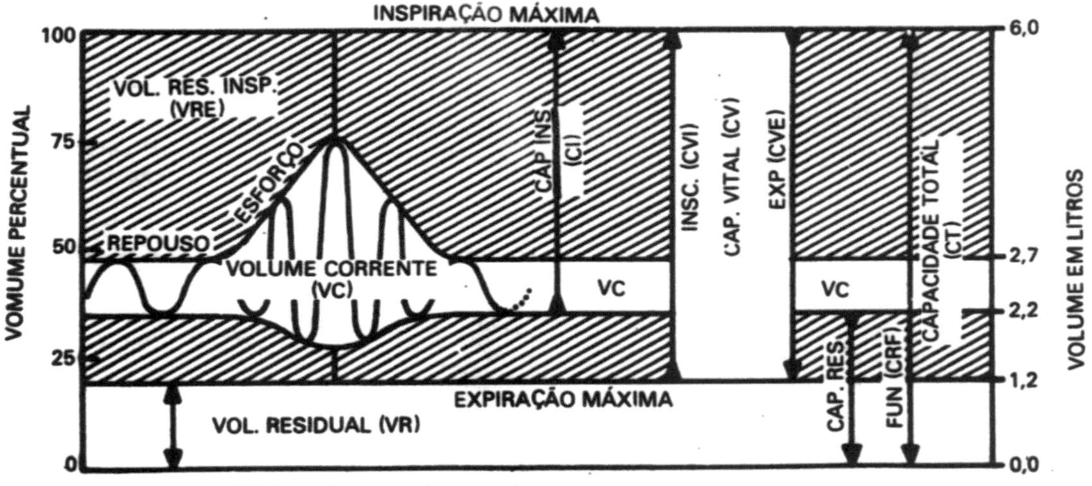

Fig. 16.8 - Volumes e Capacidades Pulmonares (ver texto).

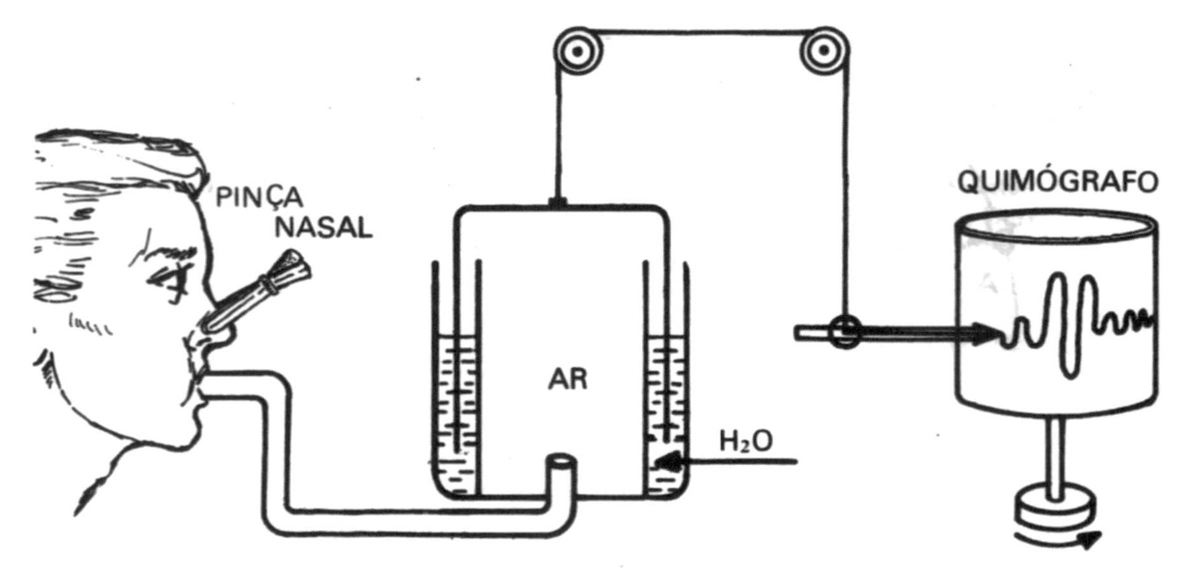

Fig. 16.9 - Espirógrafo Simples (ver texto).

Quadro 16.1
Conceito dos Volumes e Capacidades Respiratórias
(Os Números Correspondem à Figura 16.8)

Volumes	Capacidades
1 – **Volume Corrente** (VC). Volume de ar trocado a cada movimento respiratório. Varia conforme a atividade física, indo de 0,5 1 (repouso) a 3,2 1 (esforço).	5 – **Capacidade Vital** (CV). É o volume máximo de ar capaz de ser trocado: CV = VC + VRI + VRE. É a soma dos três volumes funcionais. Pode ser inspiratório ou Expiratório, como mostrado na Figura 16.6.
2 - **Volume de Reserva Inspiratório** (VRI). É o ar que falta inspirar depois da inspiração do VC.	6 - **Capacidade Inspiratória** (Cl). A começar da inspiração corrente de repouso, é o máximo de ar que pode ser inspirado. CI = VC + VRI
3 - **Volume de Reserva Expiratória** (VRE). É o ar que falta expirar depois da expiração do VC.	7 - **Capacidade Residual Funcional** (CRF). Compreende o ar que pode ser expirado, ao fim da expiração corrente em repouso, mais o volume residual. CRF = VRE + VR
4 - **Volume Residual** (VR). É o ar que resta depois de uma expiração máxima. Este volume não pode ser trocado ativamente, mas apenas por difusão gasosa. É medido indiretamente.	8 - **Capacidade Total** (CT). É o volume total de ar que pode ser contido no pulmão, isto é, ao fim de inspiração máxima. É a soma dos 4 volumes: CT = VC + VRI + VRE + VR
Os volumes são sempre parâmetros unitários e independentes entre si. Os três primeiros são funcionais, o último é estrutural.	As capacidades são sempre o somatório de dois ou mais volumes.

O espirógrafo deve ter uma inércia mecânica mínima para não interferir com os movimentos respiratórios, que podem ser registrados em repouso ou esforço, durante um ou vários ciclos. Um traçado composto está na Figura 16.10.

Neste traçado não é possível determinar o volume residual (VR), e portanto, também a Capacidade Residual Funcional (CRF) e a Capacidade Total (CT). Para conhecer esses parâmetros, é necessário usar a técnica especial descrita a seguir, da diluição de He.

O princípio desse método é semelhante ao da determinação da concentração de soluções, ou da diluição isotópica. (V. Soluções e Diluição Isotópica).

Uma quantidade de He, de volume e concentração conhecidos, é diluída no sistema respiratório, como mostrado na Fig. 16.11.

Na Figura 16.11A, o volume inicial de He (V_1) e concentração (C_1), é diluído no pulmão do indivíduo, e passa para uma concentração C_2 em volume V_S (Volume total do sistema: pulmão + espirógrafo, Fig. 16.11 B). A fórmula de C × V que já vimos em soluções, mostra que

$$C_1V_1 = C_2V_S$$

Mas

$$V_S = V_1 + V_2$$

Substituindo,

$$C_1V_1 = C_2 (V_1 + V_2)$$

Explicitando V_2:

$$V_2 = \frac{V_1(C_1 - C_2)}{C_2}$$

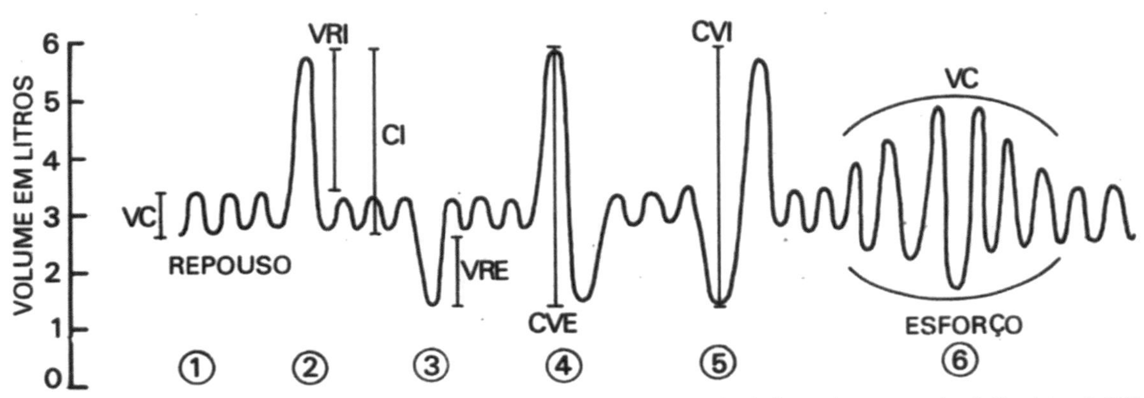

Fig. 16.10 - Traçado Espirográfico. O O_2 consumido foi reposto. No exemplo dado, podemos ver: 1 e 6: Registro de VC em repouso e em esforço. Notar que o volume corrente varia em ampla faixa, e o VC de repouso é intermediário em todo o traçado. 2 - Foi feita uma inspiração máxima, registrando-se o VRI. A soma de 1 e 2 é a capacidade inspiratória, CI. 3 - Foi feita uma expiração máxima, registrando-se o VRE. 4 - Foi feita uma inspiração máxima, seguida de expiração máxima, dando a capacidade vital CV. Essa é a CV expiratória. 5 - Após uma expiração forçada, foi feita uma inspiração máxima, obtendo-se a CV, nesse caso, a inspiratória. 6 - VC de esforço, como já vimos.

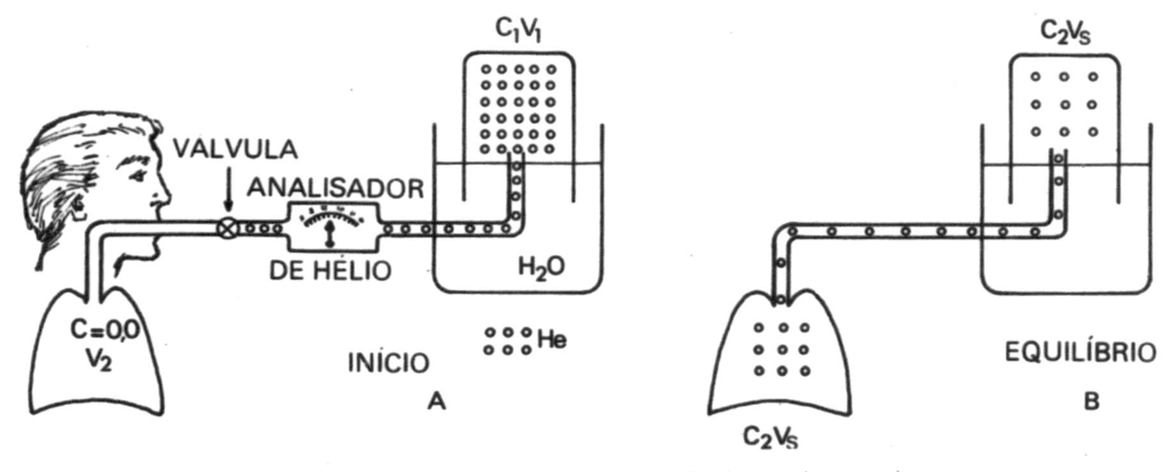

Fig. 16.11 - Determinação da Capacidade Total e do Volume Residual Pulmonar (vex texto).

As informações obtidas, são:

1. V_2 é a capacidade total pulmonar, CT
2. O volume residual é:

VR = CT - CV

3. A capacidade residual funcional é:

CRF = VR + VRE

Em resumo, toda a mecânica pulmonar com seus valores e capacidades pode ser determinada com duas experiências:
1. Medida de volumes espirográficos.
2. Diluição de He para CT.

Exemplo - Usando os dados da Fig. 16.10, determinar os 4 volumes e as 4 capacidades pulmonares.

1ª Parte - Da Figura 16.10, podemos ler (volumes em litros).

3 volumes:
- VC =0,5 a 3,0 l (do repouso ao esforço)
- VRI=3,3 l
- VRE= 1,0 l

2 capacidades:
- CV = 4,8 l (CVI e CVE aproximadamente iguais)
- CI = VC + VRI = 0,5 + 3,3 = 3,8 l

2ª Parte - O paciente respira em um espirógrafo contendo 6 litros de uma mistura de He a 10%. Ao fim de 3 minutos a concentração de He se equilibra em 5%. Pode-se calcular pela ordem, CT, VR e CRF:

1. $CT = V_2 = \frac{(10 \times 6) - (5 \times 6)}{5} = \frac{60 - 30}{5} = 6 \text{ l}.$

2. VR = CT – CV = 6,0 – 4,8 = 1,2 l

3. CRF = VRE + VR= 1,0 + 1,2 = 2,2 l

O VRE foi obtido na experiência anterior.

3.2 - Relação entre os Parâmetros Pulmonares e a Fisiopatologia Respiratória

1. Volume Corrente - VC

Reflete a exigência de O_2 do organismo. Em repouso, é cerca de 0,5 l a cada ciclo. Desse volume, cerca de 0,35 l penetram no alvéolo, e 0,15 l ficam nas vias aéreas superiores até os bronquíolos. É interessante que, em exercício moderado, o VC aumenta às expensas do VRI: o indivíduo inspira mais profundamente. Se o exercício se torna mais exigente, o indivíduo respira usando também o VRE, e passa a expirar mais profundamente.

2. Volume de Reserva Inspiratória (VRI)

Como já vimos, o VRI diminui quando o VC aumenta. O VRI está relacionado ao equilíbrio entre a elasticidade pulmonar e a performance muscular do tórax.

3. Volume de Reserva Expiratória (VRE)

Também diminui com o aumento do VC. O VE está relacionado com a força de compressão dos músculos torácicos, e também, especialmente, do diafragma. Tem especial importância em função não respiratória, a fonação.

4. Volume Residual (VR)

Está relacionado com a capacidade espacial do tórax e seu conteúdo, como coração, traqueia, vasos sanguíneos. Derrames pleurais afetam o VR.

Todos esses volumes diminuem com o pneumotórax.

5. A Capacidade Inspiratória (CI)

Representa o volume de ar que pode ser medido com mais precisão do que a VRI, e tem significado semelhante.

6. A Capacidade Residual Funcional (CRF)

Tem enorme importância fisiológica. Ela está exatamente no intervalo entre os dois hemiciclos, e o sangue fica em contato com esse volume por um tempo suficientemente longo para ter considerável troca gasosa. Uma CRF pequena pode produzir trocas insuficientes. Uma CRF grande favorece troca mais completa de gases entre o sangue e os alvéolos. A CRF é especialmente importante para a eliminação do CO_2: uma pequena CRF dificulta a eliminação desse gás, por difusão insuficiente.

7. A Capacidade Vital (CV)

É o limite físico do VC (Volume Corrente), embora durante o esforço, o VC nunca atinja a CV. Para que o VC atingisse a CV, teria que ser feito um esforço muscular respiratório que cansaria mais do que aumentaria a frequência respiratória. As CV inspiratória e expiratória apresentam diferenças clínicas importantes. De um modo geral, é mais frequente a diminuição da CV expiratória, especialmente em pacientes com doenças obstrutivas ou espasmódicas do aparelho respiratório.

8. A Capacidade Total (CT)

Não tem significado fisiológico, isto é, funcional, e está relacionada com a massa corporal do indivíduo. E óbvio que a CT normal conserva uma proporção ideal com a massa corporal.

Nota: Completar com Leitura de Textos de Fisiologia, e Especializados.

4. Ventilação Alveolar

Entre a entrada e saída do volume corrente, uma parte do ar volta ao alvéolo. É justamente aquele volume de ar que fica nos espaços do próprio alvéolo, até as vias aéreas superiores (Fig. 16.12A).

Na inspiração (Fig. 16.12 B), essa fiação volta ao alvéolo, e como mostrado em Fig. 16.12C, é 1/3 do volume corrente trocado, e apenas 2/3 é ar novo que entra no alvéolo.

Como esse ar já estava em equilíbrio com as pressões gasosas nos capilares pulmonares, esse volume não participa de outras trocas gasosas. É um volume sem serventia, mas que não pode ser evitado.

A ventilação pulmonar pode ser aumentada de dois modos: elevação da frequência respiratória ou volume corrente, VC. Esse último processo é menos taxativo, mas tem limite no VC máximo.

A ventilação alveolar pode ser calculada com precisão (v. textos especializados), e está alterada em estados fisiopatológicos.

5. Complacência Pulmonar

A complacência, em geral, é uma medida da relação entre a pressão aplicada e a deformação obtida. O modelo do balão de borracha, que pode ser feito facilmente no laboratório, dá uma ideia do que é complacência (Fig. 16.13).

Um frasco de boca larga contém três saídas para uma seringa, um balão interno e um manômetro (Fig. 16.13A). Ao se puxar o êmbolo, a pressão interna do frasco se torna subatmosférica, exatamente como no folheto interpleural. O balão se dilata, e o manômetro indica a diferença de pressão, P. Fecha-se a torneira do condutor do balão, e mede-se o ar admitido, borbulhando-o em um cilindro invertido, cheio de água. Expressa-se o volume do gás em litros (ΔV), e a pressão em cm de H_2O (AP). Tem-se:

$$\text{Complacencia} = \frac{\Delta V}{\Delta P} = \frac{\text{litros}}{\text{cm } H_2O}$$

Para medir a complacência pulmonar em seres humanos, introduz-se uma sonda esofagiana com um minúsculo balão de borracha na ponta. A outra extremidade é ligada a um manômetro de água. Na inspiração, a pressão cai, refletindo a pressão interpleural. O volume de ar expelido é medido com um espirômetro. Toma-se a média de 3 medidas.

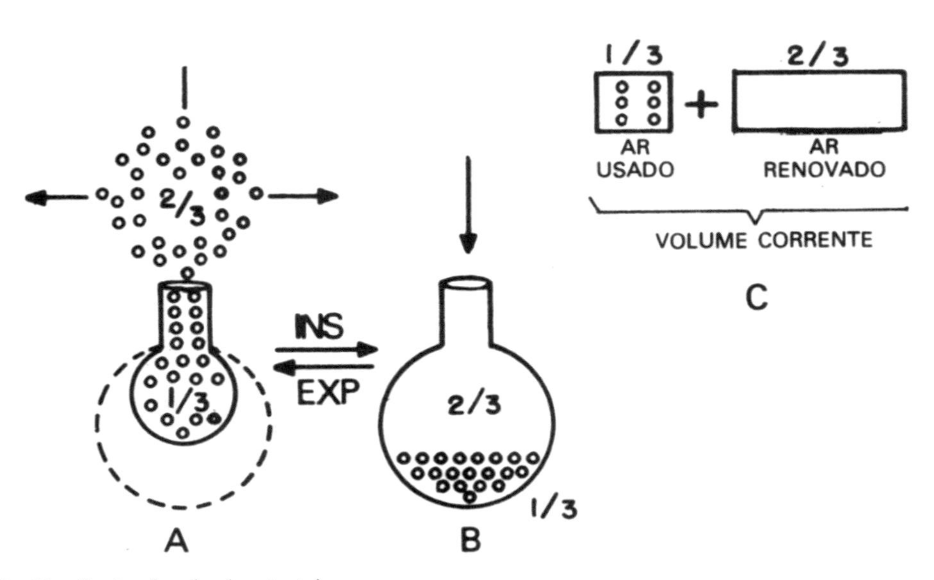

Fig. 16.12 – Ventilação alveolar (ver texto).

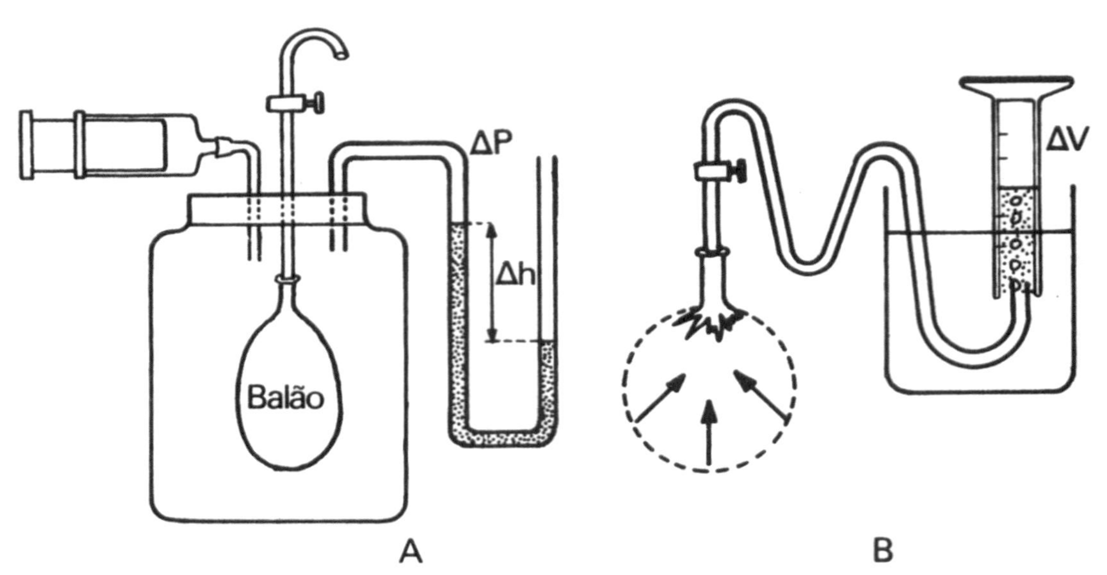

Fig. 16.13 - Medida da complacência de um balão.

Exemplo - Um balão esofageano acusa uma pressão de 4,6 cm H_2O, para uma inspiração de 0,82 litros. Calcular a complacência.

$$C = \frac{0,82}{4,6} = 0,18\ (l.cm^{-1}\ H_2O)$$

A complacência pulmonar normal é em torno de 0,20, e se encontra diminuída em doenças que tornam o pulmão mais rígido, como nas fibroses pulmonares e edema agudo do pulmão, e aumentada, nos casos de enfisema. A complacência pulmonar está indissoluvelmente ligada à complacência do tórax. Alterações nas paredes torácicas se refletem sempre na complacência pulmonar. A diminuição da complacência abaixo dos valores normais não facilita a respiração, porque o esvaziamento do pulmão se torna dificultoso. É o que se observa no enfisema.

6. Tensão Superficial

Rever o mecanismo da tensão superficial e da ação de substâncias tensioativas, ou surfactantes (termo adaptado, "que age na superfície"), em Introdução à Biofísica. A tensão superficial é uma força que une compactamente a camada monomolecular da superfície de um líquido, tendo dois efeitos no pulmão:

a) Barreira à Difusão

Quanto maior é a tensão superficial da fina camada líquida que recobre o alvéolo (Fig. 16.14A) mais difícil se torna a penetração de O_2, porque a camada monomolecular de líquido é uma barreira. A tensão superficial da água é 71×10^{-3} $N.m^{-3}$, no SI, e cerca de 71 $dine.cm^{-1}$ no CGS. (Para se ter uma ideia da magnitude física dessas forças, ver: tensão superficial, na Introdução à Biofísica). No pulmão, biomoléculas tensoativas diminuem esse valor para 4 a 15dine cm^{-1} (4 a $15 \times 10^{-3} N.m^{-1}$). O tensioativo (surfactante) mais conhecido no pulmão é um fosfolípide, a dipalmitoil lecitina, que atua em conjunto com outros fosfolípides.

A baixa do surfactante é um estado patológico que necessita de atenção imediata, como na doença da membrana hialina do recém-nascido. E necessário administrar surfactante exógeno através de aerossol. Compostos tiolados (contendo grupos sulfidrila, SH), como a N-acetilcisteína e a B-mercaptoetilamina são efetivos. Existem muitas outras condições em que há baixa do surfactante: edema pulmonar, acidose, circulação extracorpórea, afogamento e atelectasia.

Essas síndromes se beneficiam com a administração de surfactante em aerossol.

b) Fechamento de Alvéolos

A força exercida pela tensão superficial pode ser comparada a um barbante que, puxado, fecha o alvéolo (Fig. 16.14B). Sabe-se que tensão superficial alta é causa do fechamento dos alvéolos, especialmente nos casos de atelectasia pulmonar. Também, sempre que a elasticidade pulmonar está diminuída, o aumento da tensão superficial agrava os sintomas.

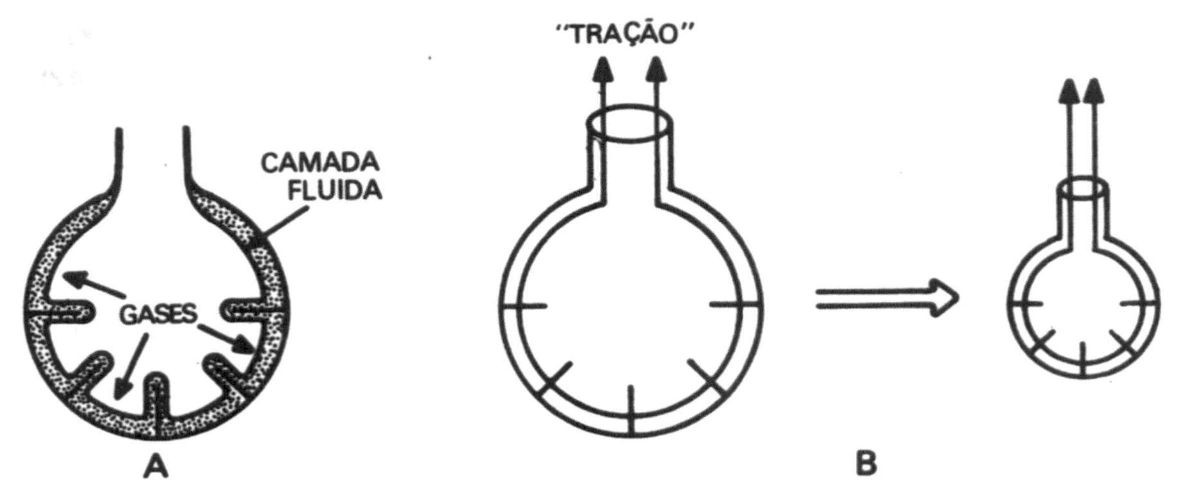

Fig. 16.14 - Tensão Superficial no Alvéolo (ver texto).

7. A Lei de Laplace – Relação entre Tensão e Pressão Alveolar

Rever, se necessário, em Biofísica da Circulação, o que já foi explicado sobre a lei de Laplace. No caso do pulmão, os efeitos podem ser sumarizados na Figura 16.15. Em um sistema de tubos com as torneiras A, B e C, dois balões de borracha (ou bolhas de sabão!) são cheios diferentemente: um mais do que o outro. Quando a torneira A é fechada, e B e C abertas, o balão menor se esvazia no maior. Isso porque, sendo seu raio menor, e a tensão maior, a pressão interna deste é maior que a pressão interna do balão C.

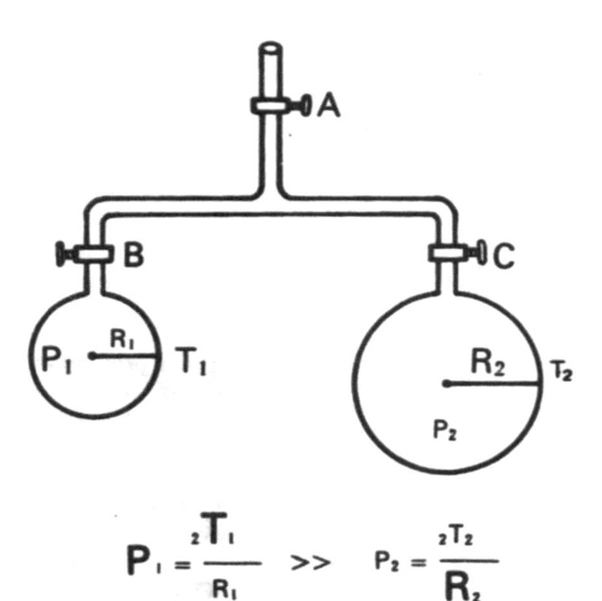

$$P_1 = \frac{2T_1}{R_1} \gg P_2 = \frac{2T_2}{R_2}$$

Fig. 16.15 – Lei de Laplace em Alvéolos (ver texto).

Esse mecanismo ocorre nos alvéolos que se comunicam, quando há obstrução nas vias aéreas superiores. Qualquer obstrução no fluxo externo pode provocar esse colabamento de alvéolos menores, em alvéolos maiores. Em certas patologias, como no enfisema, os alvéolos maiores, dilatados, são justamente os que funcionam pior que os alvéolos de tamanho normal. Quando há obstrução, os normais, menores, se fecham ao se esvaziarem nos alvéolos doentes. Esse é um fator de agravamento do enfisema. Baixa de surfactante (V. acima), pode complicar ainda mais esses quadros.

8. Trocas Gasosas e de Vapor D'Água

Esse importante aspecto fisiológico fica mais fácil de ser apreendido, através da biofísica, quando se considera, em separado, os gradientes de concentração dos gases. As pressões serão em torr, para se conformar ao uso generalizado.

Vamos supor um indivíduo respirando em uma atmosfera natural, úmida, sob pressão de 760 torr (100.000 Pa ou 100 kPa), como na Fig. 16.16.

Essa atmosfera possui, de acordo com a lei de Dalton, as seguintes pressões de O_2 e N_2.

$$O_2 = \frac{760 \times 20}{100} = 150 \text{ torr}$$

$$N_2 = \frac{760 \times 79}{100} = 00 \text{ torr}$$

Possui, ainda uma concentração mínima de menos de CO_2, menos de 1 torr, e uma concentração variável de vapor d'água, entre 2 a 25 torr. Com esses dados, vamos acompanhar na Fig. 16.16, o gradiente de cada gás.

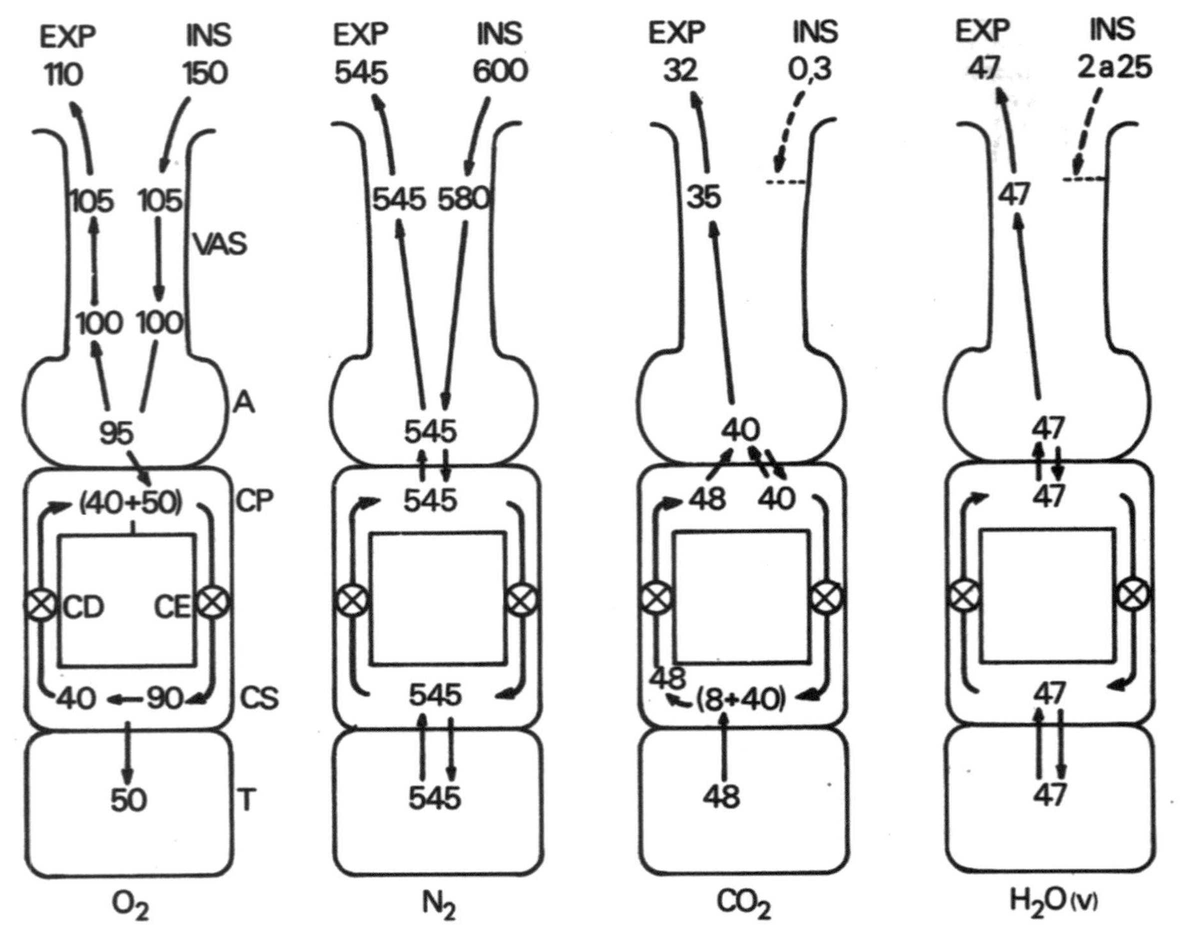

Fig. 16.16 - Trocas Gasosas no Pulmão e Tecidos. VAS - Vias aéreas superiores; A - Alvéolo; CP - Capilar Pulmonar; CS - Capilar Sistêmico;T - Tecidos; CD - Coração Direito; CE - Coração Esquerdo; EXP - Expiração; INS - Inspiração Pressão em Torr. Torr × 133 = Pa.

Oxigênio - A concentração inicial de O_2 se dilui com o ar das vias aéreas superiores (VAS) e cai de 150 a 95 torr, do exterior do alvéolo (A). Daí, passam 50 torr para o capilar pulmonar (CP), que se juntam aos 40 já existentes, e circulam 90 torr pelo coração esquerdo (CE), ligados à hemoglobina do sangue arterial, até os capilares sistêmicos (CS). Nos tecidos (T), há um consumo de 50 torr de O_2, e restam 40 que passam pelo coração direito (CD), e chegam ao capilar pulmonar, são "reciclados" com a nova metade de O_2. Deve-se notar que não são exatamente as mesmas moléculas de O_2 que voltam, e sim a mesma concentração. As moléculas de O_2 podem, e são renovadas. Do alvéolo ao ambiente, é o mesmo gradiente, porém inverso.

Notar que o alvéolo permanece em regime estacionário, em relação ao fluxo de O_2, embora o O_2 tenha "ida e volta" pela traqueia, e apenas "ida" pelo alvéolo. O mesmo acontece nos tecidos.

Nitrogênio - Na atmosfera, são 600 torr, que caem em gradiente até 545 no alvéolo. Como o N_2 não é metabolizado, ele circula nessa concentração em todo o organismo, e é devolvido à atmosfera na mesma concentração.

Nota: Uma pergunta natural, sugerida pela termodinâmica, é a seguinte: Como, de concentrações menores no pulmão, tanto o O_2 como o N_2, vão para a atmosfera? A resposta é simples: transporte passivo, mecânico, pelo ar expirado. O gradiente de pressão expulsa o ar do pulmão.

Gás Carbônico - Com o CO_2, o circuito é diferente. A quantidade de CO_2 atmosférico é desprezível (0,3 torr), e não há entrada de CO_2 no pulmão. No alvéolo (A), a quantidade em equilíbrio com o capilar pulmonar (CP) é 40 torr. Essa pressão entra pelo coração esquerdo (CE), e no capilar tissular recebe 8 torr de CO_2 produzido pelo metabolismo dos tecidos (T), e com a concentração de 48 torr chega ao capilar pulmonar, de onde 8 torr são eliminados via alvéolo. Apesar dessa descarga de CO_2 no alvéolo, este permanece em estado estacionário, com concentração média de 40 torr.

Vapor D'Água - O ciclo do vapor d'água é interessante. Como a 37°C a pressão de saturação de $H_2O_{(v)}$ é 47 torr, essa é a pressão em toda parte líquida da circulação de gases, e nos tecidos. Do alvéolo para fora, essa é também a pressão de $H_2O_{(v)}$ expulso mecanicamente, carreado pelo volume expirado. Isso acontece mesmo que a pressão de vapor externo, ambiental, seja 47, ou mais, torr. Em qualquer circunstância, o ar exalado é saturado de vapor d'água, a 37°C.

Estado Estacionário Alveolar - Em todos ssses gases, o alvéolo permanece em estado estacionário. O que entra é igual ao que sai, com a entropia aumentada. (V. Termodinâmica). O alvéolo é tipicamente uma estação de troca, e pode ser comparado a um aeroporto, onde passageiros chegam e saem, mas o número de passageiros em trânsito dentro do aeroporto, é aproximadamente constante.

9. Pressão de Vapor e Respiração – Eliminação de Calor

Na Terra, a água existe sob três formas, sólida (s), líquida (1) e gasosa (g). A fase gasosa é geralmente chamada de vapor (v), e a sólida de gelo.

$H_2O_{(s)}$ $H_2O_{(l)}$ $H_2O_{(v)}$

As quantidades de cada estado dependem da oferta, da temperatura e da posição geográfica. Nos pólos, há gelo e vapor (também água), na atmosfera, geralmente vapor. A quantidade de vapor d'água atmosférica depende da temperatura (fisicamente) e da oferta (ecologicamente). Em locais onde a oferta de água é generosa, a pressão de vapor depende da temperatura, como mostrado na Tabela 16.2.

Essas condições existem em um vidro fechado com água, ou com solução, admitindo-se que os solutos tenham efeito desprezível sobre a pressão de vapor. Outro aspecto importante de ser entendido, é o efeito da pressão externa sobre a pressão de vapor. Se a pressão externa aplicada é maior que a pressão de vapor para determinada temperatura, o vapor se condensa sob forma líquida. Enquanto a pressão externa não é atingida pela pressão do vapor d'água, a pressão de vapor será determinada apenas pela temperatura. Assim, a pressão de $H_2O_{(v)}$ sob 1 atmosfera, vai até 760 mmHg quando t = 100°C, mas se a pressão atmosférica é menor, como em mais altas altitudes, a água ferverá em temperaturas menores. A 1.000 m a água ferve aproximadamente a 93°C.

Tabela 16.2
Pressão de Saturação de $H_2O_{(v)}$ em Função da Temperatura

Temperatura °C	Pressão torr	Temperatura °C	Pressão torr
0	4,6	35	42,2
5	6,5	37	47,1
10	9,2	40	55,3
15	12,8	45	71,9
20	17,5	50	92,6
25	23,8	100	760
30	31,8	121	1,520

Se a temperatura descer a 25°C, haverá condensação de vapor d'água para líquido, se subir a 45°C haverá vaporização de água líquida, e o novo equilíbrio de pressão, será:

a 25°C, $H_2O_{(v)} = 23{,}8$ torr

a 45°C, $H_2O_{(v)} = 71{,}4$ torr

A Tabela 16.2 tem duas aplicações práticas importantes, especialmente para conhecimento da atmosfera em ambientes hospitalares e na pesquisa biológica:

Exemplo 1 - Cálculo da umidade relativa. A pressão de vapor em um ambiente a 25°C é 12 mm Hg (torr).
A umidade relativa é:

$$VR = \frac{12 \times 100}{23{,}8} = 50\%$$

Isto é, o ambiente está com 50% da umidade que pode atingir, a 25°C. Esse valor pode ser aumentado pelo uso de vaporizadores, que elevam a oferta de água, sob forma de $H_2O_{(v)}$.

Exemplo 2 - Um ambiente em temperatura de 15°C é aquecido a 25°C. Se a oferta de $H_2O_{(v)}$ sustentava uma umidade relativa de 80% e não foi aumentada, qual será o novo percentual? A pressão a 15°C, era:

$$\frac{100}{12,8} = \frac{80}{x}$$

Então:

$X = P_{H_2O} = 10,2$ torr

Se não houve aumento da oferta, essa será a pressão atual a 25°C, onde a saturação é 23,8 torr. A umidade relativa a 25%

$$Ur = \frac{10,2 \times 10}{93,8} = 43\%$$

A Ur caiu de 80 para 43%.

Faz muita diferença respirar em ambientes com pressão de vapor d'água inadequado, especialmente para os pacientes de afecções respiratórias e cardíacas. Uma Ur de 80% é de ambiente úmido, e se Ur é abaixo de 50%, o ambiente é seco.

A perda de água pela respiração exige um consumo de Energia para a mudança de estado da água evaporada. Para transformar água líquida em gás, sem aumento da temperatura, a 37°C, são necessários:

H_2O (1,37°C) $\rightleftharpoons$ H_2O (v,37°C)

$\Delta H = + 41$ kJ.mol^{-1}

Como o ar exalado a 37°C tem 47 torr de vapor, a quantidade eliminada depende do volume corrente (VC).

Exemplo 3 - Um indivíduo tem um VC de 0,5 1, e uma frequência respiratória de 15 ciclos por minuto. Quanto de água é eliminada em 24 horas, e qual o trabalho realizado para evaporar essa água?

$P_{H_2O(v)} = 47$ torr.

1. O volume-minuto, é: $0,5 \times 15 = 7,5$ L.min^{-1}
2. Qual fração desse volume é água?

$P = 47 \times 1,33 \times 10^2 = 6,25 \times 10^3$ Pa

$R = 8,3$ J.mol^{-1}K-^{1}

$T = 273 + 37 = 310$°K

$V = 7,5 \times 10^{-3}$ m^3

$$n = \frac{PV}{RT} = \frac{6,25 \times 10^3 \times 7,5 \times 10^{-3}}{8,3 \times 310} = 1,8 \times$$
$\times 10^{-2}$ moles

Em 24 horas, a perda de água, será:

$H_2O = 1,8 \times 10^{-2} \times 60 \times 24 = 26$ moles ou 468 gramas

3. O trabalho realizado corresponde:

$\tau = 41$ kJ.$^{-1}$ $\times 26 \cong 1,1 \times 10^3$ kJ

ou aproximadamente 262 kcal. É pois uma fração considerável do metabolismo basal.

Exemplo 4 - Um atleta se exercita durante 30 minutos e seu volume corrente por minuto é 90 litros. Qual a perda de água, e calorias, pela respiração, durante o exercício?

Perda de água em 1 minuto.

$$N = \frac{(47x\ 1,33 \times 10^2)x\ 90 \times 10^{-3}}{8,3 \times 310} = 0,22 \text{ moles ou } 3,9 \text{ g.min}^{-1}$$

Em 30 minutos, teremos:

$H_2O = 0,22 \times 30 = 6,6$ moles

ou aproximadamente 120 g de H_2O.

2. O calor gasto, será:

$\tau = 41 \times 6,6 = 271$ kJ

ou 64 k calorias.

Somente pela respiração!

C) Aspectos Biofísicos de Transporte de Gases

É um ponto importante para entendimento da Bioquímica e Fisiologia do Transporte de Gases.

Os gases existem nos líquidos sob duas formas:

1. Combinados com solutos.
2. Dissolvidos fisicamente.

O oxigênio, por exemplo, existe no sangue combinado à hemoglobina, como $HbO_{2(aq)}$ e dissolvido fisicamente, como $O_{2(aq)}$. O subscrito aq (aquoso), indica que o sistema é uma solução, tendo água como solvente. O nitrogênio existe simplesmente como $N_{2(aq)}$, já que é um gás inerte.

1. Oxigênio

A situação do O_2 no sistema alveolar-capilar pulmonar está na Fig. 16.17.

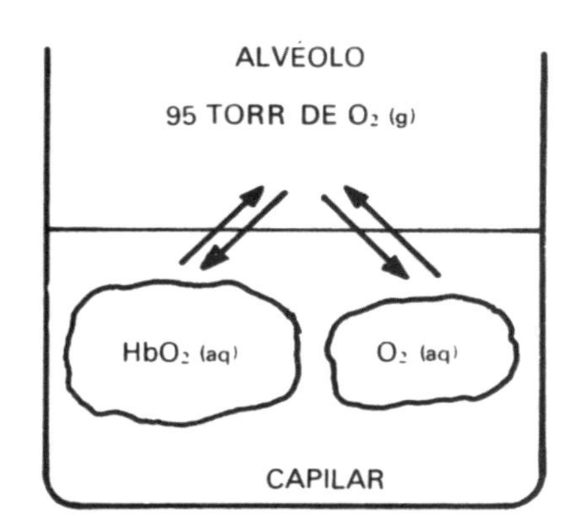

Fig. 16.17 - O_2 dissolvido (ver texto). HbO_2 (aq) - O_2 combinado. $O_{2\,(aq)}$ - O_2 dissolvido.

A quantidade combinada, como HbO_2(aq), será vista mais adiante. E a quantidade dissolvida? Pela lei de Henry, temos: (veja valores da Tabela 16.1, na Leitura Preliminar).

$V_d = 95 \times 0{,}029 \times 1 = 2{,}75$ ml de O_2 (aq) por litro de plasma, a 37°C (em condições NTP).

Esses 2,75 ml de O_2(aq), exercem uma pressão parcial igual à do gás que está acima, isto é, no alvéolo, e portanto, de 95 torr. Quantos moles de O_2 esse volume representa?

Há dois modos de calcular:

1. Pelo volume de 1 mol a 37°C:

$$\frac{25{,}51}{1\text{ mol}} = \frac{2{,}75 \times 10^{-3}\text{ l}}{X}$$

$$X = 1{,}1 \times 10^{-4} \text{ moles de } O_2$$

Pela equação geral dos gases:

$$n = \frac{PV}{RT} = \frac{(760 \times 1{,}33 \times 10^2) \times 2{,}75 \times 10^{-6}\text{ m}^3}{8{,}3 \times 310}$$

$$n = 1{,}1 \times 10^{-4} \text{ moles de } O_2$$

por litro de plasma.

Já a quantidade de O_2 transportada pela hemoglobina como HbO_2(aq), pode ser calculada:

A molaridade da solução de Hb de um sangue com 160g.l^{-1} de H, é:

$$M_{Hb} = \frac{160\text{g.l}^{-1}}{16.100\text{g.mol}^{-1}} = 1 \times 10^{-2\text{ mol.l-1}}$$

Se essa hemoglobina estiver 100% saturada com O_2, essa será a quantidade de oxigênio transportada. Essa quantidade é cerca de 70 vezes mais que o O_2 dissolvido. Esse O_2 ligado à Hb é cerca de 200 ml por litro de sangue:

$$V = \frac{1 \times 10^{-2} \times 8{,}3 \times 310}{1{,}01 \times 10^5} = 2{,}3 \times 10^{-3}\text{ m}^3$$
ou 230 ml

2. Gás Carbônico

O carbonato total compreende o $NaHCO_3$ e o $H.HO_3$, este último é equivalente ao CO_2(aq), que pode ser calculado: (Tabela 16.1).

$$V_d = 40 \times 0{,}70 \times 1 = 28{,}0\text{ml.l}^{-1} \text{ (NTP)}$$

A molaridade será:

$$\frac{22.4}{1\text{ mol}} = \frac{28 \times 10^{-3}}{x}$$

$$x = 1{,}25 \times 10^{-3} \text{ moles de } CO_2\text{(aq)}$$

por litro de sangue, a 37°C, e que circulam como $H.HCO_3$, sendo o Doador de prótons da equação de Henderson-Hasselbach no tampão bicarbonato-ácido bicarbônico do plasma. Esse ácido bicarbônico em um litro de sangue (600 ml de plasma + 400 ml de hematias), se divide, com cerca de 0.85×10^{-3} mol no plasma, e $0{,}40 \times 10^{-3}$ mol nas hematias. A distribuição assimétrica, com menor quantidade nas hemácias, é devido a que essas células possuem mais sólidos ocupando espaço. Uma fração de CO_2 globular está sob a forma de carbamino-Hb. O CO_2 total inclui o HCO^{-3}, íon bicarbonato, e é cerca de 25×10^{-3} moles por litro de plasma. Esse é o Aceptor da equação de Henderson-Hasselbach, e está cerca de 18×10^{-3} mol no plasma, e 6×10^{-3} mol nas hematías. A distribuição assimétrica é devida ao menor espaço hemático, e também a uma troca iônica com íons cloreto (Cl^-).

D) Efeito Bohr e Efeito Haldane

São dois efeitos de grande importância fisiológica, no transporte de hidrogènion (H+), e carbonato como CO_2.

Efeito Bohr - Quando a hemoglobina se liga ao oxigénio, ela libera prótons (H^+) (Fig. 16.18 A), e quando se desliga do O_2, ela incorpora H^+ (Fig. 16.18B).

Esse efeito é simétrico, isto é, se a Hb é colocada em meio contendo excesso de prótons (em pH mais baixo), ela diminui sua afinidade pelo O_2, e cede O_2 com mais facilidade. Se colocada em meio de pH mais elevado, ela aumenta na afinidade pelo O_2. (V. pH e Tampões para mais detalhes).

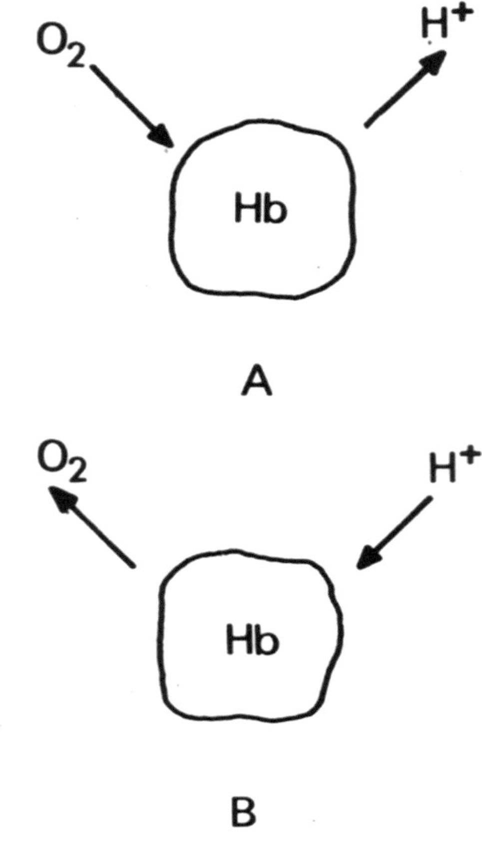

Fig. 16.18 - Efeito Bohr (ver texto).

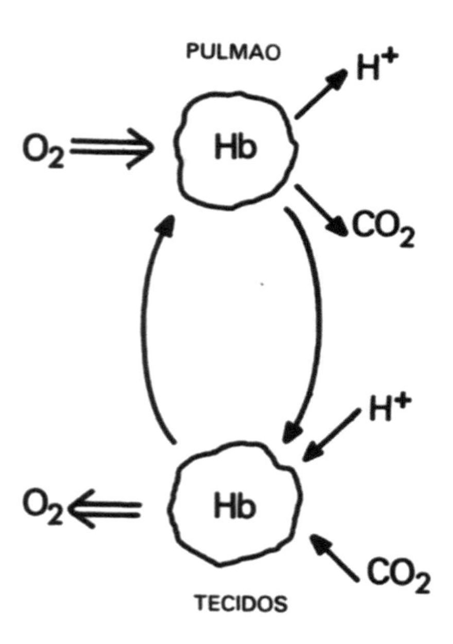

Fig. 16.19 - Função Fisiológica do Efeito Bohr e Efeito Haldane (ver texto).

Efeito Haldane - Quando a hemoglobina se liga ao O_2, sua afinidade pelo CO_2 é diminuída e quando se desoxigena, sua afinidade pelo CO_2 aumenta. Esse efeito também é simétrico. Em meio de maior pressão de CO_2, a afinidade de O_2 diminui, em meio de menor pressão de CO_2, e afinidade pelo O_2 aumenta.

Esses efeitos são adjuvantes no transporte de H^+ e CO_2, da seguinte forma: No pulmão, a Hb se liga ao oxigênio, e desprende H^+ e CO_2 que formam $H.HCO_3$ e são exalados. Nos tecidos, a Hb libera o O_2 e se combina com maior afinidade ao H^+ e CO_2. A ação simétrica se acentua nesses órgãos: o pulmão tem mais oxigénio e menos H^+ e CO_2. Nos tecidos, o pH é mais baixo e tem mais CO_2. O efeito Bohr facilita 6% do transporte de O_2 (12 $ml.l^{-1}$) e o efeito Haldane facilita cerca de 4% do transporte de CO_2 (1,2 $ml.l^{-1}$ de sangue).

Biofísica Respiratória
Atividade Formativa

Proposições:

01. Uma bactéria cresce em atmosfera de CO_2. Quando O_2 é acrescentado, o crescimento não se altera. Classificar a bactéria quanto às necessidades de oxigênio.
02. Assinale certo ou errado: Os seres vivos superiores não possuem reserva de O_2 ( ). A oferta de O_2 ambiental condiciona a evolução do aparelho respiratório ( ). Seria necessário usar alta pressão para armazenar O_2 em um biossistema ( ). Se houvesse depósito de O_2, não seria possível controlar seu consumo ( ).
03. Assinale certo ou errado: Ao entrar no pulmão, o ar atmosférico tem alta entropia e baixa entalpia ( ). Tem alta entalpia, e sua entropia aumenta se sua temperatura se elevar ( ). O ar expirado tem sempre maior entropia ( ).
04. Os gases tendem a ocupar um volume infinito ( ) finito ( ).
05. Converter em Pascal.
    3,8 mm Hg
    76 cm Hg
    1 atm
06. Completar: Um gás em NTP tem temperatura de _______°C_______°K sob pressão de _______ atm Pa, e seu volume molar é_______,kmolar é _______
07. Um gás sob pressão de 100 Pa é descomprimido para 75 Pa. Qual o percentual de aumento de seu volume?

08. Um gás é aquecido em um cilindro expansível. Se a temperatura sobe de 25°C para 37°C, qual é seu aumento de volume? (percentual).
09. Um volume de O_2 de 150 cm^3, à pressão de 75 torr e a 25 °C, é aquecido a 500°C, e seu volume aumentou para 200 ml. Calcular a pressão do gás.
10. Quantos moles de gás haviam na proposição 09?
11. Transformar 10 l de gás à temperatura de 25°C e pressão de 1,5 atm em NTP. Qual é o novo volume do gás?
12. Uma atmosfera artificial em tenda de oxigénio, é hiperbárica (pressão alta), com 15×10^5 Pa, tem 30% de O_2 e 70% de N_2. Qual a pressão de O_2 em Pa e torr?
13. Calcular o volume de gás dissolvido nas seguintes condições:
    1. O_2 a 150 torr e 30°, sobre 500 ml de plasma.
    2. CO_2 a 250 torr, e 40°, sobre 100 l de plasma.
    Esses volumes, já são corrigidos para NTP?
14. A difusão de um gás em biossístemas é proporcional a (certo ou errado).

Diretamente	**Indiretamente**
Temperatura ( )	Distância ( )
Massa molecular ( )	Viscosidade ( )
Gradiente de pressão ( )	Área de Difusão ( )

15. Explicar porque, na inspiração e expiração, a corrente aérea é passiva.
16. Fazer um esquema da pressão negativa interpleural, e explicá-la em função de pressão subatmosférica, em pressão externa de 690 torr (30 palavras).
17. A separação ar atmosférico-sangue, no alvéolo, é feita por uma barreira de (certo ou errado):
    $0,4 \times 10^{-6}$ m( )
    4 nm ( )
    4Å(.)
18. O que é o pneumotórax? (40 palavras).
19. Conceituar volume corrente (VC) e suas variações em repouso e no esforço (20 palavras).
20. Conceituar o volume de reserva inspiratório (VRI) e o expiratório (VRE) (20 palavras).
21. Qual é a característica funcional peculiar do volume residual (VR)? (15 palavras).
22. Conceituar capacidade vital (CV) inspiratória e expiratória. (20 palavras).
23. Um indivíduo tem os seguintes valores de parâmetros respiratórios: VC = 0,41; VRI = 2,8 l e sua CV é 4,0 l. Qual é a sua VRE?
24. De quais capacidades se compõe a capacidade inspiratória (CI)?
25. Conceituar a capacidade respiratória funcional (CRF) e escrever seu valor em função de outros parâmetros respiratórios (20 palavras).
26. Conceituar a capacidade total (CT), e dar sua fórmula em função de outros parâmetros respiratórios (30 palavras).
27. Descrever e fazer um esquema do espirógrafo (50 palavras).
28. Um indivíduo respira espontaneamente, em repouso, e após pequeno esforço, em um espirógrafo. Está sendo registrado o __________
29. Como na P. 28, ao fim da expiração, o indivíduo faz uma pequena série de inspirações máximas. Está sendo registrado a_________
30. Da mesma forma que na P. 28, o indivíduo, ao fim da inspiração, executa uma série de expirações forçadas: está sendo registrado o ___________
31. Ao fim da expiração do VC de repouso, um paciente inspira profundamente e expira, também ao máximo, no espirógrafo. Foi registrado________
32. Ao fim da inspiração, como na P. 31, um paciente expira ao máximo e inspira ao máximo. O espirógrafo registrou___________
33. Descrever sucintamente o método da diluição de He para medida de parâmetros respiratórios (50 palavras).
34. Conhecendo-se a CT e a CV, que mais pode ser determinado?
35. Um paciente respira em um espirógrafo de 5 litros, uma mistura com 14% de He. Ao fim de 3 a 4 litros, a concentração de He se equilibra em 9%. Qual é a capacidade total?
36. Qual é a 1ª opção para aumento da VC?
37. A força de compressão dos músculos torácicos e do diafragma, está relacionada ao ________
38. O volume residual, VR, está relacionado a __________citar 3 itens.
39. Porque a CRF é importante? (50 palavras).
40. Qual CV está mais frequentemente afetada?
41. Qual a causa impediente da utilização contínua da CV?
42. A capacidade total está relacionada com _____________do indivíduo.
43. Qual a proporção de ar usado ou renovado na ventilação alveolar?
44. Qual a característica composicional do ar usado na ventilação alveolar?
45. Qual o processo de aumentar a ventilação pulmonar é menos exigente, do ponto de vista biológico?

46. O que é complacência pulmonar? (40 palavras).
47. De que maneira a tensão superficial é importante na respiração? Descrever os dois modos (50 palavras).
48. O que você acha mais eficiente em casos de diminuição (ou ausência) do surfactante pulmonar? a) administrar oxigênio; b) usar oxigênio hiperbárico (alta pressão); c) administrar um surfactante exógeno com aerossol.
49. Fazer um esquema da lei de Laplace mostrando o colabamento de alvéolos.
50. Dois alvéolos possuem raios diferentes. Qual possui maior pressão interna:
    raio maior ( )
    raio menor ( ).
51. Descrever o ciclo de trocas dos gases:
    O_2 N_2 CO_2 $H_2O(v)$
    (até 100 palavras).
52. Um indivíduo entra em uma sauna saturada de vapor, a 45°C. Qual é a pressão de vapor em seu alvéolo?
53. O indivíduo da P. 52 perde vapor d'água pela expiração?
54. Calcular a umidade relativa de um ambiente a 25°C, cuja pressão de vapor é 5 torr.
55. Você acha que o ambiente da P. 54 é muito seco, ou muito úmido?
56. Um atleta se exercita durante 12 minutos, durante os quais sua frequência respiratória foi 30 ciclos por minuto, e seu VC foi 1,3 1. Qual a sua perda de água (moles e gramas), e o trabalho realizado para evaporar essa água (joules e calorias)?
57. Um paciente respira em uma atmosfera de oxigênio, e sua pressão alveolar de O_2 é 150 torr ($1{,}99 \times 10^4$ Pa). Sua concentração de hemoglobina é 100 g por litro de sangue, seu volume plasmático é 650 ml. Calcular:
    1. O_2 dissolvido no plasma.
    2. O_2 ligado à hemoglobina.
58. Um paciente respira em atmosfera de 50% de O_2. Sua hemoglobina pode atingir mais de 100% de saturação?
59. Descrever o efeito Bohr e o efeito Haldane (60 palavras).

Objetivos Específicos do Capítulo 16

Introdução

01. Classificar os seres vivos quanto à necessidade de O_2.
02. Conceituar razões teleológicas da evolução do Sistema Respiratório. Descrever o ciclo respiratório.

B) LP - 16.1 - Ver Introdução à Biofísica.

C) LP - 16.2 - Leis dos Gases.

04. Saber determinar os parâmetros Volume, Pressão e Temperatura de um gás, através de fórmulas simples.
05. Saber as condições NTP de um gás.
06. Fazer cálculos simples envolvendo a lei geral dos gases.
07. Calcular a composição de uma atmosfera em O_2, N_2 eH,O.
08. Determinar o volume de um gás dissolvido em plasma.

D) Estrutura e Função do Aparelho Respiratório

09. Descrever sucintamente o aparelho respiratório.
10. Fazer um esquema do alvéolo e descrever suas rtes.
11. Descrever a termodinâmica do ato de respirar.
12. Conceituar e citar anomalias da pressão interpleural.
13. Conceituar os 4 volumes respiratórios.
14. Conceituar as 4 capacidades respiratórias.
15. Descrever sucintamente um espirógrafo, e o princípio de seu uso.
16. Saber interpretar um traçado espirográfico, dando as condições durante a experiência.
17. Saber determinar a capacidade total pelo meio de diluição do hélio.
18. Calcular os 4 volumes, e as 4 capacidades, usando os métodos descritos.
19. Dissertar sobre os 4 volumes, e as 4 capacidades, e suas relações com a fisiopatología respiratória, de modo sucinto.
20. Conceituar ventilação pulmonar.
21. Conceituar e descrever a medida da complacência pulmonar.
22. Descrever a importância da Tensão Superficial no alvéolo.
23. Explicar o colabamento de alvéolos pela Lei Laplace.
24. Descrever resumidamente, o ciclo respiratório O_2, N_2 CO_2 (H_2O (v).
25. Calcular a unidade relativa de uma atmosfera, e suas variações.
26. Calcular o trabalho realizado na perda respiratória de água.
27. Saber calcular e descrever os valores de gases dissolvidos no plasma.
28. Descrever o Efeito Bohr e Efeito Haidane no insporte dos gases.

17

Biofísica da Função Renal

Leitura Preliminar LP-17. (Veja nos Capítulos correspondentes).

LP. 17.1. Soluções: concentração, osmolaridade, equivalência.
LP. 17.2. Difusão e Osmose.
LP. 17.3. pH, conceitual.
LP. 17.4. Compartimentação Biológica.

A) Introdução

Como já vimos, na Introdução à Biofísica de Sistemas (5ª Parte), o rim é um dos emunctórios destinados a manter a constância do meio interno. Pode-se dizer que a função do rim, é:

> **"Cooperar na manutenção do regime estacionário do meio interior".**

Para desempenhar esse papel, o rim exerce, entre outras, as seguintes funções, em relação ao meio interno:

1. Controle do volume hídrico.
2. Controle do pH.
3. Controle da osmolaridade.

Essa tarefa renal é feita através da **Excreção** e **Rebsorção** de vários íons, metabólitos, substâncias exógenas, e principalmente, água.

Para excretar e reabsorver, o rim usa três processos bem delineados:

1. **Filtração Glomerular** – Nessa etapa, o rim filtra do plasma sanguíneo todas as substâncias de baixa massa molecular, retendo a quase totalidade das proteínas. Esse processo se realiza no glomérulo (V. adiante, Fig. 17.1).
2. **Reabsorção Tubular** – Nessa etapa, o rim escolhe as substâncias que devem voltar, e devolve essas substâncias ao meio interno. Esse processo se passa nas estruturas que vêm após o glomérulo (V. adiante, Fig. 17.1).
3. **Secreção Tubular** – Nessa etapa, o rim expulsa substâncias que foram filtradas, mas devem ser excretadas em quantidade maior do que a filtrada. É um mecanismo complementar da filtração. A secreção se dá em estruturas pós-glomerulares (V. adiante, Fig. 17.1). A secreção é um mecanismo importante nos processos de regulação do meio interno. Existem processos secretorios atívos e passivos.

Em resumo, as funções principais do rim, são:

Função	**Mecanismo**
Excreção	Filtração glomerular Secreção tubular
Reabsorção	Reabsorção tubular

Além dessas funções, o rim é também glândula endócrina e exócrina (V. Tratados de Fisiologia).

B) O Néfron

1. Anatomia Funcional do Rim

A unidade básica é o néfron. A Fig. 17.1 representa um néfron do tipo justamedular.

O funcionamento do néfron, em linhas gerais, é bastante simples:

1. O sangue entra pela artéria aferente (A_1), passa pelos capilares glomerulares (C), sai pela artéria eferente (A_2), e circula em íntima proximidade com o Setor B, dividindo seu fluxo entre os capilares peritubulares (A_3), (por onde passa a maior parte) e pelos vasos retos (A_4). Em seguida os dois fluxos desembocam na veia renal (A_5), voltando à circulação venosa geral. Ao passar pelo glomérulo, uma fração de água, e pequenos solutos, passa pela

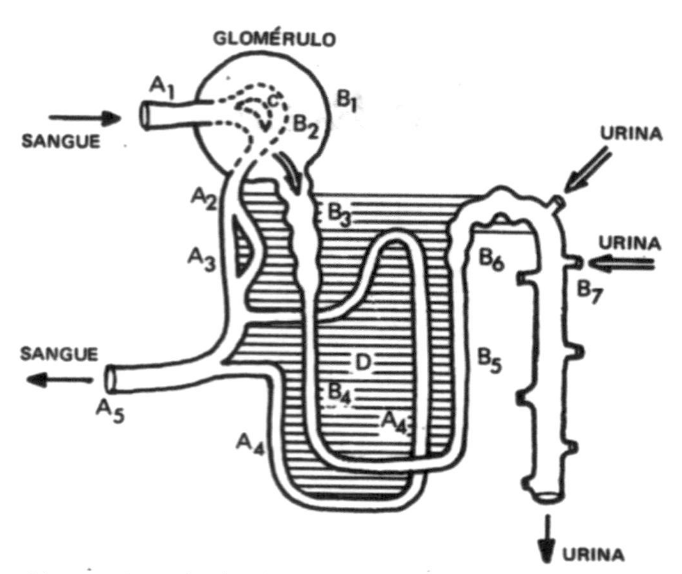

Fig. 17.1 – Néfron Esquemático. A – Setor de Circulação Sanguínea. A_1 – Artéria Aferente; A_2 – Artéria Eferente; A_3 – Capilares peritibulares; A_4 – Vasos Retos; A_5 – Veia renal. B – Setor de Circulação da Urina. B_1 – Cápsula de Bowman; B_2 – Glomérulo; B_3 – Túbulo proximal; B_4 e B_5 – Alça de Henle, ramos descendente e ascendente; B_6 – Túbulo coletor. C – Capilar glomerular (–) Membrana filtrante. D – Região tracejada (≡), onde as estruturas estão em íntimo contato anatômico e funcional.

membrana filtrante (C), deixando um sangue enriquecido em proteínas, passar para a artéria eferente.
Ocorreu a **Filtração.**

2. O líquido filtrado é contido pela cápsula de Bowman (B_1), que é impermeável, e envolve o glomérulo (B_2). Daí, o fluxo filtrado se desloca para os túbulos proximais (B_3), alça de Henle (B_4 e B_5), e passa aos tubos distais (B_6), e daí ao tubo coletor (B_7).

No trajeto entre B_3 e B_7 ocorrem os mecanismos de Reabsorção e Secreção.

Na reabsorção, parte dos componentes do filtrado volta ao Setor A (sanguíneo) e na secreção, ao contrário, substâncias do Setor A vão para o Setor B (urinário). Ao fim dos tubos coletores, já praticamente como urina o fluido passa aos cálices ureteres e bexiga.
Está formada a urina.

2. Fluxo Renal Plasmático (FRP) e Fluxo Renal Sanguíneo (FRS)

Um parâmetro de grande importância em nefrologia é a quantidade de plasma que passa pelos rins:

"O fluxo renal plasmático (FRP), é a quantidade de plasma que entra na artéria renal, medida em $ml.min^{-1}$"

Em um adulto do sexo masculino, o FRP é da ordem de ± 600 ml $.min^{-1}$. Quando se conhece o hematócrito, pode-se calcular o fluxo renal sanguíneo (FRS), que é o volume total de sangue (plasma + hematias).

Exemplo – O FRP de um indivíduo é 600 ml. Min^{-1}. Seu hematócrito foi 45%, calcular o FRS. O volume de plasma é 100 – 45% = 55%, e vale 600 ml. min^{-1}. Então:

$$FRS = \frac{55}{600} = \frac{100}{x}$$

$$X = 1.100 \text{ ml.min}^{-1}$$

Esse resultado está representado na Figura 17.2. O FRP varia normalmente entre 540-660 ml. min^{-1}, e pode ser calculado por métodos especiais.

Com um FRS de 1.100 $ml.min^{-1}$ a percentagem de sangue que passa pelo rim é cerca de 20% do total que circula no organismo, que é de 5.600 $ml.min^{-1}$. Esses números mostram que a circulação renal é muito ativa, pois os dois rins representam menos de 1% da massa corporal.

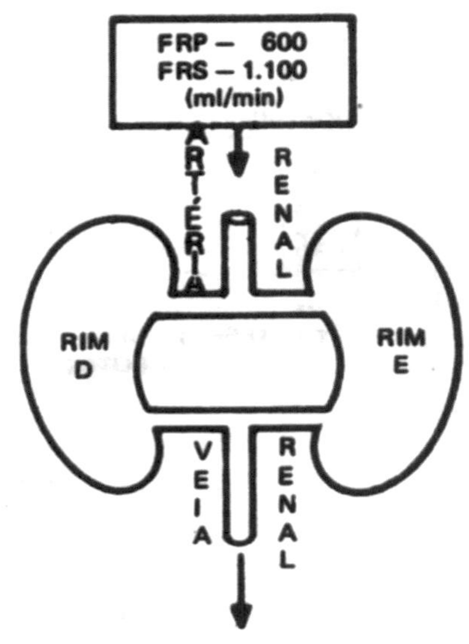

Fig. 17.2 – FRP e FRS (ver o texto).

C) O Funcionamento do Néfron

1. Os Mecanismos Básicos Renais

Filtração – Reabsorção – Excreção

Um modelo interessante para estudar esses três processos renais, é o da Fig. 17.3, que representa um néfron simplificado.

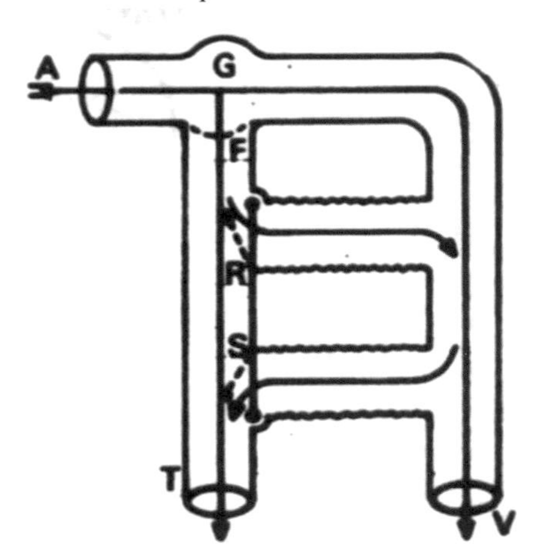

Fig. 17.3 – Filtração, Reabsorção e Secreção. A – Artéria aferente; T – Tubos e Alças; F – Membrana de Filtração; R – Comporta de Reabsorção: —Aberta; _____Fechada; S – Comporta de Secreção: _______Aberta; ______Fechada.

Nesse modelo, os três processos ocorrem da seguinte forma:

Filtração – A membrana filtrante está sempre aberta, e permite a passagem de substâncias que podem ser filtradas. O critério será descrito a seguir. O transporte é passivo.

Reabsorção – Se a comporta R estiver fechada, para uma determinada substância, não há reabsorção. Se estiver aberta, essa substância é reabsorvida. O processo, como já vimos, pode ser ativo ou passivo.

Secreção – Se a comporta S estiver fechada para uma determinada substância, não há secreção. Se estiver aberta, essa substância é secretada. O processo, como já vimos, pode ser ativo ou passivo.

Usaremos esse modelo para explicar com mais clareza esses mecanismos, e especialmente para calcular os valores desses parâmetros.

1.1 – Filtração Glomerular

A membrana filtrante do glomérulo é totalmente permeável a moléculas de massa até 5.000 dáltons, que passam livremente para o glomérulo. As moléculas de 5.000 até 70.000 dáltons passam em razão aproximadamente inversa à massa molecular, mas em quantidades extremamente diminutas. A albumina, por exemplo, tem concentração 250 vezes menor no filtrado, do que no plasma, ou seja:

$$C_{Alb} = \frac{4g\%}{250} = 0{,}015\ g\%$$

ou apenas 15 mg%. Isso torna o filtrado virtualmente isento de proteínas, e outras macromoléculas.

Como se compara a composição do filtrado com a do sangue que sai na artéria eferente? A Figura 17.4 mostra essa relação.

Do volume de plasma que entra no rim, cerca de 1/5 é filtrado, e 4/5 continuam no setor sanguíneo (Fig. 17.4 A). Como no néfron a difusão de pequenas moléculas é fácil, rápido equilíbrio de concentração se estabelece entre o setor urinário (filtrado), e o setor sanguíneo (sangue). Para efeitos práticos, as concentrações, exceto a de proteínas, são iguais nos dois setores, filtrado e plasma (Fig. 17.4 B). Esses dados foram confirmados por técnicas delicadas de micropuntura, onde finos capilares retiram amostras do filtrado e sangue para análise. Como o filtrado é 1/5 do sangue que entra no glomérulo, e não tem proteínas, o sangue que sai na artéria eferente é mais concentrado 20% em proteínas. Esse fato tem grande importância na reabsorção.

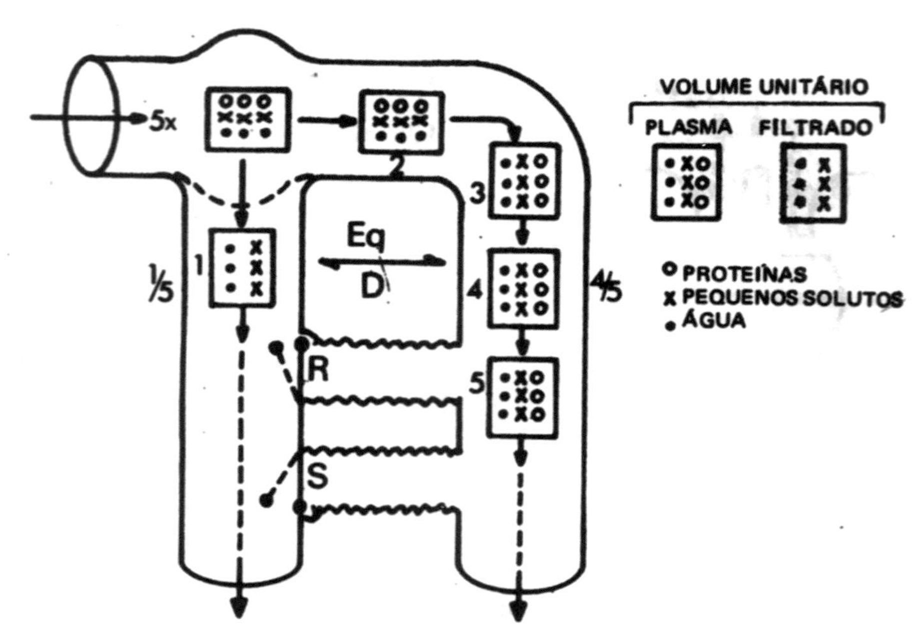

Fig. 17.4 – Filtrado Glomerular. A – Relações no Néfron; B – Volumes Unitários e sua composição; EqD é equilíbrio dinâmico.

Forças Físicas na Filtração – Por que se forma o filtrado? A causa, é a soma das forças a favor e contra a formação, com resultante a favor. Essas forças estão representadas na Fig. 17.5, e o mecanismo é simples: as forças similares de cada setor (sanguíneo e urinário), se opõem. A P_{osm} U pela falta de proteínas, é desprezível, e não é considerada.

Como exemplo, vamos atribuir alguns valores normais a esses parâmetros, e calcular a pressão de filtração. A equação das forças é a soma dos vetores da Fig. 17.5:

A FAVOR CONTRA

$$P_{FIL} = (P_{hid}\ S) - (P_{hid}\ U - P_{osm}\ S)$$

E os valores são:

P_{hid} S = 70 mm Hg

P_{hid}U=14mm Hg

P_{osm} S = 32 mm Hg

Subtraindo:

$$P_{FIL} = 70 - (14 + 32) = 24 \text{ mm Hg } (3{,}2 \times 10^2 \text{pa})$$

Essa pressão é suficiente para expulsar o fluido, e os solutos de pequena massa molecular, que vão constituir o filtrado. A pressão de filtração, P_{FIL}, é um mecanismo altamente eficiente para controlar o volume filtrado. Quando P_{FIL} aumenta ou diminui, o volume do filtrado acompanha as variações, aumentando, ou diminuindo. Esse mecanismo é feito através da vasoconstrição das artérias aferente e eferente, como mostrado na Figura 17.6.

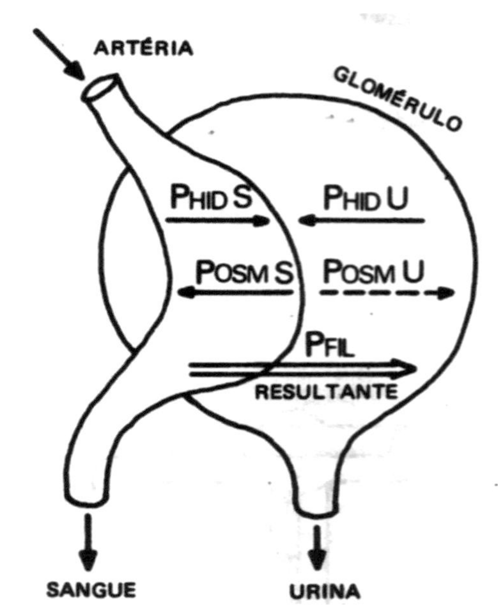

Fig. 17.5 – Forças de Formação do Filtrado. Os vetores indicam o sentido a favor e contra (ver texto).

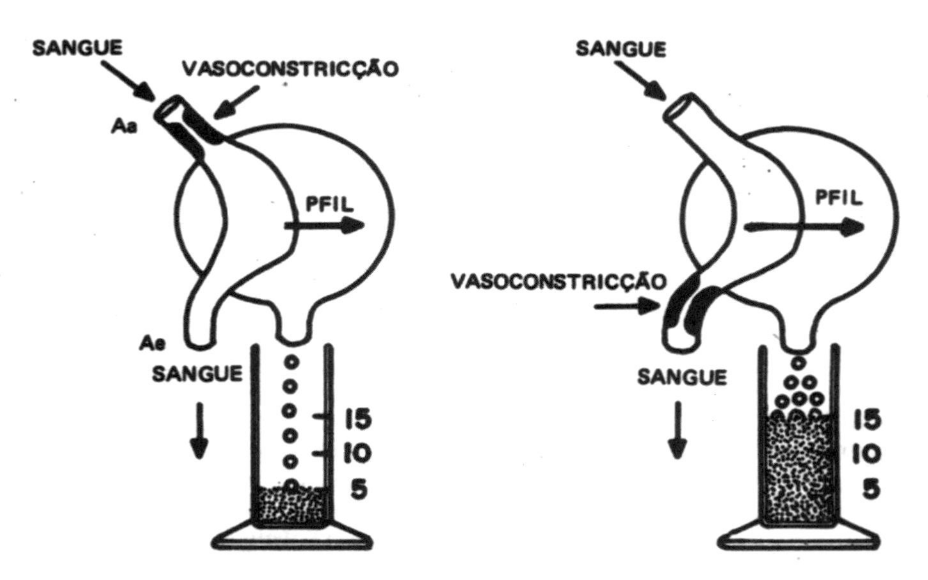

Fig. 17.6 – Controle Mecânico da Filtração. A – Vasoconstrição na artéria aferente; B – Vasoconstrição na artéria eferente.

Na Figura 17.6 A, está representada a vasoconstrição da artéria aferente, causando queda da P_{hid} S, e na Fig. 17.6 B, a vasoconstrição da artéria eferente, causando aumento da P_{hid} S. No primeiro caso há diminuição de P_{FIL}, no segundo, aumento de P_{FIL}. Os valores de ΔP podem cair a 1 ou 2 mm Hg, ou subir a 35 ou 38 mm Hg.

A vasoconstrição pode ocorrer simultaneamente nas artérias aferentes e eferentes, e o volume de filtrado continuar o mesmo. Isso ocorre em situações emergenciais, quando é necessário desviar o grande fluxo sanguíneo renal para outros setores.

A vasoconstrição da artéria aferente é também um mecanismo físico para evitar formação de excesso de filtrado em indivíduos hipertensos. Se não houvesse essa vasoconstrição, a hipertensão arterial seria acompanhada da formação de volumes muito grandes de filtrado. Outro mecanismo de compensação ocorre quando há vasoconstricção da artéria eferente: o filtrado aumenta, mas simultaneamente sobe a concentração de proteínas no plasma que sai do glomérulo, e a reabsorção é maior.

Ritmo de Filtração Glomerular (RFG)

A quantidade (volume) de plasma que é filtrada por minuto, recebe o nome de RFG, e constitui um parâmetro fundamental em nefrologia. O RFG é cerca de 21% do FRP, ou seja:

$$RFG = \frac{600 \times 21}{100} \cong 125 ml.min^{-1}$$

Isto é, aproximadamente 1/5 do FRP é espremido como filtrado no glomérulo. Esse RFG em 24 horas é:

$$RFG = 125 \text{ ml-min}^{-1} \times 60 \text{ min. H}^{-1} \times 24 = \\ = 180.000 \text{ ml. } 24 \text{ h}^{-1},$$

ou 180 litros em 24 horas! Quando se compara com o volume de urina excretada, que normalmente vai de 1 a 2 litros, vê-se que 99%, ou mais, do filtrado, são reabsorvidos, e apenas cerca de 1% é transformado em urina.

O RFG pode ser medido quando se usa uma substância que, sendo filtrada, não é reabsorvida, nem secretada. Como o RFG representa o volume de líquido que é retirado do plasma que passa no glomérulo, o que resta é o fluxo de plasma que vai para a artéria eferente. Este é exatamente o Fluxo Eferente Plasmático (FEP), que tem grande interesse em nefrologia:

$$FEP = FRP - RFG$$

Como veremos, existem métodos para determinação do RFG e do FRP. (V. Depuração Renal). O ritmo de filtração glomerular, constitui importante parâmetro para medida da função renal, e sua determinação é fácil. O fluxo renal plasmático pode ser também determinado por métodos clínicos acessíveis.

1.2 – Reabsorção Tubular

É responsável, como já vimos, pelo retorno de 99% do volume filtrado, além de diversas substâncias, que são **completa** ou **parcialmente** reabsorvidas. Usando o modelo da Fig. 17.3, é como se a comporta R fosse aberta, quando da passagem de certas substâncias, que devem ou podem ser reabsorvidas. O processo é seletivo, a comporta R não se abre para qualquer substância. Os mecanismos de reabsorção são ativos e passivos. Uma tabela de valores aproximados, para algumas substâncias, está no Quadro 17.1.

A reabsorção de água e eletrólitos depende de uma série de eventos encadeados, que podem ser descritos na seguinte ordem, para facilitar a exposição:

a) Reabsorção de Na^+
b) Reabsorção de H_2O
c) Reabsorção de Cl^-
d) Reabsorção de HCO_3

a) Reabsorção de Sódio (Na^+)

A Fig. 17.7, que é aparentemente complexa, mostra claramente os mecanismos envolvidos na reabsorção de Na^+, e deve ser seguida atentamente.

O processo é bastante simples:

No lúmen do túbulo, o Na^+ está em concentração maior do que dentro da célula tubular, e o gradiente osmótico (G_o) é favorável ao transporte para o interior da célula. O lúmen tem potencial de – 20 mV, e o interior da célula é –70 mV. Como o Na^+ é positivo, ele é atraído pelo gradiente elétrico (G_e) para o interior da célula. Os dois gradientes Go_0–G_e se somam, e conduzem passivamente o Na^+ para o interior da célula (Tp). Daí para o espaço peritubular, tanto o gradiente osmótico como o elétrico são desfavoráveis, e o transporte é ativo (TA). Do espaço peritubular para o interior do vaso há uma diferença de pressão hidrostática, cuja resultante (R = 2 mmHg), é favorável à penetração no vaso. Então, água e Na^+ são carreados para a circulação, e voltam para o meio interior, passivamente, nesta etapa final.

Nota 1: Verificar que apenas uma etapa tem transporte ativo. Entretanto, essa fase define o tipo de transporte do Na^+, que é considerado ativo.

Quadro 17.1
Reabsorção de Algumas Substâncias

Substância	Mecanismo		Quantidade		Reabsorção
	Ativo	Passivo	Filtrada	Reabsorvida	%
H_2O	± 15%	± 85%	180 l	179 l	99
Na+	100%	–	600 g	597 g	99,5
Cl^-	?	≅ 100%	800 g	794 g	≅ 99,2
Uréia	–	± 50%	60 g	30 g	50
Glicose	100%	–	180 g	180 g	100

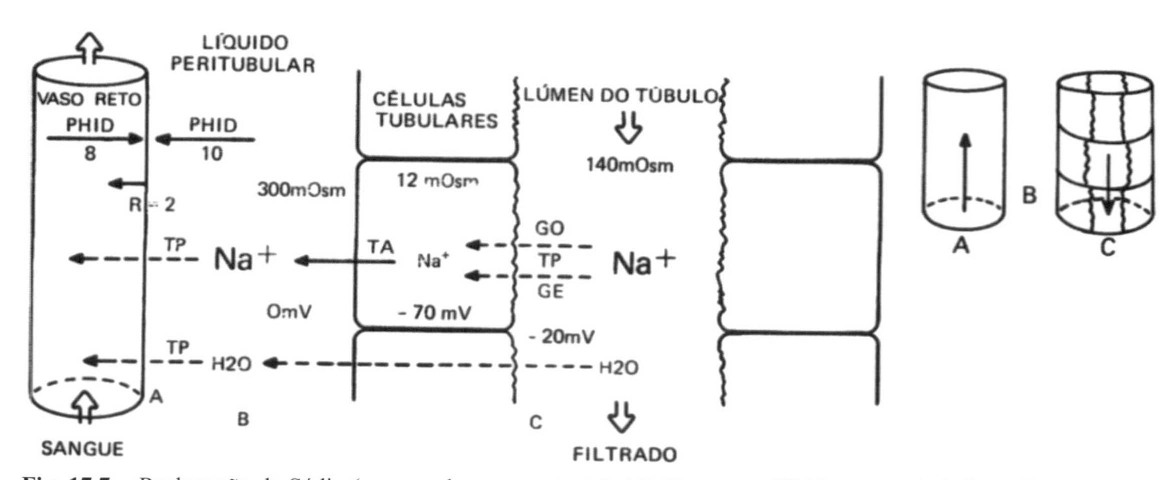

Fig. 17.7 – Reabsorção de Sódio (acompanhar com o texto). (A) Vaso reto; (B) Espaço peritubular; (C) Túbulo; G_o Gradiente osmótico; G_E Gradiente elétrico; T_A Transporte ativo (→); T_p Transporte passivo (-'- -) Concentração em mOsm. Voltagem em mV. Pressão em mm Hg.

b) Reabsorção de Água (H_2O)

O aumento da concentração de solvente no lúmen do túbulo, que ocorre pela retirada de soluto (especialmente do Na^+), origina um gradiente de solvente do lúmen e espaço peritubular (Fig. 17.7), onde a água entra no capilar pela pressão hidrostática e pela pressão coloidosmótica intravasal, cujo plasma, como já vimos, sendo 20% mais rico em proteínas, tem baixa pressão de solvente. Esse transporte de água é passivo, e contribui para a reabsorção de mais de 80% de volume de água. Uma pequena percentagem é reabsorvida na alça de Herde, e o resto fica por conta do hormônío antidiurétíco (ADH) que age no túbulo distai, e especialmente no tubo coletor. (Veja Nota 2). Notar que o solvente água, decresce até 80 vezes nos túbulos, o que acarreta um aumento equivalente na concentração de solutos, que tendem a passar para os capilares pós-glomerulares.

c) Reabsorção de Cloreto (Cl^-)

A reabsorção de Cl^- é passiva, e se faz de 2 modos:

a) acoplada à entrada de Na^+,

b) pelo gradiente osmótico que se forma, quando a concentração de Cl^- aumenta pela retirada de água do túbulo. Parece que existe um mecanismo de retenção de Cl^-, que somente é deflagrado por alcaloses intensas.

Nota 2: É importante notar que, com o transporte de Na^+, o néfron cria condições para a reabsorção passiva de Cl^- e H_2O.

d) Reabsorção de Bicarbonato (HCO_3^-)

De certo modo, essa reabsorção é também relacionada à entrada de Na^+ na circulação, e à secreção de hidrogenion, H^+.

O íon bicarbonato é bastante impermeável, e o rim lança mão de um artifício físico-químico para reabsorvê-lo. O mecanismo está mostrado na Figura 17.8.

O bicarbonato de sódio está ionizado em Na $^+$ e HCO_3^-, como esperado. A célula secreta um íon H^+, que transforma o HCO^-_3 em CO_2 e H_2O, ambos neutros, e de alto coeficiente de difusão na célula peritubular.

$$HCO_3^- + H^+ \rightarrow H_2CO_3 \rightarrow H_2O_{(aq)} + CO_{2(aq)}$$

Dentro da célula, H_2O e CO_2 são rapidamente religados pela anidrase carbônica, formando novamente o $H.HCO_3^-$ que troca o H^+ pelo Na^+. O H^+ é reciclado para o interior do lúmen (por secreção), e o HCO_3^- passa ao espaço peritubular tcoplado ao transporte ativo de Na^+. Do espaço peritubular para o vaso reto, age a pressão hidrosática, que já vimos.

e) Uso da Reabsorção para Controle Homeostático

Conforme as necessidades metabólicas do meio interno, o rim pode reabsorver mais, ou menos, os íons K^+, Na^+, Cl^-, HCO_3^-, H_2PO+_4, e ainda, como veremos, secretar H^+ ou NH^+_4, para ontrolar o pH e a osmolaridade do meio interno. V. textos de Fisiologia Renal).

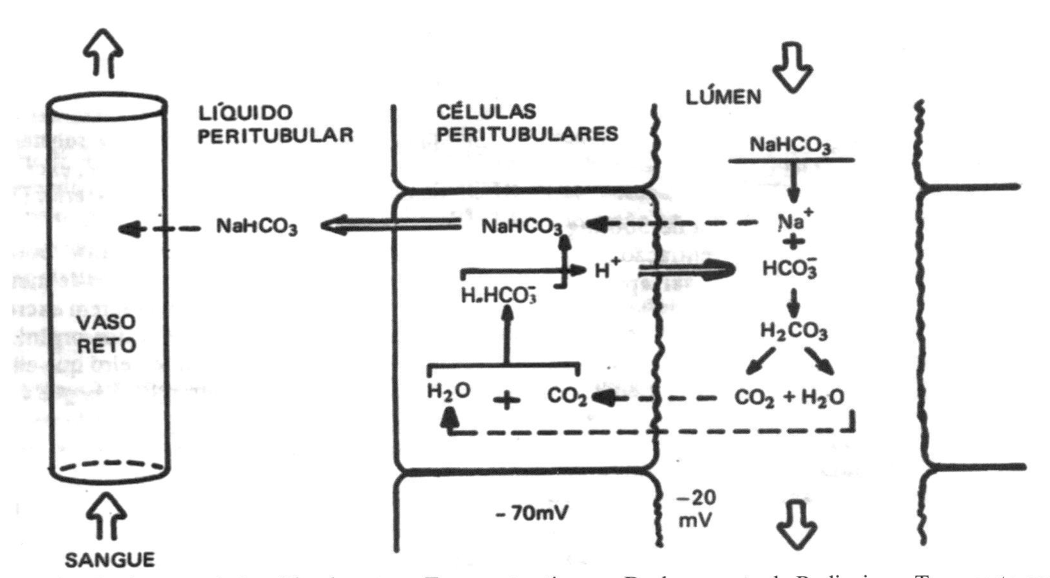

Fig. 17.8 – Reabsorção do Ion Bicarbonato. ⇐Transporte ativo; ← Deslocamento de Radicais; ←Transporte passivo.

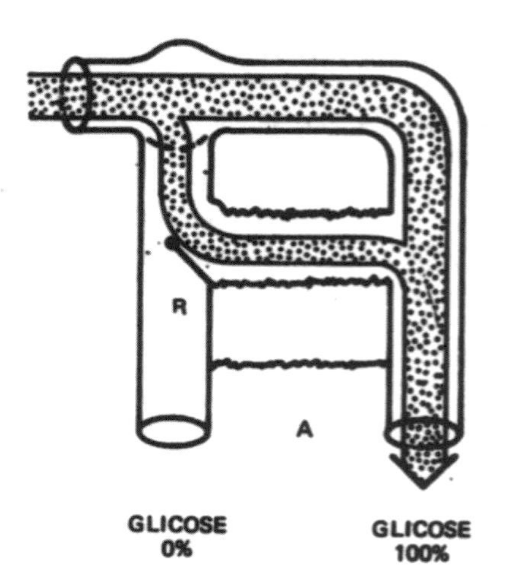

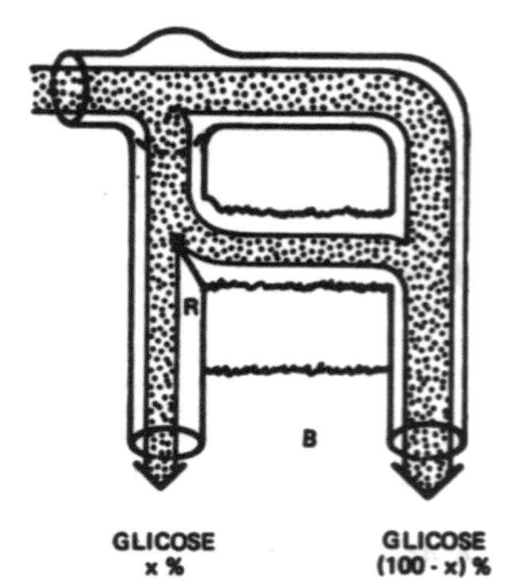

Fig. 17.9 – Representação do Tm de Reabsorção (ver texto).

f) Transporte Máximo de Reabsorção

Esse parâmetro, fundamental em nefrologia, está relacionado com a capacidade máxima de reabsorção de uma substância. Seu conceito é o seguinte:

A glicose, como já vimos, é 100% reabsorvida do filtrado (Fig. 17.9 A). No entanto, observa-se que, em diabéticos, aparece glicose na urina, quando a concentração plasmática de glicose excede certo nível. Isso ocorre porque a concentração de glicose no filtrado (a mesma do plasma), excedeu a capacidade máxima de reabsorção do rim. Esse nível de reabsorção máximo, expressado em $mg.min^{-1}$ é o Tm de reabsorção (Fig. 17.9).

A concentração plasmática em $mg.min^{-1}$ que existe, no momento em que Tm é atingido, é denominado LRP ou Limiar Renal Plasmático. Então:

$$LRP = \frac{Tm}{RFG}$$

Exemplo 1 – A glicose possui um Tm de 360 $mg.min^{-1}$. Qual é a concentração plasmática, acima da qual vai aparecer glicose na urina?

$$LRP = \frac{360\ mg.min^{-1}}{120ml.min^{-1}} = 3\ mg.ml^{-1}$$

ou 300 mg% no plasma, cerca de 180 mg% no sangue total.

Exemplo 2 – Um cão está sofrendo uma infusão venosa de uma substância X, e quando sua concentração plasmática atinge 12,8 mg%, aparece a substância na urina. O FRP é 125 $ml.min^{-1}$. Qual é o Tm? O LRP é 0,128 $mg.ml^{-1}$, então:

$$Tm = LRP \times RFG = 0{,}128 \times 125 = 16\ mg.min^{-1}$$

O Tm para algumas substâncias, como o Na^+, é tão grande, que é difícil determiná-lo com precisão. O Tm do ácido úrico pode ser bloqueado por certos medicamentos, e isso tem valor terapêutico, nos casos de hiperuricemia (elevação de ácido úrico no sangue), porque facilita a excreção desse ácido.

1.3 – Secreção Tubular

Sempre que a quantidade de uma substância na urina, é maior que no filtrado, isto é, excede o RFG, ela está sendo secretada para o exterior (Fig. 17.10).

A secreção é um processo interessante, porque se pode dizer que é feita para substâncias de mesma classe, que competem entre si, para serem excretadas. Um dos mecanismos é para ácidos orgânicos, outro para bases orgânicas, e um terceiro que elimina várias substâncias, incluindo o EDTA, que é um quelante de íons Ca^{2+}.

A secreção tubular de ácidos, bases, e outros compostos, tem a vantagem de incluir, não apenas substâncias endógenas, como também exógenas, como medicamentos, drogas tóxicas e outras.

Entre as várias substâncias endógenas secretadas cabe especial destaque aos íons H^+ e. NH^+_4, que são usados para controle do pH interno, através da secreção renal. A reabsorção passiva do Na^+ para a célula peritubular, diminui o gradiente elétrico

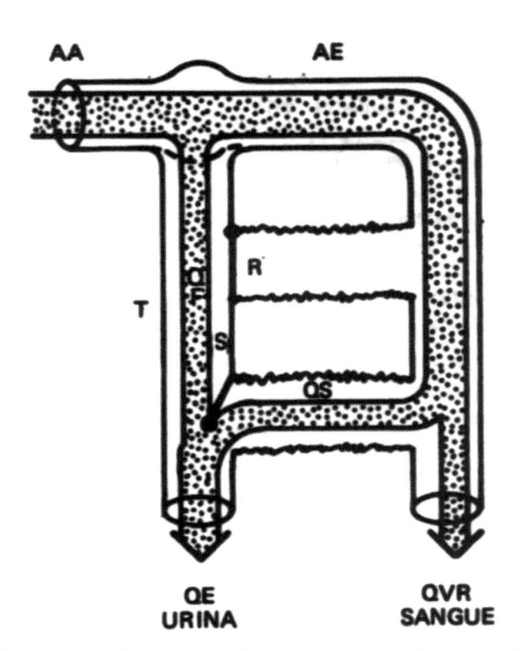

Fig. 17.10 – Secreção Tubular. A quantidade excretada (QE) é igual à quantidade filtrada (QF), mais a quantidade secretada (QS), QE = QF + QS.

interno $(G_e)i$, e favorece a expulsão dos íons K^+ que estão em concentração muito menor que o Na^+.

Algumas substâncias secretadas, como o vermelho de fenol, o diodrast (contraste radiológico iodado), e o ácido p-amino hipúrico. são inclusive usados como teste de função renal. (V. textos de Nefrologia). Essas substâncias permitem também determinar o TmS (transporte máximo de secreção, como mostrado na Figura 17.11).

As relações da Figura 17.11 mostram claramente que, enquanto o LRP da substância não for atingido, a quantidade na veia renal (QVR) será zero, porque toda substância é excretada. Quando esse limiar for atingido, a substância começa a aparecer na veia renal. Nesse momento,

$$LRP = \frac{TmS}{FEP}$$

Exemplo 3 – O FRP é 600 $ml.min^{-1}$, e o RFG e 120 $ml.min^{-1}$. O LRP é 0,125 mg-ml^{-1}. Calcular o TmS.

Como já vimos, o FEP é a diferença entre FRP e RFG (veja RFG, se necessário).

$$FEP = 600-120 = 480\ ml.min^{-1}$$

O TmS Será:

$$TmS = LRP \times FEP = 0,125 \times 480 = 60\ mg.min^{-1}$$

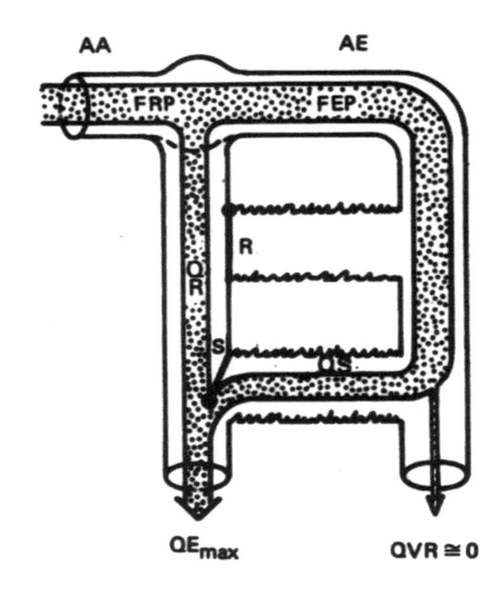

Fig. 17.11 – Determinação do TmS (ver texto).

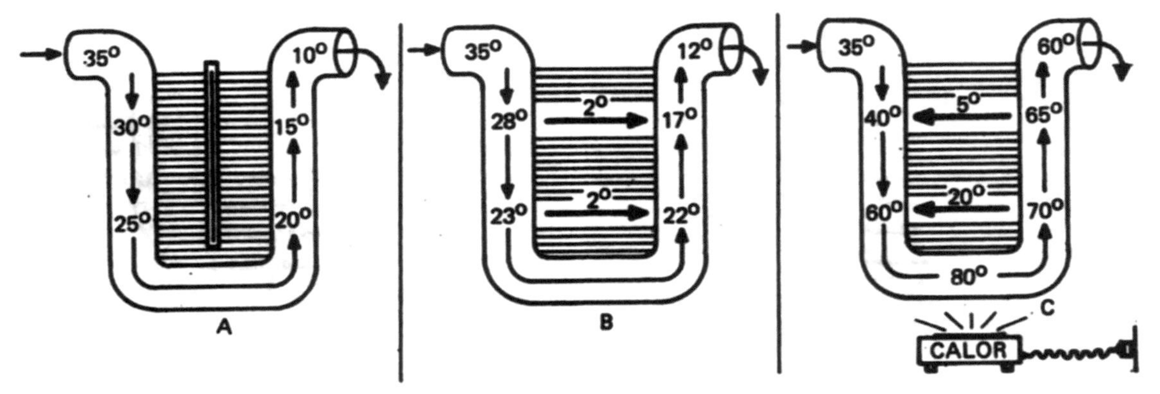

Fig. 17.12 – Contra-Corrente de Calor (ver texto).

O TmS pode ser usado para calcular o FRP, quando se punciona uma artéria para obter a concentração plasmática da substância. (V. textos especializados), ou através de métodos clínicos simples (V. Depuração Renal).

2. O Mecanismo de ContraCorrente

O mecanismo de contracorrente é um dos aspectos mais interessantes da aplicação de princípios simples de física, à Biologia. Recebe a denominação de contra-corrente, um sistema de trocas, onde dois fluxos caminham em sentidos opostos. Um sistema desses, com troca de calor, está na Figura 17.12.

Em 17.12 A, a troca está bloqueada, não há transferência de calor, a queda de temperatura é maior entre a entrada e a saída. Na Fig. 17.12 A, há troca de calor, e a diferença de temperatura, é menor. Em C, há uma fonte de calor, e o sentido da troca se inverte, passando o ramo ascendente a fornecer calor para o descendente. Existe um mecanismo parecido com o da Fig. 17.12 B, no sistema circulatório, com troca de calor da artéria para as veias, antes de chegar nos capilares. O calor volta ao centro do corpo pela circulação venosa, sem se perder nas extremidades, e membros.

E no rim? Há um mecanismo de contracorrente de concentração, osmótico, nos dois setores:

1. Tubos e alças.
2. Vasos retos.

Os dois mecanismos se relacionam, e se completam, por difusão de água e eletrólitos entre os dois setores. Um não existiria sem o outro, e ambos ocorrem simultaneamente, mas a descrição em separado facilita muito entender esse mecanismo.

a) Contracorrente Multiplicadora dos Tubos

O mecanismo está representado na Figura 17.13 A.

O intercâmbio de concentração é especialmente nos túbulos proximais, ramos descendentes e ascendentes da alça de Henle, e tubos coletores. A sequência é simples. O fluxo que entra no sistema a partir do glomérulo tem concentração de 300 mOsm. Como já vimos na parte de Reabsorção de Na^+ e Cl^-, esses componentes são expulsos para o líquido peritubular (LP), formando um gradiente de concentração no ramo descendente, que recebe os íons do ascendente. Nesse ramo ascendente, a urina se dilui novamente porque os solutos saíram, sendo finalmente concentrada por expulsão ativa de água no túbulo coletor, pela ação do ADH. Essa contracorrente recebe o nome de multiplicadora, porque a concentração cresce de 300 a 1.200, ou mesmo 1.400 mOsm.

b) Contracorrente de Troca nos Vasos Retos

Se não houvesse os vasos retos, bem paralelos aos túbulos, o gradiente de concentração seria simplesmente varrido pela circulação, que levaria a alta concentração para longe. Entretanto, como os vasos retos são paralelos aos tubos, o gradiente de concentração circula nesses vasos (Fig. 17.13 B), com concentrações idênticas ao líquido peritubular. Esse fluxo sanguíneo, na mesma direção, e de mesma molaridade do fluido peritubular, é que mantém o gradiente de concentração. Como essa contracorrente sanguínea não altera a concentração, ela é chamada de contracorrente de troca. Uma parte do NaCl reabsorvido nesse processo (Fig. 17.13 B), retorna ao meio interno.

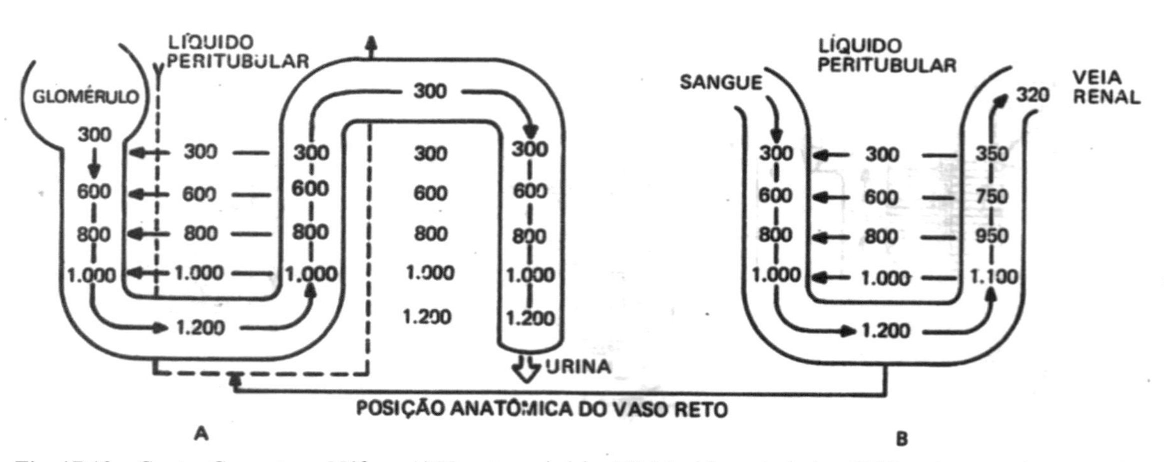

Fig. 17.13 – Contra-Corrente no Néfron. A) No setor urinário; LP. Líquido perirubular; B) No setor sanguíneo, as setas indicam as trocas. Concentração em mOsm.

Por que o mecanismo de contracorrente? Entre os vários motivos, basta ressaltar o controle da osmolaridade, pela escolha de eliminação de urina entre 300 a 1.400 mOsm. (V. textos de Fisiología).

D) Métodos de Estudo da Função Renal

1. O Conceito de Depuração Renal (Dr)

A depuração renal é um conceito de alta importância clínica, e constitui um método relativamente simples para explorar a função glomerular.

O depuramento (ou depuração) de uma substância qualquer, é a retirada dessa substância do plasma e se define como:

O volume de plasma que é completamente depurado dessa substância, na unidade de tempo. As unidades são: $ml.min^{-1}$

Quando a substância não é reabsorvida, nem secretada (as comportas R e S estão fechadas), o depuramento é igual ao RFG (veja Fig. 17.13 e RFG).

$$D_r = RFG$$

Esse é o caso da inulina, um polissacáride cujo peso molecular é cerca de 5.200 dáltons. O depuramento da inulina é cerca de 110 $ml.min^{-1}$ em mulheres, e 125 ml.min"[1] em homens, muito próximo, portanto do RFG.

Quando a substância é reabsorvida, a depuração é menor que o RFG, e pode chegar a zero, como no caso da glicose, que é 100% reabsorvida. A depuração de substâncias reabsorvidas tem menos interesse clínico. Quando a substância é secretada, sua depuração é maior que o RFG, e seu límite é o RFP (fluxo renal plasmático), e permite, portanto, medir o FEP, quando se conhece RFG porque, nesses casos:

$$D_R = FRP$$

Uma substância muito usada para essa medida é o ácido paramino hipúrico (PAH), sob a forma sódica. A D_r do PAH é cerca de 620 $ml.min^{-1}$, em média, variando de 590 a 650 $ml.min^{-1}$.

As mulheres apresentam.D_R cerca de 8% menos que os homens, com o PAH.

Quando se conhece a D_R do PAH e o RFG, o FEP é simplesmente:

$$FEP = D_R - RFG$$

A depuração de substâncias endógenas é um dos métodos mais práticos de estudar a função renal, com resultados clínicos bastante significativos. Duas substâncias são mais usadas.

1. **Creatinina** – A creatinina é depurada em ritmo ligeiramente superior ao rfg, porque é também secretada.

2. **Ureia** – A ureia que é 50% reabsorvida, e sua depuração é cerca de duas vezes menos que a creatinina.

1.1 – Determinação da Depuração

Uma simples análise dimensional mostra que:

$$D_R = \frac{U \times V}{P}$$

onde U é a concentração da substância na urina, V é o volume por tempo, e P é a concentração no plasma. As dimensões de V determinam as unidades de D_R, e são $ml.min^{-1}$. U e P podem ser quaisquer unidades, como por exemolo, mg%.

$$D_R = \frac{mg\% \times ml\ .min^{-1}}{mg\%} = ml.min^{-1}$$

Para calcular a depuração, basta medir U, Ve P.

Exemplo 1 – Um paciente urina, esvaziando a bexiga, no tempo zero. A ingestão de água é livre, e ao fim de 1 hora retira-se uma amostra de sangue. Ao fim de duas horas, a bexiga é esvaziada, e mede-se o volume de urina (150 ml em 120 min). Creatinina foi dosada no plasma e na urina. Os resultados foram:

$P = 1,2$ mg%

$U = 145$ mg%

$V = 1,25\ ml.min^{-1}$

$$D_R = \frac{145 \times 1,25}{1,2} = 150\ ml.min^{-1}$$

Como vemos, o D_R está um pouco acima do rfg, que é em torno de 120 $ml.min^{-1}$.

Exemplo 2 – No mesmo paciente, foi dosada ureia no plasma e na urina, e os valores achados foram:

$P = 31$ mg%

$U = 1,6 \times 10^3$ mg%

A depuração da ureia será:

$$D_R = \frac{1.6 \times 10^3 \times 1{,}25}{31} = 65 \text{ ml}$$

Por várias razões, a D_R da creatinina é mais indicativa da função renal do que a D_R da ureia. (V. textos especializados).

E) Energética Renal

1. Trabalho Renal

O trabalho renal de concentração é dado por:

$$\tau = - \text{RT In} \frac{C_1}{C_2} = -8{,}3 \times 310 \times \text{In} \frac{300}{1.400} =$$
$$= 4 \times 10^3 \text{ J ou } 4 \text{ kJ}$$

Esse trabalho se refere a 1 litro de urina, e se feito em 24 horas, a potência será:

$$W = \frac{4 \times 10^3}{86.000\text{s}} = 4{,}6 \times 10^{-2} \text{ watts.}$$

Como a urina é cerca de 1,5 litro em 24 horas, o trabalho é cerca de 6×10^3 J e a potência. 7×10^{-2} watts, ou 70 miliwatts.

Em se tratando de substâncias com carga, transportadas contra gradiente elétrico, esse trabalho elétrico se soma ao trabalho osmótico. (V. 4ª parte, Bioeletrogênese).

Biofísica da Função Renal

Atividade Formativa

Proposições:

01. Conceituar a função do rim (até 20 palavras).
02. Quais são os três estágios da função renal?
    a)
    b)
    c)
03. Fazer um esquema do néfron.
04. Descrever:
    a) O trajeto do sangue no néfron (até 30 palavras)
    b) O trajeto da urina no néfron (até 50 palavras)
05. O que é o FRP? (até 20 palavras).
06. O FRP é 580 ml.min, e o hematócrito 45%. Qual é o FRS?
07. Como é a passagem de moléculas, em função do tamanho, pela membrana glomerular? (até 20 palavras)
08. O sangue que entra no glomérulo tem 10% de sólidos, dos quais 3,5% são macromoléculas, e entre os solutos, tem:
    Na^+= 130meq.l-1
    Ci^{-1} = 107 meq.1^{-1} e
    H_2 O,90%.
    Qual é a composição do filtrado?
09. Desenhar um esquema das forças de filtração.
10. No glomérulo, tem-se
    P_{hid} S = 5.320 Pa,
    P_{osm}S =3.990 Pa e
    P_{hid} U = 1.596 Pa.
    Calcular P_{Fil}. Qual o seu valor em mm Hg?
11. Se o RFG é 85 ml.min^{-1}, qual é o volume do filtrado em 20 horas?
12. Se 99,5% do RFG da P. 11 é reabsorvido, qual é o volume urinário?
13. Se a voltagem intracelular, nas células tubulares, passa a – 60 mV, o transporte de sódio é facilitado ou dificultado?
14. Descrever o mecanismo de reabsorção do Na^+ (até 50 palavras).
15. Descrever o mecanismo de reabsorção de H_2O (até 30 palavras).
16. Descrever o mecanismo de reabsorção de Cl^- (até 20 palavras).
17. Descrever o mecanismo de reabsorção de HCO^-_3 (até 50 palavras).
18. Conceituar Tm de Reabsorção.
19. Uma substância tem Tm de reabsorção de 300 mg.min^{-1}, e o RFG é 130 ml.min^{-1}. Qual é o LRP?
20. Sendo dados:
    LRP = 1.5%, e
    RFG = 100 ml.min^{-1}.
    Calcular TmR.
21. Quais são as duas classes principais de substâncias que são excretadas?
    a)
    b)
22. A concentração de uma substância no FEP é abaixo de LRP. Pode-se afirmar que:
    QVR = ?
23. Sendo dados:
    FRP de 560 ml.min^{-1},
    RFG de 110 ml .min^{-1} e
    LRPde 0,20 m mg.ml^{-1}.
    Calcular TmS.
24. Assinalar como certo ou errado:
    1. No mecanismo de contracorrente os fluxos devem estar em sentido contrário ( )
    2. Na contracorrente renal as trocas são de osmolaridade ( )

3. O mecanismo, no rim, é totalmente passivo, por gradiente de concentração ( )
4. O transporte de Na^+ tem um estágio ativo ( )
5. As trocas entre o vaso reto e os túbulos são passivas ( )
6. O gradiente de concentração não ocorre na contracorrente ( )

25. Quais as condições para que:
D_R = RFG?
26. Qual a depuração de uma substância 100% reabsorvida?
27. Qual a condição para que:
D_R = FRP?
28. Quais substâncias endógenas são mais usadas para cálculo de D_R?
a)
b)
29. Um paciente foi submetido a um teste de função renal, e os valores encontrados foram:
Volume Urinário: 180 ml em 2 horas.
Creatinina no plasma: 1,6 mg%. Creatinina na urina: 150 mg%.
Ureia no plasma: 85 mg%. Ureia na urina: 1,2 $\times 10^3$ mg%.
Calcular D_R para a creatinina e ureia. Os valores são acima ou abaixo dos normalmente esperados?
30. Se FRP é 590 ml-min^{-1}, o RFG é 110 ml. min^{-1}, qual é o FEP?
31. Qual a energia necessária para produzir 2 litros de urina de concentração 1.100 mOsm, a partir de 320 mOsm?
32. Para excretar 1 mol de Na^+, além do trabalho de concentração, qual sería o trabalho elétrico, se o gradiente fosse de – 70 mV para + 10 mV?

Objetivos Específicos do Capítulo 17

A) Introdução

01. Conceituar, resumidamente, a função renal.
02. Descrever os processos renais.

B) O Néfron

03. Copie um esquema do néfron.
04. Citar os nomes dos componentes dos setores sanguíneo e urinário.
05. Descrever o funcionamento do néfron quanto à formação da urina.
06. Definir FRP e FRS.

C) O Funcionamento do Néfron

07. Desenhar modelo funcional do néfron.
08. Citar a composição do filtrado.
09. Descrever as forças físicas da filtração e fazer cálculos simples envolvendo essas forças.
10. Explicar o controle do volume urinário através de mecanismo de vasoconstrição.
11. Definir RFG e FEP.
12. Dissertar sobre a Reabsorção Tubular.
13. Fazer esquema e explicar a reabsorção de Na^+,H_2O, C^-e HCO^-_3.
14. Definir Tm de reabsorção e fazer cálculos simples envolvendo Tm, LRP e RFC.
15. Dissertar sobre a Secreção Tubular.
16. Definir Tm de secreção e fazer cálculos simples envolvendo Tm, LRP e FEP.
17. Fazer esquema e explicar o mecanismo de contra--corrente no rim.

D) Métodos de Estudo

18. Dar o conceito de Depuração.
19. Fazer cálculos simples de Depuração tipo DR = RFG, DR = FRP, e FEP = DR – RFG.

E) Energética Renal

20. Calcular o trabalho renal de excretar substâncias.

18

Biofísica da Visão

Entre os sistemas que desempenham funções sensoriais, a visão apresenta aspectos biofísicos peculiares. O globo ocular e seus acessórios tratam a luz em seus dois aspectos fundamentais, que são:

1. **Luz como Onda** – Há um meio refrator que forma imagem de objetos iluminados, ou luminosos.

2. **Luz como Fóton** – Uma película fotossensível reversível transforma a energia eletromagnética do pulso luminoso em pulso elétrico.

Numa terceira fase do processo de ver, os pulsos elétricos são levados ao cérebro, onde provocam sensações psicofísicas conhecidas como visão.

Leituras Preliminares (Opcionais)

LP 18.1 – Rever Campo E.
LP 18.2 – Rever Espectro Radiante em Espectrofotometria.

Leitura Preliminar LP-18.3

Fenômenos Luminosos de Interesse Biológico (Opcional)

A) A Luz como Onda

Para efeitos comuns, não relativísticos, a luz se propaga simplesmente em linha reta. No vácuo, sua velocidade é uma das mais importantes constantes universais, e é a velocidade máxima que a Matéria pode atingir :

$$v = 3 \times 10^8 \text{ m.s}^{-1}$$

No ar, água, outros líquidos, e corpos transparentes, a velocidade da luz diminui. Como veremos adiante, a velocidade é tanto menor quanto maior é o "índice de refração" do meio.

Ao se propagar, a luz apresenta, entre outros, os seguintes fenómenos:

1. Reflexão

Consiste na mudança de direção da luz, ao encontrar um obstáculo (Fig. 18.1 A). A reflexão se faz de acordo com a seguinte lei:

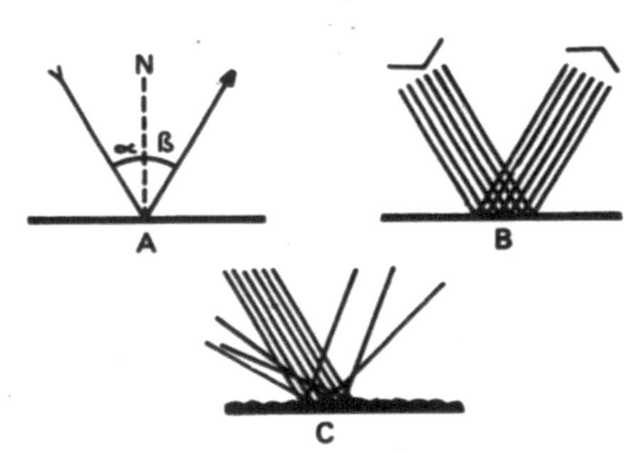

Fig. 18.1 – Reflexão da Luz (ver texto).

"O ângulo de incidência (α) e o angulo de reflexão (β) são iguais, e estão no mesmo plano que indui a normal (N)".

Existem dois tipos de reflexão.

1. **Especular** – A superfície refletora é tão lisa, que todos os raios refletidos saem na mesma direção. É a reflexão dos espelhos (speculum, especular), das superfícies muito polidas, etc. (Fig. 18.1 B).
2. **Difusa** – A superfície refletora é áspera, e os raios incidentais se refletem com o mesmo ângulo, mas em diferentes direções.

É a reflexão mais comum, como a desta folha de papel, dos corpos de animais, objetos e corpos celestes. A reflexão difusa se denomina também albedo. O luar é o albedo da lua.

2. Interferência

Resulta do somatório dos pulsos de onda. Quando se somam duas cristas, há reforço; quando se somam uma crista e um vale iguais, há anulação. Como a soma dos pulsos é algébrica, há toda uma gama de efeitos intermediários. Para se obter interferência de forma efetíva, é necessário usar fontes de luz coerentes, isto é, que estão na mesma fase. Isso se obtém dividindo um feixe de luz em dois, ou usando raios laser, que são naturalmente coerentes. A interferência de luz monocromática gera zonas de claro-escuro, e da luz branca, pode gerar diversas cores.

3. Difração

Consiste no contornamento de obstáculos devido à trajetóría do pulso. Quando se olha uma lâmpada através de uma pequena fenda entre os dedos, observa-se uma sucessão de finas zonas claras e escuras, devido à difração.

4. Espalhamento

É a mudança de direção do raio luminoso ao se chocar com a matéria. É como se fosse o rico-chete de uma pedra atirada obliquamente ao solo. O espalhamento se faz em todas as direções. Acontece especialmente em nível molecular, e é responsável pela opalescencia de soluções coloidais, ou de macromoléculas.

5. Polarização

É a fixação de vetor elétrico, e, consequentemente, do magnético, em um plano determinado. Se o plane é fixo, a polarização é dita plana. Se o plano gira em sentido perpendicular à propagação, a polarização é circular. Se, em determinada posição de giro, os vetores são maiores, a polarização é elíptica. Existem animais capazes de perceber luz polarizada, como o polvo.

6. Refração

É a mudança de direção do raio luminoso ao penetrar obliquamente em um meio de índice de refração diferente do meio anterior (Fig. 18.2 A). Se o raio penetra perpendicularmente, não há refração (Fig. 18.2 B). Em ambos os casos, a velocidade é diferente nos dois meios. A refraçâo é frequentemente vista quando se enfia um bastão na água, ou quando um jato de luz atravessa esses plásticos transparentes que fluorescem. O desvio é perfeitamente visível. Por que só ocorre desvio se a incidência é oblíqua? Não ocorre nada na incidência perpendicular?

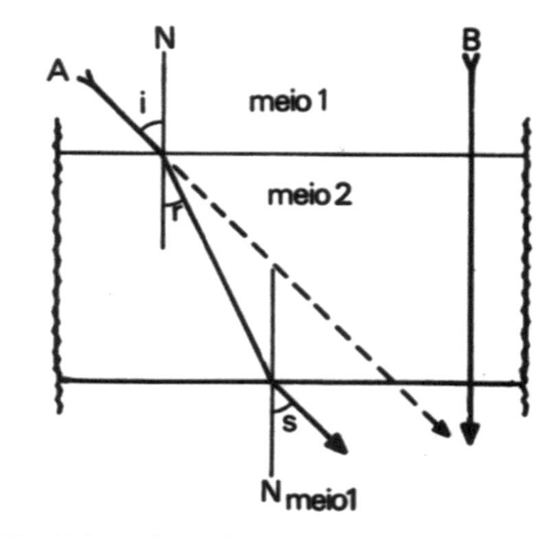

Fig. 18.2 – Refração (ver texto).

Na incidência perpendicular, ou oblíqua, a velocidade muda, sendo a mesma nos dois casos. Mas, na incidência oblíqua, como o pulso é transversal, uma parte da onda muda a velocidade antes da outra, (Fig. 18.3 A) e a direção também muda. Ao sair do meio, ocorre o inverso, e o raio retorna à direção primitiva (Fig. 18.3 B). Se o pulso é perpendicular, a velocidade diminui, sem mudança de direção (Fig. 18.3 C), porque o pulso penetra simultaneamente no novo meio.

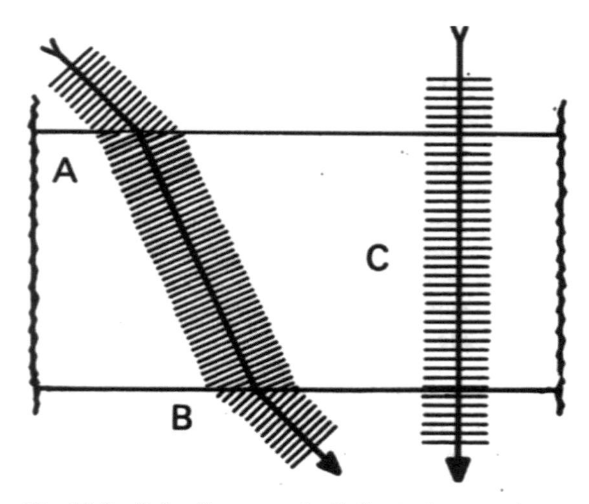

Fig. 18.3 – Pulso Transversal e Refração (ver texto).

A lei da refração mostra que:

"Ao sair de um meio menos refrator e penetrar em meio mais refrator, o raio luminoso se aproxima da normal. Na Figura 18.1 A, notar que o ângulo i é maior que o ângulo r. Ao sair de meio mais refrator para meio menos refrator, o raio se afasta da normal".

Esse fenômeno está representado ainda na Fig. 18.1 A, onde o ângulo r é menor que o ângulo s.

A relação quantitativa entre esses parâmetros está na lei de Snell, que inclui o chamado "índice de refração" dos meios transparentes, e tem a forma:

$$\eta = \frac{\text{sen } i}{\text{sen } r}$$

η = letra grega, êta.

Onde η é o índice de refração, sen i é o seno de ângulo de incidência, e sen r o seno do ângulo de refração. Os senos podem ser representados pelas cordas, como mostrado na Figura 18.4.

Nesse caso,

$$\eta = \frac{a}{b}$$

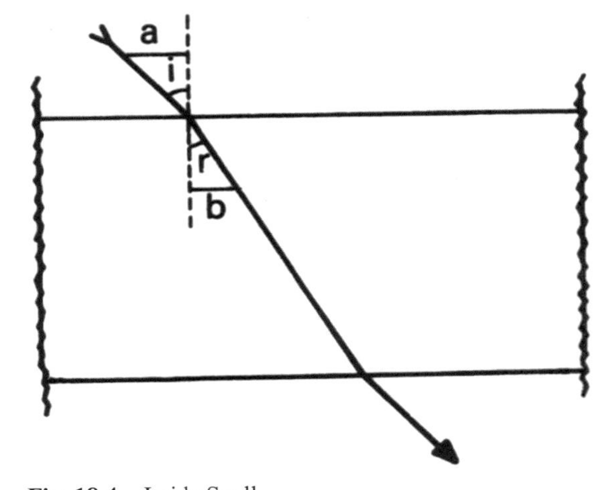

Fig. 18.4 – Leide Snell.

O índice de refração de alguns meios está na Tabela 18.1.

Tabela 18.1
Índice de Refração de Alguns Meios

Material	η	Material	η
Vácuo	1,00000	Córnea	1,38
Ar	1,0003	Cristalino	1,40
Água	1,3330	Glicerol	1,4730
Humor Aquoso	1,33	Benzeno	1,5012
Humor Vítreo	1,34	Vidros	
		Diversos	1,4-2,0
		Diamante	2,417

Para fins práticos, o índice do ar é considerado como unitário, isto é, igual ao do vácuo.

A relação de Snell permite calcular o desvio dos raios luminosos quando passam de meios de η diferente:

Exemplo 1 – Um raio de luz sai do ar, entra em um vidro de η = 1,33 e volta ao ar. O ângulo de entrada é 80°. Qual é o ângulo dentro do vidro, e qual o ângulo de saída?

1. $\text{Sen} r = \text{sen} \frac{80°}{1,33} = \frac{0,985}{1,33} = 0,740 \; r = 47° \, 8'$

2. O ângulo de saída é, obviamente, 80°.

B) A Formação de Imagens

a) **Casos Simples** – As imagens se formam por refração da luz. A Figura 18.5 apresenta uma série de modelos que mostra essa propriedade da refração.

Na Figura 18.5 A, um raio de luz sofre refração nas duas faces de um prisma: na entrada, se aproxima da normal (Ni) e na saída, se afasta da normal (N_s) como esperado. Na Fig. 18.5 B, está

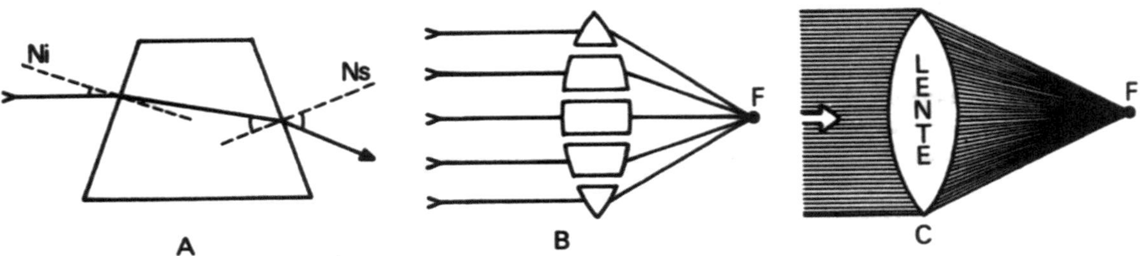

Fig. 18.5 – Mecanismo de Formação de Imagens.

um conjunto de prismas usando essa propriedade para vários raios, que convergem para um ponto (F). Em 18.5 C, temos uma estrutura contínua que converge os raios luminosos para o ponto F, e se denomina lente convergente, ou positiva.

Atenção: Os raios reunidos no ponto F, reproduzem, em tamanho menor o objeto que lhes deu origem. É pois, uma imagem do objeto.

Se o sistema tem a relação topo/base dos prismas invertida, a luz é divergida (os raios se separam). (Fig. 18.6 A e B). As lentes desse tipo se dizem **divergentes** ou **negativas**.

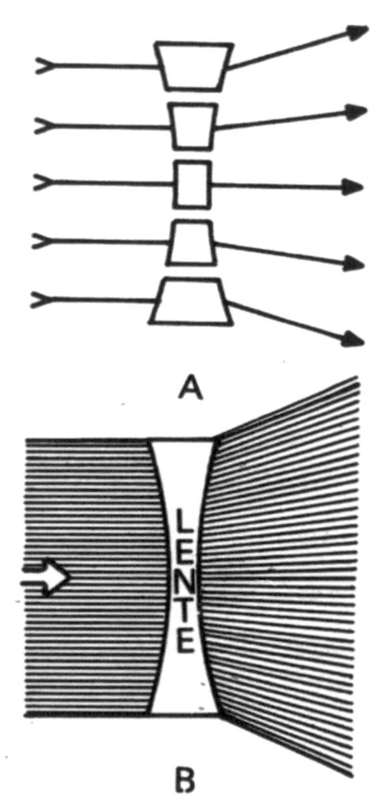

Fig. 18.6 – Lente Divergente.

b) **Poder Refrativo das Lentes** – O poder refrativo das lentes depende de dois fatores principais:

1) Raio de curvatura das faces, que aumenta o ângulo de incidência, e saída (Fig. 18.7 A). Quanto maior é R, maior é o poder refratário.

2) Índice de Refração do Material da lente. Quanto maior é N, maior é o poder refrativo (Fig. 18.7 B).

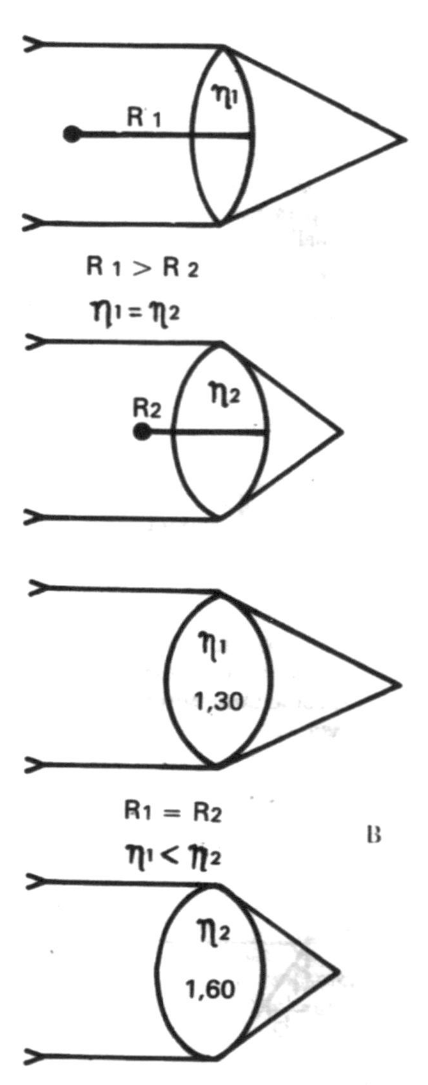

Fig. 18.7 – Poder Refrativo de Lentes. A) Diferença no Raio de Curvatura, mesmo η; B) Diferença no Índice de Refração, mesma curvatura.

As lentes divergentes se comportam de maneira similar. O poder refrativo das lentes é medido pela distância focal, ou por unidades relacionadas a essa distância (veja a seguir).

c) **Formação da Imagem** – Método Geométrico. Na formação da imagem de uma lente convergente delgada, dois casos interessam a este texto, descritos de forma simplificada:

Caso 1 – O objeto está tão longe da lente, que os raios que chegam à lente são paralelos entre si (Fig. 18.8):

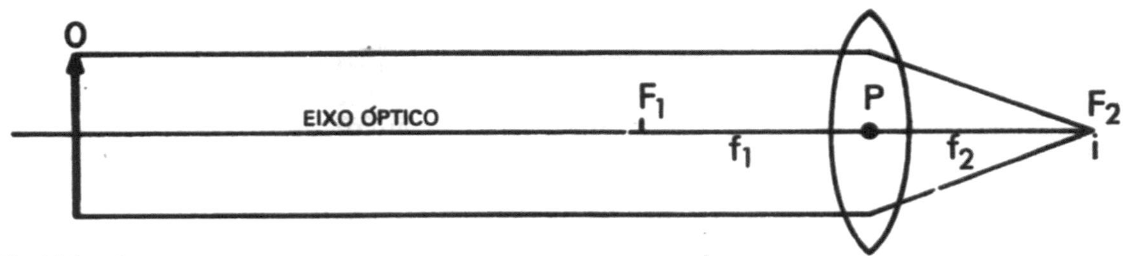

Fig. 18.8 – Formação de Imagem – Objeto no Infinito (ver texto). 1. Eixo Óptico.

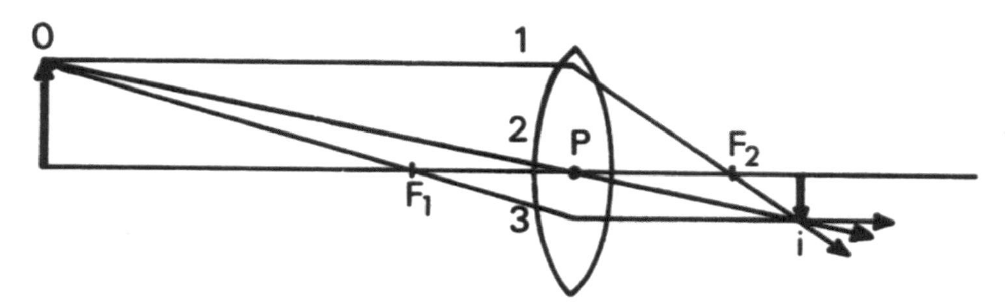

Fig. 18.9 – Formação de Imagem. Para simplificar, o objeto está acima do eixo óptico.

Nesse caso, todos os raios refratados pela lente, passam pelo foco. A imagem se forma no plano focal, pequena e invertida.

Caso 2 – Os raios que chegam a lente não são paralelos entre si (Fig. 18.9). Nesse caso, pode-se construir uma imagem usando apenas 2 raios, a escolher entre 3, que são:

Raio 1 – Raios paralelos ao eixo óptico, se refratam e passam pelo foco.

Raio 2 – Raios que passam pelo centro óptico (P), não sofrem desvio.

Raio 3 – Raios que passam pelo foco anterior (F), se refratam na lente, paralelos ao eixo óptico.

Bastam dois raios para determinar o local e a posição da imagem. Notar que, nesse caso, a imagem se forma depois do foco, invertida, e é um pouco maior que no caso anterior. Quanto mais próximo é o objeto, maior é a imagem.

A formação de imagem em lente divergente, segue os mesmos princípios, e está mostrada na Figura 18.10.

d) **Dioptria – Grau de Lentes** – A distância focal mede o poder refrativo da lente. A unidade usada é a Dioptria, que é o inverso da distância focal medida em metros:

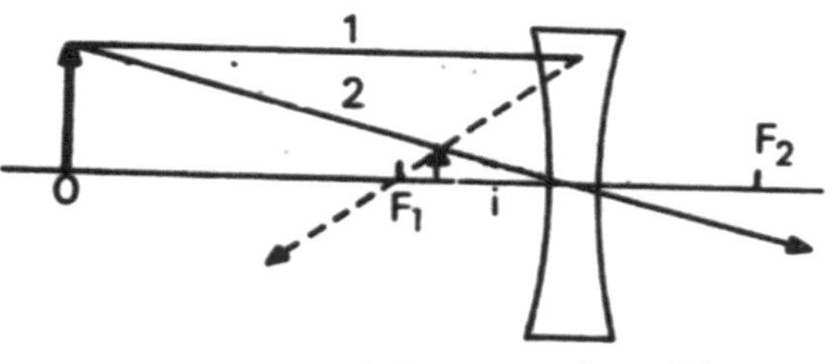

Fig. 18.10 – Formação de Imagem em Lente Divergente.

$$D = \frac{1}{\text{f em metros}}$$

Uma lente de f = 1 metro, tem D = + 1, e uma lente de f = 0,5 m tem D = + 2. Se a lente é **convergente**, f e D são positivos, se a lente é **divergente**, f e D são negativos.

Exemplo 2 – Uma lente convergente tem f = + 25 cm, e outra lente divergente, tem f = – 20 cm. Calcular D.

Convergente

$$D = \frac{1}{0{,}25} = +4$$

Divergente

$$D = \frac{1}{-0{,}20} = 5$$

Exemplo 3 – Uma lente tem D = + 10. Qual sua distância focal em m e cm?

$$f = \frac{1}{10} = 0{,}10 \text{ m ou } 10 \text{ cm}$$

O foco das lentes divergentes é o ponto onde uma fonte luminosa teria seus raios saindo paralelos da lente.

A comparação entre o poder dióptrico de algumas lentes, com o olho humano, está aproximadamente em escala, na Fig. 18.1 1.

Essa comparação dá uma ideia bem razoável da miniaturização atingida pelo olho humano, e serve de introdução ao estudo da formação da imagem pelo sistema dióptrico do olho.

e) **Associação de Lentes** – Lentes podem ser associadas de várias formas, e o poder refrativo resultante é a soma do conjunto, podendo haver **reforço**, quando se associam duas lentes convergentes ou divergentes (Fig. 18.12 A), anulação, quando duas lentes opostas de mesmo poder dióptrico são associadas (Fig. 18.12 B), ou inversão de uma lente pelo poder de outra (Fig. 18.12 C).

Essa associação de lentes é o princípio da correção de defeitos de refração do olho, como veremos neste texto. Pode-se calcular o efeito refrativo de um conjunto de lentes, somando as dioptrias, ou somando o inverso, das distâncias focais.

Exemplo 4 – Uma lente de + 5 D é associada a uma lente de – 14 D. Qual o poder dióptrico, o efeito de refração observado, e o valor de f, em metros?

$D = +5 - 14 = -19$

O conjunto terá – 9 D e será divergente, e

$$f = \frac{1}{-9} = -0.11 \text{ m ou } -11 \text{ cm.}$$

Exemplo 5 – Uma lente de f = – 10 cm é associada a outra lente de f = + 5 cm. Calcular D e f.

$$f \text{ conjunto} = \frac{1}{-10} + \frac{1}{+5} = \frac{5-10}{-50} =$$

$$= \frac{-5}{-50} :+ 0{,}1 \text{ m ou } + 10 \text{ cm}$$

O conjunto será positivo (convergente) e D valerá:

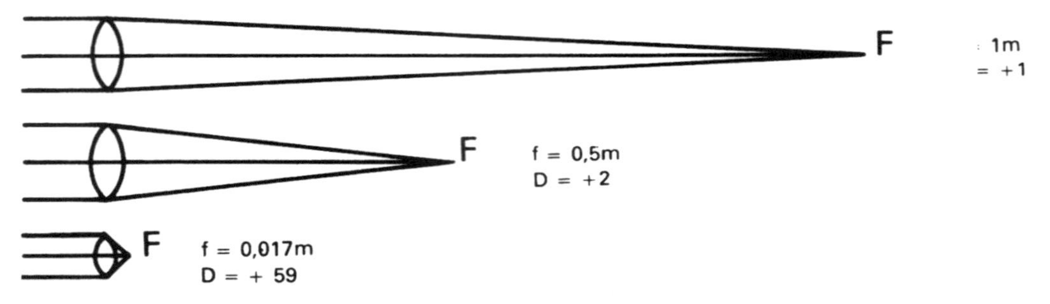

Fig. 18.11 – Comparação em dioptrias do olho humano com outras lentes (ver texto).

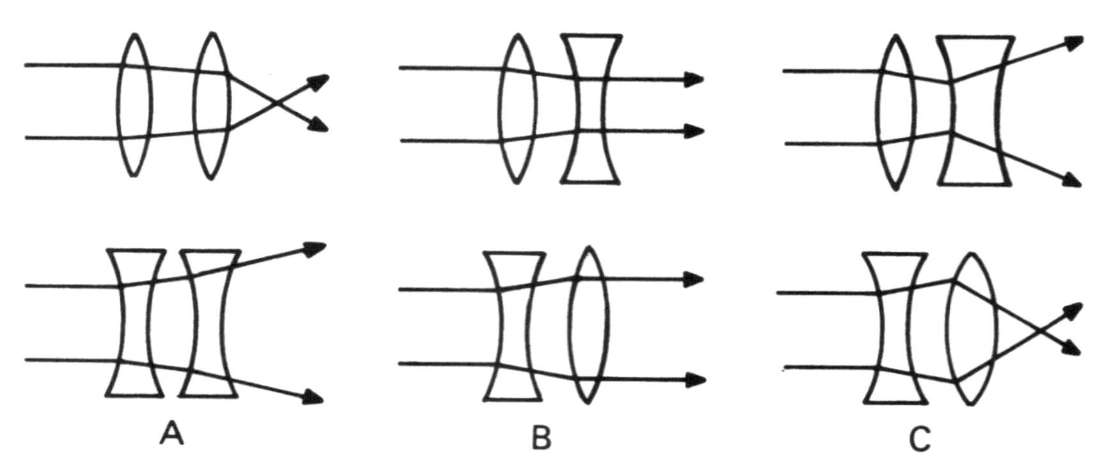

Fig. 18.12 – Associação de Lentes. A) Reforço; B) Anulação; C) Inversão.

$$D = \frac{1}{0,1} = +10 \therefore D = +10 \text{ dioptrias}$$

f) **Relações Geométricas e Algébricas de Interesse em Óptica Fisiológica** – É possível calcular o tamanho da imagem, a distância de focalização, a posição da imagem, e vários outros parâmetros, através de fórmulas simples. Essas fórmulas permitem ainda calcular o valor dióptrico de lentes convergentes ou divergentes para corrigir anomalias da visão.

A Figura 18.13 representa uma lente convergente formando uma imagem real. Algumas convenções que são universalmente adotadas, e devem ser obedecidas, vêm a seguir:

1. Usar os raios incidentes, sempre da esquerda para a direita.
2. A distância s é positiva (+ s) se o objeto está à esquerda da lente. Se estiver à direita, S é negativa (– s).
3. A distância t é positiva (+ i) se a imagem está à direita da lente. Se estiver à esquerda, i é (–i).
4. O objeto, e a imagem, quando acima do eixo óptico, são positivos. Se estiverem abaixo, negativos.

A forma gaussiana da equação das lentes delgadas é:

$$\boxed{\frac{1}{f} = \frac{1}{s} + \frac{1}{i}}$$

onde f, s e i são as distâncias: focal, do objeto e da imagem, respectivamente. Se o objeto está no infinito, $s = \infty, \frac{1}{\infty} = 0$, e resulta: $i = f$.

O tamanho do objeto, t_s, e o tamanho da imagem, ti, se relacionam pelos triângulos semelhantes formados com o eixo óptico (E_0) e o raio que passa pelo ponto principal (P). A relação ti é a magnificação (aumento) da imagem, que pode aumentar ou diminuir:

$$m = \frac{t_i}{t_s} = \frac{i}{s},$$

pelos triângulos semelhantes da Figura 18.13.

Exemplos de uso dessas relações, em casos simples de óptica fisiológica, serão vistos neste texto.

g) **Efeito Diafragma** – A quantidade de luz que uma lente converge para o foco depende de dois fatores:

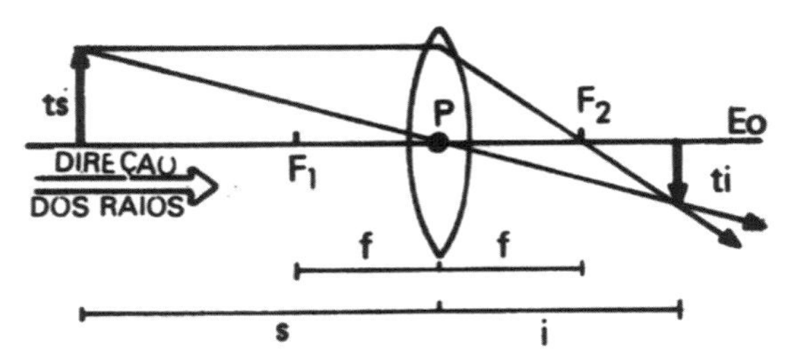

Fig. 18.13 – Relações Geométricas na Formação de Imagem (ver texto).

1. Diâmetro da lente.
2. Distância focal.

O diâmetro pode ser controlado através de um diafragma, que deixa passar uma determinada quantidade de luz, diminuindo ou aumentando o diâmetro utilizável da lente. A relação de abertura denomina-se F (atenção, não confundir com Foco), e vale:

$$F = \frac{f}{d}$$

onde f é a distância focal, e d é o diâmetro utilizado. A quantidade de luz que passa é inversamente proporcional ao quadrado de F. Quanto menor F, mais luz passa.

Exemplo – Uma lente tem diâmetro de 40 mm e distância focal de 60 mm. Calcular o valor de F máximo, e quando se usa um diafragma de 30 mm.

Valor Máximo	**com Diafragma**
$F_1 = \frac{60}{40} = 1,5$	$F_2 = \frac{60}{30} = 2$

Além de permitir a entrada de mais ou menos luz, o diafragma exerce influência importante na profundidade de foco (menor diafragma, mais planos sucessivos são focados), como também na aberração esférica e aberração cromática (V. adiante).

h) **Lentes Cilíndricas** – São cilindros ou semi-cilindros, como mostra a Figura 18.14 A e B, respectivamente.

Como a curvatura de uma das faces não existe, ao longo dessa face o foco é uma linha (Fig. 18.14 A), em vez de um ponto. Duas lentes cilíndricas de mesmo poder, associadas perpendicularmente, dão o efeito de uma lente esférica (Fig. 18.14 C), e o foco se torna pontual. Esse processo é usado para correção do defeito visual conhecido como astigmatismo (V. adiante).

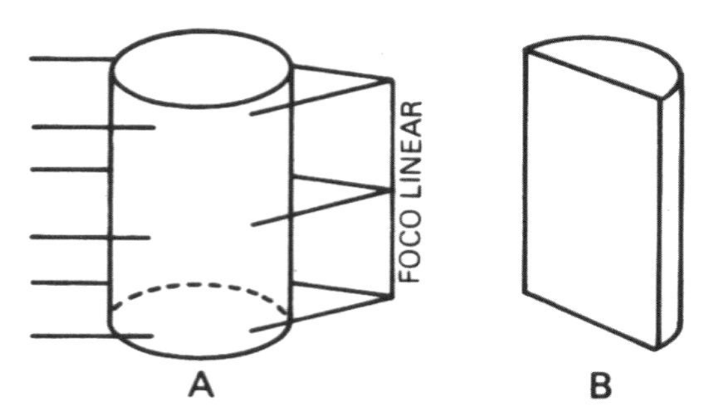

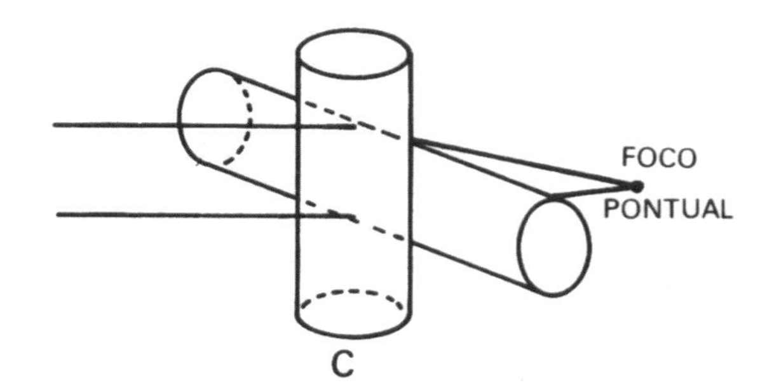

Fig. 18.14 – Lentes cilíndricas.

i) **Aberrações Ópticas** – São desvios do padrão da imagem. Decorrem de efeitos físicos esperados, e as mais importantes são:

1. **Aberração Esférica** – Raios mais oblíquos se retratam mais, e se focalizam antes (a), tornando a imagem defeituosa (Fig. 18.15 A), na sua geometria e foco.

Entre os modos de corrigir essa aberração está o uso de um diafragma, que limita os raios laterais (Fig. 18.15 B).

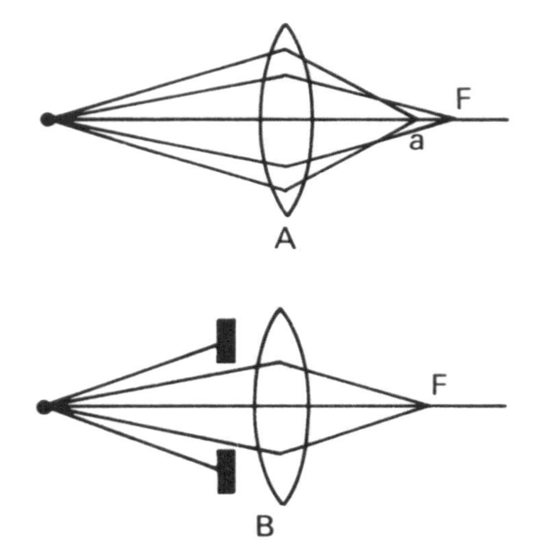

Fig. 18.15 – Aberração esférica.

2. **Aberração Cromática** – Como já vimos em Espectrofotometria, os raios mais energéticos se refratam mais, e se focalizam antes dos raios menos energéticos. O efeito na imagem está representando na Fig. 18.16.

Como os raios azuis, mais energéticos se focam antes, a imagem em (B) aparece com o centro azulado, cercada de uma franja vermelha. Depois azul para fora, vermelho para dentro. No foco exato, a imagem não é nítida (pontual) e apresenta distribuição anormal dessas cores. O uso de diafragma é um meio corretivo para a aberração cromática, exatamente como no caso anterior.

C) O Globo Ocular como Formador de Imagem

1. Anatomia Funcional do Olho

Costumava-se comparar o olho a uma máquina fotográfica, mas a comparação com uma câmara de televisão é mais adequada. Como a câmara de televisão, o olho forma imagens, transforma a Energia Eletromagnética em Energia Elétrica, e esses pulsos são levados ao cérebro. A Fig. 18.17 representa um corte ântero-posterior de um globo ocular humano.

O globo ocular tem cerca de 24 mm de diâmetro, encapsulado dentro de uma membrana rígida, a esclerótica, que continua na parte anterior como uma janela transparente, a córnea. Logo

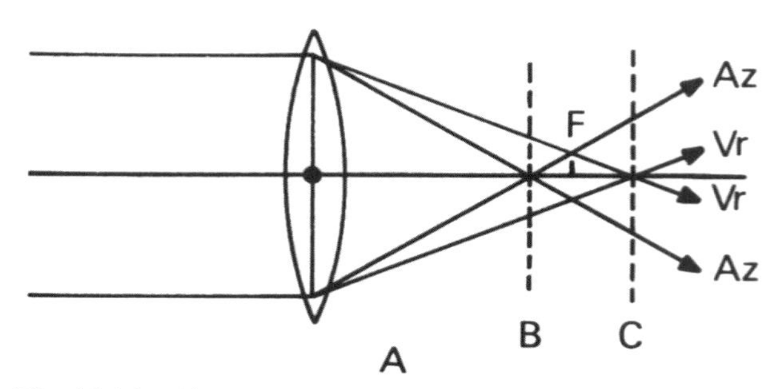

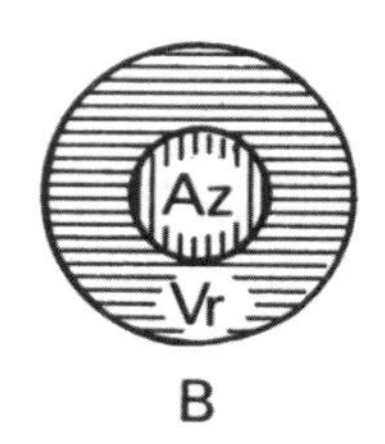

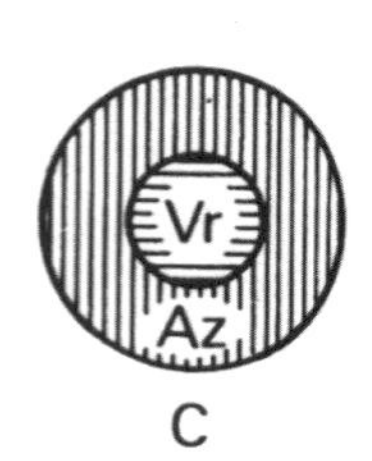

Fig. 18.16 – Aberração cromática.

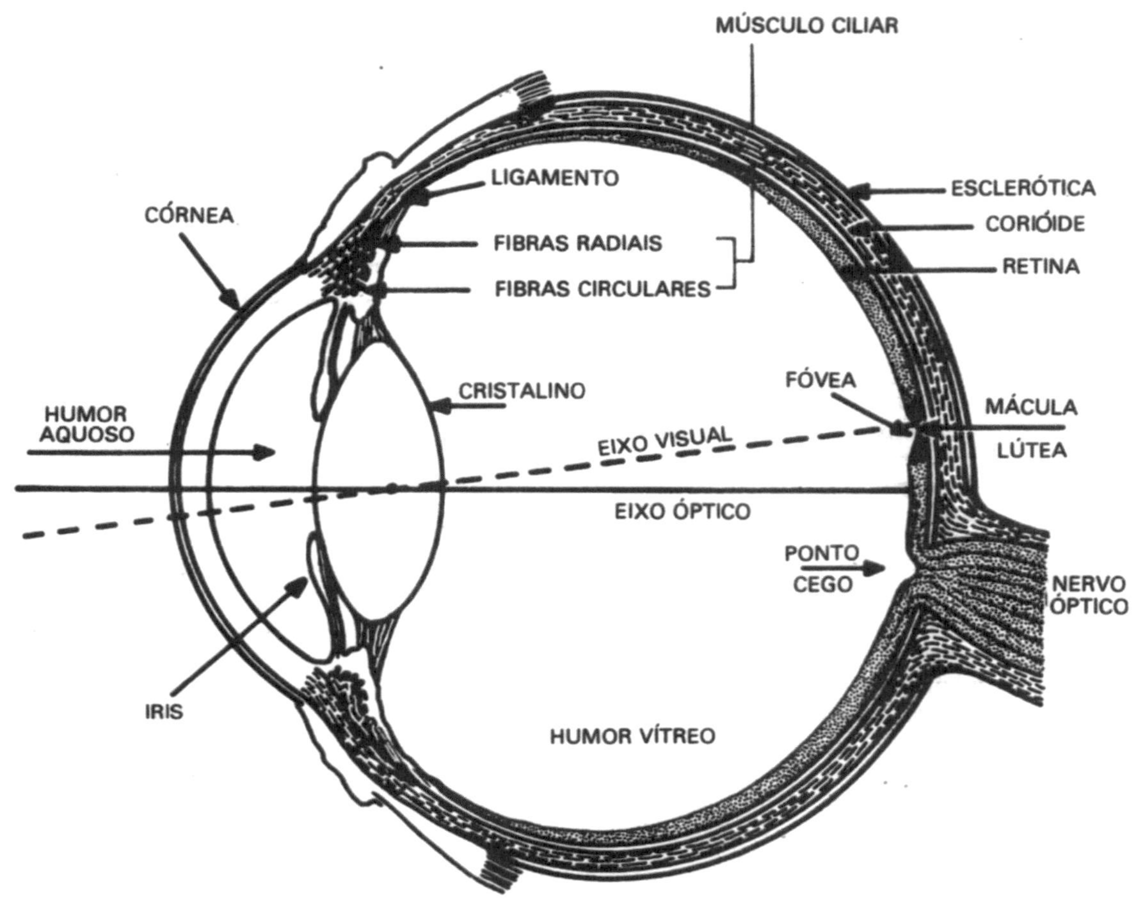

Fig. 18.17 – Globo Ocular Esquemático (ver texto).

atrás da córnea, está a câmara anterior do olho, que contém o humor aquoso, uma solução pouco concentrada, e a íris, que é o diafragma variável do olho. A câmara anterior é fechada pelo cristalino, que é uma lente de poder refrativo variável, através da contração do músculo ciliar, que possui fibras radiais e circulares. Atrás do cristalino vem a câmara posterior, com o humor vítreo, que é gelatinoso. O fundo do globo ocular é recoberto pela retina, contendo as células nervosas fotossensíveis, os cones e bastonetes. Os cones se concentram na mácula lútea (mancha amarela) e mais ainda na pequena depressão conhecida como fovea centralis (fossa central). Os filetes nervosos se reúnem para formar o nervo óptico, e nesse ponto, a retina não possui células sensíveis: é o chamado ponto cego.

Quadro 18.1
Estruturas Refrativas no Olho

Estrutura	N	Refração	Diotrias	Observações
Interface Ar-Córnea	1,38	Convergente	+ 45	Principal meio R Refrativo
Interface Córnea-Humor Aquoso	1,33	Divergente	– 5	Único sistema Divergente
Cristalino	1,40	Convergente	+ 19	Pode variar até + 33D
Humor Vítreo	1,34	–	–	–
Total	–	–	+ 59 a + 73 D	

A nutrição dessas estruturas é feita pela corióide (semelhante ao corion), que é a camada que possui os vasos sanguíneos.

O eixo óptico não coincide com o eixo visual, que é a direção da visão de detalhe.

2. O Sistema de Formação da Imagem

O mecanismo é por refração da luz. Os meios refratores do olho estão no Quadro 18.1.

Observa-se que o principal meio refrativo do olho é a interface ar-córnea, devido à grande diferença de índice de refração entre a córnea e o ar. Quando um indivíduo abre os olhos debaixo d'água, o poder refrativo do olho cai bastante, porque a diferença dos valores de n diminui. O cristalino, se colocado no ar, pode atingir até + 145 dioptrias de convergência, mas entre dois fluidos de índice de refração maior que 1, aproximadamente 1,34 em média, a convergência cai para +19 a + 33 D. Para estudar a formação da imagem, e outros parâmetros da visão, o olho reduzido, proposto por Gullstrand, é indispensável. Esse olho esquemático tem sido modificado por vários autores, e suas características estão na Figura 18.18, e Tabela 18.2.

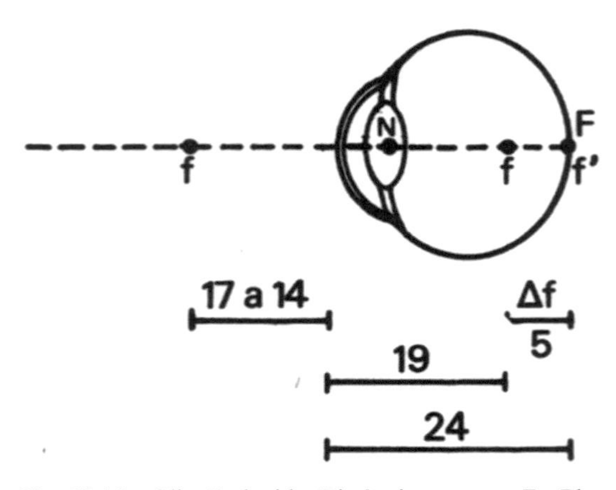

Fig. 18.18 – Olho Reduzido. Distância em mm – F – Plano Focal; f – Distância Focal; N – Ponto Nodal.

Nota – A distância focal anterior é menor, porque o índice n do ar é 1.00, e as distâncias ficam divididas pelo índice de refração n interno. Exemplo: 24/1,34 ≅ 17mm.

O ponto nodal. (N) é aquele onde os raios que passam, não sofrem desvio, e equivale ao ponto principal P das lentes.

Tabela 18.2
Valores Aproximados do Olho Reduzido. Distâncias em mm e Convergencia em Dioptrías.

Dioptrias	Visão Perto	
	Infinito	Perto
Distancia Córnea-Retina	24	24
Distancia Córnea-Ponto Nodal	6	6
Distancia Focal Posterior	24	19
Distancia Focal Anterior	17	14
Poder Dióp trico Total	+59	+73
Poder Dióptrico do Cristalino	+19	+33

3. Acomodação – Visão Para Perto e Para Longe

No olho de visão normal, a imagem se forma sempre na retina. Para que isto aconteça, é necessário que o olho mude o seu poder dióptrico, conforme a distância do objeto, e esse mecanismo denomina-se Acomodação (Fig. 18.19 A e B).

Nos humanos, esse mecanismo de acomodação se faz por mudanças da espessura do cristalino. Na visão para Longe, o músculo ciliar tem suas fibras radiais contraídas, e as circulares, relaxadas (Fig. 18.19 A), diminuindo a convergência da lente do olho. Na visão para perto, o fenômeno principal é o relaxamento das fibras radiais do músculo ciliar, e como causa coadjuvante, uma contração das fibras circulares, provocando um espessamento do cristalino (Fig. 18.19 B).

A acomodação varia com a idade, sendo máxima na infância e mínima ou ausente, na idade avançada. Uma criança de 10 anos pode ter seu ponto próximo de visão nítida a 7 cm (14 dioptrias). Entre 20 e 30 anos, o ponto próximo está a 25 cm (4 dioptrias). Dos 30 aos 40 anos, o ponto próximo vai se afastando, a ponto das pessoas terem que esticar o braço para poder ler. Essa condição é conhecida como presbiopia (V. Defeitos da Visão).

O ponto próximo padrão é tomado para um adulto normal, como 0,25 m. A acomodação (DA) medida em dioptrias, é igual ao ponto próximo padrão (DP), menos o ponto próximo capaz de ser focalizado pelo indivíduo (DL).

$$D_a = D_p - D_L$$

Nos indivíduos de visão normal, $D_l = 0$. Nos adultos, $D_p = 4$ como valor padrão. Essa fórmula é útil para determinar correções necessárias em defeitos de refração (v. adiante).

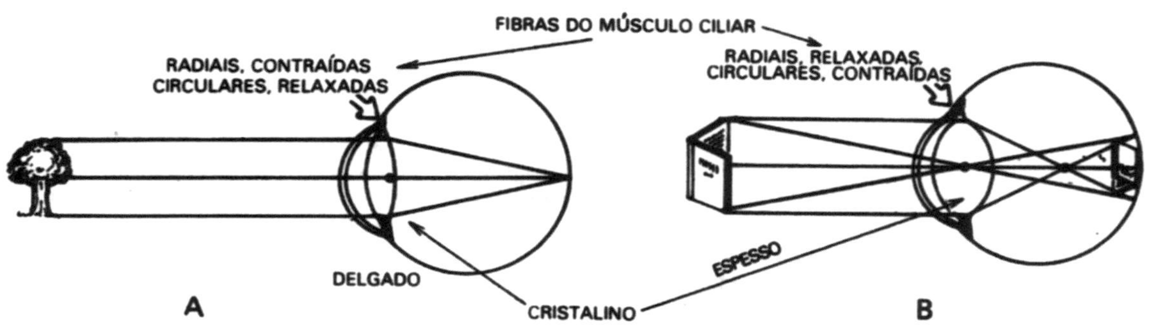

Fig. 18.19 – Acomodação. O tamanho da imagem está exagerado em (B).

D) O Globo Ocular como Receptor de Fótons

1. A íris e a Pupila – O Diafragma do Olho

A íris (Fig. 18.17), é uma estrutura contrátil capaz de variar o seu orifício que é a pupila. A pupila tem diâmetro de 1,5 a 8 mm, conforme a contração de músculos da íris. A camada posterior da íris é responsável pela cor dos olhos. (Ver textos de Bioquímica). Como a distância focal média do olho é 17 mm, os valores de F (abertura da lente), para o olho, variam entre

$$F = \frac{17}{1,5} = 11,3$$

e

$$F = \frac{17}{8} = 2,1$$

Esses valores de F correspondem aos de uma boa lente de máquina fotográfica. Como a luz que entra é proporcional à área da pupila, e nessa área o raio é elevado ao quadrado, com valores de 2,1 a 11,3, consegue-se uma variação de aproximadamente 30 vezes na quantidade de luz que entra.

A íris tem um papel especial nas seguintes funções:

a) Controle da quantidade de luz.

b) Diminuição da aberração esférica e aberração cromática, quando a pupila é menor.

c) Aumento da profundidade de foco, com fechamento da pupila.

O limite para o fechamento da pupila, em lugares muito claros, é a difração que sempre ocorre nos orifícios muito estreitos, de menos de 1 a 2 mm de diâmetro.

O fechamento da pupila é conhecido como miose, e a dilatação como midríase. Várias moléstias, e diferentes substâncias, causam tanto a miose, como a midríase. Os cicloplégicos são drogas que agem localmente, paralisando a íris e causando intensa midríase. São usadas para exame oftalmológico, e durante sua ação, pode-se sentir a falta do efeito diafragma da pupila, pela visão desfocada.

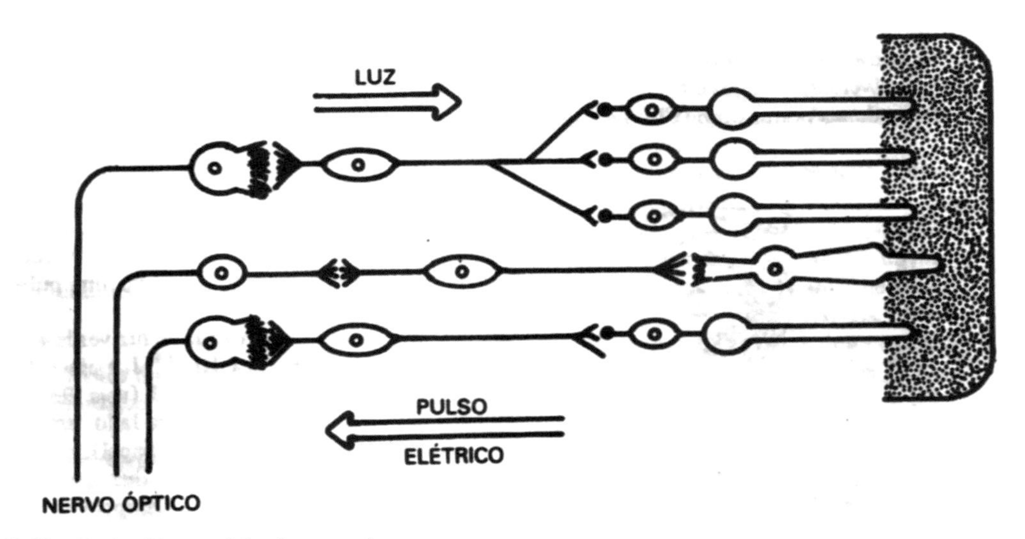

Fig. 18.20 – Retina Esquemática (ver texto).

2.A Retina – Transformação de Fótons em Pulso Nervoso

A retina é a película fotossensível, onde os fótons que chegam interagem com receptores especiais, gerando um pulso elétrico. A retina tem dois tipos de células fotossensíveis:

1. **Cones** – Destinados à visão fotópica (fóton, luz), isto é, de cores e detalhes.

2. **Bastonetes** – Destinados à visão escotópica (scotos, mancha), isto é, à visão de claro-escuro, associada a pequenas quantidades de luz.

Os cones e bastonetes são facilmente identificáveis na Fig. 18.20, onde se representam 4 bastonetes e 1 cone. A ponta dessas estruturas, que é a parte sensível à luz, está mergulhada em uma zona escura, pigmentada, cuja função é absorver o excesso de luz. Os albinos, que não possuem pigmentos devido a um defeito genético, são completamente ofuscados em lugares muito luminosos.

É interessante que os cones e bastonetes apontam para a direção oposta aos raios de luz. Existem cerca de 130 milhões de bastonetes e 7 milhões de cones, distribuídos em um arco de aproximadamente 180°, no fundo do olho. Na macula lutea, cujo nome quer dizer mancha amarela (Fig. 18.17), com cerca de 1,5 mm^2 de área, se encontram mais cones, existe a fóvea centralis (fossa central), que é uma depressão de 0,3 mm de diâmetro (0,28 mm^2 de área, a). Na fossa central não há bastonetes, e nela se concentram de 30.000 a 40.000 cones, mais delgados, e que são ligados diretamente ao nervo óptico. A mácula lútea, e mais definidamente a fóvea, são os pontos da visão de detalhe, e para isso possuem essa estrutura peculiar. A visão de cores é também mais distinta, nessa região.

No local de saída do nervo óptico e vasos sanguíneos, não é possível haver cones e bastonetes, e esse local corresponde ao ponto cego (Fig. 18.17 e Fig. 18.21).

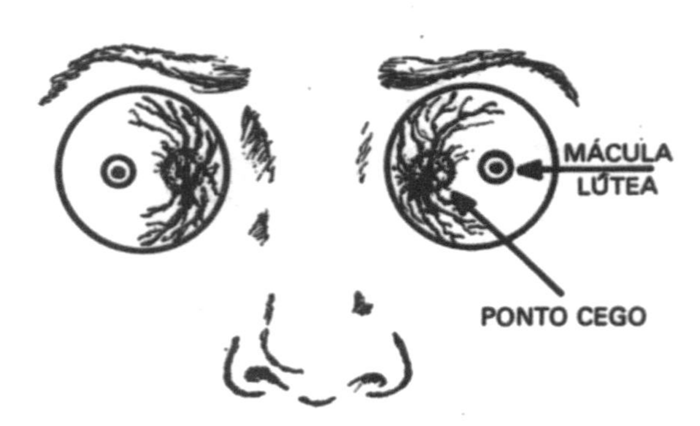

Fig. 18.21 – Ponto Cego, Mácula lútea e Fóvea Centralis (ver texto).

A presença do ponto cego pode ser constatada na Figura 18.22. Tapando-se o olho esquerdo, aproximando-se o outro, a cerca de 25 cm desta página, com a visão fixa no x, o ponto o desaparece. É necessário procurar a distância correta, por aproximação e afastamento do olho. Olhando-se a página de cabeça para baixo, é possível obter o mesmo resultado para o olho esquerdo, tapando-se o direito.

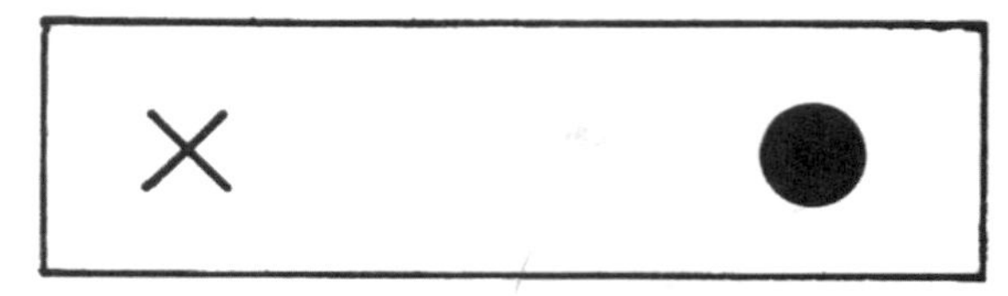

Fig. 18.22 – Modelo Para Demonstrar o Ponto Cego.

A visão de detalhe se faz em uma área tão pequena, 0,28 mm^2, que o ângulo de visão é de apenas 1°, como mostra a Figura 18.23, e a altura da imagem na retina não excede 0,3 mm, que é o diâmetro da fóvea. A 25 cm do olho, apenas podemos ver detalhadamente em um círculo de 5 mm de diâmetro, e a 1 metro, não mais de 1,8 cm de diâmetro tem a área abrangida pela visão de detalhe. Essas proporções mostram porque a visão de detalhe exige uma grande movimentação do globo ocular.

E) Energética da Visão – Sensibilidade da Retina

A retina é uma das estruturas mais aperfeiçoadas como transformador de energia, e sua sensibilidade pode ser avaliada por duas situações:

1. Medidas experimentais cuidadosas, mostram que: Quando 50 a 60 fótons incidem na córnea, cerca de 80 a 90% são absorvidos, refletidos ou refratados, e apenas cerca de 10 fótons chegam à retina. Se houver uma chance de 50% de choques úteis com os bastonetes, apenas 2 a 5 fótons são capazes de provocar sensação luminosa. Acredita-se que um único fóton de luz verde-azulada seja capaz de provocar um pulso de visão.
2. A energia de um fóton de luz verde-azulada de 510 nm é $3{,}9 \times 10^{-19}$ J, e cinco fótons representam $2, \times 10^{-18}$ J (veja Radiações Ionizantes, L S). Por outro lado, um objeto de 1 mg (um pedaço de papel), caindo de apenas 1 cm de altura, produz aproximadamente 1×10^{-7} J. (V. Campo Gravitacional e a Biologia). Com essa energia, seria possível provocar:

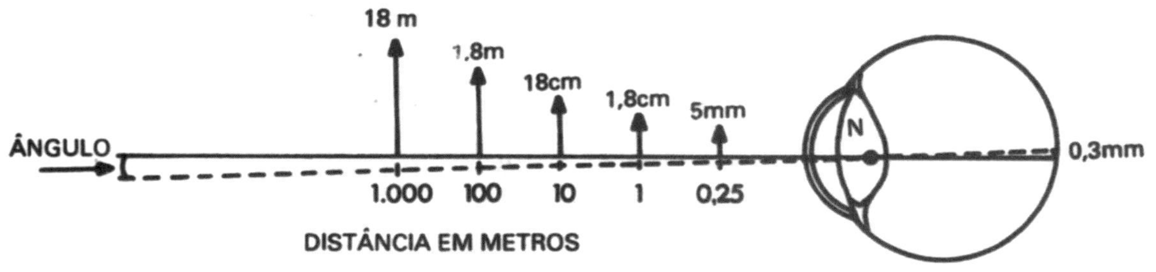

Fig. 18.23 – Visão de Detalhe. Desenho fora de escala.

$$\frac{2 \times 10^{-7}}{2 \times 10\text{-}18} = 50 \times 10^{9},$$

ou seja, 50 trilhões de pulsos luminosos. Essa quantidade seria suficiente para impressionar, de sobra, os olhos de todos habitantes humanos da Terra, desde os primórdios da Civilização, até hoje.

A variação da sensibilidade de claro-escuro, como entre um dia ensolarado e uma noite de luar, permite uma faixa de percepção da ordem de milhões de vezes. Calcula-se que os limites máximo e mínimo estão em faixa de 10 bilhões de vezes de variação da intensidade luminosa. Apenas 30 vezes cabem à íris, e restando 330 milhões de vezes para a retina.

Devido à faixa de energia da visão fotópica e escotópica, o uso de óculos de lentes vermelhas facilita a adaptação ao escuro, porque preserva a visão dos bastonetes, permitindo a visão de cones. Os radiologistas usam esses óculos para facilitar essa adaptação.

Fotoquímica da Visão

Ver textos de Bioquímica.

F) Visão Estereoscópica e de Profundidade

Uma das características importantes da visão é a avaliação da distância dos objetos. Essa percepção se faz por três mecanismos:

1º) Deteminação da Distância pelo Tamanho Relativo dos Objetos. – É possível dizer se um indivíduo está longe ou perto, pela simples avaliação do tamanho aparente. Isto ocorre porque temos noção prévia da altura dos seres humanos. O mesmo ocorre com a série de objetos mais comuns, como veículos, edifícios, etc.

2º) Determinação das Distâncias pela Paralaxe Móvel – O deslocamento da paralaxe de visão de um objeto, quando este, ou o observador se move, permite um julgamento das distâncias desses objetos. Esse efeito é perceptível quando giramos a cabeça lentamente, olhando objetos próximos e distantes: os próximos parecem se deslocar rapidamente. Contemplar o vôo de um avião dá uma ideia também nítida desse efeito.

3º) Estereopsia ou Visão Estereoscópica. – Como os olhos são separados de 50 a 70 mm, as imagens que se formam em cada olho são diferentes. O cérebro decodifica essas mensagens, da mesma forma que um estereoscópio. Esse mecanismo é apenas auxiliar na visão de profundidade, e devido à pequena distância de separação dos globos oculares, não é eficaz em distâncias superiores a 50 ou 60 metros.

G) Anomalias da Visão – Correção Dióptrica

As anomalias da visão podem ser classificadas em anomalias da refração, da geometria óptica, e da visão de cones. Neste texto de Biofísica elementar, cabe apenas o estudo das anomalias da refração.

Emetropia – É o estado refrativo normal do olho, e se define assim:

1. Sem acomodação, o ponto distante de visão nítida está no infinito.

2. Com acomodação, o ponto próximo de visão nítida está a 0,25 m (25 cm).

3. A imagem não é deformada.

Isto significa que, com o olho não acomodado, os raios paralelos que incidem na córnea, ou raios divergentes que penetram no mecanismo refrativo do olho, são focalizados exatamente na retina, sem deformação.

Ametropia – São os desvios do estado emétrope, e se classificam em quatro grandes categorias:

1. **Miopia** – A imagem é focalizada antes da retina (Fig. 18.24 A). Isto quer dizer que o ponto distante não está no infinito, e se aproximou do ponto próximo.

A correção da miopia se faz através de lentes divergentes, que devolvem a imagem do objeto para o infinito (Fig. 18.24 B). A miopia ocorre por

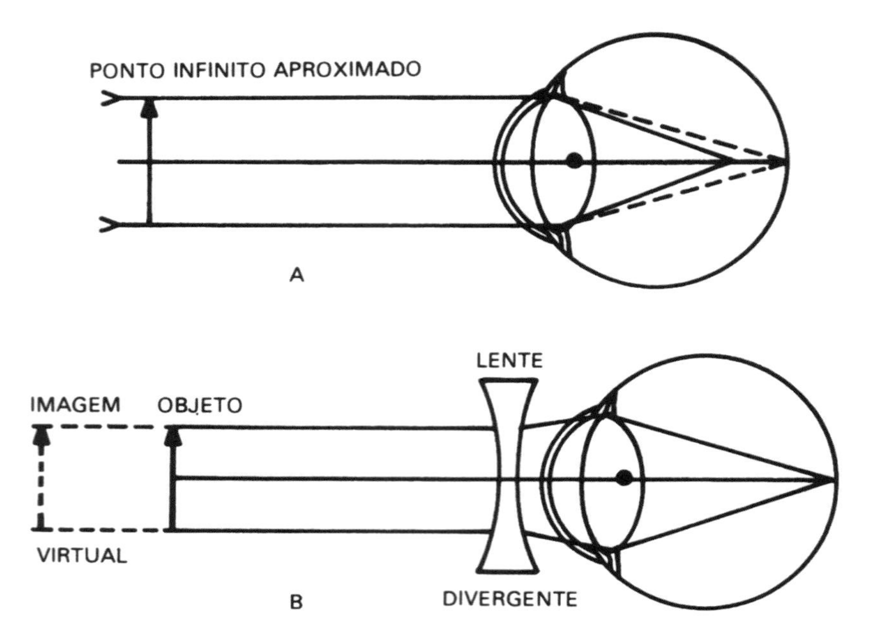

Fig. 18.24 – Miopia (ver texto).

defeito da refração, que se torna excessiva, ou por defeitos de curvatura da córnea, ou do globo ocular. A correção com lentes divergentes é simples.

Exemplo 1 – O ponto distante de um globo ocular encurta-se para 1 metro. Qual a correção necessária para uma visão emétrope?

Na visão emétrope, os raios devem vir do infinito. Colocando-se uma lente divergente de grau adequado, pode-se obter uma imagem virtual do objeto, que venha do infinito (Fig. 18.24 B). Nesse caso, s = ∞, e i deve ter sinal negativo, pela convenção que vimos em LP 18.3. Então:

$$\frac{1}{f} = \frac{1}{\infty} + \frac{1}{-1}$$

f = – 1 metro ou – 1 D

Colocando-se frente ao olho uma lente de – 1 D, a miopia será corrigida.

Exemplo 2 – O ponto distante está a 40 cm. Calcular a correção.

Como no exemplo anterior, basta usar a fórmula:

$$\frac{1}{f} = \frac{1}{\infty} + \frac{1}{-0,4} \qquad \therefore f = -0,4 \text{ ou } -2,5 \text{ D.}$$

Colocando-se lente de – 2,5 D, a visão será emétrope.

Exemplo 3 – Um indivíduo tem o ponto próximo a 0,14 m, mas conserva uma acomodação de 4 dioptrias. Pergunta-se:

1. Qual o seu ponto distante? 2. Qual a correção para visão ao infinito? 3. Qual seu ponto próximo, usando óculos corretivos?

1. O ponto distante vem da relação:

$D_A = D_P - D_L$ e $D_L = D_P - D_A$

Acomodação de 4 D equivale a 0,25 m, então:

$$D_L = \frac{1}{0,14} - \frac{1}{0,25}$$

$\therefore D_L = 3,1$ dioptrias ou 0,32 m.

2. A correção é uma lente divergente de – 3,1 D. Esse valor pode ser verificado usando-se o ponto distante obtido, 0,32 m, aplicado na fórmula de lentes.

3. Seu ponto próximo usando óculos, será:

$$D_P = D_a - D_l \qquad \therefore D_p = \frac{1}{0,14} - \frac{1}{0,14} =$$

= 7,1 – 3,1 = 4 dioptrias ou 0,25 m.

Com os óculos, a visão será emétrope.

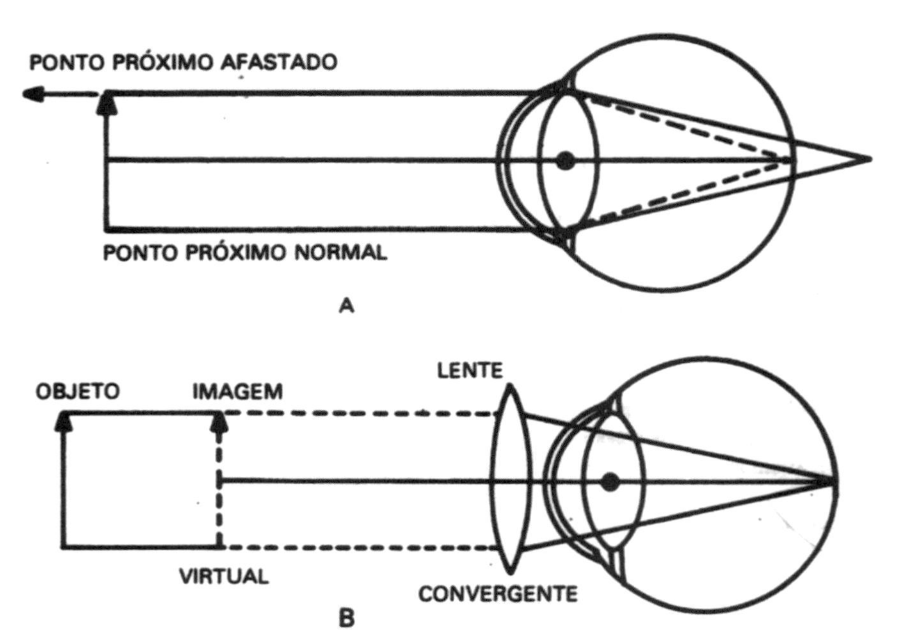

Fig. 18.25 – Hiperopia (ver texto).

2. **Hiperopia ou Hipermetropia** – Nesse caso, imagem de raios paralelos se focaliza depois da retina (Fig. 18.25 A), e imagens de objetos menos distantes podem ser focalizadas corretamente, apenas se houver alguma acomodação restante. É causada por uma deficiência nos meios refrativos, ou alterações na curvatura do globo ocular.

O efeito é de afastamento do ponto próximo, e a correção se faz com o uso de lentes convergentes, que fornecem uma imagem virtual do objeto, no ponto próximo normal. As pessoas hiperópicas não conseguem obter imagens nítidas de objetos próximos, e para ler, cada vez mais afastam o texto dos olhos. Trabalhos manuais são extremamente difíceis. A correção com lentes convergentes é simples (Fig. 18.25 B).

Exemplo 4 – O ponto próximo de um olho foi afastado para 1 metro. Qual a correção necessária?

A visão emétrope deve trazer o ponto próximo de volta a 0,25 m. Isso se obtém com lente convergente, que fornece uma imagem virtual a 25 cm do olho. Usando a equação de lentes, temos

s = 0,25 m, e i = – 1 m

$$\frac{1}{f} = \frac{1}{0{,}25} + \frac{1}{-1} \qquad \therefore \frac{1}{f} = +3 \text{ dioptrias}$$

ou 0,33 m.

Com uma lente de + 3 D (distância focal de 0,33 m), a imagem virtual de um objeto a 1 metro (ou mais), estará a 0,25 m, e a visão será emétrope.

Exemplo 5 – Um hiperópico tem seu ponto próximo corrigido para 0,25 m, quando usa lente corretora de – 3,6 D. Qual é o seu ponto próximo não corrigido?

A lente tem $f = \frac{1}{3{,}6} = 0{,}278$ m de distância focal. O valor de s, vem:

$$\frac{1}{s} = \frac{1}{0{,}278} - \frac{1}{0{,}25} \qquad \therefore \frac{1}{s} = -0{,}403$$

e

s = – 2,5 m

O sinal negativo indica que objeto e imagem virtual estão do lado esquerdo, no modelo convencional.

3. **Presbiopia** – É a perda da acomodação com a idade. Como já vimos, a acomodação varia de 14 a 4 dioptrias (7 a 25 cm), e sua correção é feita de modo semelhante â hiperopia.

Exemplo – Um paciente de 50 anos tem uma perda de acomodação de 1,5 dioptrias. Qual o seu ponto próximo, e a correção necessária?

1. A correção necessária é o uso de óculos de + 2,5 D, para completar as 4 dioptrias usuais.

2. O ponto próximo s, sem óculos, seria o que restar de A (2,5 D). A acomodação restante tem $\frac{1}{f} = \frac{1}{2,5} = 0,4$ m. Portanto,

$$\frac{1}{s} = \frac{1}{0,4} - \frac{1}{0,25} \quad \therefore \frac{1}{s} = -1,5 \text{ e } s = -0,67 \text{ m.}$$

A presbiopia, da mesma forma que a hiperopia, dificulta o trabalho manual e a leitura, porque é necessário uma distância maior para a visão de detalhe, e nessa distância maior, a imagem formada é muito pequena.

A perda da acomodação exige a correção para a visão de perto, tanto de hiperópicos, como de miópicos. Nesses casos, as lentes bifocais são um recurso melhor, porque apresentam uma parte superior com menos dioptrias (visão para longe), e uma parte inferior com mais dioptrias (visão para perto). As lentes multifocais são ainda mais aperfeiçoadas, porque apresentam foco para distâncias intermediárias entre a visão de perto e do infinito.

4. **Astigmatismo** – É a formação de imagem com efeito de lente cilíndrica. A astigmia (a, não; stigmos, ponto), é a condição de imagem não pontual. A causa mais comum é a deformação de um dos raios de curvatura da córnea. O astigmatismo pode ocorrer dentro de vários ângulos do campo de visão (Fig. 18.26 A).

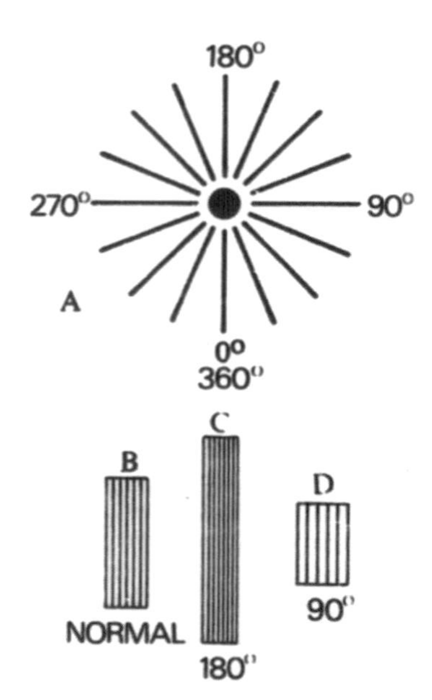

Fig. 18.26 – Astigmia (ver texto).

O astigmata, ao observar a Figura 18.26 A, vê como difuso e pouco focado o diâmetro no qual tem efeito cilíndrico. Outra ideia de visão em astigmia é dada pelas Figuras 18.26 B, C e D. Um retângulo como em B, é visto como em C, por um astigmata de 180°, e como em D, por um astigmata de 90°.

O uso de lentes cilíndricas opostas ao efeito astigmata é o processo de correção usado. A lente deve ter a mesma dioptria, com ângulo perpendicular ao defeito da visão.

Defeitos da Visão a Cores – Ver textos de Bioquímica ou Fisiologia.

Biofísica da Visão

Atividade Formativa

Proposições

01. Calcular os ângulos de reflexão da luz nas superfícies abaixo

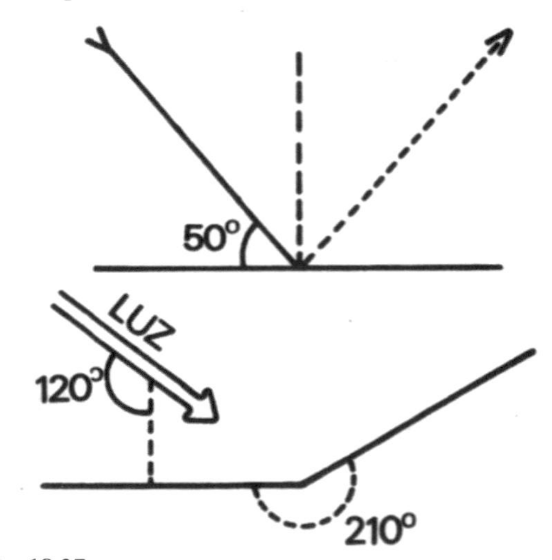

Fig. 18.27

02. Um raio de luz penetra obliquamente no meio 2, com ângulo de 30°. Dados: meio 1, N = 1,20. meio 2, N = 1,50. Calcular o ângulo de refração. Qual é o ângulo de saída do meio 2, se o raio volta ao meio 1?
03. Se a espessura do meio 1 da P. 02 é de 20 cm, qual é, em cm, o desvio do raio ao sair para o meio 2? Faça um diagrama em tamanho natural.
04. A velocidade da luz no ar é aproximadamente 3×10^8 m.s.$^{-1}$. Sé um raio de luz penetra em um meio de N = 1,33 e depois passa a meio de N = 1,42, quais serão as velocidades nesses meios?

05. Uma lente de N = 1,30 é colocada em meio de N = 1,10. Seu poder refrativo aumenta ou diminui? Qual é a variação em relação ao ar, N = 100?

06. Considere a série de prismas abaixo. Qual a ordem do poder refrativo, para um raio de luz paralelo à base?

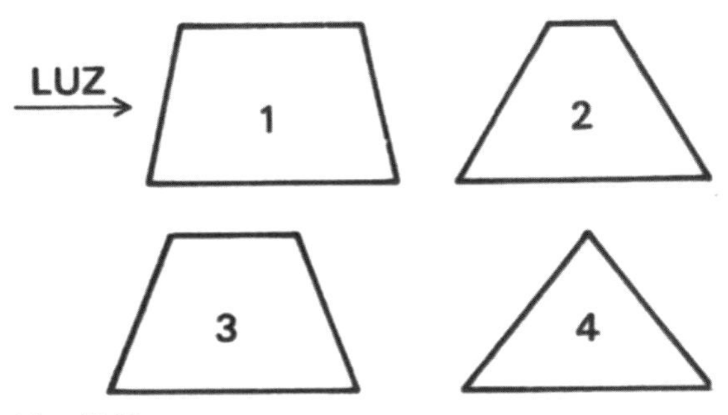

Fig. 18.28

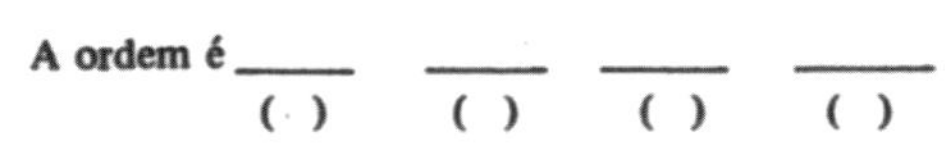

07. As lentes abaixo são feitas do mesmo material. Qual é a ordem de poder refrativo?

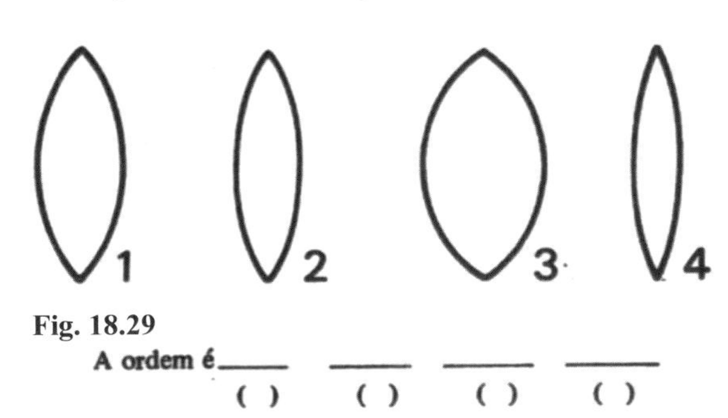

Fig. 18.29

A ordem é ______ ______ ______ ______
( ) ( ) ( ) ( )

08. As lentes abaixo possuem os mesmos raios de curvatura. Qual é a ordem de poder refrativo?

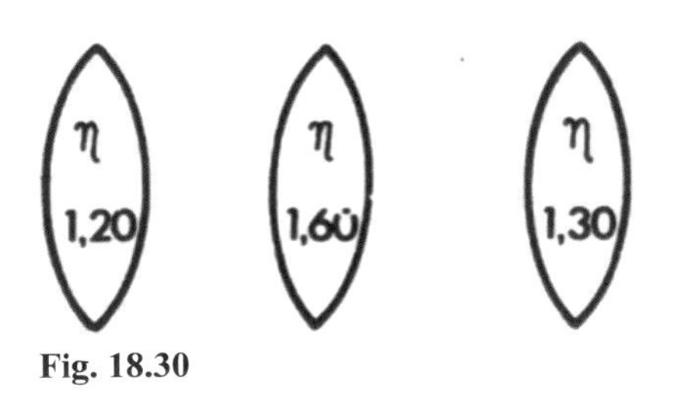

Fig. 18.30

09. Desenhar uma lente convergente de 40 mm de altura, com distância focal de 20 mm, e formar imagem de objeto colocado no infinito.

10. Com a lente da P. 09, desenhar imagem de objeto de 20 mm, situado a 8 cm do ponto principal.

11. Com lente da P. 09, desenhar imagem de objeto situado abaixo e acima do eixo óptico. Tamanho do objeto: 20 mm, distância do ponto principal: 8 cm. Usar os 3 raios.

12. Calcular o número de dioptrias das lentes abaixo:

	A	B	C	D
f=	−0,25m	−0,10m	− 5 cm	−15 cm

13. Calcular a distância focal das lentes abaixo, em m e cm.

	A	B	C	D
D =	−2,5	−2,0	−3,3	−3,3

14. Definir nas Proposições 12 e 13, quais lentes são convergentes, quais são divergentes.

15. Completar, com as convenções da equação de lentes:
Objeto à esquerda s ( ) à direita ( )
Imagem à esquerda i ( ) à direita ( )

16. Uma lente convergente tem f = 15 cm e forma imagem de um objeto de 1 metro de altura, que está a 8 metros da lente. Calcular: distância imagem – lente, e tamanho da imagem

17. Uma lente convergente forma imagem virtual de um objeto. A lente tem f = 0,10 m, o objeto está a 1 metro. Qual é a posição da imagem?

18. Fazer um esquema da aberração esférica e de sua correção por diafragma.

19. Fazer esquema da aberração cromática e de sua correção por diafragma.

20. Fazer um esquema da córnea, câmara anterior, íris e cristalino.

21. Fazer um esquema do cristalino, câmara posterior e retina. Localizar a mácula lútea, a fóvea centralis e o ponto cego.

22. Completar com o valor de n, e o poder dióptrico:

	n	D
Interface ar-córnea	____	_____
Interface córnea-humor aquoso	_____	_____
Cristalino	_____	_____

23. Explicar porque o cristalino, colocado na atmosfera, tem seu poder dióptrico aumentado (até 30 palavras).

24. Fazer um esquema, ou diagrama, do olho reduzido.

25. Completar com parâmetros do olho reduzido:

	Longe	**Perto**
Distância Córnea-Retina	_____	_____
Distância Córnea-Ponto Nodal	_____	_____
Distância Focal Posterior	_____	_____

26. Construir a imagem de um objeto no infinito.

27. Construir a imagem de um objeto perto do olho.
28. A acomodação A de um jovem vai de 10 cm ao infinito. Qual o valor de A em dioptrias?
29. A capacidade de focalização de um adulto vai de $D_p = 4$ a $D_l = 1{,}5$. Qual a sua acomodação, o seu ponto próximo, e o ponto distante da visão nítida?
30. Descrever o papel da íris na visão (até 40 palavras).
31. Descrever o papel dos cones e bastonetes (até 50 palavras).
32. Descrever a função da macula lutea e fovea centralis (até 40 palavras).
33. Demonstrar a presença do ponto cego, fazendo um desenho adequado, ou contemplando objetos do ambiente.
34. Qual é a área da visão de detalhe a 18 metros de distância da córnea?
35. Calcular a energia dos comprimentos de onda de 400 e 650 mm.
36. Um objeto de 0,75 mg cai de uma altura de 1,5 cm. Supondo-se que 100 fótons de 650 nm são capazes de provocar sensação luminosa, quantos impulsos seriam fornecidos pela energia da queda?
37. Descrever a determinação da distância pelo tamanho dos objetos (até 40 palavras). Dar exemplos.
38. Descrever a determinação da distância visual pela paralaxe de movimento. Dar exemplos (até 40 palavras).
39. Descrever a determinação da distância no campo visual, pela estereopsia.
40. Conceituar ametropia e emetropia.
41. Conceituar miopia, e fazer diagrama do olho miópico, e de sua correção.
42. O ponto distante de um olho miópico está a 3,5 metros. Qual a correção dióptrica necessária?
43. O ponto distante de um olho miópico esta a 58 cm. Qual a correção dióptrica necessária?
44. Um indivíduo míope tem seu ponto próximo a 15 cm, e uma acomodação de apenas 3 D. Pergunta-se:
    1. Qual o seu ponto distante?
    2. Qual a correção para visão ao infinito?
    3. Qual seu ponto próximo, usando os óculos corretivos?
45. Conceituar hipermetropia, e fazer um diagrama do olho hiperópico e sua correção.
46. O ponto próximo de um hiperópico foi afastado para 45 cm. Qual a correção necessária?
47. Um hiperópico tem seu ponto próximo afastado para 48 cm, e sua acomodação diminuída para 2 dioptrias. Qual a correção necessária e qual o seu ponto próximo, usando óculos?
48. Um indivíduo perde 2,2 D de acomodação. Pergunta-se:
    1. Qual a acomodação restante?
    2. Qual a correção necessária?
    3. Qual seu ponto próximo não corrigido?
49. Conceituar a astigmia (astigmatismo), e a sua correção.
50. Descrever um teste simples, para a astigmia. (até 40 palavras)

G D – A critério do Professor.

TL – Aulas experimentais com bancadas ópticas são muito interessantes.

Objetivos Específicos do Capítulo 18

LP. 1 - Ver Campo EM.
LP. 2 - Ver Espectrofotometria.
LP. 3 - Fenômenos Luminosos de Interesse Biológico.

01. Descrever a reflexão da luz, e dar exemplos de reflexão especular e albedo.
02. Conceituar refração da luz com diagrama.
03. Citar a lei da refração.
04. Calcular ângulo de refração e índices de refração.
05. Mostrar, em diagrama, o princípio de formação de imagens.
06. Associar o poder refrativo aos raios de curvatura e índice de refração de uma lente.
07. Formar imagem em lente convergente, através de método gráfico.
08. Definir e calcular, Dioptria e Distância Focal.
09. Em associação de lentes, predizer o efeito resultante, e calcular o poder refrativo total.
10. Calcular as relações de f, s e i, em lentes convergentes.
11. Calcular o tamanho da imagem e do objeto.
12. Conceituar e calcular o valor do índice de abertura, F.
13. Conceituar lente cilíndrica e definir sua imagem.
14. Fazer diagrama da aberração esférica, mostrando sua causa, e correção.
15. Fazer diagrama da aberração cromática, mostrando sua causa, e correção.

1.0 – **O Globo Ocular como Formador de Imagem**

16. Desenhar o esquema das partes constituintes do olho.
17. Descrever a anatomia funcional do olho.
18. Citar 3 estruturas refratárías do olho, e declarar suas propriedades.
19. Saber desenhar o olho reduzido.
20. Descrever as propriedades do ponto nodal (N), da distância focal posterior e do poder dióptrico, para visão próxima e longínqua.
21. Conceituar acomodação.
22. Formar imagem na retina com objeto no infinito e próximo, através de diagramas simples.
23. Conhecer e usar a cquaçío dióptrica da acomodação.
24. Descrever a íris e o papel da pupila na visão.
25. Conceituar miose, midríase e cicloplégicos.
26. Descrever o papel dos cones e bastonetes, conceituando visão fotópica e escotópica.
27. Descrever, sucintamente, a parte fotossensível da retina.
28. Definir o papel da macula lutea e fovea centralis na visão de detalhes, e de cores.
29. Conceituar ponto cego e saber demonstrar sua presença.
30. Calcular diâmetros e áreas da visão de detalhe, para diferentes distâncias de visão.
31. Saber calcular a energia de fótons diversos.
32. Descrever os três mecanismos da visão de profundidade.
33. Conceituar emetropia e ametropia.
34. Descrever a miopia, fazer diagramas de imagem miópica e corrigida.
35. Calcular a correção dióptrica necessária na miopia.
36. Descrever a hiperopia, fazer diagramas de imagem híperópica e corrigida.
37. Calcular a correção dióptrica para a hiperopia.
38. Descrever a presbiopia, e calcular sua correção.
39. Descrever a astigmia, e modo de correção.
40. Fazer diagramas da visão astigmática.

19

Biofísica da Audição

O som é a propagação de Energia Mecânica em meio material, sob forma de movimento ondulatório, com pulso longitudinal. É um fenômeno do Campo Gravitacional. Os seres vivos captam e emitem sons. Desde insetos até os humanos, o som é um precioso agente de Informação e Comunicação. O ouvido humano é especialmente diferenciado para receber sons. Além da capacidade puramente mediadora, a Audição permite ainda, sem uso do sentido semântico das palavras, a transmissão de mensagens emocionais. Um exemplo simples está nos quatro significados da expressão "é você"

– É você? (Interrogação simples).
– É você. (Reconhecimento indiferente).
– É você?! (Espanto decepcionado).
– É você! (Espanto agradado).

Não é preciso ser ator com voz impostada para usar essas quatro mensagens com as mesmas palavras.

É interessante que, quando uma mensagem sonora é acompanhada de mímica, esta prevalece, e pode até inverter o sentido da mensagem falada. É que o gesto foi o meio mais primitivo de comunicação, e predomina naturalmente.

A audição nos proporciona o êxtase da música, que desde o simples folclore até a música de câmara, é uma das formas mais belas, e intensas, da Arte.

Leitura Preliminar - LP-19 (Opcional, mas recomendável).

Noções de Física do Som e Acústica, de Interesse Biológico

A - Física do Som

Como dissemos acima, o som é a transmissão de uma perturbação material, com pulso longitudinal, e pode ser representado por um movimento ondulatório. Vejamos o som sob esses dois aspectos.

1. Perturbação material, deslocamento da energia.
2. Representação como movimento ondulatório.

Alguns exemplos de ondas sonoras estão na Figura 19.1.

Na Figura 19.1 A, temos um oscilador vibrando, e sua energia é transmitida pelo ar, como zonas de compressão (alta energia) e rarefação (baixa energia) das moléculas gasosas. Nesse caso, o som se propaga como uma esfera sonora. A energia vai diminuindo com a distância. Notar que o pulso energético é na direção da propagação. Em 19.1 B, temos um tubo com ar, onde se aplica um sinal sonoro (=>) em uma das extremidades. Na propagação, aparecem as zonas de compressão e rarefação do ar. A seta indica a direção da onda sonora, e também do pulso energético. O gráfico ondulatório (veremos depois), acompanha as zonas de alta energia (compressão) e baixa energia (rarefação). Em 19.1 C, uma pedra é lançada ao centro de um tanque com água. Aparecem dois movimentos ondulatórios:

Ondas mecânicas de água, visíveis como elevação e abaixamento da superfície, se propagando em círculos concêntricos. O pulso é transversal, isto é, perpendicular à direção da propagação. A velocidade é lenta, de alguns metros por segundo.

Ondas sonoras, invisíveis, de energia se propagando por compressão e descompressão de zonas líquidas. O pulso é longitudinal (a água não sobe, nem desce), na direção das ondas sonoras, que se propagam como uma semi-esfera, no meio líquido, e outra meia-esfera no ar. A velocidade na água é 1.500 $m.s^{-1}$, e no ar apenas 340 $m.s^{-1}$.

Os gráficos de movimentos ondulatórios servem admiravelmente bem para representar o som. A Figura 19.2 representa a geração de um

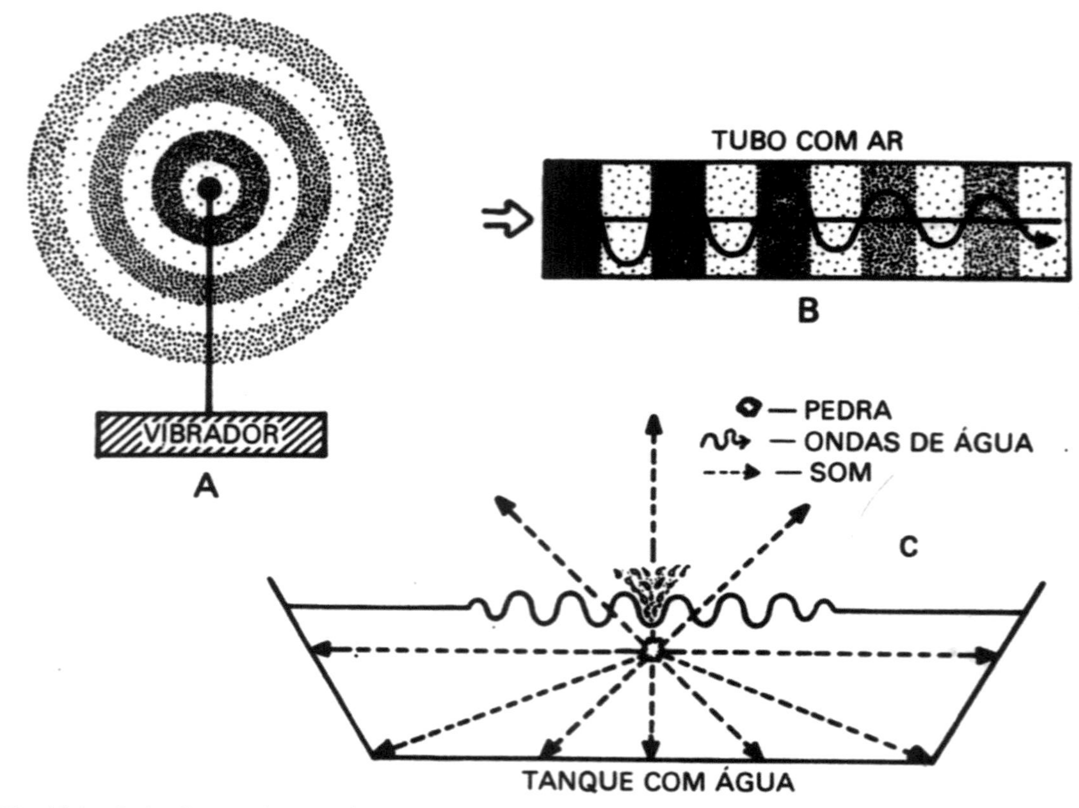

Fig. 19.1 – Ondas Sonoras (ver texto).

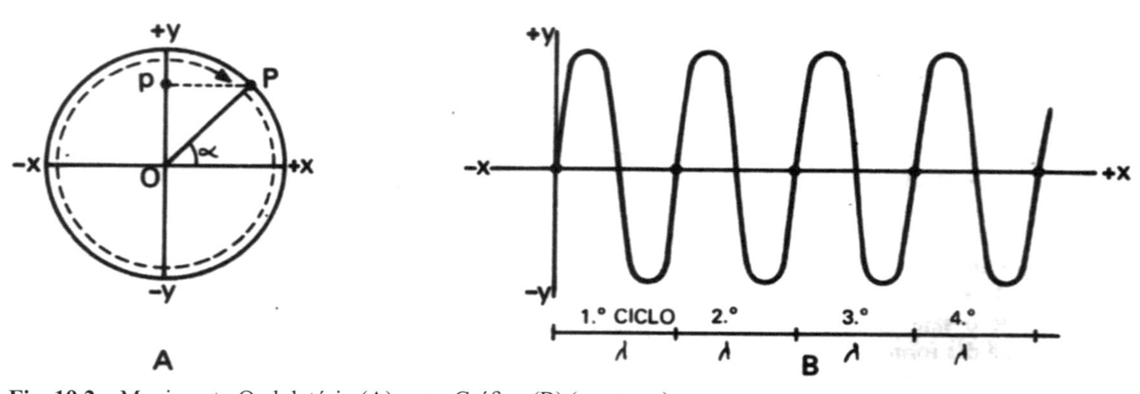

Fig. 19.2 – Movimento Ondulatório (A) e seu Gráfico (B) (ver texto).

desses gráficos. O ponto P gira no círculo (Fig. 19.2 A), e sua projeção p sobre o eixo vertical, é lançada contra o tempo decorrido, registrado no eixo horizontal, x. O resultado é o gráfico da Fig. 19.2 B. As seguintes características prevalecem no movimento ondulatório: Uma volta completa do ponto P é denominada ciclo, e apresenta uma fase positiva e outra negativa. Os ciclos podem ser definidos por três parâmetros:

1. Comprimento de onda – É a distância percorrida em um ciclo completo, e se abrevia λ (lambda). O tempo decorrido em um ciclo é denominado período, t. Na Figura 19.2 B, estão representados 4 ciclos completos, e d corresponde à distância entre as banas 0, 1, 2, etc. O comprimento da onda varia conforme o meio de propagação, a fonte emissora, etc. No caso da Fig. 19.2 B, $\lambda = 2$ cm (0,002 m).

2. **Velocidade** – É o espaço percorrido pela onda, na unidade de tempo. Equivale a dividir o comprimento da onda pelo período:

$$v = \frac{\lambda}{t}$$

Se no gráfico da Fig. 19.2 B, λ é 2 cm e Δt = 1 seg., a velocidade será:

$$v = \frac{2\ cm}{1\ seg} = 2cm.s^{-1}\ (0,002\ m.s^{-1})$$

A velocidade depende do meio de propagação.

3. **Frequência** – É o número de vezes que o fenômeno se repete em um intervalo de tempo, medido em ciclos por segundo, (Hertz, Hz).

$$f = \frac{1}{t} = t^{-1}$$

Para um observador estacionário, f emitido pode ser também considerado como o número de ondas que passam pelo seu ponto de observação, na unidade de tempo.

A frequência, uma vez emitida pela fonte geradora, é imutável, e permanece constante até à extinção do movimento ondulatório.

Relações entre λ, v e f

Já vimos que $v = \frac{\lambda}{t}$

Como $f = \frac{1}{t}$, e $v = \lambda.f$, temos então: $f = \frac{v}{\lambda}$

Como f é constante, v e λ devem variar no mesmo sentido, para que f permaneça constante. Se v aumenta, λ também aumenta, e vice-versa.

Exemplo – Um som de 1.000 Hz é emitido no ar, onde a velocidade é 340 $m.s^{-1}$, e penetra na água, onde sua velocidade é 1.500$m.s^{-1}$. O que acontece com a frequência e o comprimento da onda? A frequência não se altera. O comprimento de onda será:

$$\text{no ar } \lambda = \frac{v}{f} = \frac{340}{1.000} = 0,34\ m.$$

$$\text{na água } \lambda = \frac{1.500}{1.000} = 1,5\ m$$

B – Acústica

O som físico, emitido por uma fonte sonora, e o som percebido ~~por~~ instrumentos apropriados, como o ouvido, pode ser definido por três características, a intensidade, altura e timbre.

1. Intensidade, Altura e Timbre

Intensidade - Corresponde ao nível de energia sonora, e no movimento ondulatório, é medido pela amplitude. A amplitude é o deslocamento da onda no eixo de y. A Figura 19.3 mostra três ondas de mesmo comprimento de onda mas de amplitudes crescentes. A amplitude vai desde sons pouco audíveis, como o falar cochichando, até o barulho de um avião a jato. A amplitude está relacionada à energia sonora, e decresce com o inverso do quadrado da distância. É o chamado amortecimento da onda (Fig. 19.4).

A relação entre a intensidade e a amplitude está na equação:

$$1 = 2\,\pi^2 f^2 A^2\, d\, v$$

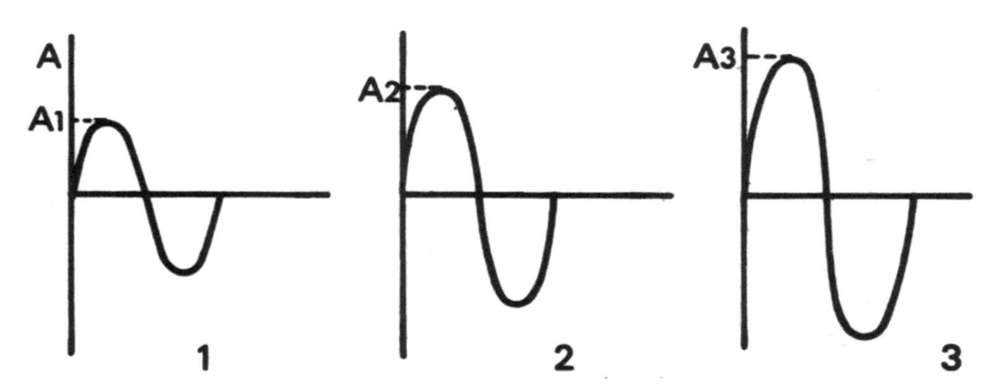

Fig. 19.3 – Amplitude do Som. $A_3 > A_2 > A_1$.

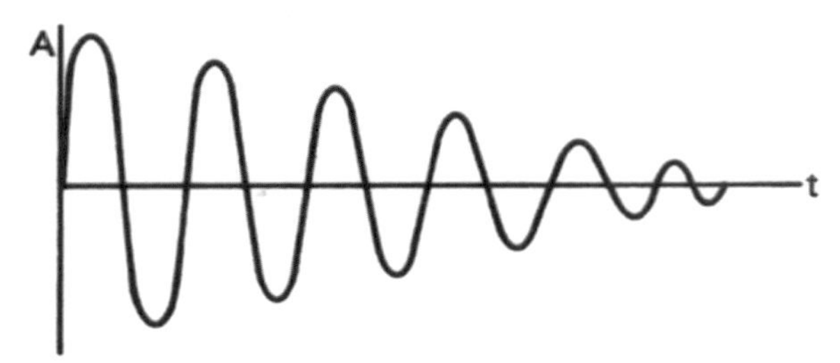

Fig. 19.4 – Amortecimento do Som. (ver texto).

onde I é a intensidade em watts.m^{-2}, f é a frequência em Hz, A é a amplitude em metros, d é a densidade do meio em kg.m^{-3} e v é a velocidade da onda em m.s^{-1} . O uso dessa equação será visto mais adiante.

Altura – Corresponde a frequência do som emitido. Os sons de maior frequência se dizem mais altos, ou mais agudos; os sons de menor frequência, mais baixos, ou mais graves. Cada emissor tem uma frequência típica de emissão. A voz humana vai desde o baixo profundo, ao soprano coloratura. Algumas faixas de voz humana estão na Figura 19.5, e se denominam registro. Entre os instrumentos de uma orquestra, também se percebe a altura. Entre as cordas, o violino, a viola, o violoncelo e o contrabaixo, têm altura do som, decrescente. O mesmo entre as madeiras, como o flautim (picolo), flauta, oboé, clarineta e fagote.

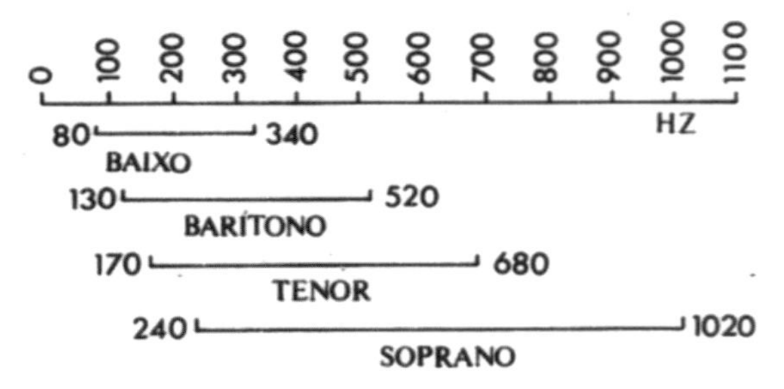

Fig. 19.5 – Registro de Vozes Humanas (valores aproximados).

Timbre – Também se denomina qualidade, e corresponde ao somatório de frequências harmônicas. As frequências harmônicas são múltiplos inteiros de uma frequência fundamental, que é a mais longa. Um som de 100 Hz pode ter harmônicos associados de 200, 300, 400 Hz, etc, correspondendo ao som fundamental × 2, 3, 4, etc. Os sons harmônicos embelezam e dão colorido ao som fundamental, daí a razão do timbre ser denominado também de qualidade do som. Dependendo do número e intensidade dos harmônicos, o som tem um timbre, ou qualidade, que pode ser até característico. Todos que escutam, são capazes de identificar pela voz as pessoas conhecidas. Sons dos instrumentos musicais podem também ser identificados pelo timbre. Como os pulsos se somam, o som composto tem uma forma de onda mais complexa. Esses trens de onda são analisados pelas séries de Fourier. (Ver textos de Matemática). Um exemplo simples dessa composição está na Figura 19.6, onde os três pulsos A, B e C, de uma onda complexa, estão mostrados e analisados.

Existem aparelhos eletrônicos sofisticados para decompor o timbre de sons os mais variados, inclusive da voz humana, que pode ser uma segunda carteira de identidade do indivíduo, em certos casos.

2. Propagação do Som – Efeitos do Meio Transmissor

O som se propaga em função das propriedades do meio transmissor. De um modo aproximado, a velocidade é diretamente proporcional à temperatura, e inversamente proporcional ao módulo de elasticidade do meio. Alguns valores estão na Tabela 19.1.

Esses valores mostram que os tecidos biológicos conferem ao som características semelhantes à da água. O aumento da velocidade com a temperatura se deve ao aumento da energia cinética

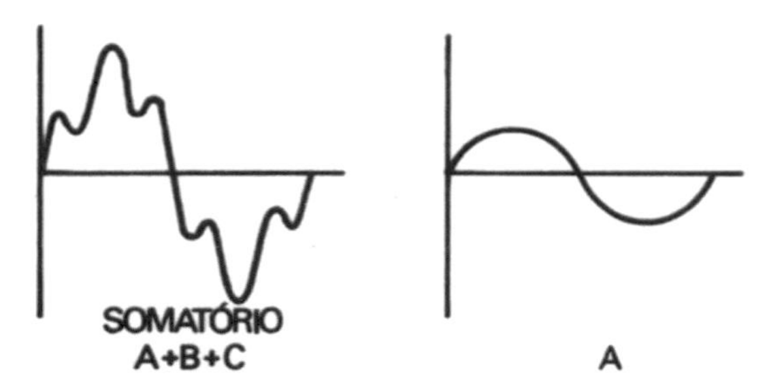

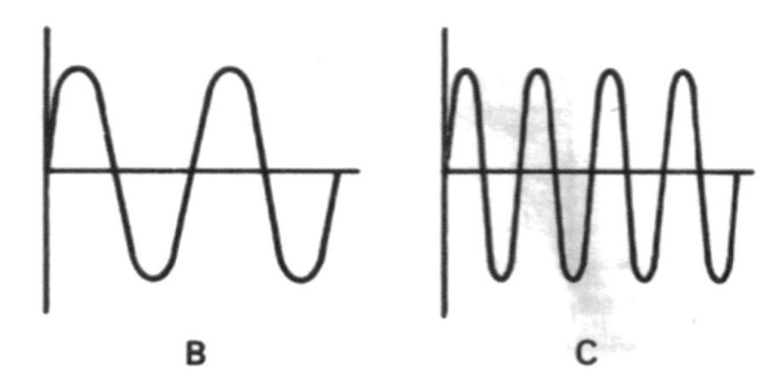

Fig. 19.6 – Timbre ou qualidade do Som.

Tabela 19.1
Velocidade do Som em Vários Meios. Valores Aproximados.

Meio de Propagação	Temperatura °C	Densidade $kg.m^{-3}$	Velocidade $m.s^{-1}$
Gases			
Ar atmosférico	0	—	325
	20	1,20	340
	37	—	350
	100	—	380
CO_2	20	1,98	260
He	20	1,16	970
Líquidos			
Etanol	20	90	1.210
Agua	20	1.000	1.480
Água do Mar	20	1.040	1.530
Sangue	37	1.056	1.570
Sólidos			
Tecidos Biológicos	37	1.047	1.570
Cobre	20	8.900	3.560
Madeira (carvalho)	20	800	3.850
Alumínio	20	2.700	5.100
Ferro	20	7.900	5.130
Vidro	20	2.500	5.600

das moléculas do meio, que facilita a propagação da perturbação material. Como esperado, o som apresenta todas as propriedades comuns aos movimentos ondulatórios, e entre as que apresentam interesse biológico, estão:

Reflexão do Som – Quando o trem de ondas encontra uma superfície que se opõe á propagação, ele muda de direção, com ângulo de incidência igual ao de reflexão. A reflexão em superfícies planas ou curvas tem grande aplicação na construção de ambientes com acústica favorável, inclusive para reforço do som emitido. As conchas acústicas refletem o som a partir de um foco sonoro, reforçando a intensidade em determinada direção. Com o atual uso de amplificadores eletrônicos, os princípios da acústica vêm sendo esquecidos. A reflexão do som é também o princípio do sonar, e da exploração biológica através do ultra-som (Ecografia).

Interferência – É o aumento ou diminuição da intensidade do som, devido ao somatório dos pulsos de onda: superposição de duas cristas, há reforço; crista e vale, abafamento. A interferência é responsável pela perda de discriminação do ouvido. A interferência de sons e ruídos é notada especialmente no momento do seu desaparecimento: em lugares silenciosos, ou durante a noite, pode-se notar como sons, antes inaudíveis, são percebidos.

Difração – É o contornamento de obstáculos pela onda. Como as ondas sonoras são relativamente grandes, uma onda de 1.000 Hz tem:

$$\lambda = \frac{340.m.s^{-1}}{1.000\ s.^{-1}} = 0,34 \text{ m, ou seja,}$$

ondas de 34 cm, objetos de 17 cm, ou menores, são facilmente contornáveis por ondas de 1.000 Hz. A luz tem comprimentos de onda muitas ordens de grandeza menor. Por essa razão, uma porta entreaberta deixa passar pouca luz, mas muito som e ruído.

Efeito Doppler – É a mudança aparente de frequência, quando existe movimento relativo entre o emissor e o receptor;

1. Quando emissor e receptor se aproximam, a velocidade do som aumenta, porque maior número de ciclos passam pelo receptor. Nesse caso, embora a frequência emitida seja constante, a recebida aumenta, e o som torna-se mais alto (mais agudo).

2. Quando fonte e receptor se afastam, menor número de ciclos é recebido pelo receptor, na unidade de tempo, e o som se toma menos alto (mais grave).

O efeito Doppler sonoro é frequentemente observado no cotidiano. Buzina de veículos, sirenes de ambulâncias, apito de locomotiva, etc, que se aproximam ou se afastam, mostram nitidamente o efeito Doppler. Esse efeito é usado para determinação de velocidade da circulação sanguínea, usando ondas refletidas pelo sangue que se afasta.

3. Quantitação do Som

Usam-se unidades físicas (dimensionais) e unidades práticas (adimensionais). Essas últimas são muito usadas em Biologia, especialmente em estudos de audição.

a) **Unidades Dimensionais** – Pressão, Potência e Intensidade.

1. **Pressão** – Usam-se as unidades mais comuns de Força/Área, o $N.m^{-2}$, $N.cm^{-2}$ e o $dine.cm^{-2}$. Esta última equivale aproximadamente ao μbar.
   A unidade oficial é do SI, o $N.m^{-2}$ (Pascal). O limite de audibilidaúe é cerca de $2{,}8 \times 10^{-7}$ Pa, e o máximo tolerável é 28 Pa, onde começa a sensação dolorosa. Pressões de 300 a 2.000 Pa causam lesões mecânicas no aparelho auditivo, inclusive ruptura do tímpano.
2. **Potência** – É a energia sonora transferida na unidade de tempo, medida em Watts (joules/segundo). A potência é mais usada quando dividida pela área emissora ou receptora, e se denomina intensidade sonora (a seguir).
3. **Intensidade** – É a potência dividida pela área emissora, ou receptora, do som. É medida em $W.m^{-2}$ ou $W.cm^{-2}$. O limiar da audição é convencionado como 10^{-12} $Watt.m^{-2}$ (ou 10^{-16} $Watt.cm^{2}$), e o máximo tolerável é cerca de 1 $watt.m^{-2}$. Acima de 1 $W.m^{-2}$ começa a sensação dolorosa e aparecem lesões orgânicas no aparelho auditivo.

A correspondência entre Pressão e Intensidade está na relação:

$$I = \frac{(\Delta P)^2}{2dv}$$

onde I é a intensidade em $W.m^{-2}$, ΔP é a diferença de pressão em Pa, d é a densidade do meio transmissor em $kg.m^{-3}$ e v é a velocidade do som em $m.s^{-2}$.

Exemplo – Calcular as pressões máxima e mínima dos limites de audição, e comparar com a pressão atmosférica.

a) O nível mínimo de audibilidade é 10^{-12} $W.m^{-2}$. Temos então (dados deste texto).

$$\Delta P = \sqrt{2\,d.v.\,I} = \sqrt{2 \times 1{,}2 \times 340 \times 10^{-12}} =$$

$$= 2{,}8 \times 10^{-5} \text{ Pa}$$

Como a pressão atmosférica é cerca de 1×10^{5} Pa, o ouvido é capaz de perceber $3{,}6 \times 10^{-9}$ (apenas 4 bilionésimos) da pressão de uma atmosfera!

b) O nível máximo suportável é 1 $W.m^{-2}$, e corresponde, calculando-se como acima, a 28 Pa e equivale a cerca de 10^{-4} avos da pressão atmosférica. É ainda uma pressão muito pequena, dez mil vezes menor que a atmosférica, o que explica porque, quando o ouvido médio tem sua comunicação com o exterior (a trompa de Eustáquio), bloqueada, aparecem dores insuportáveis, e até rompimento do tímpano. Nas variações de altitude, diferenças de pressão entre o ouvido médio e o externo, são a causa das dores e zumbidos nos ouvidos. Isso ocorre na subida e descida de aeronaves, com frequência.

A correspondência entre a intensidade e a área de emissão ou recepção, é dada pelas relações:

No emissor – É a potência dividida pela área de saída:

$$I = \frac{W}{A}$$

Exemplo – Um alto-falante cuja área é 10 cm^2 (1×10^{-3} m^2) tem potência de saída de 0,05 watts. Qual a intensidade emitida do som?

$$I = \frac{5 \times 10^{-3}}{1 \times 10^{-3}} = 5 \text{ w.m}^{-2}$$

A intensidade a uma determinada distância da fonte emissora, depende da área de espalhamento do som (Fig. 19.7).

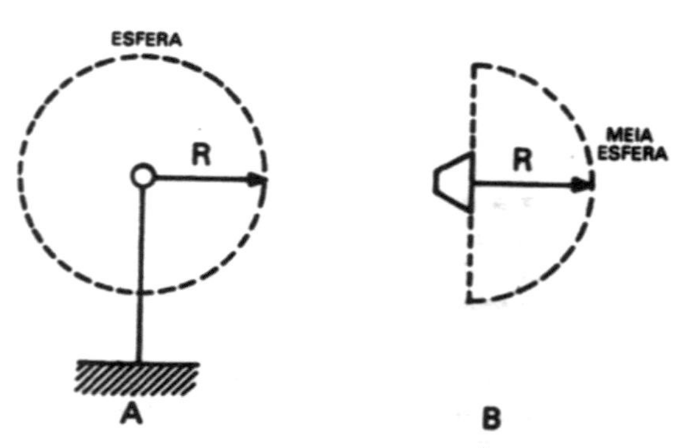

Fig. 19.7 – Intensidade em Função da Área. A – Esfera; B – Semi-esfera.

Exemplo – Qual a intensidade do som a 10 m do alto-falante anterior (5 $w.m^{-2}$)

$$I = \frac{5}{2 \times 3{,}4 \times (10)^2} = 8 \times 10^{-3} \text{ w.m}^{-2}$$

É ainda um som bastante forte.

b) Unidades A dimensionais

O Decibel – É a intensidade relativa do som, tendo por base o limite de audição convencional, 10^{-12} w.m^{-1}. A relação é logarítmica:

$$dB = \frac{10 \log I}{Io}, \quad \text{onde } Io = 10^{-12}\ W.m^{-2}$$

Exemplo 1 – Quantos decibéis tem um som de 10^5 W.m^{-2}? Usando a relação:

$$dB = 10 \log \frac{10^{-5}}{10^{-12}} = 10 \times 7 = 70 \text{ decibéis}$$

Exemplo 2 – Qual a intensidade em W.m^{-2} de um som de 90 dB?

$$\log \frac{I}{Io} = \frac{dB}{10} \qquad \log \frac{I}{Io} = \frac{90}{10} = 9$$

$$\text{Se } \log \frac{I}{Io} = 9, \qquad \text{então, } \frac{I}{Io} = 10^9$$

$$\text{Se } Io = 10^{-12},\ I = 10^9 \times 10^{-12} = 10^{-3}\ W.m^2$$

Como a relação entre I e P é quadrática, temos também:

$$dB = 20 \log \frac{P}{Po}$$

onde $Po = 2{,}85 \times 10^{-5}$ Pa

A soma de intensidades na escala decibélica, não é linear, como mostrado nos dois exemplos a seguir:

Exemplo 3 – Um alto-falante de 60 dB é associado a outro de mesma potência. Qual a intensidade sonora resultante? A intensidade inicial é:

$$dB_1 = 10 \log \frac{I}{Io} = 60$$

A associação dos dois alto-falantes tem:

$$dB_2 = 10 \times 0{,}3 + 60 = 63 \text{ dB.}$$

Exemplo 4 – Um alto-falante de 50 dB é associado a outro de 40 dB. Qual a intensidade sonora resultante? É necessário calcular as intensidades I em w.m^{-2} de cada alto-falante, para aplicar a fórmula decibélica à soma obtida.

A intensidade do alto-falante de 50 dB, é:

$$50 = 10 \log \frac{I}{Io} \quad e \quad I = 1 \times 10^{-7}\ W{,}m^2$$

A intensidade do alto-falante de 40 dB, é:

$$40 = 10 \log \frac{I}{Io} \quad e \quad I = 1 \times 10^{-8}\ W.m^{-2}$$

A intensidade total será igual à:

$$I_T = 1 \times 10^{-7} + 1 \times 10^{-8} = 1{,}1 \times 10^{-7}\ W.m^{-2}$$

A intensidade em dB, será:

$$dB = 10 \log \frac{1{,}1 \times 10^{-7}}{1 \times 10^{-12}} = 10 \times 5{,}04 = 50{,}4$$

O aumento será de apenas 0,4 dB.

A escala decibélica de audMidade é interessante. A maioria dos indivíduos normais que escuta um som padrão (1.000 Hz) de 40 dB com um ouvido, ouve a mesma intensidade com apenas 33 dB, quando usa os dois ouvidos. Conclui-se que, do ponto de vista psicofísico, 40 dB é o dobro de 33 dB. Experiências cuidadosas mostram que o limite mínimo de diferença de audição está em 1 dB, para sons até 100 dB, nível no qual a discriminação é perdida. Assim, quando dois alto-falantes de 40 dB são ligados, a diferença de audição é perceptível como 3 dB. Mas se um alto-falante de 40 dB é associado a outro de 30 dB, a diferença será 0,4 dB e não será percebida pelo ouvido. Já há ruido, ou som, suficiente para saturar os receptores auditivos. Entre 33 dB e 74 dB, aproximadamente, a sensação é 10 vezes maior. Alguns valores em decibéis, de fontes sonoras mais comuns, estão na Tabela 19.2.

A Tabela 19.2 mostra dois fatos importantes:

1. Um aluno falando em voz baixa em sala de aula, impede por completo a audição de batimentos cardíacos, ou a tomada auscultatória de pressão arterial.
2. O fato notável em Biologia: Um órgão dos sentidos é capaz de perceber diferença energética da ordem de 10^{14}, ou seja, 100 trilhões de vezes!

C – Audição

1. O aparelho Auditivo

O aparelho auditivo transforma as diferenças de pressão do som em pulso elétrico, que são enviadas ao cérebro, onde causam a sensação psicofísica

Tabela 19.2 - Intensidade Sonora de Algumas Fontes.

Fonte	Decibel db	Potência/Área $W.m^{-2}$
"Silêncio"	0	10^{-12}
Sussuro, ou tic-tac de relógio (a 1 metro)	20	10^{-10}
Fala em voz baixa (a 1 metro)	40	10^{-8}
Fala normal (idem)	60	10^{-6}
Rádio alto (idem)	80	10^{-4}
Rua com tráfego intenso		
Grande Orquestra (em fortíssimo)		
Britadeira de ar comprimido (a 10 metros)	100	10^{-2}
Turbina de avião a jato (a 100 metros)	120	10^{0}
←—— Início da Dor ——→		
Turbina de avião a jato (a 10 metros)	140	10^{2}

da audição. É interessante comparar as propriedades de percepção física da visão e da audição:

A visão é sintética, isto é, os impulsos energéticos são somados, e a mistura de azul com amarelo, dá a sensação de verde. O ouvido, porém, é capaz de perceber dois sons de frequência diferentes, como tais, mesmo quando emitidos simultaneamente. Ainda, pelo timbre, é capaz da diferenciação uma nota dó de um violino, da mesma nota de um violoncelo, ou outro instrumento. .

A visão tem a persistência da imagem na retina, e nos permite a ilusão visual do cinematógrafo (cinema), pela fusão de imagens sucessivas. O som não tem persistência, e nos permite a arte da música, pela sequência de sons que são percebidos separadamente.

Como é que o som, Energia Mecânica do Campo G, é transformado em Energia Elétrica (Campo EM)? Os aspectos biofísicos desse processo constituem um capítulo relevante na biologia.

2. Anatomia Funcional Resumida do Órgão da Audição

Uma descrição sumária segue a Figura 19.8 e divide o aparelho auditivo em três setores:

a) **Ouvido Externo** – É formado pelo pavilhão auricular, ou orelha, e o canal auditivo, também conhecido como meato.

b) **Ouvido Médio** – É uma cavidade limitada pelo tímpano, e pelas paredes ósseas, se comunicando com o exterior através da trompa de Eustáquio. A função desse canal é equalizar as pressões interna e externa, porque qualquer gradiente de pressão entre o ouvido médio e o ambiente, é intolerável, como já vimos. No ouvido médio está a cadeia mecânica que transmite o som para as estruturas do ouvido interno. Essa cadeia mecânica é formada pelo tímpano, e por três ossículos:

Tímpano→Martelo→Bigorna→Estribo

c) **Ouvido Interno** – É uma cavidade fechada, onde circula um líquido envolvendo as estruturas aí contidas, denominado perilinfa (peri, em volta, na periferia), e contém a cóclea ou caracol e os canais semicirculares. O estribo se encontra na janela oval, que é uma janela fechada, côncava, que se comunica com a parte superior da cóclea que é um caracol com uma rampa de dois setores, separados pela membrana basilar abaixo, e a membrana de Reissner, acima (veja a Figura 19.11). No fim da rampa (Fig. 19.11), os dois setores se comunicam por um orifício, o helicotrema. A cóclea é o órgão que transforma a Energia Mecânica em Elétrica, e se comunica com os canais semicirculares, que não possuem função auditiva (esses canais estão envolvidos com as funções de equilíbrio e orientação espacial).

Na cóclea e canais semicirculares existe outro líquido, a endolinfa (endo, dentro). A endolinfa e a perilinfa não se misturam. O conjunto cóclea e canais semicirculares é também chamado labirinto.
Da cóclea sai o nervo ótico (ótico, de audição; óptico, de visão), que leva os impulsos nervosos ao cérebro. A cadeia auditiva pode ser assim resumida (Fig. 19.9).

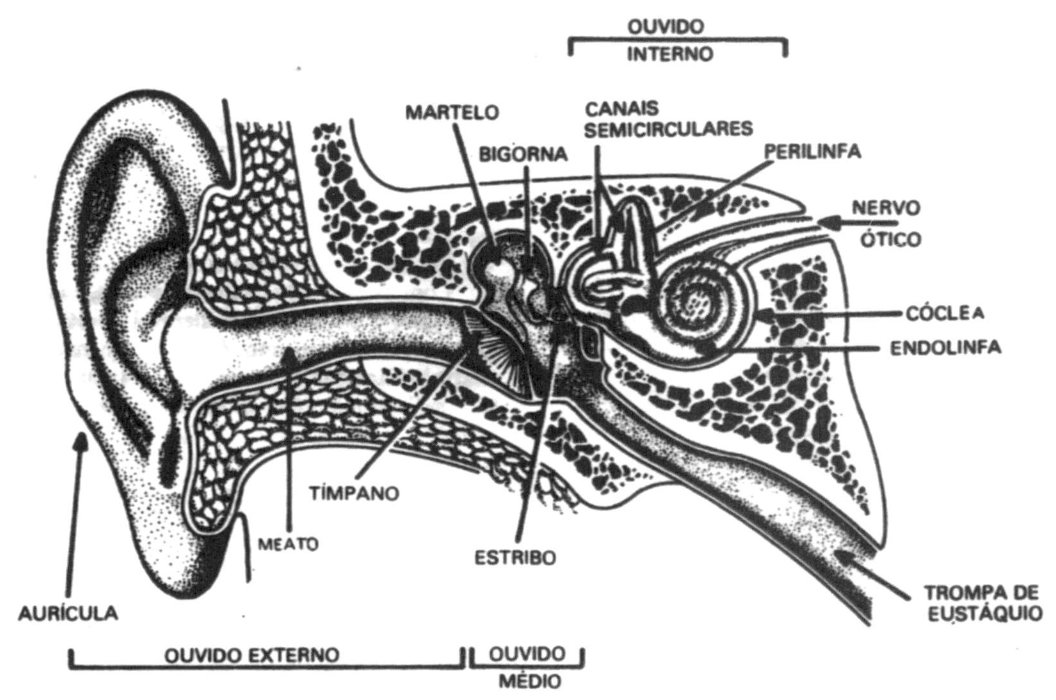

Fig. 19.8 – Anatomia Resumida do Ouvido (Acompanhe com o texto).

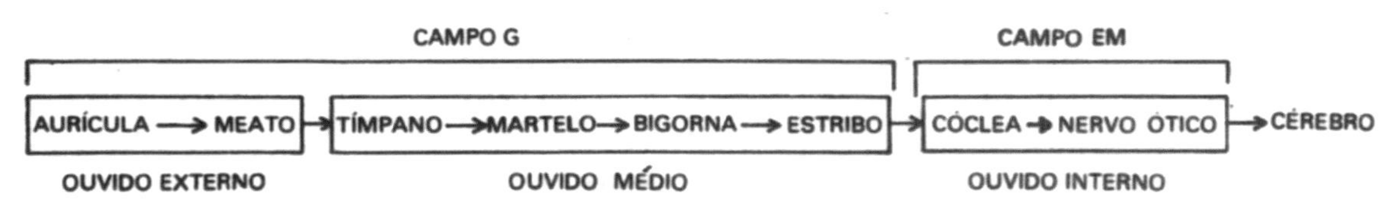

Fig. 19.9 – Cadeia Auditiva.

3. Relação entre Estrutura e Função

OUVIDO EXTERNO

a) **Captação e Condução do Som** – É feita pelo pavilhão auricular, que embora não seja capaz de refletir os sons, porque é menor que o comprimento de onda (d) dos sons audíveis, é capaz de refratar sons, reforçando dessa forma a intensidade que chega ao ouvido. Alguns animais são capazes de mover o pavilhão auditivo, e dessa forma, direcionar a captação, semelhante a uma antena de radar. O canal auditivo leva o som captado ao tímpano, e é também uma cavidade ressonante com frequência fundamental de 430 Hz, embora essa relação com a audição não seja conhecida. Tapar os ouvidos com os dedos, ou com a mão em concha, forma uma cavidade ressoante de frequência diferente. Experimente.

OUVIDO MÉDIO

b) **Transformação da Energia Sonora em Deslocamento Mecânico** – O tímpano vibra sob o impacto da pressão sonora, em amplitude proporcional à intensidade do som. Usando-se a fórmula descrita na relação entre amplitude e intensidade, pode-se calcular que:

1. Amplitude do deslocamento do tímpano para a intensidade mínima audível 10^{-12} $W.m^{-2}$)

$$A = 1,1 \times 10^{-11} \text{ m}$$

Ou seja, é apenas 1/10 do diâmetro de um átomo de hidrogênio! Com esse deslocamento do tímpano, começamos a ouvir os sons.

2. Amplitude do deslocamento do tímpano para a intensidade máxima de audição (1 $W.m^{-2}$)

$$A = 1,1 \times 10^{-5} \text{ m},$$

ou apenas 1/100 do milímetro! Acima desse deslocamento começa a sensação dolorosa.

Esses números enfatizam a maravilhosa sensibilidade do ouvido, e a eficácia mecânica do tímpano, que é uma membrana de $65mm^2$, com apenas 0,1 mm de espessura. Esse diminuto movimento do tímpano é transmitido ao martelo, daí para a bigorna, e da bigorna ao estribo.

c) **Amplificação da Força Mecânica** – Esses deslocamentos entre 10^{-11} a 10^{-5} do metro (10^{-8} a 10^{-2} mm), são ainda diminuídos, para aumentar a força do deslocamento, através de um sistema de alavancas interfixas (Fig. 19.10).

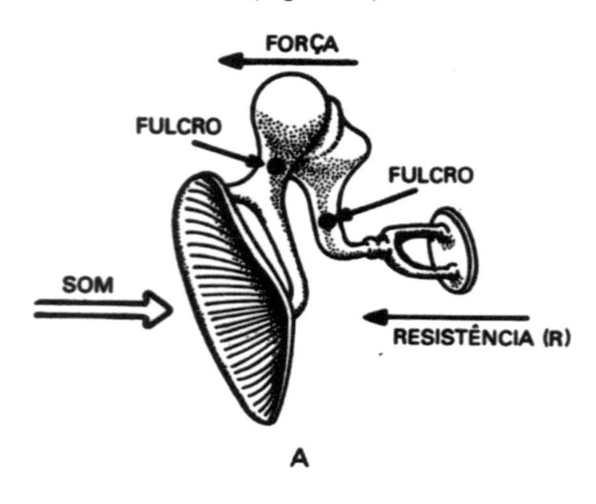

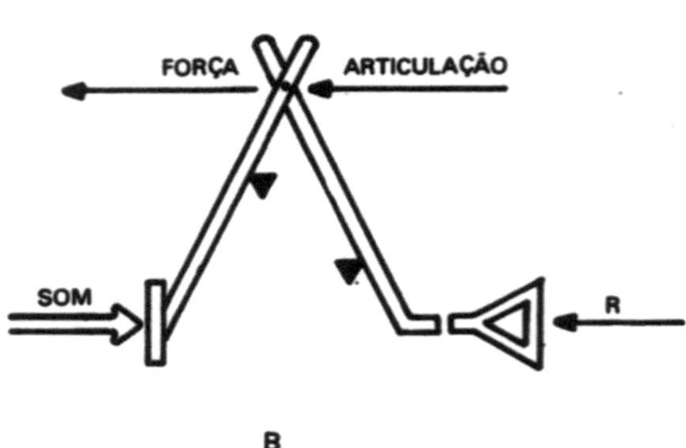

Fig. 19.10 – Mecanismo de Amplificação de Força no Ouvido Médio. A – Sistema de Ossículos; B – Alavanca Equivalente.

Com esse sistema de alavancas, a pressão exercida na janela oval pelo estribo, pode ser 3 a 20 vezes maior que a pressão exercida pelo som no tímpano. O deslocamento é correspondentemente menor. Essa necessidade de maior pressão em vez de maior deslocamento, é interessante para os eventos seguintes do mecanismo de audição, que ocorrem em meio líquido, na cóclea.

d) **Controle da Ampliação** – Quando a intensidade sonora é muito grande, o mecanismo de amplificação é atenuado através da contração reflexa dos músculos estapédio e tensor do tímpano (v. textos especializados). Esses músculos puxam em direções opostas:

Tensor do Tímpano – afasta o martelo da bigorna.

Estapédio – afasta o estribo da bigorna.

Com a contração desses músculos, a atenuação pode chegar ao nível considerável de 30 dB. Infelizmente, o mecanismo é reflexo, e não protege contra ruídos súbitos, como um estampido, que se for suficientemente intenso, pode romper o tímpano.

OUVIDO INTERNO

e) **Transformação do Movimento Mecânico em Hidráulico, e Hidráulico em Pulso Elétrico – A Cóclea e suas Funções.**

A cóclea tem 2 1/2 voltas, e está representada na Figura 19.11 A, como um cone de 35 mm de comprimento. Ela é separada em dois compartimentos principais, a rampa vestibular (acima) e a rampa timpânica (abaixo) pela membrana basilar (Fig. 19.11 A e B).

Na rampa vestibular, a membrana de Reissner cria outro compartimento, onde circula a endolinfa, que tem alto potencial positivo (Fig. 19.11 B).

O estímulo mecânico que chega pelo estribo, entra pela janela oval (que é fechada), e segue pela perilinfa até ao helicotrema, daí passa para a perilinfa da rampa inferior (ver a Fig. 19.11 A), e volta até a entrada da cóclea, onde chega a produzir um abaulamento da janela redonda. Esse abaulamento é necessário, porque as outras estruturas envolventes são rígidas. O pulso se propaga rapidamente, mas durante o trajeto, estabelece gradientes de pressão entre a rampa superior e a inferior. Esse gradiente de pressão comprime o órgão de Corti, que gera um impulso elétrico. Esse pulso é captado pelo nervo ótico, e levado ao cérebro. Um fator biofísico importante nesse mecanismo é a diferença de potencial entre o órgão de Corti e a endolinfa. A endolinfa, por sua alta concentração de íons K^+, tem potencial de + 80 mV, que com o potencial de – 70 mV do interior das células de Corti, fazem um gradiente de 150 mV, o que torna essas células extremamente sensíveis, excitáveis até pelo simples movimento dos cílios das células.

f) **A Análise da Intensidade do Som Recebido** – Como se percebe a diferença entre sons mais intensos, e sons menos intensos? O mecanismo biológico repete a detecção da intensidade sonora pelos registradores físicos:

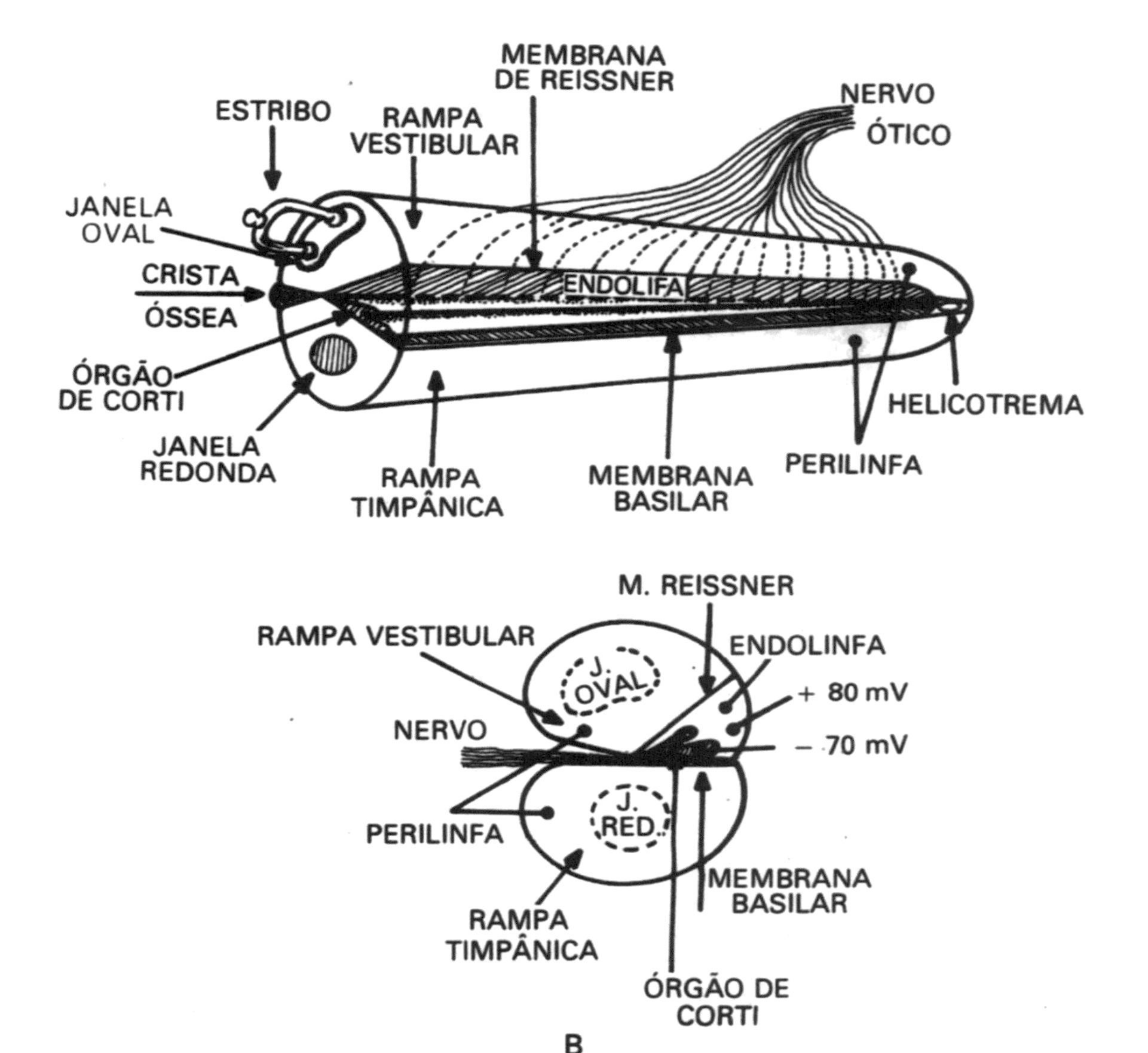

Fig. 19.11 – A Cóclea – A. Desenrolada, visão lateral; B. Secção Transversal.

O deslocamento da membrana basilar e do órgão de Corti têm amplitude proporcional à intensidade do som.

O som entra como onda hidráulica, pela janela oval (Fig. 19.2 A), e percorre o trajeto indicado, como já vimos. No trajeto, um som fraco desloca menos a membrana basilar (Fig. 19.12 B), o som forte desloca mais (Fig. 19.12 C). Quanto maior é a intensidade sonora, maior é a amplitude do deslocamento, maior é o pulso elétrico gerado. Esse pulso elétrico tem o mesmo potencial de ação (PA) das células que o geram, mas como mais células são acionadas, a corrente é maior no caso de sons mais imensos. Essa maior corrente provoca sensação de som mais intenso, no cérebro.

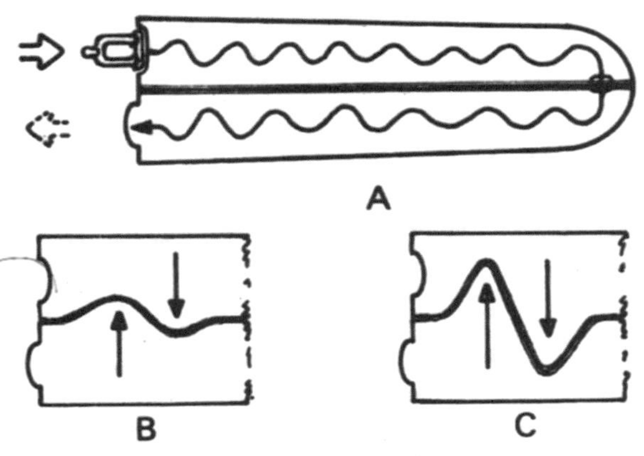

Fig. 19.12 – Percepção da Intensidade Sonora.

g) **Análise daFrequência do Som Recebido** – Como se percebe que um som é mais agudo que o outro? Como se percebe o timbre? O mecanismo também repete exatamente o dos registradores mecânicos. A física do som mostra que, de um modo aproximado, a frequência emitida ou recebida, por um tubo, é inversamente proporcional ao comprimento do tubo. Tubos mais curtos, frequências mais elevadas, tubos mais longos, frequências mais baixas. O mecanismo biológico é idêntico. Para frequências mais altas, vibra apenas um pequeno segmento do total da cóclea, para frequências mais altas, vibra a cóclea quase toda. Esses fatos estão mostrados na Figura 19.13, que mostra a detecção de frequências de 8.000 a 30 Hz.

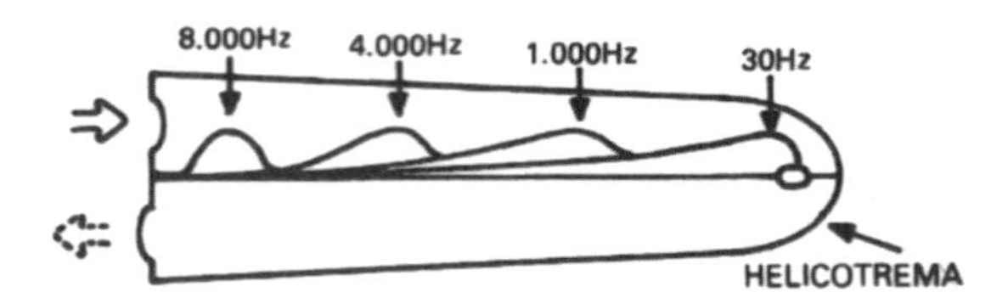

Fig. 19.13 – Percepção da Frequência Sonora (localização aproximada).

Como se pode perceber, as frequências mais altas possuem um pico de detecção mais próximo à entrada do caracol, e os sons de menor frequência, são detectados pela vibração de todo o sistema, com o pico junto ao helicotrema. É por isso que o ouvido pode perceber, simultaneamente, frequências diferentes: os receptores são localizados em locais diversos, e independentes. Ouvidos treinados são capazes de perceber diferenças de 7 a 8 ciclos em sons de até 5.000 ciclos. Essas diferenças do som esperado, são os sons "desafinados", isto é, fora da frequência correta.

Se a cóclea é capaz de perceber frequências de até 8×10^3 Hz, como se explica que as pessoas com audição normal sejam capazes de perceber 2×10^4 Hz, e até mais?

Dois mecanismos podem ser hrpotetizados como capazes de transmitir essa frequência, mas um deles, não é operativo:

1. O feixe nervoso seria usado para transmitir os impulsos, e a velocidade seria satisfatória, se não houvesse a demora nas sinapses, na liberação do mediador acetilcolina. Com isso, os impulsos que chegam encontram a sinapse em fase refratária (Fig. 19.14A). Esse mecanismo, portanto, não serve.

2. Cada miofibrila dispara sucessivamente, com um pequeno intervalo de tempo. Nesse caso, apenas 3 miofibrilas disparando com intervalo de 1×10^{-3}s, são suficientes para conduzir $3 \times 8 \times 10^3 = 2{,}4 \times 10^4$ Hz, ou seja, frequência de até 24.000 Hz (Fig. 19.14 B). Essa foi a solução adotada pelos seres vivos.

h) **Aspectos Psicofísicos da Audição – Audiograma, Ausculta, Anomalias da Audição. Teste do Diapasão.**

A capacidade de audição de diferentes frequências não é a mesma, e está relacionada á intensidade sonora. Este fato se observa quando indivíduos são submetidos à percepção de sons de variada frequência e intensidade. Esse teste é feito em câmaras especiais, à prova de som, com fontes geradoras de sinais de frequência e intensidade conhecidas, e se denomina Audiograma. A Figura 19.15, curva A, representa o audiograma de um indivíduo com audição extremamente sensível (menos de 1% da população), e cujo limite de audição chega a exceder o limite convencional de silêncio (0 dB, 10^{-12} W.m^{-2}), entre sons de 2.000 a 3.000 Hz. A curva B representa o limite de audibilidade de cerca de 90% da população, que está em 20 dB para 2.000 Hz. Para o indivíduo hipersensível, ouvir um som de 50 Hz exige cerca de 45 dB de intensidade (curva A). Nos menos sensíveis, ouvir esse mesmo som demanda uma intensidade de 80 dB (curva B). De um modo geral, apenas 50% dos indivíduos de uma população normal, ouvem sons

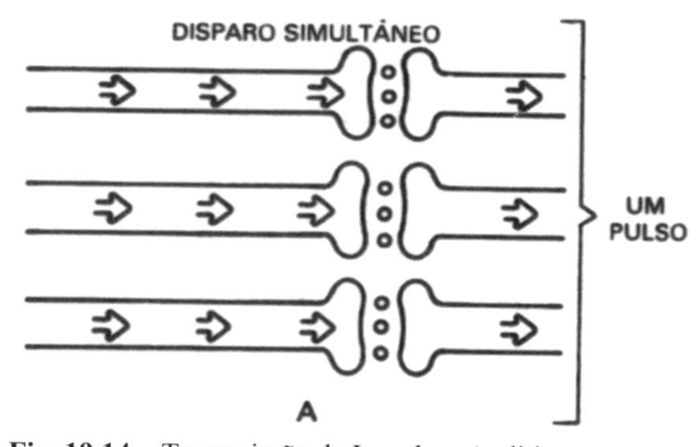

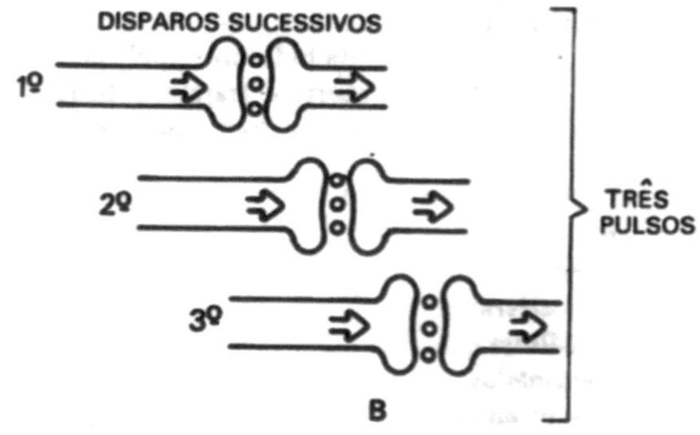

Fig. 19.14 – Transmissão de Impulsos Auditivos.

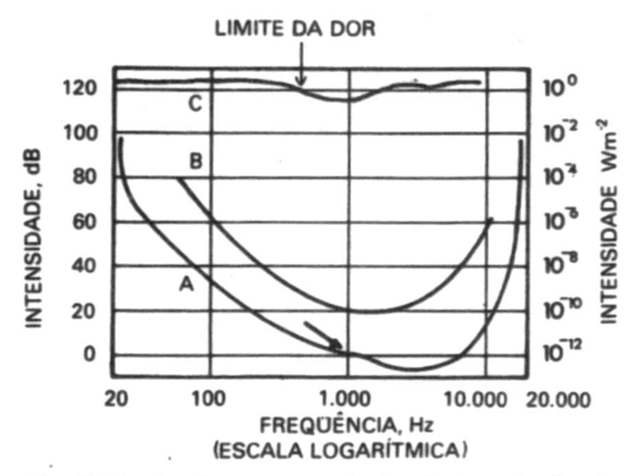

Fig. 19.15 – Audiogramas populacionais. A seta inclinada é o limite convencional de audibilidade.

de 10 dB, e assim mesmo, na faixa de frequência de maior sensibilidade entre 2.000 e 3.500 Hz. Como se pode notar na curva C da Figura 19.15, o nível de sensação dolorosa é aproximadamente constante para qualquer frequência. Isso se torna entendível quando se lembra que, nessa intensidade, a discriminação de frequências é abafada, restando apenas a sensação dolorosa.

Ausculta – A ausculta, com ou sem estetoscópio, é um dos aspectos importantes da audição, pelas peculiaridades que apresenta. De um modo geral, os sons e ruídos da ausculta estão no limite da audibilidade, tanto pela frequência (muito baixa), como pela intensidade (muito fraca). As bulhas cardíacas, os sopros e ruídos pulmonares, e da circulação, os sons de Korotkov na tomada da pressão arterial, estão nesses limites. Por esse motivo, a ausculta exige ouvido bem treinado, e ambiente com baixo sinal de ruído de fundo.

Som e Esfera Afetiva – Outro aspecto importante da psicofísica do som é a sua capacidade de gerar emoções. Porque alguns sons agradam, e outros desagradam, depende de vários fatores, alguns ainda desconhecidos. Um dos fatores conhecidos é a herança cultural, que faz com que a sonoridade das palavras e música de outros povos, tanto possam soar agradáveis, como desagradáveis. A adjetivação dos sons é outra conotação do envolvimento afetivo na audição: há vozes ásperas, doces, suaves, há sons abafados, claros, cristalinos, toadas argentinas (como de prata), som metálico, e vários outros, inclusive os sons alegres e tristes.

Numa orquestra, o violino é vibrante, o piano é solene, o oboé é pastoral, a flauta é alegre, o fagote é picaresco, os metais são marciais. Entretanto, e isso é o fato importante, essas conotações não são absolutas, e dependendo da música, um instrumento pode expressar, com sucesso, sensações exatamente opostas. Isso mostra que o veículo efetivo da sensação é o som.

Anomalias da Audição – Podem ser agrupadas em dois grupos gerais:

1. **Surdez de Condução** – Há obstrução no canal auditivo externo, ou lesões no tímpano ou ossículos.

2. **Surdez Nervosa** – Há lesões na cóclea ou no nervo ótico.

A **surdez de condução** pode ocorrer até por causas simples, como obstrução do meato por cerume, ou secreções purulentas incrustadas. Outras causas mais sérias, são lesões anquilosantes ou destrutivas dos ossículos. Se o indivíduo conserva a condução óssea (veja adiante), ele se beneficia usando aparelhos auxiliares da audição, porque o som passa pela caixa craniana, e faz a cóclea vibrar. A surdez de condução, dificilmente é total.

A **sudez nervosa** é mais grave, especialmente se as lesões são irreversíveis. Ela pode resultar de infecções que destroem as estruturas da cóclea, ou por lesão no nervo ótico. O uso de antibióticos tipo estreptomicina, ou tipo aminoglicosídeos, pode causar lesões irreversíveis do nervo ótico. Pessoas que usaram esses antibióticos, apresentam desde zumbidos nos ouvidos, até perda parcial ou total da audição. As lesões provocadas por toxinas e medicamentos, são irreversíveis. O teste do diapasão é um auxiliar simples, mas muito eficiente, para diferenciar os dois tipos de surdez.

Teste do Diapasão – O paciente é colocado em uma sala silenciosa. Os ouvidos são testados alternadamente, por obliteração de um deles. O diapasão é vibrado perto do ouvido, e vai sendo afastado gradualmente, até o paciente indicar, com a mão, que não mais escuta o som. Nesse instante, o cabo do diapasão é rapidamente colocado no mastóide desse lado. Duas situações ocorrem:

O paciente recomeça a ouvir o som;
O paciente não ouve nada.

No primeiro caso, a surdez é de condução, a cóclea e o nervo ótico estão indenes, e a condução óssea é satisfatória. O paciente pode se beneficiar com o uso de aparelhos auditivos.

No segundo caso, a surdez pode ser de origem nervosa, mas é necessário investigar mais.

O teste do diapasão deve ser completado com outros testes audiométricos.

19 – Biofísica da Audição

Atividade Formativa

Proposições

01. Conceituar som, como onda material, fazendo diagramas (até 30 palavras).
02. Completar com certo (C) ou errado (E)
    1. No som há deslocamento unidirecional de partículas ( )
    2. O som se propaga, como onda, no vácuo ( )
    3. O som tem pulso longitudinal ( ) transversal ( )
    4. O som se propaga em π direções ( ) 2 π direções ( ) 4 π direções ( )
    5. A velocidade no ar é maior ( ) menor ( ) que na água.
03. Mediu-se em um som, que 10 comprimentos de onda ocupam um espaço de 2,8 metros, e ocorreram em 5 segundos. Qual o valor de λ e de v? Qual a frequência f? Faça um gráfico elucidativo.
04. Um som foi emitido com 420 Hz, e com uma velocidade de 380 $m.s^{-1}$. Ele passou para um tubo de vidro. O que acontece com a frequência comprimento de onda e velocidade, nesse novo meio?
05. Conceituar Intensidade do Som (até 30 palavras). Faça um gráfico.
06. Um som emitido na água, tem uma amplitude de 10^{-10} m, e uma frequência de 500 Hz. Qual a sua intensidade?
07. O gráfico da intensidade de um som em função da distância, é como abaixo. Como você explica esse achado? É possível, ou é um erro? Discutir.

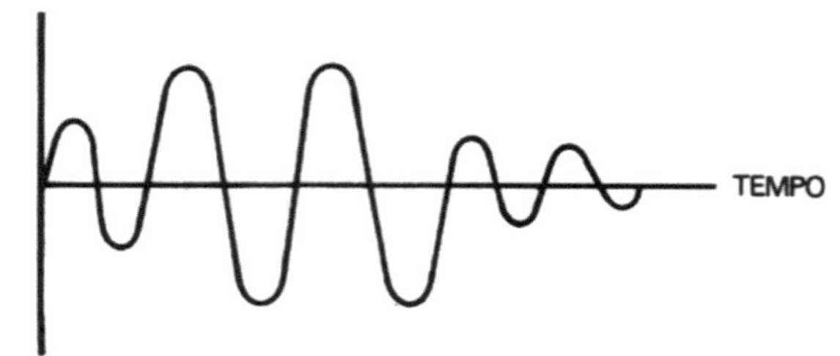

Fig. 19.16

08. Em quais frequências é possível um dueto de um tenor com uma soprano?
09. Em um quarteto de baixo, barítono, tenor e soprano?
10. Conceituar timbre. Quantas pessoas você é capaz de identificar pela voz?
11. Nos gráficos abaixo, quais você consideraria como tendo somente som fundamental (F), e som harmônico (H)?

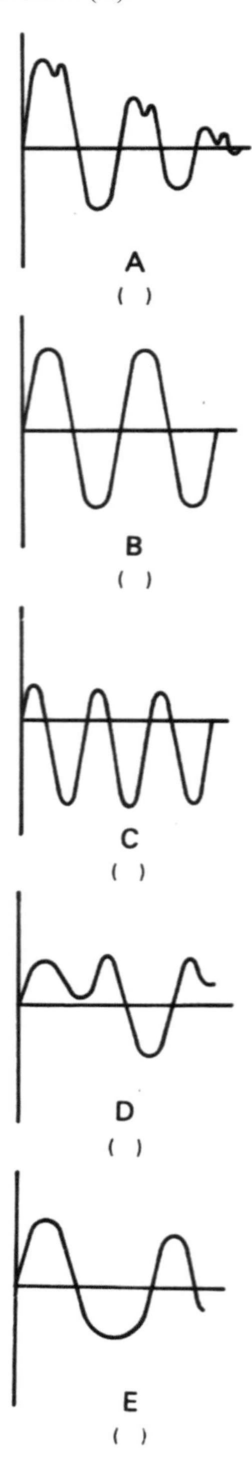

Fig. 19.17

12. Completar o quadro abaixo com a velocidade do som:

	Velocidade $m.s^{-1}$
Ar atmosférico, a 37°C	____________
Água, a 20°C	____________
Sangue, a 37°C	____________
Tecidos Biológicos a 37°C	____________

13. Citar exemplo de reflexão, interferência, e difração do som (até 50 palavras).
14. Descrever o efeito Doppler, e citar sua aplicação à biologia.
15. Definir Pressão, Potência, e Intensidade Sonora.
16. Qual a pressão que um som de $3,5 \times 10^{-7}$ Pa causa no tímpano?
17. Um som chega ao ouvido com $5,2 \times 10^{-8}$ $w.m^{-2}$. Qual é a AP que atua sobre o tímpano?
18. Um alto-falante com 5 cm^2 de área, tem intensidade de emissão de 2 $w.m^{-2}$ Qual é a sua potência?
19. Um indivíduo está a 8 metros do alto-falante da P. 18. Qual a intensidade sonora que o atinge, se a propagação do som é em forma de uma esfera?
20. Conceituar Decibel.
21. Qual a intensidade em $watts.m^{-2}$ de sons com 30,40, 80 e 95 dB?
22. Qual a intensidade em decibéis de sons com 10^{-8}, 10^{-5}, e $5,4 \times 10^{-1}$ $watt.m^{-2}$?
23. Somam-se 5 alto-falantes de 30 dB cada um. Qual é a intensidade resultante, em dB e $watt.m^{-2}$?
24. Um alto-falante de 50 dB é ajuntado a outro de 60 dB. Qual a intensidade resultante em dB?
25. Quantos dB são necessários para dobrar um nível de 40 dB?
26. Citar os valores de intensidade das seguintes fontes:

	dB	$Watt.m^{-2}$
1. Silêncio		
2. Sussuro, a 1 metro		
3. Fala normal, a 1 metro		
4. Grande Orquestra, em um fortíssimo		
5. Turbina de avião a jato (a 100 metros)		

27. Qual é a função principal do aparelho auditivo? (até 12 palavras).
28. Qual a diferença entre visão e audição? Certo ou Errado.
    1. A visão é sintética ( )
    2. A audição é analítica ( )
    3. A sensação da audição permanece ( )
    4. A audição diferencia sons de frequência igual ( )
29. Descrever, sucintamente, o ouvido externo, médio e interno (até 80 palavras).
30. Fazer um diagrama da cadeia auditiva.
31. Para que serve a endolinfa?
32. Qual a função do helicotrema?
33. Qual as dimensões do deslocamento do tímpano? Qual seu significado? (até 30 palavras).
34. Como se amplifica a força mecânica no ouvido médio? Esquema, e até 30 palavras.
35. Qual o nível de reforço mecânico obtido pelo sistema martelo-bigorna-estribo?
36. Como se dá o controle de amplificação? (até 40 palavras).
37. Qual é o mecanismo de transformação de impulso mecânico em elétrico, na cóclea? (até 50 palavras).
38. Qual o mecanismo de análise da intensidade do som recebido? (até 50 palavras). Faça um diagrama.
39. Qual o mecanismo de análise da frequência do som recebido? (até 50 palavras). Faça um diagrama.
40. Por que é possível a recepção e percepção de mais de uma frequência, simultaneamente? (até 30 palavras).
41. Explicar como é possível a percepção de frequências superiores a 8.000 Hz.
42. Descrever um audiograma que representa a audição de 90% da população sadia (Esquema e até 50 palavras).
43. Qual é a faixa de frequência de maior sensibilidade?
44. Por que a ausculta deve ser feita em condições especiais de baixo ruído? (até 50 palavras).
45. Comentar aspectos afetivos do som (até 80 palavras).
46. Dar a classificação dos tipos de surdez (até 50 palavras).
47. Descrever o teste do diapasão (até 80 palavras).

Objetivos Específicos do Capítulo 19

1. Conceituar o som e seu papel na Biologia.

A – Leitura Preliminar

2. Descrever o som como onda matλX), velocidade (v) e frequência (f) de um movimento ondulatório.
3. Fazer cálculos simples envolvendo λ, v e f.
4. Descrever as características acústicas de um som: intensidade altura e timbre.
5. Relacionar a intensidade com a amplitude, e fazer cálculos simples desses parâmetros.
6. Citar algumas frequências típicas de registros das vozes humanas.
7. Relacionar as propriedades de timbre ou qualidade, com as harmônicas de uma onda sonora.
8. Citar a velocidade de propação do som em alguns meios biológicos.
9. Citar exemplos de reflexão, interferência e difragção do som.
10. Descrever o efeito Doppler e suas aplicações biológicas.
11. Conceituar Pressão, Potência e Intensidade do som.
12. Fazer cálculos simples envolvendo a Potência e Intensidade de um som.
13. Fazer cálculos simples envolvendo a potência, intensidade e área de propagação do som.
14. Conceituar decibel.
15. Calcular a intensidade sonora em decibéis, usando a intensidade em Watts.m^{-2}
16. Dissertar sumariamente sobre a escala decibélica de audibilidade de sons.
17. Citar alguns valores em decibéis, de fontes sonoras mais comuns.

B – Audição

19. Comparar a visão com audição.
20. Descrever a anatomia funcional sucinta do aparelho auditivo.
21. Conceituar ouvido externo, ouvido médio e ouvido interno.
22. Fazer um diagrama da cadeia auditiva.
23. Descrever a captação e condução do som.
24. Descrever a transformação da energia sonora em deslocamento mecânico.
25. Descrever o mecanismo de amplificação da força máxima.
26. Descrever o mecanismo do controle de amplificação.
27. Descrever o mecanismo de transformação do pulso mecânico, em hidráulico.
28. Descrever a transformação do pulso hidráulico em elétrico.
29. Esclarecer o papel do potencial positivo na endolinfa.
30. Descrever o mecanismo de análise da intensidade do som recebido.
31. Descrever o mecanismo de análise das frequências recebidas.
33. Explicar como é possível perceber frequência acima de 8×10^3 Hz
34. Conceituar um audiograma.
35. Dar alguns parâmetros de audiogramas.
36. Explicar os aspectos peculiares da audição na ausculta.
37. Discutir fatores afetivos na percepção do som.
38. Discriminar os tipos de surdes.
39. Descrever o teste de diapasão.

Parte 6
Radioatividade e Radiações em Biologia

20

Radioatividade

O fenômeno da Radioatividade consiste na emissão espontânea de partículas ou energia pelo núcleo de um átomo. As partículas mais comuns são a alfa e a beta, e a energia é sempre a radiação gama. Podem ocorrer fenômenos secundários nos elétrons orbitais, com ejeção de elétrons ou Raio × orbital. Os átomos que assim se comportam são denominados **Radioisótopos** ou **Radionuclídeos***. A radioatividade existe em átomos naturais e átomos preparados artificialmente, e constitui um fenômeno de alta significância científica, técnica, industrial e, especialmente, social. Seu impacto na civilização é tão grande, que ainda está mal avaliado.

A) Parte Geral

Natureza dos Fenômenos Radioativos. Forças Nucleares do Processo

Os nuclídeos radioativos possuem excesso de Matéria, ou Energia, no núcleo. Conforme a Termodinâmica, esses elementos tendem a um estado mínimo de energia, ejetando o excesso de Matéria ou Energia. Esse excesso de **Matéria** ou **Energia** deve ser entendido em termos **relativos**. Por exemplo, o iodo-127 não é radioativo, mas o iodo-125 e o iodo-131 são. Pode-se dizer que o iodo-125 tem "excesso" de prótons, e o iodo-131 tem "excesso" de nêutrons. O bromo 80* tem "excesso" de energia sobre o bromo 80.

Radioatividade Natural e Artificial

A radioatividade é encontrada em átomos recolhidos da natureza, ou em átomos preparados artificialmente. A radioatividade natural remonta à formação dos átomos, e pode ter milhões de anos. Se existem átomos radioativos naturais, cuja radioatividade dura pouco tempo, é porque se originaram de precursores de vida mais longa. A produção artificial de radioisótopos é extremamente importante para a ciência, e eles são fabricados em pilhas atômicas, reatores atômicos e aceleradores de partículas. Explosões nucleares e fusão nuclear também geram radioisótopos.

Forças Nucleares

As envolvidas na radioatividade são as forças fracas, e a emissão de partículas, ou energia, não significa que o átomo se desintegrou, embora essa expressão seja usada para exprimir a radioatividade. A desintegração só ocorre em alguns átomos.

Estrutura e Representação de Átomos

Para esse estudo basta saber que os átomos se compõem de núcleo e órbitas. O núcleo possui prótons, nêutrons e as partículas beta negativa (negatron) e beta positiva (pósitron), que estão associados aos prótons e nêutrons. Os orbitais possuem elétrons. O núcleo de um átomo é descrito pela notação já muito conhecida:

$$^{A}_{Z}X$$

onde: × é o símbolo do elemento, Z é o número atômico (número de prótons) e A é o número de massa (soma de prótons + nêutrons). A diferença $A - Z = N$, número de nêutrons. Exemplos estão na Tabela 20.1.

---

*Por nuclídeo se denomina um átomo de composição definida em prótons, nêutrons e energia, tendo existência demonstrável por métodos físicos e químicos.

Tabela 20.1
Representação de Átomos

Z	A	A – Z = N	Elemento	Símbolo
1	1	1 – 1 = 0	$^{1}_{1}H$ Hidrogênio	(H)
1	2	2 – 1 = 1	$^{2}_{1}H$ Deutério	(D)
1	3	3 – 1 = 2	$^{3}_{1}H$ Trício	(T)
6	12	12 – 6 = 6	$^{12}_{6}C$ Carbono	(C)
11	23	23 – 11 = 12	$^{23}_{11}Na$ Sódio	(Na)
53	127	127 – 53 = 74	$^{127}_{53}$Iodo	(D

Representação de Partículas e Radiações

A representação de partículas e energia através de diagramas e símbolos ajuda bastante a compreensão dos fenômenos radioativos. As mais comuns são vistas no Quadro 20.1.

No decorrer deste texto, esses símbolos e diagramas serão frequentemente usados.

Quadro 20.1
Representação de Partículas e Radiações

Parâmetro	Diagrama	Símbolo	Sinônimos
Próton	⊕	p	
Nêutron	○	n	
Negatron	(–)	β^-, e^-	Elétron negativo
Positron	(+)	β^+, e^+	Elétron positivo
Radiação gama	∿∿→	γ	
Radiação X	⌒⌒→	X	

Isótopos

Como o nome indica (isos = mesmo; topos = lugar), os ISÓTOPOS ocupam o mesmo lugar na classificação periódica dos elementos e possuem obrigatoriamente o mesmo número de prótons, variando o número de nêutrons:

ISÓTOPOS possuem o mesmo número de prótons e diferentes números de nêutrons.

Alguns exemplos de isótopos vêm a seguir, em ordem **crescente** de seus nêutrons, na Tabela 20.2.

Pela Tabela 20.2 é fácil deduzir que a representação geral de isótopos é:

Tabela 20.2
Exemplo de Isótopos

Hidrogênio	$^{1}_{1}H$	$^{2}_{1}H$	$^{3}_{1}H$	Z = 1
Carbono	$^{12}_{6}C$	$^{13}_{6}C$	$^{14}_{6}C$	Z = 6
Sódio	$^{22}_{11}Na$	$^{23}_{11}Na$		Z = 11
Iodo	$^{125}_{53}I$	$^{127}_{53}I$	$^{131}_{53}I$	Z = 53
Mercúrio	$^{A}_{80}Hg$	Possui 7 isótopos, com A = 196, 198, 199, 200, 201, 202 204		Z =80

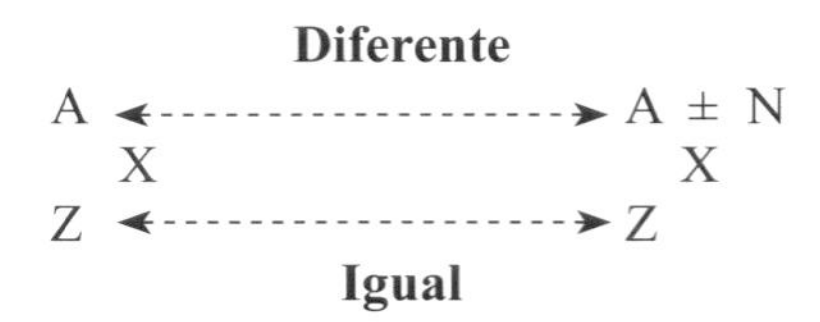

Os isótopos se dividem em duas grandes classes:

Estáveis – Não se modificam espontaneamente, i.e., **não** são radioativos. Exemplos: $^{1}_{1}H$, $^{2}_{1}H$, ^{12}C, ^{14}N e ^{15}N, ^{16}O e ^{18}O, ^{31}S ^{127}I e muitos outros.

Instáveis – Emitem espontaneamente Partículas ou Energia pelo núcleo, e se denominam Radioisótopos, Radioelementos ou Radionuclídeos. Exemplos: ^{3}H, ^{13}C, ^{22}Na, ^{23}Na, ^{32}S, ^{45}Ca, ^{125}I e ^{131}I e muitos outros.

Isômeros

Como o nome indica (isos = mesmo; meros = parte) os ISÔMEROS possuem as mesmas partes constituintes, i.e., possuem o mesmo número de prótons e nêutrons, e diferem apenas no conteúdo de energia do núcleo.

Os isômeros existem sempre em dois estados:

O metaestável (m), com excesso de energia:

O fundamental, sem símbolo, após emissão da energia.

Alguns exemplos estão a seguir na Tabela 20.3.

Tabela 20.3
Alguns Isômeros

	Metaestável	Fundamental
Bromo	$^{80}_{35}Br^m$	$^{80}_{35}Br$
Tecnécio	$^{99}_{43}Tc^m$	$^{99}_{43}Tc$
Indio	$^{113}_{49}I^m$	$^{113}_{49}I$

A letra m indica o estado metaestável, i.e., com o excesso de energia. Os isômeros são quase sempre produzidos artificialmente. A representação geral dos isômeros é pois:

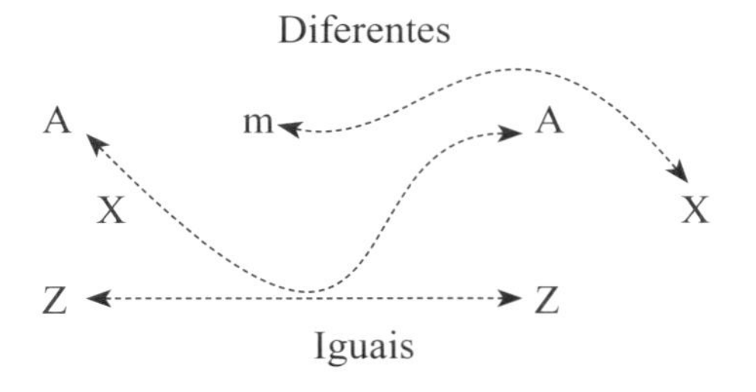

Emissões Radioativas

As emissões de Matéria e Energia pelos radionuclídeos, nos casos que mais interessam à Biologia, podem ser agrupadas em seis tipos: As primárias, 1. alfa, 2. beta e 3. gama, e as secundárias, 4. captura de elétron, 5. transição isomérica e 6. captura isomérica. A classificação em primárias e secundárias é mera conveniência.

a) Emissões Primárias

1 – Emissão Alfa

A partícula alfa é o núcleo do gás hélio, e tem dois prótons e dois nêutrons. Tem portanto, massa 4 e carga + 2 e o símbolo é $\frac{4}{2}\alpha$. A emissão está representada na Fig. 20.1.

As propriedades da radiação α estão mais adiante.

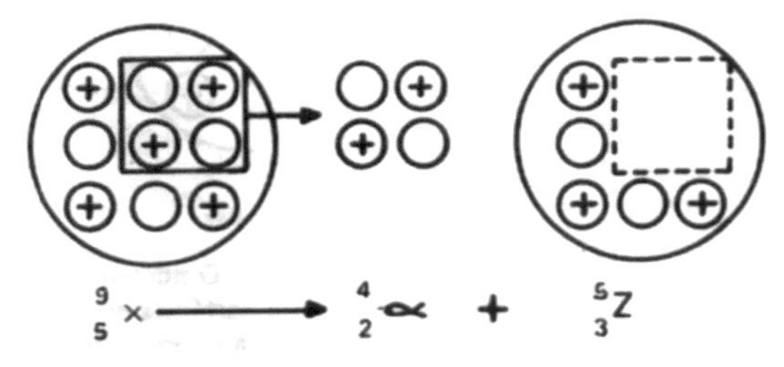

Fig. 20.1 – Emissão alfa. Um nuclídeo hipotético $^{9}_{5}X$ emite uma partícula $^{4}_{2}\alpha$ e se transforma em outro átomo $^{5}_{3}Z$.

Exemplo de emissão α: $^{226}_{88}Ra \rightarrow \frac{4}{2}\alpha + ^{222}_{86}Rn$

Rádio → alfa + Radônio

2 – Emissão Beta

A partícula beta tem a massa do elétron, e pode ser negativa (negatron) ou positiva (positron). A partícula negativa é exatamente o elétron (símbolo e $^-$ou β^-*)*, e a positiva é o anti-elétron (símbolo e^+ ou β^+).

A emissão de β– está registrada na Fig. 20.2.

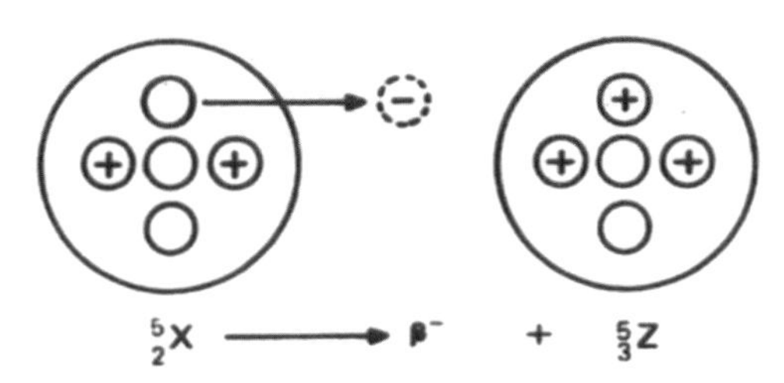

Fig. 20.2 - Emissão β^-. Um nuclídeo hipotético $^{5}_{2}x$ emite uma partícula B– e se transforma em outro átomo $^{5}_{3}Z$.

Notar que o número de massa (A = 5) não se altera, mas o número de prótons aumenta 1 unidade. **O efeito é como se um neutron se transformasse em um próton.**

Exemplo de emissão β^-: $^{14}_{6}C \rightarrow \beta^- + ^{14}_{7}N$

Carbono → Beta$^-$ + Nitrogênio

Na emissão β^+ ocorre o seguinte (Fig. 20.3):

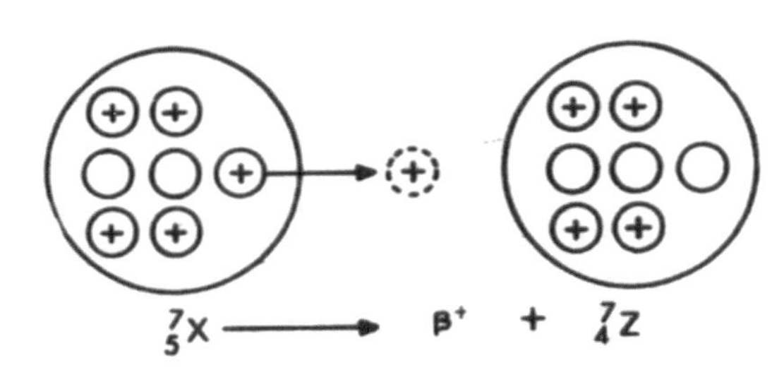

Fig. 20.3 – Emissão β^+ - Um átomo hipotético $^{7}_{5}X$ emite uma partícula β^+ e se transforma em outro átomo $^{7}_{4}Z$.

Como no caso anterior, o número de massa não varia (A = 7), mas o número de prótons diminui 1 unidade. O efeito é como se um próton se transformasse em um nêutron.

Exemplo de emissão β^+:

$^{22}_{11}Na \rightarrow \beta^+ + ^{22}_{10}Ne$

Sódio → Beta⁺ + Neon

3 - Emissão Gama

A radiação gama é energia eletromagnética, e portanto, sem carga elétrica. Ela ocorre quase sempre, depois da emissão de alfa, e em muitos casos de emissão beta (Fig. 20.4):

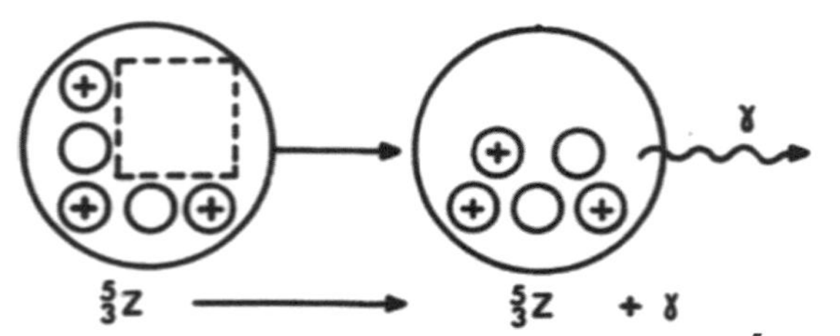

Fig. 20.4 - Emissão γ - Um átomo hipotético, ^5_3Z, após emissão de partícula, sofre rearranjo nuclear emite radição γ.

Não se deve confundir a radiação γ que acompanha a emissão de α ou β, com a emissão de γ na transição isomérica. (Ver adiante, item 5). Nas reações nucleares, quando nuclídeos capturam partículas pode também ocorrer emissão de γ. Exemplos de emissão gama:

$^{226}_{88}Ra \rightarrow ^4_2\alpha + \overset{\gamma}{\rightsquigarrow}$

$^{24}_{11}Na \rightarrow \beta^- + \overset{\gamma}{\rightsquigarrow}$

A radiação γ *é* emitida logo após a emissão das partículas, em muito curto intervalo de tempo.

b) Emissões Secundárias

4 – Captura de Elétron (EC)

Consiste na captura de um elétron orbital pelo núcleo do átomo. Geralmente o elétron é da órbita K, e menos frequentemente, da órbita L ou M. Os núcleos desses elementos possuem deficiência de energia negativa no núcleo, e capturam o elétron

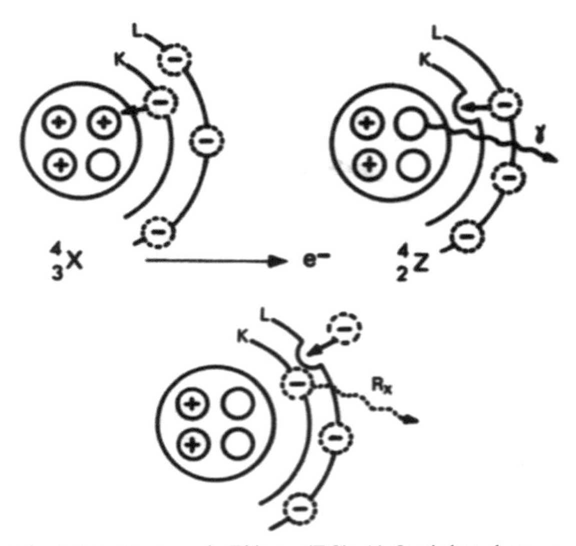

Fig. 20.5 - Captura de Elétron (EC). A) O núcleo absorve um elétron da órbita K. B) Ao chegar no núcleo, o excesso de energia do elétron é emitido como radiação γ. C) Rearranjo orbital envia um elétron para preencher a vacância K, com emissão de Rx de energia L-K.

para compensar. Após a captura, o núcleo emite radiação γ (Fig. 20.5), e pode também emitir Rx orbital, quando há rearranjo orbital.

O átomo de $^4_3$ × muda para $^4_2$ Z. A captura de elétron é muito comum em isótopos que são usa dos em Biologia: ^{22}Na, ^{36}Cl, ^{51}Cr, ^{55}Fe, ^{75}Se, ^{197}Hg e muitos outros.

5 – Transição Isomérica (TT)

Consiste em emissão de radiação γ, após rearranjo energético das partículas intranucleares (Fig. 20.6). O núcleo desses elementos estava em estado excitado com excesso de energia, antes da emissão (Fig. 20.6).

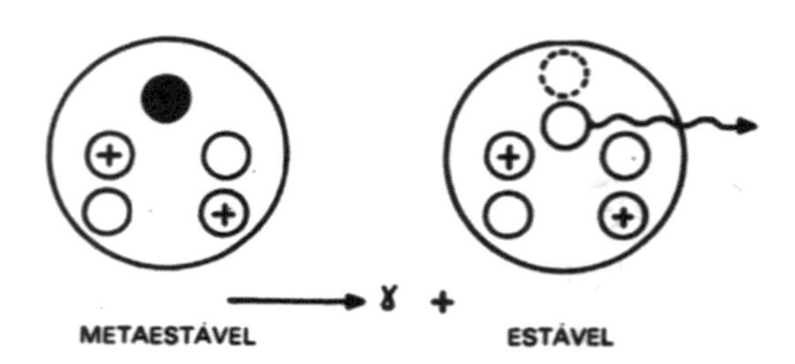

Fig. 20.6 - Transição Isomérica (IT) - A) O núcleo metaestável (m) possui uma partícula com mais energia posicional (acima e sombreada). B) Quando a partícula desce de nível, emite a diferença de energia como radiação. O núcleo se torna estável.

A diferença entre a transição isomérica e a emissão γ (item 3) é a seguinte.:

A emissão γ ocorre logo após a ejeção de urna partícula pelo núcleo. A transição isomérica ocorre sem emissão prévia imediata de partículas, há apenas rearranjo de partículas intranucleares. A partícula, cuja emissão dá origem ao rearranjo nuclear, foi emitida tempos atrás.

São exemplos de transição isomérica: $^{99}Tc^m$, $^{133}In^m$ e outros.

6 – Captura Isomérica (IC)

A radiação γ emitida pelo núcleo na transição isomérica, é absorvida por elétrons orbitais, que são ejetados (Fig. 20.7).

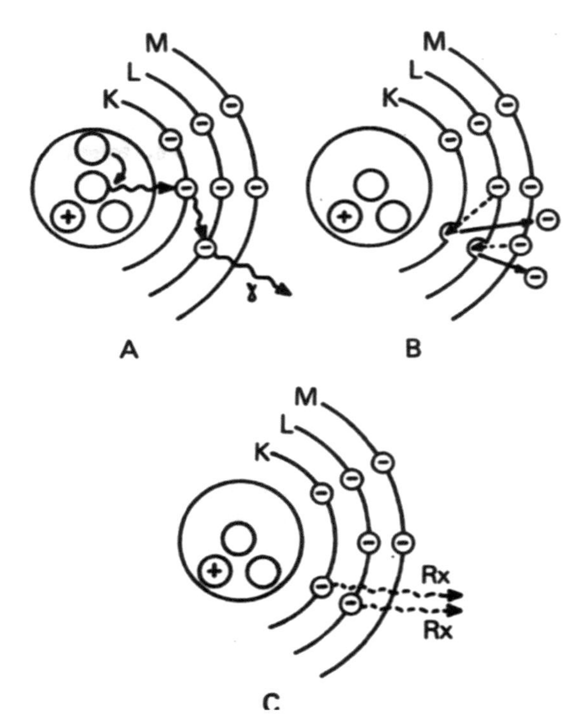

Fig. 20.7 - Captura Isomérica (IC). A) A radiação γ emitida na transição isomérica transfere sua energia para elétrons orbitais. B) Os elétrons energizados saem do dominio orbital. C) O preenchimento das vacâncias por outros elétrons resulta na emissão de Rx orbital.

Em certos casos, o Rx orbital nao aparece porque é absorvido por outros elétrons, que são fracamente ejetados. Esses elétrons sao denominados elétrons de Auger, e representam um efeito fotoelétrico interno.

A captura isomérica ocorre, frequentemente, associada com a transição isomérica.

Outros Tipos de Emissão

Nuclídeos podem ainda emitir prótons, nêutrons, deuterons (núcleo do deutério: próton + + nêutron), e uma série enorme de subparticulas. Todas essas emissões causam efeitos importantes nos sistemas biológicos. (V. Radiobiología). Em quase,todas emissões nucleares, neutrinos acompanham a emissão principal.

Propriedades das Emissões Radioativas

Alfa - A partícula α é a mais pesada, tendo massa 4 e carga elétrica + 2. Por esse motivo, ela é altamente ionizante, deixando um rastro espesso de íons positivos e negativos pelo seu trajeto. Ela tem mínima penetração, não atravessando mais que alguns centímetros de ar, sendo detida por uma folha de papel. Seu uso é proibido em humanos. A ingestão de alimentos contaminados com emissões de alfa é muito grave.

Beta - A partícula β^- é o elétron; tem massa ínfima em relação ao próton ou nêutron, e possui uma carga negativa. Ela é capaz de atravessar vários centímetros de uma camada de ar, e betas mais energéticas passam através de folha de papel ou de lâmina pouco espessa de mica. As betas ionizam menos do que a alfa.

A β^+ é o anti-elétron, e no nosso Universo possui existência efêmera, de 10^{-9} seg. Ela interage com uma β^- e ambas se transformam em radiação γ. (V. Interação da Radiação com a Matéria).

Gama - As radiações γ são altamente penetrantes, e conforme a energia atravessam paredes de chumbo de vários centímetros de espessura. Elas são as menos ionizantes das radiações, mas seu perigo reside justamente na dificuldade de proteção.

Elas **não** possuem carga elétrica.

Elétron Volt - Energia das Radiações - As emissões radioativas possuem alta energia. Essa energia é geralmente medida em elétron volts. O elétron Volt (eV) é a energia cinética final que um elétron adquire quando é acelerado entre dois pontos cuja diferença de potencial (dp) é 1 volt (Fig. 20.8).

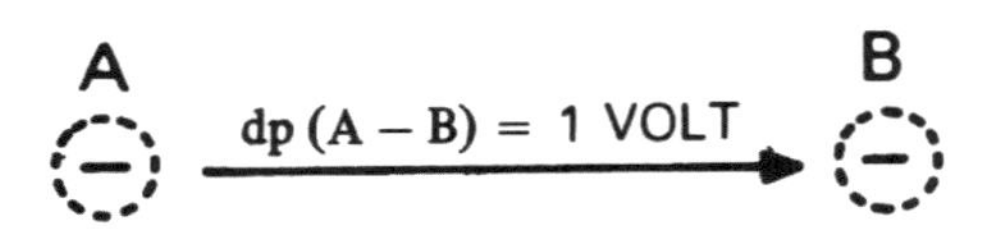

Fig. 20.8 - Conceito de Elétron volt. Entre A e B existe uma dp de 1 Volt. O elétron sai de A, e ao chegar em B, sua energia cinética é 1 eV.

O elétron volt vale: 1 eV = 1,6 × 10^{-19} J.

O eV é unidade muito pequena, e seus múltiplos são:

Múltiplo	**Símbolo**	**Valor**
Kilo elétron volt	keV	10^3 eV
Mega elétron volt	MeV	10^6 eV
Giga elétron volt	GeV	10^9 eV

Tabela 20.4
Emissão e Energia de Alguns Radioisótopos Usados em Biologia

Elemento	Emissão	Energjas (MeV) (Máximas)
$^{3}_{1}H$	β^-	0,18
^{14}c	β^-	0,156
^{24}Na	β^-, γ	1,39 – 2,75
^{32}p	β^-	1,71
^{35}S	β^-	0,167
^{45}Ca	β^-	0,258
^{59}Fe	β^-, γ	1,56 – 1,29
^{60}Co	β^-,	1,48 – 1,33
^{99}Tcm	γ	0,142
^{125}I	EC, γ	0,035 (γ) – 0,027(Rx)
^{131}I	β^-, γ	0,815– 0,722
^{203}Hg	β^-, γ	0,208 – 0,279

Energia da ordem de keV e especialmente MeV são comuns nos radioisótopos usados em Biologia. Para comparação, lembrar que as reações químicas apresentam energias da ordem de 2 a 10 eV. Assim, as energias liberadas pelos radioisótopos são muitas ordens de grandeza superiores às energias químicas. Elas são pois, capazes de interferir profundamente com as reações bioquímicas nos sistemas biológicos. (Veja Radiobiología).

Alguns exemplos de energia encontradas em radioelementos usados em Biologia está na Tabela 20.4.

A energia máxima nem sempre é a que existe em maior proporção. Assim, por exemplo, no ^{60}Co a β^- de 1,48 MeV é apenas 0,2% do total de beta emitido, os restantes 99,8% sendo uma β^- de apenas 0,312 MeV. No ^{131}I, a beta de 0,815 MeV é apenas 0,7%, havendo uma beta de 0,608 MeV que representa 87,2%, e outras duas com menor intensidade e proporção. A radiação gama do ^{131}I também tem distribuição de energia, sendo que, uma de 0,364 MeV representa 80% do total de γ emitido por esse radionuclídeo.

A distribuição de energia da radiação, quanto à intensidade (MeV) e quantidade (percentual do total) é muito importante para o estudo dos danos causados pela radiação. Além disso, é dado importante na técnica de deteção e medida das radiações emitidas.

Desintegração Radioativa em Função do Tempo – Meia Vida – Como esperado pela Termodinâmica, a radioatividade de um material qualquer diminui com o passar do tempo. Essa diminuição é denominada decaimento, e obedece

Tempo (horas)	No de Meias Vidas	Atividade (Percentual)
0	0	100
3	1	50
6	2	25
9	3	12,5
12	4	6,25
15	5	3,125

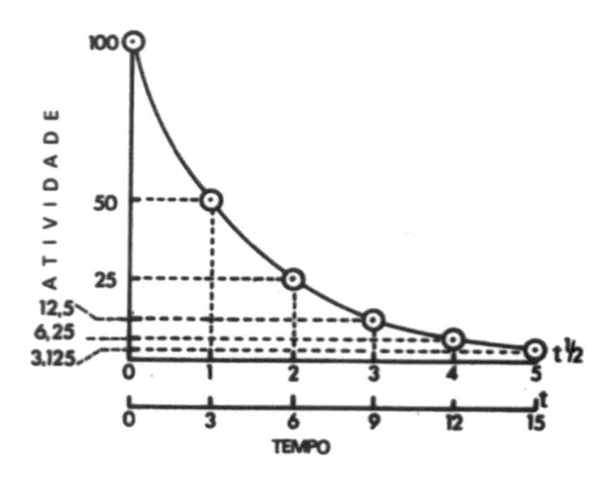

Fig. 20.9 – Decaimento Radioativo – No início, é 100%. Após a 1ª vida de 3 horas cai a 50%. Após a 2ª meia vida, será metade de 50, ou 25%, e assim por diante. O gráfico é uma função exponencial hiperbólica.

as leis bem determinadas. Para definir o tempo de decaimento convencionou-se especificar a **MEIA VIDA** - (t 1/2) de um radioelemento:

"Meia vida (t 1/2) é o tempo que decorre para a radioatividade cair à metade".

Assim, se um radioisótopo × tem meia vida de 3 horas, seu decaimento em atividade será (Fig. 20.9)

A meia vida (t 1/2) é característica do radioisótopo, e está relacionada com outra constante, chamada constante de decaimento (λ).

A relação entre t1/2 e λ é a seguinte:

$$tl/2 = \frac{0,693}{\lambda} \text{ Reciprocamente, } \lambda = \frac{0,693}{t1/2}$$

A constante de decaimento, λ, pode ser considerada como a fração percentual de átomos que se decompõe por unidade de tempo. Ela pode ser comparada ao pisca-pisca de uma lâmpada: Se a lâmpada pisca muitas vezes por segundo, a sua meia vida (t1/2) será curta, e vice-versa.

Exemplo 1 – A constante λ do ^{131}I é 0,083 (dias $^{-1}$). Sua t1/2 será:

$$T1/2 = \frac{0,693}{0,083} = 8,3 \text{ dias}$$

Exemplo 2 – A meia vida do 14C é 5.600 anos. Sua constante de decaimento (λ), em anos, será:

$$\lambda = \frac{0,693}{5.600} = 1,24 \times 10^{-4} \text{ (anos}^{-1}\text{)}$$

As unidades da constante de decaimento devem sempre ser explicitadas como segundos minutos $^{-1}$, dias $^{-1}$, etc, porque a unidade do SI é s^{-1}.

A meia vida de elementos usados em biologia deve ser preferencialmente curta, para evitar danos da irradiação sobre os tecidos. Isótopos de vida muito longa não são recomendados. Algumas meias vidas de radioisótopos mais usuais em Biologia estão mostradas na Tabela 20.5.

Atividade Radioativa e Unidades de Medida Curie e Becquerel

A medida natural da atividade de uma amostra radioativa qualquer é o número de emissões por unidade de Tempo. Por razões históricas, a palavra "desintegração" é usada em vez de emissão, embora, sabe-se hoje, nem toda emissão é acompanhada de desintegração do átomo*. A unidade internacional de medida da radiação mais usada é

Tabela 20.5
Meia Vida (t1/2) de Alguns Radioisótopos Usados em Biologia*, a = anos; d = dias; h = horas.

Nuclídeo	t1/2	Nuclídeo	t1/2	Nuclídeo	t1/2
^{3}H	12,4 a	35_{S}	87,5d	99_{Tcm}	6h
^{14}C	5.600 a	45_{Ca}	159 d	125_{I}	60d
^{24}Na	15 h	59_{Fe}	45 d	131_{I}	8,2d
^{32}p	14,4 d	60^{Co}	5,2 a	203_{Hg}	26,5

* – Valores arredondados.

o CURIE (Ci), que é o número de desintegrações por unidade de tempo:

$$1 \text{ Ci} \equiv \begin{cases} 3,7 \times 10^{10} \text{ dps (desintegrações por segundo) (Pulsos por seg)} \\ 2,2 \times 10^{12} \text{ dpm (desintegrações por minuto) (Pulsos por min)} \end{cases}$$

Ela é aproximadamente a quantidade de desintegrações de 1 grama de ^{226Ra}. Essa quantidade é muito grande em Biologia, onde os submúltiplos do Ci são mais frequentemente usados:

Prefixo	Unidade	dps	dpm
mili	1 mCi	$3,7 \times 10^{7}$	$2,2 \times 10$*
micro	1 μ Ci	$3,7 \times 10^{4}$	$2,2 \times 10^{6}$
nano	1 nCi	$3,7 \times 10^{1}$	$2,2 \times 10^{3}$
Pico	1 pCi	$3,7 \times 10^{-2}$	$2,2 \times 10^{\circ}$

A atividade pode ser relacionada com a massa do material emissor, e nesse caso chama-se atividade específica. A atividade específica é geralmente expressa em:

Tabela 20.6
Modos de Expressar Atividade Específica

Atividade Específica	dps/massa
$Ci.g^{-1}$ (curie por grama)	$3,7 \times 10^{10}.g^{-1}$
$mCi.mg^{-1}$ (milicurie por miligrama)	$3,7 \times 10^{7}\ mg^{-1}$
$Ci.mol^{-1}$ (curie por mol)	$3,7 \times 10^{10}.mol^{-1}$
$mCi.mmol^{-1}$ (milicurie por milimol)	$3,7 \times 10^{7}.mmol^{-1}$
$Ci.l^{-1}$ (Curie por litro)	$3,7x\ 10^{10}.l^{-1}$
$mCi.ml^{-1}$ (milicurie por ml)	$3,7 \times 10^{7}.mol^{-1}$

* A denominação "pulso" ou "impulso" é tambem usada em Radioatividade.

Essas relações são as mais comuns, mas muitas outras são ainda usadas. Conhecer a atividade específica é indispensável no uso de radioisótopos e radiocompostos no laboratório. Para certas técnicas é necessário usar compostos de alta atividade específica. O máximo é quando o isótopo não tem carreador, i.e., outros isótopos não estão adicionados. (Veja Parte Formal e Usos dos Radioisótopos.)

Uma nova unidade está oficializada no SI para representar a ATIVIDADE radioativa. É o Becquerel (Bq), que é assim definido:

$$\boxed{1 \text{ Bq} = 1 \text{ d.s}^{-1}}$$

Portanto, a Equivalência Ci × Bq será:

$$1 \text{ Bq} = \frac{1 \text{ Ci d.s}^{-1}}{37 \times 10^{10}} = 2{,}7 \times 10^{-11} \text{ Ci}$$

$$\boxed{1 \text{ Ci} = 3{,}7 \times 10^{10} \text{ Bq}}$$

Essa equivalência permite calcular os Fatores de Conversão entre as unidades:

$$\text{Bq} = \text{Ci} \times 3{,}7 \times 10^{10}$$

$$\text{Ci} = \frac{\text{Bq}}{3{,}7 \times 10^{10}}$$

Notar que os fatores de Conversão correspondem justamente ao inverso da equivalência.

Exemplo 1 – Uma amostra radioativa tem 2,5 mCi. Qual a sua atividade em Bq?

$$\text{Bq} = \underbrace{2{,}5 \times 10^{-3} \text{ Ci}}_{2{,}5 \text{ mCi}} \times 3{,}7 \times 10^{10} = 9{,}25 \times 10^{7} \text{ Bq}$$

$= 92{,}5$ MBq (Megabequerel)

Exemplo 2 – Uma amostra tem 630 MBq. Qual sua atividade em Ci e mCi?

$$\text{Ci} = \frac{630 \times 10^{6} \text{ Bq}}{3{,}7 \times 10^{10}} = 1{,}7 \times 10^{-2} \text{ Ci} = 17 \text{mCi}$$

Uma noção importante com relação à atividade dos radioisótopos é a da quantidade de radiação emitida em função do tempo. O que é constante é a fração ou percentual de átomos que emitem, que é dada pela constante de decaimento A.

Exemplo – A constante de decaimento do ^{131}I é 0,083 dias^{-1}.

Qual é o percentual de decaimento por dia?

Ao fim do primeiro dia, o decaimento será:

$100 \times 0{,}083 = 8{,}3\%$ Restam $100 - 8{,}3 = 91{,}7\%$

Ao fim do 2º dia, teremos:

$91{,}7 \times 0{,}083 = 7{,}6\%$ Restam $91{,}7 - 7{,}6 = 84{,}0\%$

E assim por diante, ao fim da 1ª meia-vida, a radioatividade estará em 50%.

B) Interação das Emissões com a Matéria

Como já vimos, as emissões radioativas se originam de matéria, e podem voltar a ela, interagindo de forma peculiar. A interação Radiação-Matéria depende do tipo e energia da emissão, das propriedades do material que recebe a radiação, e vários outros fatores. De um modo geral, o efeito da interação é:

"A matéria que absorve energia das emissões radioativas fica **ionizada**".

Essa ionização é responsável pelos desvios que ocorrem no caminho natural das reações bioquímicas nos seres vivos, e podem resultar em danos biológicos diversos.

Entre os tipos de interação, temos:

1. Interação a-matéria

As partículas α interagem intensivamente, arrancando elétrons por atração (Fig. 20.10).

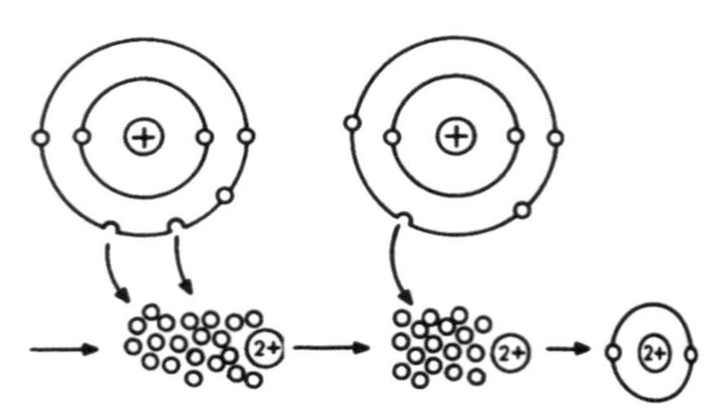

Fig. 20.10 – Interação α-Matéria (V. Texto).

Esse arrancamento de elétrons não é apenas pela carga 2+ da partícula: por atração eletrostática simples, ela se satisfaria com apenas 2 elétrons, dando um átomo de hélio. Mas, devido à sua alta **energia cinética**, ela arranca elétrons dos orbitais de outros átomos, deixando uma grande esteira de átomos e moléculas ionizados. No fim de seu caminho, ela se acomoda com um átomo de hélio.

A trajetória de alfa é retilínea, e aparece como um traço grosso nas auto-radiografias (Fig. 20.15 A) (V. adiante).

2. Interação β-matéria

As partículas β interagem de três modos principais:

2.1. Repulsão de elétrons

Os negatrons ou β^-, ao passarem perto dos orbitais, repelem elétrons pela energia cinética e carga negativa, deixando também átomos e moléculas ionizados (Fig. 20.11:B). Ao perder a E cinética, esses elétrons se encaixam em órbitas que possuem vacância eletrônica.

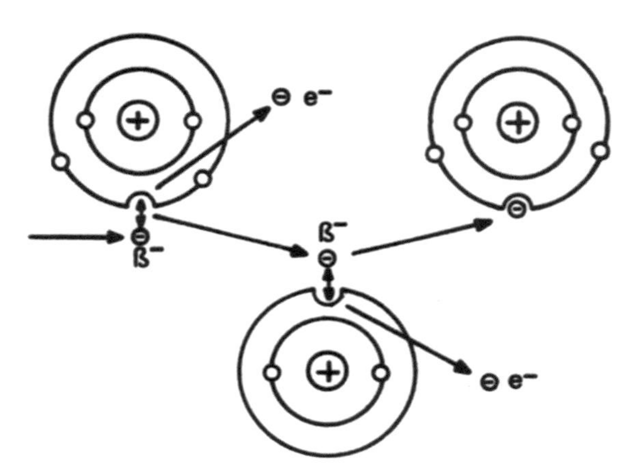

Fig. 20.11 – Interação β^- – matéria (V. Texto).

A trajetória da β^- é cheia de desvios, devido aos choques com a matéria (Fig. 20.15B).

2.2. Aniquilação

Quando um positron β^+ se choca com um negatron β^-, a matéria se transforma em radiação γ de energia característica, 0,51 MeV. Essas radiações saem do ponto da colisão em direções tais que o momentum é conservado (Fig. 20.12).

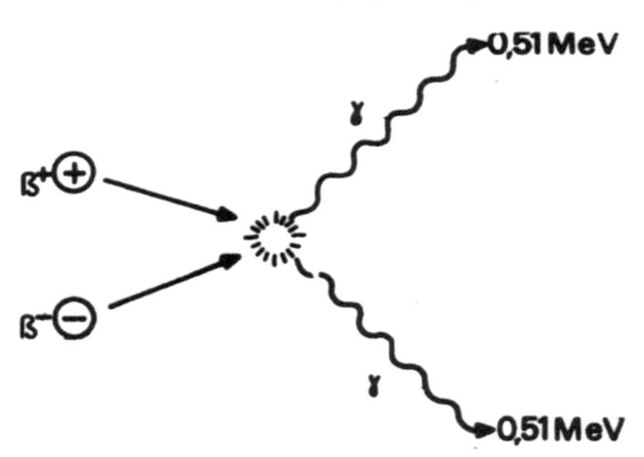

Fig. 20.12 – Interação β ± matéria (V. texto)

Fenômeno inverso pode ocorrer com radiação γ (V. item 3.3).

2.3. Radiação de Frenagem

São os raios X, e ocorrem em aparelhos onde elétrons são fortemente acelerados. (Veja Radiações Eletromagnéticas Ionizantes). Não ocorrem nos seres vivos, exceto quando esses são submetidos a feixes eletrônicos em aceleradores de partículas.

3. Interação γ-Matéria

Se faz de três modos principais:

3.1 Efeito Fotoelétrico

A energia da radiação é totalmente absorvida por um elétron orbital, que salta para fora do domínio orbital, deixando o átomo ionizado (Fig. 20.13 A). O efeito fotoelétrico é o mecanismo da medida de radiações ionizantes, e também da luz. O efeito fotoelétrico ocorre com emissões γ de baixa energia, até 1 MeV.

O efeito fotoelétrico pode ocorrer com elétron de qualquer camada. O preenchimento das camadas inferiores, como usual, é acompanhado de emissão de Rx característico. O preenchimento de orbitais superiores, vem acompanhado de emissão de luz ultravioleta ou visível.

3.2 Efeito Compton

A energia da radiação γ é superior àquela necessária para ejetar um elétron, e o excesso vai se distribuindo por outros elétrons, que se liberam das órbitas. A cada radiação, mais de um elétron é liberado (Fig. 20.43 B). Esse efeito ocorre frequentemente com emissão γ de energia superior a 1 MeV.

3.3 Formação de Par Iônico

A radiação γ, ao passar perto de um núcleo, interage, e se transforma em um par de elétrons, um β^+ e um β^-. A radiação deve ter energia superior a 1,02 MeV, e cada β gerada possui 0,51 MeV, conservando o momentum de transformação (Fig. 20.13 C). Esse Fenômeno é o inverso da aniquilação (item 2,3). As partículas β geradas, podem ser sua vez, interagir com a matéria.

A formação de par iônico, quando a emissão γ tem energia superior a 9 MeV, dá origem ao próton (carga +1, massa 1) e ao antipróton (carga −1, massa 1).

Esses dois fenômenos, da aniquilação e da formação de par iônico, são uma confirmação experimental da equação de Einstein:

$E = mc^2$ onde: a Energia (E) é igual à massa (m) da partícula, multiplicada pelo quadrado da

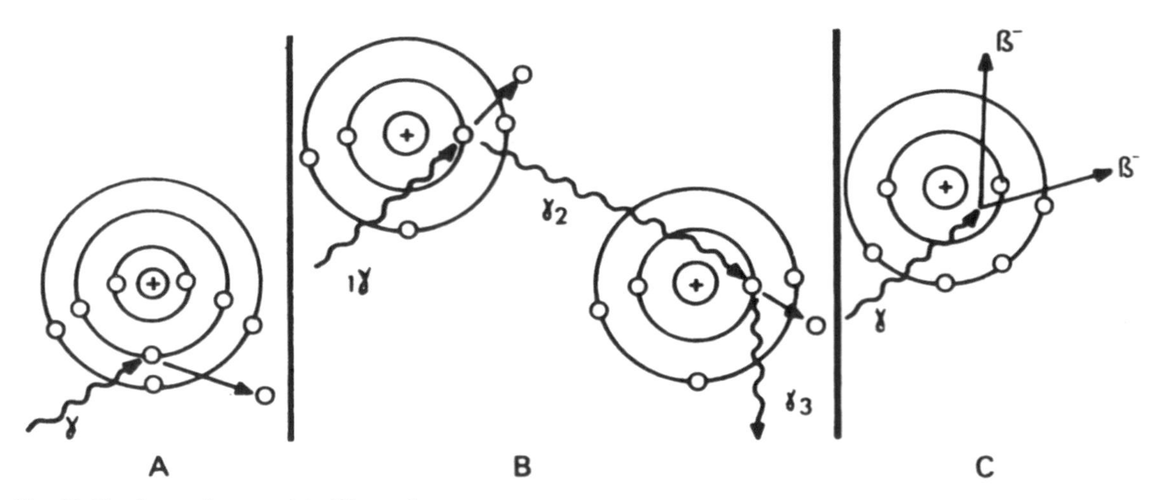

Fig. 20.13 – Interação γ-matéria (V. texto).

velocidade da luz no vácuo (C). A trajetória da γ está na Fig. 20.15 C, mais adiante.

4. Detecção e Registro da Radioatividade

A deteção é baseada nos efeitos resultantes da interação emissão-matéria.

Perceber a existência de emissões radioativas é indispensável para o biologista. Essa demonstração da presença de radiações pode ser qualitativa e quantitativa. Os métodos mais usuais em Biologia são:

Auto-radiografia

Foi historicamente o primeiro processo para registrar radiações, descoberto por Becquerel. Consiste em impressionar uma emulsão fotográfica através do poder ionizante das radiações. A auto-radiografia é hoje técnica de grande utilidade em Biologia. Ela pode ser **macroscópica**, onde folhas, órgãos e até animais inteiros, são colocados em contato com chapas fotográficas sensíveis, ou **microscópicas**, quando cortes histológicos são cobertos com uma emulsão fotográfica (sais de prata em gelatina), e deixados impressionar. Após certo prazo, a lâmina é tratada com reveladores fotográficos, quando aparecem os grãos negros que indicam as zonas e estruturas radioativas. Essas lâminas podem ainda receber coloração histológica, e os detalhes do tecido serem visualizados. Um modelo está na Fig. 20.14.

A duplicação do DNA foi demonstrada por essa técnica. A auto-radiografia é também usada nos **dosímetros** de exposição, que medem a quantidade de radiação que os indivíduos recebem.

Extratos de sistemas biológicos contendo substâncias radioativas podem ser eletroforetados, ou cromatografados, e submetidos a esse processo: a auto-radiografia revela as frações marcadas. É possível aumentar a sensibilidade do método, usando substâncias que fluorescem quando recebem a radioatividade. Essa modificação é denominada **autofluoragrafia**.

O registro auto-radiográfico das partícula mostra percursos característicos (Fig. 20.15 A, B e C).

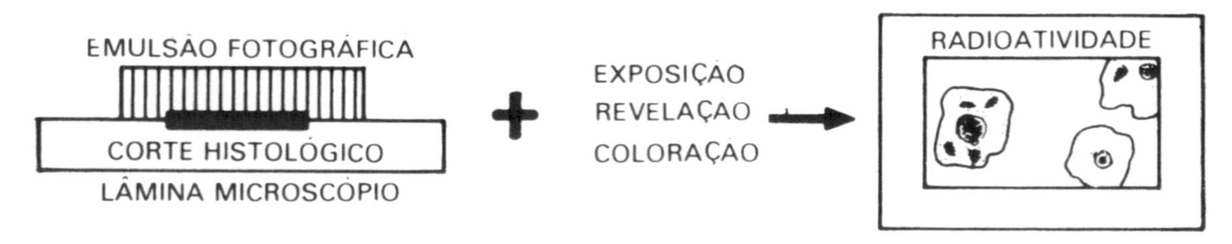

Fig. 20.14 – Auto-radiografia Microscópica – Um corte histológico é tratado como indicado. As estruturas radioativas mostram a emulsão fotográfica sensibilizada, desde grãos negros com baixa atividade, até escurecimento com alta radioatividade.

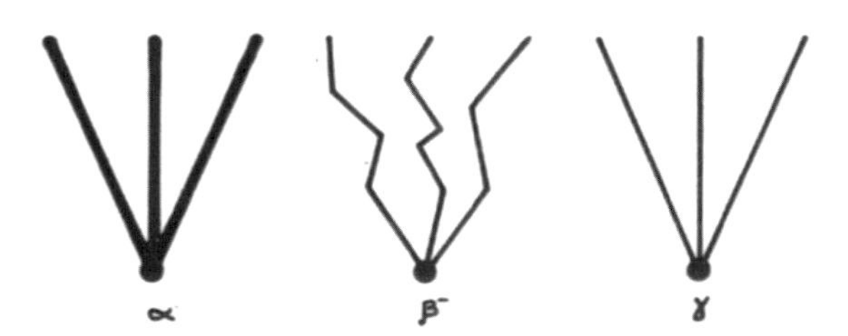

Fig. 20.15 – Trajetória das Partículas. A) alfa α; B) beta β^- C) gama γ.

Detetores de Ionização – São de dois tipos:

A – Tubo de Geiger-Müller

Consiste numa câmara evacuada, com traços de gases orgânicos, que se ionizam com a passagem da radiação. A cada ionização corresponde um par de íons: um positivo (+) e outro negativo (−). Uma diferença de voltagem é aplicada entre dois elétrons, e os íons (+) e (−) caminham para os pólos opostos, provocando a passagem de um pulso elétrico. Esse pulso é amplificado e contado em aparelhos especiais. Alguns possuem alto-falantes que dão os conhecidos "click-click" a cada pulso (Fig. 20.16).

Os tubos Geiger são mais apropriados para a contagem de radiação γ ou Rx. Mas podem ser construídos com janela de mica finíssima, que deixa passar partículas β^-. Podem ainda ser feitos sem janela, com a amostra entrando no interior do tubo para a contagem.

B – Diodo Semicondutor

O segundo tipo de detetor de ionização são os diodos semicondutores. Consistem em cristais de germânio ou de silício, com pequena placa de lítio que doa elétrons. Esses elétrons substituem os que foram liberados no diodo, e uma corrente elétrica se estabelece (Fig. 20.17). Essa corrente é levada para um dispositivo contador.

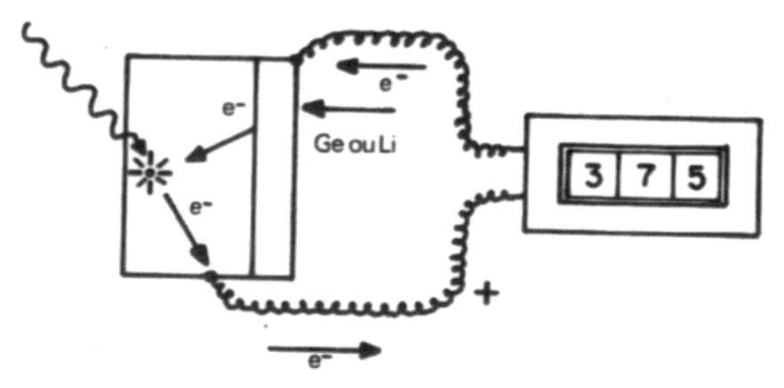

Fig. 20.17 – Detetor de ionização, γ – Radiação gama; – Ionização. Ge (Germânio); ou Li (Lítio); e – Elétrons. REG – Registrador.

Esses detetores podem ser miniaturizados a ponto de serem implantados em órgãos e tecidos. São mais indicados para Rx e γ, inclusive de baixa energia. Detetam também partículas β^- e até mesmo α capazes de penetrar no germânio ou silício.

Detetores de Cintilação

A emissão de um fóton luminoso por determinados materiais, quando recebem energia radioativa, é o princípio da deteção por cintilação. Existem dois tipos de detetores:

A – Detetor Sólido de Cintilação

São sólidos (cristais de NaI contaminados com Tálio, plásticos, etc), que recebem a radiação e emitem um pulso luminoso. Esse pulso é detetado por uma fotocélula acoplada a uma fotomultiplicadora que intensifica a corrente. Essa corrente é levada a um contador. (Fig. 20.18).

B – Detetor Líquido de Cintilação

A substância radioativa acha-se em meio líquido, em íntimo contato com certos compostos orgânicos que captam a radiação e emitem um pulso luminoso. Esse pulso é recebido por célula fotoelétrica, e transformado em pulso elétrico, que é registrado. A cintilação líquida pode ser sofistica-

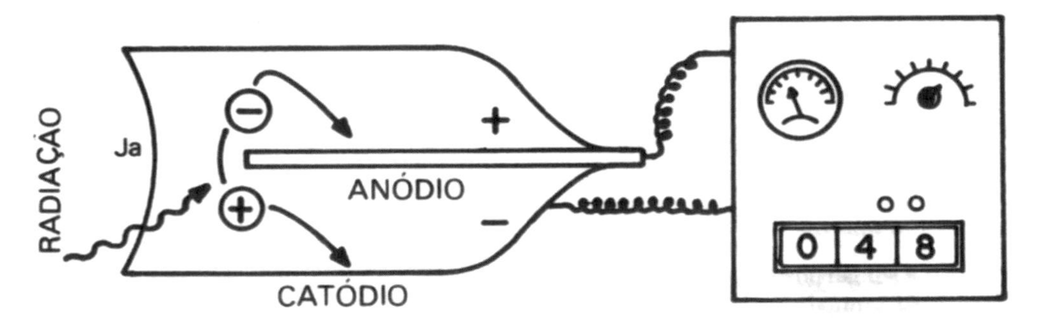

Fig. 20.16 – Tubo Geiger-Müller. AN – Anódio; CA – Catódio; JA – Janela de Mica.

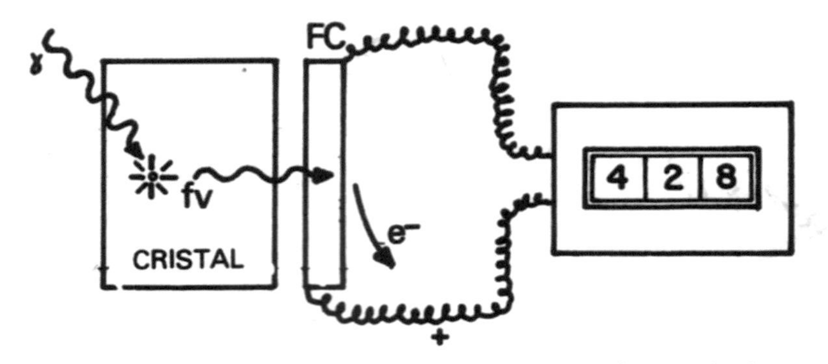

Fig. 20.18 – Detetor de Cintilação Sólido, γ – Radiação gama; xxx – Cintilação; f – Foton luminoso; FC – Fotocélula; e^- – Elétron; REG – Registrador.

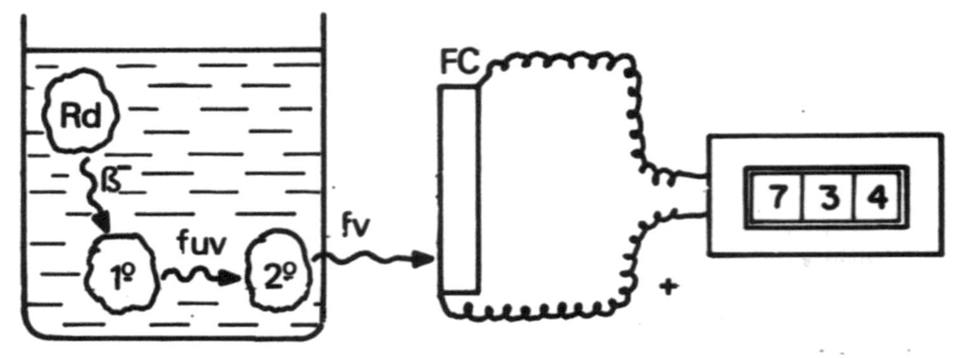

Fig. 20.19 – Cintiladores Primario e Secundário. Rd – Composto Radioativo; β^- – Partícula beta; 1º Cintilador Primário; FUV – Fóton Ultravioleta; 2º – Cintilador Secundário: fv – Fóton Visível; Fc – Fotocélula.

da, usando-se dois cintiladores: um primário, que emite um pulso no ultravioleta (ap. 380 nm) e outro secundário, que recebe o pulso UV e redistribui a energia no visível (410 a 450 nm). Esse dispositivo diminui o amortecimento (quenching, interferência), além de facilitar o rendimento da fotocélula, que é mais sensível no visível.

A eficiência dos contadores de "cintilação líquida" é a mais alta entre os oferecidos aos biólogos. Há contadores que corrigem vários "vícios" na contagem, introduzem padrões, etc., além de processarem centenas de amostras automaticamente. Eles medem partículas e radiações (Fig. 20.19).

Atividade Formativa 20–AT–20

Proposições:

01. Conceituar Radioatividade (30-40 palavras).
02. Qual a razão termodinâmica da radioatividade? (30-40 palavras).
03. Representar os átomos hipotéticos:

	Nº de Prótons	Nº de Nêutrons	Nº de Massa
A	5	10	–
B	16	18	–
C	20	–	52
D	–	30	45

04. Desenhar as partículas próton, nêutron, negatron, positron e a radiação γ.
05. Conceituar Isótopos (aié 15 palavras)
06. Identificar os isótopos entre os átomos abaixo:

$^{12}_{6}C$ $^{22}_{11}Na$ $^{13}_{6}C$ $^{125}_{53}I$

$^{14}_{6}?$ $^{131}_{53}?$ $^{127}_{53}?$ $^{23}_{11}?$

07. Classificar os Isótopos quanto à estabilidade, e citar 2 exemplos de cada categoria.
08. Conceituar Isômero.
09. Identificar as emissões abaixo:
    1. Massa 4, carga+2__________________
    2. Massa do elétron, carga – 1______________
    3. Massa do elétron, carga +1______________
    4. Radiação elétromagnética, carga nula______

10. Desenhar a emissão das seguintes partículas:
    1 – alfa   2 – beta (+)   3 – beta (–)
11. Representar, por esquema, a emissão de radiações γ.
12. Representar, por esquema, a captura de elétron (EC).
13. Representar, por esquema, a Transição Isomérica.
14. Representar, por esquema, a Captura Isomérica.
15. Como se comparam as ordens de grandeza da energia de reações químicas com a energia das radiações? Discutir o que pode resultar da diferença.
16. Conceituar meia-vida de um radioisótopo (até 20 palavras).

GDeLC

De acordo com as disponibilidades do Curso.

Leitura Complementar – LC-20

Aspectos Formais

Leis da Desintegração Radioativa – Aspectos Quantitativos.

1. Equação da Desintegração

A intensidade de desintegração de átomos radioativos é proporcional à qualidade total dos átomos instáveis, e está relacionada a uma constante de desintegração:

$$\frac{dN}{dt} = -\gamma N \qquad (1)$$

onde dN é o número de átomos que se decompõe no intervalo de tempo dt, λ é a constante de desintegração e N é o número inicial de átomos. O sinal negativo indica que N (e também dN), diminuem.

Separando as variáveis e integrando entre limites N_0 e N,

$$\int_{N_0}^{N} \frac{dN}{N} = \int_{t_0}^{t} -\lambda dt \quad (2) \quad \therefore \quad \frac{N}{N_0} = e^{-\lambda t} \quad (3)$$

onde e é a base dos logs naturais. Tirando ln de (3):

$$\text{In} \frac{N}{N_0} = -\text{It} \qquad (4)$$

Tirando log decimal de (4)*,

$$2{,}3 \log \frac{N}{N_0} = -\lambda t \equiv \log \frac{N}{N_0} = 0{,}43\ \lambda t \qquad (5)$$

As equações (4) e (5) permitem calcular o número de átomos radioativos em um tempo t, se a quantidade inicial N_0 e a constante de desintegração forem conhecidas: Existem tabelas de λ. A atividade (veja adiante) também pode ser substituída em lugar de N_0 e N na fórmula. Alguns exemplos mostrarn a aplicação dessa equação:

Exemplo 1 – Cálculo de N – O iodo 125 (^{125}I) tem meia-vida de 60 dias. Uma amostra, no tempo zero, tem 370 MBq de desintegração. Ao fim de 35 dias, qual será sua atividade? Converter para mCi.

A constante 1 será:

$$\lambda = \frac{0{,}693}{60} - 1{,}155 \times 10^{-2}\ \text{dias}^{-1}$$

Aplicando a equação (4)

$$\ln = \frac{N}{370} = 1{,}155 \times 10^{-2} \times 35 \therefore \frac{N}{370} = 0{,}667$$

Então,

N = 247 MBq ou 247 × 10^6 d.s^{-1}

Em Ci, temos 6,7 × 10^{-3} ou 6,7 mCi

Exemplo 2 – Um biólogo está estudando o metabolismo de uma proteína marcada com ^{131}I, cuja t 1/2 é 8,3 dias. A dose inicial injetada em um rato tinha 15,6 μCi de atividade incorporada à proteína. Ao fim de 20 dias, uma contagem mostra 1,25 μCi de atividade. Que percentual dessa atividade é devida ao catabolismo da proteína?

$$\text{A constante } \lambda \text{ é: } \lambda\, k = \frac{0{,}693}{8{,}3} = 0{,}083$$

O decaimento dá origem:

$$\ln \frac{N}{15{,}6} = -0{,}083 \times 20 \therefore \frac{N}{15{,}6} = 0{,}190$$

Então,

N = 2,97μCi

Resta para o catabolismo (C)

C = 2,97–1,25 = 1,72 μCi

* – Com as atuais calculadoras eletrônicas, hoje é mais fácil usar a equação (4).

Ou seja, 1,72 é 58% de 2,97. Houve um desgaste efetivo de 42% da proteína.

Exemplo 3 – Uma mesma amostra radioativa foi contada diariamente, durante 5 dias, à mesma hora. Os valores obtidos (médias arredondadas), estão abaixo. Calcular λ et 1/2.

1º	2º	3º	4º	5º	Dia
65.700	62.600	59.600	56.800	54.100	CPM

Da equação (4) $\lambda n = \text{In}\ \frac{N}{N_0} \cdot \frac{1}{t}$

Pode-se usar valores de 1 dia, tirar a média,

$$\lambda - 1n\frac{657}{626} \cdot \frac{1}{t} \ldots \frac{626}{596} \cdot \frac{1}{t}, \text{ etc.}$$

Obtemos:

$$\lambda = 4{,}833 \times 10^{-2}$$

$$t1/2 = \frac{0{,}693}{4{,}833 \times 10\text{-}2} = 14{,}3 \text{ dias.}$$

O isótopo usado foi o ^{32}P. Essas contagens servem para verificar se o instrumento de medida está fornecendo resultados confiáveis.

O gráfico dessas equações está na Fig. 20.20.

2. Meia-Vida Radioativa

Define-se como meia-vida Física de um radioelemento (t 1/2) o tempo decorrido até que:

$$N = \frac{N_0}{2}$$

Substituindo-se esse valor em (4) ou (5) e multiplicando por − 1:

$$\text{In}\ \frac{2N_0}{N_0} = \lambda.t1/2$$

De onde tiramos:

Em 1 n	Em log
1n 2 = λ.t1/2	2,3 log 2 = λ.t1/2

Cujo valor numérico é:

$$t1/2 = \frac{0{,}693}{\lambda} \qquad (6)$$

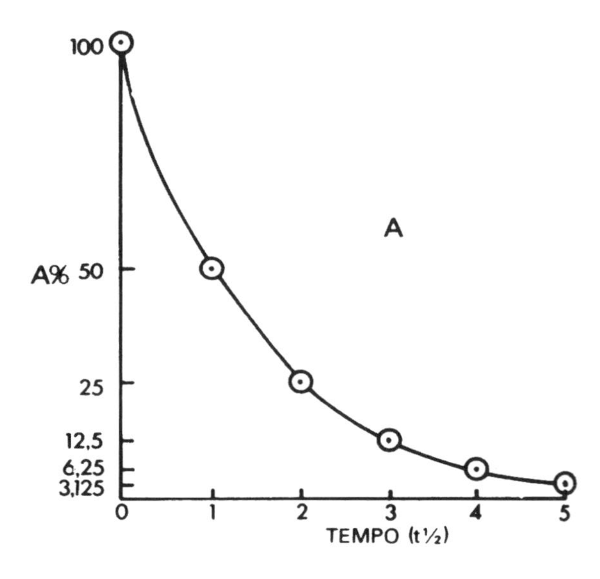

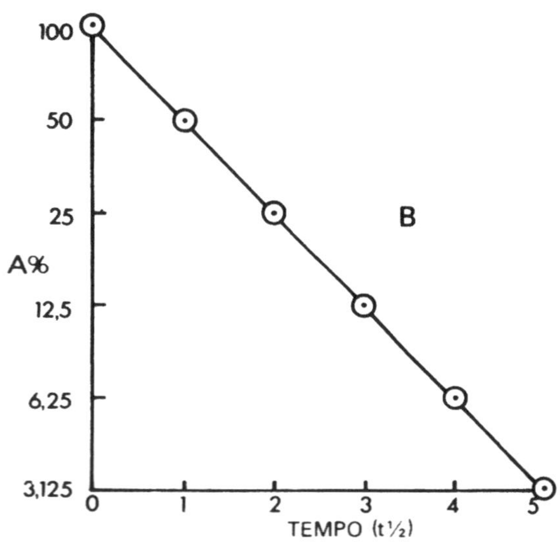

Fig. 20.20 – Gráfico das Equações. Obviamente, logaritmos naturais podem ser usados.

E, reciprocamente,

$$\lambda = \frac{0{,}693}{t1/2} \qquad (6a.)$$

Já vimos, anteriormente, o uso dessas equações.

A equação (6) pode ser combinada com a equação (4) ou (5), eliminando-se a constante 1:

$$\text{In}\ \frac{N}{N} = -\ 0{,}693\ \frac{t}{t_{1/2}} \qquad (7)$$

$$\log \frac{N}{N} = -0{,}301 \frac{t}{t_{1/2}} \quad (8)$$

Essas fórmulas são muito úteis para fornecer a atividade atual do radioisótopo em função da meia vida $t_{1/2}$ - Aliás, essa equação é mais popular entre os Biólogos do que a (4) ou (5).

Exemplo 4 – Uma amostra de ^{32}p chegou ao labp--ratório 12 dias depois de seu ensaio na fonte produtora. A atividade inicial era 10 mCi. Qual a atividade atual? $t_{1/2}$ = 14,3 dias

Usando a equação (8)

$$\log \frac{N}{10} = -0{,}301 \frac{12}{14{,}3}$$

O valor de N, será: N- 5,6 mCi.

Exemplo 5 – De quanto por cento cai uma amostra de ^{125}Iapós 200 dias?

$t_{1/2}$ = 60 dias

Usando a equação (7).

$$\text{In} \frac{N}{100} = \frac{-0{,}693}{60} 200$$

$$\text{In} \frac{N}{100} = \frac{-2{,}31}{100} \quad \therefore \; N = 9,93 \times 10^2$$

$$\log \frac{N}{10} = 2{,}53 \times 10^{-1} \; \therefore \; N \frac{-0{,}56}{10}$$

N = 9,9% da atividade inicial.

Para um número inteiro, (n) de meias vidas, a atividade é:

$$N = \frac{N_0}{2^n}$$

Como no seguinte exemplo:

Exemplo 6 – O percentual da atividade de um radioisótopo após períodos inteiros de meias vidas, está no Quadro 20.2 a seguir:

Quadro 20.2
Atividade × Nº Inteiros de Meia Vida

$N^o t_{1/2}$	0	1	2	3	4	5
$\frac{N_0}{2^n}$	$\frac{100;}{2^0}$	$\frac{100;}{2^1}$	$\frac{100;}{2^2}$	$\frac{100;}{2^3}$	$\frac{100;}{2^4}$	$\frac{100;}{2^5}$
N	100%	50%	25%	12,5%	6,25%	3,125

4. Atividade Radioativa

A) Atividade

A equação (1) define também a Atividade (A) de uma amostra radioativa:

$$A = \frac{dN}{dt} = -\lambda N \quad (9)$$

ou seja,

$$A = \frac{dN}{dt} \quad \text{e} \quad A = \lambda N.$$

Qualquer dessas equações fornecem o valor de A.

Formalmente, a Atividade é o número de átomos que se decompõe em determinado intervalo de tempo, e apresenta o número de pulsos radioativos presentes na amostra, naquele momento.

Exempo 7 – Embora esses valores se refiram a intervalos infinitesimais, os dados do Exemplo 3 (pág. 352) podem ser usados para dar uma ideia aproximada.

A atividade será:

$$A = \frac{\Delta N}{t} = \frac{65.700 - 54.100}{5}$$

$= 2.320$ pulsos $.dia^{-1}$

$$\lambda = \frac{\Delta A}{N} = \frac{-2.320}{54.100} = 4{,}3 \times 10\text{-}2 \; dia^{-1}$$

Foi usado o símbolo Δ em vez de d, para não forçar os conceitos utilizados. Quanto t é em segundos. A é em Bq.

B) Atividade Específica

Define-se como Atividade Específica (a), a Atividade (A) pela massa (m) ou moles (M) do emissor:

Massa $a_m = \frac{A}{m}$ (10) (pulsos por grama, miligrama, etc).

Moles $^aM = \frac{A}{M}$ (11) (pulsos por mol, milimol, etc.)

Exemplo 8 – Uma amostra de ^{59}Fe contendo 158.400 cpm foi diluida em 10 ml de uma solução contendo 1 $mg.ml^{-1}$ de Fe não radioativo. Qual é a atividade resultante em $cpm.mg^{-1}$ e cpm. mmol. 1 de Fe? Desprezar a massa do ^{59}Fe, considerar apenas a do Fe adicionado.

A atividade específica, a, será:

Por massa

$$a_m = \frac{158.400}{10} = 15.800 \text{ cpm.mg}^{-1}$$

Por mole

$$a_m = \frac{158.400}{0,185} = 8,55 \times 10^5 \text{ cpm.mmol}^{-1}$$

A unidade **fundamental** é por mol, mas usam-se diversas variantes. Em Biologia, é frequente, mas desaconselhável, usar apenas a atividade específica por volume de solução. Esse dado deve ser utilizado somente para calcular o volume de solução que se vai usar nas experiências. Para cálculo de incorporação, deve-se usar a_m, ou, preferencialmente, a_M. **Notar que, usando cps, os valores são em Bq.**

A atividade específica pode ser expressada ainda em Unidades Curie, de forma bastante útil. Basta dividir pelo valor do Curie.

$$a_m \text{ (Curie)} = \frac{A}{m \times U} \text{ (Ci.g}^{-1}\text{, etc.)} \quad (12)$$

$$a_M \text{ (Curie)} = \frac{A}{M \times U} \text{ (Ci.mol}^{-1}\text{, etc.)} \quad (13)$$

O valor de U pode ser $3,7 \times 10^{10}$ dps ou $2,22 \times 10^{12}$ dpm.

Essa equação é útil para se avaliar o número de contagens presentes em uma amostra (por massa, ou mole, ou volume de material radioativo).

Exemplo 9 – Um Biólogo dispõe de um aminoácido (M_m = 137 dáltons) marcado, com atividade de 51,6 $mCi.mmol^{-1}$. Quantos pulsos por minuto tem a amostra? Qual a atividade de lmg?

A atividade específica equivale a 51,6 $Ci.mol^{-1}$.

$A = A_M \times M \times U$, onde M é o nº de moles e U é $2,22 \times 10^{12}$ dpm.

$$A = 51,6 \times 1 \times 2,22 \times 10^{12} = 1,15 \times 10^{14} \text{ pulsos.min}^{-1}$$

Cada μg (10^{-6}g), terá:

$$A \text{ (1ug)} = \frac{1,15 \times 10^{14} \times 1 \times 10^{-6}}{137} \cong$$

$\cong$ 840.000 cpm

Valores semelhantes podem ser obtidos em função de 1 e N:

$$a_m = \frac{\lambda \times N}{m} \text{ (p.g}^{-1}\text{)} \quad (14)$$

$$a_m = \frac{\lambda \times N}{M} \text{ (p.mol}^{-1}\text{)} \quad (15)$$

Nesse caso, o valor de N obtido deve ser corrigido da eficiência do contador. Se a eficiência do contador é 80%, e a contagem revela 12.000 pulsos, esse valor deve ser corrigido para 100% de eficiência, e se toma 15.000 pulsos. λ vem de tabelas, ou de $t_{1/2}$.

C) Atividade Máxima de um Radioisótopo

Quando nas expressões (14) e (15), $N = N_A$ (nº de Avogadro), obtém-se a atividade máxima do radioisótopo, em desintegrações, pelo tempo.

Exemplo 10 – Qual o número máximo de pulsos que se pode obter de uma amostra de 1 μmol de ^{125}I, em 1 minuto?

Sabemos que $t_{1/2}$ = 60 dias, e $\lambda = \frac{0,693}{60} =$

$= 1,15 \times 10^{-2}$ $dias^{-1}$

$$a_M \text{ (max)} = \frac{1,15 \times 10^{-2} \times 6,02 \times 10^{23}}{1} =$$

$= 6,95 \times 10^{21}$ pulsos, mol^{-1} $.dia^{-1}$

Em 1 minuto, dividir por 24 × 60 = 1.440

$$a_M \text{ (max)} = \frac{6,95 \times 10^{21}}{1.440} = 48 \times 10^{18}$$

$pulsos.mol^{-1}$ $.min^{-1}$

Para 1 μmol, multiplicar por 10^{-6}, e temos:

$a_M \text{ (max)} = 4,8 \times 10^{12}$ $pulsos.\mu mol^{-1}$ $.min^{-1}$

É uma atividade que satisfaz todas as necessidades na Biologia, embora seja teórica, e não obtenível na prática.

Valores equivalentes podem ser obtidos em Curies, usando-se as expressões:

$$a_m \text{ (Curies)} = \frac{\lambda . N}{m.U} \text{ (Ci.g}^{-1}\text{)} \quad 16$$

$$a_M\ (\text{Curies}) = \frac{\lambda \times N}{M \times U} \quad (\text{Ci.mol}^{-1}) \quad (17)$$

Exemplo 11 – De quantos Curies se compõe a atividade da amostra do exemplo anterior? Basta dividir qualquer dos valores acima por U:

Por exemplo, a atividade de 1 μmol será:

$$A_M(\text{max,Ci}) = \frac{48 \times 10^{12}}{22 \times 10^{12}} = 2{,}18\text{Ci}$$

O que é uma atividade enorme, e não alcançável na prática.

Além da atividade máxima em pulsos, é possível obter a atividade máxima em Ci, quando nas expressões (16) e (17), N = Na. Esses valores são também de interesse para o cálculo de experiência.

$$a_m = (\text{max.}) = \frac{\lambda \times Na}{m \times U} \quad (\text{máxima de Cig.}^{-1})\ (18)$$

$$a_M\ (\text{max.}) = \frac{\lambda \times Na}{M \times U}\ (\text{máximo de Ci.mol}^{-1})\ (19)$$

Exemplo 12 – Qual a atividade máxima com que o carbono 14 (^{14}C) pode ser obtido? Usar λ em min.

A $t_{1/2}$ do ^{14}C = 5.570 anos. Então:

$$d = \frac{0{,}693}{5{,}57 \times 10^3 \times 3{,}65 \times 10^2 \times 24 \times 60} =$$

$$= 2{,}37 \times 10^{-10}\ \text{min}^{-1}$$

Usando esse valor

$$a_M\ (\text{max.}) = \frac{2{,}37 \times 10^{-10} \times 6{,}0 \times 10^{23}}{1 \times 2{,}22 \times 10^{12}} =$$

$$= 64{,}2\ \text{Ci.mol}^{-1} \quad \text{ou} \quad 4{,}6\text{Ci.g}^{-1}$$

Exemplo 13 – Qual a atividade máxima com a qual o ^{125}I pode ser obtido? Usar λem segundos (s).

$$\lambda = \frac{0{,}693}{60 \times 24 \times 60 \times 60} = 1{,}34 \times 10^{-7}\ S^1$$

$$a_M\ (\text{max.}) = \frac{1{,}34 \times 10^{-7} \times 6{,}0 \times 10^{23}}{1 \times 3{,}7 \times 10^{10}}$$

$$= 2{,}2 \times 106\ \text{Ci.mol}^{-1}$$

Ou seja, algo como dois milhões de Ci.Esses dois exemplos mostram que a atividade máxima de radioisótopos está inversamente relacionada com a sua meia-vida. Quanto mais curta a meia-vida, maior é a atividade que se pode obter. Esse resultado é logicamente esperado: se a meia-vida é curta, a desintegração é mais intensa.

D) Fração Radioatíva

Pode-se conhecer, numa amostra de nuclídeos, qual a fração radioativa, qual a fração não-radioativa. Essa relação tem interesse para os nuclídeos que possuem carreador.

Fração Ponderal

$$fm = \frac{N}{N_A}\ M\ (\text{gramas}) \qquad (20)$$

Fração Molar

$$fm = \frac{N}{N_A}\ (\text{moles}) \qquad (21)$$

Onde N é a atividade, M a massa molecular, e N^A é o nº de Avogadro.

AF, GD e TL a critério do Professor.

Objetivos Específicos do Capítulo 20

1. Conceituar e descrever os fenômenos principais da radioatividade.
2. Explicar a termodinâmica dos fenômenos radioativos.
3. Saber representar um átomo e seus constituintes básicos.
4. Conceituar e diferenciar Isótopos estáveis e instáveis.
5. Definir e caracterizar Isômero.
6. Definir e explicar por diagrama as emissões α, ß e γ.
7. Definir e explicar por diagramas as emissões do tipo: captura de elétron, transição isomérica, e captura isomérica.
8. Citar três características de cada emissão a seguir: α, ß e γ.
9. Definir e dar o valor do elétron-volt, e de alguns de seus múltiplos.
10. Descrever a distribuição de energia das partículas radioativas, e citar a energia de pelo menos três partículas.
11. Conceituar meia vida física de um radioelemento.
12. Traçar uma exponencial de meia vida.
13. Definir e calcular os valores de λ e t1/2.
14. Citar a meia vida de três radioisótopos.
15. Conceituar e definir as unidades Curie (Ci) e Becquerel (Bq).
16. Converter Ci em Bq e vice-versa.
17. Explicar o significado da constante de desintegração, λ.
18. Descrever e fazer diagramas da interação entre Emissões Radioativas e a Matéria, para α, ß e γ.
19. Desenhar e descrever o processo da auto-radiografia.
20. Reconhecer o trajeto de emissões α, ß e γ em auto-radiografia.
21. Fazer esquema do tubo de Geiger-Miller e do Diodo Semi-Condutor.
22. Descrever o processo de detecção da cintilação em meios sólidos.
23. Explicar e fazer esquema da detecção de cintilação em meio líquido.
24. Conceituar cintilador primário e secundário, e definir suas energias de emissão eletromagnética.

2 – Leitura Complementar

25. Integrar a equação do decaimento radioativo.
26. Calcular o valor da Atividade radioativa em função do tempo.
27. Calcular λ e t 1/2 em função da equação de decaimento.
28. Traçar gráficos exponenciais e logarítmicos para expressar a equação de decaimento.
29. Deduzir a equação de decaimento em função de t1/2, eliminando λ.
30. Definir atividade de um radioisótopo em função do tempo e da constante de decaimento.
31. Calcular a atividade específica de um radioisótopo.
32. Calcular a atividade máxima de um radioisótopo.

21

Radiações Ionizantes e Excitantes

Radiações X e Ultravioleta

Essas radiações fazem parte do amplo espectro eletromagnético. As ionizantes sío *as* Radiações γ (V. Radioatividade) e os Raios X, e possuem energia suficiente para ionizar a matéria. As excitantes são as radiações ultravioleta (UV). O limite entre Rx fraco e UV é que o Rx ioniza e o UV excita os materiais biológicos.

A faixa dessas radiações no espectro eletromagnético está na Fig. 21.1.

Há Rx mais energéticos do que Rad. γ, como mostrado na Fig. 21.1, e isto se deve às modernas máquinas aceleradoras de elétrons, que produzem Rx de muito alta energia. Os raios UV são produzidos por lâmpadas especiais.

A – Raios X

Os Raios X são produzidos essencialmente por dois mecanismos:

Raios X orbital – (V. Radioatividade).

Raios X de Frenagem – Quando elétrons são acelerados acima de certa velocidade, e chocam-se contra obstáculos, a Energia Cinética é liberada como Raio X (Fig. 21.2).

As propriedades dos Rx gerados dessa maneira dependem de vários fatores, entre os quais a

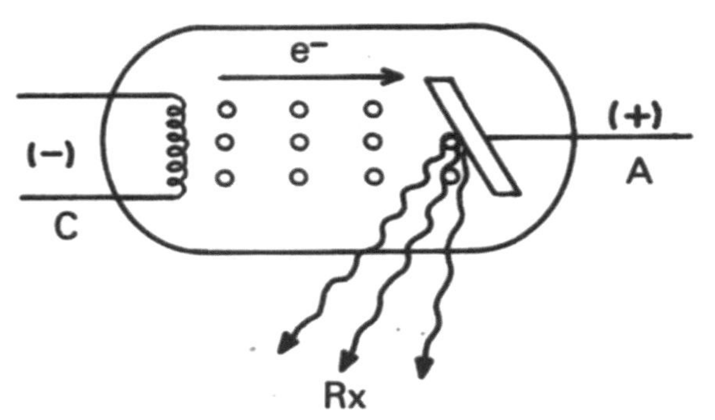

Fig. 21.2 – Rx de Frenagem. C – Catódio aquecido; e⁻ – Fluxo de elétrons; A – Anódio e Anteparo de Choque; Rx – Radiação liberada.

diferença de potencial entre anódio (A) e catódio (C), e o fluxo de elétrons:

1. Diferença de Potencial A-C (Fator Intensivo)

Condiciona a energia do Rx gerado. Quanto maior é a voltagem, mais energético é o Rx. Fisicamente temos: maior energia ≡ maior frequência ≡ menor comprimento de onda.

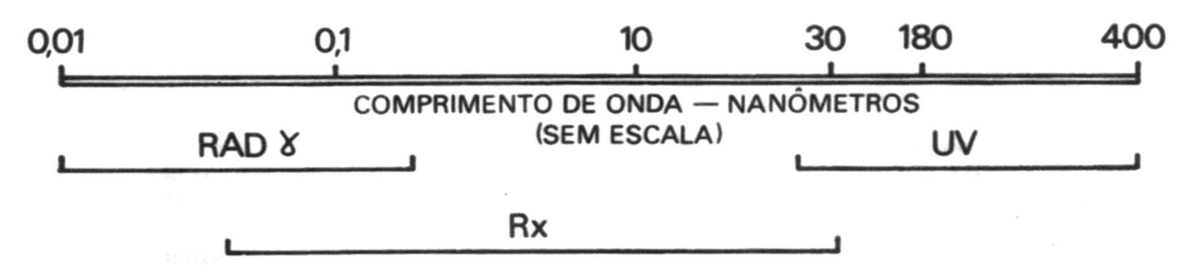

Fig. 21.1 – Espectro das Radiações Ionizantes e Excitantes. (V. Texto).

2. Fluxo Eletrônico (Fator Extensivo)

Quanto mais aquecido o catódio, maior é a quantidade de elétrons maior é a quantidade de Rx gerado. O aquecimento pode ser substituído pelo tempo de geração: quanto mais tempo, mais Rx é gerado.

Propriedades dos Raios X

De acordo com a Energia intrínseca, os Rx são classificados em duros (muito energéticos), médios e moles (pouco energéticos). O nome duro e mole está relacionado à capacidade de penetração dos raios X: os duros penetram mais profundamente que os moles, sendo capazes de atravessar ossos. Os raios X moles penetram apenas em tecidos moles (pouco densos) (Fig. 21.3).

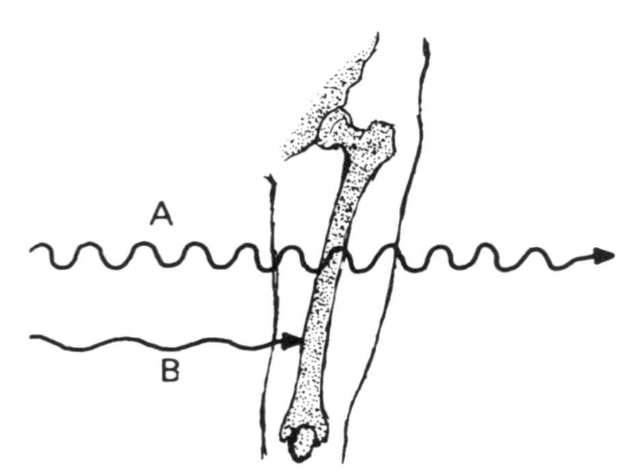

Fig. 21.3 – Penetração de Raios X. A – Duros: B – Moles.

O uso das radiações X (e também γ) para exame de sistemas biológicos se baseia na absorção diferencial dos tecidos:

"A absorção de radiação é proporcional à densidade estrutural dos tecidos".

Assim, ossos, cartilagens, etc., absorvem mais que músculos, tecido adiposo, vísceras, e dão uma sombra na imagem. Na chapa negativa, eles aparecem mais claros, porque absorvem mais a radiação.

Certas partes dos sistemas biológicos podem ser artificialmente opacificadas aos Raios X, através do uso de contrastes. Esses compostos são radio-opacos, i.e., possuem pouca transparência aos Raios X, e quando injetados ou ingeridos, dão o contraste necessário.

Os vasos sanguíneos são radiotransparentes, mas a injeção de substâncias contendo altas concentrações de iodo (ligado covalentemente) na molécula, permite a visualização desses vasos, na técnica conhecida como angiografia (angios = vasos). Pode-se até filmar o fluxo através dos vasos (cineangiocardiografia).

A ingestão de sais de bário opacifica o lúmen do sistema digestivo, e permite o exame desse sistema.

3. Alguns Fatores no Uso de Rx

O uso de Rx para a obtenção de chapas radiográficas tem alguns aspectos físicos importantes. É necessário obter penetração em todos os tecidos, e sensibilização eficiente da chapa. A kilovoltagem (kV) condiciona a penetração, e o produto miliampère x tempo (mA.s) condiciona a quantidade de ionização necessária para impressionar o filme. Porém, a kV também age secundariamente na capacidade de impressionar a chapa. As relações fundamentais são as seguintes:

a) Escolha de Kilovoltagem (kV) - Qualidade dos Rx. Fator Intensivo

Está condicionada à espessura de tecido a ser atravessado. Existem tabelas próprias. Citaremos apenas ocaso do tórax: para uma espessura de 12 a 20 cm, de 50 a 62 kV, aproximadamente, com incrementos de 1,0 a 1,2 kV por cm. Espessura de 20 a 35 cm, vai de 60 a 90 kV, com incrementos de 1,6 a 2 kV/cm. Esses valores apenas são aproximados, e dependem do aparelho, do filme, e do produto miliampères x segundo usado. A kilovoltagem influi também na sensibilização da chapa, de modo relacionado ao produto mA.s (veja adiante). Uma regra interessante é aumentar a dose de 2 a 5 kV para indivíduos de grande massa muscular, que possuem alta densidade tissular, e diminuir de 2 a 5 kV para indivíduos idosos, que possuem menos massa muscular.

Para uso odontológico, os aparelhos geram Rx duros por causa do tecido ósseo a atravessar e a kV usada é de 50 a 90 kV, mas o produto mA.s é menor (V. adiante).

b) Escolha do produto mA x segundo (mA.s). Quantidade de Rx. Fator Extensivo

Como já vimos na parte de eletricidade. Quanto mais corrente, e mais tempo, mais eletricidade (e no caso, mais Rx). O produto miliampères x segundo fornece a dose equivalente de exposição. Para um mA.s de 200, os valores estão na Tabela 21.1.

Os valores da Tabela 21.1 permitem escolher um tempo mais longo (objeto parado), ou tempo mais curto (objeto móvel). O efeito na chapa será praticamente o mesmo.

Tabela 21.1
Dose Equivalente de Exposições

Corrente × Tempo	mA × s					
Corrente	mA	800	400	200	100	50
Tempo	s	0,25	0,50	1	2	41
	mA.s = 200					

Idade do paciente deve ser considerada: diminuir 25% do mA.s para crianças, e 50% para infantes. Isto é importante para diminuir a relação dose/efeito (V. Radiobiología).

Um fator importante é a distância entre a fonte produtora e a chapa sensível. Como usual com todo tipo de radiação, a intensidade varia com o inverso do produto da distância. Esse fator não pode ser desconsiderado. Alguns valores estão na Tabela 21.2.

Tabela 21.2
Distância e Fator de Correção para Dose Equivalente

Distância, cm	25	50	100	150	200
Fator de Correção (A)	0,0625	0,25	1,0	2,25	4,00
Fator de Correção (B)	1	4	16	36	64

O fator de correção A, é usado quando a distância de referência é 100 cm. Se for usado 50 cm, diminuir a dose 4 vezes (basta multiplicar o mA.s por 0,25), etc. O fator de correção B é quando se usa a menor distância como referência: se a 25 cm usa-se uma dose d, a 100 cm usar 16 x mais, e assim por diante.

Como dissemos acima, a kV está relacionada com o mA.s, de modo exponencial e inverso. A cada aumento de 10 kV o produto mA.s deve ser reduzido aproximadamente à metade (Tabela 21.3).

Tabela 21.3
Relação Aproximada kV x mA.s

kV	50	55	60	65	70	75	80	85	90
mA.s	40	30	25	15	10	7,5	5	3,5	2,5

Todos esses conceitos são básicos, e independem do uso de intensificadores de imagens, do tipo de filme, do aparelho, etc. Os fatores que representam esses conceitos são, porém, relacionados a essas particularidades.

c) Fatores Geométricos no Uso de Rx

As relações espaciais são importantes no uso dos Rx. Alguns artefatos introduzidos pela colocação errônea da fonte, do paciente ou de chapa são facilmente perceptíveis na Fig. 21.4. Esses artefatos são de paralaxe.

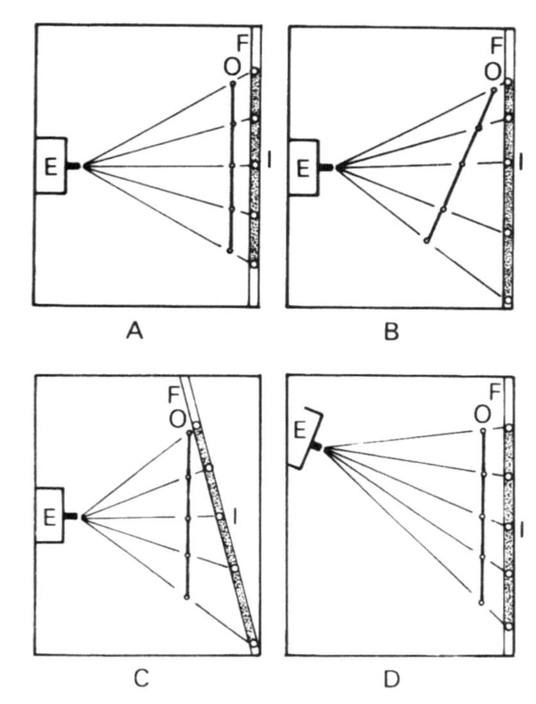

Fig. 21.4 – Efeitos Geométricos nos Rx. E – Emissor Rx. O – Objeto. F – Filme. I – Imagem. A – posicionamento correto. B, C e D – posicionamento incorreto do Objeto, Filme e Emissor respectivamente.

Como se nota na Fig. 21.4, há distorção no **tamanho** e na **posição relativa** dos elementos da imagem.

A imagem bidimensional não permite a identificação da forma do objeto, sendo necessário, às vezes, fazer Rx em duas direções diferentes. Um caso está na Fig. 21.5.

Somente se o objeto for radiografado com Rx perpendicular a esta direção, sua forma em Y será aparente.

Outro fator geométrico deve-se à impossibilidade de ser a fonte de Rx totalmente pontual.

Como ela tem dimensões, os raios que partem em todas as direções formam duas imagens do objeto. Uma é a umbra (sombra) e a outra a penumbra (Fig. 21.6 A, B e C). A umbra é a imagem verdadeira, a penumbra é a imagem periférica.

A penumbra prejudica muito a qualidade da imagem, e deve ser mantida no mínimo possível.

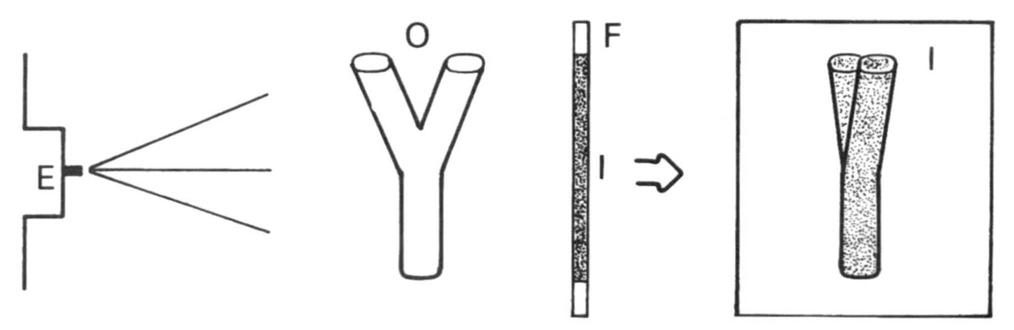

Fig. 21.5 – Raio X e espaço tridimensional. E – Emissor; O – Objeto em Y; F – Filme. I – Imagem. Exposta de lado, a imagem é linear.

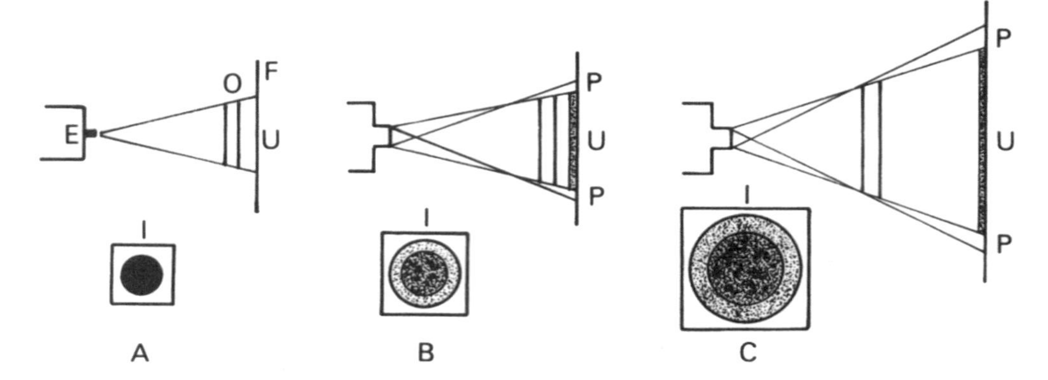

Fig. 21.6 – Umbra e Penumbra: E – Emissor; O – Objeto; F – Filme. A) Fonte Ideal, ponto único, apenas, umbra. B) Fonte Real, umbra e penumbra. C) Filme mais distante do objeto, aumenta a umbra e a penumbra.

A penumbra pode ser diminuída quando se afasta o Emissor do Objeto, e quanto mais se aproxima o Filme do Objeto.

Na radiografia dentária, os aparelhos usam kV de 50 a 90 e corrente de 10 a 15 mA, com tempos de 0,25 a 2 segundos. Não é necessário mais, porque as espessuras de tecido a serem penetradas são pequenas. Em geral, usa-se 65 kV e 10 mA, o tempo sendo variado conforme o filme etc. Devido às peculiaridades anatômicas da boca, duas técnicas são usadas para obter imagens corretas:

1 – Técnica da Bissetriz

2 – Técnica do Paralelismo.

Na técnica da bissetriz, o filme é colocado em ângulo com o objeto e o Emissor em posição adequada para corrigir a imagem (Fig. 21.7). O Emissor fica de 20 a 25 cm de distância.

A Bissetriz é imaginada entre o ângulo formado pelo dente e pelo filme. O Emissor tem seu raio central colocado exatamente na perpendicular à bissetriz (ângulo $\alpha = 90°$). Os raios chegam quase paralelos entre si. A imagem é ligeiramente maior que o objeto.

Na técnica do paralelismo, o Emissor fica na maior distância prática do objeto, e o filme é colocado paralelamente ao objeto (Fig. 21.8), com suporte especial.

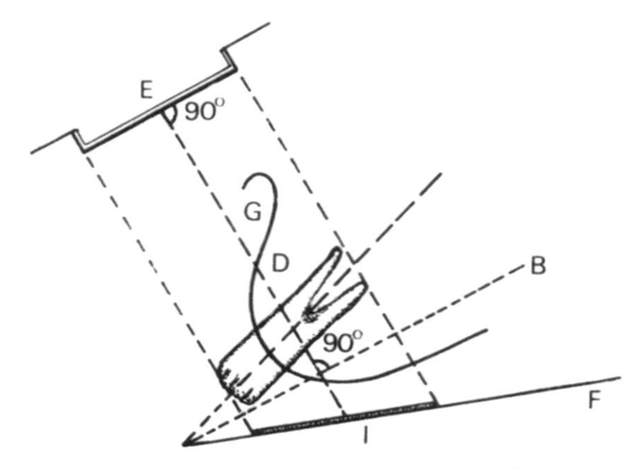

Fig. 21.7 – Técnica da Bissetriz: E – Emissor; G – Gengiva; D – Dente, maxilar superior; B – Bissetriz; F – Filme; I – Imagem.

Os raios chegam paralelos entre si, e a imagem possui teoricamente o mesmo tamanho que o objeto. O Feixe de Rx deve ser obrigatoriamente perpendicular ao plano de objeto.

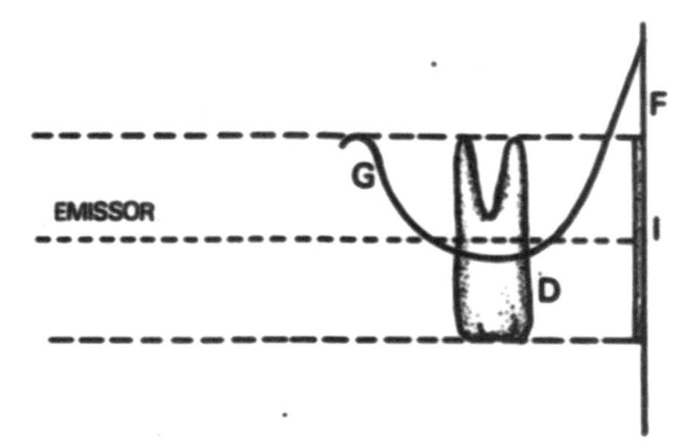

Fig. 21.8 – Técnica do Paralelismo. Emissor, longe do objeto; G – Gengiva; D – Dente, maxilar superior; F – Filme; I – Imagem.

Ambas técnicas oferecem vantagens e desvantagens, e estão sujeitas à distorção de imagem que já vimos anteriormente. Elas podem ser combinadas entre si.

d) Raios X Secundários

Com o choque de Rx contra os sistemas biológicos, radiações secundárias são geradas, e essas radiações possuem um espalhamento que prejudica a imagem. O uso de diagramas absorventes impede que esses raios espúrios atinjam o filme (Fig. 21.9).

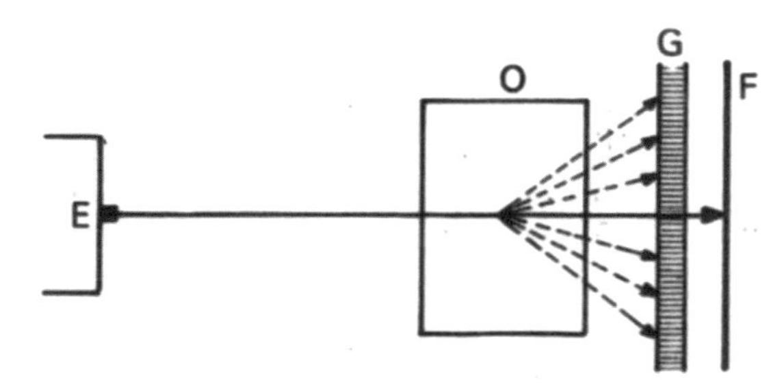

Fig. 21.9 – Grade ou Diafragma para Rx. E – Emissor; O – Objeto; G – Grade; F – Filme.

Notar que apenas a radiação primária (perpendicular) passa pela grade. As radiações secundárias (oblíquas) são detidas nas malhas da grade.

e) Filtros

Os Rx gerados por Frenagem possuem energias dentro de uma faixa razoável, i.e., não são estritamente monoenergéticos como os Rx orbitais. Assim, usa-se um filtro que consiste em uma placa de alumínio ou cobre, de 2 a 2,5 mm de espessura, para absorver os Rx mais moles que não iriam transpassar o objeto, e impressionar a chapa. O único efeito desses raios seria aumentar a dose de irradiação do paciente. Esses filtros são absolutamente necessários.

f) Permanência da Radiação

Ao contrário do que muitos leigos pensam, a irradiação termina instantaneamente com o desligamento do Emissor, exatamente como se uma lâmpada fosse apagada. Os efeitos é que podem durar (V. Radiobiología).

B – Luz Ultravioleta

Com energização de átomos, usando calor, Radiação γ ou X, eletricidade, os elétrons podem absorver a energia e saltar para orbitais mais externos. Na volta, a energia é devolvida como luz UV, ou visível, ou IV, dependendo do salto energético do elétron (Fig. 21.10). É, pois, um mecanismo similar ao da produção de Rx orbital, mas ocorre em órbitas mais externas, onde a energia é menor.

A luz ultravioleta é excitante dos tecidos, e havendo condições propícias, pode até ionizar a matéria, embora essa situação seja exceção nos sistemas biológicos.

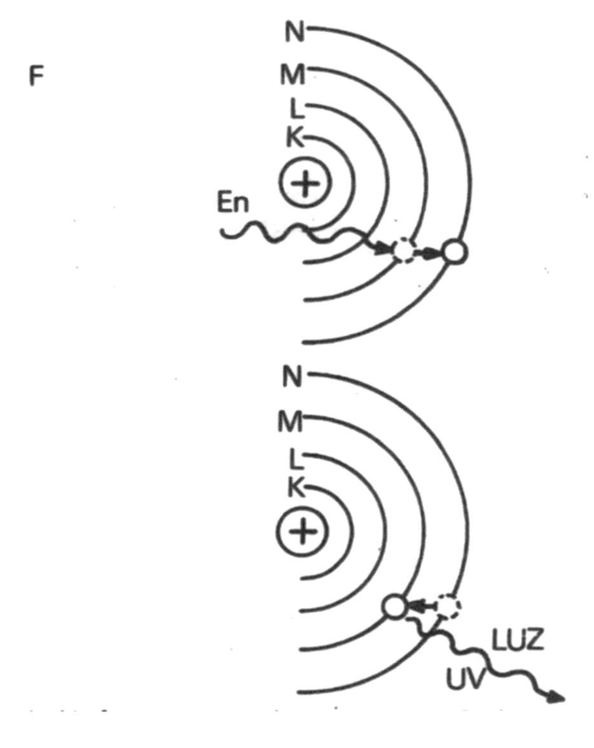

Fig. 21.10 – Luz Ultravioleta - Mecanismo de Produção. A) Elétron Absorve Energia. Muda de nível. B) Elétron Retorna. Devolve En como UV.

Mecanismo de Ação da Luz UV

Os átomos e moléculas que absorvem a radiação ultravioleta, se tornam energizados, e em estado de excitação. Essas substancias participam, com mais facilidade, de reações bioquímicas. Há pois, um aumento no ritmo geral das reações de um sistema biológico. Há também o aparecimento de novos caminhos metabólicos, que podem ser prejudiciais aos sistemas (V. Radiobiología).

Usos de Luz UV

No laboratório, a luz UV é usada para acelerar reações fotossensíveis, especialmente nas reações de fotólise, onde substâncias denominadas absorvem a luz, e usam a energia para quebrar outras moléculas. A luz UV é também usada para acelerar a polimerização de plásticos, como a acrilamida e as resinas epoxi. Um desses processos é usado para a obturação de cáries e confecção de peças dentárias. A luz UV é também usada para a esterilização de câmaras assépticas, salas de cirurgia, etc. Há um pequeno emprego das radiações em terapêutica. Nesses casos, a indicação deve ser precisa, e a aplicação muito bem controlada. Com as possantes lâmpadas de UV modernas, uma dose-eritema se consegue em 15 segundos, com o Emissor a 75 cm da região irradiada! Quando se considera que, 2,5 vezes a dose-eritema, já começa a causar problemas, vê-se, de imediato, que o controle da dose deve ser rigoroso. Cuidado extremo se deve ter com os olhos: tanto o operador, como o paciente, devem usar óculos protetores, ou algodão umedecido sobre as pálpebras, os olhos cerrados.

Não se deve esquecer que, sendo radiação, os raios UV são também refletidos pelos objetos onde incidem.

Nos países tropicais, apesar da subnutrição, o raquitismo é doença rara, devido à abundância de radiações UV do sol. As mais efetivas estão na faixa de 290 a 320 nm.

Para aplicação analítica da luz UV, veja Espectrofotometria.

Atividade Formativa 21 – AT – 21

Proposições:

01. Descrever o espectro eletromagnético de radiação γ Raios X e UV.
02. Quais são os dois modos de geração de Raios X? a)_______________b)________________
03. Esquematizar ampola de Rx, e explicar seu funcionamento (até 30 palavras).
04. Qual a relação entre a diferença de potencial gerador do Rx e a energia do Rx gerado?
05. Qual a relação entre o fluxo de elétrons e o Raio X gerado?
06. Completar: Raios X duros têm mais ( ) menos ( ) energia, e penetram em tecidos mais densos ( ) menos densos ( ).
07. Citar a lei fundamental de absorção de Raios X (até 15 palavras).
08. 08. A KV usada em radiografias depende da (uma ou mais respostas certas):
    a) Espessura do objeto ( ); b) Densidade estrutural do objeto ( ); c) Distância emissor-Objeto ( ); d) Do aparelho usado ( ).
09. O que representa o produto mA.S?
10. Escolha nas doses da Tabela I o produto mA.s para radiografias:
    1. Movimento peristáltico ______________
    2. Fratura imobilizada ________________
11. Com o emissor a 20 cm, o mA.s conveniente é 100: se o emissor for afastado para 40 cm, qual será o mA.s necessário?
12. Com o emissor a 1 metro, o mA.s conveniente é 200. Se o emissor for aproximado para 0,25 m, qual será o mA.s necessário?
13. Desenhar defeitos de paralaxe que resultam da má posição do Emissor, do Objeto e do Filme.
14. Radiografada, uma bola de futebol parece um disco. Como você pode provar que ela é uma esfera? Faça um desenho.
15. Um Emissor tem área de 0,25 mm^2, e outro tem área de 0,50 mm^2. Qual fornecerá mais penumbra?
16. Representar em diagrama a técnica da bissetriz e a de paralelismo.
17. Como deve estar colocado o raio central do Emissor na técnica da bissetriz?
18. Como deve estar colocado o filme na técnica do paralelismo?
19. Como se eliminam os Rx secundários?
20. Qual o papel dos filtros de Rx?
21. Descrever o mecanismo de produção de raios UV. Fazer um diagrama.
22. Qual é o mecanismo de ação dos raios UV?
23. Quais os perigos do uso indiscriminado de raios UV?

GD

O assunto se presta, como um bloco, para GD.

TL

Visita a centros de Radiologia são extremamente bem recebidos, especialmente para alunos de Medicina, Odontologia e Veterinária.

Radiações Ionizantes e Excitantes – Leitura Complementar – LC-21

Energética das Radiações – Fotoquímica

Energia das Radiações

A energia (Joules) de um feixe eletromagnético é dada pela equação:

$$E = h.\upsilon \qquad (1)$$

onde h é o quantum energético de Planck (6,6 x 10^{-34} J.s) e υ é a frequência (s^{-1}, ciclos por s)

Como $v = \frac{c}{\lambda}$ (2) onde v é a velocidade da luz no vácuo (3 x 10^8 $m.s^{-1}$) e X é o comprimento de onda (metros), combinando (1) e (2) resulta:

$$E = h\frac{c}{\lambda} \qquad (3)$$

A equação de Einstein para o efeito fotoelétrico é:

$$E_c = l/2mv^2 = h.u \qquad (4)$$

onde m é a massa do elétron (9,1 x 10^{-31} kg) e v é a velocidade (metros).

Sabemos que:

$$e.V = l/2mv^2 \qquad (5)$$

onde e é a carga elementar do elétron. (1,6 x 10^{-19} C), V é a diferença do potencial (em volts) do campo elétrico onde o elétron se desloca. Combinando (5), (4) e (3):

$$e.V = h.v = h\frac{c}{\lambda} \qquad (6)$$

Estas relações permitem calcular:

Dada a voltagem de aceleração (V), obter a frequência (v) e o comprimento de onda (λ).

Dado o comprimento de onda (λ), a voltagem geradora (V), e a frequência ( ).

Dada a frequência ( ) calcular a voltagem geradora (V) e o comprimento de onda (λ).

As unidades obtidas são do SI: V em volts, em s^{-1} e λ em metros.

Para converter, usar os fatores do Apêndice 2. Apenas 2 exemplos:

Exemplo 1 – Radiação de frenagem é gerada com 1 x 10^3volts. Calcular e λ.

$$= \frac{e.V}{h} = \frac{1,6 \times 10^{-19}\ C \times 1 \times 10^3\ V}{6,6 \times 10^{-34}\ J.s} =$$

$$= 2,4 \times 10^{17} s.^{-1}$$

$$\lambda = h.C = \frac{6,6 \times 10^{-34}\ J.s \times 3 \times 10^8\ m.s^{-1}}{1,6 \times 10^{-19}\ C \times 1 \times 10^3\ V} =$$

$$= 1,24 \times 10\text{-}^{9} mou 12,4A.$$

Se o potencial fosse 10.000 (10^4 V), seria 1,24 Â. Se V=10^6 V, λ. = 0,0124Â.

Exemplo 2 – Qual o potencial necessário para obter radiação ultravioleta de 280nm (280 x 10^{-9}m)?

$$V = \frac{h.C}{e.\lambda} = \frac{6,6 \times 10^{-34} \times 3 \times 10^8}{1,6 \times 10^{-19} \times 280 \times 10^{-9}} = 4,4\ V$$

Fotoquímica – Fotossíntese

A energia hv da radiação é absorvida por moléculas, que passam do estado fundamental energizado (excitação, ionização, etc). O modelo está na Fig. 21.11.

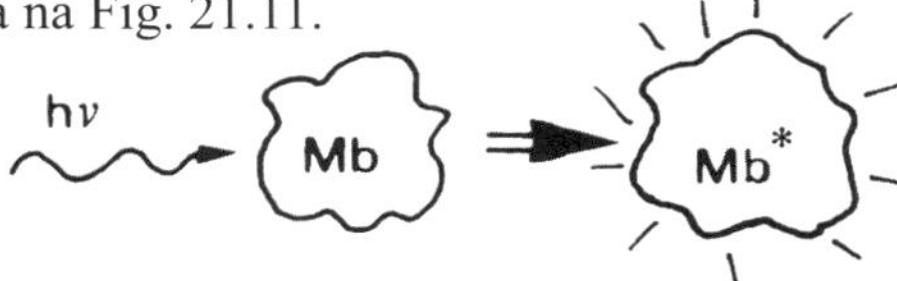

Fig. 21.11 – Fotoquímica – A energia do feixe luminoso (hv)) é absorvida por molécula (Mb), que passa a estado energizado (Mb*).

A molécula energizada Mb* tem maior capacidade de combinação, e, inclusive, pode participar de reações endergônicas. Esse é o mecanismo da fase clara da fotossíntese, onde CO_2 e H_2O se combinam para formar carboidrato. (V. Tratados de Bioquímica.)

A captação de energia pela fotossíntese é hoje um problema de interesse global. Com a diminuição das fontes de energia utilizáveis, e com a enorme poluição que acompanha o uso de energia radioativa, a fotossíntese é uma esperança para a humanidade. A ciência muito pode aprender com os modelos biológicos de captação da energia solar.

A absorção do fóton pelo elétron, e consequente salto orbital, levam o composto do estado fundamental para o excitado. Nesse estado, os números quânticos de giro dos elétrons energizados podem ser opostos (estado singleto), ou de mesmo sentido (estado tripleto). Os singletos são, naturalmente, os mais comuns, e possuem existência muito efémera (10^{-7} s ou menos). Os tripletos duram de 10^{-3} s até alguns segundos. Os singletos são associados à fluorescência, os tripletos à fosforescência. Nem sempre a volta do estado excitado ao fundamental se faz por reemissão da energia como outro fóton: a molécula entra em diversas reações químicas sem emissão de luz (fase escura da fotoquímica), cuja importância biológica é muito grande (Veja Radiobiologia).

Objetivos Específicos do Capítulo 21

1. Conceituar e fazer diagrama do espectro da Energia Radiante.
2. Identificar o comprimento da onda em nm da faixa de Rγ, Rx e UV.
3. Mostrar em esquema, a produção de Rx de Frenagem.
4. Relacionar a qualidade dos Rx aos seguintes fatores:
   a) Diferença de Potencial Anodío-Catódio.
   b) Intensidade do Fluxo Eletrônico.
5. Explicar o valor energético aproximado de Rx moles e Rx duros, e suas propriedades em Biossistemas.
6. Declinar os fatores que influem na escolha da kilovoltagem para obter os Rx.
7. Citar os fatores que determinam a escolha do produto m A.s.
8. Relacionar a distancia entre a fonte e o fator de coueçao para dose equivalente.
9. Relacional kV com o produto de m A.s.
10. Esquematizar, por diagrama, três erros de paralaxe possíveis, na imagem radiográfica.
11. Esquematizar, por diagramas, o erro tridimensional de imagens radiográficas.
12. Conceituar umbra e penumbra de uma imagem, com emissor pontual e real.
13. Explicar os fatores que aumentam ou dimnuem a penumbra.
14. Explicar a técnica da Bissetriz para obter Rx dentário.
15. Explicar a técnica do Paralelismo para obter Rx dentário.
16. Conceituar Rx secundário e descrever métodos para sua diminuição.
17. Justificar a importância do uso de Rx filtrado.
18. Citar o período de permanência das radiações.
19. Fazer esquema mostrando a geração orbital de UV.
20. Descrever o mecanismo de ação dos raios UV.
21. Citar 3 aplicações da luz UV.
22. Citar os cuidados necessários para uso de luz UV em terapêutica.

2 – Leitura Complementar

23. Calcular a voltagem de aceleração, a frequência e o comprimento de onda de radiações eletromagnéticas.
24. Explicar o mecanismo energético das reações fotoquímicas.

22

Radiobiologia

O estudo dos efeitos causados pelas emissões radioativas sobre a Natureza, especialmente os seres vivos, constitui o tema da Radiobiología. Inicialmente, apenas o efeito sobre os sistemas biológicos era apreciado. Hoje, inclui-se a vasta coleção de dados sobre os efeitos ecológicos das radiações.

Antes que se percebesse que a radiação podia ser danosa aos seres vivos, muitas vítimas se fizeram. A Radiobiologia é um conhecimento indispensável na sociedade moderna.

1. Fontes de Radiação Ambiental

Os seres vivos estão permanentemente expostos à radiação do ambiente. Essa radiação é conhecida como radiação de fundo, e tem várias origens. As mais comuns estão na Tabela 22.1.

As radiações cósmicas são de muito alta energia, e o sol é importante fonte dessas radiações, que vêm até de outras galáxias. Grande parte dessas radiações é absorvida pelo cinturão de Van Allen e pela atmosfera. Elas são pois, mais intensas em altas altitudes do que ao nível do mar.

As radiações da crosta terrestre, até o início da Era Nuclear, eram difusamente distribuídas, com algumas zonas de mais alta radiação. Essas regiões são conhecidas como "anomalias". Uma dessas áreas está no Brasil, é o Morro do Ferro, em Poços de Caldas, Mg, onde a irradiação pode chegar a 3 miliroentgens/hora. (V. Unidades de Radiação), na área mais intensa. A radiação de fundo normal é 0,005 mr/h. A média, na região do Morro do Ferro, é 1,5 mr/h.

Com a exploração de jazidas radioativas, e uso e produção de radioisótopos em pilhas e

Tabela 22.1
Algumas Fontes de Radiação Ambiental*

Origem	Material	Tipo Radiação	Meia Vida (Magnitude em Anos)	Energia (Magnitude
Cosmos	?	p, n, γ	–	BeV
Crosta terrestre	^{226}Ra	α, γ	$1,6 \times 10^3$ a	4 MeV
	^{234}Th	β^-, γ	$8,0 \times 10^5$ a	0,1 MeV
	^{238}U	α	$4,5 \times 10^9$ a	4 MeV
Explosões nucleares	^{40}K	β^- γ EC (k)	10^9 a	1 MeV
	^{90}Sr	β^- γ	30 a	1 MeV
	^{137}Cs			
Aparelhos para Diagnóstico Terapêutico e Indústria	Frenagem de Elétrons	Rx		1 a 50 MeV

* – Apenas as fontes mais conspícuas foram alistadas.

reatores, a poluição ambiental cresceu muito. As explosões nucleares aumentaram ainda mais esses níveis, trazendo inclusive radioisótopos como o ^{137}C e ^{90}Sr. Esses radioelementos se precipitam com a chuva, e o próprio peso da poeira radioativa, e são ingeridos pelas vacas no pasto, e eliminados pelo leite.

As pilhas e reatores construídos nesta Era Nuclear, introduziram os dejetos radioativos com alta atividade no ambiente. Alguns desses depósitos devem ser molhados continuamente para dissipar o calor gerado. Sem essa precaução, haveria uma explosão térmica (não confundir com explosão nuclear), e esses restos radioativos se espalhariam pelo ambiente. Já se sugeriu que esses dejetos fossem jogados no mar, dentro de caixões de cimento; que leviandade!

Aparelhos de Rx para diagnóstico terapêutico e exame de defeitos em peças industriais, contribuem ainda para aumentar a radiação de fundo. Os aparelhos industriais geram Rx muito energéticos.

2. Interação Emissões – Biossistemas

Porque as radiações agem sobre os Biosistemas? O motivo é que há interação radiação-matéria. (V. Radioatividade). A matéria dos sistemas biológicos se comporta da mesma forma que a matéria inerte, apenas com alguns aspectos peculiares. O mecanismo é simples:

a) Mecanismo do Efeito Biológico das Radiações – Ação Direta e Ação Indireta

A série de eventos quando um sistema biológico é atingido por emissões radioativas, são: a passagem e absorção das radiações, a formação de íons e radicais (radiólise) e a reação desses radicais em caminhos metabólicos diferentes dos normais. Desses eventos aparecem os resultados biológicos. Para explicar esses efeitos biológicos, dois mecanismos são possíveis:

Ação Direta

A radiação choca-se e age diretamente sobre moléculas biológicas, como DNA, proteínas, lípides e outras. O choque resulta em inativação de enzimas, quebra de ligações, formação de radicais complexos, etc, que impedem o funcionamento natural dessas moléculas. Resulta em danos para o sistema biológico (Fig. 22.1 A). É cerca de 20% do efeito total.

Ação Indireta

A radiação é absorvida pela água, que forma radicais muito reativos (Fig. 22.1 B). Esses radicais é que agem sobre as biomoléculas, lesando-as. É cerca de 80% do total.

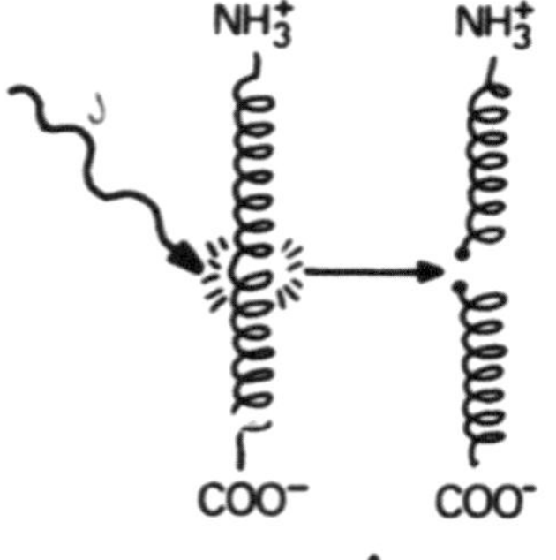

Fig. 22.1 - A) Ação Direta. B) Ação Indireta (V. Texto).
Experiências simples mostram que os dois mecanismos existem:
Ação Direta - Irradiação de substâncias puras e secas (desidratadas) é seguida por lesões da radiação. É prova da ação direta.
Ação Indireta - Uma porção de H_2O é irradiada e a fonte emissora é desligada. Acrescentam-se substâncias ou sistemas biológicos, as lesões aparecem. É prova da ação indireta.

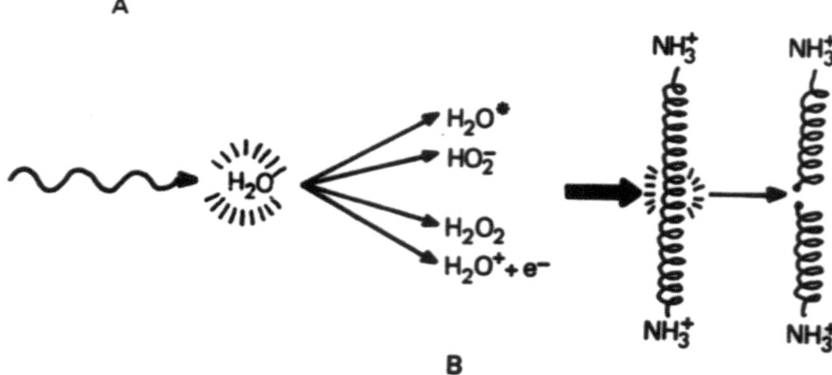

b) Energia das Radiações e Efeitos Biológicos

Por que as radiações provocam tantos danos aos Biossistemas?

A razão pela qual as emissões radioativas são tão eficientes em lesar os tecidos biológicos reside na sua alta energia. Níveis de MeV (10^6 eV, milhão de eletronvolts) ou GeV (10^9 eV, bilhão de eletronvolts) são comuns nas emissões radioativas. Já as energias envolvidas nos processos biológicos são pequenas. Bastam 2 a 5 eV para a dissociação de ligações moleculares, e 10 a 12 eV para ionização de átomos, moléculas, formando radicais químicos altamente reativos.

Exemplo: A ligação polipeptídica CO-NH, da estrutura primária de proteínas tem energia de 3 eV. Assim, uma emissão de 3 MeV tem energia suficiente para quebrar 1 milhão de moléculas. Supondo-se que apenas 1% dessa emissão tivesse choque efetivo com a ligação, ainda assim 10^4 ou cem mil moléculas de proteína seriam danificadas. Esse estrago na arquitetura dos seres vivos corresponde a um nível de entropia incompatível com a sobrevivência do sistema biológico atingido.

A delicadeza estrutural das biomoléculas se revela pelas lesões que ocorrem em proteínas sujeitas à microscopia eletrônica. Energias tão baixas como 100 KeV (0,1 MeV) e doses de menos de 200 $e^-.nm^{-2}$ (200 elétrons por nanômetro quadrado), são suficientes para destruir a estrutura secundária das proteínas.

3. Níveis Estruturais e Efeitos das Radiações

Os efeitos biológicos das radiações podem ser observados em vários níveis, nos organismos. É evidente que a lesão inicial é molecular, e se alastra até sintomas de lesão no corpo inteiro. Um exemplo resumido desses níveis e lesões está na Tabela 22.2.

Uma vez causada a lesão molecular, nos outros níveis, as lesões podem aparecer simultaneamente. Não há subida gradual de nível, como nos degraus de uma escada. As lesões podem, também, se limitar a determinadas estruturas. Com relação à permanência, as lesões podem ser "reversíveis", i.e., desaparecem sem deixar vestígios aparentes, ou serem "irreversíveis", e permanecerem para sempre. Pode haver lesões transmissíveis geneticamente. Essas mutações podem se estender por várias gerações.

a) Nível Molecular

As lesões em nível molecular podem ser cuidadosamente estudadas, seguindo-se as modificações que ocorrem nas propriedades das moléculas: estrutura, função, carga elétrica, formação de dímeros, quebra de cadeia, perda de grupamentos químicos, etc.

Valor G

E um parâmetro que se convencionou para medir efeitos moleculares da radiação:

O valor G é o número de moléculas de Produto formado, a cada 100 eV de Energia absorvida.

Um G = 2 significa que a cada 100 eV absorvidos formaram-se 2 Produtos por efeito da radiação. Alguns valores de G para biomoléculas estão na Tabela 22.3.

A molécula mais sensível é o DNA. Com uma dose de 100 eV, são quebradas 60 pontes H, e basta uma dose de 100 eV para quebrar uma cadeia simples, e provocar desde mutações até

Tabela 22.2
Exemplos de Efeitos Biológicos das Radiações em Vários Níveis Estruturais

Nível	Estrutura	Efeitos Observados
Molecular	DNA	Perda de NH_2, oxidação da ribose, quebra da cadeia nucleotídica.
Organela	Mitocôndria	Perda da estrutura fina. Inativação dos processos metabólicos.
Célula	Várias	Iniciação e Inibição de mitose. Alterações na estrutura. Morte celular.
Tecidos	Leucócitos	Reprodução neoplásica. Destruição completa.
Sistema	Cardiovascular	Perturbações circulatórias. Taquicardia, etc.
Corpo Total	Várias	Alopécia, anorexia, distúrbios gastrointestinais. Emagrecimento rápido – Morte.

Tabela 22.3
Valores de G em Biomoléculas

Molécula	Efeito Observado	G
DNA	Ruptura de Ponte H	60
DNA	Ruptura de Cadeia Simples	1,0
DNA	Ruptura de Cadeia Dupla	1,5
CH_3COOH	Hidroxilação	3,0
H_2O	Radicais (vários) (34,5 e V/par iônico)*	0,5-2,6
Enzimas diversas	Inativação	0,5-4
Catalase	Inativação	0,009

* Nível mínimo de energia capaz d ionizar a água.

morte celular. Além dessa sensibilidade, o DNA é a biomolécula mais crítica do ponto de vista de danos da radiação, e isso compreende facilmente: o DNA é responsável pelo controle das funções celulares. Proteínas e outras moléculas podem ser substituídas, DNA, não.

A água tem sensibilidade que depende bastante das condições, e da radiação usada, mas como existe em quantidade apreciável (80%), os efeitos indiretos que ela causa, são também os mais frequentes. Todas as enzimas são também muito sensíveis. Excessão impresionante constitui a catalase, que é uma enzima que destrói a água oxigenada, e tem portanto uma atividade que pode ser considerada como "redutora", i.e., evita os fenômenos de oxidação.Acatalase é altamente resistente, talvez porque inative os produtos de oxidação da água, e se autodefende. São preciso cerca de 11.000 eV ou 11 KeV para inativar uma única molécula de catalase.

b) Níveis Supramleculares

As lesões alistadas na Tabela 22.4 dão uma ideia geral desses processos. As células e tecidos apresentam uma sensibilidade diferencial muito grande. Exemplos estão agrupados na Tabela 22.4, em relação a tecidos humanos.

A alteração mais frequente, pelo efeito de radiação, é a leucemia linfocítica. As gônadas são também muito sensíveis. As células nervosas, por terem alto conteúdo de lípide, e pouca água, são menos sensíveis. Porém, o sistema nervoso, por sua alta organização e baixa entropia, é o sistema mais sensível: se como tecido é menos sensível, como sistema é altamente prejudicado pela radiação. Os fatores estruturais que tornaram os tecidos mais sensíveis então na Tabela 22.5.

Tabela 22.5
Fatores de Sensibilidade Tissular.
Em ordem Decrescente.

1 – Maior quantidade de água	3 – Taxa elevada de reprodução
2 – Maior concentração de DNA	4 – Baixo grau de diferenciação celular (células mais jovens).

Como já vimos, a água fornece os efeitos indiretos, o DNA é a molécula mais sensíveis, o que explica os itens 1 e 2.O terceiro fator é mistura de mais DNA e metabolismo aumentado. O quarto fator parece estar diretamente ligado ao alto metabolismo das células e tecidos mais jovens. O 3º e 4º fator indicam que os tecidos neoplásicos (cancerosos), estão entre os mais sensíveis.

A radiossensibilidade animal está condicionada a dois fatores:

1. Animal mais jovem;
2. Animal mais evoluído na escala zoológica.

O primeiro item é responsável pela proibição expressa em qualquer estabelecimento nuclear, ou

Tabela 22.4
Radiosensibilidade de Alguns Tecidos e Células*

Muito Sensíveis	Medianamente Sensíveis	Menos Sensíveis
1.0 – Tecido Hematopoiético	3.0 – Células Endoteliais	6.0 – Células Ósseas
1.1 – Linfócitos		
1.2 – Eritroblastos	4.0 – Tecido Conectivo	7.0 – Células Nervosas
1.3 – Mieloblastos		
	5.0 – Células Tubulares dos Rins	8.0 – Células Musculares
2.0 – Células Epiteliais		
2.1 – Testículo		
2.2 – Ovário		
2.3 – Pele		

* – Em ordem decrescente de raiossensibilidade.

Rx de qualquer natureza. Também, a radiografia de fetos e crianças deve ser usada apenas em casos absolutamente indispensáveis.

O segundo item mostra a espécie humana como a mais sensível. Em caso de um holocausto nuclear, o Homem tem a menor chance de sobrevivência. Entre os animais, os insetos, especialmente os que possuem carapaça de quitina, são muito resistentes.

Não há nenhuma espécie totalmente resistente ao efeito das radiações. Algumas cepas de microorganismos são muito resistentes, como o *Micrococcus radiodurans*, e outros, muito sensíveis, como a cepa E. coli B_{s-1}. (Veja Dosimetria das Radiações na LC. 22).

A resistência, ou imunidade às radiações, é uma hipótese implausível, pelo próprio princípio da existência de seres vivos.

Efeito Oxigênio

A presença de oxigênio no meio irradiado aumenta os efeitos das radiações ionizantes, isto porque a maior parte dos radicais que aparecem pela radiólise, são oxidantes, (v. Redox). Grande parte do efeito indireto, e parte do efeito direto das radiações é incrementado pela presença de O_2. Esse é um sério problema biológico, porque a presença de O_2 é ubíqua nos biossistemas.

4. Uso Terapêutico das Radiações

O princípio do uso, como já vimos, é a maior radiossensibilidade dos tecidos neoplásicos. Para aplicação de radiação γ ou Rx é necessário dividir a dose efetiva. O motivo é que se a dose fosse aplicada de uma só vez, os efeitos colaterais seriam muito intensos. Danos graves podem resultar dessa grande dose única. Se um tumor exige 500 r* para ser tratado, a dose pode ser dividida em 20 vezes 25 r. É que os efeitos da radiação são parcialmente cumulativas (Fig. 22.2).

É importante lembrar que a aplicação é feita em regiões muito localizadas do organismo. O efeito da irradiação do corpo total, e de partes do corpo, é muito diferente quanto ao êxito letal.

A dose limite de eritema, i.e., dose que uma semana depois provoca avermelhamento e pigmentação da pele, não deve ser excedida. Essa dose pode variar de paciente a paciente.

Doses diárias até 250-300 r são geralmente usadas, com fluxos de 2 a 4 r por minuto, o que dá cerca de 120 a 240 r por hora de aplicação.

* Veja o conceito de r (roentgen), na LC-22.1

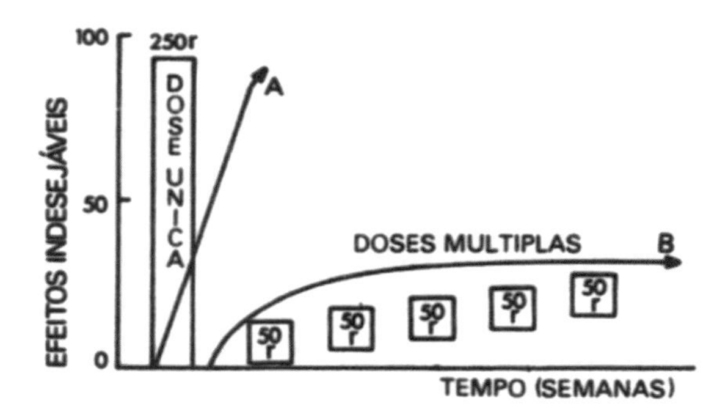

Fig. 22.2 - Efeitos Indesejáveis x Dose Radiação. A) Dose única de 250 r. B) Dose dividida em 5 x 50 = 250. Notar que, com dose parcelada, os efeitos indesejáveis são muito menos intensos.

Doses totais de até 8.000 a 10.000 r podem ser usadas. É possível que a radiação provoque outras lesões, e efeitos colaterais, são sempre observados.

5. Relação Dose – Efeito em Biologia

A relação dose-efeito de algumas exposições e procedimentos biológicos está na Tabela 22.6.

Pode-se notar, como já dissemos, que os efeitos estão bastante relacionados com a dose (única ou cumulativa) com a quantidade da dose (mais, ou menos r), e com a área irradiada (dose local ou de corpo inteiro).

O último item mostra que a dose máxima permissível com a idade, para profissionais, é zero. Essa fórmula é aplicável também a qualquer indivíduo que esteja exposto às radiações, como parâmetro de comparação.

Exemplo - Qual a dose cumulativa para um profissional de 40 anos?

$$D = 5(40-18) = 110 \text{ r}$$

6. Radioproteção e Higiene das Radiações

É indispensável, e obrigatório, que as radiações somente sejam utilizadas em condições padronizadas de estricta, e eficiente proteção dos usuários. As medidas usadas podem ser agrupadas em 3 itens:

1. Controle da Exposição

Dois fatores são importantes:

1. **Distância da Fonte** - Deve-se manter a maior distância possível. A intensidade, como já vimos, varia com o inverso do quadrado da distância.

Tabela 22.6
Dose/Efeito de Radiações Ionizantes

Dose única	Efeitos	Observações
0,05 r	?	Radiografia tórax
0.3 r	?	Conjunto de radiografias dentárias
2,0 r	?	Exame da pélvis na gravidez
25 r	Pouco efeito ou ligeiro mal-estar (Corpo Total)	Em emergência, uma só vez
100 a 150 r	Imediatos: síndrome de irradiação aguda (fadiga, náuseas, perturbações nervosas) Tardios: alopecia, anorexia, hemorragias	Erros na Aplicação Terapêutica (Corpo Total)
500 r	DL50 para o Homem (Corpo Total)	Acidentes em instalações nucleares
1000 r	DL100 para o Homem (Corpo Total)	Bomba Atômica
Doses Cumulativas		
0,075 r/ano	?	Radiação de fundo (1950)
0,150 r/ano	?	Radiação de fundo atual
0,100 r/ano	?	Máximo para gônadas
0,300 r/semana	Limite tolerável para profissionais, por 15 semanas consecutivas. Intervalo obrigatório, de 2 semanas (?)	Não deve provocar efeitos
3.000 r/mês	Dose Local para tratamento de câncer Vários efeitos, como descritos no texto,	Proteção para o resto do corpo é necessário
D = 5 (N-18) (r)	Fórmula empírica da Dose Cumulativa Total permissível com a idade Não deve provocar efeitos	N = idade do indivíduo r = roentgen

2. **Tempo de Exposição** - Deve ser o mínimo possível, porque as doses são cumulativas com o tempo.

A exposição deve ser mínima, e para seu controle usam-se monitores de exposição (filmes, dosímetros, indicadores de ionização, etc.), que mostram a radioatividade atual existente no local (monitores), ou ainda indicam a dose acumulada de exposição (filme dosimétrico).

3. Diminuição da Exposição – Blindagem

Consiste no uso de barreiras absorventes, geralmente de chumbo, entre as fontes de radiação e os sistemas biológicos. As barreiras são altamente eficientes para partículas α e β. Mas para a radiação γ e os Rx, depende da espessura da barreira. Elas devem ser muito espessas, se as radiações forem altamente energéticas. São pouco eficientes para radiações cósmicas. Substâncias radioativas devem ser guardadas em depósitos especiais, de chumbo, chamados "castelos". O trabalho com radioisótopos de alta atividade deve ser feita em recipientes especiais, onde espelhos são usados para refletir a imagem das amostras, que ficam blindadas.

Luvas e aventais de chumbo são também usados como blindagem.

4. Quimioproteção

Consiste no uso de quimioterápicos para diminuir os efeitos das radiações. As substâncias redutoras, e especialmente aquelas que possuem grupos SH, como a cisteamina (β-mercaptoetilamina), diminuem os efeitos das radiações por dois mecanismos: elas se oxidam por irradiação direta, ou se combinam com os radicais oxidantes gerados pelas radiações.

Para serem mais efetivos, os quimioprotetores devem ser administrados antes da exposição às radiações.

Os quimioprotetores representam a grande ilusão no tratamento das lesões radioativas. Acreditar que eles sejam 100% eficientes seria supor que as radiações atingiriam somente as moléculas dos quimioprotetores, e mais ainda que os radicais formados pela radiação teriam afinidade exclusiva para os quimioprotetores. A conclusão final, é:

Não há Proteção Total contra as Radiações.

Atividade Formativa AT – 22

Proposições:

01. Conceituar radiação ambiental, citar algumas fontes.
02. Por que a matéria fica ionizada ao ser irradiada?
03. Desenhar e descrever a interação com a Matéria, de:
    1. α ( ) 2. β^- ( ) 3. β^+ ( )
04. Qual emissão ioniza mais?
    1. α ( ) 2. β^- ( ) 3. B^+ ( )
    4. γ ( )
05. Qual a principal diferença entre efeito fotoelétrico e efeito Compton?
06. A aniquilação da matéria e formação de par iônico constituem uma prova insofismável de que Matéria e Energia são a mesma Qualidade Fundamental do Universo? Conceituar (até 50 palavras).
07. Citar prova de que as radiações agem por efeitos Diretos e Indiretos.
08. Qual é a escala ascendente das lesões da radiação?
09. Quais são os quatro fatores que tornam os sistemas biológicos mais sensíveis às radiações?
10. Citar exemplos de tecidos muito sensíveis, medianamente sensíveis, menos sensíveis à radiações.
11. Quais os dois fatores que influem na radiosensibilidade animal?
12. Qual o princípio básico do uso de radiações para fins terapêuticos?
13. Uma dose de 200 r é aplicada em 20 doses de 10 r. Qual a diferença entre os efeitos cumulativos, caso a aplicação fosse 200 r de uma só vez? Faça um diagrama.
14. Comentar como devem ser usados os seguintes fatores de proteção das radiações:
    1. Distância. 2. Tempo. 3. Blindagem.
15. Qual é a esperança impossível no uso de quimioterápicos?
16. Completar com nome e símbolo:

Dose de:	Exposição	Absorção	Comparação
Nome:	________	________	________
Símbolo:	________	________	________

17. Um sistema biológico é irradiado com 300 ...., absorveu 200..............e o efeito comparado foi de 1,3
18. Consulte a Tabela I da leitura suplementar, e complete:
    Se as lesões causadas por dose γ de 1,0 MeV foi de 5 unidades, as lesões de isodoses das radiações abaixo serão:
    β (50 Ke V) ______ Rx (8 KeV)_______;
    p (l KeV) ______ α (5 MeV) ________
19. Conceituar o rem. (até 30 palavras).

Radiobiologia – Leitura Complementar – LC-22

Dosimetria das Radiações Ionizantes

É indispensável conhecer a quantidade de radiação ionizante que interage com os sistemas biológicos, para conhecer a relação Dose-Efeito. Acompanhe com a Fig. 22.3:

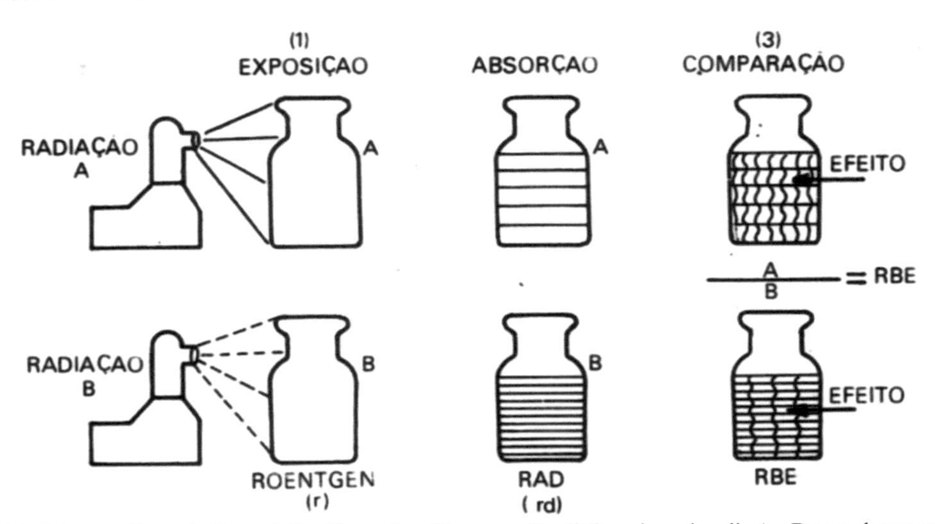

Fig. 22.3 - Modelo para Dose de Exposição, Absorção e Comparação. 1) O emissor irradia A e B com doses equivalentes de radiações diferentes (a e b). 2) O material A absorve menos do que B. 3) O efeito (xx) é maior em A do que B. Pode-se concluir que A foi mais prejudicado do que B.

Na dosimetria das radiações ionizantes usam-se três tipos de dose:

Dose:	Exposição	Absorção	Comparação
Unidade:	Roentgen	Rad	Rbe
Símbolo:	r	rd	RBE

Essas unidades valem:

a) Dose de Exposição

É a quantidade de radiação a que um objeto qualquer foi exposto. Quando se ilumina um objeto durante 10 segundos com uma lanterna de 1 pilha ou uma lanterna de 3 pilhas, a dose de exposição no 2º caso é maior que no primeiro. Na Fig. 22.3.1 os materiais A e B foram expostos à mesma dose, simbolicamente, 4 unidades de radiações diferentes.

O roentgen (r) é definido como a dose de irradiação que causa ionização correspondente à:

$$2{,}58 \times 10^{-4}\ C.kg^{-1} \text{ a } 1{,}61 \times 10^{12} \text{ pares de}$$

$$\text{íons}.g^{-1} \equiv 2{,}08 \times 10^{9} \text{ pares iônicos}.cm^{-3} \equiv$$

$$\equiv 83{,}8\ ergs.g^{-1}$$

O material alvo é o ar atmosférico em condições padrão (NTP). A radiação geralmente é γ ou Rx.

A dose de exposição nunca pode ser totalmente absorvida, e por isto define-se a dose de absorção.

b) Dose de Absorção

A Dose Absorvida de Radiação (abreviada RAD, símbolo rd) depende do tipo de material irradiado. Na Fig. 22.3.2 o material A absorve menos do que o material B. De um modo geral, materiais mais densos absorvem mais. O RAD (rd) é definido como a quantidade de radiação que transferiu sua energia para a matéria:

$$1\ rd = 1 \times 10^{-2}\ J.kg^{-1} = 2{,}39 \times 10^{3}\ cal.kg^{-1} \equiv$$

$$\equiv 100\ erg.g^{-1} = 6{,}24 \times 10^{13}\ eV.g^{-1}$$

O material alvo é evidentemente, qualquer material: irradia-se com uma dose de r (roentgens) até que o efeito de rd (rads) seja obtido.

A unidade proposta para o SI é o Gray, abreviado GY, que vale 1 $Joule.kg^{-1}$. A correspondência com RAD, é:

$$1\ Gy \equiv 100\ rd$$

c) Dose Comparativa - Para comparar os efeitos causados por doses absorvidas, usa-se a Eficácia Biológica Radioativa (abreviada RBE). Como cada tipo de radiação causa dano diferente a um mesmo material, a dose comparativa é tomada em relação a uma dose padrão. É portanto, um número adimensional, e determinado experimentalmente. (Fig. 22.3.3).

A comparação entre as doses de irradiação e o uso de fármacos é a seguinte:

Animais teste ingerem 0,1 mol do medicamento A ou do medicamento B (dose de Exposição). Verifica-se que do medicamento A são absorvidos 0,06 mol por animal, e do medicamento B, 0,08 mol por animal (dose de Absorção). Os efeitos curativos são: Medicamento A, 90% de curas, e medicamento B, 50%. Pode-se comparar a eficácia (ou eficiência) relativa como:

$$\frac{A}{B} = \frac{\frac{90}{0{,}06}}{\frac{50}{0{,}08}} = 2{,}40$$

O fármaco A é 2,4 vezes mais eficiente do que o B. Lamentavelmente, no caso de radiação, é o efeito danoso que se objetiva.

Uma relação do RBE de algumas radiações está na Tabela 22.7. As mais usadas em Biologia são naturalmente α, β e γ.

Tabela 22.7
RBE de algumas Radiações

Fonte	Radiação	Energia	RBE
Frenagem e^-	X	200 hV	1
60Co	γ	1,1 MeV	1
Diversos	X	8 a 250 KeV	1
Diversos	β	50 KeV	2
Diversos	p*	1 a 8 KeV	10
Diversos	n*, lentos	100 eV	5
Diversos	n*, rápidos	0,1 a 10 MeV	10
Diversos	α	5 a 40 MeV	20

* p = prótons; n = nêutrons

A radiação padrão adotada para calcular o RBE é Rx de 200 kV (Rx gerado sob potencial de 200 mil volts, filtrado em placas de Cu). A radiação α é a mais danosa para os seres vivos, e seu uso em humanos é proibida.

d) Dosimetria da Radiação em Humanos

Exclusivamente para uso na espécie humana, define-se o rem. Nesse caso, a dose em roentgens é multiplicada por um fator adimensional (experimental) que representa a qualidade da radiação, e iguala as doses de absorção, independente da natureza das radiações. Quando se diz que um indivíduo esteve exposto a 20 mrems, automaticamente se indica que ele absorveu 20 mrds, não importa o tipo de radiação. A radiação padrão é ainda Rx de 200 kV.

O rem leva pois, em conta, todos os fatores que participam na absorção de radiações pela espécie humana. A Comissão Internacional de Proteção Radiológica propôs que a dose-equivalente para humanos seja medida pela unidade Joule/kg, e que o nome da unidade seja Sievert (Sv). Então:

$$1\ Sv = 100\ rems$$

Objetivos Específicos do Capítulo 22

1. Conceituar Radiobioiogia.
2. Citar pelo menos 4 exemplos de radiação ambiental com seus níveis energéticos e meia-vida.
3. Conceituar anomalia radioativa do ponto de vista geológico, e citar uma no Brasil.
4. Explicar porque as radiações agem sobre os biossistemas.
5. Descrever a ação direta e indireta das radiações mostrando argumentos a favor dos dois mecanismos.
6. Explicar porque, devido à alta energia, as radiações causam danos aos Biossistemas.
7. Descrever alguns níveis estruturais de lesão das radiações, citando exemplos dos danos.
8. Conceituar o valor G, e citar alguns desses valores em DNA, H_2O e enzimas.
9. Comentar a hipótese pela qual a catalase é radiorresistente.
10. Citar exemplos de radiossensibilidade supramolecular, de tecidos muito, medianamente, e pouco sensíveis.
11. Descrever a radiosensibilidade do Sistema Nervoso como tecido e como sistema.
12. Citar 4 fatores que condicionam a radiossensibilidade tissular.
13. Citar os fatores de radiossensibilidade de animais.
14. Explicar o efeito oxigênio.
15. Enunciar o princípio do uso terapêutico das radiações.
16. Citar 3 relações de dose/efeito de radiação.
17. Aplicar a fórmula para radiação permissível em profissionais.
18. Explicar o que são os fatores de:
    a) controle da Exposição;
    b) blindagem; e
    c) quimioproteção.
19. Mostrar porque a quimioproteção não é total.
20. Citar argumentos que provem não ser possível uma proteção total contra as radiações.

2 - **Leitura Complementar**

21. Conceituar doses de: Exposição, Absorção, Comparação.
22. Definir Roentgen, RAD e RBE.
23. Citar o valor do Roentgen em Coulombs/kg.
24. Citar o valor do RAD em Joule/kg e em Gray (Gy).
25. Citar o RBE das seguintes radiações: Rx de 250kV; Rad B, α e γ de 1 MeV.
26. Conceituar o REM e o Sievert (Sv).

23

Isótopos, Radioisótopos e Radiações

Aplicações em Biologia

O estado atual do conhecimento biológico deve suas grandes descobertas ao uso de Radioisótopos para estudar os processos que ocorrem nos sistemas biológicos. Sem o uso de radioisótopos, ou mesmo de isótopos, como se iria identificar o que ocorre com uma molécula de glicose ou com íons Na^+, no organismo? O uso de isótopos (especialmente os radioisótopos), permite identificar e diferenciar um grupo de moléculas de outras. Essas moléculas marcadas mostram os caminhos biológicos. Se a molécula marcada é radioativa, o processo atinge sensibilidade extraordinária.

A) Preparações Radioisotópicas

Os radioisótopos podem ser usados sob duas formas principais:

1. **Radionuclídeos**, como o 3H, 14C, 24Na, 131I, 203Hg, etc., sob a forma de substâncias ionizáveis ou não:

$^{3}H_2O$, Na $^{14}CO_3$,$^{22}NaCl$, Na ^{131}I, $^{203}HgCl_2$
e outras.

Nesses casos, o efeito biológico é relacionado ao próprio nuclídeo. O estudo do transporte de Na^+ ou Ca^{2+}, feito com ^{24}Na ou ^{45}Ca, são exemplos. O metabolismo do Ferro, feito com 55Fe, o estudo da tireóide com ^{131}I, ou o uso de 99Tc para várias aplicações, são também exemplos típicos de efeitos relacionados ao nuclídeo em si.

2. **Radiocompostos***, onde os radionuclídeos estão incorporados em moléculas: aminoácidos com ou ^{3}H ou ^{14}C, corantes com o Radiobengala, onde o ^{131}I é ligado à molécula, polipeptídeos, hormônios, proteínas, etc, contendo radionuclídeos incorporados à molécula.

Nesses casos, o efeito biológico é relativo à molécula. A presença do radionuclídeo serve como sensível e fiel indicador do que aconteceu com esse composto, ou seus derivados. O estudo do metabolismo da glicose, da ação da adrenalina, da síntese e decomposição da hemoglobina, da rotatividade dos depósitos de proteínas, da anemia por deficiência de vitamina B_{12}, são exemplos clássicos. Nesses casos, as moléculas biológicas são identificadas por radionuclídeos, e seu destino pode ser acompanhado.

* – Impropriamente denominados Radiofármacos, por "tradução traidora" de "Radiopharmaceuticais".

B) Princípio Fundamental do Uso

É o seguinte:

"Os radionuclídeos e radiocompostos se comportam de maneira semelhante aos similares não-radioativos. O inverso também é verdadeiro".

Assim, quando se coloca ^{24}Na (radioativo) em um sistema biológico, ele se comporta biologicamente como o seu isótopo ^{23}na (não radioativo). Basta uma diminuta quantidade de ^{24}na, porque a deteção da radioatividade é muito sensível. Como é possível acompanhar facilmente o comportamento do ^{24Na} , pode-se tirar conclusões a respeito do comportamento dos íons sódio no sistema biológico: o que ocorreu com o sódio radioativo reflete o comportamento do total de sódio (Fig. 23.1).

Quando se usa insulina radioativa, ela se distribui equitativamente com a insulina natural, e funciona igualmente. A vantagem é que, devido à sua radioatividade, é possível deduzir o comportamento global da insulina, pelo comportamento da radioatividade.

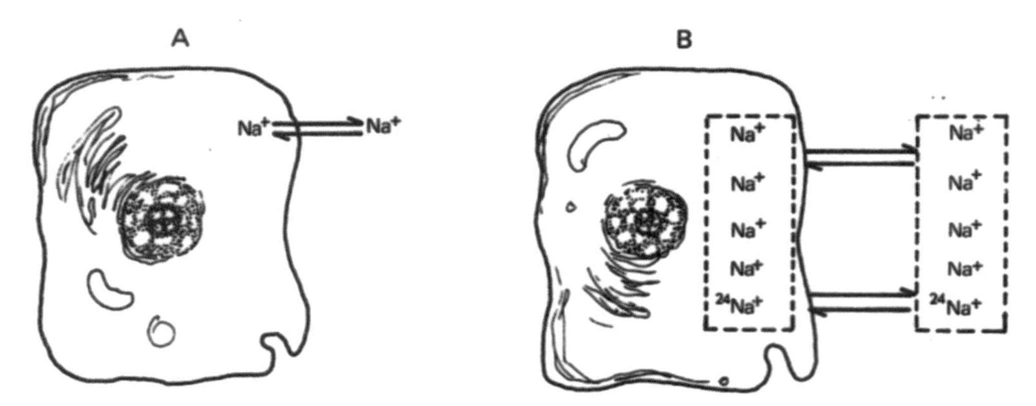

Fig. 23.1 - Transporte Tianscelular de Sódio. A) Íons não marcados (^{23}Na); B) Acréscimo de íons marcados (^{24}Na, radioativos).

As experiências radioativas, como toda experimentação, exigem o uso de controles adequados. De um modo geral, esses controles são simples e seguros, o que é vantagem adicional.

C) Aspectos Peculiares ao Uso de Radioisótopos

Entre os vários aspectos peculiares, quatro são fundamentais: o efeito isotópico de massa, o dano radioativo, a diluição isotópica, e a meia vida biológica.

1. Efeito Isotópico de Massa

É um efeito de massa: como as reações químicas se processam em velocidades que dependem da massa dos reagentes, a velocidade das reações com isótopos é dependente da massa. No caso de isótopos como o ^{127}I e o ^{131}I, a diferença de massa é pequena, mas a velocidade das reações é menor com o isótopo mais pesado. No caso do carbono ^{14}C (radioativo) e o ^{12}C (estável), a diferença de peso é desprezível. O mesmo não se pode dizer do ^{1}H, ^{2}H e ^{3}H ou hidrogênio, deutério e trício. Do hidrogênio para o deutério a diferença de massa é o dobro, e para o trício, é o triplo. Esse fator pode ser usado, por exemplo, como meio de saber se o hidrogênio participa ou não de uma reação: Usando-se deutério, a velocidade pode diminuir a 1/2, e usando-se trício, até 1/3 da velocidade com hidrogênio (Fig. 23.2).

Quando o processo atinge equilíbrio, ou estado estacionário, o efeito isotópico deixa naturalmente de ser percebido. Há casos, não explicados, de efeito isotópico inverso, i.e., do isótopo mais pesado ser incorporado com maior velocidade.

Na grande maioria de aplicações biológicas, tanto "in vitro" como "in vivo", o efeito isotópico de massa é desprezível.

2. Danos Radioativos

A radioatividade dos compostos marcados se faz sentir de duas maneiras:

a - **Estabilidade dos Compostos Radioativos** - Possuir um radionuclídeo na molécula é como estar junto de uma forte fonte de radioemissão. Os radiocompostos são alvo das emissões, e se decompõem, obviamente, com mais facilidade. Guardá-los em soluções diluídas (especialmente solventes pouco ionizáveis), ou secas, espalhadas em larga superfície, minimiza o efeito do bombardeio radioativo. Algumas radiossubstâncias devem ser purificadas dos produtos de decomposição, antes de serem usadas.

b - **Danos ao Sistema Biológico** - As radiações emitidas pelas substâncias administradas aos

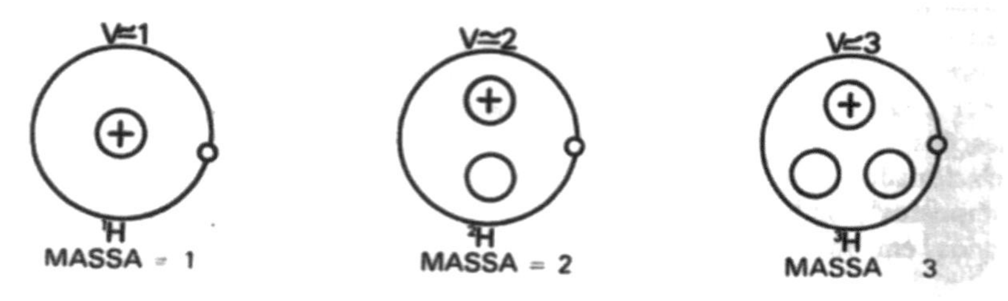

Fig. 23.2 - Efeito Isotópico de Massa. A velocidade (v) diminui com o aumento da massa do isótopo.

sistemas biológicos são liberadas junto, ou dentro, de estruturas biológicas, e podem causar danos. Esses efeitos dependem do tipo de irradiação, e para uso humano, os emissores de α são proibidos. O uso de doses mínimas, apenas o necessário e suficiente para obter os dados planejados, deve ser regra geral de uso de radioisótopos. Com doses mínimas, os efeitos são também minimizados. Inclusão de bases púnicas e pirimídicas marcadas, que se localizam nos cromossomas, levam a diversas lesões genéticas.

3. Diluição Isotópica

É um método que possui muitas variantes, inúmeras aplicações, e se baseia no seguinte princípio:

"Quando uma determinada radioatividade é diluída, a atividade específica (cpm/massa) diminui, mas a atividade total é a mesma" (Fig. 23.3).

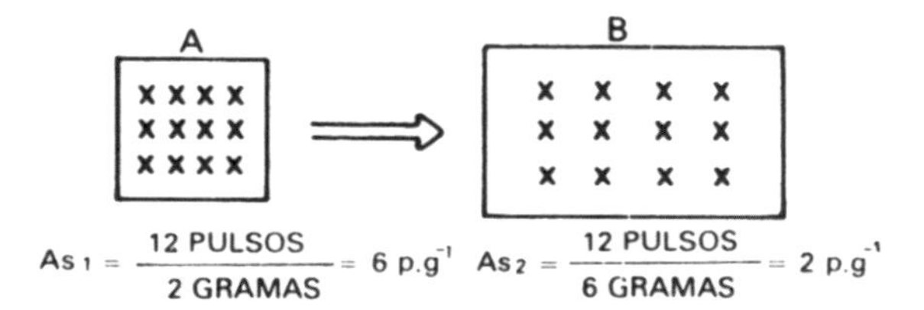

Fig. 23.3 – Diluição Isotópica. Os pulsos radioativos (x) são diluídos em maior volume (ou massa).

A grande vantagem da diluição isotópica é dispensar que o composto a ser dosado seja totalmente extraído do sistema que está sendo estudado. Uma amostra é suficiente, pois a diluição será conhecida. Também é desnecessária uma purificação do composto, se ele pode ser determinado na mistura onde se encontra.

Exemplo - Uma mistura de glicose (glicose marcada com radioisótopo), e glicose comum, na proporção de 1:100, é adicionada a um extrato de glândula, uma amostra é retirada, e dosa-se glicose e glicose comum. A proporção é de 1:225. Pode-se afirmar que no sistema havia 225 - 100 = 125 moléculas de glicose, no volume total examinado.

4. Meia Vida Biológica

O conceito de Meia vida biológica é o seguinte:

"É o tempo que a radioatividade em um sistema biológico leva para cair à metade".

Assim, se um radiocomposto é injetado na circulação sanguínea, na dose de 10.000 cps, e ao fim de 35 min esse valor cai a 5.000 cps, a meia vida biológica desse composto nesse compartimento (volume sanguíneo) é de 35 min.

O conceito de meia vida biológica é de extrema importância para estudos de cinética, em processos biológicos. O símbolo usado é $T_{1/2}$.

A meia vida biológica não deve ser confundida com a meia vida física de um radioisótopo qualquer.

Exemplo - A meia vida física do ^{59}Fe é cerca de 45 dias. Quando injetado na circulação, o ^{59}Fe é captado pela transferrina, e a radioatividade leva em média 90 min para se reduzir à metade. Essa é a meia vida biológica do ^{59}Fe no compartimento plasmático.

^{59}Fe –
- a) Meia vida Física $t1/2 = 45$ dias
- b) Meia vida Biológica no compartimento vascular $T_{1/2} = 90 \pm 5$ min

É claro que a meia vida biológica, é variável para cada situação. A meia vida biológica do ^{59}Fe, na hemoglobina, é cerca de 100 a 120 dias, e portanto, bem maior que a vida física.

Quando a meia vida biológica excede, ou mesmo se aproxima da meia vida física, é necessário aplicar uma correção para o decaimento radioativo. (V. Radioatividade, LC).

D) Uso de Radioisófopos e Radiação em Biologia

Os radioisótopos e radiações são os instrumentos mais usados em Biologia. O campo de aplicação é vasto, e para sistematizar, vamos agrupar esses usos em 4 categorias:

1 - Analítico 2 - Diagnóstico 3 - Terapêutico 4 - Ecológico

Nota - É evidente que, dependendo da finalidade, um método pode ser analítico, ou diagnóstico, etc. Assim, essa classificação tem valor apenas para facilitar a dissertação sobre os métodos.

1. Uso Analítico

De um modo genérico, a principal finalidade é obter informações sobre um biossistema.

1.1. Análise Por Diluição Isotópica

Existem diversas variantes do método, com inúmeras aplicações biológicas. Algumas são extremamente simples.

Exemplo 1- O hepatopâncreas de Biomphalaria glabrata acumula diversos metais que interferem com a dosagem de Ferro. Para determinar Fe nesse minúsculo órgão, procede-se:

1. Cada hepatopâncreas é digerido a quente com H_2SO_4 a 50%, acrescenta-se uma quantidade de 59Fe, dilui-se para 2 ml e conta-se a radioatividade. Num caso típico, achou-se

$$A_1 = 25.000 \text{ cpm.}$$

2. O Ferro é extraído com éter isopropílico, parte do extrato é secado, e diluído para 2 ml com HC1 0.1 N. Conta-se a radioatividade ($A_2 = 2.000$ cpm), e dosa-se o Fe pela α-dipiridil ($M_2 = 2,6$ μg).

Usar a relação:

Massa Desconhecida × Atividade Extraída = Massa Extraída × Atividade Adicionada.

$$M_1 A_2 = M_2 A_1 \quad \therefore \quad M_1 = \frac{M_2 A_1}{A_2}$$

$$M_1 = \frac{2,6 \times 25.000}{2.000} = 325 \text{ μg de Fe}$$

Notar que a extração do Fe com o éter **não** precisa ser quantitativa, pois prevalece o princípio do uso de Radioisótopos:

"O que acontece com o ^{59}Fe, reflete o destino do Fe total".

Exemplo 2 - O hidrolisado ácido da quitina contém a série de oligômeros da N-acetil-D-glucosamina, do monômero ao octâmero. Todos dão a mesma reação corada. Como determinar o conteúdo do trímero (tri-N-Acetil--D-glucosamina)?

O procedimento é extremamente simples e prático:

1. Acrescenta-se ao hidrolisado uma dose de trímero com am (atividade específica por massa), conhecida.

   Foram usadas 22.000 cpm/100 mg de trímero não radioativo, preparados por diluição de ^{14}C-trímero.

2. Faz-se uma cromatografia em papel do hidrolisado, e a 'mancha do trímero mostra uma am de 1000 cpm/50 mg, obtida por contagem da mancha, e reação com Ag NO_3 para o glúcide não radioativo. Basta usar a relação. (V. Comparação de Soluções)

$$M_2 = \frac{M_1 a_1}{A_2} - 1$$

$$M_2 = 100 \; \frac{22.000/100}{1000/50} - 1 = 10.900\text{mg} .$$

Notar que, a cromatografia do trímero pode ser feita em qualquer volume do extrato, que pode ser concentrado, caso necessário, apenas **qualitativamente**.

Nesses dois processos, a maior causa de erro está nos métodos químicos: a dosagem do Fe pela a dipiridil, e a determinação do glúcide pelo Ag NO_3.

Exemplo 3 - Pode-se reagir um produto biológico com uma substância radioativa, acrescentar uma quantidade desse produto, e extrair o conjunto. Basta calcular a dilução isotópica como usual. Esse processo é usado para determinar histamina e outros agonistas.

1.2. Estudos Metabólicos e Transportes

Seguir o caminho da substância radioativa permite identificar o metabolismo, tanto na fase anabólica (síntese) como na catabólica (degradação). As trocas compartimentais também são facilmente acompanhadas. Exemplos:

a) Sabe-se que o ácido succínico e a glicina são precursores do heme da hemoglobina, porque adicionando-se esses compostos marcados a sistemas que sintetizam heme, a radioatividade aparece no heme. Outros inúmeros exemplos estão nos precursores do ciclo de Krebs.
b) Os produtos de degradação de proteínas podem ser estudados pelo uso de proteínas marcadas. Os catabólitos apresentam radioatividade, e a degradação pode ser acompanhada.
c) Trocas entre os compartimentos extracelular e celular, entre o extracelular e o vascular, são acompanhadas por substâncias marcadas. (V. Aplicações Clínicas).

1.3. Radioimunoensaio

É também um método diagnóstico, além de analítico. O radioimunoensaio (RIA) consiste em associar a sensibilidade do método radioativo à especificidade dos imunoensaios. É um método extremamente versátil, e tem inúmeros modos de ser aplicado. O princípio do método está na Fig. 23.4. Um antígeno (o) liga-se ao seu anticorpo (D), como usual em reações imunológicas do tipo Ag + Ac (Fig. 23.4 A). Se, porém, antes da reação, antígeno marcado (O) é acrescentado, ele vai competir com o natural não-marcado, na ligação com o anticorpo (Fig. 23.4 B). Os produtos da reação podem ser separados por cromatografia, precipitação, etc, e a radioatividade no complexo Ag*-Ac e no Ag livre é determinada (Fig. 23.4 C). Pode-se facilmente calcular o Ag natural presente no início da reação. Controles de Ag* marcados e Ac, em diversas concentrações, são incluídos. Pode-se, ainda, fazer "curvas de calibração", usando quantidades conhecidas dos participantes do processo.

Exemplo - Quando se adiciona um potente anticorpo contra a insulina, a um sistema biológico, a insulina liga-se a esse anticorpo. Quando se acrescenta insulina marcada (radioativa) ao sistema, antes da adição do anticorpo, a insulina compete com a insulina natural pelo anticorpo. Se houver muita insulina natural, o anticorpo captará menos insulina radioativa, e vice-versa. Pela determinação da radioatividade na insulina livre, e na insulina ligada ao anticorpo, pode-se calcular a insulina natural.

O RIA é um método indispensável na pesquisa e na obtenção de dados diagnósticos. Sua única limitação em Biossistemas, se refere à sua capacidade de determinar a concentração de componentes, que nem sempre, especialmente no caso de polipeptides e prótides, está em relação direta com a sua atividade biológica.

1.4. Datação Radioisotópica

Determinar a data de eventos históricos é imprescindível na ciência. Através do decaimento radioativo pode-se determinar datas com precisão. Um dos elementos usados é o ^{14}C, que tem especial interesse biológico, porque participa do ciclo do carbono em seres vivos.

O carbono 14 é continuamente formado na atmosfera pelo bombardeamento do nitrogênio por nèutrons cónicos, e como CO_2 é absorvido pelas plantas, ingerido pelos animais, etc. Assim, cada ser biológico recebe sua cota de ^{14}C durante seu período de vida. Após á morte, a incorporação cessa, e o carbono radioativo começa a se decompor, sem ser reposto. A contagem em espécimes atuais e antigos permite calcular o tempo decorrido pelo decaimento radioativo medido.

Exemplo - Carbono atual tem cerca de 13 dpm.g^{-1}. Se a amostra fóssil é encontrada com 6,5 dpm.g^{-1}, passou-se uma meia vida, ou ap. 5.600 anos. Se a amostra tem 3,2 cpm.g^{-1}, teremos duas $t_{1/2}$ (meias vidas), e portanto, cerca de 11.000 anos.

Outros radionuclídeos podem ser usados, e datação de rochas, meteoritos e material lunar têm sido feitos.

O cálculo rigoroso da idade do material é feita pelas fórmulas de decaimento radioativo. (V. LC-20 de Radioatividade).

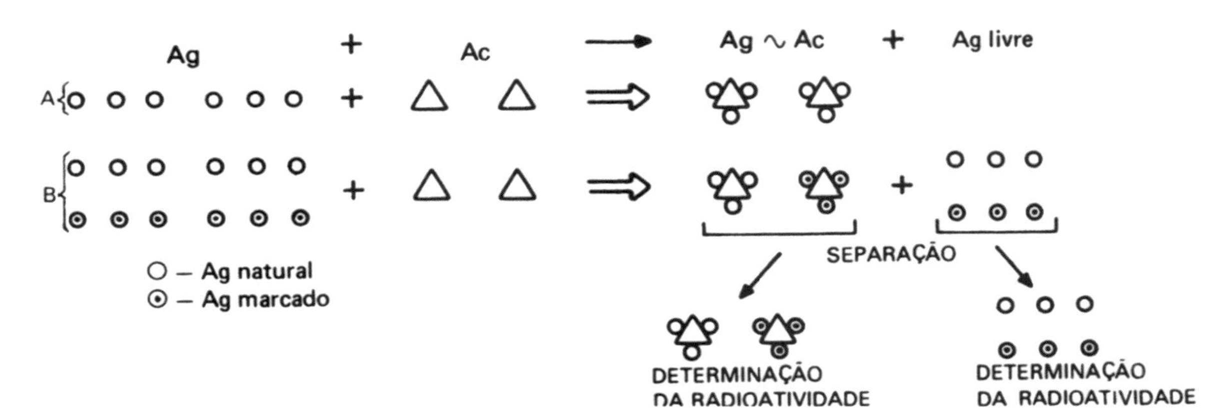

Fig. 23.4 - Princípio Geral do Radioimunoensaio (V. Texto).

1.5. Auto-radiografía

Pode ser feita em escala macro ou micro. Na escala macro, pode-se obter impressão fotográfica até do corpo inteiro, de ossos, órgãos, etc. Problemas de ossificação podem ser acompanhados pela auto-radiografía de ossos, ou dentes, usando ^{45}Ca. A auto-radiografia de frações separadas cromatografica ou eletroforeticamente, indica onde houve incorporação de radionuclídeos ou radiocompostos. Esse método pode indicar a neoformação de componentes biológicos.

Em escala micro, a confirmação da hipótese da duplicação de DNA foi obtida por esse método: Células foram incubadas em meio contendo ^{3}H-Timidina, retiradas e tratadas por colchicina. Essa substância bloqueia a divisão celular sem impedir a duplicação do DNA. As células foram colocadas em lâminas de microscopia e feita a auto-radiografia (V. Fig. 20.14, Radioatividade). Na primeira geração, as duas cadeias eram, como esperado, radioativas. Na segunda geração, o DNA tinha uma cadeia radioativa associada a outra não radioativa. Isso mostra que a duplicação se faz por replicação, i.e., forma-se uma réplica de cada cadeia-modelo.

Incorporação de ^{59}Fe em depósitos orgânicos pode ser seguida pela auto-radiografia. O caramujo *B. glabrata* tem um depósito nos ovócitos, para nutrir os caramujinhos, e outro depósito geral no hepatopâncreas. Em ambos órgãos, a molécula depósito é a Ferritina.

Trício, ^{3}H, com sua energia β^- de 0,019 MeV, permite uma discriminação geográfica de 50 a 100 nm (0,5 a 1 μ). Com auxílio da microscopia eletrônica, pode-se determinar se a radioatividade se origina de estruturas subcelulares, como a membrana.

1.6. Radiação $\times$ e γ

As radiações $\times$ podem ser usadas como instrumento analítico no estudo da estrutura terciária e quaternária de proteínas: é a técnica conhecida como difração de Rx. Um fino feixe de Rx monocromático incide sobre um cristal de proteína, e se difrata. A imagem difratada permite conhecer a posição dos obstáculos (átomos e moléculas) que causam essa difração. A estrutura terciária e quaternária da hemoglobina, a estrutura terciária da lisozima da clara do ovo de galinha, já e conhecida em seus detalhes. Esse método consegue mostrar as mínimas mudanças de conformação que a oxiemoglobina sofre quando se deoxigena.

O uso de finos feixes de Rx ou γ, de apenas alguns Angstrons de diâmetro, permite ao pesquisador irradiar estruturas subcelulares, e estudar até as funções de vírus.

Mutações genéticas são facilmente induzidas pelas radiações, e esses feixes podem irradiar cromossomas individualmente, fornecendo indicações de seu conteúdo de informação. A relação entre estruturas celulares e função biológica, pode ser obtida. Estudo espetacular foi feito com o fago T_1, cujos resultados estão na Fig. 23.5.

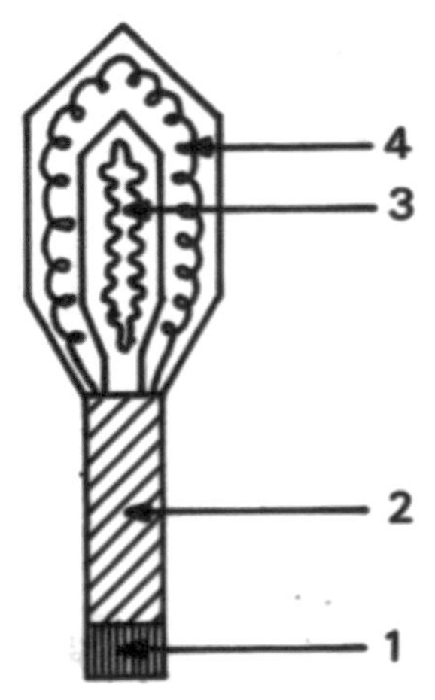

Fig. 23.5 - Representação Esquemática do Fago T_1. 1 - Unidade de Fixação e Penetração na Célula; 2 - Unidade que mata as células; 3 - Unidade de Reprodução do Fago; 4 - Unidade Sorológica.

Quando o fino feixe de raios $\times$ ou radiação γ é feito incidir em 1, o fago perde a capacidade de penetrar na célula, mas se for colocado lá dentro, se desenvolve, replica, conserva suas propriedades antigênicas e mata a célula hospedeira. Se a parte 2 for irradiada, o fago penetra, se reproduz, tem suas propriedades antigênicas, mas não destrói a célula hospedeira. Se a irradiação é em 3, ele perde apenas a capacidade de replicação, e se em 4, perde somente as propriedades antigênicas.

A microrradiografia usando Rx, onde o espalhamento do feixe é usado para aumentar a imagem, tem ainda aplicações no estudo de microestruturas vegetais e de pequenos animais.

2. Uso Diagnóstico

Fornece informações que nem sempre poderiam ser obtidas por outros processos. Entre os principais métodos, temos:

2.1. Função Tireoidiana

O princípio do método baseia-se na faculdade que tem a tireóide de absorver, e concentrar substâncias radioativas que são introduzidas na circulação. Entre essas está o ^{131}I e o $^{99}Tc^m$. O iodo radioativo participa naturalmente do metabolismo, e reflète, pela sua captação e incorporação à triiodotironina (T_3) e tetraiodotironina (T_4), o estado metabólico da tireóide. Em casos de hipotireoidismo, a captação é diminuída, em casos de hipertireoidismo, a captação é acima do normal. Usando-se um fotocintilador, é possível obter uma imagem das partes funcionais da tireóide (Fig. 23.6). A imagem normal é de uma glândula difusa (Fig. 23.6 A). Podem aparecer nódulos captantes, i.e., que apresentam nível maior de radioatividade (Fig. 23.6 B). Esses "nódulos quentes" são normais ou hiperfuncionantes.

Nódulos "frios", i.e., não captantes, podem indicar neoplasias: o tecido é de células muito jovens, incapazes de captar iodo (Fig. 23.6 C).

Com ^{131}I, 10 μCi são suficientes para os testes de captação, T_3 e T_4. Com 40 a SO μCi, é possível fazer o cintigrama. O paciente ingere a dose de ^{131}I, e após algumas horas retira-se sangue para determinar o nível de T_3 e T_4 no plasma, e determina-se a captação (número de contagens) e o cintigrama (imagem) da tireóide. Usando-se o $^{99}Tc^m$ a dose é maior, de 1 a 10 μCi, mas a $t_{1/2}$ é de apenas 6 horas, e a irradiação é pequena. Com $^{99}Tc^m$ obtém-se apenas a captação e imagem da glândula.

Muitas outras provas funcionais podem ainda ser feitas com a tireóide.

2.2. Função Renal

O uso de substâncias que possuem limiar renal baixo (são rapidamente excretadas pelo rim), marcadas com radioisótopos, é um meio de explorar a função renal. O o-iodoipurato ^{131}I, injetado endovenosamente na dose de 0,2 $\mu Ci,Kg^{-1}$ de massa corporal, permite obter um renograma (curva de excreção renal), (Fig. 23.7 A). Quando um dos rins não está excretando normalmente, a curva de excreção indica claramente a deficiência (Fig. 23.7 B). O cintigrama renal também pode ser obtido (Fig. 23.7 C) quando se usa um diurético mercurial como o ^{203}Hg-Clormerodrin, que permanece nos tecidos. Também o ^{197}Hg como radionuclídeo fornece cintigramas renais.

2.3. Função Hepática

O uso de substâncias que são excretadas (o corante Rosa Bengala ^{131}I) ou captadas (ouro coloidal ^{198}Au) fornecem cintigramas hepáticos. O corante Rosa Bengala é rapidamente excretado, e fornece, inclusive, imagem da vesícula biliar. O estudo com esse corante é mais relacionado à função hepática. As partículas do ouro coloidal são

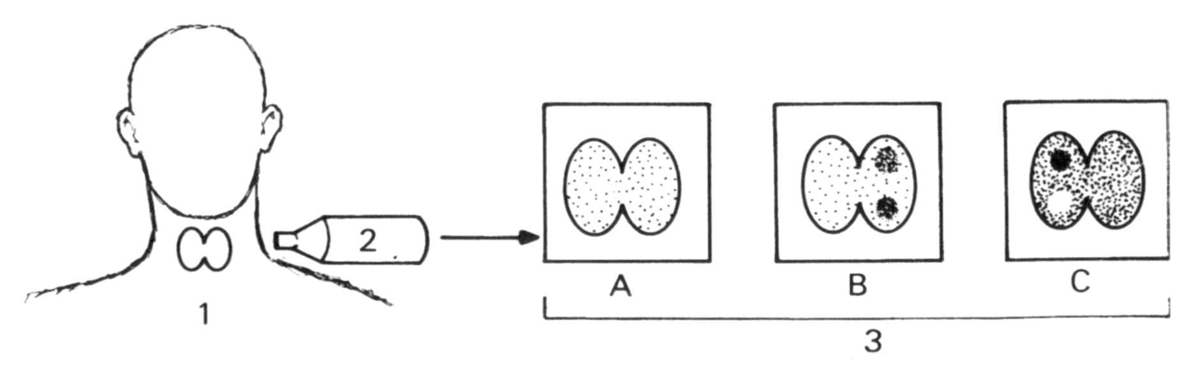

Fig. 23.6 – Cintigrafia da Tireóide. 1 – Tireóide com dois nódulos radioativos. 2 – Colimador – Detetor. 3 – Registrador, vendo-se as imagens dos nódulos.

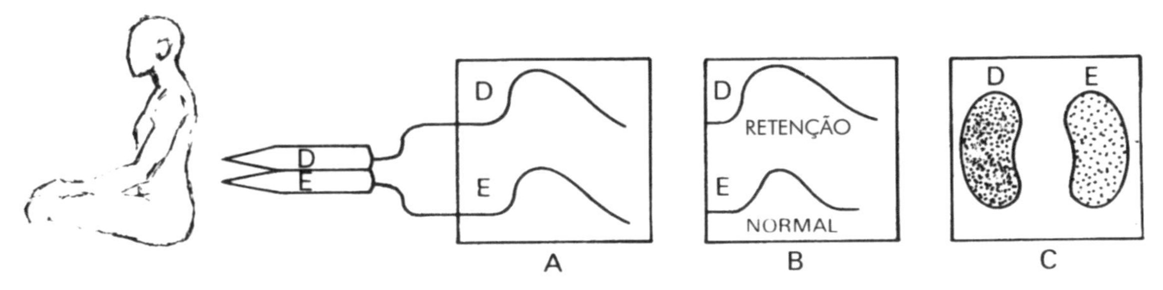

Fig. 23.7 – Renogramas. A – Fluxograma normal; B – Fluxograma patológico; C – Cintigrama normal corn clormerodrin – ^{203}Hg (V. texto).

fagocitadas pelas células do sistema retículo-histiocitário, e fornecem uma imagem mais relacionada a esse tecido, no fígado.

O sulfeto de tecnécio ^{99}m ($^{99}Tc^{m}S$) também fornece imagens hepáticas. Outro indicador é o $^{133}In^{m}$ coloidal. Esses estudos indicam deficiências na função hepática, obstrução das vias biliares, tumores intra-hepáticos e outros estados patológicos.

2.4. Estudos do Cérebro

O cintigrama cerebral é hoje facilmente obtido com 10 a 20 mCi de $^{99}T/c^{m}$. Quando a excreção renal é bloqueada com outro diurético renal (mercuridrin, p. ex.), e ^{203}Hg-clormerodrin é injetado, ele se acumula no cérebro, e pode fornecer imagens no cintifoto. A presença de tumores, arteriosclerose, e outros estados patológicos é indicada.

2.5. Estudos Hematológicos

Quando se injetam sais de ferro na circulação, o ^{59}Fe é retirado rapidamente da circulação, tendo um $t_{1/2}$ de $\approx$ 90 min. Nos casos de anemia ferropriva (por deficiência de Ferro), o organismo tem grande necessidade desse metal, e o retira rapidamente da circulação para transferí-lo para a hemoglobina: nesses casos, o $t_{1/2}$ cai para $\approx$ 20 a 40 min. Já nas anemias aplásticas (deficiência ou bloqueio de reticulócitos) o ^{59}Fe injetado fica circulando por várias horas, mostrando que é pouco utilizado, devido à baixa da eritropoiese (produção de glóbulos vermelhos).

Hemácias podem ser marcadas com Cromo 51. Retira-se uma amostra de sangue do próprio paciente, e esta é incubada a 37°C em presença de $_{51}$Cr, que se liga à hemoglobina dos eritrócitos. Esses glóbulos são reinjetados, e seu desaparecimento pode ser determinado por várias semanas, retirando-se pequenas amostras de sangue e contando a radioatividade. A meia vida de hemácias normais é $\approx$ 110 dias. Em casos de anemia hemolítica, o tempo é obviamente muito menor porque as hemácias vão sendo rapidamente destruídas. Esse método permite ainda determinar com precisão o volume do comportamento sanguíneo. (Veja adiante).

O uso de Cianocobalamina (Vit. B_{12}) marcada com ^{60}co permite o estudo da anemia perniciosa, por deficiência desse fator.

2.6. Determinação dos Compartimentos Biológicos

O conhecimento do volume dos compartimentos **intracelular**, **extracelular** e **vascular** é extremamente importante, especialmente em casos cirúrgicos e de pesquisa.

O princípio do método é a diluição em volume: o radioisótopo em volume e atividade conhecidos, é diluído em volume desconhecido. Calcula-se a nova atividade, e obtém-se o novo volume. O volume do compartimento vascular é obtido injetando-se substâncias marcadas que não extravasam, i.e., não deixam o compartimento vascular. São geralmente substâncias de alto peso molecular (albumina marcada com ^{131}I ou radioalbumina), ou eritrócitos marcados com ^{51}Cr ou ^{59}Fe. Pela determinação do hematócrito (relação volume glóbulos/volume plasmático), pode-se calcular o volume total de sangue, plasma e glóbulos. Esses valores são frequentemente necessários em clínica e cirurgia (Fig. 23.8). O $^{133}In^{m}$ se liga diretamente à albumina e facilita a determinação do volume vascular. Usa-se a relação:

$$V_2 = \frac{A_1 \times V_1}{A_2}$$

O volume do compartimento extracelular é obtido usando-se substâncias que se distribuem entre o compartimento vascular e o extracelular, mas não penetram na célula. A antipirina é uma dessas substâncias. É necessário determinar o volume vascular, e subtrair esse valor do total.

O volume do compartimento celular pode ser determinado com água triciada.

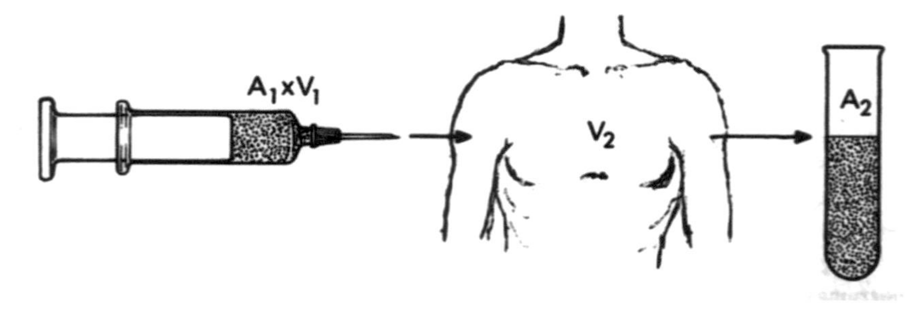

Fig. 23.8 – Determinação de Compartimentos Biológicos.

2.7. Uso Diagnóstico das **Radiações**

(Veja Radiações Ionizantes e Excitantes).

3. Uso Terapêutico de Radioisótopos e Radiações

De acordo com o procedimento usado, os métodos são:

a) Contatoterapia

Radioisótopos aplicados "in situ", ou bem próximos a lesões patológicas.

b) Teleterapia

A implantação de agulhas de Rádio (^{226}Ra) ou Cobalto (^{60}Co) em tumores é empregada para o tratamento de neoplasias. Implantes de emissores de γ (^{60}Co, ^{192}Ir e ^{198}Au) ou de emissores de β (^{32}p, ^{90}Sr e $^{90}\gamma$), são também usados. As partículas β do ^{32}p são muito energéticas, e penetram até 5 mm em tecidos moles.

Outro processo consiste na administração de radionuclídeos ou radiocompostos, por injeção ou ingestão. Nesses casos, a concentração diferencial em determinados órgãos ou tecidos, favorece a ação da radioatividade. O tratamento do hipertireoidismo pela **supressão radioativa** com altas doses de ^{131}I é um desses processos: o paciente ingere 4 a 10 mCi de ^{131}I, que se concentra na tireóide e destrói o tecido hiperplásico. Câncer da tireóide pode ser tratado com doses de 100 a 150 mCi de Iodo-131. Os pacientes, em ambos os casos, são verdadeiras fontes de irradiação, e devem ficar isolados até o decaimento da radioatividade. Esse processo é usado com outros radioisótopos em lesões do cérebro, peritônio, etc, mas com menos sucesso do que no caso da tireóide.

A teleterapia tem duas fontes úteis de emissão: aparelhos de frenagem de elétrons (Rx), ou radionuclídeos (R γ). Em ambos os casos, as lesões são diretamente expostas a doses de radiação. Essas doses são calculadas com base na experiência acumulada de anos de uso. As máquinas usadas são aparelhos de Rx convencionais, aceleradores lineares de elétrons, etc. Entre os radioisótopos Rγ para uso prático, estão a ^{60}Co e ^{137}Cs.

Radiações ultravioleta são também usadas em algumas afecções da pele. Infravermelho é também usado como fonte de calor, em certas condições. (Veja Radiações Ionizantes e Excitantes).

4. Uso Ecológicode Radioisótopos e Radiações

As aplicações ecológicas são inúmeras. Entre elas, pode-se estudar a migração da fauna, marcando-se indivíduos da mesma espécie. O controle populacional de insetos sazonais pode ser feito pela introdução de machos esterilizados por radiações. Esses machos não se reproduzem, mas competem com os machos férteis, e a população cai. Estudo da distribuição e hábitos de insetos, e outros animais vetores de moléstias infecciosas, pode ser facilmente feito pela marcação de espécimes. Os espécimes marcados são facilmente localizáveis nas florestas e habitats.

O controle da poluição por material orgânico em rios e lagoas pode ser feito pela contagem de pulsos do ^{14}C. Material orgânico é colhido, carbonizado, e a proporção de pulsos por minuto para o carbono é determinado. Se o nível é 13 cpm.g^{-1} de carbono, a matéria orgânica é atual, não há poluição. Por outro lado, petróleo, carvão, etc., que são antigos, irão produzir menor número de contagens. Quanto mais próximo de zero, maior é a poluição (reveja datação pelo ^{14}C).

E) Radioisótopos e o Estado Estacionário em Biologia

Uma das mais importantes informações fornecidas pelos métodos radioisotópicos foi a da constante troca metabólica dos constituintes. Desde o estabelecimento do conceito moderno de ser vivo, acreditava-se que as substâncias constituintes das estruturas permanentes eram também permanentes, e não eram substituíveis. Apenas o metabolismo energético era feito através de moléculas que se substituíam. Com o uso primeiro de isótopos não-radioativos, ^{18}O e ^{15}N, e depois com o uso de vários radioisótopos, estabeleceu-se que todas as moléculas biológicas, até mesmo o colágeno, são perecíveis, e necessitam ser trocadas. Algumas possuem meia vida curta (enzimas, hemoglobinas), outras possuem meia vida longa. De um modo geral, as proteínas funcionais, enzimas e outras, possuem meia vida curta, de alguns dias. Proteínas estruturais possuem meia vida longa, de vários meses. A hemoglobina humana tem meia vida de 110 dias, o que significa que nesse período, 50% da hemoglobina deve ser renovada.

A importância dessa comparação foi estabelecer definitivamente o conceito de que, nos seres vivos, prevalece o estado estacionário, e não o equilíbrio dinâmico. (V. TD).

Atividade Formativa 23 – AT – 23

Proposições:

01. Explicar porque os isótopos, radioativos ou não, permitem estudar processos biológicos.

02. Por que os radioisótopos apresentam vantagem enorme em relação aos isótopos não radioativos?
03. Citar as duas formas de radioisótopos usados em biologia, com 2 exemplos de cada.
04. Qual é o princípio do uso de radioisótopos e radiossubstâncias em biologia? (até 20 palavras).
05. Uma reação com ^{1}H ocorre com velocidade igual a 3, com ^{2}H ocorre com velocidade igual a 5,8. Você acha que o Hidrogênio participa da reação? Explique.
06. Em qual dupla de isótopos o efeito de massa é mais acentuado?
^{12}C e ^{14}C ^{125}I e ^{131}I
Dar uma resposta quantitativa.
07. As radiossubstâncias são mais ( ) menos ( ) estáveis que as não-radioativas.
08. Um pesquisador usa uma toxina marcada radioisotopicamente. Se o processo de marcação é trabalhoso, você acha que ele deveria preparar uma grande quantidade de cada vez? Discutir a resposta.
09. Compare as energias e o $t_{1/2}$, e escolha o radioisótopo que menos danifica os compostos marcados:
^{3}H, ^{125}I ^{131}I
10. Descrever o princípio da diluição isotópica (até 30 palavras).
11. Assinale as causas de erro na diluição isotópica (sim ou não)
1. A quantidade de radioisótopo é pequena em relação ao isótopo que se determina ( );
2. A quantidade de radioisótopo acrescentada é mal conhecida ( );
3. A mistura entre o radioisótopo e o isótopo não radioativo não se faz completamente
4. A mistura é completa, mas a extração da dupla é incompleta ( );
5. Há perda da substância na extração ( ).
12. Dar-o conceito de meia-vida biológica (até 30 palavras).
13. Glicose marcada foi adicionada a uma suspensão de células, e após 8 horas, sua concentração era 25% do original. Qual a $T_{1/2}$ da glicose nesse sistema?
14. Um paciente tomou uma dose de ^{131}I, e ao fim de 12 dias, a atividade residual na tireóide era de 13%. Calcular o $T_{1/2}$ biológico do iodo na tireóide. Usar correção para o decaimento radioativo.
15. Para determinar Zinco em 100 ml de um extrato de pâncreas, a 2,5 ml da solução foram acrescentados 30.000 cpm de ^{65}Zn, e feita uma extração com ditizona em clorofórmio (o Zn é quelado, formando cor violeta). A determinação do Zn mostrou 5,2 mg e a contagem do ^{65}Zn indicou 1.500 cpm. Calcular a concentração de Zn na solução original.
16. Adenina ^{14}C (MM = 137 dáltons), com atividade específica de 50 $mCi.mmol^{-1}$, é diluída com adenina não radioativa e a a_m cai para 2,0 mCi. $mmole^{-1}$. Qual a quantidade de adenina não-radioativa que existia na amostra original? Calcular em mmoles, mg e %.
17. Metionina marcada com ^{35}S é injetada em ratos, e aparecem cisteína e cistina com ^{35}S. Se, porém, cisteína ^{35}S, ou cistina ^{35}S são administrados, não aparece metionina ^{35}S. Que se pode concluir com relação aos caminhos metabólicos existentes? Qual aminoácido você considera como essencial?
18. Uma quantidade de ^{24}Na em 1,0 cm^3 com 500.000 cpm foi injetada em sistema biológico, e as contagens caíram para 1250 cpm. Qual o volume do sistema biológico?
19. Em um teste de RIA, não se encontrou Ag* livre. Que você pode supor em relação à concentração do Ag que está sendo determinado?
20. Um fóssil mostrou uma contagem de 3,37 $dpm.g^{-1}$ de ^{14}C. Sabendo-se que o conteúdo atual é 13,5 $dpm.g^{-1}$, e a meia-vida de ^{14}C é 5.600 anos, calcular a idade aproximada do fóssil.
21. Adenina ^{3}H é incorporada a um extrato celular. Que estruturas você espera que apareçam marcadas em uma auto-radiografia?
22. $Rádio^{288}$ é administrado a um rato. Depois de 10 dias, o animal é sacrificado, fixado em formol, e secções do corpo do animal são submetidas a uma auto-radiografia com filme fotográfico. Que partes você espera mostrar grande intensidade de radiação?
23. Descrever o uso de radioisótopos em testes de: 1) Função tireoidiana; 2) Função renal; 3) Hematologia.
24. Descrever o uso de radioisótopos e indicações para fins ecológicos.

GD– Radioisótopos e Radiações, como um todo.

TL– Conforme as disponibilidades da Instituição.

Objetivos Específicos do Capítulo 23

1. Descrever as duas formas usuais das preparações de radioisótopos.
2. Enunciar o princípio fundamental do uso de radioisótopos.
3. Explicar o efeito isotópico de massa.
4. Justificar os danos radioativos em biomoléculas marcadas.
5. Conceituar diluição isotópica.
6. Conceituar e dar exemplos da meia-vida biológica ($T_{1/2}$) de um radioisótopo.
7. Dar exemplos do uso analítico de radiações.
8. Resolver problemas simples de diluição isotópica.
9. Citar exemplos de estudos metabólicos e de transporte.
10. Exemplificar por meio de diagramas o princípio do Radioimunoensaio.
11. Conhecer o princípio da datação radioisotópica de biossistemas, e fazer cálculos simples da idade de espécimes.
12. Citar 3 exemplos do uso analítico de Rx ou Ry.
13. Descrever sucintamente o uso de radioisótopos para explorar a função tireoidiana, renal, e hepática.
14. Dar exemplos do uso de radioisótopos para estudos hematológicos.
15. Descrever como a radioalbumina pode ser usada para determinar o compartimento vascular.
16. Descrever o uso terapêutico das radiações e radioisótopos.
17. Descrever a importante contribuição da radioisotopia para a comprovação do regime estacionário em biossistemas.

Apêndice 1

Grandezas Fundamentais e Derivadas – Sistemas de Unidades

Para quantitar as Grandezas Fundamentais e Derivadas é necessário usar "padrões de referencia", que são as unidades de medida. O SI (Sistema Internacional) é oficial, e deve ser usado na Ciencia e Tecnologia. O SI é um sistema coerente (homogêneo), o que significa que suas unidades podem ser operadas algebricamente. Em Biologia, usa-se muito também o MKS e o CGS. Infelizmente, além desses sistemas que são coerentes, usam-se também sistemas incoerentes, (inhomogêneos), onde se vêm unidades mistas de toda sorte. Esse hábito condenável é justamente muito peculiar aos Biólogos.

O Sistema Internacional SI

Esse sistema possui sete unidades básicas, e atribui uma UNIDADE a cada Qualidade ou Grandeza: (Quadro I). As Unidades derivadas estão no Quadro II.

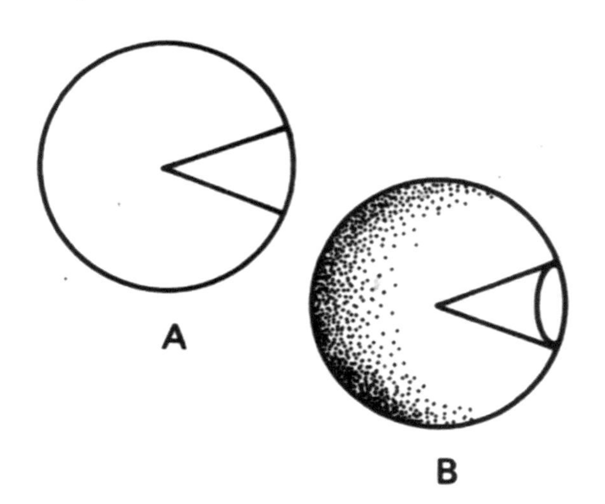

Fig. 1 – O Radiano (A) e o Estereorradiano (2).

Quadro I
Unidades Básicas do SI

Qualidade	Dimensão	Nome da Unidade	Símbolo
Espaço	L	Metro	M
Massa *	M	Kilograma	Kg
Tempo	T	Segundo	s
Energia (corrente elétrica)	I (E)	Ampère	A
Energia (Temperatura Termodinâmica)	θ (E)	Grau Kelvin	K
Energia (Itensidade luminosa)	ϕ (E)	Candela	cd
Quantidade* de substância	N	Mole	mol

* M é medida pela quantidade de matéria e N pelo número de partículas de mesma qualidade. Veja exemplos neste texto.

Existem ainda duas unidades adimensionais, i.e., sem dimensões, que são: 1 – O radiano, abreviadorad, é o ângulo plano unitário, 2 – O esterorradiano, abreviado sr, que é o ângulo sólido (tridimensional) unitário.

Como já dissmos, o SI é um sistema coerente de unidades, i.e., o produto ou quociente de duas unidades é a Qualidade Derivada resultante. Assim, dividir Espaço pelo Tempo resulta em Velocidade, etc., conforme mostrado em vários exemplos deste livro. Algumas dessas unidades derivadas (atualmente 17), possuem nome e símbolos oficialmente aprovados, e estão no Quadro II, a seguir:

QUADRO II
Unidades do SI

Qualidade	Definição	Fórmula Dimensional	Nome da Unidade	Símbolo	Unidades Componentes	Fórmula SI
Densidade	Massa/Volume	ML^3	–	d	Kg/metro^3	m-^{3}kg
Velocidade	Espaço/Tempo	LT^1	–	v	metro/seg.	m.s-^{1}
Aceleração	Velocidade/Tempo	LT^2	–	a	Metro/seg.^{2}	m.s-^{2}
Força	Massa x Aceleração	LMT^2	newton	N	Kg × metro / (segundo)^2	m.kg.s-^{2}
Pressão (1)	Força/Área Energía/Volume	L^1MT^2	pascal	Pa	newton/m^2	m^{-1}.kg.s-^{2}
Energia Tabalho Quant. calor	Força x Distância	L^2MT^2	Joule	J	newton x m	m^{2}kg.s-^{2}
Potencia Fluxo e Radiano	Energia/Tempo	L^2MT^3	Watt	W	Joule.s^{-1}	mkgs-^{3}
Potencial Elétrico	Potência / Corrente Elétrica	L^2MT^3I	volt	V	watt.ampère^{-1}	m^{2}kg.s-^{3}A^{-1}
Resistência Elétrica	Potencia E / Corrente E	$L^2MT^3I^{-1}$	ohm	Ω	volt.ampère^{-1}	m^{2}kg.s-^{3}A^{-2}
Condutância Elétrica	Corrente E / Potência E	$L^{-2}M^{-1}T^3I^2$	siemens	S	ampère.volt^{-1}	m^{-2}kg^{-1}s^3.A^2
Carga Elétrica Quantidade Eletricidade	Corrente E x Tempo	TI	coulomb	C	ampère.seg.	A.s
Capacidade Elétrica	Carga E / Potencial	$L^{-2}M^{-1}T^4I^2$	farad	F	coulomb.volt^{-1}	m^{-2}kg-^{1}s^{4}A^2
Fluxo Magnético	Potencial E / Tempo	$L^2MT^2I^{-1}$	weber	Wb	volt.s^{-1}	m^{2}kg.s^{2}A^{-1}
Indutância	Fluxo Magnético / Corrente E	$L^2MT^2I^{-2}$	henry	H	weber. ampère^{-1}	m^{2}kg.s^{-2}A^{-2}
Densidade Fluxo Magnético Indutância Magnética	Fluxo Magnético / Corrente E	MTI^{-1}	tesla	T	weber.metro^{-2}	kgs-^{2}A^{-2}
Fluxo luminoso	Candela x Estereorradino		lúmen	lm		cd.sr
Iluminancia	Lúmem/m^2		lux	lx		1m.m^{-2}
Atividade Radionuclídeo	Desintegração / Tempo	d.T^{-1}	becquerel	Bq	d.s^{-1}	d.s^{-1}
Frequência Fenômeno Periódico	1 / Tempo	T^{-1}	hertz	Hz	s^{-1}	s^{-1}
Dose Absorvida de Radiação	Joule / Massa	L^2T^{-2}	gray	Gy	Joule.kg^{-1}	m^2.s^{-2}

As unidades são quase sempre usadas em seus múltiplos ou submúltiplos, e uma tabela dos nomes, símbolos e valores, está no Quadro III.

Assim, um kilograma são 10^3 gramas, um miligrama são 10^{-3} gramas, um kilômetro são 10^3 metros, um milímetro 10^{-3} metros, um MeV é 1 milhão (10^6) elétron-volts, etc.

QUADRO III
Prefixos para o SI

Múltiplos			Submúltiplos		
Prefixo	**Símbolo**	**Fator**	**Prefixo**	**Símbolo**	**Fator**
exa	E	10^{18}	mili	m	10^{-3}
peta	P	10^{15}	micro	μ	10^{-6}
tera	T	10^{12}	nano	n	10^{-9}
giga	G	10^9	pico	p	10^{-12}
mega	M	10^6	femto	f	10^{-15}
kilo	K	10^3	atto	a	10^{-18}

Apêndice 2

Conversão de Unidades

Unidades Usadas em Biologia – Para completar o SI, vamos considerar algumas das unidades usadas em Biologia, e fatores de conversão para outros Sistemas.

Espaço (L)
Unidades de Comprimento (L), Área (L^2) e Volume (L^3)

Unidade	**Símbolo**	**Valor em Relação ao Metro**	**Observações**	**Unidade**	**Símbolo**	**Valor em Relação ao Metro**	**Observações**
metro	m	1	Unidade Básica	milímetro	mm	10^{-3}	
centímetro	cm	10^{-2}	SI	micrômetro	μ	10^{-6}	Recomendada
			Muito usada	nanômetro	nm	10^{-9}	Usada em
			em geral	Angstrom*	A	10^{-10}	óptica
			Unidade Básica CGS				

* – Unidade não oficial.

Para converter uma unidade na outra, basta usar os valores em relação à unidade básica.

As medidas de Área (L^2) e Volume (L^3), são simplesmente o quadrado e o cubo das dimensões lineares.

Massa (M)

Unidade	Símbolo	Valor em Relação ao grama	Observações
kilograma	kg	10^3	Unidade Básica SI
grama	g	1	Unidade Básica CGS
miligrama	mg	10^{-3}	Notar que os prefixos têm valor indicado somente
micrograma	Mg	10^{-6}	quando o grama é tomado como Unidade.
nanograma	ng	10^{-9}	
picograma	Pg	10^{-12}	Muita atenção para isto.
dálton	—	$1{,}67 \times 10^{-24}$	Usado para massa molecular. Massa de 1 átomo de
		Valor em relação ao mol	H em gramas.
kilomol	Kmol	10^3	$6{,}02 \times 10^{26}$ partículas
mol	Mol	1	$6{,}02 \times 10^{23}$ partículas
milimol	mmol	10^{-3}	$6{,}02 \times 10^{20}$ partículas

Tempo (T)

Unidade	Símbolo	Valor em Relação ao	Observação
segundo	s	1	Básico em todos os sistemas
milisegundo	m	10^{-3}	
microsegundo	μs	10^{-6}	

Densidade (ML^{-3})

Unidade	Símbolo	Fórmula	Valor em Relação a $kg.m^{-3}$
kilograma por metro cúbico	d	$kg.m^{-3}$	1
grama por centímetro cúbico	d	$g.cm^{-3}$	10^{-3}

A densidade da água, d = lg.cm^{-3}, um grama por centímetro cúbico, corresponde a d = 1 x 10^3 kg.m "3 ou a mil kg por metro cúbico.

Velocidade (LT-1)

Unidades Lineares	Símbolo	Fórmula	Valor em Relação ao m.s-	Observações
metro por segundo	v	$m.s^{-1}$	1	Velocidade linear. Para velocidade angular a unidade é: $rad.s^{-1}$ e portanto L^0T^{-1} equivale à frequência
centímetro por segundo	v	$cm.s^{-1}$	10^{-2}	
milímetro por segundo	v	$mm.s^{-1}$		
Angulares				
Velocidade anular	GD	$g.cm^{-3}$	10^{-3}	

Aceleração (LT^{-2})

Unidades	Símbolo	Fórmula	Valor em Relação ao $m.s^{-2}$	Observações
metro por segundo ao quadrado	a	$m.s^{-2}$	1	Aceleração linear.
centímetro por segundo ao qudrado	a	$cm.s^{-2}$	10^{-2}	Acel. radial: $rad.s^{-2}$ (L^0T^{-2}) Não recomendável

A aceleração da Gravidade (na Terra) é 9,8 $m.s^{-2}$ ou 980 $cm.s^{-2}$

Força (LMT^{-2})

Unidades	Nome	Símbolo	Fórmula	Valor em Relação ao Newton	Observações
kilograma vezes $metro.s^{-2}$	newton	N	$m.kg.s^{-2}$	1	Não recomendável
gramas vezes $centímetro.s^{-2}$	dine	–	$cm.g.s^{-2}$	10^{-5}	

Pressão ($L^{-1}MT^{-2}$ e outros)

Unidades	Nome	Símbolo	Fórmula ou Definição	Valor em Relação ao pascal
newton sobre metro^{-2}	pascal	Pa	$m^{-1}kg.s^{-2}$	1
dine sobre cm^{-2}	microbar	μbar	$cm^{-1}g.s^{-2}$	10^{-1}
atmosfera	–	atm	peso coluna Hg de	1,01 x 10^5
mm Hg	Torr	mmHg Torr	760 mm de altura	1,33 x 10^2
mm H_2O	–	mmH_2O	1/760 Atm	9,8
			Peso coluna de H_2O de 1 mm altura	

Energia ou Trabalho (LM^2T^{-2} e outras)

Unidades	Nome	Símbolo	Fórmula	Valor em Relação ao Joule
kg x metro.s^{-2} vezes metro	Joule	J	$m^2.kg.S^{-2}$	1
grama x cm.s^{-1} vezes cm	erg	–	$cm^{-2}.g.S^{-2}$	10^{-7}
Caloria 15°		cal		4,185
eletrovolt		eV		1,6 x 10^{-19}

Regras Simples para Operar com Dimensões e Unidades

1. Para Adição e Subtração de Unidades, deve-se usar exclusivamente as mesmas dimensões: Espaço + Espaço (L + L), Velocidade + Velocidade (LT^{-1} + LT^{-1}). (Força) – (Força); (Energia) + (Energia) etc.
   O resultado tem a mesma dimensão.
   Não é permitido operar (Força) + (Energia) ou (Velocidade) – (densidade), etc.
2. Para Multiplicação e Divisão, pode-se usar quaisquer Dimensões, que se reforçam ou se cancelam, conforme os expoentes que possuem. Basta somar algebricamente os expoentes. Assim, Espaço dividido pelo Tempo é velocidade ($V = LT^{-1}$). Força (LMT^{-2}) multiplicada pelo Espaço (L), é Trabalho ($L^2 MT^{-2}$).
   É lógico que nem sempre o resultado representa alguma dimensão válida.
3. Números puros são adimensionais.
4. Unidades, usar sempre as mesmas.

Apêndice 3

Constantes Universais e Outras Constantes

Existem três tipos de constantes:

1. Constantes físicas – Sempre Dimensionais.
2. Constantes matemáticas – Sempre Adimensionais.
3. Constantes biológicas – Sempre valores estatísticos, i.e., flutuam entre determinados limites, e por isso são chamadas de falsas constantes. Podem, ou não, ter Dimensões.

Algumas constantes de interesse geral, são:

1.

Constantes Físicas	**Símbolo**	**Valor Numérico apr.**	**Unidades SI**	**Dimensões**
1. Gravitacional	G	$6{,}7 \times 10^{-11}$	$N.m^2.kg^{-2}$	
1.1 — Aceleração Padrão da G	g	9,81	$m.s^{-2}$	
2. Velocidade luz no vácuo	c	$2{,}99 \times 10^{-8}$	$m.s^{-1}$	
3. Constante Campo E	E_o	$8{,}85 \times 10^{-12}$	$F.m^{-1}$	
4. Constante Campo M	μo	$1{,}26 \times 10^{-6}$	$H.m^{-1}$	
5. Impedância do vácuo	T_o	$3{,}7 \times 10^{2}$	Ω	
6. Volume Molar Gas (condições ideais, NTP)	V_m	$2{,}24 \times 10^{-2}$	$m^3.mol^{-1}$	
		22,4	$m^3.kmol^{-1}$	
		22,4	$litro^{-1}.mol^{-1}$	
7. Constante Universal dos Gases	R	8,31	$J.^ok\text{-}1.mol^{-1}$	
		$8{,}31 \times 10^{3}$	$J.^ok\text{-}1hmol^{-1}$	
		1,98	$cal.^ok^{-1}.mol^{-1}$	
8. Constante Avogadro	N_A	$6{,}02 \times 10^{26}$	$part.kmol^{-1}$	
		$6{,}02 \times 10^{23}$	$part.mol^{-1}$	
9. Constante de Entropia de Boltzman	h	$1{,}38 \times 10^{-23}$	$J.^oK^{-1}$	
10. Carga Elementar	e	$1{,}60 \times 10^{-19}$	$C.part^{-1}$	
11. Constante de Faraday	F	$9{,}65 \times 10^{4}$	$C.mol^{-1}$	
12. Constante de Planck (quantum de ação)	h	$6{,}63 \times 10^{-34}$	J.s	
13. Constante de Massa Atômica	m_u	$1{,}66 \times 10^{-27}$	kg	
		$1{,}66 \times 10^{-24}$	g	
14. Zero Absoluto				
Escala Kelvin	T;°K	0	θ	
Escala Centígrada	t, °C	– 273,16	θ	

2.

Constantes Matemáticas		
Razão entre circunferência e diâmetro do círculo	π	3,1416...
Base logaritmos naturais	e	2,718..
Base logaritmos decimais log = In x 0,4343 In = log x 2,3026	 log In	10

3.

Constantes Biológicas	**Valores Médios**	**Unidades**
Temperatura Humana	36,5	°C
Pressão Arterial, adulto	Max.$1{,}6 \times 10^4$ Min. $1{,}1 \times 10^4$	Pa
Osmolaridade	300	mOsm
pH plasmático	7,40	–
Na^+, plasmático	140	mEq
Densidade, sangue	$1{,}056 \times 10^3$	$kg.m^{-3}$
Viscosidade, sangue	$2{,}8 \times 10^{-3}$	Pa.s

Índice Remissivo

A

Abiótica. síntese 90
Absorção da Luz 185
Aceleração 5
Aceleração Tangencial 14
Aceptor de Elétron 164
Aceptor de Prótons 147
Ácido, Conceito 140
Ácido Fortes e Fracos 141,143
Acomodação, na visão 310
Acústica 323
Aeróbios 265
Aerossol 122
Água, Biofísica da 101, 141
Água e Entropia 104
Água, Propriedades Macroscópicas 101
Água, Propriedades Microscópicas 102
Água, Reabsorção 293
Alavancas 27
Álcalis, conceito 140, 143
Alfa-hélice 92
Alfa, partículas 341, 343, 346
Altura do som 320
Alvéolo Pulmonar 270
Ambiental, radiação 366
Ametropia 313
Aminoácidos, pi 152
Ampère 42
Anaeróbios 265
Aneurisma 249
Anfions 152
Anfipáticas, Substâncias 103
Antibióticos 206
Antidrômica, condução 219
Aparelho Respiratório, Estrutura 269
Área 4
Astigmia, astigmatismo 316
Atividade Específica, de Radioisótopo 353
Atividade Máxima, de Radioisótopo 354
Atividade Radioativa e Unidades de Medida 345
Átomo 79, 339
Átomo-grama 87
Atrito 31
Audição, Biofísica da 321, 327, 332
Audiograma 332
Ausculta 333
Autofluorografia 348
Auto-radiografia 348, 380
Autótrofos 199
Avogadro, n.° de 87

B

Base, conceito 140
Base – Fortes e Fracas 141
Bastonetes, na retina 312
Becquerel, unidade de radioatividade 345
Beta – estruturas 92
Beta, partícula, emissão 341, 343, 347
Bigorna, ossículo do ouvido 328
Bioeletricidade 213
Biomoléculas 89
Blindagem, elétrica 213
Blindagem radioativa 370
Bohr, átomo de 77
Bohr, efeito na hemoglobina 281

C

Calculadora eletrônica, no cálculo de pH 146
Calor 8, 47
Calor específico da água 102
Calor de vaporização da água 102
Campo Elétrico (E) 13, 16
Campo Eletromagnético (EM) 13, 16, 41

Campo Gravitacional (G) 13, 14, 23, 259
Campo Magnético (M) 13, 16
Campo Nuclear (N) 13,* 18
Campo, Teoria do 13
Canais, na membrana 203
Capacidades Pulmonares 271, 274
Capacitancia 43
Capacitores 46
Capilares, forças nos 252
Captura de Elétrons 342
Captura Isomérica 343
Catálise 62
Célula 199
Circulação Sanguínea, Biofísica da 237
Circulação Sanguínea e Campo EM 237
Circulação Sanguínea e Campo G 243, 259
Circulação Sanguínea, Energética da 245, 247
Clatratos 104
CO_2 na respiração 278
Cóclea, no ouvido 330
Comparação de soluções 115
Compartimentação 132, 134
Compartimentação, determinação 133
Complacência pulmonar 275
Compton, efeito 347
Comunicação Interatrial 247
Concentração de Soluções 108
Concentração de Substâncias 179
Condutância 43
Conformação, ativa e inativa 94
Constante do decaimento radioativo 345
Constante de Dissociação 141
Constante de Equilíbrio 139
Constantes 393
Contração Muscular, Biofísica da 225
Contração Muscular, isotônica e isométrica 227
Contra-corrente, mecanismo de, no nefron 296
Cor, dos objetos 176
Cores, na retina 312
Corrente, Volume Pulmonar 272
Correntes elétricas 44
Coulomb 41
Covalente, ligação 80
Crioterapia 52
Cromatografia 187
Cronaxia 221
Curie, unidade de radioatividade 345
Curva Absorção Espectral 178
Curva de Calibração Espectrofotométrica 180
Condução Orto e Antidrômica 220
Condução saltatoria 219

D

Dalton 87
Danos radioativos 376
Decibel 327
Densidade 4
Desidratação 135
Depuração renal 297
Desnaturação de Proteína 94
Detergentes 123
Detetor de cintilação 349
Detetor de ionização 349
Diagnóstico, com radioisótopos 377
Diapasão, teste do 333
Diástole, energética da 250
Diatermia 49
Dielétrica. constante 43
Difusão 125, 130
Difusão facilitada, na membrana 206
Diluição isotópica 377
Dimensão em Biologia 8
Diodo semicondutor 349
Dioptria 305
Dipolos em moléculas 82
Dispersão 121
Dissociação Eletrolítica 112
Doador de Protons, 147
Doppler, efeito, no som 325
Dosimetria das radiações ionizantes 375
Drenagem 35

E

E, Eo, E'o 165, 169
Ecologia e radioisótopos 383
Edema pulmonar 246
Efeito isotópico da Massa 376
Efeito das Radiações 367
Efeitos das radiações, diretos e indiretos 366
Eixo elétrico, cardíaco 241
Eletricidade, noções de 41
Elétrico. campo 16
Eletrocardiograma (ECG) 238, 240
Eletródios 213
Eletroforese 192
Eletrólitos, alterações 134
Eletronvolt 343
Eletroterapia 47
Emetropia 313
Emissões radioativas 341, 343
Emulsão 122
Energia cinética 14
Energia, conceito 3, 6, 13, 55, 65, 247
Energia elétrica 17

Energia livre 59
Energia Luminosa 184
Energia, potencial 14
Endergônica, reação 60
Endotérmica, reação 60
Entalpia 59
Entorno 55
Entropia 59, 65
Equilíbrio químico 139
Equilíbrio. termodinâmico 69, 71
Equivalente-grama 87, 114
Espaço 3
Espectrofotometria 175, 177
Espuma 122
Estacionário, estado ou regime 69, 244, 383
Estenose 249
Estereopsia 313
Estimuladores elétricos 214
Estribo, ossículo do ouvido 328, 330
Eucariócitos 199
Evolução de biomoléculas 90
Exergônica, reação 60
Exotérmica, reação 60
Extracelular, compartimento 132, 134

F

Faraday 41
Fase, em soluções e supensões 107, 121
Fator de calibração, espectrofotometria 180
Filtração glomerular 289
Fístula arteriovenosa 247
Fluorimetria 181
Fluxo, laminar e turbilhonar 253, 254
Fluxo Renal Plasmático (FRP) 288
Fluxo sanguíneo estacionário 245, 249
Folha beta 93
Força 22
Força iônica 118
Forças coulômbicas, moleculares 83
Forças de London-Heitler 84
Forças mecânicas, na audição 329
Formação de imagens 303
Fotoelétrico, efeito 347
Fóton 311, 312, 363
Fotoquímica 363
Fotossintéticas 199
Frequência 8
Frequência das radiações 184
Frequência sonora e audição 323, 332
Função renal, Biofísica da 287

G

ΔG, $\Delta G°$, $\Delta Go1$ 60, 71
G – valor na radiação 367
Gama, emissão 342
Gases, leis dos 265
Gases, trocas pulmonares 280
Geiger-Muller, detetor de 349
Glicocálice 209
Globo ocular 308, 311
Glomérulo 289
Glúcides 90
Gradiente eletrosmótico 209
Grandezas 3, 387, 389, 393
Gray 372, 388

H

H^+ 141
$H^+{}_3O$ 141
Haldane, efeito na hemoglobina 281, 282
ΔH, $\Delta H°$ 60
Hemorragia vascular 246
Henderson-Hesselbach, equação 147
Heterotrofos 199
Hidrofóbicas, ligações 82
Hidrogénio 171
Hidrônio 141
Hill, equação de 226
Hiperidratação 135
Hipermetropia 315
Hiperopia 315
Hipertensão vascular 251
Hipertônicas, soluções 129
Hipodermóclise 136
Hipotônica, solução 129
Homeostase 131

I

Imagem, formação da 304, 310
Indicadores de pH 144
índice de refração da luz 303
Indutância 44
Inspiratória, capacidade 272
Intensidade, do som 323
Intensivas, propriedades 56
Interação emissão — matéria 346
Intersticial, compartimento 132, 134
Intracelular, compartimento 132, 134
Iônica, ligação 80
Ionóforos 206
íons 79, 80

Irreversível, reação 69
Isóbaro 65
Isocoria 65
Isoelétrico, ponto 153
Isoiônico, ponto 154
Isômeros 340, 342
Isosmótica, solução 129
Isotermia 65
Isotônicas, solução 129
Isótopos 340, 375

J

Joule 6

K

K, constante de dissociação 139
K, constante de equilíbrio 139
Kilograma (kg) 4
Kilovolt (kV) 344

L

Laplace, lei de, na circulação 258
Laplace, lei de, na respiração 277
Lei de ação das massas 139
Lentes 304
Ligação, força x energia 84
Ligação molecular 18, 80
Ligações, primárias 80
Ligações, secundárias 81
Limiar renal plasmático (LRP) 294
Lípides 90
London-Heitler, forças 84
Luz, absorção 185
Luz, energia da 184
Luz monocromática 176, 178
Luz, na visão 301

M

Magnético, campo 16
Martelo, ossículo do ouvido 328
Massa 4
Matéria 3, 13
Matéria, estrutura da 77
Medicamentos, ionização 161
Meia Vida Biológica 377
Meia Vida Radioativa 344
Membranas biológicas 201
Metabolismo, Radioisótopos no 383
Mielina 219
Miopia 313
Mixta, ligações moleculares 80
Mol, mole 87
Molal, molalidade 109
Molar, molaridade 109
Molécula 77
Molécula-grama 87
Momentum 33
Monocromática, luz 176
Monômeros 91
Movimento, quantidade de 32
Movimentos musculares 226
Músculo, Biofísica do 225
Músculos, relações energéticas 226
Músculos – tipos de fibras 225

N

Nefron 287, 289
Negatron 347
Nernst, equação de 169, 207
Nervos, tipos de 219
Neurotransmissores 220
Nêutron 339
Newton (N) 5
Nitrogénio, na Respiração 278
Níveis Estruturais em Proteínas 91
Normal, normalidade 114
Núcleo 78
Nucleótides 91
Nuclídeos 339

O

Ohm, lei de 46
OH+ hidroxilion 141
Olho reduzido 310
Oncótica, pressão 128
Onda de Pulso 250
Ondas sonoras 321
Operadores, na membrana 206
Ópticas, aberrações 308 Órbita 78
Ortodrômica, condução 219
Osciloscópio 214
Osmol, osmolar 112
Osmose 126, 130
Osmótica, pressão 128
Ouvido, estrutura 328
Oxidação e Redução 163
Oxidante 164
Oxigênio na radiossensibilidade 369
Oxigênio, na respiração 278
Osmoconformadores 131
Osmorreguladores 131

P

Par Iônico 347
Paralaxe móvel, na visão 313
Pascal, 6
Parede celular e membrana celular 206
pH 139, 142, 146, 151, 156, 157, 171
pH de Biossistemas 157
Pilhas, associação de 44
pK 147, 156
Plasmático, compartimento 133
Pleura, pressão interpleural 270
Pneumotórax 270
pOH 141
Poise 7
Poiseuille, lei de 255
Polias 28
Polímeros 91
Ponte H 81
Poros na Membrana 203
Positron Precursores do Ambiente 90
Potência 5, 9, 24, 42,
Potência elétrica, e calor, 46
Potencial de ação (PA) 216
Potencial de Disparo 221
Potencial eletrotonico 221
Potencial de repouso (PR) 207, 215
Potenciais Biológicos 207. 215
Potenciais Iónicos 215
Presbiopia 315
Pressão 6, 22. 34, 248. 258
Pressão arterial 248, 254
Pressão atmosférica 33
Pressão hidrostática 23, 33, 253
Pressão Negativa 254
Pressão Sistólica X Diastólica 254
Primária, estrutura de proteínas 66, 91
Procariócitos 199
Propriedades Intensivas X Extensivas, 56
Proteínas 91
Proteínas ferro-sulfúricas 167
Prótides 91
Prótides, ponto isoelétrico 154
Prótides, ponto isoiônico 154
Protômeros 91
Próton 140, 141
Pulmonar, complacência 275
Pulmonares, volumes e capacidades 272
Pulso Vascular 250
Pupila 311
Pressão Capilar 252
Pressão Interpleural 270
Pressão Sonora 326

Q

Quaternária, estrutura 66, 91
Químico, equilíbrio 139
Quimioproteção, Radiologia 370

R

Rad 371
Radiações, efeitos das 366, 369
Radiações ionizantes e excitantes 357, 363, 371
Radiações, uso terapêutico 369, 383
Radioatividade 339, 348
Radiobiologia 365
Radiografia dentária 360
Radiografia, fatores geométricos 359
Radioimunoensaio 379
Radioisótopos 375
Radionuclídeos 375
Radiossensibilidade, fatores da 368
Radiossensibilidade tissular 369
Radioterapia 383
Raios y 380
Raios-X 358, 361, 380
Raios-X, kilovoltagem 358
Raios-X, produto mA.s x s 358
RBE 371
Reabsorção renal 289, 292
Reação, espontânea e provocada 59, 61
Receptores, na membrana 205
Redox 163, 171
Redox em Biologia 167
Redox, catalizadores 168
Redução e Oxidação 163
Redutor 164
Regimes de Fluxo 253
Rem 371
Renal, Biofísica da Função 287
Reobase 221
Reserva Expiratória 272, 274
Reserva Inspiratória 272, 274
Residual, Volume 272, 274
Resistência elétrica 42
Resistência periférica 257
Resistores, associação de 45
Respiração, Biofísica da 265
Respiração e eliminação de calor 279
Resposta local, membrana 221
Ressonância, ligação por 83
Retina 312
Reversível e irreversível 69
Reynolds, n.° 254
Rf, em cromatografia 189
Ritmo de Filtração Glomerular (RFG) 291
Roentgen 372

S

Sais, conceito 140, 143
Secundária, estrutura 66, 91
Sievert, 373 Sifão 35
Sinapses neurais 219
Sistema circulatório 237
Sistemas abertos e fechados 69
Sistemas termodinâmicos 55
Sístole, energética da 250
Solução, conceito 107
Solução, conversão de concentrações 110
Solução, dissolução de sólidos 121
Solução, força iônica 118
Solução Molal 109, 110
Solução Molar 109, 110
Solução Molar x Molal 110
Solução, normalidade 114
Solução, osmolaridade 113
Solução, outras concentrações 110
Solução Percentual 108
Solução, soluto 107, 111, 117
Solução, solvente 107
Som 321
Sopros circulatórios 255
Surfactantes 122
Suspensões 121
Suspensões, aditivos 121

T

Tampões 143, 157
Teleterapia 383
Temperatura 8
Tempo, dimensão 3, 13
Tensão alveolar 277
Tensão superficial 7, 102, 276
Tensão superficial, no alvéolo 276
Tensão vascular 258
Teoria dos campos 13
Terciária, estrutura 66, 91
Termodinâmica 57, 65, 69
Timbre 324
Tímpano 329
Tônus 129
Torque 30
Total, capacidade pulmonar 272
Trabalho 6, 13, .23
Trabalho ativo e passivo 18, 23, 71
Trabalho físico e biológico 23
Tração Terapêutica 28
Transição isomérica 342
Transporte biológico 19
Transporte de Gases 280
Transporte máximo (Tm) 294
Transporte, passivo e ativo 19
Transporte de secreção renal 294
Transporte transmembrana 203
Tubos rígidos e elásticos, na circação 260
Tubular, reabsorção 291
Tubular, secreção 294

U

Ubiquinonas 168
Ultra-som 51
Ultravioleta 361
Umectantes 121
Unidade ambiental 279
Unidade de Massa Atómica (uma) 88
Unidades de Medida 3, 389
Universo, composição fundamental 3

V

Van der Waals, ligação 82
Vapor d'água 277
Velocidade 5
Velocidade crítica, na circulação 254
Ventilação alveolar 275
Vetores 24
Visão, Biofísica da 301
Visão, Energética da 312
Visão, Estereoscópica 313
Viscosidade 7, 9, 102, 257
Vital, capacidade 272
Voltagem, Volt 41
Volumes pulmonares 271, 275

Z

Zero Absoluto 8
Zona de Difusão Facilitada 204